TRAITÉ COMPLET
DU MAGNÉTISME.

PARIS. TYPOGRAPHIE DE FIRMIN DIDOT FRÈRES,
RUE JACOB, 56.

TRAITÉ COMPLET

DU

MAGNÉTISME,

PAR

M. BECQUEREL,

DE L'ACADÉMIE DES SCIENCES DE L'INSTITUT DE FRANCE
ET PROFESSEUR ADMINISTRATEUR DU MUSÉUM
D'HISTOIRE NATURELLE, ETC.

PARIS,

LIBRAIRIE DE FIRMIN DIDOT FRÈRES,

IMPRIMEURS DE L'INSTITUT DE FRANCE,
RUE JACOB, N° 56.

1846.

AVERTISSEMENT

DES ÉDITEURS.

Beaucoup de personnes ayant témoigné le désir d'acquérir séparément le septième volume du TRAITÉ DE L'ÉLECTRICITÉ ET DU MAGNÉTISME, lequel est uniquement relatif au magnétisme terrestre; ce volume pouvant être séparé de l'ouvrage puisqu'il concerne une spécialité de la science, les éditeurs se sont décidés alors à en faire une publication à part, en plaçant en tête un précis de nos connaissances sur le magnétisme en général, afin de présenter au public un traité complet de cette partie de la physique.

La seconde planche ne renferme que deux figures relatives à ce volume.

DU MAGNÉTISME.

CHAPITRE PREMIER.
PROPRIÉTÉS GÉNÉRALES DES AIMANTS.

§ 1er. *Des attractions et répulsions magnétiques, et des lois qui les régissent.*

Un morceau de fer qu'on laisse longtemps exposé aux influences atmosphériques, ou qui est limé, martelé ou passé à la filière, acquiert la propriété d'attirer la limaille de fer, et même de soulever quelquefois des morceaux assez pesants de ce métal. Cette propriété appartient également à un minerai de fer, appelé en raison de cela pierre d'aimant. On a nommé magnétisme l'ensemble des propriétés des aimants.

Pour étudier les effets de l'attraction magnétique, on roule dans de la limaille de fer un barreau de fer aimanté; toutes les parcelles de cette limaille s'attachent inégalement à sa surface, et forment des filaments qui se dressent perpendiculairement à cette surface ; l'effet est le plus sensible près des extrémités; ces filaments deviennent plus courts en s'en éloignant, et s'inclinent comme s'ils les fuyaient. Dans la partie moyenne il n'y a point de filaments. Les régions de l'aimant où l'attraction est la plus forte, ont reçu le nom de pôles,

mais on réserve ordinairement cette dénomination aux
points par lesquels passent les résultantes des forces magnétiques. Nous en indiquerons plus loin la position.

Un barreau aimanté agit de même par attraction à l'é-
gard d'une aiguille de fer doux, librement suspendue à
un fil de soie. Ce phénomène a encore lieu en interpo-
sant entre le barreau et l'aiguille un corps quelconque.
En remplaçant l'aiguille de fer doux par une aiguille
aimantée, on reconnaît que chacun des bouts est attiré
par l'une des extrémités du barreau et repoussé par
l'autre, et que chacune des moitiés d'un barreau ou d'une
aiguille aimantée ne possède pas le même pouvoir magnétique.

Ce phénomène des limailles qui se tiennent unies les
unes aux autres, met en évidence cette propriété remarquable du fer doux, de devenir lui-même un aimant,
quand il est mis en contact avec un autre aimant, ou
qu'il est placé dans la sphère d'activité de ce dernier.

Tant que dure l'aimantation par influence, l'aimant
ne perd rien de sa force, et son magnétisme, du
moins la cause qui le met en action, ne passe pas d'une
molécule à une autre, comme cela a lieu à l'égard de l'é-
lectricité dégagée par influence. A l'appui de ce principe,
nous citerons ce fait, qu'une aiguille d'acier trempé aimantée, ou en général un barreau aimanté, possède
cette singulière propriété, qu'étant brisé en deux, chacune des parties séparées est elle-même un aimant possédant la polarité. D'un autre côté, comme le fer doux
rentre dans l'état naturel aussitôt qu'il n'est plus sous
l'influence d'un aimant, il faut en conclure qu'il possède
en lui-même les deux principes propres à lui faire acquérir la propriété magnétique.

Un aimant, quand il agit sur un barreau de fer, non-
seulement ne perd pas de sa force, mais son énergie
augmente encore en raison de la réaction exercée sur
lui par le barreau devenu lui-même un aimant. Cet accroissement du magnétisme réagit à son tour sur le
magnétisme du barreau, et ainsi de suite, jusqu'à ce

qu'il y ait équilibre entre toutes les forces attractives et répulsives développées par influence.

Pour interpréter avec facilité les phénomènes magnétiques, on les a rapportés à l'action de deux fluides doués de propriétés contraires, résidant autour des molécules du fer, ne pouvant passer d'une molécule à une autre, et dont la réunion forme le fluide magnétique naturel. On admet donc que le fluide magnétique naturel se compose, comme le fluide électrique naturel, de deux fluides dont les molécules de chacun d'eux se repoussent, tandis qu'elles attirent celles de l'autre fluide. M. Ampère a envisagé sous un autre point de vue les phénomènes magnétiques : il les a fait dépendre de courants électriques circulant autour des molécules, dans des plans perpendiculaires à la ligne des pôles. Nous exposerons cette théorie, ainsi que la précédente, dans le troisième chapitre.

Chacune des moitiés d'un barreau aimanté possède ordinairement un magnétisme contraire; de telle sorte que les parties ayant le même magnétisme se repoussent, tandis que celles qui ont un magnétisme contraire s'attirent. Néanmoins il arrive quelquefois que de chaque côté il y a des alternatives de magnétisme contraire, et par suite plus de deux pôles. On nomme points conséquents les pôles intermédiaires, contre la production desquels il faut toujours se mettre en garde dans l'aimantation des barreaux. On découvre ces derniers en présentant successivement le même pôle d'une aiguille aimantée, librement suspendue, à tous les points du barreau placé dans une position verticale (fig. 90, planche I).

Un barreau de fer doux aimanté par influence rentre dans l'état naturel, avons-nous dit, aussitôt qu'il est hors de la sphère d'activité de l'aimant; mais il n'en est pas de même d'un barreau de fer écroui ou d'acier trempé ; dans ce cas, l'action par influence est lente à se manifester; mais aussi, une fois qu'elle y est développée, elle persévère pendant plus ou moins de temps, suivant le degré de l'écrouissage ou de la trempe; lors même que l'aimant est enlevé, le barreau reste aimanté. Il existe donc dans le fer écroui ainsi que dans l'acier trempé, une cause qui s'oppose à la décomposition du magnétisme naturel, ainsi qu'à sa recomposition. Cette cause est rapportée à l'action d'une force coercitive, résultant soit de l'arrangement des molécules, soit de l'interposition entre elles de molécules étrangères.

L'aimantation par influence est très-lente, à la vérité, à s'opérer dans un barreau d'acier trempé ; mais elle a lieu presque aussitôt en passant avec frottement sur ce barreau, toujours dans le même sens et sur toute la longueur, l'un des pôles d'un aimant. Dans ce cas, quelques frictions produisent l'aimantation.

Le fer doux acquiert la polarité sous l'influence de la terre, qui est elle-même un aimant, en changeant la position d'équilibre de ses molécules, par la pression, le choc ou la torsion. C'est ainsi que les outils de fer ne tardent pas à s'aimanter quand on s'en sert; de même, si l'on frappe légèrement avec un marteau, par un de ses bouts, un barreau tenu verticalement, on le rend magnétique; en le retournant, pour frapper l'extrémité opposée, on change la polarité.

Outre le fer, il existe encore deux autres métaux, le nickel et le cobalt, qui possèdent, dans leur plus grand état de pureté, la propriété d'être attirés par un aimant. Il sera question du magnétisme de ces deux métaux, et même de celui de tous les corps, dans le second chapitre.

Les attractions et répulsions magnétiques étant bien constatées, il s'agit de déterminer les lois qui les régissent. Coulomb a donné deux méthodes pour les observer : la première consiste à suspendre une aiguille aimantée à un fil de cocon, et à lui présenter, dans le méridien magnétique, à diverses distances, une autre aiguille aimantée, puis à déterminer par l'observation et le calcul, la force en vertu de laquelle les deux aiguilles agissent l'une sur l'autre. La seconde méthode exige l'emploi de la balance magnétique (Pl. I, fig. 77 et 78). Avant d'exposer ces méthodes, nous devons dire quelques mots de l'action du globe sur les aiguilles aimantées. Une aiguille aimantée, librement suspendue et abandonnée à elle-même, ne tourne pas indifféremment dans toutes les directions; elle se place, après un certain nombre d'oscillations plus ou moins rapides, dans une direction déterminée, à laquelle elle revient toujours quand on l'en écarte. Cette direction, en Europe, est à peu près N. N. O. et S. S. E. Le plan vertical qui passe par cette direction est le méridien magnétique du lieu où l'on observe: on le croyait jadis peu différent du méridien astronomique; mais on sait parfaitement aujourd'hui que l'angle compris entre ces deux plans varie, non-seulement d'un lieu à un autre, mais encore dans le même lieu, avec le temps et d'une manière régulière, toutes les vingt-quatre heures. Cet angle est la déclinaison de l'aiguille aimantée. Nous parlerons de tous les phénomènes qui s'y rapportent, en traitant du magnétisme terrestre dans un livre spécial.

Cherchons maintenant les lois des attractions et répulsions magnétiques en employant successivement les deux méthodes d'expérimentation que nous venons d'indiquer, et commençons par la première.

Coulomb suspendit un fil d'acier de 27 millimètres de longueur, pesant 3^{gr},72, aimanté à saturation, à un fil de soie de 6^{mm},7 de longueur, et plaça verticalement dans le méridien magnétique, à diverses distances, un fil aimanté de 0^{m},676 de longueur, de manière que son extrémité australe fût toujours de 22^{mll},55 au-dessous de l'extrémité boréale de l'aiguille suspendue. Il changea la distance à plusieurs reprises, et fit osciller chaque fois l'aiguille en comptant le nombre d'oscillations exécutées dans le même nombre de secondes, 60 par exemple; il obtint les résultats suivants:

1er Essai. L'aiguille soumise à l'action seule de la terre
avait donné.................... 15 oscill. en 60″
2e Essai. Le fil placé à 108 mill. du
milieu de l'aiguille............ 41   en 60″
3e Essai. Le fil placé à 216 mill. du
milieu de l'aiguille........... 24   en 60″
4e Essai. Le fil placé à 432 mill... 17   en 60″

Or, l'intensité de la force correspondante est en raison directe du carré du nombre d'oscillations exécutées
dans un temps donné, qui est le même pour toutes les
observations ; l'aiguille ayant oscillé, en vertu de la
force magnétique du globe et de celle du fil, et toutes
les forces se trouvant dans le méridien magnétique, il
en résulte que la force qui produit les oscillations dépend de la composante de ces forces dans la direction
horizontale.

Coulomb avait démontré, dans des expériences préli-
minaires, que les choses se passaient comme si le magnétisme était réuni à $22^{mll}{,}55$ de l'extrémité du fil ; mais
l'aiguille suspendue ayant 27 millimètres de longueur,
l'extrémité boréale étant attirée à une distance de $94^{m}{,}7$,
et son extrémité australe repoussée par le pôle inférieur,
dont la distance était de $121^{mll}{,}50$, il en résultait que
l'on pouvait supposer que la distance moyenne à laquelle le pôle inférieur du fil d'acier exerçait son action
sur les deux pôles de l'aiguille, était de 108 millimètres ;
dans le second essai, de 216 millimètres.

En appliquant ces résultats à la formule du pendule,
on a :

Distance.	Force dépendante de l'action aimantaire du fil d'acier.	
2e Essai. 108 mill.........	$41^2 - 15^2 =$	1456
3e Essai. 216.............	$24^2 - 15^2 -$	351
4e Essai. 432.............	$17^2 - 15^2 -$	64

Dans les essais 2 et 3, faits aux distances 1 et 2, les
quantités qui représentent les forces sont sensiblement
en raison inverse du carré des distances. Le quatrième

essai donne un nombre un peu trop petit, parce que Coulomb a négligé l'action du pôle supérieur du fil. En faisant cette correction qui consiste à tenir compte de la distance, il a trouvé :

Distance.	Intensité de la force.
108 mill.	1456
216.	331
432.	79

Les trois nombres 1456, 331, 79 étant à peu près en raison inverse du carré des distances, on en conclut que l'action attractive du fluide magnétique suit cette loi.

Passons à la seconde méthode, celle qui exige l'emploi de la balance magnétique.

Cette balance n'est autre que celle de torsion employée pour la détermination des lois qui régissent les attractions et répulsions électriques, et à laquelle Coulomb a fait les changements suivants : le fil de suspension (fig. 78) porte à son extrémité inférieure une pince qui saisit un étrier formé avec une lame de cuivre très-légère. Dans cet étrier, on place un petit plan de carton, couvert d'un enduit de cire d'Espagne, sur lequel on imprime l'empreinte du fil ou barreau d'acier qui sert aux expériences, afin de le mettre toujours dans la même position. Sous le milieu de l'étrier, on fixe un plan vertical, qui est entièrement submergé dans un vase rempli d'eau, afin d'arrêter promptement, par la résistance qu'il en éprouve, les oscillations de l'aiguille aimantée placée dans l'étrier. La balance est placée de manière que l'un de ses côtés soit dirigé dans le méridien magnétique. Coulomb a commencé par chercher, pour des écarts d'un petit nombre de degrés, la loi que suivaient les forces de torsion employées pour retenir le cuivre; ayant soumis à l'expérience une aiguille aimantée de 0^m,595 de longueur et 0^m,384 de diamètre, fixée à l'extrémité d'un fil de cuivre de 0^m,162 de long et pesant 0^{gr},26; il a trouvé les résultats suivants :

NOMBRE DE TOURS DONT LE FIL A ÉTÉ TORDU.	ANGLE DE DÉVIATION OÙ L'AIGUILLE S'EST ARRÊTÉE.	FORCE DE TORSION QUI EN RÉSULTE.
0	0	0
1	10 1/2	349 1/2
2	21 1/4	698 3/4
3	33	1047
4	46	1394
5	63 1/2	1736 1/2
5,5	85	1895

Les trois premiers résultats montrent que, pour des écarts d'un petit nombre de degrés, les forces de torsion sont proportionnelles à leurs sinus ou aux angles. Pour s'assurer si la loi des sinus a également lieu pour de plus grands angles, il faut diviser chaque torsion par le sinus de l'angle de déviation, et voir si le quotient est le même; or, c'est ce que le calcul donne à peu près.

DÉVIATION OBSERVÉE.	RÉSULTATS DE LA DIVISION.
10 1/2	1902,24
21 1/4	1940,37
33	1937,89
46	1922,30
63 1/2	1927,92
85	1917,85
	Moyenne..... 1917,76.

La moyenne 1917,76 représente la force de torsion nécessaire pour maintenir l'aiguille aimantée à 90°, puisqu'on a :

$$\frac{\text{force de torsion}}{\sin 90^\circ} = 1917,76 : \text{or } \sin 90^\circ = 1.$$

Donc la force de torsion $= 1917,76$.

Pour un écart quelconque, on aura, en représentant cet écart par e et la force de torsion correspondante par t,

$$\frac{t}{\sin e} = 1917,76 \text{ ou } \sin e = \frac{t}{1917,76}.$$

Si donc on divise la torsion correspondante à un écart donné par 1917,76, on a le sinus de l'angle où l'aiguille s'est arrêtée.

| TORSION | DÉVIATION | | EXCÈS |
observée.	observée.	calculée.	du calme.
349,5	10,30	10,28	— 0,2
698,75	21,15	21,17	+ 0,2
1047	33	32,57	— 0,3
1394	46	46,24	+ 0,24
1736,5	63,30	64,27	— 0,57
1805	83,00	79,55	— 5,5

Il n'y a de différence sensible qu'à l'égard du dernier résultat; peut-être est-elle due à l'altération que le fil avait éprouvée dans son élasticité en raison d'une grande torsion. La loi du sinus est complétement vérifiée, c'est-à-dire qu'en comparant l'effort des forces horizontales pour ramener l'aiguille dans le méridien magnétique, quand on l'en a écartée, à celui de la pesanteur, pour ramener également un pendule dans la direction de la verticale, cet effort est proportionnel au sinus de l'écart.

Avant de chercher la loi des attractions et répulsions, il faut s'assurer si, lorsque la torsion du fil est nulle, l'aiguille aimantée se place naturellement dans le méridien magnétique; à cet effet, on substitue à cette aiguille une autre aiguille de cuivre, de même dimension que l'autre, et qui reste dans le plan du méridien magnétique, en vertu de la force de torsion du fil. Cela fait, on place la caisse qui renferme les diverses parties de la balance de manière que la direction du méridien magnétique coïncide avec les divisions zéro et 180 degrés du cercle horizontal. Voici les résultats obtenus par Coulomb dans une de ses expériences. Ayant aimanté un fil d'acier de $0^m,648$ de long et de $3^{mm},38$ de diamètre, il le suspendit horizontalement dans la balance, et chercha d'abord la force en vertu de laquelle la terre le rame-

nait dans le méridien. Il trouva qu'en tordant le fil de
suspension de deux circonférences moins 20°, l'aiguille
s'arrêtait à 20° du méridien magnétique, de sorte que
pour des angles de 20 à 24°, dont les sinus sont à peu
près proportionnels aux arcs, il fallait, pour éloigner l'aiguille d'un degré du méridien magnétique, une force de
torsion à peu près égale à 35°. Il plaça ensuite verticalement dans le méridien magnétique un autre fil aimanté,
ayant les mêmes dimensions, à o\ :sup:`m`,3o1 du centre de suspension de la première aiguille, de manière que l'extrémité boréale de ce fil se trouvât à environ 27 millimètres
au-dessous du niveau de l'extrémité boréale de l'aiguille
suspendue. L'aiguille horizontale fut chasssée du méridien magnétique, et ne s'arrêta que lorsque la force de
répulsion des pôles opposés fut en équilibre avec la force
directrice du globe. Ayant tordu le fil de suspension, il
obtint les résultats suivants :

1\ :sup:`er` Essai. L'aiguille horizontale ayant été chassée,
s'arrêta à 24° du méridien magnétique, sans qu'on tor-
dît le fil.

2\ :sup:`e` Essai. Pour ramener l'aiguille à 17°, on tordit le
fil de suspension de 3 circonférences.

3\ :sup:`e` Essai. Pour la ramener à 12°, on fut obligé de tordre de 8 circonférences. Or, lorsque l'aiguille était solli-
citée seulement par l'action du magnétisme terrestre,
elle était maintenue à 20° de son méridien par une force
de torsion égale à 2 circonférences, moins 20°. Ainsi,
dans le cas où l'aiguille formait un angle de 20° avec
son méridien, la force qui la sollicitait était de 700°. Mais
comme dans le 1\ :sup:`er` essai elle s'était arrêtée à 24°, puis
elle y avait été ramenée par une force de 840°; en outre,
la répulsion des aiguilles avait tordu le fil de suspension
de 24°, il en résulte que la répulsion totale était de 864°.
En raisonnant de même, Coulomb trouva dans un second
essai, que l'action des deux pôles de l'aiguille était mesurée par 1692, et dans le 3\ :sup:`e` essai, par 3312. Ainsi, pour
les distances 24, 17 et 12, les forces répulsives correspondantes étaient 864, 1692, 3312, ou bien comme les

nombres $\frac{1}{4}$, $\frac{1}{2}$, 1; c'est-à-dire en raison inverse du carré des distances. Il est donc démontré par là que les attractions et répulsions magnétiques, comme les attractions et répulsions électriques, suivent la loi qui régit les attractions planétaires.

§ II. *Des divers procédés d'aimantation.*

Lorsqu'on eut reconnu qu'une pierre d'aimant ou qu'un morceau de fer frappé qui avait acquis la faculté d'attirer le fer et l'acier, était capable de transmettre cette faculté, c'est-à-dire le magnétisme, à des barreaux d'acier par le frottement d'un de ses pôles, on dut rechercher les moyens les plus efficaces pour donner à ces barreaux le maximum d'effet, que l'on nomme l'état de saturation. On atteint ce point lorsque les résultantes des forces attractives et répulsives, exercées par tous les points du barreau sur une molécule, font équilibre à la force coercitive; il est impossible alors d'aller au delà, car le barreau retomberait à cette limite aussitôt que l'aimant, qui aurait développé cette action, cesserait d'exercer son influence.

Pendant longtemps on s'est borné à passer un des pôles d'un aimant sur toute la longueur du barreau au lieu d'approcher celui-ci du premier par simple contact. Cette méthode, qui est celle du contact successif, ne présente aucun inconvénient quand le barreau est court et que l'aimant est puissant; mais il n'en est plus de même lorsqu'il est très-long et fortement trempé : dans ce cas, il peut arriver que l'aimantation ne s'étende pas régulièrement jusqu'à l'extrémité opposée, d'où résultent des points conséquents dont on ne saurait trop se garantir dans la construction des aiguilles aimantées.

Knight, en 1745, a fait connaître un perfectionnement dans le mode d'aimantation par simple contact. Ayant placé bout à bout, par les pôles de nom contraire, deux barreaux fortement aimantés, il posait dessus, dans le sens de leur longueur, un petit barreau d'acier trempé cerise clair, de manière que son milieu correspondait aux points de jonction des deux barreaux; puis il séparait ceux-ci en les faisant glisser dans un sens opposé jusqu'aux extrémités du petit barreau (fig. 81 bis), qui se trouvait avoir acquis un magnétisme plus fort que celui qu'on lui aurait communiqué par le moyen alors en usage. Il est facile de se rendre compte de l'effet produit.

Chaque aimant agissant sur une des moitiés du petit barreau, la décomposition du magnétisme était favorisée par l'action simultanée des deux pôles opposés, qui attirent chacun l'un des magnétismes et repoussent l'autre du côté opposé, tandis que, dans le contact successif, le même aimant agit seul, sur toute la longueur, pour y développer la propriété polaire; ce qui doit produire un effet moindre. Cette méthode sert à aimanter à saturation seulement des barreaux courts et peu épais.

Peu de temps après cette découverte, Duhamel et Antheaume indiquèrent la méthode d'aimantation suivante : on place, parallèlement l'un à l'autre, deux barreaux AB et A'B' (Pl. I, fig. 79), joints à leurs deux extrémités par deux parallélipipèdes de fer doux F et F'; puis l'on prend deux barreaux aimantés ab et $a'b'$, que l'on incline de 25 à 30° sur la direction de AB et de A'B', en les posant d'abord au milieu de l'un de ces derniers, par exemple de AB, les pôles inverses en regard, et on les fait glisser un certain nombre de fois en sens contraire, jusqu'à l'extrémité de AB. On fait la même opération sur l'autre barreau.

L'application des petits morceaux de fer doux à l'extrémité des barreaux que l'on aimante est un perfectionnement important; en effet, dès que les barreaux ont acquis un certain degré de magnétisme, les parallélipipèdes de fer doux s'aimantent par l'influence, et réagissent ensuite sur les barreaux pour augmenter leur magnétisme.

En substituant deux aimants aux barreaux de fer doux, on devait encore accroître le développement du magnétisme : c'est ce qu'a fait Æpinus; néanmoins la méthode de Duhamel est excellente pour aimanter les aiguilles de boussole et les lames qui n'ont que quelques millimètres d'épaisseur.

Mitchell et Canton, en Angleterre, se sont occupés, à la même époque que Duhamel, de l'aimantation. Le premier a imaginé un procédé qu'il a appelé la double touche; voici en quoi il consiste : on prend deux barreaux AB, A'B', fig. 80, fortement aimantés, liés parallèlement entre eux dans une position verticale, les pôles inverses en regard et à une distance de 7 à 8 millimètres l'un de l'autre; après avoir placé en contact plusieurs barreaux égaux, à la suite les uns des autres, sur une même ligne droite, on fait glisser le double barreau, à angles droits, par une de ses extrémités, tout le long de cette ligne; les barreaux intermédiaires acquièrent alors une grande force magnétique, mais non un maximum.

Si l'on analyse ce procédé, on voit que les divers barreaux réagissent les uns sur les autres; mais comme le magnétisme ne s'y développe pas librement, en raison de la force coercitive de l'acier, il faut nécessairement les soumettre à la friction des aimants glissants. Les barreaux intermédiaires doivent acquérir le plus fort magnétisme, par cela même qu'ils sont soumis à l'action par influence des barreaux extrêmes. Sous ce rapport, les barreaux de fer doux présentent plus d'avantage que les barreaux d'acier; sous un autre, le procédé de Mitchell l'emporte sur celui de Duhamel : lequel consiste dans l'emploi de deux barreaux aimantés parallèles, maintenus constamment à une même distance, et agissant en même temps par leurs deux pôles contraires sur tous les points du barreau.

Pour être assuré que le développement du magnétisme est le même, au signe près, dans chacune des moitiés, il faut avoir l'attention d'appliquer le double barreau au centre de celui que l'on veut aimanter, et de faire sur chacune des deux moitiés un nombre égal de frictions. Quand les barreaux sont revenus au centre, on les enlève perpendiculairement, pour ne pas changer l'effet précédemment produit.

Æpinus a fait une modification heureuse au procédé

de la double touche : au lieu de maintenir les deux barreaux glissant toujours parallèlement l'un à l'autre, il les a inclinés en sens contraire, comme Duhamel l'avait fait; les résultantes longitudinales deviennent alors plus considérables, parce que les actions agissent plus obliquement sur la surface du barreau. Cette innovation affaiblit, à la vérité, l'action propre de chaque barreau glissant, qui n'a plus qu'une ligne de contact avec le barreau, en raison de l'inclinaison. L'expérience prouve cependant que jusqu'à une certaine limite d'inclinaison, il y a de l'avantage à se servir de barreaux inclinés. Æpinus a trouvé qu'une inclinaison de 15 ou 20 degrés donne sensiblement le maximum d'effet; en y joignant, comme il l'a fait, l'emploi des barreaux de fer doux ou des aimants, on a un procédé qui a l'avantage sur les autres de pouvoir aimanter fortement de gros barreaux avec des barreaux faibles en magnétisme.

Cette méthode a l'inconvénient de ne pas produire un développement égal de magnétisme dans chacune des moitiés du barreau, et de faire naître plus facilement des points conséquents dans des barreaux d'une certaine longueur, que la méthode de Duhamel; aussi ne doit-on pas aimanter par ce procédé des aiguilles de boussole; on ne s'en sert ordinairement que pour les gros barreaux, auxquels on veut donner un fort degré de magnétisme, sans qu'il soit nécessaire d'avoir une égale distribution.

Coulomb, mettant à profit les avantages que présentent les méthodes que nous venons d'exposer, a adopté les dispositions suivantes, qui jusqu'ici n'ont éprouvé aucun changement.

Les barreaux fixes, dont il a fait usage, sont des faisceaux composés de dix barreaux d'acier trempé cerise clair, de cinq à six décimètres de longueur, quinze millimètres de largeur et cinq d'épaisseur. Après les avoir aimantés autant que possible, il les réunissait par leurs pôles de même nom, en en formant deux couches de cinq barreaux chacune, séparées par de petits parallélipipèdes rectangles de fer très-doux, qui sont un peu en saillie au delà de leurs extrémités (Pl. I, fig. 82).

M. Biot a trouvé qu'il valait mieux substituer à ces parallélipipèdes des lames de fer doux qui se réunissent à l'extrémité des aimants, de manière à former une pyramide tronquée (Pl. I, fig. 81, 81 *bis*, 81 *ter*). Les barreaux glissants sont formés comme les barreaux fixes ; mais, au lieu de dix barreaux partiels, on en prend quatre, ayant chacun 400 millimètres de longueur, 5 d'épaisseur et 15 de largeur. On les réunit ensuite, deux sur la largeur et deux sur l'épaisseur, en les séparant, comme ci-dessus, par des bandes de fer doux. Quant à la qualité de l'acier, peu importe, puisque toutes les espèces connues prennent à peu près le même degré de magnétisme. Pour aimanter un barreau, on commence par placer les gros faisceaux (fig. 81 *bis* et 81 *ter*) sur une même ligne droite, les pôles inverses en regard, à une distance un peu moins grande que la longueur du barreau ; puis on applique, sur le pied de chacune des armures, un des bouts de ce barreau, de manière que le contact ait lieu sur une longueur de 4 ou 5 millimètres. On pose ensuite les deux faisceaux glissants au milieu du barreau, en les inclinant de 20 à 30 degrés sur la surface, et en les faisant glisser suivant la méthode de Duhamel ou d'Æpinus. Si l'on emploie la dernière, il faut placer entre les deux barreaux un petit morceau de bois pour les maintenir à une distance constante. Quand les barreaux partiels dont se composent les faisceaux n'ont pas été aimantés à saturation, on se sert des barreaux nouvellement aimantés, qui possèdent un magnétisme plus fort, pour former d'autres faisceaux.

Si l'on veut produire de grands effets, les faisceaux doivent être composés de plus de quatre barreaux partiels ; dans ce cas, on les dispose en retrait, de dix en dix millimètres, comme l'indique la figure 83. Cette méthode est fondée sur la distribution du magnétisme dans les aimants, qui est telle que le plus grand développement de magnétisme a lieu vers les extrémités ; il en résulte que chaque étage tend à maintenir, dans l'étage inférieur, la séparation du magnétisme.

Nous devons faire remarquer que toutes les dispositions adoptées par Coulomb sont le résultat d'expériences très-précises, dans lesquelles il a déterminé rigoureusement, dans chaque mode d'aimantation, le degré de force des barreaux.

On obtient de grands avantages, lorsqu'on aimante un barreau, en le maintenant, pendant cette opération, à la température rouge, et lui faisant éprouver ensuite un refroidissement brusque, pendant qu'il se trouve sous l'influence des forces magnétiques.

§ III. *Des armures ou armatures.*

Nous avons vu que lorsque l'un des pôles est en contact avec l'une des extrémités d'un barreau d'acier, il y développe peu à peu un magnétisme de nom contraire au sien, lequel réagit à son tour sur le magnétisme naturel de l'aimant pour opérer sa décomposition. Ce nouvel accroissement réagit de nouveau sur le barreau, et ainsi de suite, jusqu'à une certaine limite, qui est déterminée par l'état de saturation de l'aimant et du barreau, et la constitution de l'acier. Cette propriété a été mise à profit pour augmenter la force des aimants naturels ou artificiels.

Si à l'un des pôles d'un aimant on applique un morceau de fer doux, auquel est attaché un plateau de balance, dans lequel on met successivement différents poids, jusqu'à ce qu'on ne puisse plus ajouter une nouvelle charge sans séparer le fer doux de l'aimant, on trouve que le lendemain et jours suivants on peut augmenter la charge sans opérer la séparation ; mais si au bout d'un certain temps on détache forcément le fer doux, l'aimant n'est plus capable de soutenir toute la charge qu'il portait avant. Cet effet est facile à expliquer : l'aimant, sous l'influence du fer, avait acquis un excès d'énergie que sa force coercitive ne lui permet pas de garder; abandonné à lui-même, il reprend le degré de force qui est propre à sa nature, c'est-à-dire qu'il rentre dans son état de saturation naturel.

Cela posé, considérons un aimant de forme carrée (Pl. I, fig. 84, A A', B B), dont les pôles A et B sont de signe contraire. Si l'on applique au pôle A un morceau de fer doux $aa\,bb$, d'une certaine épaisseur, il y aura décomposition de magnétisme naturel dans le fer doux, attraction de magnétisme boréal en bb, et répulsion de magnétisme austral en aa. Plaçons un autre morceau de fer doux, $a'a'\,b'b'$ semblable à l'autre, il s'y produira des effets semblables de décomposition. D'après l'expérience précédente, au bout d'un certain temps, chaque pôle aura acquis un excès d'énergie, et par suite l'aimant entier sera capable de soutenir un poids plus considérable qu'avant. Ces appendices en fer doux, que l'on applique contre les aimants aux endroits où les pôles sont situés, sont appelés armatures ou armures de l'aimant, et les parties extrêmes $aa\,b'b'$ les pieds de l'armure. Leur épaisseur ne peut être déterminée que par l'expérience, attendu qu'elle varie suivant la nature des aimants.

Les armures ont encore l'avantage de concentrer en quelques points toute l'action de l'extrémité d'un barreau qui a une certaine longueur. Supposons un aimant A B (Pl. I, fig. 85), placé en présence d'un petit barreau ab qu'il s'agit d'aimanter; il est évident que tous les points de BB agiront plus ou moins obliquement sur ce barreau, et auront moins d'influence pour décomposer son magnétisme naturel, que si ces points formaient une ligne de peu d'étendue; de plus, l'action de A A, quoique plus faible que l'autre en raison de la distance, se fera sentir également sur ab pour contrarier celle de B B. On évite ces inconvénients en disposant les armatures comme l'indique la figure 84, et plaçant le petit barreau dans le prolongement d'un des pieds; d'une part, l'action du pôle est concentrée dans le pied de l'armure, et de l'autre, l'action du pôle boréal agit plus obliquement que dans le cas où les forces extrêmes de l'aimant sont parallèles. On parvient, par ce moyen, à donner au barreau d'essai un degré de magnétisme plus fort qu'en employant un barreau non armé. Les faits précédents indiquent que si l'on veut conserver à un aimant naturel ou artificiel toute sa force, il faut mettre en communication les deux pôles avec un parallélipipède de fer doux. Cette armature est surtout nécessaire quand il s'agit de conserver dans nos climats le magnétisme à un barreau vertical dont le pôle boréal est en bas; sans cela, l'action du magnétisme terrestre diminuerait proportionnellement sa polarité. Pour faciliter l'application de l'armure, on donne au barreau la forme d'un fer à cheval (Pl. I, fig. 85 *bis*).

Dans un aimant artificiel, rien n'est plus facile que de placer l'armature, puisque l'on sait où sont ses pôles; mais il n'en est pas de même dans un aimant naturel, où leur position est inconnue. Il faut commencer d'abord par la déterminer; on scie ensuite les deux côtés où ils se trouvent, perpendiculairement à l'axe polaire, de manière à conserver la plus grande longueur possible. On polit les faces, puis on leur applique les armures. La figure 86 représente un aimant naturel avec son armure, dans laquelle on distingue la jambe AB, les pieds D, C, deux bandes de cuivre E, F, qui sont destinées à serrer fortement les armatures, au moyen d'une vis de cuivre qui en traverse les extrémités. La pièce A′ B′ C′ D′, servant à suspendre les corps que l'aimant peut soutenir, est en fer doux, et se nomme *le portant*. On est dans l'usage de lui donner 11 millimètres de longueur de plus que la distance qui se trouve entre les faces extérieures des pieds de l'armure. La surface supérieure du portant doit être polie et avoir des angles aigus.

Pour déterminer l'épaisseur de la jambe, on prend dans le même morceau de fer quatre pièces propres à faire quatre armatures, et l'on essaye le poids que

porte l'aimant, quand on l'établit sur les deux premières. Ce poids augmente d'abord à mesure que l'on diminue l'épaisseur de la jambe en dehors, mais il diminue
ensuite, et l'on s'en tient aux dimensions que les deux
lames avaient dans l'épreuve qui a précédé la dernière.
Alors on donne aux deux autres pièces les dimensions
déterminées. La figure 85 *ter* représente deux faisceaux
aimantés réunis avec leurs armatures en fer doux.

Nous venons d'indiquer quels sont les principaux
procédés d'aimantation, et la formation des faisceaux
aimantés ; mais, à l'aide de l'action seule de la terre, il
est possible d'aimanter des barres de fer et de leur
faire conserver la faculté magnétique. Il suffit de les
placer dans le méridien magnétique suivant la direction
de l'aiguille d'inclinaison et de les frapper à coups de marteau, comme Gilbert l'a découvert en 1600, et comme
M. Scoresby l'a vérifié ; ou bien de les tordre, ou de leur
faire éprouver un changement physique quelconque,
afin de leur donner une force coercitive capable de
former un aimant permanent. Mais ces procédés, ou
celui par influence d'un autre aimant, ne sont pas les
seuls à l'aide desquels on puisse développer la faculté
magnétique dans le fer doux et l'acier. L'électricité, soit
libre, soit sous forme de courant circulant dans des
fils ou dans des hélices, est capable de conduire au
même but. Je ne parlerai pas ici de ces phénomènes,
attendu qu'il ne doit être question que du magnétisme proprement dit, et je renverrai au Traité d'électricité, dans lequel ils ont été traités avec détail.

Quant aux aiguilles aimantées, à leurs formes, à leurs
dimensions, ainsi qu'à leur trempe, nous en parlerons
en exposant les boussoles, p. 7 et suivantes.

§ IV. *De la distribution du magnétisme libre dans les barreaux aimantés à saturation.*

Lorsqu'on essaye de faire supporter à un aimant de
plusieurs décimètres de longueur et de quelques millimè-

tres de diamètre, en divers points des poids en fer, on
trouve que ces poids vont en augmentant, à partir des
extrémités jusqu'à une distance de huit ou dix millimètres, et qu'ils diminuent ensuite rapidement, de telle
sorte que les points qui sont situés au delà de six ou
huit centimètres ne supportent plus aucun poids. On
reconnaît, en outre, que les points situés à la même distance des extrémités supportent des poids égaux. On
voit donc que la quantité de magnétisme libre, depuis
certains points proches des extrémités, va en diminuant
rapidement jusqu'au centre de l'aimant.

Ce procédé a été le seul employé pendant longtemps
pour déterminer la distribution du magnétisme libre
dans les barreaux d'acier, jusqu'à ce que Coulomb en
eût imaginé un autre, susceptible d'une assez grande
précision, lequel exige l'emploi de la balance de torsion.
On place à l'extrémité du fil de suspension une aiguille
d'acier aimantée à saturation, et l'on dispose l'appareil
pour que le fil n'ait pas de torsion quand l'aiguille
se trouve dans le méridien magnétique. Dans le même
plan (Pl. I, fig. 87), on place une règle verticale RR,
de bois, de trois ou quatre millimètres d'épaisseur, de
manière que l'une des extrémités de l'aiguille, l'extrémité A, par exemple, vienne s'y appliquer lorsque le fil
est sans torsion ; de l'autre côté de la règle, on fait descendre verticalement, dans une rainure faite sur la surface, un second fil d'acier, semblable au premier et aimanté de même, de sorte que le pôle A' corresponde au
pôle A.

L'aiguille mobile est d'abord chassée ; mais on la ramène au contact avec la surface de la règle en tordant
convenablement le fil de suspension. Voici ce qui se
passe : les deux fils se croisant à angle droit, tous les
points qui se trouvent à une certaine distance du point
de croisement ne contribuent que très-peu à la répulsion,
en raison de l'obliquité de leur action ; il en résulte
que les quantités de magnétisme qui concourent à cette
répulsion sont celles qui se trouvent de part et d'autre

du point de croisement sur les deux aiguilles, jusqu'à
une distance de quatre ou cinq millimètres; mais le
point qui est au croisement est celui qui agit avec le
plus d'efficacité. Si donc l'on présente successivement
tous les points du fil vertical aux mêmes points du fil
A B, dont l'action reste constante, les forces de torsion,
qu'il est nécessaire d'employer pour maintenir l'aiguille
dans le méridien magnétique, serviront à mesurer d'une
manière approchée l'intensité du magnétisme libre du
point du fil vertical qui se trouve au croisement. C'est
par ce moyen que Coulomb est parvenu à reconnaître
que le magnétisme libre est réuni presque en entier sur
les huit premiers millimètres du fil, à partir des extrémités. Si l'on eût mis en présence les deux pôles de
nom contraire, la mesure du magnétisme au point de
croisement aurait été représentée par la force de torsion
nécessaire pour faire sortir le fil mobile du méridien
magnétique.

On est dans l'usage de représenter géométriquement
les quantités de magnétisme libre d'une aiguille par les
ordonnées d'une courbe, dont les distances de chaque
point à l'une des extrémités sont les abscisses. (Pl. 1,
fig. 88 et 89.)

On emploie aussi la méthode des oscillations pour
trouver la distribution du magnétisme libre sur une aiguille; on remplace alors le fil de torsion par un fil
de soie tel qu'il sort du cocon, et le fil d'acier mobile
par une petite aiguille de boussole (Pl. 1, fig. 90); dès
l'instant que l'on dérange celle-ci de sa position naturelle d'équilibre, elle y revient par les actions combinées
de la terre et du fil vertical. La première, comme on
sait, est proportionnelle au carré du nombre d'oscillations qu'elle exécute dans un temps donné, dans une
minute par exemple, lorsqu'elle est soumise à l'action
seule de la terre. Si l'on cherche ensuite le nombre d'oscillations qu'elle fait dans le même temps lorsqu'elle
est en présence de l'aiguille, on aura la mesure de l'action exercée par ce fil, en retranchant le résultat pré-

cédent du carré du nombre d'oscillations trouvé en dernier lieu ; la différence servira de mesure à la quantité de magnétisme libre du point du fil qui se trouve à la hauteur de l'aiguille mobile, parce que ce point agit plus directement dans le plan horizontal que les autres points qui sont situés au-dessus et au-dessous. Il est facile de voir, au surplus, que, dans chaque expérience, la partie du fil qui agit avec plus d'énergie exerce une force totale presque proportionnelle à celle du point le plus voisin, laquelle peut servir de mesure à la quantité de magnétisme libre qui s'y trouve. Cette méthode ne peut s'appliquer aux points extrêmes ou qui en sont à peu de distance, attendu qu'il n'existe pas au delà de l'extrémité des points dont l'action devrait concourir à l'effet général ; cela fait que l'action éprouvée par l'aiguille n'est pas la même que si le fil était prolongé. Pour parer à cet inconvénient, lorsque l'on fait osciller l'aiguille à l'extrémité du fil, il faut doubler le nombre qui représente le carré des oscillations, pour que le résultat soit comparable à ceux que l'aiguille donne quand elle oscille devant les autres points.

On emploie ordinairement des fils assez longs pour que l'extrémité la plus éloignée n'exerce aucune action sensible sur la petite aiguille. Celle-ci doit être aimantée à saturation, pour que son magnétisme n'éprouve aucun changement par la réaction de celui du fil. Coulomb s'aperçut de cette cause d'erreur, lorsqu'il employait une petite aiguille de 2 lignes de longueur, placée à 3 lignes de distance du fil ; mais il s'en garantit en se servant d'une aiguille de 6 lignes de longueur, de 3 lignes de diamètre, et d'un fil aimanté, de 2 lignes de diamètre, de 27 pouces de longueur, et d'un poids de 865 grains le pied.

Expériences sur un fil d'acier de 27 pouces de longueur et de 2 lignes de diamètre.

1ᵉʳ ESSAI. La petite aiguille, avant qu'on lui présente le fil d'acier, a fait une oscillation en 60″.

7ᵉ Essai. L'extrémité b' abaissée de 4 pouces et demi, l'aiguille n'a plus fait qu'une ou deux oscillations en 60″; il en a été de même jusqu'à ce que l'on ait baissé l'extrémité b' jusqu'à un peu plus de 22 pouces, c'est-à-dire jusqu'à 4 pouces et demi de l'autre extrémité : alors l'aiguille changea de position.

Un fil de 10 pouces de longueur et de même diamètre que le précédent a donné les mêmes résultats.

Avec un fil de 5 pouces et de même diamètre, l'on a trouvé encore aux extrémités, et même jusqu'à 5 ou 6 lignes, à très-peu près les mêmes degrés d'action qu'à l'extrémité des deux précédentes aiguilles.

Coulomb a construit la courbe des intensités (Pl. I, fig. 88), en prenant pour abscisses les distances aux extrémités de l'aiguille, et pour ordonnées les carrés du nombre des oscillations, qui représentent les intensités des actions magnétiques en chaque point. On voit que les ordonnées de cette courbe décroissent rapidement et sont à peu près nulles vers le 5ᵉ pouce; depuis ce point, la courbe se confond avec l'axe jusqu'au 22ᵉ pouce; et sur les 5 pouces de l'autre extrémité elles suivent à peu près la même loi, mais dans un sens contraire. Vers l'extrémité de l'aiguille, il a doublé le nombre qui représente le carré des oscillations.

Ce doublement, comme nous l'avons dit précédemment, ne donnerait la véritable valeur que dans le cas seulement où le fil étant prolongé, la distribution du magnétisme serait décroissante, à partir de l'extrémité, suivant une loi entièrement semblable à celle des intensités magnétiques du fil. Soient (fig. 89) $a\,b$ le fil, $c\,c$ la courbe des intensités, $a'\,b'$ le prolongement du fil, $c'\,c'$

la courbe des intensités supposées. Dans le cas où celles-ci seraient décroissantes, il est bien évident que la répulsion opérée au point a aurait lieu, en vertu d'une force double de celle que l'on obtient directement, puisque tout serait symétrique de part et d'autre; mais il n'en serait plus de même quand la distribution du magnétisme serait croissante au lieu d'être décroissante; dans ce cas, les ordonnées de la courbe qui la représente seraient plus considérables que celles de l'autre. Le doublement doit donc donner un résultat un peu plus faible : c'est ce que M. Biot a fait voir aussi par le calcul; en outre, le doublement ne doit avoir lieu que pour le point extrême, car, pour les autres, l'erreur serait d'autant plus grande que le point que l'on considère est plus éloigné.

La courbe des intensités étant exactement la même, à diamètre égal, quelle que soit la longueur des fils, pourvu qu'ils aient plus de huit ou neuf pouces de longueur, et ne faisant que se transporter vers les extrémités, on peut en conclure que les moments de la force directrice de différentes aiguilles d'acier n'ayant pas la même longueur, mais de même nature et de même grosseur, doivent différer entre eux d'une quantité proportionnelle aux décroissements des longueurs.

Coulomb a déterminé par le calcul la position des pôles, c'est-à-dire la position du centre d'action de l'aiguille, ou, ce qui revient au même, des centres de gravité des courbes des densités magnétiques (1) d'une aiguille de 12 pouces de long, et pesant 38 grains le pied; il a trouvé que la distance de ce point à l'extrémité la plus voisine était égale à 0,36 pouces. Dans une aiguille de 18 pouces de long, ayant à peu près 2 lignes de diamètre, et pesant 865 grains le pied, cette distance a été trouvée égale à 1,51 pouce. Les diamètres des deux fils étant entre eux

---

(1) Mémoires de l'Académie des sciences, 1789, p. 47.

comme les racines carrées des poids, ou comme $\sqrt{865} : \sqrt{38} :: 4,8 : 1,00$, les distances des centres de gravité sont $:: 1,510 : 0,36, :: 4,2 : 1$; il s'ensuivrait que les distances seraient comme les diamètres des aiguilles.

Puisque dans les aimants dont la longueur surpasse 6 ou 8 pouces, la courbe des intensités est la même et ne fait que se transporter vers les extrémités, en laissant vers le milieu un espace plus ou moins grand où l'intensité est à peu près nulle, il en résulte que tous les aimants de même forme ont leurs pôles à la même distance des extrémités, puisque les pôles ne sont autres que les centres de gravité des courbes des intensités magnétiques. Coulomb a trouvé par le calcul que, dans des aimants très-courts, les pôles sont à peu près au tiers de la demi-longueur, et que cette valeur est une limite dont les pôles s'approchent à mesure que la longueur diminue.

Coulomb, qui avait remarqué que l'état magnétique de la petite aiguille qu'il faisait osciller devant la grande, avait varié d'un essai à l'autre, lui en substitua une autre, comme nous l'avons dit plus haut, dont la résistance magnétique était plus grande, et qui avait 6 lignes de longueur et 3 de diamètre.

La distance du centre de gravité de la courbe des densités à l'extrémité la plus voisine s'est trouvée être de 1,3 pouce, au lieu de 1,5 trouvé précédemment. Cet accroissement sensible indique que la densité des points placés proche du milieu de l'aiguille est un peu plus forte, ce qui provient de l'influence magnétique des points fortement aimantés du fil d'acier sur l'état magnétique de l'aiguille.

M. Biot, en cherchant la relation qui existe entre les abscisses et les ordonnées de la courbe des intensités, a trouvé qu'elle est analogue à celle qui donne la densité électrique des piles électriques formées avec des petits carreaux magiques. La loi des intensités magnétiques, d'après cette formule empirique, est représentée par l'équation logarithmique :

$$y = A\left(\mu^x - \mu^{2l-x}\right),$$

dans laquelle A et μ sont deux constantes; x la distance rectiligne depuis l'extrémité australe jusqu'au point dont l'intensité magnétique est y, et $2l$ la longueur de l'aiguille. Quand l'aiguille sur laquelle on opère a une grande longueur, la valeur de μ est une fraction qui s'approche de $\frac{1}{2}$; alors on peut négliger μ^{2l-x} devant μ^x; et l'équation des intensités près de l'extrémité est $y = A\mu^x$.

L'accord est aussi parfait que possible entre les nombres donnés par cette formule et les résultats de Coulomb déduits de l'expérience.

La distance du centre de gravité de la courbe des intensités à l'extrémité voisine, c'est-à-dire la distance du pôle à l'extrémité du barreau étant x', est donnée par la formule :

$$x' = -\,\frac{2l\,\mu^l + \dfrac{(1 - \mu^{2l})}{\log'\mu}}{(1 - \mu^l)^2},$$

$\log'$ désignant les logarithmes hyperboliques.

Dès que la longueur sera assez grande pour que μ^l et μ^{2l} puissent être considérés comme insensibles, il restera simplement :

$$x' = -\,\frac{l}{\log'\mu}.$$

A longueur égale, plus le fil est mince, plus le centre des forces se rapproche des extrémités. Dans les fils essayés par Coulomb, ils en étaient à peu près à 18 lignes.

Lorsque l devient fort petit, le calcul de x' peut se faire d'une manière plus simple, en développant μ^l et μ^{2l} en série, supprimant les deux facteurs communs, et se bornant au premier terme, on a :

$$x = \frac{l}{3}.$$

La position du centre des forces ne dépend plus alors que de la longueur, et sa distance à chaque intensité est de $\frac{1}{6}$ de la longueur totale $2l$. Cela tient à ce qu'alors la courbe des intensités peut être considérée comme une ligne droite, son aire sur chaque moitié du fil comme un triangle, et que le centre de gravité d'un triangle est placé au $\frac{1}{3}$ de sa hauteur, à partir de la base.

La distribution du magnétisme dans les fils d'acier ou de fer d'un assez grand diamètre étant connue, il était important de savoir si, dans les fils très-fins d'acier, la loi était la même. J'ai fait plusieurs séries d'expériences, dont je vais rapporter les résultats.

Les fils d'acier d'un très-petit diamètre ne prenant qu'un faible degré de magnétisme, on est obligé de modifier l'une des méthodes précédentes pour découvrir la distribution du magnétisme libre sur leur longueur. Cette question présentant de l'intérêt, en raison du grand nombre de corps possédant un très-faible magnétisme, je crois devoir la traiter ici avec des développements convenables.

Pour former des fils d'acier d'un très-petit diamètre, il faut employer un procédé à peu près semblable à celui dont Wollaston a fait usage pour se procurer des fils de platine très-fins. On prend un moule en terre de fondeur, divisé dans son épaisseur en deux parties qui se superposent parfaitement; dans chacune de ces parties, on moule la moitié d'un cylindre, suivant l'axe duquel on place un fil d'acier d'un demi-millimètre ou d'un millimètre de diamètre. Le diamètre du cylindre creux dépend du rapport que l'on veut lui donner avec celui du fil. Si l'on place ensuite ce fil au milieu d'une des parties moulées et qu'on la recouvre par l'autre, il se trouve dans la direction de l'axe. Alors, coulant de l'argent en fusion, par une ouverture conique pratiquée dans la partie supérieure du moule, on a un cylindre d'argent dont l'axe est un fil d'acier. On tire ensuite le tout à la filière. Si le rapport entre les deux diamètres est comme 1 : 20, et que le cylindre soit réduit à un fil d'un millimètre de diamètre, celui d'acier n'aura que $\frac{1}{20}$ de millimètre. Pour le dégager de l'argent dont il est entouré, on se sert de mercure, dont on élève convenablement la température. Cette opération exige de grandes précautions si l'on veut obtenir des fils d'acier intacts d'une certaine longueur. Ces fils, en sortant du mercure, possèdent assez de magnétisme pour que l'action terrestre les dirige dans le plan du méridien magnétique, quand ils sont suspendus à des fils de cocon.

J'ai cherché, à l'aide de la balance magnétique, la loi de la distribution du magnétisme dans les fils, pour savoir si elle était la même que dans les aiguilles ordinaires.

Le fil possédant un très-faible degré de magnétisme, il faut prendre, pour fil de suspension, un fil très-fin de platine, dont la force de torsion soit très-faible. On suspend, à l'extrémité de ce fil, le fil d'acier aimanté, dans lequel on veut découvrir la distribution du magnétisme, et qui est encore recouvert de son enveloppe d'argent, afin de pouvoir agir sur des fils de plusieurs décimètres de longueur; ce qu'on ne pourrait faire avec des fils d'acier simples de cette dimension, vu la difficulté de les maintenir dans une direction rectiligne.

Ensuite, comme l'a fait Coulomb, on dispose l'appareil pour que l'aiguille suspendue soit dans le plan du méridien magnétique quand le fil de platine est sans torsion. Sur la direction du même plan, on place une planchette en bois de deux à trois millimètres d'épaisseur, et l'on dispose l'appareil comme précédemment; on présente ensuite, à tous les points de l'aiguille suspendue, le même pôle d'un fil aimanté vertical. Suivant le procédé de Coulomb, c'est l'une des extrémités de l'aiguille horizontale que l'on présente successivement à tous les points du fil vertical : ici, c'est le contraire; l'aiguille horizontale est d'abord chassée par la répulsion, mais on la ramène, par la torsion du fil de suspension, dans le plan du méridien magnétique.

L'aiguille soumise à l'expérience avait 128 millimètres

de longueur et $\frac{1}{75}$ millimètre de diamètre. Sans entrer dans le détail des expériences, je dirai que la distribution du magnétisme suit la loi de M. Biot, et qu'elle est la même que dans les gros fils. Les pôles sont à 8,5 millimètres des extrémités, et n'en sont pas aussi près qu'on aurait pu le supposer, vu la petitesse du diamètre du fil.

Nous venons de voir quelle était la distribution du magnétisme dans les barreaux et les fils aimantés à saturation; mais quand il n'en est pas ainsi, elle n'est pas tout à fait la même, et le point d'indifférence peut changer de position par l'action du magnétisme terrestre.

§ V. *De la distribution du magnétisme dans les barreaux d'acier non aimantés à saturation, et en ayant égard à l'action du magnétisme terrestre.*

Les travaux de Coulomb sur la distribution du magnétisme dans les aimants, ont été exécutés sur des fils d'acier aimantés régulièrement à saturation dans chaque moitié, et dont la température est constante. Il était important, pour les recherches relatives au magnétisme terrestre, de déterminer cette distribution en tenant compte de l'action du magnétisme terrestre, quand les fils ne sont pas aimantés à saturation, que l'on renverse les pôles, et que la température change, soit dans toutes les parties, soit dans quelques-unes.

M. Kupffer, qui s'est occupé de cette question, a employé, comme Coulomb, la méthode des oscillations; seulement, il a placé l'aiguille à une plus grande distance du barreau vertical qu'il ne l'avait fait, afin d'éviter les changements qui surviennent quelquefois dans le magnétisme de la petite aiguille. L'aiguille dont il a fait usage était plate et très-étroite; elle avait 12 millim. de longueur, et se trouvait à une distance horizontale de 3 décim. d'un barreau cylindrique, en acier fondu et non trempé, de 607 millim. de longueur, et de 12,5 millim.

d'épaisseur. Sous l'influence seule du magnétisme terrestre, l'aiguille exécutait 100 oscillations en 2′ 32″. L'unité des nombres de la quatrième colonne du tableau suivant est de 40 m. Les forces boréales sont indiquées par +, et les forces australes par —. En présence du barreau soumis à l'action du magnétisme terrestre, il a obtenu les résultats suivants :

I. DISTANCE du point situé sur le prolongement de la petite aiguille au pôle boréal.	II. TEMPS que l'aiguille emploie à faire 100 oscillations.	III. FORCE correspondante à cette durée.	IV. DISTANCE du point du barreau situé sur le prolongement de l'aiguille, au point où l'attraction du barreau est nulle.
523,5	2′ — 30″,4	— 0,0003	— 6
483 5	2 — 30 4	0 0003	5
443 5	2 — 30 4	0 0003	4
403 5	2 — 30 8	0 0069	3
363 5	2 — 31 2	0 0046	2
323 5	2 — 31 6	0 0023	1
303 5	2 — 31 6	0 0023	1/2
283 5	2 — 32 0	0 0000	0
243 5	2 — 32 8	+ 0 0045	+ 1
203 5	2 — 32 8	0 0045	+ 2
163 5	2 — 33 2	0 0068	3
123 5	2 — 33 6	0 0090	4
83 5	2 — 33 6	0 0090	5

Les expériences ont été faites de manière à pouvoir déterminer le point du barreau qui n'exerce aucune action sur l'aiguille; c'est le point d'indifférence, dont la position est dépendante de la distribution du magnétisme dans le barreau. En retournant le barreau, il perdit entièrement le magnétisme qu'il avait acquis dans sa première position par l'action de la terre; mais il ne reprit pas de suite l'état magnétique opposé, si ce n'est aux extrémités, où il se manifesta d'abord un degré très-faible de magnétisme.

Pour déterminer l'état du barreau quand il recevait un faible degré de magnétisme, M. Kupffer le fit glisser perpendiculairement sur le pôle boréal d'un aimant artificiel très-fort, et le soumit à l'expérience en plaçant le pôle boréal en haut.

DISTANCE du point situé sur le prolongement de la petite aiguille au point boréal.	TEMPS que l'aiguille emploie à faire 100 oscillations.	FORCE correspondante à cette durée.	DISTANCE du point du barreau situé sur le prolongement de l'aiguille, au point où l'attraction du barreau est nulle.
71,5	3' — 7",2	+ 0,1475	+ 7
111 5	3 — 6 8	0 1403	6
151 5	3 — 3 6	0 1362	5
191 5	2 — 58 1	0 1186	4
231 5	2 — 52 8	0 0970	+ 3
271 5	2 — 46 4	0 0717	2
311 5	2 — 39 2	0 0383	7
351 5	2 — 32 0	0 0000	0
391,5	2' — 26",5	— 0,0363	— 1
431 5	2 — 20 4	0 0743	— 2
471 5	2 — 16 4	0 1047	3
511 5	2 — 12 8	0 1342	4
551 5	2 — 10 8	6 1517	5

Le barreau ayant été retourné.

546,5	2' — 9",2	— 0,1662	— 5
506 5	2 — 11 2	0 1481	4
466 5	2 — 14 8	0 1175	3
426 5	2 — 19 6	0 0803	2
386 5	2 — 25 2	— 0 0415	— 1
346 5	2 — 32 0	0 0000	0
306 5	2 — 38 8	+ 0 0363	+ 1
266 6	2 — 46 4	0 0707	2
226,4	2' — 54",0	+ 0,1025	+ 5
186 5	3 — 1 2	0 1283	+ 4
146 5	3 — 64 0	0 1450	5
106 5	3 — 10 0	0 1558	6
66 5	3 — 11 2	0 1593	7

Ces résultats nous montrent, 1° que le pôle austral du barreau est plus fort que le pôle boréal, et que le point d'indifférence est plus près du pôle le plus fort que de l'autre; que, lorsque le barreau a été retourné, les forces magnétiques, dans les différents points, ont été augmentées. Ce point d'indifférence s'est alors approché du milieu. Ces changements ont exigé plusieurs heures pour s'effectuer entièrement. Toutes les expériences faites jusqu'ici prouvent qu'à mesure que les forces magnétiques du barreau augmentent, le point d'indifférence se rapproche lentement du milieu; il s'en éloigne au contraire quand elles diminuent.

Pour montrer l'influence du magnétisme terrestre sur la distribution et l'intensité du magnétisme libre d'un barreau aimanté, M. Kupffer a rendu plus magnétique le barreau en le passant plusieurs fois perpendiculairement dans toute sa longueur sur le pôle boréal du même aimant artificiel, et le soumit ensuite à l'expérience. Il trouva de nouveau que le magnétisme du barreau est plus fort après le renversement qu'avant. Il résulterait du travail de M. Kupffer, qu'un barreau aimanté vertical a plus de force lorsque le pôle boréal dans notre hémisphère est tourné en bas que dans la position contraire. Il était important de vérifier si, avec un barreau horizontal, on trouvait cette loi. A cet effet, il a tracé sur une feuille de papier plusieurs lignes parallèles, et les a coupées par une ligne perpendiculaire, qui était placée dans le méridien magnétique. Une petite aiguille aimantée, librement suspendue à un fil simple de soie, fut placée à peu de distance, de manière que le point de suspension correspondît au point d'intersection d'une des parallèles avec la perpendiculaire. Pour trouver le point d'indifférence d'un barreau, il plaça ce dernier sur une des lignes parallèles, et le recula ou l'avança, toujours dans la direction de ces lignes, jusqu'à ce que l'aiguille ne fût plus déviée du méridien magnétique; l'intersection du barreau (ou de la ligne des pôles) avec la ligne perpendiculaire, donna le point d'indifférence. Il calcula ensuite la force de chaque pôle par la méthode des oscillations.

Le point d'indifférence ayant été déterminé, M. Kupffer le plaça sur la ligne de l'aiguille à une distance de 16 cent., tantôt du côté du pôle nord, tantôt du côté du pôle sud; puis il compta chaque fois la durée d'un certain nombre d'oscillations, et répéta les mêmes expériences en retournant le barreau. Il prit un barreau cylindrique en acier fondu non trempé, de 60 cent. de long et de 12,5 millim. de côté, et une aiguille de 14 millim., qui employait 2′ 38″ à exécuter 100 oscillations sous l'influence seule de la terre. Le barreau fut aimanté à saturation et placé sur la ligne de l'aiguille; le pôle boréal du barreau était tourné vers le nord. Lorsque le barreau était au sud de l'aiguille, son pôle boréal était tourné vers le pôle austral de l'aiguille; celle-ci faisait 200 oscillations en 1′ 45″,6, ce qui correspondait à une force de 3,1885; le barreau ayant été transporté de l'autre côté, son pôle austral vers le pôle boréal de l'aiguille, le même nombre d'oscillations fut exécuté en 1′ 45″,7, correspondant à une force de 3,2157. En retournant le barreau, l'aiguille se retourna également, et l'on trouva pour la valeur des forces 3,0339 et 3,1037. Ces résultats montrent donc, comme on devait s'y attendre, en raison de l'action terrestre, que le barreau possède une puissance plus considérable, lorsque le pôle boréal est tourné vers le nord que lorsqu'il se trouve dans une position opposée. La forme des extrémités d'un barreau exerce une influence sur sa force magnétique et la position du point d'indifférence. En effet, un barreau cylindrique en acier fondu et non trempé, de 43 centimètres de long et de 12 millimètres 1/2 de diamètre, fut arrondi à l'une de ses extrémités, aimanté à saturation, puis placé sur la direction de l'aiguille à 14 centimètres de distance. Lorsque le pôle nord du barreau était dirigé vers le sud, la force du pôle boréal et arrondi s'est trouvée égale à 2,0319, et celle du pôle austral à 2,1558; dans la position opposée du barreau, la force boréale du barreau était égale à 2,2198, et celle du pôle austral à 2,3006. Le point d'indifférence se trouva être au milieu. Les expériences furent recommencées en aiguisant de plus en plus en pointe l'extrémité qui avait été arrondie. La force du pôle pointu diminua à mesure que l'extrémité devint plus aiguë, et le point d'indifférence s'éloigna de cette même extrémité.

§ **VI.** *De la force magnétique des aiguilles réunies en faisceaux ou détachées de ces mêmes faisceaux.*

Pour étudier la distribution du magnétisme dans l'intérieur des aimants, Coulomb prit 16 aiguilles parallélogrammatiques rectangles dans la même tôle d'acier, de 0^m,162 de long et de 21$^{mill.}$,43 de large, et du poids de 20$^{gr.}$,246; il les fit chauffer à blanc sans les tremper, pour être sûr de les avoir toujours dans le même état. Les ayant aimantées à saturation, il forma des faisceaux avec un certain nombre de ces aiguilles, les pôles semblables du même côté, et les aiguilles liées ensemble avec un fil de soie assez fort pour les serrer les unes contre les autres. Le faisceau fut placé dans la balance magnétique et éloigné de 30° du méridien magnétique.

Une seule aiguille a exigé, pour rester à cette distance, une force de torsion mesurée par . . . .   82°
  2 aiguilles réunies.   125
  4 aiguilles.   150
  6 aiguilles.   172
  8 aiguilles.   182
  12 aiguilles.   205
  16 aiguilles.   229

On voit par là que la force magnétique de chaque faisceau croît dans un rapport beaucoup moindre que le nombre des lames. Huit aiguilles différentes des précédentes ont exécuté 20 oscillations en 242″. Coulomb, voulant pénétrer dans l'intérieur des aimants, a déterminé l'état magnétique de chacune des aiguilles composant le faisceau de 16 aiguilles et celui de 8. Pour cela, il les a séparées toutes et les a placées successivement dans la balance magnétique, en les éloignant de

3o du méridien magnétique; il a trouvé que les deux aiguilles extrêmes, c'est-à-dire, celles qui formaient les deux surfaces des faisceaux, avaient une plus grande force magnétique que les autres.

La première avait pour mesure............. 46
La seconde............................... 48
Et la force moyenne de toutes les autres était
égale à.................................. 3o

Une seule aiguille ayant donné pour le moment de la force directrice 82°, tandis que pour 16 feuilles réunies le moment magnétique moyen de chacune n'était que de 14°,3, c'est-à-dire, à peu près la sixième partie de l'autre, il en résulte que, dans les aiguilles de boussole, le moment du frottement des pivots augmentant dans un rapport plus grand que les pressions, et les moments magnétiques croissant dans un rapport beaucoup moins grand que les masses ou les pressions des pivots, les aiguilles peu épaisses et très-légères à longueurs égales doivent être préférées à toutes les autres. Je reviendrai sur cette question page 7 et suivantes.

En défaisant la lame composée de 8 aiguilles, Coulomb a trouvé que la

première lame   exécutait 20 oscillations en 91″
deuxième................ 20 231
troisième............... 20 278
quatrième............... 20 211
cinquième............... 20 222
sixième................. 20 237
septième (les pôles renversés) 20 237
huitième................ 20 90

Ces résultats conduisent aux mêmes conséquences que ci-dessus, et nous montrent en outre qu'il peut y avoir

des aiguilles intermédiaires dont les pôles soient renversés.

Nous devons encore faire observer que Coulomb a
reconnu qu'un faisceau de lames prend à peu près
le même degré de magnétisme qu'une seule lame de la
même figure et de même poids; ce qui tend à faire
croire que, dans les aimants d'une seule pièce, le magnétisme va en diminuant de la surface au centre,
comme dans les aimants composés de plusieurs lames.

Nobili a cherché à démontrer que l'on ne devait pas
considérer un cylindre aimanté comme formé d'un faisceau d'aiguilles très-fines de même longueur, toutes
aimantées dans le même sens, par la raison que ce faisceau ne tarderait pas à se désaimanter presque entièrement. A cet effet, il a pris, comme Coulomb, un certain
nombre d'aiguilles, cinquante, dont il a fait un petit
paquet qu'il a aimanté avec un fort aimant; puis il a
défait le paquet pour déterminer la force magnétique de
chacune d'elles en particulier. Toutes les aiguilles se
sont trouvées fortement aimantées dans le même sens. Il
a reformé ensuite le faisceau en maintenant le contact
des aiguilles aussi parfait que possible au moyen d'un
fil enroulé autour. Deux heures après, le paquet ayant
été délié, et les aiguilles examinées séparément, il se
trouva que bon nombre d'entre elles avaient acquis un
magnétisme contraire. L'expérience ayant été recom-
mencée avec un autre paquet d'aiguilles, mais avec cette
différence qu'au lieu d'attendre deux heures on le défit
au bout d'une demi-heure, dans ce cas un certain
nombre d'aiguilles avaient perdu tout le magnétisme
qu'on leur avait donné. Ces faits, qui avaient été également observés par Coulomb, prouvent que les aiguilles
ne restent pas toutes aimantées au même degré; que les
plus fortes désaimantent d'abord les plus faibles, qui
prennent ensuite le magnétisme contraire; dès lors, si
elles avaient reçu toutes, dès le principe, le même
degré d'aimantation, la vertu magnétique se serait bien
vite éteinte dans tout le système. De là il résulte, sui-

vant Nobili, que l'on ne doit pas considérer un barreau aimanté comme formé de la réunion d'aiguilles très-fines de même longueur, aimantées toutes du même côté. Mais on ne sait pas jusqu'à quel point on peut considérer l'état magnétique d'une aiguille qui vient d'être séparée du faisceau, comme semblable à celui de la même aiguille, lorsqu'elle est réunie à d'autres. Cette observation s'applique également aux observations précédemment rapportées de Coulomb.

En parlant de la disposition en échelon des barreaux, dans les faisceaux artificiels, Nobili a interprété de la manière suivante la distribution du magnétisme. Dans les aimants artificiels, le barreau central dépasse les barreaux qui sont placés ensuite en échelon. Le barreau du centre non-seulement conserve son magnétisme, mais acquiert encore un plus grand degré de force que par tout autre arrangement. Il admet que l'intérieur du barreau est divisé en couches concentriques dont le magnétisme va en diminuant rapidement du dehors au dedans : le fait suivant tend à justifier cette manière de voir. Si l'on veut concentrer dans les aimants artificiels, formés de barreaux en échelon, la plus grande force magnétique sur les bases latérales, il faut intervertir l'ordre des échelons, retirer en arrière la base centrale et pousser en avant celles qui sont latérales.

Nous rapporterons l'opinion de Nobili sur la cause des effets produits, afin de mettre les physiciens à même d'en discuter la valeur. La trempe n'est pas la cause immédiate de la conservation de la vertu magnétique ; la condition conservatrice dépend du mode même de la distribution du magnétisme dans les aimants. On ne saurait admettre, suivant lui, que l'aimant soit composé d'un nombre infini de fils élémentaires, tous aimantés au même degré, quelle que soit leur trempe, puisque tout le système se désaimanterait bien vite ; mais en supposant que les aimants extérieurs soient plus aimantés que ceux de l'intérieur, on a alors un système capable de conserver une dose de magnétisme plus ou moins forte. Ce dernier fait a été établi dans les faisceaux composés par Coulomb et rentre dans les expériences de M. Barlow.

Suivant Nobili, la trempe fait acquérir à la masse un état tel, que les molécules extérieures, refroidies plus rapidement que celles de l'intérieur, serapprochent plus que ne peuvent le faire les dernières. L'acier trempé possède donc une croûte dont la densité et d'autres propriétés propres à sa constitution sont d'autant plus différentes dans les couches internes, que le refroidissement a été plus rapide. Le magnétisme se conserverait donc dans l'acier trempé, non parce qu'il existe une force coercitive, telle que les physiciens l'ont envisagée jusqu'ici, mais bien parce que le magnétisme s'y distribuerait inégalement, en plus grande quantité à l'extérieur qu'à l'intérieur. Il part de ce principe pour expliquer comment il se fait que le fer doux, quand il a été battu sous le marteau ou passé à la filière, acquiert la propriété de conserver une petite quantité de magnétisme; les coups de marteau et la filière rendraient les parties extérieures plus compactes que celles de l'intérieur.

Par le même motif, pour la même trempe et la même quantité d'acier, les petites barres prendront à proportion plus de magnétisme que les gros barreaux. L'expérience suivante tend effectivement à prouver que le magnétisme augmente davantage en proportion du degré de la trempe que de la masse du corps magnétique : Nobili a fait construire avec le même acier deux cylindres de même longueur et de même diamètre, l'un massif et l'autre percé au milieu de part en part, suivant son axe ; le poids du premier était de 28 grammes 1/2, celui du second de 16. Ces deux cylindres furent trempés de la même manière et aimantés à saturation ; l'un et l'autre, placés à la même distance d'une aiguille de boussole, donnèrent les déviations suivantes :

$$\text{Pour le cylindre massif} \ldots \quad 9°,5$$
$$\text{Pour le cylindre foré} \ldots\ldots \quad 19°,00$$

La différence est très-grande, comme on le voit, et cependant le cylindre massif avait une masse presque double de l'autre. D'après les idées de Nobili, le cylindre foré étant trempé en même temps en dehors et en dedans, se trouve recouvert des deux côtés d'une croûte, qui devient la puissance conservatrice du magnétisme. Nous reviendrons sur cette question en exposant les nouvelles recherches de M. E. Becquerel sur le magnétisme des corps en général.

Nous dirons quelques mots de la distribution du magnétisme sur des lames d'acier très-larges et peu épaisses. M. de Haldat a reconnu que si l'on trace avec un aimant assez fort des figures quelconques sur des plaques d'acier de 3 ou 4 décim. carrés, et de 2 ou 3 décim. de côté, on rend ces figures apparentes en répandant de la limaille fine de fer avec un tamis sur la surface. (*Ann. de Phys. et de Chim.*, t. LXII, p. 33.)

§. VII. *Des actions exercées sur l'aiguille aimantée par des sphères de fer.*

M. Barlow, auquel est due l'étude de ces actions, a commencé par décrire sur une plate-forme unie plusieurs circonférences de cercles concentriques, de 8 à 16 pouces de rayon (mesure anglaise); puis il a fait passer, par le centre commun, une ligne droite, dans la direction du méridien magnétique; et, après avoir marqué les points Est et Ouest, il a divisé le cercle en parties égales de 10° chacune.

Ayant ajusté une aiguille aimantée au centre du cercle, il a appliqué successivement à chaque point de la division et à différentes distances du centre, des boulets ou bombes de 5 pouces $\frac{1}{2}$, 8 pouces et 10 pouces, pesant 24 livres, 48 livres et 96 livres, et il notait dans chaque cas la déviation produite. L'aiguille marchait du nord vers l'ouest quand le boulet passait du nord au sud par l'est; et l'effet était produit dans une direction opposée, lorsque le boulet passait dans l'autre demi-cercle. La plus grande déviation avait lieu quand les boulets se trouvaient entre les points sud et est ou sud et ouest du cercle. Une petite balle solide, de 2 pouces de diamètre, produisait un effet contraire; c'est-à-dire que la déviation était d'abord orientale; elle atteignait le maximum entre le nord et l'est; décroissait, devenait nulle entre l'est et le sud; après quoi elle devenait occidentale, atteignait son maximum, et s'évanouissait de nouveau lorsque la balle était tout à fait au sud. La même chose avait lieu, mais en sens inverse, quand la balle passait du sud au nord par l'ouest. M. Barlow répéta les premières expériences sur les bombes, mais en élevant cette fois le centre de l'aiguille aimantée au niveau du plan de l'équateur de chacune d'elles; il trouva, par exemple, qu'une déviation orientale avait d'abord lieu, et disparaissait lorsque la balle passait de l'est au sud, et que le contraire se montrait quand elle passait du sud à l'ouest et de l'ouest au nord.

En élevant l'aiguille de dix pouces au-dessus de la plate-forme, la déviation, au lieu d'être d'abord occidentale, comme dans la première expérience, ou d'abord orientale, ensuite zéro et occidentale, comme dans la dernière, elle devenait tout à fait orientale dans le premier demi-cercle, et occidentale dans le second. Les résultats étaient donc inverses de ceux obtenus dans le premier cas. Ces faits prouvent que la déviation dépendait de la position du centre par rapport à l'aiguille. Effective-ment, si, à chaque point, excepté au nord et au sud, on transportait le boulet de haut en bas, dans la même verticale, on obtenait d'abord une déviation orientale et ensuite une déviation occidentale, ou d'abord occidentale et ensuite orientale; par conséquent, dans chacune de ces verticales, il devait y avoir quelque point où la dé-viation était nulle. M. Barlow chercha si tous ces points étaient placés dans un plan, et quelle était l'inclinaison de ce plan par rapport à l'horizon.

A cet effet, il s'est procuré une table fortement fixée
en terre, et au milieu de laquelle se trouvait une ouverture circulaire, d'un peu plus de dix pouces de diamètre, et au travers de laquelle on pouvait élever et abaisser à volonté une bombe de dix pouces de diamètre, au
moyen d'une poulie. La surface supérieure de la table
était disposée comme la plate-forme, c'est-à-dire qu'elle
portait un cercle divisé. L'aiguille fut portée autour du
boulet. En élevant celui-ci jusqu'à ce que son action fût
insensible, et l'abaissant ensuite graduellement, on nota
la déviation à certaines hauteurs ; on s'assura, par ce
moyen, que plusieurs points sans action étaient tous
placés dans un seul plan, dont l'inclinaison était d'environ 20 degrés, c'est-à-dire que le plan était tout à fait
ou presque perpendiculaire à la direction de l'aiguille
d'inclinaison.

La cause de l'anomalie apparente observée avec la
petite balle solide est facile à expliquer : le centre étant
placé un peu au-dessus du pivot de l'aiguille, le plan de
non attraction passait au-dessus ou au-dessous de ce point,
selon la position de la balle, tandis que dans les bombes
le centre passait au-dessus dans toutes leurs positions,
excepté quand on élevait l'aiguille. Avec des bombes
de plus fortes dimensions, les résultats furent les
mêmes.

Il existe donc dans chaque boulet de fer deux plans
où l'on peut placer l'aiguille sans que sa direction soit
influencée : l'un qui est le plan de non attraction, et
l'autre, qui est le plan vertical correspondant au méridien magnétique.

On est conduit ainsi aux conséquences suivantes :
1° chaque boulet de fer a un équateur magnétique, qui
se trouve dans le plan de non attraction; il possède,
comme la terre, deux pôles magnétiques, l'un dirigé
vers le nord, et l'autre vers le sud, les lignes qui
unissent ces pôles étant parallèles à la direction de l'aiguille d'inclinaison. 2° L'effet produit sur l'aiguille par
le fer dépend entièrement de la position du centre du

boulet, par rapport au pivot de l'aiguille; si l'on admet qu'une sphère (fig. 92) A A′ A″ entoure de toutes parts le boulet de fer O, et que l'on prenne le cercle de non attraction Q Q comme un équateur, et les pôles de ce cercle comme des pôles de la sphère, et le cercle perpendiculaire S N comme le méridien magnétique, dont les pôles seront S et N, on peut supposer que l'on décrive dessus des cercles de latitude et de longitude, et que l'on promène l'aiguille autour du boulet, dans ces différents cercles, en ayant soin de la tenir à la même distance du centre, de manière à pouvoir séparer les effets dus à la position, de ceux qui proviennent d'un changement dans la distance. Afin de séparer l'effet dû à la longitude de celui qui dépend de la latitude, on fait passer l'aiguille d'abord sur les cercles de la latitude seulement. M. Barlow, en opérant ainsi, a trouvé, après quelques expériences, que les déviations étaient les plus grandes dans le cercle qui passait des pôles à travers les points est et ouest de l'équateur. Il considéra dès lors ce plan comme son principal méridien dont la longitude était nulle.

Après avoir obtenu par cette méthode de nombreux résultats, il compara entre elles les lignes trigonométriques des angles de déviation, et parvint à découvrir la loi suivante; savoir, que les tangentes des déviations sont proportionnelles au rectangle du sinus et du cosinus de la latitude, ou au sinus de la double latitude. Ses expériences sur la longitude lui ont montré que la déviation était proportionnelle au cosinus de la longitude.

M. Barlow a répété toutes les expériences précédentes avec des appareils plus parfaits que ceux dont il avait fait usage avant, et pour la description desquels on peut consulter son ouvrage. La détermination précise de l'inclinaison du plan de non attraction l'a d'abord occupé.

Le centre de l'aiguille aimantée fut placé, à cet effet, successivement à chaque division de 5° d'une circonférence d'un rayon de 20 pouces. Le boulet fut élevé ou abaissé jusqu'à ce que l'aiguille eût atteint exactement sa position magnétique convenable. On mesura avec soin la hauteur du centre du boulet au-dessus ou au-dessous du pivot de l'aiguille, et l'inclinaison du plan correspondant à chaque position de l'aiguille fut calculée au moyen de la formule:

$$\tang I = \frac{h}{r \cos a} = \frac{h}{r} \sec a,$$

dans laquelle I est l'inclinaison, r le rayon du cercle qui, dans l'exemple actuel, est de 20 pouces; h la hauteur ou l'abaissement observé du centre du boulet, et a l'angle du point nord ou sud du cercle. Dans la table suivante, pour la facilité du calcul, on a pris la moyenne de quatre hauteurs ou abaissements dus à des positions correspondantes semblables des points est ou ouest.

EXPÉRIENCES.

POSITION DE LA BOUSSOLE, ou valeur de A.	HAUTEURS ET ABAISSEMENTS OBSERVÉS				MOYENNE VALEUR DE h.	INCLINAISON CALCULÉE par la formule $\tang I = \frac{h}{r} \sec a$.
	DU NORD VERS L'EST. Abaissement.	DU NORD VERS L'OUEST. Abaissement.	DU SUD VERS L'EST. Hauteur.	DU SUD VERS L'OUEST. Hauteur.		
5°...	7,10.	7,00.	7,05.	7,05.	7,05...	19° 29'
10...	7 05	7 00.	6 95	7 00.	7 00...	19 34
15...	6 80.	6 80.	6 80.	6 80.	6 80...	19 23
20...	6 65.	6 70.	6 55.	6 50.	6 50...	19 21
25...	6 40.	6 40.	6 40.	6 40.	6 40...	19 27
30...	6 05.	6 10.	6 10.	6 15.	6 15...	19 24
35...	5 80.	5 80.	5 80.	5 80.	5 80...	19 30
40...	5 50.	5 40.	5 40.	5 50.	5 50...	19 11
45...	5 00.	5 00.	5 00.	5 00.	5 00...	19 28
50...	4 55.	4 50.	4 50.	4 45.	4 45...	19 18
55...	4 07.	4 05.	4 05.	4 06.	4 06...	19 27
60...	3 57.	3 52.	3 52.	3 55.	3 54...	19 26
65...	3 00.	3 00.	3 00.	3 00.	3 00...	19 35
70...	2 35.	2 37.	2 37.	2 35.	2 36...	19 01
75...	1 85.	1 80.	1 85.	1 82·	1 83...	20 26
80...	1 25.	1 25.	1 22.	1 20.	1 23...	19 30
85	....	....	....	....	....	....

INCLINAISON MOYENNE...... 19° 24'

On a donc 19° 24' pour l'inclinaison du cercle de non attraction, valeur qui est sensiblement le complément de l'inclinaison magnétique, qui a été trouvée, le 13 avril 1818, par les capitaines Kater et Sabine, à Regent's Park, égale à 70° 34'.

Ayant déterminé rigoureusement la position du plan de non attraction ou de l'équateur magnétique QQ (fig. 93), M. Barlow a cherché la loi d'attraction par rapport à la latitude; d'abord dans le cercle SEN perpendiculaire à l'équateur QQ', et qui passe par les points est et ouest du cercle horizontal HR. Des considérations de calcul, et le mode d'expérimentation dont il faisait usage, l'ont engagé à en agir ainsi.

Soient H Z R, une sphère concentrique avec une balle de fer C; N, S, les pôles nord et sud, par rapport à QQ', qui est l'équateur ou cercle de non attraction, Z le zénith de la sphère, HR un cercle parallèle à l'horizon, et SE un autre cercle qui passe par les points orientaux et occidentaux de l'horizon, où il rencontre aussi QQ'; soit encore un quart de cercle ZLV qui aboutit à un point V de l'horizon, en coupant SE au point L; tirons une perpendiculaire LM qui rencontre le plan HR dans la ligne qui joint V et le centre C.

L'axe EV étant donné, M. Barlow calcula le point L à l'endroit où l'arc SE est coupé par le quart de cercle ZV; l'arc L E sera la latitude de ce point par rapport à l'équateur QQ'; et les lignes LM et CM (le sinus et le cosinus de l'arc V L) indiqueront combien la boussole doit être élevée au-dessus du centre du boulet, et à quelle distance elle doit être placée du centre de la table pour correspondre au point L'.

Maintenant dans le triangle sphérique à angle droit V E L, l'angle droit était en V, on a l'angle LEV et l'arc E V. Pour trouver l'hypoténuse LE ou la latitude, et le côté, ou la perpendiculaire LV, on a:

Pour la première :

$$\text{Tang. LE} = \text{tang. VE. sec. VES.}$$

Et pour la dernière :

$$\text{Tang. } VL = \text{sin. } VE. \text{ tang. } VES.$$

Par le sinus et le cosinus de ce dernier arc, on détermine de suite les valeurs de LM et de CM pour un rayon donné.

Nous n'avons qu'à prendre pour VE les différents arcs ou divisions de table, c'est-à-dire $2\frac{1}{2}°$, $5°$, $7\frac{1}{2}°$, $10°$, etc., et pour l'angle VES l'inclinaison de l'aiguille (qui est égale à $70° 30'$), et l'on retrouve les différentes particularités dont il a été question précédemment, comme on peut le voir dans la table qui suit, à l'exception cependant des nombres de la dernière colonne, qui ont été obtenus au moyen d'une loi empirique, dérivée de la première série d'expériences ; savoir, que la tangente de la déviation de l'aiguille est proportionnelle au sinus de la double latitude ; ou, ce qui revient au même, le sinus de la double latitude, divisé par la tangente de déviation, est une quantité constante, la longitude étant zéro.

Résultats des expériences faites sur le cercle SE *dont la longitude est zéro ; boulet de* 288 *livres ; rayon de* 12 *pouces.*

POSITION DE LA BOUSSOLE.	LATITUDE.	LONGITUDE.	HAUTEUR DU CENTRE	DISTANCE DU CENTRE A LA TABLE.	DÉVIATION EST DE LA BOUSSOLE.	DÉVIATION OUEST DE LA BOUSSOLE.	DÉVIATION MOYENNE.	RAPPORT DU SINUS $\dfrac{2\lambda}{\text{tang.}\Delta}$*
			pouces.	pouces.				
2° 30' E. ou W.	7° 27'	0° 0'	. 1,465	. 11,91 .	. 10° 0'	. 10° 15'	10° 7' 1/2	.. 1,439
5 0.	14 41	......	. 2 87.	. 1 65.	. 19 30	. 19 45	19 37 1/2	.. 1 375
7 30.	21 31	......	. 4 15.	. 1 26.	. 26 30	. 26 30	26 30...	.. 1 369
10 0.	27 51	......	. 5 28.	. 10 77.	. 32 00	. 31 30	31 45 ..	.. 1 335
12 30.	33 35	......	. 6 26.	. 10 28.	. 34 15	. 34 00	34 7 1/2	.. 1 365
15 0.	38 45	......	. 7 08.	. 9 68.	. 35 45	. 35 30	35 37 1/2	.. 1 363
17 30.	43 22	......	. 7 75.	. 9 15.	. 36 15	. 36 15	36 15...	.. 1 362
20 0.	47 28	......	. 8 33.	. 8 63.	. 35 30	. 36 00	36 15 ..	.. 1 328
25 0.	54 24	......	. 9 20.	. 7 76.	. 34 00	. 35 00	34 34...	.. 1 378
30 0.	59 58	......	. 9 79.	. 6 93.	. 32 15	. 32 30	32 22 1/2	.. 1 367
35 0.	64 20	......	. 10 21.	. 6 30.	. 30 14	. 29 45	29 52 1/2	.. 1 353
40 0.	68 18	......	. 10 51.	. 5 79.	. 26 14	. 26 45	26 45...	.. 1 363
50 0.	74 21	......	. 10 88.	. 5 03.	. 21 00	. 21 00	21 00...	.. 1 354
60....	79 6	......	. 11 10.	. 4 54.	. 11 15	. 15 15	15 15...	... 1 362
70...	83 04	......	. 11 22.	. 4 23.	. 10 00	. 10 00	10 00...	... 1 359
80....	86 38	......	. 11 30.	. 4 05.	. 5 00	. 4 45	4 52 1/2	... 1 375

* λ indique la latitude et Δ l'angle de déviation du nord magnétique.

M. Barlow a opéré aussi sur un cercle SE, avec des bombes pesant 288 livres, et ayant des rayons égaux à 15, 18 et 20 pouces. Nous passons sous silence les résultats qu'il a obtenus dans ce cas.

Le peu de différence qui existe entre les nombres de la dernière colonne de la table précédente et ceux que nous ne rapportons pas ici, montre bien clairement, comme il a été dit précédemment, que la tangente de l'angle de déviation est proportionnelle au rectangle du sinus et du cosinus de la latitude, ou au sinus de la double latitude, la longitude étant zéro ; ce qui revient à dire que pendant que l'on porte la boussole autour du globe dans un grand cercle passant par les points est et ouest de l'horizon, ce plan est perpendiculaire au cercle de non attraction, ou équateur QQ'.

Occupons-nous maintenant de la loi d'attraction relative à la longitude. Rappelons-nous que M. Barlow a conclu de plusieurs résultats de l'expérience et de déductions théoriques relatives à la détermination des forces, que là où la latitude est la même, la tangente de déviation est proportionnelle au cosinus de la longitude.

Trois méthodes pouvaient être employées pour soumettre les lois précédentes à l'expérience : ces méthodes consistaient à faire mouvoir la boussole sur un grand cercle, dont la longitude serait constante, ou sur un petit cercle dont la latitude était constante, ou sur un cercle dont la latitude et la longitude fussent toutes deux variables. M. Barlow a donné la préférence à la première et à la seconde, pour plus de facilité dans les calculs ; néanmoins leur étendue est telle que nous ne pouvons les rapporter ici ; nous nous bornerons seulement à donner les résultats numériques dans le tableau suivant.

Les nombres de la dernière colonne sont déduits de la loi dont il a déjà été question ; savoir, que les tangentes des angles de déviation sont proportionnelles au rectangle du sinus de double latitude et au cosinus de longitude ; ce qui exige que le quotient $\dfrac{\sin 2\lambda \cos l}{\tang \Delta}$

soit une quantité constante; λ est la latitude, l la longitude, et Δ l'angle de déviation observé. On a opéré dans un cercle, dont la longitude était de 58° 31', avec une bombe, ayant un rayon de 8 pouces et pesant 288 livres:

POSITION DE LA BOUSSOLE par rapport à *B*.	LATITUDE.	LONGITUDE.	HAUTEUR DU CENTRE.	DISTANCE DU CENTRE A LA TABLE.	DÉVIATION EST DE LA BOUSSOLE.	DÉVIATION OUEST DE LA BOUSSOLE.	DÉVIATION MOYENNE.	RAPPORT DE $\dfrac{\sin \lambda \cos l}{\text{tang } \Delta}$
			pouces.	pouces.				
2° 30' E. ou W.	2°45′5	58° 91'	4,30.	17,48.	0°30'	0°30'	0°30'	
5 0.	9 50.	......	7 04.	16 16	2 20.	2 20.	2 20.	... 4,314
7 30.	20 14.	......	10 68.	14 49.	4 15.	4 25.	4 20.	... 4 473
10 0.	28 30.	......	12 60.	12 86.	5 20.	5 30.	5 25.	... 4 615
12 30.	34 19.	......	13 93.	11 41.	6 ...	6 00	6 00.	... 4 628
15 0.	40 08.	......	14 85.	10 71.	6 ...	6 00.	6 00.	... 4 786
17 30.	44 16.	......	15 51.	2 14.	6 30.	6 30.	6 30.	... 4 582
20 0	47 35.	......	15 99.	8 28.	6 30.	6 30.	6 30.	... 4 565
25 0.	52 41	......	16 60.	6 96.	6 30.	6 00.	6 15.	... 4 598
30 0.	56 23.	......	16 97.	6 02.	6 00.	6 00.	6 00.	... 4 582
35 0.	59 12.	......	17 20	5 31.	6 00.	6 00.	6 00.	... 4 271
40 0.	61 27.	......	17 36.	4 78.	5 30.	5 30.	5 30.	... 4 554
50 0	64 52.	......	17 51.	4 06.	5 00.	5 ...	5 00.	... 4 590
60 0.	67 27.	......	17 64.	3 66.	4 30.	4 30.	4 30.	... 4 699

Les nombres de la dernière colonne de cette table, et de deux autres que je ne rapporte pas ici, présentent plus de différence que ceux qui ont servi à établir la loi sur la latitude. M. Barlow fait observer à ce sujet que les déviations étant beaucoup plus petites que dans le premier cas, une très-légère erreur d'observation produit un effet plus sensible; car lorsqu'on approche l'aiguille plus près du centre de la table, on peut commettre facilement une petite erreur en l'ajustant, ce qui donne naissance à un plus grand désaccord. Néanmoins M. Barlow pense qu'il a déterminé la loi sur la longitude, au moins par approximation; suivant cette loi, tant que la latitude est constante, la tangente de déviation est proportionnelle au cosinus de la longitude, comme nous l'avons établi déjà.

Dans les expériences précédentes, la latitude variait,

tandis que la longitude restait constante. M. Barlow a voulu aussi expérimenter, en faisant passer l'aiguille autour du boulet, dans un cercle où ces deux quantités changeraient; mais il nous est impossible de donner tous les développements relatifs aux recherches auxquelles il s'est livré pour déterminer la loi de l'attraction par rapport à la distance, en raison de leur étendue. De la coïncidence remarquable qui existe entre les résultats observés et les résultats calculés, il résulte clairement que la loi de l'attraction, par rapport aux distances, peut s'établir ainsi : que les tangentes des angles de déviation sont réciproquement proportionnelles aux cubes des distances.

Comme les forces magnétiques varient en raison inverse du carré de la distance, et la tangente de déviation en raison inverse du cube de cette même distance, il s'ensuit que le carré de la tangente de déviation est directement comme le cube de la force, ou que la tangente de déviation varie directement comme la puissance $\frac{3}{2}$ du pouvoir de la force.

On devait supposer, suivant toutes les probabilités, que le pouvoir de l'attraction devait suivre la loi directe des masses. Pour vérifier par l'expérience cette loi, M. Barlow s'est procuré un boulet massif de 10 pouces, semblable à celui dont il s'était servi dans l'expérience de la bombe de 10 pouces, et dont le poids était de 128 livres, c'est-à-dire juste les $\frac{4}{9}$ du poids d'un boulet de 15 pouces; en les soumettant l'un et l'autre à l'expérience, il a obtenu :

POSITION N. OU O. DE LA BOUSSOLE.	DISTANCE DE 12 POUCES.		RAPPORT des TANGENTES.	DISTANCE DE 15 POUCES.		RAPPORT des TANGENTES.
	DÉVIATION du boulet de 288 liv.	DÉVIATION du boulet de 128 liv.		DÉVIATION du boulet de 288 liv.	DÉVIATION du boulet de 128 liv.	
2° 30'	10° 7' 1/2	4° 0'	2,552	5° 7' 1/2	2° 15'	2,279
5 0.	19 37 1/2	8 30	2 385	10 7 1/2	4 30	2 287
7 30.	26 30	11 45	2 397	14 7 1/2	6 30	2 207
10 0.	31 45	15 15	2 269	16 52 1/2	7 45	2 227
12 30.	34 7 1/2	17 00	2 216	18 37 1/2	8 30	2 254
15 0.	35 37 1/2	17 30	2 272	19 45	9 00	2 267
17 30.	36 15	18 15	2 352	20 15	9 15	2 265
20 0.	36 15	18 15	2 353	20 7 1/2	9 15	2 250
25 0.	34 30	17 00	3 248	19 15	8 45	2 269
30 0.	32 22 1/2	15 45	2 246	17 37 1/2	8 00	2 259
35 0.	29 52 1/2	14 15	2 261	16 00	7 15	2 254
40 0.	26 45	12 00	2 386	14 5	6 15	2 319
50 0.	21 00	9 45	2 238	10 45	4 45	2 285
60 0.	15 15	7 00	2 222	7 30	30 20	2 281
70 0.	10 00	4 00	2 521	5 00	2 15	2 227
80 0.	4 52 1/2	2 15	2 172	2 20	»	»

La moyenne des premiers rapports est 2.318, et celle des seconds 2.259; et la moyenne des deux est 2.288; mais le rapport des masses ou des cubes du diamètre est 2.25, d'où l'on voit que les tangentes des déviations sont proportionnelles aux cubes des diamètres, toutes choses égales d'ailleurs. Le cube des diamètres étant proportionnel aux masses, on devait en conclure que les tangentes de déviation étaient aussi proportionnelles aux masses; et telle est, en effet, la conclusion qu'il en tira, lorsqu'il fit l'expérience avec un obus de dix pouces, dont le poids était de 96 livres, les $\frac{3}{4}$ de celui du dernier boulet de la même dimension. Mais M. Barlow fut très-surpris de ne trouver aucune différence entre ces résultats et les premiers. En faisant une série d'expériences du même genre avec des obus et des boulets, il a trouvé, en comparant les résultats, qu'ils s'accordaient en tous points; dès lors il lui parut évident que le pouvoir d'attraction résidait tout entier à la surface et était indépendant de la masse. M. Barlow a fait encore des expériences multipliées avec des obus de différents diamètres et de différentes épaisseurs, et toutes lui ont donné la même loi; savoir, que les tangentes de déviation sont proportionnelles aux cubes des diamètres, ou comme la puissance $\frac{3}{2}$ des surfaces, quels que soient le poids ou l'épaisseur. Mais la force magnétique étant comme la surface, et la tangente de déviation comme la puissance $\frac{3}{2}$ des surfaces, il s'ensuit que le carré de la tangente de déviation varie directement comme la puissance $\frac{3}{2}$ de la force.

Bien que le pouvoir d'attraction réside à la surface et soit indépendant de la masse, cette loi a néanmoins des limites, puisque M. Barlow a reconnu que l'agent magnétique exige que le métal ait une certaine épaisseur excédant $\frac{1}{30}$, pour qu'il se développe et agisse avec un pouvoir complet.

§ VIII. *Des phénomènes magnétiques produits dans une sphère pleine ou creuse, par la rotation.*

Pour étudier ce genre de phénomènes, M. Barlow ayant fixé un obus à un tour, auquel on pouvait imprimer un mouvement de 640 tours par minute, il plaça à peu de distance une aiguille de boussole, qui fut déviée de plusieurs degrés, et resta ensuite stationnaire pendant tout le mouvement ; mais elle reprit sa direction primitive aussitôt que le mouvement eut cessé. Le mouvement ayant lieu en sens inverse, l'aiguille se dévia d'un même nombre de degrés dans un sens contraire, et tous les phénomènes précédents se reproduisirent.

L'expérience fut répétée plus en grand, avec une bombe de $0^m,324$ de diamètre, fixée au mandrin d'un tour mû par une machine à vapeur. L'effet fut plus considérable. Dans certaines positions l'aiguille ne recevait aucune action ; dans d'autres elle avait lieu tantôt dans un sens, tantôt dans un autre. La limite de la déviation était comprise entre zéro et 80°.

Pour trouver les lois qui régissent la direction de

l'aiguille pour tous les cas, M. Barlow construisit un
appareil dans lequel il n'avait plus à craindre l'influence
de la masse de fer faisant partie du tour. Cet appareil
consistait en un châssis ou cadre, analogue à celui d'une
machine électrique. Une bombe de 8 pouces de diamètre
et d'un poids de 30 livres remplaçait le cylindre.
Les pieds de la table massive étaient fortement assu-.
jettis sur le sol. Le système moteur se composait de
deux roues, l'une de 18 pouces de diamètre, l'autre
de 3.

La manivelle pouvant tourner aisément 2 tours par
seconde, on imprimait ainsi à la bombe un mouvement
de 720 tours par minute. On plaçait près de l'appareil
un guéridon suffisamment affermi, qui avait une échan-
crure demi-circulaire, au moyen de laquelle on pouvait
le placer aussi près qu'on le voulait de la bombe.

Une aiguille aimantée placée au-dessus pouvait en
être approchée dans toutes les directions. Des trous
pratiqués dans la table permettaient de fixer le cadre
ou châssis dans tous les azimuts. Ce guéridon pouvait
s'élever à toutes les hauteurs, afin que l'aiguille fût placée au-dessus ou au-dessous de la bombe. Le guéridon
fut d'abord élevé à la hauteur de l'axe de la bombe, et
l'aiguille placée successivement en diverses positions
autour d'elle.

L'aiguille, quel que fût l'azimut, pourvu que l'on détruisît l'influence terrestre au moyen d'un aimant, présenta les effets suivants : le pôle nord s'approchait de
la bombe quand la partie supérieure de celle-ci descen-
dait vers l'aiguille; dans le mouvement en sens contraire,
c'était le pôle sud. Tantôt l'axe de rotation fut placé
dans le méridien magnétique, tantôt dans la direction de l'est à l'ouest; tantôt la boussole le fut successivement autour de la bombe. Voici les principaux résultats obtenus : M. Barlow ayant neutralisé l'action
terrestre avec un aimant convenablement placé, pour
que l'aiguille fût dans une direction tangentielle, a
trouvé que, quelle que fût la direction de l'axe de ro-

tation, si le mouvement de la bombe est dirigé vers l'aiguille, l'extrémité nord de cette dernière est attirée; elle est repoussée, au contraire, s'il a lieu dans un sens contraire. Le mouvement restant le même, si l'aiguille est successivement portée autour de la bombe, dans le demi-cercle où le mouvement est dirigé vers l'aiguille, l'extrémité nord approche de la balle, et dans le demi-cercle elle s'en éloigne; les points sans action se trouvent aux deux extrémités d'un axe, et ceux où l'effet est le plus fort, aux deux extrémités de l'axe qui est à angles droits. Dans ce cas, l'aiguille se dirige tout à fait vers le centre de la balle. La figure 99 indique les diverses fonctions de l'aiguille : s est la bombe, ab son axe, ns, ns, etc., les positions primitives de l'aiguille, $n's'$, $n's'$, celles qui résultent du mouvement qui a eu lieu de c en d. Quand le mouvement s'effectue de d en c, les effets sont renversés.

Si l'aiguille étant parfaitement neutralisée, on la promène autour de la bombe parallèlement à l'axe, elle a une tendance à se mettre à angles droits avec elle, et se trouve dans des directions opposées à certaines parties du cercle. Si l'on suppose, par exemple, l'axe dans le méridien magnétique, et le mouvement dirigé de l'ouest à l'est, au point est de l'horizon, l'aiguille se dirige vers l'ouest, et se comporte de même à tous les points entre l'horizon et une hauteur de 60°; au delà, l'extrémité nord se dirige vers l'est, jusqu'à ce qu'on ait passé le zénith 30° à l'ouest; et alors, de ce point à l'horizon ouest, l'extrémité nord se dirige vers l'ouest, et de semblables changements se passent sous la bombe. De semblables effets ont lieu, quelles que soient la direction de l'axe et celle du mouvement.

Quand l'action de la terre n'est pas neutralisée, et que l'on passe l'aiguille successivement dans diverses positions autour de la bombe, dont l'axe est dans la direction magnétique, on a les effets représentés fig. 100. AB est l'axe de rotation; les lignes noires représentent les directions naturelles de l'aiguille, et les lignes ponc-

tuées celles qu'elle prend en vertu du mouvement de
rotation. Commençons par le point A. Si le mouvement
va de gauche à droite, c'est-à-dire de l'ouest à l'est,
l'aiguille va de *n* en *n'*, dans le même sens, jusqu'à ce
qu'elle arrive à 3o°; elle reste alors dans sa direction
naturelle; l'aiguille va au contraire de droite à gauche
à 6o°, 75° et à 9o°, etc.

M. Barlow, pour compléter ses recherches sur la
déviation produite dans la direction de l'aiguille aimantée, par la rotation d'une boule de fer, a répété la
même expérience sur des boulets pleins et vides de même
diamètre, afin de voir comment la masse de métal influait sur le phénomène. Il a fait usage, à cet effet, d'un
boulet pesant 68 livres, et ayant 7,87 pouces de diamètre, ainsi que d'un projectile creux pesant la moitié de
l'autre. Il attacha à un axe vertical de rotation un cylindre de bois creusé à sa partie inférieure en coupe
hémisphérique. Il assujettit dans ce creux le projectile.
L'appareil disposé comme il a été dit, donna les résultats suivants :

Avec le boulet solide, faisant 64o tours par minute :

EXPÉRIENCES.	SITUATION DE L'AIGUILLE pendant le repos du boulet.	DÉVIATION par le mouvement vers la gauche.	DÉVIATION par le mouvement vers la droite.	DÉVIATION MOYENNE.
1	0° 00′	27° 00′	29° 00′	28° 00′
2	+ 1 00	28 00	29 00	28 30
3	− 0 30	28 00	29 30	28 45
4	0 00	28 30	29 40	28 45
5	0 00	27 30	29 30	28 00
6	+ 1 00	27 30	29 10	29 15
7	− 0 30	27 30	29 00	28 15
8	+ 1 00	28 30	29 00	28 15

La moyenne générale de la déviation est de 28° 24′.

Avec le boulet creux faisant 640 tours par minute, on a eu :

EXPÉRIENCES.	SITUATION DE L'AIGUILLE pendant le repos du boulet.	DÉVIATION par le mouvement vers la gauche.	DÉVIATION par le mouvement vers la droite.	DÉVIATION MOYENNE.
1	+ 0°30′	14°45′	15°00′	14°52′
2	0 00	15 00	15 00	15 00
3	+ 1 00	15 30	15 00	15 15
4	0 00	15 30	15 30	15 30
5	— 0 30	15 00	15 00	15 00
6	+ 0 30	15 30	15 30	15 30
7	+ 0 30	15 00	15 00	15 00
8	0 00	15 00	15 00	15 00

Moyenne générale de la déviation : 15° 8′.

Or, le boulet solide a donné 28° 24′ pour la moyenne des déviations, tandis que l'autre n'a fourni que 15° 8. La différence entre les deux bombes est tellement grande, que, bien que M. Barlow n'ait peut-être pas employé un appareil très-parfait pour faire ces observations, on ne saurait douter que l'influence des deux sphères en mouvement ne fût très-différente. Cette différence est nulle quand ces mêmes corps sont en repos.

§ IX. *Du magnétisme des corps en mouvement. — Action de tous les corps sur l'aiguille aimantée pour diminuer l'amplitude des oscillations sans changer leur nombre.*

Avant de parler du magnétisme de tous les corps, nous allons exposer les propriétés magnétiques qu'acquièrent ces mêmes corps momentanément par le mouvement, propriétés dont la découverte est due à M. Arago. Voici comment on les observe : si l'on suspend une aiguille aimantée horizontalement au-dessus d'un métal ou de l'eau, et qu'on l'écarte de sa position naturelle d'un certain nombre de degrés, en l'abandonnant

ensuite à elle-même, elle oscille dans des arcs de moins en moins étendus, comme si elle se trouvait dans un milieu résistant. Ce qu'il y a de remarquable dans ce mode d'action, c'est que la diminution dans l'amplitude des oscillations ne change pas leur nombre dans le même temps. Citons quelques faits. Pour fixer les idées, saisissons l'instant où la demi-amplitude n'est plus que de 43°, et comptons combien il s'effectue d'oscillations depuis le départ. Avec l'eau, la distance de l'aiguille à l'eau étant de $0^{mm},65$, il se perd 10° en . . . . 30 oscillations.
À $52^{mm},2$ de distance, il faut pour la
même perte . . . . 60 oscillations.

Ainsi, selon que l'aiguille est à $0^{mm},65$ ou $52^{mm},2$ de la surface de l'eau, elle perd 10° dans l'amplitude de ses oscillations en 30 ou en 60 oscillations; la différence est du double. M. Arago a obtenu les résultats suivants, en faisant osciller la même aiguille sur de la glace :

De 53° à 43°, à $0^{mm},70$ de distance . 26 oscillations.
De 53° à 43°, à   1 ,26. 34
De 53° à 43°, à 30 ,5 56
De 53° à 43°, à 52 ,2 60

Sur un plan de verre (crown-glass), avec une autre aiguille :

De 90° à 41° à $0^{mm},91$ de distance . 122 oscillations.
De 90° à 41° à 0 ,99 180
De 90° à 41° à 3 ,04 208
De 90° à 41° à 3 ,01 221

Les plans de métal ont donné des résultats semblables, si ce n'est qu'ils agissent avec plus d'énergie que le verre, le bois, etc. Tous les corps qui se trouvent près d'une aiguille aimantée en oscillation, exercent donc sur elle une action dont l'effet est de diminuer l'amplitude des oscillations sans altérer leur nombre.

Voici les résultats obtenus par M. Seebeck, en sou-

mettant à l'expérience des plaques de différents métaux, et une aiguille de 5^{cent},8 de longueur, placée à
0^{cent},67 de distance au-dessus, et comptant le nombre
d'oscillations nécessaires, dans chaque cas, pour que
l'amplitude fût réduite de 45° à 10°.

Nombre des oscillations.	Épaisseur des plaques.	Substances.
116	2,0	marbre.
112	2,7	mercure.
106	2,0	bismuth.
94	0,4	platine.
90	2,0	antimoine.
89	0,75	plomb.
89	0,2	or.
71	0,5	zinc.
68	1,0	étain.
62	2,0	laiton.
62	0,3	cuivre.
55	0,3	argent.
6	0,4	fer.

Les plaques n'ayant pas les mêmes dimensions, il
n'est guère possible de tirer des conséquences de tous
ces résultats. A la vérité, plusieurs d'entre elles ont la
même épaisseur; mais comme le rayon n'est pas donné,
on n'en est pas plus avancé.

Des phénomènes magnétiques produits dans tous les
corps par la rotation.

Une plaque de cuivre ou de toute autre substance
solide ou liquide, placée au-dessous d'une aiguille aimantée, jouissant de la propriété de diminuer l'amplitude des oscillations, sans changer sensiblement leur
durée, il s'ensuit que cette même aiguille doit être entraînée par une plaque en mouvement. Voici la description de l'appareil propre à mettre en évidence ce
phénomène (fig. 95, pl. I).

H, horloge en cuivre, dont les trois pivots sont en acier. Elle est portée sur un trépied qui est mis d'aplomb au moyen de trois vis calantes, et est destinée à imprimer un mouvement de rotation très-rapide à un axe vertical, auquel est assujettie une pièce $b\,b'\,b''$ à trois branches, sur laquelle on place les disques soumis à l'expérience. Ces disques sont percés à leur centre d'un petit trou qui reçoit le prolongement de l'axe de rotation. On les retient sur les branches b, b', b'', au moyen d'une vis de pression. Des volants, v, v', v'', qu'on incline à volonté, sont destinés à ralentir plus ou moins la vitesse du disque.

T T', table portant un plateau $p\,p'$, percé au milieu d'une ouverture un peu plus grande que les disques ; une feuille de papier est collée en $f\,f'$ (fig. 96); à la face inférieure de ce plateau et sur la face supérieure, on pose une cloche c, dans laquelle on suspend une aiguille aimantée $a\,a'$, au moyen d'un fil de soie. Un petit treuil est destiné à élever ou à descendre l'aiguille. L'horloge est mise en mouvement au moyen d'un poids P. Un compteur indique le nombre de tours exécutés dans un temps donné. Voici en quoi consiste le phénomène :

Si l'on fait tourner une plaque de cuivre avec une vitesse déterminée, sous une aiguille aimantée, aussitôt que le mouvement de rotation commence, l'aiguille est chassée du méridien magnétique, avec d'autant plus de force que le mouvement est plus rapide. La force d'entraînement étant balancée par l'action de la terre, qui tend à maintenir l'aiguille dans le méridien magnétique, il en résulte une nouvelle position d'équilibre, qui dépend du rapport de ces deux forces ; mais quand le mouvement est très-rapide, l'aiguille ne s'arrête pas et continue de tourner. L'action que reçoit l'aiguille du disque en mouvement décroît, pour la même vitesse, à mesure que leur distance diminue ; ainsi, si l'aiguille tourne d'un mouvement continuel, quand les deux corps ne sont séparés que par une feuille de papier, en augmentant la distance elle prend une position fixe, et la déviation devient toujours moindre, à mesure que l'on élève l'aiguille au-dessus du disque. Lorsque les plaques sont évidées dans la direction des rayons, l'effet est moindre que dans le cas où elles sont pleines.

M. Arago, après avoir observé le phénomène, a cherché les composantes de la force qui le produit, suivant trois lignes parallèles à trois plans coordonnés, perpendiculaires entre eux.

La composante perpendiculaire au plateau est une force répulsive, que l'on rend sensible au moyen d'un aimant fort long, suspendu à un fil dans une direction verticale, à l'extrémité du fléau d'une balance, qui est maintenu en équilibre avec un poids convenable, placé à l'autre extrémité. Dès l'instant que le plateau commence à tourner, l'aimant est repoussé, et le fléau de la balance penche de l'autre côté. La seconde composante est horizontale et perpendiculaire au plan vertical, qui contient le rayon aboutissant à la projection du pôle de l'aiguille. Cette force est celle qui imprime le mouvement de rotation à l'aiguille; elle agit tangentiellement au cercle; son effet est connu immédiatement par l'expérience.

La troisième composante est dirigée parallèlement au rayon qui aboutit à la projection du pôle de l'aiguille; on la détermine avec une aiguille d'inclinaison que l'on place verticalement, de manière que son axe de rotation soit contenu dans un plan perpendiculaire à l'un des rayons du disque. Une semblable aiguille, placée au centre du disque, n'éprouve aucune action. Il existe également un second point, plus voisin du bord que du centre, où elle n'éprouve non plus aucun changement dans sa position; mais, entre ces deux points, le pôle inférieur est constamment attiré vers le centre, tandis qu'il est repoussé au delà du point.

Voyons quelles sont les tentatives faites pour trouver la loi suivant laquelle agissent les plaques, en raison de la vitesse et de leur distance à l'aiguille.

MM. Prévost et Colladon, en étudiant l'influence de

la vitesse et de la distance des disques, ont reconnu que les angles de déviation augmentent proportionnellement avec la vitesse de rotation, du moins entre certaines limites; que les sinus des angles de déviation varient en raison inverse de la puissance $2\frac{1}{6}$ de la distance. D'autres physiciens ont trouvé des lois différentes.

MM. Babbage et Herschel ont annoncé que la loi suivant laquelle la force diminue quand la distance augmente, ne paraît pas être constante, et qu'elle varie entre la racine du carré et celle du cube de la distance.

M. Christie a avancé, de son côté, que lorsqu'on fait tourner un disque épais au-dessous d'une aiguille très-déliée, la force qui tend à faire dévier l'aiguille croît directement comme la vitesse de rotation du disque, et inversement comme la quatrième puissance de la distance. Des résultats aussi différents proviennent de ce que ces physiciens n'ont pas opéré tous dans les mêmes circonstances. On en peut dire autant des résultats observés par MM. Barlow, Nobili, Bacielli, etc. Nous rapporterons quelques faits intéressants observés par MM. Babbage et Herschel en répétant l'expérience de M. Arago d'une autre manière : des disques de cuivre ou d'autres substances ont été suspendus librement à un assemblage de plusieurs fils sans torsion, au-dessus d'un aimant en fer à cheval, soumis à la rotation. Cet aimant, qui portait vingt livres, était disposé de manière à ce qu'il pût recevoir un mouvement rapide autour de son axe de symétrie placé verticalement, les pôles en haut. Le disque circulaire de cuivre avait 6 pouces de diamètre et 0,05 pouce d'épaisseur. Aussitôt que l'aimant fut mis en rotation, le cuivre commença à tourner dans la même direction, d'abord avec un mouvement lent, puis avec un mouvement graduellement accéléré. En communiquant un mouvement en sens contraire à l'aimant, le disque changea également de position et présenta les mêmes phénomènes.

L'interposition de plaques en métal de 10 pouces de

diamètre et de $\frac{1}{2}$ pouce d'épaisseur, entre les disques et l'aimant, ne modifia pas sensiblement les effets, comme le montrent les résultats suivants :

NOMBRE des RÉVOLUTIONS faites.	TEMPS DE LA DURÉE DES OSCILLATIONS.				
	ZINC interposé.	BISMUTH interposé.	CUIVRE interposé.	PLOMB interposé.	ÉTAIN interposé.
0	0,0	0,0	0,0	0,0	0,0
1	32 0	31 5	32 0	32 0	32 0
2	44 5	44 7	46 0	46 0	45 5
3		54 3	56 0	56 0	55 2
4	64 0	63 0	64 7	64 7	64 0
5	72 0	70 7	72 7	72 7	71 5
6	79 0	77 5	79 7	80 0	79 0
7	86 0	84 0	86 0	86 0	85 0
8	92 0	89 8	92 0	92 0	94 2
9	97 0	95 5	97 5	98 0	96 5
10		101 0	103 0	103 5	102 2

Le verre interposé ne donne aucun effet, tandis que l'influence magnétique est fortement diminuée par une plaque de fer étamé, et presque annihilée avec deux de ces plaques, ainsi qu'on le voit dans le tableau suivant :

RÉVOLUTIONS faites.	TEMPS QU'ELLES ONT MIS.		
	PAPIER interposé.	UNE PLAQUE de fer étamé.	DEUX PLAQUES de fer étamé.
0	0,0	0,0	0,0
1/2		89 7	104 7
1 1/2	22 5	128 2	
1		159 5	
2	31 5	186 7	
2 1/2		211 5	
3	38 5	234 7	

Un disque de cuivre de 10 pouces de diamètre, d'un $\frac{1}{2}$ pouce d'épaisseur, et tournant avec une vitesse de sept tours par seconde, ne communique aucun mouvement à un disque semblable, librement suspendu à un assemblage de fils de soie.

MM. Babbage et Herschel ont employé deux méthodes pour déterminer le degré de développement de la vertu magnétique dans différents métaux et d'autres corps. La première consiste à placer successivement chacun des disques de 10 pouces à la même distance de l'aiguille, et à les animer de la même vitesse.

NOMS DES CORPS tournants.	MOUVEMENT du DISQUE DIRECT ou IRRÉGULIER.	MOUVEMENT RÉTROGRADE ou RÉGULIER.	MOYENNE.	RAPPORT DE LA FORCE à celle du cuivre.
Cuivre.......	... 11°30′ ...	... 11°17′ ...	... 11°24′ ...	.... 1 00
Zinc.........	... 10 07 ...	... 10 15 ...	... 10 11 ...	.... 0 90
Étain........	... 5 50 ..	... 5 12 ...	... 5 21 ...	.... 0 47
Plomb.......	... 2 50 ...	... 2 55 ...	... 2 53 ...	.... 0 25
Antimoine...	... 1 12 ...	... 1 17 ...	... 1 16 ...	.... 0 11
Bismuth.....	... 0 00 ...	... 0 06 ...	... 0 06 ...	.... 0 01
Bois.........	... 0 00 ...	... 0 00 ...	... 0 00 ...	.... 0 00

MM. Babbage et Herschel ont trouvé, en opérant d'une autre manière, pour l'énergie magnétique des métaux :

Zinc. 1,11
Cuivre 1,00
Étain 0,51
Plomb. 0,25
Antimoine 1,01

Parmi les autres métaux, l'argent paraît tenir un rang élevé dans l'échelle de l'énergie magnétique, tandis que l'or occupe un rang très-inférieur.

MM. Babbage et Herschel, qui ont déterminé le pouvoir magnétique du mercure, ont trouvé que ce métal devait être classé entre l'antimoine et le bismuth. Quant au verre, au bois, à la résine, au soufre et à l'acide sulfurique, ils n'ont pu parvenir à leur faire produire le pouvoir rotatoire.

On emploie une autre méthode pour déterminer l'énergie magnétique des corps ; elle est plus expéditive que la précédente, et permet d'agir sur de très-petites quantités. Cette méthode consiste à suspendre des parties de différents corps, de même forme et de même dimension, au-dessus d'un aimant en mouvement, et à noter le temps des oscillations successives et le point d'équilibre. MM. Babbage et Herschel l'ont employée à rechercher l'effet d'une solution de continuité partielle ou totale dans la masse sur laquelle on agit : expérience qui avait été faite aussi par M. Arago.

Un disque de plomb de 2 pouces de diamètre et de $\frac{1}{10}$ de pouce d'épaisseur, fut suspendu à une distance donnée de l'aimant en fer à cheval, tournant avec une rapidité connue ; ce disque était d'abord entier, puis successivement coupé avec un burin dans le sens des rayons, comme l'indiquent les fig. 97, 97^a, 97^b, 97^c.

En admettant que dans les forces accélératrices l'accélération soit uniforme, on peut prendre pour les représenter $\frac{S}{t^2}$, S désignant le nombre de tours, et t le temps employé. On trouve :

TOURS.	DISQUE NON COUPÉ.		DISQUE coupé comme dans la fig. 97.		DISQUE coupé comme dans la fig. 97 a.		DISQUE coupé comme dans la fig. 97 b.		DISQUE coupé comme dans la fig. 97 c.		DISQUE coupé comme dans la fig. 97 d.	
	$t=$	$f=$	$t=$	$f=$	$t=$	$f=$	$t=$	$f=$	$t=$	$f=$	$t=$	f
1.	28,2.	1258.	30,9.	1047	33,1.	.913.	42,1	.564.	48,1	.432.	55,6	324.
2.	41 2.	1178.	44 5.	.....	47 4.	.....	59 8	.....	09 0	.....	81 4	302.
3.	50 6.	1178.	55 0.	.....	55 0.	.....	74 7	.....	86 6	.....	103 3	281
4.	58 7.	1161.	63 9	.....	68 5.	.....	88 0	.....	102 1	.....	124 5	259
5.	66 4.	1134.	72 0.	.....	77 2.	.....	100 0	.....	116 8	.....	145 9	235.

Les autres métaux ont donné des effets semblables, mais à différents degrés ; le fer doux étamé découpé n'a produit qu'une très-légère diminution de force, tandis que dans le cuivre l'effet a été de réduire la force dans le rapport de 1 à 0,20.

Un léger disque de cuivre, suspendu à une distance donnée d'un aimant en mouvement, exécutait six révolutions en 54″,8 ; lorsqu'il fut coupé en huit endroits dans la direction des rayons près du centre, sa vertu magnétique fut tellement affaiblie, qu'il lui fallait 121″,3 pour exécuter le même nombre de révolutions. Les parties coupées ayant été soudées avec de l'étain, l'action magnétique fut tellement rétablie, qu'elle les rendit capables d'achever six révolutions en 57″,3, à peu près dans le même temps que le disque entier. Ce fait est d'autant plus remarquable, que l'étain n'a pas la moitié de l'énergie du cuivre. MM. Babbage et Herschel se sont servis de cette propriété pour augmenter les susceptibilités magnétiques des corps. Ils suspendirent un disque de laiton de 2 pouces 25 de diamètre, et de 0,15 pouce d'épaisseur, comme dans le dernier cas, et observèrent le temps qu'il mettait à achever ses révolutions successives.

1 tour.	2 tours.	3 tours.	4 tours.	5 tours.
20″,2	29″,2	35″,2	40″,8	45″,7

Le même disque ayant été découpé comme ci-dessus, les parties détachées furent placées sur le disque, au moyen d'une légère feuille de papier, pour qu'il ne perdît rien de son poids. On eut alors pour le temps des oscillations :

1 tour.	2 tours.	3 tours.	4 tours.	5 tours.
41″,1	57″,9	71″,0	83″,0	93″7

Le temps étant double, les forces étaient dans le rapport de 4 : 1.

Les parties coupées furent soudées avec du bismuth, dont l'énergie magnétique est très-faible. L'effet de ce métal pour rendre le magnétisme au disque de laiton fut tel, que celui-ci décrivit ses révolutions dans le nombre de secondes qui suit :

1 tour.	2 tours.	3 tours.	4 tours.	5 tours.
28″,2	39″,7	48″,4	56″,2	63″,0

La force accélératrice est devenue plus que double de celle qui avait été développée dans la dernière expérience.

Le bismuth ayant été enlevé, et les parties découpées remplies avec de l'étain, on trouva pour le temps des révolutions :

1 tour.	2 tours.	3 tours.	4 tours.	5 tours.
21″,7	30″,8	38″,0	43″,5	48″,7

Ainsi le disque était revenu à son état primitif.

En se servant de la formule $f = 1000000 \dfrac{S}{t^2}$, les moyennes des cinq résultats pris dans chaque cas ont donné pour les forces accélératrices :

Airain non coupé.................. 1,00
         coupé................ 0,24
Soudé avec le bismuth........... 0,53
Soudé avec l'étain................ 0,88
Cuivre non coupé................ 1,00
         coupé................ 0,20
Soudé avec l'étain................ 0,91

Ces résultats montrent l'influence des vides et des substances qui les remplacent dans les plaques, sur leur énergie magnétique.

Les mêmes métaux réduits en fils ou en poudre ont donné des effets beaucoup moindres encore.

Des effets de la force coercitive dans l'acier, sur le magnétisme par rotation.

Il existe une limite à laquelle une aiguille d'acier ou de fer cesse d'être entraînée par le disque rotatoire. M. de Haldat, qui s'est occupé de cette question, a trouvé que toute aiguille, pourvu qu'elle fût magnétique, quoiqu'à un très-faible degré, obéit toujours à l'action du disque; mais que cette action était sans effet pour elle aussitôt que la polarité disparaissait.

M. de Haldat a fait de vaines tentatives pour aimanter des aiguilles de fer ou d'acier au moyen d'un disque en mouvement, même lorsque la rotation était la plus considérable possible. Ayant attribué cet effet à l'absence de la vertu coercitive, il soumit à l'expérience des disques de fer, et fut conduit alors au résultat suivant :

Un disque de fer doux agit avec plus d'énergie qu'un disque de cuivre; comparé à un disque de laiton, il entraîne l'aiguille à une distance double pour la même vitesse. Le fer fortement écroui se comporte comme le fer doux, et ne communique pas la polarité à une aiguille d'acier. Mais un disque d'acier non trempé, d'un millimètre d'épaisseur, qui, suivant lui, devait exercer une forte action, en vertu de la force coercitive, ne produisait aucun effet appréciable sur l'aiguille aimantée, qui, après quelques oscillations irrégulières, se maintenait dans sa position d'équilibre ordinaire. De là faudrait-il en conclure, comme M. de Haldat, que la force d'entraînement est en raison inverse de la force coercitive? Le même physicien a été conduit par là à rechercher comment la chaleur, qui exerce une influence sur la force coercitive de l'acier, agit sur le magnétisme par rotation. Il n'a trouvé aucune différence dans les effets produits.

E.

CHAPITRE II.

DE L'ACTION DU MAGNÉTISME SUR TOUS LES CORPS.

Non-seulement le fer et ses carbures, son oxyde, que l'on a nommé oxyde magnétique, agissent sur l'aiguille aimantée, mais deux autres métaux, le nickel et lecobalt, ont encore une énergie d'action aussi considérable que le fer, comme on le verra plus loin. On a aussi observé que tous les corps naturels agissent plus ou moins fortement sur l'aiguille aimantée; il est donc, nécessaire de rechercher si cette dernière action ne dépend pas d'un mélange d'un des trois métaux dont nous venons de parler, ou si ce n'est pas une propriété générale de la matière. M. Edmond Becquerel s'est proposé de traiter ce sujet dans un mémoire ayant pour titre, *De l'action du magnétisme sur tous les corps;* mémoire dans lequel il détermine le magnétisme spécifique, c'est-à-dire l'action exercée à l'unité de distance sur l'unité de poids d'un corps, par un aimant. Nous allons donner un précis de son travail; mais, avant nous exposerons la formule du mouvement oscillatoire qui sert à calculer l'action d'un aimant sur une aiguille d'une substance qui peut s'aimanter momentanément sous son influence.

§ I. *Formules analytiques.*

Si un petit barreau d'une substance magnétique, une aiguille aimantée momentanément, oscille sous l'influence d'une force dirigée dans son plan, et que l'on écarte cette aiguille de sa position d'équilibre, elle y reviendra par une suite d'oscillations analogues à celles que le pendule décrit sous l'action de la pesanteur. En nommant **A** l'angle d'écartement primitif, et $A - \alpha$ ce qu'est devenu cet angle après un temps t, on aura, d'après les formules du mouvement varié :

$$\varphi = \frac{du}{dt}, \quad u = \frac{d\alpha}{dt}, \quad \text{d'où} \quad udu = \varphi d\alpha,$$

u étant la vitesse angulaire d'une molécule, et φ la force accélératrice.

Or, cette force accélératrice angulaire est égale au quotient des forces accélératrices moléculaires par le moment d'inertie; si donc l'on nomme F l'intensité de la force qui agit sur une molécule, r la distance de celle-ci au centre de suspension ou de gravité, m sa masse, et μ la quantité de magnétisme libre développé par influence dans cette molécule, on aura :

$$\varphi = \frac{\int F \sin(A - \alpha)\mu r dr}{\int m r^2 dr}.$$

En ne considérant que les angles très-petits, afin que les sinus soient proportionnels aux angles, on a, en désignant

$$\frac{\int F \mu r dr}{\int m r^2 dr} \text{ par U,}$$

$$udu = U(A - \alpha)d\alpha,$$

d'où
$$u = [U(2A\alpha - \alpha^2)]^{\frac{1}{2}}.$$

On n'ajoute pas de constante arbitraire, car pour $\alpha = o$, la vitesse initiale est supposée o.

Comme $dt = \frac{d\alpha}{u}$ on a en intégrant par rapport à α.

$$t = \frac{1}{U^{\frac{1}{2}}} \left(\text{arc cos} = \frac{A - \alpha}{A} \right)$$

sans constante arbitraire.

Pour avoir le temps d'une oscillation complète T, il faut faire $\alpha = $ A et doubler la valeur de t.

Il vient, en remplaçant U par sa valeur :

$$T = \pi \left(\frac{\int mr^2 dr}{\int F \mu r\, dr} \right)^{\frac{1}{2}}.$$

Le numérateur de la fraction peut s'obtenir facilement dans l'aiguille au moyen de son poids P, de sa demi-longueur l et de l'intensité de la pesanteur ; mais comme on ne connaît pas la quantité de magnétisme libre dans chaque molécule, on ne peut obtenir la valeur du dénominateur. Si l'on désigne par Z la somme des forces accélératrices $\int F \mu r\, dr$, qui agissent tant par attraction d'un côté de l'aiguille que par répulsion de l'autre côté, on aura pour le carré du temps d'une oscillation complète :

$$T^2 = \frac{\pi^2 P l^2}{3gZ}. \tag{1}$$

Ainsi, lorsqu'un aimant est à une certaine distance d'une substance taillée en barreau, et qu'il s'y développe une aimantation par influence, dépendant de sa forme, de sa nature et de sa distance à l'aimant, la formule précédente (1) donne une relation entre le temps d'une oscillation, son poids, sa longueur et l'action de l'aimant sur cette substance.

Cette formule s'applique indifféremment à une aiguille d'une substance comme le fer doux, qui n'est aimantée que momentanément, et à une aiguille d'acier aimantée à saturation. Dans le premier cas, si F est l'intensité de la force de l'aimant, A un nombre dépendant du pouvoir magnétique que peut prendre l'aiguille, et d la distance mutuelle des deux corps, on a pour l'intensité de la force qui fait osciller l'aiguille :

$$\frac{AF^2}{d^2}.$$

Dans le second cas, en désignant par F' l'intensité polaire de l'aiguille aimantée, on a : .

$$\frac{FF'}{d^2}.$$

Si l'on pouvait faire osciller librement le petit barreau sans frottement ni résistance, la formule précédente (1) donnerait une expression de l'action de l'aimant sur cette substance, c'est-à-dire le magnétisme spécifique. Mais comme on fait osciller le barreau en le suspendant par son centre de gravité à un fil de soie, il faut pouvoir tenir compte de la torsion du fil.

Lorsqu'on fait usage d'aiguilles assez longues et pesantes, cette torsion, de même que la résistance de l'air, peut être négligée; mais si elles n'ont que peu de poids, il est nécessaire d'y avoir égard. La formule qui donne le temps d'une oscillation par la torsion seule est la même que (1), celle précédemment donnée :

$$T^2 = \frac{\pi^2 p l^2}{3 g f}, \qquad (2)$$

f étant la force de torsion.

Pour trouver le magnétisme spécifique des corps, M. E. Becquerel a fait usage de la méthode des oscillations, en aimantant momentanément par influence la substance soumise à l'expérience. Si la substance est pesante, comme nous l'avons dit, alors on peut négliger la torsion, et on se sert de la formule (1). Si on ne peut la négliger, on cherche le temps T d'une oscillation par la torsion seule; on a :

$$T^2 = \frac{\pi^2 p l^2}{3 g f}.$$

On fait osciller ensuite le même barreau sous l'influence de la torsion et de l'aimant; on a :

$$t^2 = \frac{\pi^2 p l^2}{3 g (f + Z)}.$$

Et à l'aide de ces deux formules on peut obtenir Z. Si le barreau est assez gros et que f ne soit qu'une petite fraction de Z, on cherche le temps θ que ferait le barreau oscillant seul; on a :

$$\frac{1}{\theta^2} = \frac{1}{t^2} - \frac{1}{T^2}, \quad \text{de là on déduit Z.}$$

Si le barreau est très-léger, on rapporte Z à f, et on a :

$$\frac{Z}{f} = \left(\frac{T^2}{t^2} - 1 \right).$$

Cette formule a l'avantage d'être indépendante de la résistance de l'air.

M. E. Becquerel a rapporté toutes les actions à celle qui est exercée de la part d'un aimant sur du fer doux.

L'intensité magnétique des différents points d'un barreau dépend non-seulement de sa nature, mais encore de sa forme et de sa longueur. Si l'on façonne toutes les substances, telles que le nickel, le fer, le cobalt, en cylindre, de même longueur et de même diamètre, on peut admettre que la distribution du magnétisme s'y fait de la même manière, et Z peut donner le magnétisme spécifique. Mais, ici, il se présente une difficulté. Doit-on évaluer ces quantités par rapport aux volumes ou par rapport aux poids?

On doit les évaluer par rapport aux volumes; mais comme le fer, le nickel et le cobalt ont une densité peu différente, il les a déterminées par rapport aux poids; les nombres sont sensiblement les mêmes que par rapport aux volumes, car, d'après une loi que nous donnerons tout à l'heure, pour passer des poids aux volumes le rapport devrait être multiplié par $\sqrt[3]{\dfrac{D}{D'}}$, D et D' étant les deux densités des barreaux, et lorsque D et D' sont peu différents, cette fraction est très-petite. Il est donc toujours facile de passer du magnétisme spécifique par rapport aux poids au magnétisme spécifique par rapport aux volumes. Une des considérations qui ont fait préférer les poids, c'est que, lorsque l'on opère sur des barreaux, il est toujours facile de leur donner même longueur et même poids, mais non même volume.

§ II. *Des métaux magnétiques à la température ordinaire; du fer.*

On sait très-bien que si l'on approche à une certaine distance d'un des pôles d'un aimant des aiguilles de fer, de fonte, d'acier, les résultats sont très-différents. Si c'est du fer malléable, il s'y développe un magnétisme momentané bien plus fort que dans le fer écroui et que dans l'acier ; mais si l'on soustrait les aiguilles à l'influence de l'aimant, le fer doux malléable aura peu ou point conservé de magnétisme, tandis qu'il n'en sera pas ainsi avec le fer écroui et l'acier, qui constituent alors de véritables aimants permanents. On a donné, comme nous l'avons déjà dit, le nom de force coercitive à la faculté en vertu de laquelle ces aiguilles conservent une partie de leur magnétisme développé par influence.

Quand on opère ainsi, on remarque que plus la force coercitive est grande dans le fer ou l'acier, moins le magnétisme développé sous l'influence de l'aimant est considérable. Il résulte de là que les aiguilles de fer doux oscillent plus vite que les aiguilles d'acier.

M. Barlow (*Philosophical transact.*), dans une série d'expériences, a obtenu les nombres suivants, qui expriment l'action d'un aimant sur différentes espèces d'acier, en plaçant des barreaux d'un pied de long de ces substances dans la direction de l'aiguille d'inclinaison, et observant leur action sur une aiguille de boussole.

Fer malléable	100	Acier shear (trempé)	53
Acier fondu (non trempé)	74	Acier blistered (*id.*)	53
Acier blistered (*id.*)	67	Acier fondu (*id.*)	49
Acier shear (*id.*)	66	Fer fondu	48

En général, les fils de fer bien recuits au rouge sont formés de fer très-doux ; mais, pour peu qu'ils soient écrouis ou tordus, ils acquièrent une force coercitive très-forte. C'est ce fer doux parfaitement recuit que M. E. Becquerel a pris pour unité. Il faut avoir l'attention que les substances soumises à l'expérience ne soient pas aimantées d'avance, et en outre qu'elles n'acquièrent pas de magnétisme durable pendant le cours de l'observation. Pour s'en assurer, on met l'aiguille entre les pôles opposés de deux aimants, situés à plusieurs décimètres de distance ; on compte les oscillations de cette aiguille, à l'aide d'une lunette et d'un compteur, puis on retourne l'aiguille de 180°, afin que le pôle austral devienne le pôle boréal. On compte de nouveau les oscillations, et si tout est identique, l'aiguille bien centrée, on aura le même nombre d'oscillations dans le même temps. Si l'on trouve une petite différence, on prend la moyenne. Les aiguilles ne doivent pas avoir plus de 5 centimètres de long, ni les aimants être placés trop près.

M. E. Becquerel a examiné d'abord s'il existe une loi qui donne le changement d'action d'un aimant lorsqu'on fait varier le poids, le volume, la longueur de l'aiguille de fer doux aimanté par influence.

Coulomb avait été conduit à la formule suivante :

$$T = (mL^{\frac{1}{4}}E + nl) \quad \text{(Savants Étrangers, IX, p. 198)},$$

pour exprimer le temps d'une oscillation d'un barreau ajmanté, dont la largeur est L, l'épaisseur E, et l sa demi-longueur. Mais M. E. Becquerel a trouvé, en comparant ensemble les résultats obtenus dans beaucoup d'expériences, une autre loi pour représenter l'action exercée de la part d'un aimant sur des barreaux de fer doux, de même longueur et de diamètre différent, qui peut s'exprimer ainsi :

« Quand des barreaux de fer doux, cylindriques, de « même longueur et de diamètre différent, oscillent sous « l'influence d'un aimant, les cubes des temps des oscil- « lations sont proportionnels aux poids des barreaux. »

Ou bien, comme les poids sont proportionnels aux volumes :

« Les cubes des temps des oscillations des barreaux

« de même longueur sont proportionnels aux carrés des
« diamètres. »

D'après la formule du mouvement oscillatoire (1),
on en conclut que l'action exercée de la part de l'aimant
sur une fibre élémentaire du barreau de fer doux diminue à mesure que le diamètre augmente, et cette intensité est en raison inverse de la puissance $\frac{2}{3}$ du poids du
barreau.

Si, au lieu de faire usage de barreaux cylindriques
pleins, on emploie des barreaux cylindriques creux de
même poids, l'action élémentaire exercée sur chaque
fibre élémentaire des premiers est plus petite que celle
qui a lieu sur chaque fibre élémentaire des seconds.
Aussi l'action est plus forte dans ces derniers.

M. E. Becquerel a examiné ensuite comment changeait
la force magnétique en conservant aux aiguilles oscillantes
le même volume apparent, et faisant varier la densité
magnétique du métal, c'est-à-dire, en prenant des mélanges de limailles de fer et de limailles de métal inactif,
et les plaçant dans des cartouches de papier.

Il a constaté d'abord, en comparant des barreaux de
fer doux et des cartouches de papier de même volume et
remplies de limaille de ce fer doux, que le temps d'une
oscillation est en raison inverse du poids du barreau,
en tenant compte, bien entendu, d'après les lois d'inertie, du poids de l'enveloppe de la cartouche. Il résulte
de là que *la force qui fait osciller une fibre* élémentaire du barreau est proportionnelle *au carré de la den-
sité magnétique* ; car si $Z = \dfrac{\pi^2 p l^2}{3 g T^2}$ et que l'on ait

PT $=$ constante, il viendra $\dfrac{Z}{P} = C p^2$, C étant une constante.

Cette loi se soutient encore lorsqu'on opère sur du fer
provenant de la réduction de l'oxyde par l'hydrogène, et
avec des mélanges de limaille de cuivre ou de zinc et de
fer, pourvu qu'on ne dépasse pas une certaine limite. Mais
si on arrive à ce point que les particules de fer soient très-

éloignées, et que la densité magnétique soit plus petite que $\frac{1}{16}$, alors ces particules ne peuvent plus réagir l'une sur l'autre, et l'action élémentaire est proportionnelle simplement à la densité magnétique. Coulomb, avec des mélanges de cire et de limaille était parvenu à la seconde partie de cette loi.

On peut conclure de là : 1° que l'action exercée par un aimant sur du fer doux est la même que le fer, soit à l'état de poudre impalpable, ou qu'il soit malléable; 2° que l'action élémentaire est proportionnelle au carré de la densité magnétique quand les particules sont très-rapprochées, et simplement à la densité magnétique quand elles sont très-éloignées. Entre ces deux limites la loi serait fort compliquée.

M. E. Becquerel a déterminé le magnétisme spécifique de différentes espèces d'acier et de fonte. Pour l'acier, ses nombres ne s'éloignent pas beaucoup de ceux de M. Barlow; mais pour la fonte ils sont plus considérables. Ainsi, pour la fonte bien recuite, il donne à peu près :

	Magnétisme spécifique.
Fer doux......................	100
Fonte recuite au rouge....	80

Du magnétisme. Du nickel et du cobalt à la température ordinaire.

Après avoir montré que dans le fer doux l'action exercée de la part d'un aimant ne change pas à la température ordinaire, malgré son état d'agrégation, M. E. Becquerel a voulu comparer ce métal au nickel et au cobalt.

Le nickel et le cobalt sont fortement attirables à l'aimant; mais s'ils sont alliés, et surtout le cobalt, avec l'arsenic, ils peuvent perdre complétement cette faculté. M. E. Becquerel s'est procuré du nickel doux, malléable et analogue au fer doux, avec lequel il a construit trois petits barreaux qui ne conservaient pas de magnétisme et oscillaient dans le même temps, sous l'influence d'un aimant, que des petits barreaux de fer doux de même lon-

gueur, de même forme et de même poids. La comparaison
du nickel réduit par l'hydrogène, et du fer obtenu par le
même procédé, conduit au même résultat ; c'est-à-dire
que le *magnétisme spécifique du nickel doux et du fer
doux est le même à la température ordinaire*. S'il y
a une très-légère différence, elle est en faveur du nickel,
mais elle ne s'élèverait pas à 1 millième. Quant aux
nickels que l'on trouve dans le commerce, ce sont des
carbures analogues aux fontes de fer, et ils donnent des
résultats moindres que le fer doux.

Le cobalt, de prime abord, paraît loin de conduire
à des résultats aussi nets que le fer et le nickel. Ce métal étant très-difficilement fusible, on n'a pu le fondre
que dans des creusets brasqués, et alors il est carburé.
Pour agir sur du cobalt pur, M. E. Becquerel a opéré sur
l'éponge de ce métal, obtenue par la réduction au moyen
de l'hydrogène ; mais alors l'état d'agrégation des molécules influe tellement sur les résultats, que les petits barreaux obtenus par pression out une force coercitive assez
considérable, et que l'on n'est plus conduit aux mêmes
résultats qu'avec la poussière de fer et de nickel. En
comprimant cette éponge, on peut former des petites
aiguilles assez fortement aimantées. On ne peut donc
pas déduire le magnétisme spécifique du cobalt au moyen
des nombres donnés par cette méthode ; mais comme
les résultats obtenus avec le cobalt carburé sont dans les
mêmes limites de grandeur, on peut prévoir *à priori*
que l'action du cobalt doux est peu différente de celle
du fer et du nickel. Nous allons voir dans le chapitre
suivant, par une autre méthode, que les nombres qui
expriment le magnétisme spécifique de ces trois métaux
sont sensiblement égaux.

§ III. *Action de la chaleur sur les substances magnétiques.*

L'action du fer sur une aiguille aimantée varie avec
la température, et au rouge brillant le fer n'agit plus sur

elle. Newton avança dans son Optique que le fer rouge
ne jouit pas de la propriété magnétique; le père Kir-
cher, au contraire, assura que l'aimant attirait le fer
rouge aussi bien que le fer froid. Cavallo, qui reprit
ces expériences, montra que ces effets provenaient
d'observations faites à des températures différentes; qu'au
rouge sombre le fer est encore magnétique, tandis qu'au
rouge cerise il ne l'est plus.

M. Barlow a examiné l'action de barreaux de fer, de
barreaux d'acier et de sphères de fonte sur une aiguille
de boussole, lorsqu'on fait varier leur température. Il a
reconnu que la fonte de fer augmente d'action à mesure
qu'on élève la température; qu'au rouge sombre elle
est à son maximum, et qu'au rouge brillant elle est
nulle. Il a vu qu'en élevant d'abord les barreaux de fer
et de fonte au rouge blanc, et les laissant refroidir, en
arrivant au point où le fer devient magnétique, quelquefois l'attraction qui se manifeste atteint immédiatement son maximum; d'autres fois elle augmente graduellement. (*Philosophical transactions*, 1822.)
M. Barlow a observé ensuite les anomalies que présente
l'action du fer rouge naissant sur l'aiguille aimantée,
lorsqu'on élève le barreau qui est influencé par la terre
au-dessus de la boussole. Les effets observés sont très-
complexes, car ils dépendent de la distribution du magnétisme dans le barreau à cette température, et de l'influence exercée par l'aiguille elle-même.

M. E. Becquerel, pour étudier l'action de la chaleur
sur les divers échantillons de nickel et de cobalt qu'il
s'était procurés, a dû faire usage d'une méthode qui lui
permît de les soumettre à l'expérience, comparativement au fer. Cette méthode, malgré des causes de perturbation, est susceptible d'une assez grande exactitude
et ne nécessite qu'une faible masse de matière. Il a pris
un fil très-fin de platine, d'une longueur de 2 mètres
environ. 1 mètre de ce fil pesait $0^g,075$. A son extrémité inférieure on a suspendu un petit étrier en platine
très-mince. L'autre extrémité était fixée au plafond

d'une chambre, et on pouvait donner à ce fil un mouvement de rotation autour de la verticale, de façon à amener l'étrier dans tous les azimuts possibles. Ce fil était destiné à servir de fil de torsion, et à faire osciller un petit barreau de fer, ou un autre formé avec la substance d'essai placée dans l'étrier en platine. Ce barreau, qui ne doit pas avoir plus de 4 centimètres de longueur, est chauffé avec une lampe à alcool, à double courant d'air, comme la lampe d'Argant, et une crémaillère peut élever ou abaisser la mèche. Un cylindre de cuivre entoure la flamme, lui donne plus de régularité et empêche le mouvement de vacillation des lampes à alcool ordinaires. Ce cylindre, qui a 6 à 7 centimètres de diamètre, dépasse à la partie supérieure au moins de 2 ou 3 centimètres le barreau qui oscille dans son intérieur. Au moyen de cette disposition, en modérant la flamme et en variant la longueur du cylindre de cuivre, on peut chauffer le barreau depuis la température ordinaire jusqu'au rouge brillant et même au rouge blanc, et maintenir la température stationnaire, surtout dans les diverses phases de rouge. Il faut, en outre, que le tirage de la lampe ne soit pas très-considérable, et que le poids du barreau soit suffisant pour qu'il n'éprouve pas les mouvements alternatifs de haut en bas, que tend à produire le courant d'air. On approche ensuite les deux pôles opposés de deux barreaux aimantés, dans le même plan horizontal que le petit barreau suspendu, et celui-ci s'aimantant par influence, oscille plus ou moins rapidement. On pourrait ramener les forces accélératrices à la force de torsion du fil; mais comme celle-ci change un peu avec la température, puisque 1 ou 2 décimètres de fil de platine près de l'étrier sont portés à la température rouge quand on chauffe le petit barreau, M. E. Becquerel a pris des petits barreaux assez pesants pour que l'influence de la torsion pût être négligée, c'est-à-dire, pour que, sous l'influence de cette torsion, le temps d'une oscillation fût de 8″ à 10″ et même plus, et de 0″,25 ou 0″,50 sous l'influence des aimants.

En opérant d'abord avec du fer doux, M. E. Becquerel à reconnu qu'en le chauffant graduellement pendant ses oscillations, le temps de celles-ci est peu changé, et qu'arrivés au rouge cerise les petits barreaux n'éprouvent plus aucune action. En abaissant graduellement la température, quand on arrive à l'instant où le fer devient magnétique, quelquefois cette faculté est portée immédiatement à son maximum ; dans d'autres, l'apparition du magnétisme est plus graduelle. Dans les petits fils de fer on observe le premier effet, et dans les gros fils le second effet a plutôt lieu. L'inégale répartition de la température doit avoir une influence dans cette circonstance, car lors du refroidissement ou de l'élévation de la température, la surface n'a pas la même température que l'intérieur. Mais cette cause ne doit pas être la seule, car il a cité un barreau d'acier qui n'arrivait que graduellement au maximum d'action, malgré le soin que l'on avait mis à régler l'abaissement de température.

M. E. Becquerel a remarqué, en opérant avec différents barreaux de fer doux, et élevant graduellement la température, que le temps des oscillations diminuait, de sorte qu'un peu avant le rouge cerise, c'est-à-dire au rouge sombre, l'action était à son maximum ; ensuite au rouge cerise elle s'anéantissait. Cette différence d'action n'est pas très-considérable ; car, d'après le carré du temps d'une oscillation, on a en moyenne de 4 expériences· 104,3 pour représenter la force qui fait osciller un barreau au rouge sombre, celle qui le fait osciller à la température ordinaire étant 100.

Les fontes et les aciers soumis au même mode d'investigation ont donné les mêmes résultats, relativement à la température à laquelle ces substances perdent la faculté d'être attirées par l'aimant ; seulement, on arrive à ce résultat remarquable, qu'avant de s'anéantir, l'action devient égale à celle qui serait exercée sur un barreau de fer doux de même forme et de même poids. La force coercitive s'anéantit donc, et l'action est la même que si elle s'exerçait sur les particules ferrugineuses seules.

D'après les expériences, on a été conduit aux conséquences suivantes :

1° En élevant la température au rouge naissant, toute trace de force coercitive disparaît dans le fer doux, la fonte et l'acier. Au rouge cerise, ces substances perdent la faculté d'être attirées par l'aimant.

2° Le magnétisme spécifique du fer doux ne varie que très-peu entre la température ordinaire et celle du rouge sombre ; seulement au rouge sombre il augmente de $\frac{4}{100}$ à peu près ; ce qui montre qu'à la température ordinaire ce métal se comporte comme ayant une faible force coercitive.

3° Le magnétisme spécifique de la fonte de fer augmente avec la température, de sorte qu'au rouge naissant il est à son maximum. Dans la fonte et l'acier, le magnétisme spécifique, qui est plus faible que celui du fer à la température ordinaire, augmente à mesure que celle-ci s'élève, de telle sorte qu'avant de s'anéantir il est égal à celui du fer doux.

Après avoir examiné l'action de la chaleur sur le fer et ses carbures, M. E. Becquerel a fait le même travail pour le nickel et le cobalt. Le nickel et ses carbures se comportent comme le fer et ses carbures ; seulement la température à laquelle le nickel cesse d'être magnétique est beaucoup plus basse. M. Pouillet l'avait placée vers 360° ; M. E. Becquerel a fait deux déterminations qui ont donné, l'une 386°,01, l'autre 388°,52. Il a porté une masse de plus de 80 grammes de nickel à la température rouge, puis il l'a approchée d'une aiguille aimantée, et au moment où l'attraction s'est manifestée il l'a plongée dans l'eau ; il a examiné alors la température de l'eau. Cette méthode lui a donné les deux nombres que nous venons de rapporter. On peut donc admettre approximativement 400° pour la limite à laquelle s'étend l'action magnétique du nickel ; au delà, il n'agit plus sur l'aiguille aimantée. Nous avons déjà vu qu'à la température ordinaire le magnétisme spécifique du nickel était le même que celui du fer ; quant à la fonte de nickel, elle se comporte comme

celle de fer. A la température ordinaire son magnétisme
est plus faible que celui du fer et du nickel doux. Il
augmente à mesure que l'on élève la température et
atteint un maximum avant de s'éteindre vers 400°.
Avant ce terme, il est égal à celui du fer doux.

Quant au cobalt, on ne peut agir que sur du cobalt
carburé et fondu. Il se comporte de même que la fonte
de fer et celle du nickel, et vers le rouge cerise son
magnétisme spécifique est le même que celui du fer et
du nickel. Il est donc probable d'après cela, comme je
l'ai dit, que le cobalt doux donnerait les mêmes effets,
et qu'à la température ordinaire son magnétisme spécifique serait le même que celui du fer et du nickel doux.

La température à laquelle le cobalt perd son magnétisme est beaucoup plus élevée que pour les deux autres
métaux magnétiques; en effet, on ne peut l'atteindre à
l'aide de la lampe à alcool, et il faut le chauffer pour
cela au blanc éblouissant du feu de forge. On voit donc,
en résumé, que le magnétisme spécifique des trois métaux dont nous venons de parler, ne varie pas dans de
très-grandes limites entre la température ordinaire et
celle où ils cessent d'être magnétiques; on peut, du reste,
dans le tableau suivant, résumer les moyennes des résultats obtenus en nombres ronds.

TEMPÉRATURE.	NICKEL.		FER.			COBALT.	
	MALLÉABLE ET PUR.	FONDU et CARBURÉ.	MALLÉABLE ET PUR.	FONDU et CARBURÉ.	ACIER.	MALLÉABLE ET PUR.	FONDU et CARBURÉ.
Température ordinaire... Au-dessous de 400°........	100	62 (variable.)	100	80	variable.	100 ?	»
	Le fer, le nickel et la fonte de nickel ont la même action.		»	»	»	»	»
Vers 400°.....	0	0	»	»	»	»	»
Rouge naissant.	.....	.....	104	109 maximum.	»	104 ?	107 maximum.
Rouge sombre.	.....	.....	104	104	104	104 ?	»
Rouge cerise...	.....	.....	0	0	0	104 ?	104
Rouge blanc éblouissant du feu de forge...	.....	.....				0	0

Les nombres qui sont inscrits dans la colonne marquée *cobalt malléable*, sont purement hypothétiques; mais, d'après les analogies, il est probable qu'ils sont l'expression de la vérité. On peut voir, d'après cela, qu'il ne serait pas avantageux de tenter des essais pour faire des aiguilles de boussole en nickel, car les variations de température modifieraient davantage leur degré d'aimantation que dans l'acier. Il n'en serait pas de même du cobalt, qui acquiert une force coercitive très-grande. Il serait important de faire des essais dans cette direction.

§ IV. *Du chrome, du manganèse et de l'oxyde de fer.*

On vient de voir que les forces avec lesquelles le nickel, le fer, le cobalt malléables, étaient attirés par un aimant, étaient les mêmes; mais sont-ce les seules substances magnétiques? On ne peut répondre à ces questions qu'en examinant les corps séparément. Nous allons parler d'abord des métaux auxquels on a accordé la faculté magnétique, puis ensuite des autres subs-

tances. On a placé le chrome et le manganèse parmi les
substances magnétiques, attendu que, tels qu'on les prépare en chimie, ils ont une faible action sur l'aiguille
aimantée. M. E. Becquerel a trouvé les nombres suivants
pour exprimer le magnétisme spécifique des échantillons
qu'il a pu se procurer :

$$
\begin{array}{ll}
\text{Fer} \dots\dots\dots\dots & 1000000 \\
\text{Chrome} \dots\dots\dots\dots & 250 \\
\text{Manganèse} \dots\dots\dots & 1137
\end{array}
$$

C'est-à-dire que la présence de $\frac{1}{4}$ de millième de fer
métallique dans le chrome, et de 1 millième en poids
dans le manganèse, leur donnerait la même propriété
d'être attirés par l'aimant. Est-on assez sûr de leur pureté
pour assurer qu'ils en soient exempts? Il est probable
que non.

D'après le mode d'action de la chaleur sur les métaux
magnétiques, il est tout naturel de supposer qu'en
abaissant convenablement la température de certains
métaux qui n'ont pas cette propriété à la température
ordinaire, on parviendrait à la leur donner. M. Pouillet
a même annoncé que le manganèse à —21° acquiert la
faculté d'être attirable à l'aimant. M. E. Becquerel a essayé
de reproduire ce résultat en faisant osciller, entre les pôles
de fort barreaux aimantés, une petite cartouche de papier pleine de manganèse; mais il n'a pas vu les oscillations s'accélérer en abaissant la température de l'enceinte
à — 20°. Lorsqu'on agit différemment, et qu'on approche le manganèse refroidi d'une aiguille astatique très-
sensible, il semble que l'action attractive soit un peu
plus forte; mais il peut se faire que cet effet soit dû aux
courants d'air. Il est donc très-important, comme M. E.
Becquerel va le tenter, de faire l'expérience à l'aide des
abaissements considérables de température que l'on peut
produire aujourd'hui.

Il ne reste plus à parler maintenant, comme substance assez fortement magnétique, de l'aimant naturel,
c'est-à-dire du fer oxydulé. Cette substance est une com-

binaison de peroxyde et de protoxyde. Mais comme le peroxyde est sans action sur l'aiguille aimantée, l'effet est dû au protoxyde. Les divers composés connus sous le nom de fer oxydulé donnent des résultats très-divers, parce que ce sont des mélanges. Nous n'indiquerons donc que les résultats obtenus sur le fer oxydulé cristallisé octaédrique, et taillé en forme de barreau. M. E. Becquerel a trouvé par les oscillations les nombres suivants pour son magnétisme spécifique:

Fer doux............... 100
Fer oxydulé cristallisé..... 0,40

à peu près $\frac{1}{2}$ centième. Mais aussi la force coercitive est considérable; car le petit barreau une fois aimanté est devenu un aimant permanent assez énergique. Aussi presque tous les échantillons que l'on retire de la terre sont-ils des aimants permanents.

L'action de la chaleur sur les différents oxydes est aussi facile à examiner que sur les métaux magnétiques. M. E. Becquerel a trouvé qu'au-dessous du rouge l'oxyde aimant cesse d'être attiré par des barreaux aimantés; ainsi il perd son magnétisme au-dessous de la température à laquelle le fer ne possède plus la faculté d'agir sur l'aiguille aimantée. A mesure que l'on élève la température, l'action s'accélère jusqu'au-dessous du rouge, où le petit barreau n'est plus attiré par les barreaux aimantés fixes.

§ V. *De l'action du magnétisme sur tous les corps.*

Coulomb est le premier qui ait annoncé que non-seulement le fer, le nickel et le cobalt, et quelques autres métaux qui peuvent être mélangés de fer, sont influencés par un aimant, mais encore que de petites aiguilles de toutes les substances métalliques ou végétales, telles que du bois, du verre, etc., oscillent, sous l'influence de forts barreaux, comme de petites aiguilles aimantées. Il s'est servi pour cela de l'appareil représenté fig. 94, pl. 1re. S et N sont les pôles des barreaux aimantés. Il a donné le rapport (*Journal de physique*, 1802, *tome LIV*) des forces exercées sur des aiguilles d'or, d'argent, de plomb, de cuivre, eu égard à la force de torsion d'un fil de cocon. Il a cherché, en faisant des mélanges de cire et de fer, quelle était la faible proportion de ce métal ou de particules magnétiques nécessaires pour produire ces résultats; et il a trouvé qu'il suffisait de la présence de $\frac{1}{133120}$ de fer dans ces métaux pour leur donner une force directrice sensible entre les pôles de deux forts aimants. Ce sont là des quantités tellement minimes, que l'analyse chimique la plus parfaite est impuissante pour en déceler la présence. Coulomb, qui apportait dans ses recherches une exactitude scrupuleuse, n'a pas trouvé de motif suffisant pour se prononcer sur la cause du phénomène, et décider si c'est une propriété générale de la matière d'être magnétique à un degré plus ou moins marqué, ou bien si tous les corps ne renferment pas des particules ferrugineuses à l'état métallique ou protoxydées.

M. Biot s'est servi des oscillations de petites aiguilles de mica pour comparer les quantités de fer renfermées dans des échantillons de cette substance; et, après avoir conseillé d'agir sur des liquides congelés, préparés avec soin, il ajoute :

« On aurait la plus grande probabilité d'en exclure « le mélange de fer, ou au moins de le rendre aussi peu « sensible que possible; et alors, si l'action des aimants « était uniquement produite par la présence de ce métal, « elle devrait, sur de pareilles aiguilles, s'affaiblir en-« tièrement, ou même cesser tout à fait d'exister. »

Plusieurs physiciens se sont aussi occupés de l'action du magnétisme de tous les corps; et même, avant Coulomb, Brugmans, Lehmann, Cavallo ont examiné l'action d'un aimant sur quelques métaux. Le premier a vu la répulsion produite par les pôles d'un aimant sur le bismuth.

Je me suis aussi occupé de cette question, ainsi que de l'action de courants très-énergiques (*Annales de phys. et de chim., tomes XXV et XXVI*). J'ai reconnu que les corps tels que le bois, la gomme laque, sont influencés par les pôles d'aimants qui ne sont même pas très-énergiques, et, de plus, que les courants électriques agissent comme les aimants. Ce qu'il y a de remarquable, c'est que la distribution du magnétisme ne se fait pas toujours de la même manière, et que les aiguilles ne se mettent pas toujours dans la direction de la ligne des pôles ; quelquefois, et le plus souvent quand on opère avec un seul aimant, il se fait une distribution transversale, et la petite aiguille se met perpendiculairement à la ligne des pôles. Quant on varie la distance, on peut même la faire passer par toutes les positions intermédiaires entre la ligne des pôles et la position perpendiculaire ; ces effets se produisent lorsque la longueur des aiguilles surpasse plusieurs millimètres, et n'a jamais lieu avec des substances fortement magnétiques, comme le fer, le nickel. Il est probable que ces différents effets tiennent à ce que le magnétisme étant très-faible dans les premiers corps, on peut négliger la réaction du corps sur lui-même ; dès lors l'action directe du barreau aimanté doit l'emporter, et toutes les particules qui le composent tendent à se mettre dans le même état relatif par rapport à lui.

M. Lebaillif a aussi examiné l'influence des corps sur les aimants ; mais, au lieu de soumettre les substances à l'action des aimants, il a rendu une aiguille astatique très-sensible, et en a approché les substances qu'il voulait soumettre à l'expérience, afin d'observer la déviation produite sur l'aiguille. L'appareil qu'il a construit sur ce principe a été nommé sidéroscope (*Bulletin de Férussac, tome VIII*). M. Lebaillif, en examinant les différentes substances, a reconnu, comme Brugman l'avait déjà observé, que le bismuth a une action répulsive, quel que soit le côté où l'on présente ce métal, et quel que soit le pôle de l'aimant. Il est probable, d'après les expériences faites par M. Saigey, que ce fait est plus général, et n'est nullement dû au magnétisme. On doit l'attribuer aux courants d'air produits accidentellement soit par des différences de température, soit par toute autre cause.

D'autres physiciens se sont aussi occupés de cette question, mais sans donner des nombres exacts, ni sans se prononcer sur la cause du magnétisme de tous les corps en présence de forts aimants. M. E. Becquerel s'est proposé de rechercher le magnétisme spécifique de ces substances comme celui des métaux magnétiques. Le procédé dont il a fait usage est celui de Coulomb. Il consiste à suspendre les substances à un fil de cocon, à négliger la torsion de ce fil quand les barreaux sont très-pesants, et à comparer la force qui fait osciller les aiguilles à la force de torsion, quand elles sont de plus petite dimension.

L'appareil dont il s'est servi est une balance de torsion, analogue à celle qui est représentée planche Ire, fig. 77, formée d'une cage quadrangulaire en verre, dans laquelle les substances peuvent osciller lorsqu'elles sont suspendues à l'état de barreau à un petit fil de cocon dédoublé. Afin d'éviter les courants d'air, ces substances, auxquelles on ne donne pas plus de 1 centimètre à 1 cent. $\frac{1}{2}$ de longueur, oscillent entre deux morceaux de fer doux, à la distance l'un de l'autre de 2 centimètres à peu près, et qui tiennent par une de leurs extrémités à la paroi latérale correspondante, et même ressortent un peu au dehors de la cage. Si l'on approche de ces deux fers doux les pôles de nom contraire de deux forts aimants, ils deviennent aimants eux-mêmes sous l'influence de ces derniers, et peuvent agir sur les substances suspendues au fil de cocon. Des mouvements dans toutes les directions peuvent amener les petites aiguilles au milieu de la distance des deux fers doux, et à l'aide d'une lunette et d'un compteur on peut compter les oscillations, après avoir placé l'aiguille dans la direction longitudinale des fers doux. On prend enfin toutes les précautions qu'exigent des observations aussi délicates. Il ne faut pas opérer sur de petites aiguilles ayant plus de

1 centimètre à 1 centimètre $\frac{1}{2}$ de longueur, et pesant plus de 40 à 50 milligrammes. M. E. Becquerel a voulu d'abord vérifier si le fait observé par Coulomb était général, et si, à mesure que l'on prenait une substance plus pure, l'action exercée par l'aimant ne diminuait pas. Il a vu, en effet, que le temps des oscillations diminue entre les aimants quand on opère avec la plupart des substances naturelles taillées en petits barreaux de 1 centimètre, et pesant de 30 à 40 milligrammes. Les substances organiques, telles que le bois, le liége, la cire, oscillent très-rapidement, même sous l'influence d'aimants qui ne sont pas très-énergiques.

La silice cristallisée à l'état de pureté est une des substances sur lesquelles il a le plus opéré. Il en a pris des fragments très-purs et limpides, dans lesquels il était difficile d'admettre à priori l'existence du fer. Il a détaché de petites aiguilles de cette substance dans des géodes, en évitant l'emploi du fer, et ne les attachant au fil de cocon que par un fragment impondérable de cire ; et toujours il a trouvé une action appréciable. Pour en donner un exemple, je citerai une expérience faite avec un petit barreau de silice très-transparente, de 1 centimètre de longueur.

	Oscillations.			Temps d'une oscillation.	Moyenne.
Silice entre les fers doux par	8	en	290″	36″,30	36″,35
la torsion seule........	7	en	255″	36″,40	
Id. en approchant les aimants	6	en	117″	19″,50	19″,57
au contact des fers doux..	6	en	118″	19″,63	
	6	en	146″	36″,50	36″,40
Id. en enlevant les aimants..	8	en	290″	36″,30	

La chaux sulfatée naturelle transparente, le soufre cristallisé de Sicile, le spath d'Islande très-pur, etc., donnent des résultats analogues, et sont toujours influencés ; mais, dans une même substance, cet effet ne reste pas le même pour des échantillons différents, et le magnétisme spécifique est variable d'un échantillon à l'autre. Il est donc à présumer, d'après cela, que l'action du magnétisme, pour des échantillons dans lesquels l'état moléculaire est le même, ne dépend que d'un mélange de substances. Si dans la silice cet effet est dû à un mélange de fer, en prenant la silice fondue au chalumeau à gaz, il peut se faire que le fer soit passé à l'état de silicate, et n'ait plus d'action. En opérant effectivement sur des fils de cristal de roche fondu, il a trouvé que quelques-uns n'étaient nullement influencés par les barreaux aimantés; que d'autres avaient une action plus ou moins forte, mais qu'elle n'était jamais la même pour divers échantillons. Il peut se faire que ces échantillons de cristal de roche, fondu et tiré en fil par M. Gaudin, et qui ne sont plus influencés par les aimants dont il a fait usage, le soient encore par des aimants beaucoup plus énergiques; mais ce phénomène, d'après ce que nous venons de dire, ne serait pas un phénomène moléculaire; il aurait seulement tous les caractères d'un mélange de silice et de fer métallique ou de particules magnétiques.

Il faut avoir soin, dans ces expériences, de n'opérer sur les substances que plusieurs heures après les avoir touchées, afin d'éviter les effets électriques de frottement.

Il a opéré ensuite avec des corps fondus, puis avec l'iode et le camphre que l'on peut avoir par volatilisation.

L'iode ordinaire éprouve une forte action de la part des aimants; mais, en le volatilisant, on obtient des fragments qui oscillent aussi rapidement entre les fers doux qu'entre ces mêmes fers fortement aimantés. Le camphre est dans le même cas. On peut donc, d'après cela, conclure que toutes les substances cristallisées que l'on trouve à la surface de la terre, et les matières végétales, obéissent à l'action des barreaux aimantés, et que pour certaines substances, à mesure qu'on les purifie, l'action exercée de la part des aimants diminue de façon à s'anéantir presque dans quelques cas.

M. E. Becquerel a fait aussi quelques expériences avec les liquides; mais quoique l'on puisse tenir compte de l'action exercée par de petits tubes de verre dans lesquels on les met, il y a trop d'incertitude pour pouvoir rien conclure de décisif touchant la part des liquides dans le phénomène.

Cette action des aimants sur les substances est un effet, comme on le voit, de magnétisme ordinaire , et nullement de magnétisme en mouvement.

§ VI. *Comparaison de l'action exercée par les aimants sur un fil d'or pris pour unité, par rapport au fer.*

Il est nécessaire, avant d'aller plus loin, de comparer les résultats donnés par certaines substances avec le fer, ou du moins quelle serait la quantité de fer métallique qui, mélangé avec ces substances, donnerait lieu au même phénomène. Cette comparaison donne le magnétisme spécifique de ces substances. On ne peut résoudre cette question qu'en prenant un corps pour unité, rapportant les substances à ce corps, et cherchant la valeur du magnétisme spécifique de ce corps par rapport au fer. Le petit barreau qu'il a pris pour unité est un fil d'or ordinaire, de 1 centimètre de long, et pesant 25 milligrammes. On ne peut comparer directement le fer et l'or; car, d'après ce que nous avons dit, dans le fer les particules magnétiques sont très-rapprochées, et le temps d'une oscillation dépend du diamètre du barreau, la densité magnétique étant très-grande; tandis que dans le fil d'or les particules magnétiques ou les parcelles de fer, étant très-éloignées, ne s'influencent pas, la densité magnétique est très-faible, le temps d'une oscillation ne dépend plus du diamètre du barreau, et par conséquent la force qui fait osciller ce fil est proportionnelle à la quantité de particules magnétiques qu'il renferme. Pour les comparer, il faut donc, de même que Coulomb, agir sur des mélanges de limaille de fer et de cire. Il a trouvé, comme nous l'avons déjà dit, qu'il suffisait qu'un petit barreau d'argent eût $\frac{1}{133120}$ de son poids de fer, pour manifester les effets obtenus à l'aide de forts aimants.

Pour comparer d'une manière précise le petit cylindre d'or, que l'on nommera cylindre étalon, avec le fer, M. E. Becquerel a préparé un mélange de 5o grammes de cire blanche et de o^{gr},24o de fer réduit de l'oxyde par l'hydrogène, et projeté dans la cire fondue avant qu'il ait eu le temps de s'oxyder; le fer étant en poussière impalpable s'est parfaitement mélangé. Il y avait donc dans cette masse $\frac{\text{o.24}}{\text{5o.24}}$=o,oo478 de fer. Il a pris quatre parties différentes de cette masse dans quatre positions opposées, et a formé quatre cylindres de différents diamètres, et exactement de 1 centimètre de longueur; car le diamètre n'influe pas sur les oscillations en présence des aimants, les particules magnétiques étant très-éloignées.

On a eu dans l'appareil décrit plus haut :

	Temps de 100 oscillations par la torsion seule entre les fers doux.	Temps de 100 oscillations en présence des aimants.	Temps d'une oscillation en présence des aimants.
Cylindre n° 1 ..	1432″	39″,2	o″,392
n° 2 ..	920″	36″	o″,36o
n° 3 ..	945″	41″,6	o″,416
n° 4 ..	537″	36″	o″,36o
		Moyenne....	o″,382

Comme les oscillations sont très-rapides, la torsion n'influe pas sensiblement sur les temps des oscillations. En effet, en effectuant cette correction dans le cylindre n° 4, on trouverait o″,361, au lieu de o″,36o. On déduit de là, pour l'action des forces accélératrices, C étant une constante, et d'après la formule $\frac{Z}{P}=\frac{C}{T}$,

$$\frac{Z}{P}=C(6,8449).$$

La cire a une action par elle-même qui est assez marquée, car un cylindre de cire blanche a donné :

Entre les fers doux.	Entre les aimants.
10 oscillations en 11 5″	10 oscillations en 15″7;

ce qui donne pour l'action aimantaire sur la cire:

$$\frac{Z}{P} = C\left(\frac{1}{(1,57)^2} - \frac{1}{(11,5)^2}\right) = 0,4006,$$

et pour l'action due à la présence seule du fer dans le mélange :

$$6,8449 - 0,4006 = 6,4443.$$

La même opération, répétée plusieurs fois avec le cylindre d'or, a donné pour ce métal :

$$0,0118.$$

Comme les barreaux d'un diamètre quelconque oscillent dans le même temps, il en résulte que si l'on suppose les barreaux du même poids, le rapport des actions exercées sur l'or et le mélange de cire et de fer est $\frac{0,0118}{6,4443} = 0,00183$. Le mélange contenant $0,00478$ de fer, l'or supposé sans action, mélangé avec $0,00478 \times 0,00183$, ou bien $0,000008747$ de fer métallique, donnerait la même action que le petit cylindre d'or soumis à l'expérience.

En fraction ordinaire, ce nombre est $\frac{1}{114325}$, et se rapproche du nombre $\frac{1}{133200}$ donné par Coulomb pour l'argent. C'est le magnétisme spécifique du petit barreau d'or ; les nombres peuvent donc s'exprimer ainsi :

Fer. 1000000
Or ordinaire en fil.   8,8

Avec des aimants beaucoup plus énergiques, on pourrait rendre sensible une action 10, 100 fois plus faible, c'est-à-dire $\frac{1}{1000000}$, $\frac{1}{10000000}$ de fer. Pour exprimer cela autrement, on peut dire, par exemple, qu'il suffirait d'un gramme de fer métallique pour donner cette faculté à 10 quintaux métriques d'un métal supposé inactif. Ce sont des traces insensibles que l'analyse chimique la plus parfaite ne peut atteindre. Les matières organiques manifestent une action beaucoup plus énergique. Ainsi, la cire blanche ordinaire, d'après l'expérience précédente, a pour magnétisme spécifique 296,4, celui du fer étant 1000000. La silice cristallisée donne à peu près le même nombre que l'or en fil.

§ VII. *Du magnétisme spécifique des roches.*

M. E. Becquerel a recherché l'action élémentaire exercée par les aimants sur les principales roches, en les rapportant au fil d'or pris pour unité.

Les substances sont façonnées en petits barreaux de la longueur exacte d'un centimètre. Lorsqu'elles sont en poudre ou en fragments, on les met dans une petite cartouche de papier pesant 4^{millig},8, et de même longueur, et dont le diamètre extérieur est à peu près de 1 millimètre. On prend toutes les précautions indiquées dans ce mémoire pour faire osciller ces substances entre le fer doux de la cage en verre, puis entre les aimants.

Si l'on nomme T le temps d'une oscillation due à la torsion seule, t le temps dû à la torsion et à l'action des aimants, Z la somme des forces accélératrices de l'aimant, f la force de torsion, on a, indépendamment de la résistance de l'air, d'après ce que nous avons dit :

$$(4) \qquad \frac{Z}{f} = \left(\frac{T^2}{t^2} - 1 \right).$$

La force étant proportionnelle à la densité magnétique de la matière, en nommant P le poids de la substance qui oscille, en prenant f, sur une fibre moléculaire de la substance, pour unité, l'action exercée par les aimants ou le magnétisme spécifique de cette substance sera $\frac{Z}{P}$, ou proportionnel à

$$(5) \qquad \frac{\left(\dfrac{T^2}{t^2} - 1 \right)}{P}.$$

Il est nécessaire de tenir compte de la petite cartouche sur laquelle les aimants exercent une action qui est dans les mêmes limites de grandeur. En nommant z la somme des forces accélératrices agissant sur la cartouche qui pèse un poids p quand elle oscille seule, on trouvera Z par la formule (4), et on aura le magnétisme spécifique par la formule $\dfrac{Z - z}{P}$, P étant le poids de la substance. Ce nombre est indépendant de l'état dans lequel se trouve la substance, et, rapporté à l'or, donne la quantité de fer qu'il serait nécessaire de mélanger à la substance inerte, pour lui donner la même action que celle que l'on observe.

Il faut avoir soin, dans ces expériences, de se garantir de la cause d'erreur provenant de l'action du magnétisme, sur le petit étrier en papier ou sur la cire avec laquelle on l'attacherait.

M. E. Becquerel a donné un tableau dans lequel il rapporte le magnétisme spécifique d'un certain nombre de minéraux et de roches. Nous en extrairons quelques résultats.

	Magnétisme spécifique.
Fer..	1000000
Or étalon................................	8,8
Granite, 1er échantillon...............	50,6
Id. 2e échantillon....................	139,2
Protogine................................	24,3
Porphyre { antique rougeâtre..........	71,3
Porphyre { quartzifère................	126,4
Porphyre { vert des Vosges...........	1391,2
Euphotide variolite.....................	21,9
Trachyte retinite.......................	10385,6
Gneiss....................................	286,0
Basalte...................................	2710,4
Id. de l'île Bourbon.................	8844,4
Craie en poudre.........................	33,0
Amphibole { verte cristallisée........	71,3
Amphibole { noire.....................	2787,6

Ces nombres, en admettant que l'action soit due à un

mélange de fer ou de particules magnétiques, indiquent combien il s'en trouve dans la masse des échantillons soumis à l'expérience. Il est inutile de rapporter d'autres résultats, car ces nombres ne dépendent pas de la nature de la substance, mais d'un mélange de matières qui sont excessivement variables. Quelquefois deux échantillons presque identiques en apparence donnent des actions très-différentes.

Quoique toutes les substances que l'on trouve à la surface de la terre soient influencées par des barreaux qui ne sont pas très-énergiques, les minéraux cristallisés ont un magnétisme spécifique en général plus faible que celui de l'or. Je citerai la silice, le feldspath, le soufre.

Il serait peut-être très-utile d'ajouter aux caractères physiques des minéraux et des roches leur magnétisme spécifique, qu'il serait facile de déterminer d'après la méthode précédente. Afin d'agir plus sûrement, il faudrait opérer toujours sur les mêmes proportions avec des cartouches de 2 centimètres de longueur et de 2 millimètres de diamètre, et faites en papier très-mince.

Sans vouloir préjuger en rien la question de l'origine du magnétisme terrestre, il est évident que, sous son influence, les différentes roches dont se compose l'écorce se sont constituées en aimants, et que la résultante de toutes ces actions forme une partie plus ou moins grande de ce magnétisme.

Il peut même se faire, comme l'a avancé Fusinieri [1], que des particules ferrugineuses se trouvent dans l'air, et aient une influence sur l'aiguille aimantée. Ces questions ne doivent être traitées qu'avec beaucoup de réserve ; cependant on ne doit rien omettre de ce qui peut éclairer sur les recherches relatives à l'origine du magnétisme du globe, sur lequel nous reviendrons à la fin de ce volume.

On voit, d'après les résultats dont nous venons de

---

[1] Becquerel, Traité d'électricité, tome IV, page 131.

parler, que plus on examine attentivement l'action exercée par les aimants sur tous les corps, plus on est tenté de la rapporter à des mélanges de fer ou de particules actives qui se trouvent répandues partout; car une même substance ne présente jamais la même action quand on la prend sous différents états, et cette action diminue à mesure qu'on la purifie. On est donc porté à n'admettre comme substances magnétiques à la température ordinaire que le nickel, le fer et le cobalt, qui, dans le même état relatif, c'est-à-dire à l'état de métal malléable, ont le même magnétisme spécifique.

M. Faraday, dernièrement, en abaissant la température d'un grand nombre de métaux parmi lesquels se trouvaient le manganèse, le cuivre, etc., jusqu'à plus de 100° au-dessus de 0, n'a vu aucune action magnétique se manifester.

CHAPITRE III.

THÉORIES DU MAGNÉTISME.

§ I. *Théorie de Poisson.*

Nous avons dit que l'on a cherché à expliquer tous les phénomènes magnétiques, soit en admettant l'existence des deux fluides, soit en supposant qu'il circule autour des molécules des courants électriques dans des plans perpendiculaires à l'axe des aimants. Maintenant nous allons exposer chacune de ces théories.

Dans la première théorie, dans celle des deux fluides, dont les principes ont été mis en avant pour la première fois par Coulomb, M. Poisson, qui en a fait une application mathématique, admet que, dans l'acte de l'aimantation, les deux fluides boréal et austral primitivement réunis, et formant l'état neutre, se sont très-peu écartés l'un de l'autre autour de chaque molécule. « Nous ne déciderons pas, ajoute-t-il, si les parties « des corps aimantés, dans lesquelles la décomposition « du fluide neutre peut s'effectuer, sont les molécules « mêmes de ces corps ; nous supposerons seulement que « leurs dimensions sont toujours extrêmement petites. « Nous appellerons élément magnétique chacune de ces « petites parties, dont la propriété caractéristique consiste « en ce que les quantités des deux fluides y sont égales « entre elles, dans l'état d'aimantation comme dans « l'état neutre. Or, nous pouvons concevoir, pour envi-

« sager la question dans la plus grande généralité, que
« les éléments magnétiques ne sont pas contigus dans
« l'intérieur des corps aimantés; qu'ils y sont, au con-
« traire, séparés par des espaces pleins ou vides, où les
« deux fluides ne peuvent pénétrer, et que les dimen-
« sions de ces intervalles isolants sont du même ordre
« de grandeur que celles des éléments magnétiques,
« sans cependant que le rapport des unes aux autres soit
« le même dans les éléments de nature différente : cela
« étant, les attractions et répulsions exercées par ces
« corps dans les mêmes circonstances seront différentes,
« comme l'expérience l'a déjà fait connaître à l'égard
« du nickel et du fer[1]. Ainsi nous nous représenterons un
« corps aimanté comme un assemblage de parcelles ma-
« gnétiques, séparées par des espaces inaccessibles au
« magnétisme. Le rapport de la somme de toutes ces
« parcelles au volume entier du corps, qu'on pourrait
« prendre pour sa densité, sous le rapport du magné-
« tisme, sera une fraction qui approchera plus ou moins
« de l'unité dans les corps de nature diverse, et qui
« devra être donnée pour chaque corps en particulier;
« les actions intérieures augmenteront ou diminueront
« d'intensité avec la grandeur de ce rapport. »

M. Poisson a donné les lois de ces actions, et a montré la possibilité de vérifier la théorie par l'expérience,
en faisant varier à volonté le rapport dont on vient de
parler. A cet effet, il propose de mélanger, dans des
proportions convenables, de la limaille de fer très-fine,
avec une autre matière non magnétique ; soumettant ensuite ces corps à l'influence de très-forts aimants, et
mesurant les attractions et répulsions.

M. Poisson suppose ensuite que le pouvoir attractif
ou répulsif des deux fluides est le même dans tous les

---

[1] A l'époque où M. Poisson a publié son Mémoire sur le magnétisme, on croyait que le fer et le nickel n'avaient pas le même
magnétisme spécifique; nous venons de voir plus haut qu'il n'en
était pas ainsi.

corps aimantés à distance égale, et pour des quantités égales de fluide. Cette supposition, suivant lui, est la plus simple que l'on puisse faire à priori.

La quantité qui exprime le rapport de la somme des volumes des éléments magnétiques au volume entier du corps dont ils font partie, et qui se trouve dans ses formules, peut dépendre de la température des corps ; car on conçoit que la chaleur dilate les espaces qui séparent les éléments les uns des autres, et comprime les éléments, sans changer dans le même rapport, les attractions ou répulsions magnétiques exercées par un même corps devant varier avec son degré de chaleur.

La plupart des expériences ayant été faites sur des barreaux aimantés, dans lesquels la force coercitive était loin d'être nulle, les effets observés proviennent et de la variation de cette force, et du dérangement du rapport dont on parle.

Le rapport entre la somme des éléments magnétiques et le volume entier du corps aimanté n'est pas la seule donnée relative à ce corps, d'où puisse dépendre l'intensité de ces actions ; car la forme des éléments peut aussi influer sur cette intensité, et cette influence a cela de particulier, qu'elle n'est pas la même, en des sens différents. Supposons que les éléments magnétiques soient des ellipsoïdes, dont les axes aient la même direction dans toute l'étendue d'un même corps, et que ce corps soit une sphère aimantée par influence, dans laquelle la force coercitive soit nulle. Les attractions ou répulsions qu'elle exercera au dehors seront différentes dans le sens des axes de ces éléments et d'un autre sens. C'est ainsi que lorsqu'on fait tourner cette sphère sur elle-même, son action sur un même point change en général en grandeur et en direction ; mais si les éléments magnétiques sont des sphères de diamètres égaux ou inégaux, ou bien s'ils s'écartent de la forme sphérique, et qu'ils soient disposés sans aucune régularité dans l'intérieur d'un corps aimanté par influence, leurs formes influeront peu sur les résultats, qui dépendront seulement

de la somme de leur volume, comparée au volume entier
de ce corps, et qui seraient alors les mêmes en tous sens.
Ce dernier cas est celui du fer forgé et des autres corps
non cristallisés, dans lesquels on a obtenu le magnétisme.
Cela posé, M. Poisson s'est proposé de résoudre le problème suivant : Déterminer en grandeur et en direction
la résultante des attractions ou répulsions magnétiques
d'un corps aimanté de forme quelconque, sur un point
pris en dehors ou dans son intérieur; en ajoutant aux
composantes de cette force relative à un point intérieur,
celles des formes extérieures qui influent sur le corps,
on aura les forces totales qui tendent à séparer les deux
fluides réunis en ce point; or, si la matière du corps
n'oppose aucune résistance au déplacement de ces deux
fluides, il sera nécessaire, pour que l'équilibre magnétique ait lieu, que ces forces totales soient égales à zéro,
sans quoi elles produiraient une nouvelle décomposition
du fluide neutre, et l'état magnétique du corps serait
changé. Si la force coercitive n'est pas nulle, il suffit
que la résultante de toutes ces forces extérieures et intérieures qui agissent en un point quelconque de ce corps,
ne surpasse nulle part la grandeur donnée de la force
coercitive, dont l'effet serait analogue à celui du frottement dans les machines. Il en résulte que, dans ce cas,
l'équilibre peut subsister d'une infinité de manières différentes.

M. Poisson s'est borné à considérer l'aimantation
des corps aimantés par influence pour lesquels la force
coercitive est nulle. Les deux fluides boréal et austral,
dans cette supposition, se transportent sur les surfaces
des éléments magnétiques, où ils sont arrêtés par la
cause qui les empêche de franchir les espaces qui les séparent. Là, ils forment une couche très-mince, par
rapport même aux dimensions de ces éléments. Cette
supposition résulte de ce que l'on regarde le fluide neutre
contenu dans chaque élément comme inépuisable. Dans
ce cas, la partie décomposée doit toujours être très-petite, relativement à la totalité de ce fluide.

M. Poisson a déterminé ensuite la distribution du magnétisme dans les aiguilles d'acier aimantées à saturation et dans les aiguilles de fer doux aimantées par influence, d'où il déduit les lois de leurs attractions ou répulsions mutuelles. A cet effet, il a donné les équations qui renferment, pour tous les corps, les lois de la distribution du magnétisme dans l'intérieur des corps aimantés par influence, et celles des attractions ou répulsions qu'ils exercent sur des points donnés de position; mais la résolution de ces équations, pour en déduire des résultats comparables à l'expérience, n'est possible que dans un nombre de cas très-limité, eu égard aux différentes formes des aimants. Le cas que M. Poisson a pris pour exemple admet une solution complète; c'est le cas d'une sphère pleine ou creuse, aimantée par des forces dont les centres d'action sont distribués d'une manière quelconque au dehors ou dans son intérieur. En réduisant ces forces à une seule, à l'action magnétique de la terre, les formules deviennent très-simples; on en déduit sans difficulté la déviation d'une aiguille de boussole, produite par le voisinage d'une sphère aimantée par l'influence de la terre. Cette déviation varie avec les distances du milieu de l'aiguille au centre de la sphère, au milieu du méridien magnétique passant par ce centre, et au plan mené par le même point perpendiculairement à la direction du magnétisme terrestre. Les lois de ces diverses variétés, données par le calcul, s'accordent avec celles que M. Barlow a trouvées par l'expérience.

Ce calcul montre aussi que l'action d'une sphère creuse est, à très-peu près, indépendante de son épaisseur, tant que le rapport de celle-ci au rayon n'est pas une très-petite fraction, qui peut changer de valeur avec la matière et la température de la sphère.

M. Barlow, comme on l'a vu, a cherché les déviations qu'une aiguille aimantée éprouve de la part d'une sphère pleine ou creuse de fer, aimantée par l'action du globe terrestre. En soumettant successivement la même aiguille à l'action de deux sphères de fer de même nature, de dix pouces anglais de diamètre, l'une entièrement pleine et l'autre creuse, celle-ci pesant un quart de moins que la première, il a reconnu ce fait fondamental que, dans la même position, la déviation de l'aiguille aimantée est égale pour les deux sphères, qu'elles soient pleines ou creuses, pourvu néanmoins que l'épaisseur des sphères creuses surpasse une certaine limite qu'il a fixée à un trentième de pouce. Dans ce cas, la déviation de l'aiguille produite par la sphère creuse soumise en premier lieu à l'expérience, est les deux tiers environ de la déviation correspondante à une sphère pleine, de même dimension. M. Barlow en a conclu, comme les expériences de Coulomb, sur des aimants formés d'un certain nombre de barreaux, pouvaient le faire présumer, ainsi que celles de Nobili, qui sont plus récentes, que le magnétisme résidait à la surface des corps aimantés, ou du moins qu'il ne pénétrait pas dans leur intérieur au delà de la limite que nous venons de citer.

M. Poisson, en cherchant à obtenir, au moyen de ses formules, les résultats que M. Barlow a déduits de ses observations, a cru devoir ne pas négliger, dans le calcul des déviations de l'aiguille, les corrections dues à sa longueur et à sa réaction sur la sphère aimantée, quand l'aiguille est le plus rapprochée de la sphère, c'est-à-dire quand elle se trouve à une distance de son milieu au centre de ces corps égale à 12 pouces.

M. Barlow a reconnu qu'en plaçant au même point le milieu d'une aiguille de 6 pouces, et celui d'une petite aiguille d'un demi-pouce en longueur, les déviations étaient les mêmes. M. Poisson a pensé que les deux corrections dont on vient de parler, dont l'une tendrait à augmenter la déviation, et l'autre à la diminuer, se sont compensées l'une l'autre. Il avoue cependant que cette compensation a été imparfaite; car, en calculant les déviations de l'aiguille, et négligeant la double correction, la différence qu'il a trouvée entre le calcul et l'expérience était trop grande pour être attribuée en entier aux erreurs des observations. Nous en citerons quelques exemples. M. Barlow a trouvé, avec une sphère de 6ᵖ,4, et en plaçant le milieu de l'aiguille à 12 pouces de distance de la sphère, que la déviation de l'aiguille aimantée était de 36°15′, l'aiguille étant placée soit à l'est, soit à l'ouest du méridien magnétique; tandis que M. Poisson n'a trouvé, par le calcul, que 32°38′ : la différence de 3°37′, qui ne peut être attribuée en entier aux erreurs de l'observation, est due en grande partie, suivant lui, à la longueur et à la réaction de l'aiguille, dont on n'a pas tenu compte dans le calcul. M. Poisson n'avait pas devers lui les données nécessaires déduites de l'expérience, pour effectuer la correction relative à la réaction de l'aiguille.

Dans un autre cas, où la distance du milieu de l'aiguille au centre de la sphère était de 15ᵖ et au delà, les déviations calculées, en faisant également abstraction de la longueur et de la force de l'aiguille, ont toujours été plus petites que les déviations observées, comme dans le cas précédent. Ces différences, qui ont été souvent de 1° et quelques minutes dans le même sens, ne se trouvent que dans la comparaison des grandeurs absolues des déviations, puisque les lois de variation auxquelles sont soumises les déviations, suivant la position des aiguilles, s'accordent, soit qu'on les déduise de la théorie ou de l'expérience. Sous ce rapport, les nombreuses observations de M. Barlow viennent confirmer les recherches analytiques de M. Poisson.

Cet accord remarquable du calcul et de l'observation justifie l'exactitude des bases sur lesquelles repose l'analyse; M. Poisson voulant soumettre celle-ci à de nouvelles épreuves, a cherché s'il ne serait pas possible de résoudre les équations générales, en les appliquant à des corps qui n'eussent pas, comme la sphère, une forme constante; il a trouvé qu'elles pouvaient être résolues très-simplement dans le cas d'un ellipsoïde quelconque, pourvu que la force qui produit les aimantations fût constante en grandeur et en direction dans toute son étendue; ce qui a lieu, par exemple, à l'égard du magnétisme terrestre.

Après avoir donné les formules relatives à un ellipsoïde dont les trois axes ont entre eux des rapports quelconques, M. Poisson considère les deux extrêmes où ce corps est très-aplati et où il est très-allongé. Dans le premier, le corps aplati peut représenter une plaque dont l'épaisseur *varierait très-lentement près du centre, et décroîtrait depuis ce point jusqu'à la circonférence : son action sur des points peu éloignés de son centre doit être sensiblement la même que celle de toute autre plaque d'une épaisseur constante et d'une très-grande étendue. De même, un ellipsoïde très-allongé peut être représenté, dans la pratique, par une aiguille ou une barre dont le diamètre décroît depuis son milieu jusqu'à ses extrémités, en variant d'abord très-lentement, et son action sur des points voisins de son milieu doit très-peu différer de celle d'une barre dont le diamètre est très-petit par rapport à la longueur.*

Lors donc, ajoute M. Poisson, que les physiciens auront observé les actions d'une barre ou d'une plaque aimantée par l'influence de la terre, sur des points très-rapprochés du milieu ou du centre de ces corps, on pourra comparer, sous ce nouveau point de vue, la théorie à l'observation.

L'hypothèse de Coulomb, des deux fluides magnétiques, dont nous venons de donner une idée, est d'une grande simplicité, et rend bien compte des phénomènes de magnétisme proprement dit; mais elle n'a pu conduire ni à la découverte sur l'action exercée par un courant électrique sur un aimant, ni à leur explication.

§ II.—*Théorie d'Ampère.*

Après que M. OErsted eut découvert cette action, M. Ampère conçut l'idée d'une nouvelle hypothèse sur la constitution des aimants, qui le conduisit à la découverte de l'action des courants entre eux. Nous rappellerons succinctement les principes que nous avons développés dans le Traité d'électricité, et qui servent de base à la théorie du magnétisme, telle que l'envisage M. Ampère.

1° L'action exercée de la part d'un courant électrique sur un aimant, est telle, que l'aimant tend à se mettre perpendiculairement à la direction du courant, comme s'il était sollicité par un couple de deux forces directrices appliquées en ses pôles. Le pôle austral est rejeté vers la gauche du courant (la gauche du courant est la gauche d'une personne qui serait couchée dans le sens du courant, l'électricité positive entrant par les pieds, et la personne regardant toujours l'aimant.)

2° L'action d'un courant rectiligne sur un aimant placé dans un plan perpendiculaire au courant; varie en raison inverse de la simple distance du fil à l'aimant. On en conclut que l'action élémentaire, exercée par un élément de courant sur un élément magnétique, varie en raison inverse du carré de la distance et proportionnellement au sinus de l'angle que fait avec la direction du courant, la ligne qui joint les centres des éléments.

3° Deux courants rectilignes parallèles s'attirent lorsqu'ils sont dirigés dans le même sens, et se repoussent lorsqu'ils sont dirigés en sens contraire; s'ils font entre eux un angle, ils tendent à se mettre parallèles dans le même sens.

L'action élémentaire de deux éléments de courant ds, ds' dont les intensités sont i, i'', qui sont situés à une distance r l'un de l'autre et qui font des angles α pour l'élément ds et β pour l'élément ds', avec la ligne r qui joint leur milieu, et dont γ est l'angle que forment les deux plans passant par les éléments et la ligne r, est exprimée par

$$\frac{ii'\,ds\,ds'\left(\sin\alpha\sin\beta\cos\gamma - \frac{1}{2}\cos\alpha\cos\beta \right)}{r^2},$$

c'est-à-dire, en raison inverse du carré de la distance.

D'après ces principes, M. Ampère a trouvé qu'en

transmettant un courant à travers un fil conducteur tourné en hélice autour d'un cylindre, de façon à former un grand nombre de spires, et ramené dans l'axe du cylindre, afin que cette dernière partie du fil détruisît les composantes horizontales du courant de l'hélice, c'est-à-dire, si l'on aime mieux, en ayant une suite de courants circulaires égaux dirigés dans le même sens, et dont les plans soient perpendiculaires à une même ligne droite, cette série de courants circulaires, à laquelle on a donné le nom de *solénoïde*, se conduit comme un aimant lorsqu'on le soumet, soit à l'influence d'un aimant, soit à celle d'un courant. Un solénoïde se dirige dans le méridien magnétique, et ses extrémités sont successivement attirées et repoussées par les pôles d'un aimant, comme un aimant lui-même; deux solénoïdes agissent l'un sur l'autre comme deux aimants; enfin, un solénoïde se conduit comme un aimant ayant même axe, dont le pôle austral serait à la gauche d'un observateur couché sur une des spires de l'hélice, l'électricité positive allant des pieds à la tête, et la figure regardant l'axe du cylindre.

En calculant les actions exercées par un élément de courant sur un solénoïde, ou sur une suite de courants circulaires dont les plans sont perpendiculaires à une ligne droite ou courbe, on a été conduit à ce que toutes les actions se réduisent à deux forces dirigées suivant des perpendiculaires aux plans passant par les extrémités du solénoïde et par l'élément. Ces forces, en outre, sont en raison inverse du carré des distances qui séparent l'élément de courant et ces extrémités. D'après cela, M. Ampère, au lieu de supposer que le magnétisme est dû à l'action de deux fluides particuliers, attribue les phénomènes auxquels il donne naissance, à des courants électriques qui se meuvent autour des particules des corps.

Ces courants existeraient donc dans tous les corps sensibles à l'action du magnétisme. Dans les corps à l'état naturel, les courants électriques circuleraient dans tous les azimuts possibles autour des molécules, et l'effet de l'aimantation serait de donner à ces courants des directions tendant toutes à devenir parallèles, et dont les actions sur des courants extérieurs expliqueraient les attractions et répulsions. M. Ampère ajoute même dans un mémoire, *Annales de physique et de chimie*, t. XXVI, p. 252 :

« Parmi les différentes manières dont on peut se re« présenter la disposition des courants électriques cir« culaires autour des particules des métaux susceptibles « d'aimantation, soit avant de l'acquérir, soit après « avoir été aimantés, une des plus simples consiste à « considérer chaque particule comme une petite pile « de Volta dont les courants, entrant par une extrémité « et sortant par l'extrémité opposée, reviennent à tra« vers l'espace environnant...... »

Dans l'hypothèse de M. Ampère, un aimant ne serait donc pas un seul solénoïde, mais une réunion de solénoïdes parallèles. Il est cependant une différence qu'il est important de constater entre l'action d'un solénoïde et celle d'un aimant : c'est que, dans un aimant, les pôles ne sont pas placés aux extrémités, mais à peu de distance, tandis que dans un solénoïde dont les spires sont perpendiculaires à la longueur, les centres d'action sont situés aux extrémités mêmes. Dans un aimant, les courants électriques ne pourraient donc pas tous être perpendiculaires à la longueur, et il faudrait pour que l'hypothèse de M. Ampère fût vraie, que les actions mutuelles des courants circulaires pussent modifier la disposition de leur plan, de façon que leur parallélisme ne fût pas complet, et qu'il en résultât des centres d'actions non situés aux extrémités, mais à peu de distance.

Plus on étudie l'électro-magnétisme, plus on est frappé du rapport qui existe entre les phénomènes magnétiques et les phénomènes électriques; d'un autre côté, la théorie de M. Ampère, quoique beaucoup plus compliquée que celle de Coulomb, a cela de remarquable, qu'elle lie les deux parties de la physique. Il est probable que le magnétisme et l'électricité sont dus à des modifications du même agent. L'on peut se demander si l'on ne pourrait pas rendre compte des courants électriques par une distribution des fluides magnétiques, comme on rend compte des phénomènes magnétiques par l'action des courants électriques; car, dans l'état actuel de la science, un courant électrique est bien difficile à définir, quoique l'on connaisse ses principaux modes de production.

C'est là une question de principe qui ne peut être résolue dans l'état actuel de la science. Bien que tout ce que nous savons tende à prouver l'identité des deux agents électrique et magnétique, néanmoins, cette identité n'est pas complétement démontrée. Au surplus, on ne doit demander aux théories qu'à classer le plus grand nombre de faits connus, à les expliquer le plus simplement possible, et à tâcher de faire prévoir de nouveaux phénomènes. La théorie de Coulomb était simple et expliquait les faits connus de son temps; mais la découverte d'OErsted ayant ouvert un nouveau champ aux physiciens, celle d'Ampère, quoique plus compliquée, a ramené tout à l'action d'un même agent, et a conduit ce physicien à l'action des courants les uns sur les autres. On voit donc que, jusqu'à présent, cette dernière est celle qui comprend le plus grand nombre de faits, et à laquelle on doit s'arrêter. Du reste, les phénomènes d'induction sur lesquels repose l'explication du magnétisme par rotation, viennent donner de nouvelles preuves à l'appui de la théorie de M. Ampère.

§ III. — *Induction et explication du magnétisme en mouvement.*

Nous venons de voir quelle est la théorie de M. Ampère, basée sur les actions réciproques des courants et des aimants; mais les courants possèdent aussi la faculté de développer le magnétisme dans le fer doux et l'acier, et de rendre permanent ce magnétisme tant que dure l'action du courant, et de ne laisser d'action que ce que la force coercitive de la matière permet.

M. Faraday partant du principe, que le courant électrique développe une aimantation dans les métaux magnétiques, a voulu s'assurer si réciproquement un aimant pouvait faire naître un courant électrique dans un circuit métallique. Le succès a répondu à son attente, et il est parvenu, comme nous allons le dire succinctement, à développer des courants électriques à l'aide des aimants, et même à l'aide des courants électriques eux-mêmes. Il ne sera pas question de cette dernière partie des travaux de M. Faraday, car nous n'avons en vue que l'explication des phénomènes de magnétisme par rotation dont nous avons déjà parlé. Tous les phénomènes qui rentrent dans ces actions réciproques des aimants et des courants, ont reçu le nom de phénomènes d'*induction*.

Si l'on forme une hélice métallique en fil de cuivre autour d'un cylindre creux en carton ou en verre, que l'on attache les deux extrémités du fil conducteur aux extrémités d'un galvanomètre, et que l'on introduise dans l'intérieur un barreau aimanté, l'aiguille du multiplicateur est déviée, et indique dans l'hélice un courant inverse, c'est-à-dire, opposé à celui qui eût pu donner à l'aimant la polarité qu'il possède, si le fil eût été parcouru par un courant. La direction de l'aiguille indique au contraire un courant direct, quand on retire rapidement le barreau.

Ainsi, lorsqu'un aimant s'approche d'un fil conducteur placé à angle droit, il y développe un courant, de même que lorsqu'il s'en éloigne; mais ces deux courants sont inverses. Tant que l'aimant reste en repos, le fil étant fixe, rien ne se manifeste; il n'y a que lorsque l'un des deux, l'aimant ou le fil, est mobile; l'effet est le même lorsque, l'aimant restant en repos, l'état magnétique de l'aimant change. On voit donc que non-seulement les courants électriques développent une aimantation permanente dans les métaux magnétiques, mais encore que les aimants peuvent développer des courants. La différence qui existe entre ces deux genres de phénomènes, c'est que, dans le premier cas, le magnétisme persiste tant que le courant dure, tandis que dans le second, le courant ne se manifeste que lorsque l'aimant est en mouvement par rapport au fil, ou que son magnétisme varie; or, dans l'état de repos, il ne se manifeste aucun effet dans le fil.

D'après cela, on peut concevoir les phénomènes de magnétisme par rotation dont nous avons parlé plus haut. Avant les résultats obtenus par M. Faraday, on avait imaginé plusieurs théories pour expliquer ces phénomènes, et on peut voir, tome II, page 423, Traité d'électricité et de magnétisme, un exposé succinct de la théorie mathématique de M. Poisson, basée sur l'hypothèse de Coulomb ; mais maintenant le magnétisme en mouvement peut s'expliquer par les effets d'induction.

Lorsqu'un disque de cuivre tourne au-dessous d'une aiguille aimantée mobile autour de son centre, il doit se manifester des courants d'induction dans différents sens dans cette plaque, car dans les parties qui s'éloignent des pôles les courants sont directs, et dans celles qui se rapprochent ils sont inverses; seulement les actions sont très-compliquées, car il doit y avoir des courants dans un grand nombre de directions. L'action combinée de ceux-ci sur l'aiguille mobile doit tendre à lui donner un mouvement que l'expérience a montré devoir être dans la direction du mouvement du disque. M. Faraday s'est assuré, par expérience, qu'il y avait des courants électriques dans le sens des rayons du disque, et MM. Nobili et Autinori (Traité d'électricité et de magnétisme, t. II, p. 182), ont prouvé par expérience l'existence de ces courants dans plusieurs directions.

On conçoit, d'après cela, pourquoi les solutions de continuité dans le disque tournant diminuent sa puissance, et comment il se fait que l'action soit augmentée quand les entaillures sont remplies par des substances métalliques conductrices de l'électricité.

TABLE DES MATIÈRES.

CHAPITRE PREMIER.

PROPRIÉTÉS GÉNÉRALES DES AIMANTS.

CHAPITRE II.

DE L'ACTION DU MAGNÉTISME SUR TOUS LES CORPS.

CHAPITRE III.

THÉORIES DU MAGNÉTISME.

FIN.

TRAITÉ EXPÉRIMENTAL

DE

L'ÉLECTRICITÉ

ET DU

MAGNÉTISME.

DU MAGNÉTISME TERRESTRE.

LIVRE Iᵉʳ.

DESCRIPTION ET USAGE DES APPAREILS DESTINÉS A OBSERVER LES EFFETS DU MAGNÉTISME TERRESTRE.

CHAPITRE PREMIER.

CONSIDÉRATIONS GÉNÉRALES.

La détermination des divers éléments dont se compose la résultante des forces magnétiques terrestres, en différents points du globe, est, depuis deux siècles environ, l'objet des recherches des physiciens, et particulièrement des voyageurs qui ont fait le tour du monde.

VI. 2ᵉ *partie.*   1

Les appareils employés jusqu'ici à cette détermination, joignent à une grande précision une manœuvre assez facile pour que des observateurs peu exercés obtiennent en peu de temps des résultats sur l'exactitude desquels on puisse compter.

Aujourd'hui cet état de choses est un peu changé; on a substitué à ces moyens simples et faciles d'observation, qui peuvent être employés par les voyageurs, des procédés compliqués, plus sensibles à la vérité, mais fondés sur des résultats d'analyse dont les développements ne sont point toujours à la portée des observateurs, et qui ne peuvent être mis que très-difficilement en usage dans les voyages de long cours.

L'ancienne méthode est directe, c'est-à-dire, qu'elle donne immédiatement les résultats que l'on a en vue, en prenant la moyenne d'un certain nombre d'observations, tandis que la seconde peut être considérée, sous tous les rapports, comme indirecte.

C'est au milieu de ce conflit que je me hasarde à publier un traité du magnétisme terrestre, dans le but unique de compléter mon *ouvrage sur l'électricité et le magnétisme*, dont le 1er volume parut il y a environ cinq ans.

Je ferai remarquer qu'en général, dans les recherches de physique expérimentale, on doit tâcher d'obtenir des résultats en faisant le plus petit nombre possible d'opérations; car chacune d'elles, comportant toujours quelque erreur dans les mesures ou dans les moyens d'appréciation, si on en augmente le nombre, on court en même temps la chance de multiplier les erreurs.

D'un autre côté, comme les formules analytiques ne sont pas toujours l'expression fidèle de la marche des phénomènes quand ils sont composés, il arrive que les méthodes directes, dans ce dernier cas, ont souvent de l'avantage sur les méthodes indirectes. Mais il ne paraît pas en être ainsi dans les nouvelles méthodes, attendu que des observations simultanées, faites dans des lieux différents, conduisent à des résultats soumis à la même loi.

Je ne me suis pas dissimulé néanmoins les difficultés

que je rencontrerais, et je n'ai point eu la prétention de les
surmonter toutes. Mais le titre que j'ai donné à cet ouvrage
m'imposait l'obligation , comme, du reste, j'en avais pris
l'engagement vis-à-vis du public, de le terminer en présentant un tableau, aussi complet qu'il m'était possible,
de l'état actuel de nos connaissances sur le magnétisme
terrestre. On ne doit donc me considérer ici que comme
un historien qui expose, sans esprit de parti, sans prévention contre telle ou telle méthode d'observation, contre telles ou telles vues théoriques, tout ce que nous
savons sur cette branche de la physique, en essayant de
coordonner les faits, de manière à faire ressortir les rapports qui existent entre eux et les phénomènes électriques qui sont l'objet de mes études favorites.

J'ai eu encore un autre but en faisant cette publication : dans les ouvrages élémentaires de physique, on
s'est borné jusqu'ici à décrire les appareils magnétiques,
en indiquant leur usage à l'aide de figures faites sur
une échelle si petite que les artistes ne peuvent en connaître suffisamment tous les détails pour en construire
de semblables.

J'ai voulu joindre à l'ouvrage des dessins exécutés sur
une grande échelle et accompagnés de détails capables
de faire connaître le mécanisme de toutes les parties
des appareils. Non content de décrire ces derniers avec de
grands développements, j'ai donné, pour chacun d'eux,
et afin qu'on en puisse bien connaître l'usage, un exemple d'observations, pour éviter aux expérimentateurs
toutes difficultés de détail.

Voyons maintenant quels sont les éléments du magnétisme terrestre.

Lorsqu'une aiguille aimantée, librement suspendue
par son centre de gravité, et pouvant prendre une position quelconque d'équilibre, est abandonnée à l'action
du globe terrestre, elle se fixe, après quelques oscillations,
dans une direction qui fait un angle variant de o à 90°,
suivant la latitude du lieu, avec l'horizontale situé.
dans le plan vertical de l'aiguille, et dont l'angle que

forme le plan vertical passant par la direction de l'aiguille avec le méridien terrestre, varie également d'un lieu à un autre, suivant une loi que je ferai connaître plus loin.

En supposant que le globe soit un aimant, dont les deux pôles soient situés à peu de distance de ceux de la terre, la direction de l'aiguille aimantée, telle qu'elle vient d'être déterminée, est précisément celle de la résultante des forces magnétiques terrestres, attendu que cette résultante peut être représentée par deux forces égales, dirigées en sens contraire, suivant la direction de l'aiguille, et appliquées à chacun de ses pôles.

Or, trois éléments sont nécessaires pour déterminer une force, la direction, l'intensité et le point d'application. La direction des deux résultantes des forces terrestres est donnée par celle de l'aiguille aimantée, librement suspendue par son centre de gravité; leur intensité est donnée par l'action exercée sur celle-ci par la terre. Quant à leur point d'application, il faut, pour les déterminer, des données que nous n'avons pas encore, et dont je parlerai en leur lieu.

L'aiguille aimantée, telle que nous l'avons disposée, présenterait de grandes difficultés dans les observations; mais il n'en est plus de même si on lui substitue deux autres aiguilles aimantées, dont l'une peut se mouvoir seulement dans un plan horizontal, et l'autre dans un plan vertical.

Avant de parler de ces deux aiguilles, reprenons celle que nous avons d'abord considérée. Chacune des résultantes terrestres, agissant en sens contraire, suivant sa direction, et ayant pour point d'application un des deux pôles, peut être décomposée par la pensée en deux autres forces, l'une dirigée suivant l'horizontale, située dans le plan vertical d'équilibre, l'autre suivant la verticale. Si donc on peut avoir la direction et l'intensité de la composante horizontale, ainsi que l'angle formé par la direction de l'aiguille avec l'horizontale qui se trouve dans son plan vertical, on pourra en déduire la direction et l'intensité de la résultante.

Or, rien n'est plus simple que d'avoir ces deux éléments: lorsqu'une aiguille aimantée, suspendue à un fil sans torsion, est libre de se mouvoir dans un plan horizontal, elle se fixe, après un certain nombre d'oscillations, dans une direction qui fait un certain angle avec la méridienne du lieu où l'on se trouve. Vient-on à la déranger de sa position d'équilibre d'un petit nombre de degrés, elle y revient en effectuant des oscillations isochrones, dont la durée dépend de son état magnétique et de l'intensité des forces magnétiques terrestres. Cette aiguille peut donc servir à déterminer en intensité et en direction la composante horizontale, et sa direction, celle du plan vertical qui renferme la résultante.

Maintenant, si l'on prend une aiguille aimantée suspendue librement par son centre de gravité, et capable de ne se mouvoir seulement que dans ce plan vertical, elle ne conservera pas son horizontalité, lors même que ces deux moitiés auraient été parfaitement équilibrées avant l'aimantation ; elle s'inclinera alors, comme on l'a vu précédemment, par rapport à l'horizon, d'un angle qui variera en allant de chaque pôle à l'équateur, où cet angle devient nul dans des zones qui s'en écartent peu. De l'équateur au pôle nord, l'extrémité de l'aiguille tournée vers le nord s'inclinera de plus en plus au-dessous de l'horizon ; dans l'hémisphère sud, ce sera l'inverse. L'angle qu'elle forme avec l'horizontale, je le répète, joint aux deux éléments de la composante horizontale, servent à déterminer complétement la résultante terrestre, à part les points d'application de cette résultante.

On appelle *déclinaison* l'angle que forme l'aiguille horizontale avec le méridien du lieu où l'on observe, et *inclinaison* l'angle formé par l'aiguille se mouvant dans le plan vertical avec l'horizontale.

On a appelé *boussoles de déclinaison* et *boussoles d'inclinaison* les appareils destinés à donner la déclinaison et l'inclinaison.

Considérons de nouveau l'aiguille horizontale dans

sa position d'équilibre. Si on l'en écarte d'un petit nombre de degrés, elle y reviendra, avons-nous dit, en effectuant des oscillations isochrones, ou sensiblement telles, dont la durée dépend de son magnétisme propre et de l'intensité des forces magnétiques terrestres au lieu de l'observation.

Or, si cette aiguille conserve constamment son magnétisme, et qu'on la transporte à différents points du globe, le nombre d'oscillations qu'elle effectuera dans le même temps, pourra servir à mesurer l'intensité des forces magnétiques en ces différents points. Cette aiguille, en effet, oscille sous l'influence des forces magnétiques, comme le fait un pendule sous l'action de la pesanteur; la formule du pendule peut servir par conséquent à déterminer l'intensité des forces magnétiques.

Nous voyons donc que si on se transporte en divers points du globe, avec une aiguille de déclinaison et une aiguille d'inclinaison conservant l'une et l'autre leur puissance magnétique, on pourra avoir la direction et l'intensité des résultantes terrestres en ces points, puisque les forces agissantes dans les directions respectives de ces résultantes sont entre elles comme les carrés des nombres des oscillations exécutées dans le même temps. Avant d'exposer les méthodes pratiques, à l'aide desquelles on obtient les divers éléments dont je viens de parler, il est indispensable de décrire avec détails les appareils qui servent aux observations.

CHAPITRE II.

§ Ier. *Des aiguilles et barreaux aimantés.*

Les boussoles qui servent à observer la déclinaison
et les variations horaires sont pourvues d'aiguilles ou barreaux d'acier trempé, aimantés à saturation.

Les aiguilles sont très-minces; elles ont la forme d'un
losange allongé; on les suspend tantôt au moyen de chapes
en agate sur des pivots d'acier très-fins, tantôt, suivant
leur poids, à des fils simples de cocon, ou à un assemblage de fils de cocon sans torsion.

Les barreaux ont la forme rectangulaire; leurs dimensions sont très-variables.

Coulomb a trouvé qu'à même longueur, même poids
et même épaisseur, une lame taillée en flèche avait un
moment de rotation plus grand qu'un parallélogramme
rectangle. De là résulte la nécessité de donner aux aiguilles
la forme d'un losange.

Relativement à la trempe nécessaire pour donner à l'aiguille le plus de magnétisme possible, l'expérience a prouvé
qu'une trempe très-roide est celle qui donne le moins de
magnétisme; qu'à partir de cette trempe, le magnétisme
de ces aiguilles va toujours en augmentant dans tous les
degrés de recuit, jusqu'à ce que ce recuit soit d'un rouge
très-sombre; le magnétisme diminue ensuite, à mesure

que la lame est recuite à un plus grand degré de chaleur.

Coulomb, dont les recherches ont répandu une lumière si vive sur toutes les questions relatives au magnétisme terrestre, a fait aussi plusieurs séries d'expériences sur la force magnétique des lames, eu égard à leur longueur. Les lames soumises à l'expérience étaient formées d'un acier très-pur, elles avaient 3 lignes de large, sur une longueur de 4 à 16 pouces. En cherchant le temps employé par chacune d'elles pour faire 20 oscillations, il a obtenu les résultats suivants, que les personnes qui se servent d'aiguilles pour la construction des boussoles, doivent prendre en considération :

$$A \begin{cases} \text{Lame de 16 po. a mis 231'' à faire 20 oscillations.} \\ \quad\text{—} \quad 12 \qquad\qquad 180'' \qquad\quad \text{Id.} \\ \quad\text{—} \quad 10 \qquad\qquad 154'' \qquad\quad \text{Id.} \\ \quad\text{—} \quad\; 8 \qquad\qquad 126'' \qquad\quad \text{Id.} \\ \quad\text{—} \quad\; 6 \qquad\qquad\;\; 98'' \qquad\quad \text{Id.} \\ \quad\text{—} \quad\; 4 \qquad\qquad\;\; 80'' \qquad\quad \text{Id.} \end{cases}$$

Avec des lames de même longueur et de 8 lignes de large, Coulomb a obtenu, pour le temps de 20 oscillations :

$$B \begin{cases} \text{Lame de 16 po.} \qquad 254'' \\ \quad\text{—} \quad 12 \qquad\qquad 202'' \\ \quad\text{—} \quad\; 8 \qquad\qquad 154'' \\ \quad\text{—} \quad\; 4 \qquad\qquad 104'' \end{cases}$$

Des expériences faites avec d'autres lames, dont la largeur n'était pas la même, ont montré qu'une diminution égale dans les longueurs donnait à peu près la même diminution dans la durée des oscillations ; ainsi la largeur des lames n'influait que très-peu sur cette diminution. D'un autre côté, Coulomb a trouvé que le temps des oscillations décroissait, à peu de chose près, proportionnellement aux diminutions des lames, et que le temps total des oscillations est plus grand, épaisseur et longueur égales, pour des lames larges que pour des lames étroites.

Relativement à l'épaisseur des lames, la longueur et la largeur restant les mêmes, il a reconnu que cette épaisseur n'exerçait aucune influence sur la durée des oscillations. En effet, ayant soumis à l'expérience des lames de la même nature que celles qui lui avaient servi dans les expériences précédentes, mais d'une épaisseur triple des premières, il a trouvé les résultats suivants pour le temps que chacune des aiguilles a mis à exécuter 20 oscillations :

$$
C \begin{cases}
\text{Lame de 12 po.} & 229'' \\
\quad\;— \quad\; 10 & 208'' \\
\quad\;— \quad\; 8 & 176'' \\
\quad\;— \quad\; 6 & 151'' \\
\quad\;— \quad\; 4 & 128''
\end{cases}
$$

Or, dans les expériences A, une lame de 12 pouces de long et de 3 lignes de large, ayant exécuté 20 oscillations en 180'', et une lame de 4 pouces, le même nombre d'oscillations en 80'', la différence de temps, pour 20 oscillations dans ces deux lames, est de 100''. Si nous retranchons de même du temps qu'une lame de 12 pouces (expérience C) met à faire 20 oscillations, le temps employé par une lame de 4 pouces pour exécuter le même nombre d'oscillations, on trouve 101, nombre sensiblement égal au précédent. On voit donc que l'épaisseur ne change pas l'accroissement du temps des oscillations, qui est en rapport avec la longueur. Avec ces données, et sachant en outre que les forces agissantes sont comme les carrés des nombres qui expriment les oscillations exécutées dans un même temps, il sera facile de déterminer les dimensions les plus favorables à donner aux aiguilles aimantées.

D'un autre côté, le mode de suspension des aiguilles de boussole est de la plus haute importance, puisque l'on doit éviter le frottement des pivots et la torsion des fils. Dans les expériences délicates, on rejette les pivots pour ne se servir que d'un assemblage de fils de soie, sans torsion, en nombre suffisant pour ne pas se rompre sous le poids de l'aiguille ou du barreau. Bien qu'on adopte préférablement ce dernier mode, je dirai cependant quelques mots sur le frottement du pivot contre le fond de la chape, obstacle que la force directrice doit vaincre préalablement pour produire son effet.

L'expérience a prouvé que le frottement croît avec le poids de l'aiguille. Pour s'assurer de ce fait, on présente de loin un aimant à l'aiguille, qui sort aussitôt du méridien magnétique, et l'on examine ensuite de quelle manière elle y revient quand elle est abandonnée à elle-même; les amplitudes des arcs auxquels elle s'arrête sont proportionnels à l'énergie du frottement. On peut consulter (1) les expériences qui ont été faites à cet égard par Coulomb, qui a trouvé encore que lorsque les pivots ont servi depuis longtemps, et que leur pointe commence à s'user, le moment est proportionnel aux pressions. Je renvoie le lecteur aux détails dans lesquels je suis entré dans le volume déjà cité sur les précautions à prendre dans la construction des pivots et des chapes. Je dirai seulement que les pivots doivent être plus ou moins aigus suivant les charges qu'ils sont destinés à soutenir. Dans les boussoles pour le service des vaisseaux, les pivots fatiguant beaucoup, non-seulement à cause du poids dont les aiguilles sont chargées, mais encore en raison de la perpétuité de leur mouvement, on est dans l'usage de les faire plus renforcés et moins aigus que ceux qui doivent soutenir des aiguilles destinées à faire des opérations dans un lieu fixe. Je vais actuellement passer en revue les principales boussoles de déclinaison dont les observateurs se servent tant sur terre que sur mer.

____

(1) Tom. II, p. 340.

J'ai déjà fait connaître (1) plusieurs des boussoles qui sont en usage pour observer la déclinaison et les variations diurnes. La description que j'en ai donnée suffit pour que l'on prenne une idée de leur construction et de leur usage; mais actuellement qu'il s'agit d'exposer avec de grands développements tous les phénomènes relatifs au magnétisme terrestre, je ne puis me dispenser de décrire de nouveau quelques-uns de ces appareils, avec des détails suffisants pour faire connaître complétement leur construction.

Les boussoles dont il va être question sont dues à notre célèbre artiste **M. Gambey**, qui a porté la confection des instruments d'astronomie et de géodésie à un degré de perfection qu'il est difficile de dépasser, comme il sera facile de s'en convaincre en jetant les yeux sur les tableaux d'observations qu'on trouvera ci-après.

Je commencerai par la boussole de déclinaison absolue (fig. 1).

§ II. *Boussole de déclinaison absolue.*

La boussole qui sert à déterminer la déclinaison absolue est représentée fig. 1; voici les parties principales qui la composent :

A. Lunette pour observer l'étoile polaire.

B. Niveau servant à mettre horizontal l'axe de rotation de la lunette.

C. Petit treuil auquel sont attachés les fils de suspension, et au moyen duquel on peut élever et abaisser le barreau aimanté.

D. Ressort s'appuyant contre l'axe de rotation de la lunette.

E. F. Petits ressorts pressant sur l'axe de rotation de la lunette pour augmenter le frottement.

---

(1) Tom. iv, pag. 265.

G. Bouton moletté qu'on fait mouvoir pour suspendre l'action du ressort D.

H. Cadre avec glace, recouvrant le châssis à travers lequel passent les fils attachés à la chape I, dans laquelle est placé le barreau aimanté.

J. Fils croisés du barreau.

K. Deux brides servant à retenir en place les boîtes qui recouvrent le barreau.

L. M. Ouvertures recouvertes par des glaces, à travers lesquelles on observe les fils croisés du barreau.

N. Ouverture par laquelle on passe les doigts pour limiter les oscillations du barreau.

O. Loupes pour lire la graduation.

P. Pince de la vis de rappel.

Q. Alidade.

R. Vis du trépied.

S. Trépied.

T. Lunette de repère.

U. Cylindre de cuivre servant à détordre les fils et dont le poids est égal à celui du barreau.

A'. Microscope pour observer les fils croisés du barreau.

R'. Vis de rappel inférieure.

S'. Douille fixée au trépied, à travers laquelle passe l'axe du cercle qui porte la graduation.

zz. Cercle horizontal divisé.

Je passe à la description de la boussole, afin de montrer l'usage des parties que je viens d'indiquer.

Le cercle horizontal est divisé en 360°; chaque degré en 6 parties, et les verniers en 60; ce qui donne des appréciations à 10″.

Ce cercle repose sur un axe passant dans une boîte *s* fixée sur un trépied *ttt*, muni de vis calantes *vvv*.

Une lunette de repère T est fixée au cercle *zz*, et une vis de rappel R' sert à maintenir et faire tourner ce cercle de manière à amener la lunette sur un point fixe. Ce point de repère sert à s'assurer que le cercle n'a pas été dérangé pendant tout le temps de l'observation.

La boîte dans laquelle passe l'axe du cercle est fixée à demeure sur le trépied.

Passons aux parties situées au-dessus du cercle zz. L'axe du cercle est percé pour recevoir un autre axe, après lequel est fixée une alidade Q, portant les verniers destinés à mesurer les angles sur le cercle horizontal ; à cet axe est encore fixée une plaque qui porte l'aiguille et toutes les parties servant à observer.

Sur cette plaque s'élèvent deux grandes colonnes c,c, qui portent une traverse T'T' à laquelle est fixé un treuil, destiné à enrouler le fil de suspension, qui passe entre les deux montants du châssis H, recouverts de glaces, afin de voir à chaque instant si rien ne gêne le fil et si aucun filament n'est détaché : ce fil est composé, comme dans les autres boussoles, d'un assemblage de fils sans torsion.

Les deux montants du châssis reposent sur un autre châssis un peu plus large que le précédent, dans lequel passe l'aiguille ou barreau, et que l'on recouvre au moyen de deux boîtes B'B' qui viennent s'adapter dans le châssis et qui y sont maintenues au moyen de vis de pression.

Ces boîtes sont percées chacune de deux ouvertures L, M ; l'une, inclinée et supérieure, est dirigée du côté du microscope, pour permettre d'observer les extrémités de l'aiguille ; l'autre est située en dessous de la boîte, afin d'éclairer et de pouvoir lire au moyen d'une feuille de papier.

L'aiguille est un barreau de forme triangulaire, ayant $0^m 50^c$ de longueur, $0^m 015$ de largeur et $0^m 0035$ d'épaisseur. A chacune de ses extrémités se trouve un anneau muni de fils en croix j, dont l'intersection coïncide sensiblement avec l'axe de figure. L'aiguille repose dans un étrier I, portant à ses deux bouts deux arcs de cercle qui permettent de la faire tourner sur elle-même de 180°. Le fil de suspension portant tout le système, passe dans une ouverture angulaire, contre les parois de laquelle il vient presser, et qu'il ne peut franchir, retenu qu'il est par le nœud qui le termine.

Sur le plan du treuil, s'élèvent 2 petites colonnes *t't'*, portant un microscope ou une lunette A, construite de manière à pouvoir se rectifier comme une lunette méridienne; deux ressorts D,D, viennent presser sur les tourillons de l'axe, afin de produire un frottement assez fort pour maintenir la lunette dans toutes les positions.

Pour la rectification, on emploie un niveau B qui se place sur l'axe de rotation du microscope, afin de s'assurer de l'horizontalité de cet axe.

Manière de se servir de l'appareil.

Il faut que l'axe de rotation du microscope étant horizontal dans une position, le soit encore en faisant tourner tout le système autour de l'axe vertical; on est assuré alors qu'il est horizontal. Dans le cas contraire, il faut prendre la différence.

Quand la rectification est faite, la bulle du niveau, pendant la révolution, ne doit plus bouger.

Pour ajuster l'axe optique du microscope, on dirige ce dernier sur une division du cercle horizontal; on le retourne et l'on voit s'il y a correspondance : dans le cas contraire, on fait mouvoir, au moyen d'une vis, une petite échelle de verre divisée, qui se trouve dans l'oculaire du microscope, de manière à ce que le trait du milieu coïncide avec la division de repère; après quoi on fait passer la lunette de l'autre côté, pour voir si l'on tombe sur 180°.

Opération pour amener l'axe du microscope dans le plan de l'axe du cercle.

Il faut, pour opérer, qu'en faisant passer la lunette de o à 180°, il y ait une coïncidence dans les divisions; sinon on partage les différences en donnant un mouvement de translation à la lunette au moyen d'une vis fixée à l'extrémité de l'axe.

A la place de l'aiguille ou du barreau, on met un cylindre de laiton ou autre métal percé aux deux bouts, pour s'assurer que les fils sont sans torsion, et l'on tourne le cadran de la suspension jusqu'à ce que le cylindre soit dans la direction de l'axe de la boîte.

Manière d'observer l'aiguille avec le microscope.

On dirige le microscope sur une des extrémités de l'aiguille, et au moyen d'une vis de rappel on met en coïncidence le o de l'échelle avec le croisé des fils qui se trouvent à un des bouts de l'aiguille; on fait une lecture sur le vernier; on dirige le microscope sur l'autre extrémité du barreau, et l'on rappelle, jusqu'à ce qu'il y ait une coïncidence comme ci-dessus, puis on fait une nouvelle lecture des verniers que l'on met sous la première.

On change les faces du barreau au moyen d'une demi-révolution; on retourne le microscope de manière à mettre les tourillons de droite à gauche, et réciproquement; on fait de nouvelles lectures que l'on additionne avec les deux précédentes, et l'on prend la moyenne.

Cette moyenne donne la position du méridien magnétique, mais nullement sa déclinaison par rapport au méridien terrestre. Il y a deux méthodes pour déterminer cette déclinaison :

Première méthode. On substitue au microscope une lunette ordinaire; on prend un point de repère qui se trouve dans la méridienne, et l'on dirige l'axe de la lunette sur ce repère, en tournant ce système sur l'axe horizontal de manière à placer le premier dans le méridien terrestre.

Deuxième méthode. On saisit avec une bonne montre l'instant du passage d'un astre quelconque, dans le méridien, au moyen d'une lunette astronomique; l'on place l'axe de la lunette dans ce méridien, et l'on détermine ensuite la déclinaison. L'aiguille aimantée éprouvant de petites variations périodiques, on devra, pour obtenir une déclinaison tout à fait exacte, répéter les observations à des jours et à des heures tels que ces variations soient de signe contraire et se compensent complétement. On évite encore les circonstances où la marche de l'aiguille aimantée est troublée par des causes accidentelles.

Pour bien faire comprendre l'usage de l'appareil que je viens de décrire, je vais donner le tableau des observations qui ont été faites par M. Arago, à l'observatoire de Paris, le 1ᵉʳ février 1836, pour déterminer la déclinaison absolue.

Opér. Iʳᵉ.   On vise à la mire méridienne.

LUNETTE DIRECTE.

VERNIER DE GAUCHE.	VERNIER DE DROITE.
1ʳᵉ Obser. 196° 54' 45"	1ʳᵉ Obser. 16° 44' 50"
2ᵉ Obser. 196 54 42	2ᵉ Obser. 16 44 47
Moyenne........ 196° 54' 43',5	Moyenne. 16° 44' 48",5

Opér. II.   On vise à la mire méridienne.

LUNETTE RENVERSÉE.

VERNIER DE GAUCHE.	VERNIER DE DROITE.
1ʳᵉ Obser. 196° 54' 50'	1ʳᵉ Obser. 16° 44' 55"
2ᵉ Obser. 196 54 57	2ᵉ Obser. 16 45 4
Moyenne........ 196° 54' 53",5	Moyenne. 16° 44' 59",5
Moyennes des 2 moyenn (*). 196 54 48",5	16 44 51 ,0

La lunette étant maintenant transformée en microscope, Opér. III.   on vise aux extrémités de l'aiguille.

Extr. NORD. LUNETTE RENVERSÉE. Heure de la montre.	VERNIER DE GAUCHE.	VERNIER DE DROITE.	Extr. NORD. LUNETTE RENVERSÉE. Heure de la montre.
11ʰ 35'	174° 45' 2"	354° 35' 8"	

(*) C'est-à-dire, point où les verniers s'arrêteraient quand l'axe optique idéal de la lunette serait dirigé sur la mire méridienne.

LUNETTE DIRECTE.

	NORD.		NORD.
11ʰ 40'	174° 45' 27"		354° 35' 33"
Moyenne... 11ʰ 38'—174° 45' 14",5			354° 35' 20",5

Opér. IV.   SUD.

LUNETTE RENVERSÉE.

	VERNIER DE GAUCHE.	VERNIER DE DROITE.
11ʰ 50'	174° 23' 48"	354° 13' 53"

LUNETTE DIRECTE.

	VERNIER DE GAUCHE.	VERNIER DE DROITE.
Sud. Midi 0.	174° 23' 58"	354° 14' 5"
Moyen. 11ʰ 55'	174° 23' 53"	354° 13' 59"
Moy. des 2 moy. { 11 40,5	174 34 34	354 34 35
11ʰ 40',5 Déclin . 22° 20' 14',5		22° 20' 19"

Opér. V.   On renverse l'aiguille :
                  On vise à l'extrémité Nord.

	NORD. LUNETTE RENVERSÉE.	
	VERNIER DE GAUCHE.	VERNIER DE DROITE.
Heure de la montre. Midi 20'	174° 34' 37"	354° 21' 43"

	NORD. LUNETTE DIRECTE.	
Midi 30'	174° 35' 7"	354° 25' 13"
Demi-somme { midi 25'	171° 34' 52'	354° 24' 68

VI. 2ᵉ *partie.*   2

Opér. VI.   On vise à l'extrémité Sud.

LUNETTE RENVERSÉE.

SUD.	VERNIER DE GAUCHE.	VERNIER DE DROITE.
Heure de la montre.	174° 33' 30''	354° 23' 34''
Midi 35'		

SUD.	LUNETTE DIRECTE.	
Midi 45'	174° 34' 0''	354° 21' 10''
Demi-somme { midi 40'	174° 33' 45''	354° 23' 52''

Moyenne.	Moyenne.	Moyenne.
Midi 33'	174° 34' 18'',5	354° 28' 25''
Si l'on retranche ce nombre de celui qui fixe la position de la méridienne, on a la déclinaison.	196° 54' 48'',5	16° 44' 54'',0
ci....Midi 33'....	22° 20' 30'',0	22° 20' 29''

Or, on avait eu dans la première série d'observations :

11ʰ 46,5	22° 20' 14'',5	22° 20' 19''
Midi 40'	22° 20' 14'',5	22° 20' 24''

Ces deux valeurs ne diffèrent que de 10''.

Il suffit de jeter les yeux sur les observations précédentes pour se convaincre de la perfection de cet appareil.

Prenez la première opération : la moyenne des deux lectures du vernier de gauche a donné 196° 54' 43'',5; celle des deux lectures du vernier de droite, 16°-44'-48'',5; la différence est de 180°-9'-55'' au lieu de 180; ainsi les erreurs qui proviennent de l'excentricité et des divisions ne vont pas au delà de 10'.

Dans la 3ᵐᵉ opération, la différence entre les résultats obtenus avec la lunette renversée et la lunette droite, ne va, pour le vernier de gauche, comme pour le vernier de droite, qu'à 25''. Il est impossible de porter plus loin la précision dans les observations de ce genre.

§ III. *Boussole à lunette, et de son usage pour la détermination de la déclinaison absolue.*

La boussole à lunette étant décrite dans les traités de physique et de géodésie, je me bornerai seulement à faire connaître l'usage qu'on en a fait pour déterminer la déclinaison absolue, en prenant pour guide un excellent observateur, M. le capitaine Duperrey, dont il sera souvent question dans le cours de cet ouvrage.

On commence par observer l'azimut du soleil, dont on déduit le relèvement astronomique d'un objet terrestre, à l'aide de nombreuses séries de distances azimutales, prises avec le cercle géodésique; on relève ensuite cet objet avec une boussole à lunette, et l'on prend pour déclinaison définitive celle qui résulte de toutes les lectures faites aux deux extrémités de l'aiguille, avant et après le demi-mouvement circulaire de l'instrument sur son axe, comme avant et après le renversement de l'aiguille dans sa chape.

Voici une application de cette méthode, faite, le 20 octobre 1822, dans l'île Anhatomirim, par le capitaine Duperrey. L'objet terrestre qui servait de mire était situé sur la partie orientale de l'île Arvoredo, à 13,000 toises de distance.

2.

AVANT LE RENVERSEMENT DE L'AIGUILLE.				APRÈS LE RENVERSEMENT DE L'AIGUILLE.			
LA LUNETTE À DROITE.		LA LUNETTE À GAUCHE.		LA LUNETTE À DROITE.		LA LUNETTE À GAUCHE.	
pointe N.	pointe S.	pointe N.	pointe S.	pointe N.	pointe S.	pointe N.	pointe S.
N. 49° 0' E.	S. 49° 0' O.	N. 49° 0' E.	S. 49° 0' O	N. 48° 30' E.	S. 48° 30' O.	N. 49° 0' E.	S. 49° 0' O.
49 15	49 15	49 10	49 10	48 50	48 50	49 0	49 0
48 35	48 35	49 0	49 0	48 50	48 50	49 0	49 10
48 30	48 30	49 0	49 0	48 55	48 45	49 10	49 10
49 0	49 0	49 10	49 10	48 45	48 50	49 10	49 10
49 0	49 0	49 10	49 10	48 40	48 50	49 10	49 0
49 10	49 10	49 0	49 0	48 45	48 50	49 0	49 0
49 0	49 0	49 0	49 0	48 45	48 45	49 0	49 0
49 0	49 0	49 10	49 10	48 50	48 15	49 10	49 10
48 45	48 45	49 0	49 0	48 50	48 50	49 0	49 0
48°55,5	48°55,5	49°4	49°4	48°46	48°46,5	49°4	49°4
48°59',7				48°55'1.			

Relèvement moyen.........	N. 48° 57',4 E.
Relèvement astronomique....	N. 55 23,6 E.
Déclinaison définitive.......	0° 26',2 N. E.

L'accord presque parfait qui existe entre toutes les moyennes est une garantie complète de la bonté des observations, et, par suite, de l'exactitude du résultat final.

Comme on n'obtient pas à la mer la même précision qu'à terre, il faut multiplier les observations d'azimut et d'amplitude, matin et soir; on obtient alors par des moyennes des résultats dont l'exactitude est justement appréciée dans les reconnaissances hydrographiques.

§ IV. *Boussole du capitaine Kater pour relever la position d'un point éloigné.*

Cette boussole (fig. 2) se compose d'une boîte circulaire en cuivre, de 60 et quelques millimètres de dia-

mètre, et dont le fond porte à son centre un pivot
d'acier, terminé par une pointe très-fine, sur laquelle
on pose une aiguille aimantée, pourvue d'une chape
en agate. A cette aiguille est adapté, comme dans les
boussoles marines, un cercle de corne ou de carton très-
mince, divisé en degrés, et dont le zéro correspond à
la pointe nord. On place sur la boîte un verre pour
garantir l'aiguille des agitations de l'air.

Deux autres pièces, A et B, sont adaptées à la boîte.
La pièce A est une lame de cuivre, perpendiculaire au
plan de la boîte, et percée à son milieu d'une fente, au
centre de laquelle est un fil tendu, très-fin, qui, pendant
toute la durée des observations, est perpendiculaire au
plan de la division circulaire. Cette condition est remplie
en le tendant au moyen d'un poids, et calant l'instrument jusqu'à ce que ce fil soit en contact avec un trait F'.

La pièce B est composée d'un petit trou, auquel on
applique l'œil pour voir le fil et la mire; d'une petite
lentille hémisphérique, doublement convexe, c, pour voir
les divisions amplifiées de l'échelle, qui sont réfléchies
sur un miroir d'argent M. La lentille et le point T sont
tellement rapprochés que l'on peut voir en même temps
dans l'une et dans l'autre; il en résulte que le fil paraît
comme un trait délié sur l'image réfléchie des divisions
qui lui sont diamétralement opposées.

Voyons maintenant le parti que l'on peut tirer de cette
disposition, quand l'instrument est horizontal. Supposons
qu'on le tourne jusqu'à ce que le fil vienne se projeter
à 180°; la ligne de vision coïncidera avec la direction
même de l'aiguille, et la déclinaison des objets sur cette
direction sera nulle.

En tournant la boîte horizontalement d'un certain
nombre de degrés, le rayon visuel sera dirigé vers d'autres objets; l'aiguille qui ne change pas de position
maintiendra fixe la division circulaire, et le fil de la pièce
A viendra se projeter sur un autre nombre de degrés, à
l'aide duquel on mesurera l'angle parcouru.

CHAPITRE III.

BOUSSOLE DES VARIATIONS DIURNES.

La boussole dont on se sert ordinairement pour observer les variations diurnes de l'aiguille aimantée, Planche II, fig. 3, est composée des parties suivantes :

R. Table de marbre blanc sur laquelle reposent les colonnes et la boîte de l'instrument.

B B. Colonnes portant l'appareil de suspension.

A. Petit treuil destiné à élever ou abaisser les fils de suspension.

C C. Cadre à glaces pour recouvrir la suspension, afin que l'air ne puisse entrer dans la boîte ni agiter les fils.

D D. Microscopes pour observer les extrémités de l'aiguille aimantée.

E E. Viroles à travers lesquelles passent les microscopes.

F F. Loupes pour faciliter la lecture de la graduation sur les échelles.

G G. Réflecteurs pour éclairer la graduation.

H H. Vis de rappel servant à faire coïncider les microscopes avec les extrémités de l'aiguille.

I I. Colonnes qui portent les appareils microscopiques.

J J. Écrous à travers lesquels passent les vis de rappel.

K K. Coulisses mobiles sur lesquelles sont fixés les microscopes et les micromètres ; chaque micromètre a un vernier obéissant à la vis de rappel qui amène le fil du microscope sur la ligne de foi de l'aiguille. Les divisions

du micromètre expriment des millimètres et des fractions
de millimètre.

L L. Glaces à travers lesquelles on observe l'aiguille.

P P. Boîtes recouvrant l'aiguille.

M. Crochet de suspension de l'aiguille.

N N. Petites échelles en ivoire, fixées à chaque extrémité de l'aiguille, sur lesquelles est tracée la ligne de foi
que l'on suit à l'aide du microscope. De chaque côté de
la ligne de foi sont tracés plusieurs millimètres destinés
à déterminer l'amplitude des oscillations de l'aiguille et à
établir leur égalité de chaque côté de cette ligne. Chaque
millimètre est divisé en quatre parties.

O O. Pincés pour fixer l'aiguille lorsqu'on est en
voyage.

Q Q. Traverses pour retenir les boîtes qui recouvrent
l'aiguille.

L'aiguille a la forme d'un parallélipipède rectangle,
posé de champ dans le crochet M, attaché à un assemblage de fils de soie sans torsion.

Usage de l'appareil.

On dispose d'abord l'appareil dans le plan du méridien magnétique; et après l'avoir nivelé, on place les microscopes sur la ligne de foi de l'aiguille, dont la trace
est indiquée sur les deux plaques d'ivoire. Il est facile ensuite d'observer les déplacements que l'aiguille éprouve,
soit en comptant les divisions qui ont passé sous le fil,
soit en suivant ses mouvements au moyen des vis de rappel
qui font marcher les microscopes.

Des loupes mobiles F F sur les tiges adjacentes *l l*,
servent à lire la position ou la course de chaque microscope sur la traverse qui le porte, et qui règle son mouvement latéral.

CHAPITRE IV.

§. 1er. *Parties dont se compose la boussole.*

La boussole d'inclinaison se compose des parties suivantes, Planche III, fig. 4 :

1º Un cercle horizontal O O, divisé en demi-degrés, et donnant la minute au moyen d'un vernier. Ce cercle repose sur un trépied M, ayant trois vis calantes N N N ; K une alidade ; L une douille fixée sur le trépied, à travers laquelle passe l'axe de l'alidade.

2º Au centre, et sur un axe mobile, est fixée une large plaque P P.

3º Près des extrémités s'élèvent deux colonnes G G, fixées à demeure dans la plaque P P, et servant à porter un cercle vertical E E divisé de 10′ en 10′.

Les deux colonnes servent à porter un double châssis H H, portant le cercle d'inclinaison ; le châssis extérieur est fixé sur les colonnes, tandis que le châssis intérieur est sur un axe fixé à un des bouts, et mobile à l'autre.

Le mouvement du double châssis a pour but de ramener l'aiguille au centre d'un cercle placé verticalement dans le châssis. Sur les deux traverses du châssis intérieur se trouvent deux petits montants entaillés d'un angle d'environ 60″, pour recevoir l'axe de l'aiguille.

Sur les traverses du châssis extérieur, sont fixées deux plaques de cristal de roche sur lesquelles reposent les pivots cylindriques de l'aiguille. Les deux entailles ne touchent pas l'aiguille lorsque celle-ci est appuyée sur les deux plaques.

Un niveau I I, placé sur la plaque, sert à mettre l'instrument horizontalement.

F F plaques en cuivre servant à fixer la cage en glace qui recouvre le cercle d'inclinaison.

L'aiguille aimantée A a la forme d'un fuseau sphérique très-allongé. BB supports en cristal de roche, sur lesquels viennent se reposer les pivots des aiguilles.

§ II. *Méthode pour observer.*

On commence par déterminer le méridien magnétique, en faisant mouvoir le cercle vertical en azimut, jusqu'à ce que l'aiguille soit verticale, puis l'on retourne d'environ 180° jusqu'à ce que cette condition soit de nouveau remplie, et la moyenne des deux indications d'azimut, diminuée de 90°, amène le cercle vertical dans la direction du méridien dont il s'agit. On observe une série d'inclinaisons dans le plan du méridien magnétique ainsi déterminé. On en observe une seconde après avoir fait parcourir au limbe vertical un angle azimutal de 180°, et l'on prend la moyenne des deux séries. On renverse les pôles de l'aiguille et l'on recommence toute l'opération qui précède. Le milieu pris entre les deux inclinaisons respectives donne l'inclinaison définitive de l'aiguille. Lorsqu'on est muni de plusieurs aiguilles, on les fait toutes concourir au même but, en les observant de la même manière.

L'appareil est recouvert d'une cage reposant sur une plaque, qui se trouve supprimée ici pour laisser voir toutes les parties dont il se compose.

Pour que l'on puisse se servir sans difficulté de la boussole d'inclinaison, je vais exposer la série des opérations que M. le capitaine Duperrey avait l'habitude de faire, pour obtenir l'inclinaison, dans son voyage de circumnavigation, pendant les années 1822, 1823, 1824 et 1825, et dont il sera question fréquemment dans le cours de ce volume.

Deux méthodes ont été employées par cet officier pour connaître l'inclinaison, soit à la mer, soit dans les relâches, la méthode directe et la méthode indirecte. La

première consiste, comme on l'a vu ci-dessus, à présenter successivement la même face de l'aiguille à l'est et à l'ouest, et à renverser les pôles. L'inclinaison cherchée est alors la moyenne obtenue avant et après le renversement des pôles. Les inclinaisons partielles ont été obtenues en tournant successivement l'appareil à l'est et à l'ouest, et en lisant aux deux extrémités de l'aiguille maintenue en oscillation pendant la durée de l'expérience. La direction du méridien magnétique a été déterminée par le procédé indiqué plus haut.

A la mer, ce procédé n'étant pas praticable, en raison du mouvement continuel du vaisseau, on s'est borné à établir le parallélisme le plus parfait entre le plan vertical de la boussole (1) et le méridien magnétique du compas de route.

La seconde méthode, qui est la méthode indirecte, consiste à placer l'aiguille dans deux plans rectangulaires, faisant un angle quelconque avec le méridien magnétique, et à calculer l'inclinaison au moyen de la formule

$$\mathrm{Cot.}\ I = \sqrt{\mathrm{cot.}^2\, a + \mathrm{cot.}^2\, b}$$

dans laquelle a et b représentent les inclinaisons observées dans les plans rectangulaires.

Pour montrer jusqu'à quel point on obtient des résultats exacts avec cette dernière méthode, et faire connaître en même temps les erreurs que l'on peut commettre dans les opérations partielles, je vais donner les expériences faites à Talcahuano, en employant d'abord la méthode directe, puis la méthode indirecte. A chaque observation, je le répète, M. le capitaine Duperrey a fait des lectures aux deux extrémités de l'aiguille dans toutes les positions données à l'instrument; ces deux lectures sont indiquées à la colonne *pointe haute* et à la colonne *pointe basse*.

---

(1) La boussole d'inclinaison dont on a fait usage à la mer était établie sous un appareil de suspension qui lui permettait de rester dans une position verticale, malgré les mouvements du bâtiment.

AVANT LE RENVERSEMENT DES POLES.				APRÈS LE RENVERSEMENT DES POLES.			
FACE A L'EST.		FACE A L'OUEST.		FACE A L'EST.		FACE A L'OUEST.	
Pointe haute.	Pointe basse.	Pointe haute.	Pointe basse.	Pointe haute.	Pointe basse.	Pointe haute.	Pointe basse.
—45 15	—45 30	—45 5	—45 15	—44 30	—44 45	—44 30	—44 37
45 15	45 40	45 5	45 17	44 35	44 40	44 30	44 37
45 15	45 30	45 12	45 20	44 40	44 45	44 35	44 40
45 15	45 30	45 5	45 20	44 32	44 50	44 35	44 40
45 12	45 30	45 12	45 17	44 30	44 50	44 35	44 35
45 15	45 25	45 10	45 17	44 25	44 45	44 35	44 35
45 15	45 30	45 12	45 15	44 30	44 45	44 30	44 35
45 12	45 25	45 12	45 15	44 30	44 45	44 30	44 37
45 12	45 30	45 10	45 15	44 25	44 50	44 30	44 37
45 15	45 30	45 10	45 20	44 0	44 45	44 35	44 37
—45 14,1	—45 30,0	—45 9,3	—45 17,1	—44 30,7	—44 46,0	—44 32,5	—44 37,5

— 45° 17',6   — 44° 30',7

Inclinaison moyenne...... — 44° 57',1.

INCLINAISON *observée selon la méthode indirecte.*

AVANT LE RENVERSEMENT DES POLES.							
PREMIER PLAN.				SECOND PLAN.			
FACE A L'O. 40° S.		FACE A L'E. 40° N.		FACE A L'O. 60° N.		FACE A L'E. 60° S.	
Pointe haute.	Pointe basse.	Pointe haute.	Pointe basse.	Pointe haute.	Pointe basse.	Pointe haute.	Pointe basse.
—52 30	—52 50	—52 30	—52 30	—57 55	—58 10	—57 40	—58 10
52 35	52 55	52 30	52 25	57 50	58 15	57 45	58 7
52 30	52 52	52 35	52 20	57 45	58 5	57 45	58 7
52 35	52 55	52 30	52 20	57 45	58 10	57 40	58 10
52 30	52 57	52 35	52 30	57 50	58 10	57 50	58 5
52 30	52 50	52 35	52 20	57 50	58 10	57 45	58 5
—52 31,7	—52 53,2	—52 32,5	—52 24,2	—57 49,2	—58 10,0	—57 44,2	—58 7,3

— 52° 35',4.   — 57° 57',6.

APRÈS LE RENVERSEMENT DES POLES.

PREMIER PLAN.				SECOND PLAN.			
FACE A L'O. 40° S.		FACE A L'E. 40° N.		FACE A L'O. 60° N.		FACE A L'E. 60° S.	
Pointe haute.	Pointe basse.	Pointe haute.	Pointe basse.	Pointe haute.	Pointe basse.	Pointe haute.	Pointe basse.
—51 52	—51 52	—51 50	—52 5	—57 15	—57 30	—57 50	—58 10
51 55	51 50	51 45	52 10	57 7	57 30	57 40	58 10
51 55	51 50	51 55	52 10	57 7	57 20	57 25	58 10
51 52	51 52	51 45	52 5	57 10	57 20	56 30	58 5
51 52	51 50	51 45	52 5	57 10	57 20	57 30	58 5
51 52	51 50	51 50	52 5	57 15	57 20	57 30	58 10
—51 53,0	—51 50,7	—51 48,3	—52 6,7	—57° 10'7	—57 23,3	—57 34,2	—58 8,3
— 51° 51',7.				— 57° 34',1.			
Inclinaison, 1er plan... —52° 15',0 = a.				Inclinaison, 2e plan... = 57° 45,8 = b.			

Cot. I $= \sqrt{\text{Cot.}^2 52° 15',0 + \text{cot.}^2 57° 45',8}$; ce qui donne, inclin. = .. —45° 2',4.
Par la méthode directe nous avons trouvé, de l'autre part.............. —44 57,1.

Ces deux inclinaisons ne présentent qu'une différence
de 5', 3.

Si l'on jette les yeux sur les tableaux précédents, on
voit qu'il arrive quelquefois que la différence obtenue
dans les lectures, à chacune des extrémités de l'aiguille,
peut aller à une vingtaine de minutes. De là, nécessité de multiplier les expériences, afin de ne conclure
l'inclinaison définitive qu'après un grand nombre d'observations, surtout après avoir renversé les deux pôles,
opération qui n'a pas été faite par les officiers de l'expédition de Malaspina, et qui a été omise probablement par
la Pérouse, Vancouver, d'Entrecasteaux, Baudin et l'amiral Krusenstern, tandis que les astronomes W. Wales

et W. Bailly, qui accompagnaient le capitaine Cook, l'ont quelquefois exécutée. Le capitaine Duperrey emploie encore une autre méthode que je vais indiquer. Elle consiste à déduire l'inclinaison magnétique des forces qui agissent sur l'aiguille aimantée, avant et après le renversement des pôles, d'abord dans le plan du méridien magnétique, puis dans un plan perpendiculaire à ce méridien.

Si l'on représente par N le nombre d'oscillations faites par l'aiguille d'inclinaison dans le plan du méridien pendant le temps T ; par N' le nombre d'oscillations faites pendant le même temps dans un plan perpendiculaire ; g et g' l'intensité des forces magnétiques qui sollicitent l'aiguille à prendre la direction de l'inclinaison dans le premier plan, et une direction verticale dans le second, on aura, d'après la formule du pendule,

$$T = N \pi \sqrt{\frac{a}{g}} \qquad T = N' \pi \sqrt{\frac{a}{g'}},$$

d'où l'on tire $N^2 : N'^2 :: g : g'$.

Mais comme g' est une composante de la force g qui agit dans la direction de l'inclinaison, I, on a : $g' = g$ sin. I, et par conséquent

$$\sin. I = \frac{N'^2}{N^2}.$$

Les résultats suivants montrent le degré d'exactitude que comporte cette méthode; nous l'appliquerons à trois expériences de l'intensité de l'aiguille d'inclinaison, qui ont été faites par le capitaine Duperrey dans sa campagne sur *la Coquille*.

NOMS DES LIEUX.	NOMBRE D'OSCILLATIONS DANS 300'' DE TEMPS MOYEN.		INCLINAISON DE L'AIGUILLE N.-O.		INCLINAISON par toutes les AIGUILLES.
	Plan du méridien magnétique	Plan perpendiculaire au méridien.	par l'observation de l'intensité.	par la méthode directe.	
Ile Sta-Catharina..	.. 102,58 .	.. 64,21 .	— 23° 4,0	— 22 50,0	— 22 53,5
Talcahuano........	.. 117,10 .	.. 93,04 .	— 44 30,3	— 44 37,1	— 44 41,9
Port Jackson,......	.. 130,06 .	.. 127,90 .	— 62 5,0	— 62 3,3	— 62 18,2

CHAPITRE V.

§ Iᵉʳ. *Description de l'appareil.*

CET appareil, Planche IV, fig. 5, est une boussole de déclinaison disposée pour compter avec facilité et exactitude les oscillations de l'aiguille aimantée, même les plus faibles.

Il se compose d'une boîte cylindrique en bois DD, recouverte d'une glace, au centre de laquelle s'élève un tube de verre B; dans la boîte se trouve l'aiguille aimantée F.

A l'extrémité supérieure de ce tube est adapté un petit appareil A, destiné à enrouler le fil de suspension. Cet appareil se compose d'une vis horizontale passant dans deux petites traverses verticales.

Dans l'intérieur de la boîte est fixé à demeure un arc de cercle en ivoire, ayant une amplitude de 60°, et divisé en degrés.

La surface cylindrique est percée de deux ouvertures E, E, diamétralement opposées et correspondantes au o de l'arc. Ces deux ouvertures, qui sont fermées par deux plaques de verre, servent à observer les oscillations de l'aiguille, au moyen d'un microscope K ou d'une lunette. Ce microscope glisse dans un cylindre horizontal, et peut être rapproché ou éloigné, de manière à le placer au point de vue de l'observateur.

A l'extrémité opposée au microscope est une vis de

rappel H, destinée à faire coïncider le centre des oscillations avec le croisé des fils du microscope.

Dans l'intérieur de la boîte se trouve un double levier
G, destiné à faire dévier l'aiguille d'un angle donné. Ce
levier est muni aux deux extrémités de deux petits cylindres verticaux, au moyen desquels on entraîne l'aiguille. Ce levier se meut au moyen d'un bras I, placé
au-dessous.

L'appareil repose sur un trépied muni de trois vis
calantes L L L.

· Il n'y a pas de niveau dans cet appareil, parce qu'au
moyen des trois vis on peut déplacer le point de suspension du fil, de sorte qu'il se trouve au centre de l'arc de
cercle de suspension. ·

§ II. *Manière de se servir de l'appareil.*

On commence par desserrer deux petites pinces à
vis, situées sur la boîte, lesquelles permettent d'enlever
le couvercle et le tube. On attache à la place de l'aiguille
aimantée, au fil de suspension, qui porte un petit crochet, une plaque de laiton exactement du poids de l'aiguille, afin de détruire la torsion du fil, et on remet ensuite l'aiguille à la place de la plaque.

On se sert ensuite du bras de levier pour dévier
l'aiguille d'un nombre donné de degrés. On compte les
oscillations à l'œil quand elles sont grandes, ou en l'ar-
mant d'une lunette si l'on craint que la chaleur du corps
n'influe, ou bien on emploie le microscope si elles sont
petites.

On a vu précédemment que lorsqu'une aiguille aimantée, horizontale, est dans sa position naturelle d'équilibre, si on l'en écarte, elle y revient en effectuant une suite
d'oscillations, dont la durée dépend de la résultante des
forces magnétiques terrestres dans le lieu où l'on opère,
et du degré de magnétisme de l'aiguille. On se sert du
temps employé par cette aiguille pour effectuer une oscillation, quand son magnétisme ne change pas, pour déter-

miner l'intensité de cette résultante. A cet effet, on fait usage de la formule du pendule, attendu que l'aiguille qui oscille sous l'influence du magnétisme terrestre, se trouve dans les mêmes conditions qu'un pendule oscillant sous l'action de la pesanteur.

Si l'on représente par N et N' le nombre d'oscillations exécuté par la même aiguille dans le même temps T, et dans deux lieux où l'intensité des forces magnétiques est g et g', on a, comme on l'a vu précédemment, d'après la formule du pendule ,

$$N^2 : N'^2 :: g : g'.$$

Les trois premiers termes de cette proportion étant connus, le quatrième s'en déduit. C'est à l'aide de cette formule que l'on a trouvé que l'intensité du magnétisme va en augmentant de l'équateur aux pôles.

Cette formule n'est point applicable à la force qui fait osciller la même aiguille lorsqu'elle est verticale, comme dans le cas où elle se trouve dans un plan perpendiculaire au précédent, attendu que dans ce cas , comme dans celui d'une aiguille qui se meut horizontalement, la force qui produit les oscillations n'est qu'une partie des forces magnétiques du globe. Mais si l'on représente par N, N', N'' le nombre d'oscillations infiniment petites qu'exécute une aiguille pendant le temps T, lorsqu'on l'observe dans la direction de l'inclinaison, dans la direction verticale et dans la direction horizontale , on a, en représentant par g, g', g'' les forces magnétiques qui agissent chacune dans ces directions ,

$$N^2 : N'^2 :: g : g', \qquad N^2 : N''^2 :: g : g'',$$

$$\text{d'où } N^2 = \frac{N'^2 g}{g'}, \quad N^2 = \frac{N'^2 g}{g''} .$$

Mais comme g' et g'' sont les composantes de la force g qui agit dans la direction de l'inclinaison, on a :

$$g' = g \sin. I, \qquad g'' = g \cos. I.$$

On en déduit, dans le cas de l'aiguille verticale,

$$N^2 = \frac{N'^2}{\sin. \ I}; \ \text{et} \ N^2 = \frac{N''^2}{\cos. \ I},$$

pour le cas de l'aiguille horizontale.

Pour que le lecteur puisse connaître parfaitement la méthode employée pour déterminer la durée d'une oscillation, et le nombre d'oscillations dans un temps donné, je rapporte une série d'observations faites par le capitaine Duperrey.

Dans la boussole dont cet officier distingué a fait usage, l'échelle des amplitudes, placée à l'une des extrémités de l'appareil, était divisée en degrés, dont la valeur angulaire dépendait de la distance du bout de l'aiguille au centre de suspension. Le o se trouvait au milieu de l'échelle, coïncidant avec une des pointes de l'aiguille dans son état de repos. Les amplitudes étant comptées à partir de o, il en résulte que celles indiquées dans le tableau ci-après, ne sont que la moitié des arcs que l'aiguille parcourait dans chacune de ces oscillations. Il avait l'attention que les amplitudes de l'aiguille fussent le plus rapprochées possible du o de l'échelle.

M. Duperrey a fait, en outre, usage de la table suivante, qu'il a empruntée au voyage de d'Entrecasteaux, afin de réduire la durée des expériences au cas où toutes les oscillations observées auraient été infiniment petites. En agissant ainsi, on peut faire durer les observations pendant un temps assez considérable, avantage précieux si l'on considère que l'exactitude du résultat définitif dépend du nombre de comparaisons au chronomètre, et par conséquent de la durée des expériences.

VI. 2ᵉ *partie*.   3

TABLE *de la durée des oscillations de l'aiguille, en supposant que la durée d'une oscillation infiniment petite est représentée par l'unité.*

AMPLITUDE de l'oscillation.	DURÉE de l'oscillation.	AMPLITUDE de l'oscillation.	DURÉE de l'oscillation.	AMPLITUDE de l'oscillation.	DURÉE de l'oscillation.	AMPLITUDE de l'oscillation.	DURÉE de l'oscillation.
0	1,000	15	1,004	30	1,018	45	1,040
1	1,000	16	1,005	31	1,019	46	1,042
2	1,000	17	1,006	32	1,020	47	1,044
3	1,000	18	1,006	33	1,021	48	1,046
4	1,000	19	1,007	34	1,023	49	1,048
5	1,001	20	1,008	35	1,024	50	1,050
6	1,001	21	1,009	36	1,025	51	1,052
7	1,001	22	1,009	37	1,027	52	1,054
8	1,001	23	1,010	38	1,028	53	1,057
9	1,002	24	1,011	39	1,030	54	1,059
10	1,002	25	1,012	40	1,031	55	1,061
11	1,002	26	1,013	41	1,033	56	1,063
12	1,003	27	1,014	42	1,035	57	1,066
13	1,003	28	1,015	43	1,036	58	1,068
14	1,004	29	1,016	44	1,038	59	1,071

Exemple d'observations faites à Paris, au mois d'octobre 1825.

DÉTERMINATION *du nombre d'oscillations infiniment petites de l'aiguille horizontale.*   (PARIS, le 6 octobre 1825.)

NOMBRE d'oscillations.	HEURE au chronomètre.	INTERVALLE entre les observations.	THERMOMÈTRE centigrade.	AMPLITUDE des oscillations.	AMPLITUDE moyenne.	CORRECTION d'amplitude.
0	10ʰ 40′ 44″,8	3′ 24″,8	16°,2	7°,3	6°,8	1,001
10	44 9,6	24,8		6,3	5,7	1,001
20	47 34,4	24,8		5,2	4,7	1,001
30	50 59,2	24,8		4,2	3,8	1,000
40	54 24,0	24,8		3,5	3,1	1,000
50	57 48,8	24,6		2,8	2,6	1,000
60	11 1 13,4	24,6		2,4	2,2	1,000
70	4 38,0	25,0		2,0	1,8	1,000
80	8 3,0	25,0		1,7	1,5	1,000
90	11 38,0	24,8		1,4	1,3	1,000
100	14 52,8	24,8		1,2	1,1	1,000
110	18 17,6	24,6		1,0	0,9	1,000
120	21 42,2	24,6		0,8	0,7	1,000
130	25 6,8	24,7		0,7	0,6	1,000
140	28 30,5	24,7		0,5	0,4	1,000
150	31 55,2		17,2	0,4		
	51′ 10″,4		16°,7			15,003

15,003 : 15,000 :: 51′ 10″,4 : x . . . . x = 51′ 9″,80

Le chronomètre marquant le temps moyen 0,00

Durée de 150 oscillations infiniment petites . . . . 51′ 9″,80

Ce qui fait 29,3189 oscillations dans 10 minutes de temps moyen.

Pour être plus certain du résultat, on fait osciller de la même manière l'aiguille d'inclinaison autour de sa position d'équilibre, en l'en écartant de plusieurs degrés. Il est nécessaire de répéter cette expérience un certain nombre de fois, avec plusieurs aiguilles qui servent à se vérifier l'une l'autre, et de prendre la moyenne des résultats obtenus. Pour être bien certain que les aiguilles n'ont pas perdu leur magnétisme, on doit revenir dans les lieux où l'on a déjà expérimenté, pour recommencer les opérations et voir si les résultats sont semblables.

On a vu précédemment que pour déterminer l'inclinaison, il fallait connaître préalablement la déclinaison, ou au moins la direction du méridien magnétique, et mettre ensuite le limbe vertical dans ce plan ; mais on arrive au même résultat sans connaître préalablement la déclinaison. En effet, lorsque l'aiguille se trouve dans le plan du méridien magnétique, elle ne peut en sortir ; de plus, quand on la met dans un plan vertical perpendiculaire à ce méridien, elle se place verticalement ; dès lors, si l'on tourne le limbe de la boussole jusqu'à ce que l'aiguille soit verticale, on est assuré que le nouveau plan dans lequel elle se trouve est perpendiculaire à l'aiguille de déclinaison : si alors on fait décrire au limbe un angle de 90° sur le cercle azimutal, on l'amène dans le méridien magnétique.

La méthode qui a été donnée plus haut, pour déterminer l'intensité du magnétisme terrestre, laquelle consiste à faire osciller l'aiguille horizontale, n'est pas applicable aux localités où l'inclinaison est très-grande, comme aux environs des pôles magnétiques, attendu que la force agissante, qui est la composante horizontale, est alors très faible. Pour parer à cet inconvénient, M. Pouillet a proposé une méthode d'expérimentation qui est décrite tom. II, pag. 277 de cet ouvrage. On trouvera, dans le chapitre des intensités magnétiques en divers points du globe, plusieurs exemples relatifs à la détermination de ces intensités, au moyen de la durée d'oscillation des aiguilles de déclinaison et d'inclinaison.

3.

CHAPITRE VI.

DESCRIPTION D'UN OBSERVATOIRE MAGNÉTIQUE ET DES APPAREILS DONT IL DOIT ÊTRE POURVU, SUIVANT LE SYSTÈME DE M. GAUSS.

§ Ier. *Description d'un observatoire magnétique.*

Le local le plus convenable pour un observatoire magnétique, suivant M. Gauss (1), est une salle rectangulaire (fig. 56), ayant à peu près 11 mètres d'étendue dans la direction du méridien magnétique, et dont les faces adjacentes n'ont pas besoin d'être parallèles à ce méridien : ce local doit être bien éclairé, particulièrement dans la direction de l'est à l'ouest, dans la partie où se trouve le théodolite T et son échelle E, dont il sera question ci-après. Les courants d'air étant nuisibles aux observations, on les évite au moyen de doubles croisées ; les fondations sur lesquelles sont établies le théodolite et la pendule P, doivent être très-solides. Le théodolite est placé à peu près dans le centre de la salle, afin d'apercevoir au loin un objet quelconque, dont l'azimut doit être parfaitement déterminé.

Il faut éviter l'emploi du fer autant qu'il est possible dans toutes les parties de l'observatoire : M. Gauss pense

---

(1) Resultats aus den Beobachtungen des magnetischen Vereins, im Jahre 1836. Herausgegeben von Gauss und W. Weber.

cependant que l'on ne doit pas craindre de placer à 5 ou 6 mètres de l'instrument A, destiné à observer la déclinaison et les variations, une pendule ayant des axes en acier, ou tout autre appareil, dans les constructions desquels il entrerait quelques pièces de ce métal. A cette distance, l'influence des pièces d'acier, quand bien même elles seraient aimantées, serait assez faible pour être négligée.

Par la même raison, des fers en dehors de l'observatoire, à plus de 33 mètres, ne peuvent produire qu'une influence très-faible sur les appareils magnétiques, surtout lorsqu'ils sont scellés. Si, par hasard, il se trouvait de longues barres de fer, ou autres masses de ce métal, qui exerçassent une action sensible, il faudrait y avoir égard au moyen de corrections convenables.

M. Gauss voudrait que l'observatoire ne servît qu'à mesurer la déclinaison, l'intensité de l'aiguille aimantée et ses variations, et qu'on fît un observatoire séparé pour l'inclinaison, afin de ne pas être obligé d'interrompre les autres expériences, qui se font souvent d'une manière suivie.

Quand la salle est convenablement disposée, on commence par tracer, sur le plancher, une ligne MM dans la direction du méridien magnétique ; le centre de la salle doit se trouver sur cette ligne, qui aboutit, par l'une de ses extrémités, à l'endroit où se trouve le théodolite.

Sur le pied du support du théodolite se trouve l'échelle E, placée horizontalement de manière qu'un fil à plomb *ff*, tombant du centre de l'objectif du théodolite, descende vis-à-vis le zéro de la division. Cette échelle est à angle droit avec le méridien magnétique, et peut être élevée ou abaissée à volonté. Le télescope est disposé de façon que son axe optique se trouve dans le méridien magnétique.

Pour placer l'appareil magnétique appelé magnétomètre, dont je donnerai plus loin la description, on commence par suspendre un fil à plomb au plafond, dans le plan du méridien magnétique, en un point tel que les distances réunies du miroir de réflexion, fixé à un des bouts du barreau aimanté de l'appareil, à l'échelle et au théodolite, soient égales à celle qui sépare ce dernier d'un point tracé sur la muraille en face, lequel sert de mire. Le porteur P de l'appareil est fixé au point même du plafond d'où l'on a laissé tomber le fil à plomb, et il y est assujetti au moyen d'une vis.

Cela fait, on mesure exactement l'élévation du porteur, du théodolite et de l'échelle au-dessus du plancher ; puis on déduit de la hauteur du premier la demi-somme des élévations des deux autres hauteurs, et l'on compose ensuite un assemblage de fils de cocon de même longueur, en nombre suffisant pour pouvoir supporter, sans se rompre, outre l'appareil, un poids d'un kil.

Ce fil ff, qui remplace le fil à plomb, est attaché à la vis du porteur, et porte à son extrémité inférieure l'étrier du barreau aimanté. Ce barreau est placé dans une caisse cc, au fond de laquelle se trouvent deux coussinets destinés à recevoir le barreau, dans le cas où le fil de suspension viendrait à se rompre.

Ces préparatifs terminés, on place 1° l'aimant horizontalement dans l'étrier, et l'on fixe un miroir réflecteur à l'une de ses extrémités, dans une direction perpendiculaire à l'axe ; dans le cas où il est incliné par rapport à cet axe, on mesure l'angle d'inclinaison ;

2° On détermine la torsion du fil, et on l'amène à zéro quand l'aimant est dans sa position d'équilibre ;

3° On détermine le rapport du moment de torsion du fil et du moment magnétique du barreau, dans une déviation donnée ;

4° On détermine avec le théodolite l'endroit où doit être placé le point de mire. Quand il s'agit de mesurer la déclinaison, on commence par mesurer l'azimut du point de mire, puis la valeur des divisions de l'échelle, et l'on observe ensuite les mouvements oscillatoires et les élongations.

Lorsqu'il s'agit de mesurer l'intensité, on fait usage des règles divisées $m'\,m'$, $m''\,m''$, que l'on place dans

une position horizontale, des deux côtés de la caisse de
l'appareil, parallèlement au méridien magnétique, et à
la même hauteur. Les règles doivent avoir une longueur
de 5 à 6 mètres, et dépasser l'appareil d'une égale longueur : quand la salle a une largeur convenable, on rat-
tache à ces deux règles et dans une position horizontale
et rectangulaire une troisième règle, passant dans la caisse
du magnétomètre, de manière à rencontrer un fil à plomb
que l'on laisse tomber du point central entre la suspension et ce centre de gravité du barreau. Les règles doivent être disposées de manière à pouvoir être déplacées
facilement dans le sens de leur longueur. Il sera plus
facile de comprendre la disposition de ces divers appareils quand je les aurai décrits.

§ II. *Description des appareils qui composent l'observatoire magnétique.*

Le théodolite, quand il s'agit d'observer les variations de la déclinaison, est un télescope qui peut se mouvoir dans un plan vertical, et que l'on braque à volonté
sur le miroir ou sur la mire, pour s'assurer que l'instrument n'a pas été dérangé.

Quand il s'agit de mesurer la déclinaison, on substitue
au télescope un véritable théodolite.

Le grossissement du télescope doit être tel qu'à une
distance de 5 mètres du magnétomètre les objets soient
agrandis au moins de 30 fois, afin de pouvoir apperce-
voir la division en millimètres et fractions de millimètre.

La pendule doit marquer les secondes.

Le magnétomètre est composé des parties suivantes :
d'un barreau aimanté, de son étrier, du cercle de torsion, du porteur, et de sa vis, du fil de suspension formé
d'un assemblage de fils de cocon, du miroir et du porte-
miroir, de la règle de torsion, de l'échelle et de la règle
d'arrêt, de la règle de déviation, de la règle de supports
et de poids ; les figures 7, 8, 9, 10, 11, 12, 13, 14, 15, 16,
représentent toutes ces parties en plans et coupes.

On voit dans la figure 7 le porteur, sa vis et le fil, vus de l'ouest; *aa* est une planche fixée au plafond; *bb*, deux tringles de bois fixées sur cette planche, et dans lesquelles un châssis *dd* peut être mû de l'est à l'ouest; deux liteaux en saillie *cc*, supportent ce dernier; deux porte-vis en cuivre jaune *c c* sont fixés au plancher au moyen de vis, etc.

La figure 8 représente le porteur avec la vis et le fil vus du sud; sur le bord du liteau *cc* se trouve une échelle qui sert à marquer la position de la coulisse; il est facile, à la simple inspection de la figure, de se rendre compte des diverses parties qui y sont représentées.

La figure 9 représente la partie oscillante du magnétomètre, vue de l'ouest; elle est formée de deux crochets *aa*; on attache à l'une des deux goupilles qui prennent sous les deux crochets, et par son extrémité inférieure, le fil *g*.

bb, cercle de torsion sur lequel repose l'étrier *ccc*.

dd, barreau aimanté.

ee, porte-miroir, avec deux cadres *ff*, *hh*.

kk, deux sergents destinés à maintenir le miroir.

Toutes les parties de l'instrument sont exécutées en cuivre jaune, très-mince, afin de ne pas trop augmenter le moment d'inertie du magnétomètre. Le fil qui supporte l'étrier est fixé à une goupille qui passe sous les crochets *aa*; on peut ainsi enlever l'étrier sans détacher le fil.

bb, cercle de torsion muni d'un pivot vertical, dont l'extrémité supérieure porte les crochets *aa*. Ce pivot est entouré par l'étrier qui se meut autour de lui; par ce moyen l'étrier repose sur le cercle de torsion; mais il ne peut tourner en raison du frottement qu'il exerce sur le cercle.

e e, gaîne du porte-miroir, dans laquelle entre le barreau aimanté, sur lequel le porte-miroir est maintenu au moyen de vis.

ff, cadre tournant autour d'un axe vertical; ce cadre est fixé au moyen d'une vis de pression et d'une vis à demeure.

Au cadre *s* est uni un seond cadre *ff*, se mouvant autour d'un axe horizontal hh; à ce second cadre sont ajustés les trois sergents destinés à maintenir le miroir; dans la figure, on ne voit que deux sergents kk'; le 3ᵉ est couvert par le second sergent en k'.

La figure 10 représente toutes les parties du porte-miroir vues du sud. Je crois inutile de rapporter toutes les pièces dont se compose cette partie de l'appareil; à l'inspection seule de la figure, on pourra s'en faire une idée.

La figure 11 représente l'étrier du cercle de torsion, le barreau aimanté, et le porte-miroir vus par en haut. Au centre du cercle de torsion, on aperçoit l'extrémité du pivot qui traverse l'alidade et le double crochet, avec les 3 pivots destinés à recevoir les extrémités de la goupille attachées au fil qui y est fixé.

Dans la figure 12, on aperçoit toutes les parties de l'étrier vues du sud.

Le barreau en bois, qui se trouve placé dans l'étrier, et dont la longueur dépasse 700 millim., est placé au-dessous du centre du barreau aimanté, et sert à supporter 2 poids d'un ½ kilog. chacun, qui servent à augmenter le moment d'inertie de la lame aimantée. Elle est munie de 6 pointes sur lesquelles les deux poids peuvent être placés à trois distances différentes; les deux pointes les plus près du centre sont éloignées l'une de l'autre de 100 millim.; les deux suivantes sont à une distance de 400, et les deux pointes les plus extrêmes à 700 millim.

Les figures 13, 14 et 15 représentent de profil et des deux faces la goupille à laquelle est attaché le fil. La figure 13 nous montre la goupille avec les deux pointes destinées à être reçues dans les deux trous de ce pivot pratiqués sous les crochets du cercle de torsion, ainsi que le ressort destiné à maintenir la goupille lorsque l'étrier sera enlevé ainsi que le fil qui le supporte.

La figure 14 montre l'ouverture étroite par laquelle le fil doit passer et être contenu.

La figure 15 laisse apercevoir une ouverture ovale au centre de laquelle passe, en travers, une autre petite goupille, à laquelle le fil est attaché, et qui est maintenue par son extrémité inférieure formant un nœud à collet.

La figure 16 est le modèle de l'échelle qui doit être réfléchie dans le théodolite, et dont l'image est observée dans le miroir, à l'aide de cet instrument.

Après avoir fait connaître avec détails toutes les parties dont se compose le magnétomètre, je vais indiquer les rapports qui existent entre elles, ainsi que plusieurs particularités relatives à leur usage.

Le miroir et le porte-miroir doivent être parfaitement plans ; le premier est plus large que haut, afin que pendant les oscillations du barreau, le côté droit et le côté gauche viennent se placer alternativement devant l'objectif du télescope : les dimensions les plus convenables sont de 50 à 70 millim. de haut, et de 70 à 100 millim. de large. Quand on mesure les distances qui séparent le miroir de l'échelle et du point de mire, on doit avoir égard à la réfraction des rayons de lumière, à la surface antérieure du verre du miroir.

J'ai dit précédemment que le miroir devait être fixé solidement à l'extrémité du barreau tournée du côté du télescope, de manière à n'éprouver aucun dérangement pendant les expériences ; il doit, en outre, conserver vis-à-vis de ce barreau une position telle que la normale au miroir soit sensiblement parallèle à l'axe magnétique.

Le porte-miroir est représenté figure 10 ; sa douille est asssujettie au barreau au moyen d'une vis ; en tournant celle-ci, le miroir peut être mû autour de deux axes rectangulaires et placé dans la position convenable. Quant au porteur, à sa vis et au fil de suspension, je me bornerai à dire que ce fil est formé de 200 fils de cocon parallèles, dont chacun doit pouvoir supporter sans se rompre un poids de 30 grammes. Ce fil n'aura à supporter que 2,500 grammes environ, c'est-à-dire, la moitié du poids qu'il faudrait employer pour le rompre ; sa longueur doit être d'environ 2 mètres ; le moment de sa puissance de torsion, dans les petites déviations, sera environ 1 millième de celui de la puissance magnétique.

Étrier et cercle de torsion. — Quand l'étrier est assujetti au fil, il faut avoir également égard à la puissance de torsion de ce fil, surtout lorsqu'il s'agit de mesures relatives à la déclinaison et à l'intensité absolues; il est donc de la plus haute importance de pouvoir apprécier sa puissance, ainsi que l'influence qu'elle exerce; pour cela, on choisit l'instant où le fil se trouve dans sa position naturelle, c'est-à-dire, lorsqu'il est sans torsion, le barreau aimanté se trouvant dans sa position d'équilibre ordinaire. On commence par tourner le fil sur lui-même, par l'extrémité inférieure, de manière à pouvoir mesurer l'angle de torsion; dans la crainte que le barreau aimanté, qui est suspendu à ce fil, ne soit pas tourné en même temps, on compose l'étrier de deux parties, d'une espèce d'alidade et d'un cercle dont le mouvement de rotation ne peut s'opérer qu'autour d'un axe vertical; l'alidade supporte le barreau magnétique et est supporté lui-même par un cercle; ce dernier est muni d'un pivot qui traverse l'alidade et porte à son extrémité supérieure deux crochets, qui viennent saisir la goupille attachée au fil, et qui sont, à cet effet, munis de deux pointes. L'étrier doit être construit de telle sorte que le barreau aimanté puisse y être placé de plat ou de champ, quand on veut trouver avec exactitude, au moyen de la déclinaison, la position du miroir par rapport à l'axe magnétique. Cette disposition a de l'analogie avec le mécanisme employé dans la balance de Coulomb pour tordre le fil de torsion.

Caisse et règle de mesure. — La caisse est destinée à soustraire le barreau aimanté à l'influence du courant d'air; c'est un cylindre de 800 millim. de diamètre et de 300 millim. de hauteur; on lui donne une forme cylindrique, afin de pouvoir, dans les mesures d'intensité, quand on veut déterminer le moment d'inertie, superposer sur le barreau aimanté qui doit être d'une longueur de 600 millim., et dans une position rectangulaire, un barreau en bois de 700 millim. de longueur. Ce dernier, avec ses poids, doit trouver place dans le magnétomètre et pouvoir y osciller librement. La caisse doit pouvoir s'ouvrir et fermer facilement avec son couvercle qui n'a d'autre ouverture que celle qui est nécessaire pour laisser passer l'assemblage de fils de cocon; elle a encore une autre ouverture sur la paroi située du côté du miroir; cette ouverture est fermée au moyen d'une coulisse quand on n'observe pas.

Les règles qui sont de chaque coté de la caisse, sont destinées à placer dessus un autre barreau aimanté dans la direction du nord au sud, ou de l'est à l'ouest, dans une position déterminée, et à l'aide duquel on puisse faire dévier du méridien magnétique le barreau suspendu.

Règle de torsion et règle de déviation. — Pour reconnaître si le fil est sans torsion quand le barreau est revenu à sa position d'équilibre, il faut placer dans l'étrier, à la place du barreau, une lame de laiton de longueur et de largeur égales, et à peu près du même poids que lui : cette lame accessoire, dans laquelle on place une petite aiguille aimantée, pour diminuer la durée des oscillations, est munie, de même que le barreau aimanté, d'un miroir et d'un porte-miroir; dans les mesures de l'intensité, on emploie une deuxième lame secondaire absolument semblable. La petite aiguille aimantée doit avoir son axe magnétique placé dans la même position où se trouvait celui du barreau principal.

Poids et règle de support. — Dans les mesures d'intensité, il faut faire osciller la règle de déviation et déterminer son moment d'inertie; on place pour cela à travers du barreau aimanté qui oscille, une règle de bois mince; on y suspend des deux côtés du barreau, à égale distance, deux petits poids : chacun de ces poids pèse 500 grammes ; sur cette règle en bois se trouvent des anses, à la partie antérieure desquelles on soude un petit dé, lequel est placé sur une pointe fine dépassant le liteau. On place dans ce dernier, à 50 millimètres de distance les unes des autres, un certain nombre de ces pointes; celles qui sont placées au centre du liteau doivent être à une distance de 100 millimètres : ces mesures sont prises au microscope.

Règle d'arrêt. — Il est nécessaire, pour faire promptement et avec exactitude les observations, de pouvoir modérer à volonté les oscillations ; on y parvient au moyen de la règle d'arrêt. Cette règle est tout simplement un barreau aimanté, de même longueur et de même largeur que le barreau principal, mais d'un poids quatre fois moindre. Lorsque l'observateur est placé derrière le théodolite, à une distance d'environ 5 mètres et $\frac{1}{2}$ du magnétomètre, et qu'il tient ce barreau horizontalement et à angle droit par rapport au méridien magnétique, on observe, dans le cas où elle est fortement aimantée, une déviation d'environ 1′ vers l'ouest, si le pôle boréal est tenu dans la direction de l'est, et *vice versa* ; sa déviation diminue au fur et à mesure que la lame se rapproche de la position verticale. M. Gauss recommande aux observateurs de s'habituer à l'usage de ce barreau.

§ III. *Usage du magnétomètre et marche à suivre dans les observations.*

Le magnétomètre dont je viens de donner la description, est destiné à mesurer la déclinaison absolue, l'intensité du barreau aimanté et les variations diurnes.

L'aiguille ou le barreau aimanté, qui en forme la partie principale, étant très-rarement en repos, il est presque impossible de déterminer immédiatement sa position dans l'état de repos, comme on le fait avec les aiguilles de nos boussoles, qui n'ont pas, à beaucoup près, autant de sensibilité. On ne doit donc pas s'attacher à chercher la position que le barreau occupe au moment de l'expérience, mais bien celle qu'il aurait s'il se trouvait exactement dans le méridien magnétique. On ne peut y parvenir qu'en remplaçant les observations immédiates par des observations indirectes qui n'exigent pas un repos complet.

La première méthode consiste à observer l'aiguille aimantée ou le barreau quand elle oscille, de manière à remarquer sur l'échelle deux positions successives et extrêmes, un maximum et un minimum ; puis à prendre la moyenne, qui donne la position cherchée. Ce procédé néanmoins a besoin d'être modifié lorsque les oscillations ont une étendue considérable, attendu que dans ce cas l'aiguille n'oscille pas également de chaque côté du méridien magnétique ; il ne peut être admis non plus qu'avec certaine restriction lorsque les oscillations sont petites.

Dans le premier cas, la diminution successive de l'arc d'oscillation devenant perceptible d'une oscillation à une autre, la déviation du méridien réel sera moindre du côté du maximum, qu'elle ne l'avait été du côté minimum précédent ; dans ce cas, le terme moyen sera beaucoup trop petit. Par le même motif, le terme moyen qui lui succédera donnera un résultat trop grand ; mais, comme la diminution de l'arc d'oscillation sera à peu près uniforme pendant quelques oscillations, on pourra considérer la moyenne des deux termes moyens comme étant d'une exactitude suffisante et pouvant représenter la valeur des trois élongations. Si nous représentons par a, b, c, d, les valeurs des trois élongations qui se sont succédé sans interruption, $\frac{1}{4}(a + 2b + c)$ représentera la position du méridien magnétique au moment de l'oscillation.

On peut se servir de cette méthode toutes les fois que les oscillations ont peu d'étendue, et que les variations de la déclinaison ne sont pas sensibles à de petits intervalles.

Le second procédé pour déterminer la position exacte de l'aiguille, quand elle n'est pas en repos, est fondé sur ce principe, que le milieu des deux positions de l'aiguille correspondant toutes deux exactement à deux instants qui diffèrent entre eux d'une durée d'oscillation, coïncide avec le méridien magnétique dont la position aura été admise comme terme moyen entre ces deux instants, quelles que soient les périodes d'oscillation dans lesquelles ces instants puissent tomber. Ce principe serait vrai, si des causes extérieures, telles que la résistance de l'air et autres, ne contribuaient pas à diminuer l'amplitude des oscillations; et si, pendant ce court intervalle, un changement dans la situation du méridien magnétique ne pouvait pas être considéré comme uniforme. Lorsque les oscillations ont peu d'étendue, on peut négliger la première circonstance, ainsi que la deuxième, attendu que, dans le premier cas, on peut considérer comme uniformes les variations de la déclinaison dans un court intervalle de temps.

Si donc, l'on veut connaître la position de l'aiguille à l'instant T, il suffira, quand l'aiguille ne fera plus que de très-petites oscillations, d'observer les positions réelles qu'elle occupe dans les instants $T - \frac{1}{2} t$, et $T + \frac{1}{2} t$, etc.; t indiquant la durée d'une oscillation; et de prendre ensuite la moyenne des deux positions. Il sera convenable encore, si l'on veut obtenir plus d'exactitude, de faire d'autres déterminations semblables en nombre égal, à des intervalles égaux, quelques instants avant et quelques instants après t. Si l'on suppose que durant ce temps la variation puisse être considérée comme uniforme, le terme moyen de ces opérations sera le résultat définitif et valable pour cette période t; résultat beaucoup plus certain que ne le serait la simple détermination pour t lui-même. Pour y parvenir, on a une méthode très-simple; elle consiste, lorsque le résultat définitif devra être basé sur cinq résultats partiels, à annoter la position réelle de l'aiguille aimantée pour les six périodes suivantes :

$$T - \tfrac{5}{2} t, \; T - \tfrac{3}{2} t, \; T - \tfrac{1}{2} t, \; T + \tfrac{1}{2} t, \; T + \tfrac{3}{2} t, \; T + \tfrac{5}{2} t.$$

Si l'on représente ensuite les positions annotées par a, b, c, d, e, f, $\frac{1}{2}(a + b)$ sera le résultat valable pour la période $T - 2 t$; de même $\frac{1}{2}(b + c)$, $\frac{1}{2}(c + d)$, $\frac{1}{2}(d + e)$, $\frac{1}{2}(e + f)$ répondront aux périodes $T - t$, T, $T + t$, $T + 2 t$; et le terme de ces résultats partiels, ou la 5e partie de leur somme totale, devra être considéré comme le résultat général corrigé pour la période T. Voici le détail des observations faites, d'après ce principe, à Gottingue, le 17 août 1836, pour 15 h. 30'.

t égalait 20" ....

15 h. 29'	10"	....	865,2		
	30	....	867,5	866,35	
	50	....	866,3	866,85	
30	10	....	868,0	867,10	867,16
	30	....	867,3	867,65	
	50	....	868,7	867,90	

La première colonne indique l'heure des observations; la deuxième, les divisions annotées de l'échelle; la troisième, le terme moyen entre deux annotations successives, et par conséquent les résultats partiels correspondent à

15 h. 29' 20",
15 h. 29' 40",
15 h. 30' 0",
15 h. 30' 20",
et 15 h. 30' 40";

à côté se trouve le résultat définitif qui répond à

15 h. 30' 0".

On reconnaît pendant la période d'observation la variation continuelle de l'aiguille de déclinaison, non-seulement par les résultats qui l'ont précédée, mais encore par ceux qui l'ont suivie, car le résultat pour

15 h. 25' 0" était de 862,82,

tandis que celui pour

15 h. 35' 0" a été 872,32.

Le procédé que l'on vient d'indiquer est celui qui est

adopté par les personnes qui suivent les périodes d'observations d'après les principes de M. Gauss.

Ce procédé suppose la connaissance de la durée d'une oscillation de l'aiguille, durée qui dépend, comme on sait, de sa force d'aimantation, de l'intensité de la composante horizontale de la résultante terrestre, qui n'est pas la même à chaque instant. Je donnerai, plus tard, un moyen pour trouver cette durée avec exactitude; mais, pour l'instant, il est inutile que l'on connaisse toutes les variations auxquelles elle est soumise, car on peut substituer à la valeur exacte celle de la seconde pleine suivante, afin d'obtenir que les moments où l'observateur devra regarder fixement la place de l'image de l'échelle, apparaissant sous le fil vertical du théodolite, tombent toujours sur des secondes pleines. Cela a lieu quand le nombre le plus rapproché de la véritable valeur d'une oscillation est un nombre pair; mais quand il est impair, on peut employer trois moyens pour se préserver de cet inconvénient. Dans la crainte de ne pas être bien compris du lecteur dans l'exposé de ces trois moyens, je vais rapporter le passage textuel de MM. Gauss et Weber, page 39 de leurs *Observations magnétiques pour* 1836 :

« 1° On ne s'en tiendra pas moins au nombre pair le plus rapproché, et on pourra le faire d'autant plus que la différence qui existe entre ce nombre et la valeur véritable ne dépassera pas une demi-unité; en général, plus la durée d'une oscillation sera grande, plus il deviendra facile de maintenir l'aiguille dans un état de quasi-repos.

« L'aiguille placée dans l'observatoire magnétique de Gœttingue, par exemple, a en ce moment une durée d'oscillation égale à 20″,64; quoique le nombre 21″ soit celui qui se rapproche le plus de 20″,64, on n'en peut pas moins, dans les circonstances existantes, et où l'axe d'oscillation dépasse rarement quelques divisions de l'échelle, se tenir sans scrupule et le plus souvent au nombre 20, qui est beaucoup plus commode; car il est fa-

VI. 2ᵉ *partie.*   4

cile de démontrer que l'erreur qu'on aurait, ne pourra dépasser, dans un résultat partiel, la vingtième partie de l'arc d'oscillation, et que , dans le résultat définitif, cette erreur sera tout au plus de $\frac{1}{100}$.

« 2ᵃ On choisit, à la vérité, le chiffre impair, mais on annote les moments d'observations qui, d'après la formule ci-dessus, tomberaient à des moitiés de secondes, plus tôt ou plus tard.......

« 3ᵃ Si le résultat définitif n'est point basé, comme dans le procédé que nous avons développé plus haut, sur un nombre impair, mais sur un nombre pair de résultats partiels, les périodes d'observations tomberont elles-mêmes à des secondes pleines, que le nombre adopté, au lieu de la véritable durée d'oscillations, nombre qui sera celui qui s'en approchera le plus, soit pair ou impair. Ainsi, par exemple, si le résultat définitif devait dépendre de six résultats partiels, les périodes d'observation seront :

$$T - 3t, \; T - 2t, \; T - t, \; T, \; T + t, \; T + 2t, \; T + 3t.$$

« Nous devons encore faire remarquer qu'en raison de l'imposition d'un petit poids, la durée de l'oscillation de l'aiguille est augmentée; on pourra, en choisissant convenablement le poids et le lieu où il devra être placé, amener la durée d'oscillations bien près d'un nombre entier de secondes, et obvier ainsi aux fractions.....»

Les personnes qui voudront approfondir les méthodes d'observations que je viens d'exposer, et en même temps connaître les détails minutieux dans lesquels il faut entrer pour obtenir des résultats exacts, pourront consulter l'ouvrage déjà cité de MM. Gauss et Weber.

Je dirai seulement que dans l'observatoire de Gœttingue, des observateurs ont fait leurs annotations à des intervalles de 10″, moitié de 20″; d'autres à 7″, tiers de 21′.

La méthode d'observation précédente présente de grands avantages lorsqu'il s'agit d'observer la marche de la déclinaison magnétique dans des intervalles moindres que de 5' en 5', lesquels suffisent quand on veut observer les variations ordinaires de la déclinaison ; mais ils sont encore trop grands si l'on veut reconnaître les variations extraordinaires plus fortes, et qui se succèdent avec une extrême rapidité. C'est ce motif qui avait engagé M. Gauss à fixer, dans l'année, deux époques, ayant chacune une durée de deux heures, pendant lesquelles on devait observer de 3' en 3' ; mais comme ces observations n'ont pu être faites dans quelques localités, on s'en est tenu aux intervalles de 5' en 5'. M. Gauss conseille néanmoins, dans le cas où il arriverait que l'aiguille fût soumise à des variations subites et extraordinaires, d'observer les positions de l'aiguille de $2\frac{1}{2}$ en $2\frac{1}{2}$ minutes, comme on l'a fait le 7 août à Gœttingue.

$$
\begin{array}{lll}
10\text{ h. }22' \quad 0'' & 875,0 & \\
\qquad 10 & 874,8 & 875,50 \\
\qquad 20 & 876,0 & 875,95 \\
\qquad 30 & 877,1 & 876,40 \\
\qquad 40 & 876,8 & 876,60 \\
\qquad 50 & 876,1 & 874,90 \\
23 \quad\;\; 0 & 877,1 & -
\end{array}
\right\} 876,27 \text{ pour } 10\text{ h. }22'\,30'
$$

Avant de terminer, je crois devoir encore rapporter quelques mesures de précautions recommandées par le même auteur, pour assurer le succès des expériences.

L'observateur doit commencer par écarter toutes les entraves que peut rencontrer l'aiguille, quand elle oscille : il arrive quelquefois que dans la belle saison une toile d'araignée s'introduit dans la caisse du magnétomètre ; on devra donc s'assurer, avant chaque période d'observations, que la caisse soit très-propre en dedans. Pendant les observations de nuit, il est indispensable d'éclairer l'échelle ; à l'observatoire de Gœttingue, on emploie deux lampes astrales d'Argant ; au-dessus de la flamme s'élève constamment un courant d'air froid ; car s'il arrivait que l'une des lampes fût placée près du pied et sous le théodolite, un pareil courant d'air, s'élevant devant le verre objectif, influerait d'une manière nuisible sur la netteté de la vue : on obvie à cet inconvénient, en adaptant à chaque lampe une cheminée en cuivre inclinée vers les côtés. Pour s'assurer que le théodolite n'a pas été dérangé de place, on trace une marque, à une distance de l'instrument, telle que, dans la position oculaire nécessaire pour apercevoir distinctement l'échelle, cette marque apparaisse également d'une manière très-distincte. Dans l'observatoire de Gœttingue, comme on l'a déjà dit, cette marque consiste en une ligne fixe et verticale sur la muraille au nord. Avant de commencer les observations, on dirige la lunette du théodolite sur la marque, et l'on répète de temps à autre l'épreuve.

Lorsque l'on trouve la plus petite déviation, on s'empresse de ramener l'axe optique du télescope dans sa position première.

Les observations sont faites à la partie verticale du fil croisé; la partie horizontale ne servant qu'à indiquer à peu près le centre de la première. Le fil croisé, afin d'éviter qu'il ne résulte des différences de la position plus ou moins élevée que les divisions de l'échelle occuperont dans le champ voisin, devra tenir une position telle, que lorsqu'on élèvera ou abaissera un peu le théodolite, un objet solide, se représentant à l'endroit où les deux fils se croisent, reste exactement placé sur le fil tournant verticalement.

Le fil à plomb, tombant du centre de l'objectif, devra être tellement rapproché de l'échelle, que l'image de l'un et de l'autre apparaisse en même temps, et avec une clarté égale devant le télescope, et que par conséquent l'observateur puisse exactement saisir la division de l'échelle qui sera couverte par le fil; l'échelle doit être placée de manière que ce point soit exactement situé à son centre. Il faudra s'assurer, dans le cours des observations, que l'échelle n'a pas été dérangée.

CHAPITRE VII.

DU MAGNÉTOMÈTRE BIFILAIRE ET DE SES USAGES.

§ 1ᵉʳ. *Description de l'appareil.*

On a vu que trois éléments sont nécessaires pour la détermination complète de la résultante des forces magnétiques terrestres, la déclinaison, l'inclinaison et l'intensité, et que, pour atteindre ce but, il est plus avantageux, sous les rapports théorique et pratique, de considérer les deux éléments de la composante horizontale (sa direction et son intensité), et d'y joindre l'intensité de la force verticale ou l'inclinaison de la force totale.

J'ai déjà fait connaître les divers procédés à l'aide desquels on parvient à résoudre cette question. M. Gauss, après avoir fait usage du magnétomètre décrit précédemment, et à l'aide duquel il détermine la déclinaison absolue de l'aiguille aimantée et les variations diurnes auxquelles elle est soumise, a imaginé un magnétomètre construit sur les principes qui ont guidé également M. Harris (1), pour établir sa balance électrique.

Ce nouveau magnétomètre est en usage depuis plusieurs années, dans l'observatoire magnétique de Gœttingue, pour déterminer aussi la valeur absolue de la

---

(1) Tom. v (2ᵉ part.), pag. 63.

déclinaison, ainsi que les variations régulières et irrégulières qu'elle éprouve d'année en année, de mois
en mois, de jour en jour, d'heure en heure, de minute
en minute.

Le même appareil peut servir encore à trouver l'intensité absolue de la force horizontale; néanmoins, il
ne résout pas complétement la question. En effet, que
faut-il pour déterminer cette intensité? plusieurs opérations, dont la principale consiste à observer la durée d'une oscillation de l'aiguille; opération qui exige
un temps assez considérable, attendu que l'on n'obtient un résultat exact qu'autant que le nombre d'oscillations est très-grand. Si, pendant toute la durée de
cette opération, l'intensité du magnétisme est constante, la durée d'une oscillation peut servir à mesurer
l'intensité; mais il n'en est pas de même, si cette intensité éprouve des variations pendant le même temps;
dans ce cas, l'instrument ne peut donner que des valeurs
approchées pendant certains intervalles de temps. Mais
plus les perturbations de la force magnétique terrestre, variant dans de courts intervalles de temps, seront intéressantes à observer dans la déclinaison, plus il sera
important également de déterminer avec précision l'étendue des perturbations qu'éprouve l'intensité.

Les appareils ordinaires exigent, avons-nous dit, un
temps trop long pour que l'on puisse espérer résoudre
complétement la question, c'est-à-dire, pour trouver
avec une grande exactitude la durée d'une oscillation;
mais cette durée ne servant qu'à trouver le moment de
torsion que la force magnétique terrestre imprime à une
aiguille aimantée librement suspendue, se trouvant hors
du méridien magnétique, si l'on parvient à déterminer
directement, avec précision et rapidité, ce moment de
torsion, sans employer la méthode des oscillations, alors
le problème est résolu, et l'on a un moyen d'observer les
variations de l'intensité. Le magnétomètre bifilaire remplit ce but.

Voici le principe sur lequel repose cet appareil.

Lorsqu'un corps, d'une forme quelconque, suspendu à deux fils, dont les parties ont de la cohérence, est soumis à l'action de la gravité, les conditions de son équilibre peuvent être exprimées de la manière suivante :

La ligne verticale qui passe par le centre de gravité du corps doit être parallèle aux deux fils et située dans leur plan.

Pour fixer les idées, supposons que les deux fils aient une longueur égale, que leurs points d'attache supérieurs soient à la même hauteur, et que leur distance soit égale dans tout leur trajet; supposons, enfin, que les points d'attache inférieurs forment, avec le centre de gravité du corps, un triangle isocèle; lorsqu'il y aura équilibre dans le système, les deux fils auront une direction verticale, et une ligne verticale intermédiaire pourra être supposée passer par le centre de gravité.

Si maintenant, au moyen d'une torsion imprimée au système, autour de cette ligne verticale fictive, on dévie le corps de sa position d'équilibre, les deux fils ne seront plus alors verticaux et le corps sera soulevé. Le système tendra donc à reprendre d'abord sa position d'équilibre primitive, en exécutant un certain nombre d'oscillations dans le sens de la verticale, avec un moment de torsion que l'on peut considérer comme sensiblement proportionnel au sinus de l'angle de déviation, et qui est le plus grand possible, par conséquent, quand la déviation est de 90°. Ce maximum de moment de torsion est précisément celui que M. Gauss considère dans ses observations et dans ses calculs. Ce moment peut servir aussi à mesurer la force qui fait dévier le corps de sa position d'équilibre, et qui est dépendante du mode de suspension et du poids du corps. Il lui a été donné le nom de *force de direction*.

L'intensité de cette force (la force de direction) dépend :

1° De la longueur des fils;
2° De leur distance;

3° Du poids du corps.

Elle est en raison inverse de la longueur des fils, en raison directe de leur distance et du poids du corps. Dans le cas où les suppositions d'où l'on est parti ne seraient pas exactes, l'expression de la force directrice deviendrait alors plus compliquée. Maintenant, si l'on place un barreau aimanté dans l'appareil, les effets dépendront de la combinaison des deux forces directrices.

On peut alors considérer trois cas : les deux positions du corps dans lesquelles il serait en équilibre, sous l'action de chacune de ces forces séparément, peuvent coïncider, être opposées, ou bien former un angle; il est bien évident que la différence de ces trois cas dépend du rapport des deux angles formés, d'une part, par la ligne droite, qui passe par les deux points d'attache inférieurs avec le barreau magnétique; et de l'autre, par la ligne qui passe par les deux points d'attache supérieurs avec le méridien magnétique.

Dans le premier cas, le barreau aimanté, si son pôle nord est dirigé vers le nord, se trouvera dans le méridien magnétique; dans le second cas, le barreau aura nécessairement une position inverse dans ce méridien; et, dans le troisième, il devra former un angle avec ce dernier. M. Gauss appelle ces trois positions, naturelle, inverse et transversale.

Dans la situation naturelle, la position d'équilibre de l'appareil dépendant du mode de suspension, n'éprouve aucun changement par l'influence que le magnétisme terrestre exerce sur le barreau magnétique; mais l'appareil est retenu dans cette position par la somme des deux directions.

Dans le second cas, l'équilibre a encore lieu, mais il n'est stable que lorsque la force directrice terrestre se trouve être plus petite que la force de direction qui dépend du mode de suspension. L'appareil n'est retenu dans cette position qu'en raison de la différence des deux forces directrices. Au contraire, si la force directrice terrestre est plus grande, l'équilibre est instable, et l'appareil, une fois déplacé, s'éloigne toujours davantage de sa position première, et ne revient au repos que dans la position opposée, où le barreau occupe sa position naturelle; mais alors les fils de suspension se croisent.

Enfin, dans le troisième cas, où les deux forces directrices forment entre elles un angle, l'action simultanée des deux forces engendre une position moyenne où, ni le barreau ne se trouve dans le méridien, ni une ligne droite tirée par les points d'attache inférieurs des fils ne se retrouve parallèle à la droite qui passe par les points d'attache supérieurs. Cette position moyenne, ainsi que la force qui y retient l'appareil, suivent la loi d'équilibre relative à la combinaison de ces deux forces.

L'appareil offrant les moyens de mesurer les angles entre les trois positions en question, le rapport des deux forces directrices composantes peut être calculé, et l'on peut obtenir par conséquent une mesure absolue de la force directrice du magnétisme terrestre.

Il est, du reste, très-avantageux de placer le barreau magnétique, relativement aux autres parties de l'appareil, de manière que dans la position moyenne d'équilibre, il forme avec le méridien magnétique un angle à peu près droit.

Dans ce cas, la position transversale sera la plus favorable, attendu, d'une part, que la déviation des fils de leur position, dans un seul plan, sera la plus grande, et par conséquent le résultat calculé plus précis; et de l'autre, parce qu'un changement dans la direction magnétique, suivant les variations horaires ou accidentelles, n'aura aucune influence remarquable sur la position, tandis que, au contraire, tout changement dans la force du magnétisme terrestre affectera immédiatement la position, et pourra être apprécié et mesuré avec la même promptitude, la même précision, que les variations de la déclinaison avec le magnétomètre ordinaire.

Avant de faire connaître l'emploi du magnétomètre bifilaire; je vais indiquer les parties dont il se compose, et ensuite les rapports qui existent entre elles.

Les fig. 17, 18, 19 et 20 représentent les plans et coupes de ce magnétomètre.

A l'inspection seule de la figure, on voit que l'appareil se divise en trois parties : la première, la principale, est l'étrier E, E, E, E; la seconde, les fils de suspension ff, et la troisième, le porteur PP fixé au plafond et qui supporte les deux fils.

L'étrier est composé des mêmes parties qui, dans le magnétomètre unifilaire, étaient partagées entre l'étrier, le plafond et les extrémités du barreau.

La fig. 17 représente l'instrument d'une grandeur réduite de moitié de celle qui est nécessaire pour un barreau de 12 ½ kil.; cette figure est une coupe suivant A B.

Pour bien comprendre le mécanisme de cet appareil, il faut avoir une connaissance parfaite des mouvements circulaires et concentriques des diverses parties de l'étrier, de l'arrêt et des mesures de ces différents mouvements, ainsi que du but que l'on se propose en les exécutant. Il y a plusieurs parties susceptibles de mouvement circulaire, et que M. Gauss désigne sous le nom de *Drehung* (tour) :

1° Le cadre CC du miroir M est adapté à un tube TT qui tourne sur un axe vertical aa, tandis que le reste de l'instrument conserve sa position;

2° L'axe vertical aa du miroir, et l'alidade $a'a'$ de ce dernier, sont adaptés au plan du cercle sur lequel sont attachés les fils de suspension, et au-dessous se trouvent l'étrier et son alidade;

3° Le tour de l'étrier avec son alidade sur le cercle qui le supporte;

4° Le tour des deux bouts de fils supérieurs.

Décrivons maintenant ces différentes pièces tournantes. La première est indiquée fig. 17 et 19, et n'a pas besoin d'explication; on ne l'emploie que pour tourner l'axe du miroir du côté du théodolite et de l'échelle, sans avoir besoin de déranger le magnétomètre.

L'image de l'échelle, réfléchie par le miroir, sert à régler la pièce sans qu'il soit besoin d'autre moyen de mesure. Une vis v sert à fixer le cylindre sur l'axe.

Le miroir M, sa tige aa, son alidade $a'a'$, faisant corps (fig. 20), composent la seconde pièce tournante; ces trois pièces tournent ensemble dans la boîte du cercle DD.

L'angle de rotation peut être mesuré au moyen de l'alidade du pivot qui est recourbé à ses deux extrémités, auxquelles sont fixés deux nonius NN (fig. 18), reposant sur le plan du cercle. Une vis de pression v' (fig. 17 et 20) serre la pièce contre le plan du cercle, et arrête tout mouvement.

Cette seconde pièce, au besoin, pourrait suffire; mais l'usage montre qu'il est quelquefois besoin de se servir de la première.

La troisième pièce tournante est composée de l'étrier avec son alidade; elle repose sur le cercle, comme on le voit fig. 18 et 19.

Deux forces sont en présence : la force de direction des fils, qui agit immédiatement sur le cercle auquel sont fixées les vis de suspension des fils VV, et la force directrice du magnétisme terrestre, qui agit en même temps sur l'étrier dans lequel se trouve le barreau aimanté. Dans le cas où les directions de ces deux forces font entre elles un angle, elles tendront naturellement à faire tourner les deux parties réciproquement; pour éviter cet inconvénient, et afin qu'il n'y ait aucun déplacement, les deux parties sur lesquelles chacune de ces forces agit séparément, ne peuvent être bougées qu'au moyen d'un frottement plus grand que chacune des forces agissantes.

L'appareil est disposé pour que l'on puisse mesurer avec une grande exactitude l'angle de rotation, dont dépend l'angle que forment entre elles les deux forces de direction.

Dans l'appareil bifilaire, le même cercle et la même division qui servent à évaluer les mesures du second tour, sont employés en même temps à mesurer les effets du troisième : c'est une simplification très-avantageuse. Pour atteindre ce but, l'alidade de l'étrier est munie de deux nonius. Le cercle a donc deux systèmes d'alidade ayant chacun deux nonius qui doivent servir indépendamment l'un de l'autre; mais pour éviter qu'ils ne se rencontrent, l'une des alidades est placée au-dessus, l'autre au-dessous du cercle. Les nonius de l'alidade supérieure touchent les divisions intérieures du cercle, tandis que les autres, comme le montre la figure, touchent les divisions extérieures.

Les chiffres appartenant à la division du cercle ne pouvant servir à la fois pour les deux, attendu qu'ils sont nécessairement recouverts par les nonius de l'un ou l'autre système d'alidade, on remédie à cet inconvénient en plaçant les chiffres tour à tour en dedans et en dehors (fig. 18).

La quatrième pièce à mouvement de rotation est celle qui concerne les deux bouts de fils tournant autour de l'axe aa. Ce mouvement s'obtient au moyen du porteur qui est placé au plafond. Cette pièce, en raison de sa position, sera rarement employée; on peut seulement, dès le principe, lorsqu'on dispose l'appareil, tourner le porteur pour qu'il ait la position la plus convenable pour l'expérimentateur.

Je crois devoir consigner ici quelques observations relatives aux dimensions du barreau aimanté, et à quelques autres parties de l'appareil.

Dans l'observatoire de Gœttingue, le barreau aimanté qui fait partie de l'appareil pèse $12\frac{1}{2}$ kil., comme je l'ai déjà dit, et est fortement aimanté. M. Gauss pense qu'il faut employer des aimants plus forts dans cet appareil que dans le magnétomètre unifilaire. Voici les motifs qu'il en donne :

La dépense de l'appareil n'augmente pas en raison du volume du barreau, vu qu'elle porte particulièrement sur les divisions du cercle, le miroir et l'étrier, et il ne faut pas un local plus grand pour le placer. En outre, le barreau n'a que très-rarement besoin d'être enlevé de son étrier; on a reconnu néanmoins qu'un barreau de 5 kil., et même de 2 kil., suffit pour obtenir les plus petites mesures.

Ceux qui sont plus petits ont l'avantage, à la vérité, sur les plus grands, de recevoir un plus fort degré d'aimantation; mais on n'emploie les premiers que lorsque l'on se trouve dans l'impossibilité d'aimanter puissamment les derniérs.

Pour un appareil qui renferme un barréau de 12 ½ kil., il suffit d'un local semblable à celui de l'observatoire de Gœttingue. La pièce peut avoir moins de largeur et former un angle quelconque avec le méridien magnétique, dans le sens de sa longueur, attendu que le miroir n'est pas attaché au bout du barreau, comme dans le magnétomètre unifilaire, mais bien au milieu de l'axe de l'étrier.

La salle où l'appareil est placé doit avoir une hauteur considérable, afin que les deux fils métalliques auxquels l'instrument est suspendu, puisse se trouver à une distance facile à mesurer. Quand on n'a pas une hauteur suffisante, on perce le plafond.

Le barreau dont on fait usage doit être beaucoup plus lourd que l'étrier, et former avec ce dernier un poids capable de tendre convenablement les fils; par conséquent, quand deux barreaux sont aimantés au même degré, peu importe celui que l'on choisit,pourvu que le fil soit tendu comme il convient. Quand on observe tous les jours les variations de la déclinaison et celles de l'intensité à des distances très-rapprochées, il faudrait avoir un nombre double d'observateurs, si les deux appareils étaient séparés; il convient donc de les placer dans la même salle, en sorte que la déclinaison moyenne ne soit pas affectée, ainsi que les variations de l'inclinaison et de l'intensité.

Le cercle de torsion a été placé en bas pour ne pas être obligé d'aller au plafond; c'est pourquoi les vis servant à allonger ou raccourcir les fils sont adaptées à l'étrier; elles sont disposées aussi pour que l'on puisse, de l'étrier même, les approcher ou les éloigner, afin de

diminuer ou d'augmenter à volonté leur force de direction.

Quoiqu'il soit très-simple de donner aux deux fils la
même distance en haut comme en bas, néanmoins cette
condition n'est pas indispensable, car l'éloignement ou
le rapprochement des fils peut s'effectuer en bas comme
en haut. Si l'on veut toutefois remplir la première condition, on a pratiqué dans la partie supérieure de l'appareil, comme on le voit sur la fig. 17 et 18, un mécanisme qui permet de déplacer les deux cylindres auxquels
sont adaptés les fils, et qui glissent avec frottement dans
une coulisse.

Je vais ajouter encore quelques observations qui sont
indispensables pour bien connaître les avantages du magnétomètre bifilaire; nous prendrons pour type celui qui
se trouve dans l'observatoire de Gœttingue.

Les deux fils de suspension de l'étrier, qui sont en acier,
n'en forment qu'un seul, et ont 5 mèt. 520 millim.
de long; les deux bouts sont attachés à l'appareil, tandis que son milieu passe sur les deux cylindres du porteur, qui les tiennent à une distance d'environ 4 centim.;
au moyen de cette disposition, les deux fils ont la même
tension.

L'appareil, comme on l'a vu précédemment, se compose de quatre parties : la première, à laquelle sont assujettis les fils d'acier, est un disque circulaire horizontal de 108 millim. d'épaisseur, divisé en $\frac{1}{4}$ de degré sur
cercle en argent; la seconde, d'une alidade avec deux
verniers, indiquant les minutes, laquelle tourne sur le
limbe du cercle; d'une tige assez forte attachée à l'alidade
et perpendiculairement au plan du cercle; d'un miroir
parfaitement circulaire de 4 centim. de diamètre, qui s'y
trouve attaché, et dans lequel on voit, au moyen d'un télescope éloigné de 5 mèt. 196 millim., l'image d'une portion d'une échelle horizontale divisée en millimètres et
placée en dessous du télescope, comme dans le magnétomètre unifilaire. On peut ainsi reconnaître et mesurer
tout changement survenu dans la position du cercle.

Les petits changements sont reconnus immédiatement avec une grande précision, à l'aide des parties de l'échelle les plus grandes, en y joignant le mouvement de l'alidade et lisant sur les verniers.

La troisième se compose d'un étrier, qui se trouve sous le cercle; d'un double châssis, dans lequel on fait passer la quatrième partie, qui est un fort barreau aimanté de $12\frac{1}{2}$ kil. Cet étrier tourne aussi autour du centre du cercle, et est également muni de deux verniers placés sur le limbe du cercle au moyen duquel on obtient la minute. Si l'on place d'abord l'étrier de manière que l'appareil conserve sa position d'équilibre, quel que soit le corps qu'on mette dedans, aimanté ou non, pourvu que le poids soit le même, ce sera alors la première ou la seconde des positions principales déjà mentionnées, suivant que le barreau aimanté s'y trouve dans sa position naturelle ou dans sa position inverse. La première position n'offre aucune application pratique, et la seconde ne peut être utile qu'autant que la force directrice magnétique est un peu plus petite que la force de direction dépendante du mode de suspension.

Dans l'appareil dont il est ici question, le rapport des forces est tel que la force de direction n'est que la dixième partie de la force directrice du globe; il résulte de là que la force étrangère qui dévie d'un certain angle une simple aiguille, produit ici une action dix fois plus forte que celle qui a lieu dans le cas où la suspension est faite avec un seul fil, et cela dans un sens contraire, comme il est facile de le voir; on a donc ainsi la possibilité d'obtenir les variations de la déclinaison magnétique dans de grandes proportions. Un des avantages de cet appareil est de pouvoir observer les variations d'intensité, en se servant de la position transversale du système dont on a parlé précédemment. M. Gauss fait remarquer que si, en partant de la situation naturelle, on transporte, en tournant l'étrier, le barreau magnétique hors du méridien magnétique, tout l'appareil, pour prendre une position d'équilibre, devra se dévier d'un certain angle correspondant aux rapports des deux forces directrices. La différence des deux angles sera l'angle que fera le barreau avec le méridien magnétique dans sa position d'équilibre; et les choses pouvant être disposées de manière que cet angle soit de moins de 90°, l'appareil se prêtera d'une manière toute particulière à l'observation des changements de l'intensité.

Mais avant, il faudra s'assurer si la force du magnétisme du barreau éprouve des changements, si les variations de température exercent sur elle une influence, soit en affectant cette force, soit en modifiant la distance et la longueur des fils de suspension, et par suite la force directrice du système en équilibre.

Quand il s'agit des variations régulières de l'intensité observées à de petits intervalles de temps, cet appareil remplit les mêmes fonctions qu'un magnétomètre ordinaire; le mode d'observation est donc le même dans les deux cas.

Les variations de l'intensité sont d'abord exprimées en parties de l'échelle que l'on peut réduire en fractions de l'intensité. Avec l'appareil que nous considérons, la $\frac{1}{22000}$ partie de l'intensité répond à une partie de l'échelle.

Pour déterminer la déclinaison absolue, on doit se servir du magnétomètre unifilaire, et non du nouvel appareil.

On peut observer avec les deux, les variations de la déclinaison. Pour la détermination de l'intensité absolue, on peut également employer les deux appareils, quoique l'application du magnétomètre soit un peu moins compliquée que le nouvel appareil; mais celui-là par lui-même ne peut donner l'intensité moyenne que pendant un certain espace de temps, ainsi que les changements rapides qui ont lieu, tandis que le nouvel appareil les indique de la manière la plus satisfaisante.

On peut également se servir des deux pour toutes les autres applications; par exemple, pour comparer entre eux des barreaux magnétiques, sous le rapport de leur puissance, et ensuite conjointement avec un multiplicateur.

On peut citer encore d'autres preuves de la sensibilité de cet appareil, employé comme multiplicateur.

Le multiplicateur dans lequel se trouve le barreau aimanté est formé de 610 tours de fil de cuivre entouré de soie; le courant voltaïque parcourt une longueur de fil de plus de 6,000 pieds : cette longueur peut aller jusqu'à 13,000 pieds, et même jusqu'à 40,000, en faisant entrer dans le circuit d'autres appareils. Malgré cette longueur, les courants voltaïques, même les plus faibles, produisent sur le barreau de forte dimension une action telle, que la déviation non-seulement est visible, mais peut être encore mesurée avec précision. On obtient des effets de ce genre, même avec les courants thermo-électriques, que l'on sait ne pas traverser de très-longs circuits.

M. Gauss a essayé également de reconnaître l'effet du courant produit par l'électricité des machines. Au lieu de faire passer dans le fil la décharge d'une bouteille de Leyde ou d'une batterie de plusieurs bocaux, il a mis en relation les bouts du fil ayant 13,000 pieds de long, avec le conducteur et les frottoirs d'une machine électrique. En tournant la roue d'une manière uniforme, pendant longtemps, avec une vitesse d'un tour par seconde, le barreau aimanté pesant 12 kilog. $\frac{1}{2}$ a été dévié de 144 parties de l'échelle, qui correspondent environ à plus de 50' : le sens de la déviation correspondait à la direction du courant. L'effet avait toute la régularité désirable; je dois ajouter que l'action électro-magnétique avait la même intensité quand le circuit avait un mille de long.

§ II. *De l'usage du magnétomètre bifilaire.*

Avant d'exposer la marche à suivre pour les observations, je crois devoir indiquer la série d'expériences qui doivent être faites pour établir et régler l'appareil.

VI. 2ᵉ *partie.*

Cette connaissance est indispensable pour quiconque veut se familiariser avec son emploi.

1° La pendule, le théodolite et l'échelle sont fixés à demeure, comme avec le magnétomètre unifilaire, et l'on fait descendre également un fil à plomb du milieu de l'objectif, au milieu de l'échelle; le théodolite est posé de niveau.

2° On dirige le télescope sur le mur en face, de manière que l'axe optique se trouve dans le plan vertical de la mire; l'échelle est placée perpendiculairement à ce plan.

3° Dans ce même plan, on cherche un point où doit être placé le miroir, et dont la distance, au centre de l'objectif, et à la partie de l'échelle en contact avec le fil à plomb, soit aussi grande que celle de la mire au centre de l'objectif. Ce point doit se trouver dans un plan horizontal, qui partage en deux la partie du fil à plomb située entre le milieu de l'objectif et l'échelle; enfin, on fait descendre du plafond un fil à plomb qui passe par ce point.

4° Le porteur est assujetti au plafond.

5° On fait choix d'un fil d'acier qui soit assez fort pour porter, sans risque de rompre, la moitié du poids de l'instrument. On attache à l'une de ses extrémités un bout de cordon, et on l'attire en haut vers le porteur, tandis que l'on tire l'autre vers le bas. On a toujours soin que le cordon reste en ligne droite. On le fait passer par-dessus les deux cylindres du porteur pour le ramener vers le bas; après quoi on détache le cordon et l'on charge avec des poids les bouts du fil d'acier, jusqu'à ce qu'il ait achevé de se détordre.

6° On coupe les deux bouts de fil d'acier, environ à 100 ou 150 mill. au-dessous de l'endroit où doit osciller le magnétomètre, et on les assujettit aux vis de la suspension; à l'aide de vis, on soulève ensuite l'étrier jusqu'à l'endroit voulu.

7° On place le barreau aimanté dans une caisse suffisamment grande pour qu'il puisse s'y mouvoir; et afin de le garantir des courants d'air, cette caisse est fermée de tous les côtés, et son couvercle est composé de deux parties qui s'adaptent parfaitement ensemble, et sont percées d'une ouverture par laquelle passe le pivot, dont le bout inférieur porte le miroir qui doit se trouver au-dessus du couvercle. Par la même ouverture passent deux fils d'acier. Cette ouverture circulaire est recouverte en grande partie par deux soupapes semi-circulaires, dans lesquelles se trouvent des échancrures plus petites que la cheville et des fils d'acier. Avant de mettre le barreau magnétique dans l'étrier, on y place un corps du même poids pour détordre les fils.

8° L'alidade de l'étrier doit être mise aussi exactement que possible dans le plan du méridien magnétique; une seconde alidade, qui est adaptée au pivot, peut être placée de manière à former avec l'autre un angle droit, afin de tenir éloignés les nonius. On dispose ensuite l'appareil pour que le miroir vienne se placer entre les deux fils d'acier, où alors l'axe du miroir est à peu près horizontal.

9° On se sert ensuite du premier mouvement circulaire pour diriger le miroir vers l'échelle, sans déplacer l'alidade; dans le cas où l'échelle ne paraît pas de suite dans la lunette, on tâche de la voir avec l'œil nu, au-dessus ou au-dessous; et on peut l'amener dans le champ de vision à l'aide d'un léger poids coulant, que l'on place sur l'étrier, comme cela se fait dans l'autre magnétomètre. On fait la première observation et l'on détermine la position de l'échelle.

10° On peut déterminer aussi la force de direction des fils d'acier, au moyen de la durée d'une oscillation, avant que le barreau magnétique soit placé, et après une augmentation connue du moment d'inertie.

11° On place le barreau magnétique dans une position inverse, son pôle nord tourné vers le pôle sud de la terre, et l'on observe l'état de l'échelle qui doit s'accorder avec l'observation mentionnée au paragraphe 8. Dans le cas où il n'y aurait pas accord dans les observations, on l'obtiendrait par le mouvement circulaire de l'étrier avec son alidade. L'accord des observations prouve que l'axe du barreau est dans le plan du méridien magnétique. Il faut avoir égard, bien entendu, à l'influence des variations horaires.

On observe la durée d'oscillation t dans la position inverse.

12° On remet le barreau dans sa position naturelle, l'on tourne l'étrier avec son alidade de 180°, et l'on observe de nouveau la durée d'oscillation τ; alors la force directrice magnétique M se rapportera à la force de direction dépendante de la suspension S, on aura :

$$\text{M} : \text{S} :: t^2 - \tau^2 : t^2 + \tau^2.$$

Dans le cas où ce rapport s'éloignerait de l'unité, il faudrait rapprocher ou éloigner les fils d'acier jusqu'à ce que la force de direction des fils, changée par cette circonstance, ne dépassât que peu la direction des forces magnétiques; de $\frac{1}{10}$ par exemple.

13° Si l'on cherche ensuite l'angle ζ, dont

$$\text{Sin. } \zeta = \frac{t^2 - \tau^2}{t^2 + \tau^2},$$

et que l'on tourne l'alidade de l'étrier de 90° — ζ de l'est à l'ouest, et l'alidade du pivot du miroir en sens contraire, l'équilibre sera rompu; les fils ne pourront plus rester dans leur position naturelle; ils feront tourner le cercle auquel ils sont assujettis, et avec lui tout l'instrument, de la grandeur de l'angle ζ dans la direction de l'est à l'ouest. Néanmoins l'équilibre pourra être rétabli dans cette position, attendu que le barreau fera alors un angle de 90° + ζ — ζ ou 90°; tandis que les fils d'acier n'auront été tournés à leur extrémité inférieure que de la grandeur de leur angle ζ. Il résulte de là, que si d'abord les fils d'acier se trouvent dans leur position naturelle, et l'axe du barreau dans le méridien magnétique, les moments de torsion opposés seront dans le rapport de

M. sin. 90 à S sin. ζ ; mais comme on a

$$M : S :: t^2 - \tau^2 : t^2 + \tau^2$$

$$\text{Sin. } \zeta = \frac{t^2 - \tau^2}{t^2 + \tau^2},$$

$$\text{Sin. } 90 = 1,$$

il en résulte l'égalité des moments opposés de torsion, et par conséquent un état d'équilibre de l'instrument dans cette position.

14° Dans le cas où il résulte de l'observation un changement de l'état de l'échelle, il s'ensuit que la supposition faite dans l'expérience précédente, savoir, que l'axe magnétique du barreau se trouvait dans le méridien magnétique, n'est pas complétement exacte. On calcule l'erreur, et on recommence l'expérience en y ayant égard.

15° Après avoir obtenu l'accord cherché, le magnétomètre reste dans la dernière position qu'on lui a donnée. Sa durée d'oscillation doit être la moyenne géométrique entre t et τ ; après quoi les observations des variations de l'intensité sont faites dans le même ordre que celles qui sont relatives aux observations des variations de la déclinaison. Les variations de l'intensité sont obtenues en fractions des parties de l'échelle.

Dans le cas où l'on veut avoir ces variations exprimées en fractions de l'intensité, on multiplie la valeur de l'arc des parties de l'échelle exprimées en parties du diamètre par

$$\text{cot. } \zeta = \frac{2\, t\, \tau}{t^2 - \tau^2},$$

attendu que la valeur d'arc des parties de l'échelle exprimées en parties du diamètre, donne immédiatement

les variations de l'intensité en parties de la force directrice, qui, dans les circonstances citées, est égale à S cos.
ζ. Si l'on divise cette expression par toute l'intensité,
c'est-à-dire par S sin. ζ, et que l'on multiplie par cot. ζ,
on obtient les variations de l'intensité en fractions de
toute l'intensité.

CHAPITRE VIII.

DE LA DÉTERMINATION DE L'INTENSITÉ ABSOLUE.

§ Ier. *Premières recherches.*

On sentait depuis longtemps le besoin de pouvoir vérifier, à une époque quelconque, si la résultante des forces magnétiques terrestres en différents points du globe, éprouvait ou non des changements dans la suite des âges, c'est-à-dire, si la valeur de cette résultante, déterminée aujourd'hui, serait la même dans plusieurs siècles.

Si l'on pouvait construire des aiguilles parfaitement identiques qui prissent constamment la même quantité de magnétisme, la question ne présenterait aucune difficulté à résoudre, puisqu'il suffirait de faire osciller la même aiguille, dans le même lieu, à la même heure, et au même jour de l'année. Mais cette permanence de l'état magnétique dans une même aiguille ne peut être stable, en raison des différences de température qui modifient sa trempe, et par suite son degré d'aimantation. Forcé de renoncer à des méthodes directes pour étudier une des questions les plus importantes de la physique terrestre, on a dû recourir à des méthodes indirectes qui présentaient toutes d'abord plus ou moins de difficultés dans l'application.

La première méthode indirecte qui ait été proposée aux expérimentateurs est due à notre célèbre mathématicien M. Poisson. Elle n'exige que l'emploi d'aiguilles identiques, sous le rapport de leur constitution et de leur magnétisme, et nullement une valeur déterminée de l'aimantation qu'on leur a donnée. M. Poisson a commencé par démontrer qu'il existe une fonction de sept quantités dont la valeur ne dépend pas des aiguilles employées, mais seulement du magnétisme terrestre. Cette valeur, à la vérité, ne peut être obtenue que par approximation ; mais comme on peut la calculer à tel degré que l'on veut, il en résulte que l'on diminue à volonté les erreurs de l'expérience. Pour se procurer ces sept quantités, M. Poisson a proposé de faire osciller séparément deux aiguilles d'acier aimantées à saturation et librement suspendues par leur centre de gravité ; de déterminer le temps de chacune de leurs oscillations, et de placer ensuite les centres de gravité des deux aiguilles sur une même ligne droite, parallèle à la force directrice du globe ; alors ces deux aiguilles se dirigent suivant cette ligne ; puis on fait osciller successivement chacune de ces aiguilles, sous les actions réunies de la terre et de l'aiguille aimantée en repos, en déterminant également la durée de chacune des nouvelles oscillations. Enfin, on mesure la distance des centres de gravité de ces deux aiguilles et leurs moments d'inertie rapportés à leur axe de rotation passant par ces mêmes points. Les résultats fournis par toutes ces expériences suffisent pour calculer la valeur de la fonction à une époque déterminée.

Il suffit, pour appliquer cette méthode, que l'aimantation des aiguilles ne change pas pendant la durée de l'expérience par leur action mutuelle et par celle de la terre ; conditions faciles à remplir, en opérant avec des aiguilles dans lesquelles la force coercitive soit peu considérable.

La nature de cet ouvrage ne me permettant pas d'entrer dans aucun détail analytique touchant la méthode que je viens d'indiquer pour obtenir l'intensité absolue du magnétisme terrestre, à une époque quelconque, je me bornerai seulement à une simple indication analytique qui fera connaître l'esprit de cette méthode.

Supposons que l'on représente par F, f, f' les intensités comparées de la terre et des deux aiguilles, et que l'on fasse usage des formules analytiques de M. Poisson, ainsi que des valeurs déterminées par les expériences indiquées; on aura les trois équations :

$$F f = k^2$$
$$F f' = k'^2$$
$$f f' = k''^2$$

k, k', k'' représentant des quantités dépendantes du nombre des oscillations.

En multipliant les deux premières équations on a :

$$F'^2 f f' = k^2 k'^2.$$

Si l'on met à la place de $f f'$ sa valeur, on a :

$$F^2 k''^2 = k^2 k'^2,$$

et par suite

$$F = \frac{k\, k'}{k''}.$$

La valeur F qui est celle de l'intensité de la terre est indépendante de $f f'$. On conçoit, d'après cet aperçu, comment on peut rendre la valeur de l'intensité magnétique de la terre indépendante de celle de chacune des aiguilles.

M. Poisson n'a fait qu'indiquer la méthode pour déterminer l'intensité absolue du magnétisme terrestre; M. Gauss a fait plus, il l'a mise en pratique, en suivant un procédé analogue que je vais indiquer.

§ II. *Description d'un petit appareil portatif destiné aux mesures absolues du magnétisme terrestre.*

Après avoir indiqué la méthode à l'aide de laquelle on peut obtenir une valeur qui exprime l'intensité absolue du magnétisme terrestre, indépendamment du magnétisme de chaque aiguille, je dois faire connaître les diverses parties de l'appareil le plus facile à manœuvrer, dont M. Gauss conseille l'usage aux voyageurs.

Outre la montre à secondes, voici quelles sont ces parties :

1° Une petite boussole, dont l'aiguille n'a que 60 millim. de long ;

2° Un barreau aimanté, ayant 101 millim. de longueur, 17 millim. et demi de largeur, pesant 142 grammes et pouvant être suspendu à un fil de soie. Il est avantageux de donner à ce barreau la forme d'un parallélipipède, afin de pouvoir, par son poids et ses dimensions, calculer son moment d'inertie;

3° Une règle de mesure de 1 mètre de long et ayant une largeur telle que l'on puisse établir la boussole sur son centre, placée horizontalement et perpendiculairement au méridien magnétique, de sorte que les premières divisions de son échelle se trouvent dans la direction de l'est; ces divisions seront de 50 en 50 millim. Le petit barreau aimanté est placé de la manière suivante : 1° son extrémité boréale est dirigée vers l'est sur le point o de la division de l'échelle, de manière que son centre vienne se trouver exactement sur 50 millim. si la division est de 100 millim.; l'aiguille de la boussole est détournée vers l'est, et l'on observe sa position u_0 ;

2° On retourne le barreau aimanté; l'aiguille est détournée vers l'ouest, et sa position observée est u'_0 ;

3° L'extrémité boréale du barreau magnétique est placée vers l'est sur la division 100 millim.; l'aiguille détournée vers l'est, et sa position observée est u_0 ;

4° Le barreau aimanté est retourné; l'aiguille détournée vers l'ouest, et sa position observée u'_0 ;

5° L'extrémité boréale du barreau aimanté est placée dans la direction de l'est, sur 150 millim. : la boussole détournée vers l'est, et sa position observée est u_2 ;

6° Le barreau aimanté est retourné; la boussole détournée vers l'ouest, et sa position observée u'_2 ;

7° L'extrémité boréale du barreau magnétique est placée dans la direction de l'est, sur 750 millim. : la boussole détournée vers l'est, et sa position observée u''_2 ;

8° Le barreau aimanté est retourné ; la boussole détournée vers l'ouest, et sa position observée u'''_2 ;

9° L'extrémité boréale du barreau est placée vers l'est, sur 800 millim. ; la boussole est dirigée vers l'est, et sa position observée u''_1 ;

10° Le barreau magnétique est retourné ; la boussole détournée vers l'ouest, et sa position observée u'''_1 ;

11° L'extrémité boréale du barreau magnétique est placée vers l'est, à 900 millim., la boussole est détournée vers l'est, et sa position observée est u''_0 ;

12° Le barreau magnétique est retourné ; la boussole détournée vers l'ouest, et sa position observée est u'''_0.

Ces opérations faites, on suspend le barreau à un fil de soie et on mesure la durée d'une oscillation.

M. Gauss n'emploie pas plus d'une heure pour disposer l'appareil et faire toutes ces observations.

Voici un exemple d'observations faites dans le cabinet de physique de Gœttingue.

EXEMPLE :

(Gœttingue, 18 janvier 1837.)

1. Essais de déviation.

$$
\begin{aligned}
1. \quad & u_0 - u'_0 = 23° \ 9' \\
2. \quad & u_1 - u'_1 = 47° \ 42' \\
3. \quad & u_2 - u'_2 = 71° \ 48' \\
4. \quad & u''_2 - u'''_2 = 69° \ 21' \\
5. \quad & u''_1 - u'''_1 = 46° \ 12' \\
6. \quad & u''_0 - u'''_0 = 22° \ 27'
\end{aligned}
$$

La distance R du centre du barreau aimanté au centre de l'aiguille de la boussole avait été successivement de :

$$1. \quad R_0 = 450 \text{ millim.}$$
$$2. \quad R_1 = 350$$
$$3. \quad R_2 = 300$$
$$4. \quad R_3 = 300$$
$$5. \quad R_4 = 350$$
$$6. \quad R_5 = 450$$

Je rapporte maintenant les observations relatives aux oscillations.

ESSAIS D'OSCILLATION.

NUMÉROS.	MONTRE.	NOMBRE des oscillations.	DURÉE des oscillations.
0	0' 3" 25		
1	9 90	1	6,65
2	16 65	2	13,40
3	23 35	3	20,10
4	30 00	4	26,75
5	36 65	5	33,40
6	43 30	6	40,05
7	50 00	7	46,75
8	56 70	8	53,45
9	1, 3 30	9	60,05
10	9 80	10	66,55
11	16 55	11	73,30
12	23 30	12	80,05
13	29 90	13	86,65
14	36 65	14	93,40
15	43 15	15	99,90
16	49 80	16	106,55
17	56 65	17	113,40
18	2, 3 25	18	120.00
19	9 95	19	126,70
20	16 70	20	133,45
21	23 35	21	140,10
22	30 00	22	146,75
SOMME TOTALE...		253	1687,40

Il est facile de déduire de ces nombres, en divisant 1687"40 par 253, la valeur t d'une oscillation : cette valeur est ici de 6"67.

§ III. *Règles à suivre pour tirer parti des observations.*

On sait que le carré du nombre d'oscillations faites par

une aiguille dans un temps donné, est une mesure de la puissance du globe, dépendante de la constitution de l'aiguille. En comparant les valeurs obtenues en différents points de la terre, on a, par conséquent, les rapports d'intensité seulement. Or, les particules constitutives de l'acier et leur mode d'arrangement peuvent influer de deux manières sur les effets produits, d'abord en permettant aux aiguilles de prendre une puissance magnétique plus ou moins forte, ensuite en modifiant la distribution du magnétisme.

D'un autre côté, l'action exercée par la terre sur les deux fluides séparés de l'aiguille quand elle se trouve en dehors du méridien magnétique, produit une force ou moment de rotation, qui est d'autant plus grand que l'aiguille est plus déviée de sa position d'équilibre ordinaire. Ce moment est égal au produit de la composante horizontale par le sinus de l'angle de déviation et la distance d'un des pôles magnétiques à l'axe. Cette valeur est donc à son maximum lorsque l'aiguille se trouve à angle droit avec le méridien magnétique.

M. Gauss, dans ses calculs, considère toujours le moment maximum de rotation, qu'il exprime en chiffres au moyen d'un poids déterminé agissant sur un bras de levier d'une longueur également déterminée.

La mécanique nous donne un moyen d'établir le rapport qui existe entre le moment de rotation et la durée d'une oscillation; ce rapport est le résultat d'une force intermédiaire, appelée *moment d'inertie*, que l'on détermine par la forme et le poids de l'aiguille.

Le moment d'inertie étant connu, on en déduit dès lors le moment de rotation produit sur l'aiguille par l'influence du magnétisme terrestre.

Voici maintenant comment M. Gauss s'exprime à cet égard (1):

---

(1) Resultate aus den Beobachtungen des magnetischen Vereins, im Jahre 1836.

« Si l'on représente par C le moment d'inertie, après
« l'avoir multiplié par π^2, c'est-à-dire par 9,8696, et divisé
« par la double hauteur de chute pour l'unité de temps
« choisie, on peut alors déduire de C et de la durée
« d'oscillation t, observée dans l'aiguille ou dans le barreau
« magnétique oscillant, le plus grand moment de rota-
« tion que produit la terre, et la dynamique nous apprend
« aussi que ce moment est :

$$= \frac{C}{t^2}.$$

« Du reste, il est très-possible de déterminer ce mo-
« ment de rotation par des essais directs, sans avoir re-
« cours aux observations de la durée d'une oscillation.
« L'observatoire astronomique (Gœttingue) nous montre
« un appareil construit, il y a peu de temps, exprès pour
« ces sortes d'opérations. Le moment de rotation que le
« magnétisme terrestre produit sur une aiguille réunissant
« certaines conditions, nous offre une nouvelle manière
« de mesurer la force du magnétisme terrestre, ou,
« pour mieux nous expliquer, une nouvelle forme de la
« manière de mesurer précédemment suivie, et sur la-
« quelle elle a l'avantage de pouvoir séparer aujourd'hui
« une partie de l'individualité de l'aiguille; elle ne reste
« encore dépendante de cette individualité qu'autant
« qu'un magnétisme plus ou moins fort sera développé
« dans l'instrument; et aussitôt que nous serons parve-
« nus à ramener ce magnétisme à une mesure absolue,
« en quoi les particularités de son porteur seront sans
« effet, la puissance du magnétisme terrestre sera rame-
« née d'elle-même à des mesures absolues ; car il ne fau-
« dra que diviser alors le chiffre qui exprimera le mou-
« vement de rotation par celui qui mesurera le magnétisme
« de l'aiguille. En effet, il est d'abord pris pour base
« comme unité de la mesure du magnétisme terrestre,
« une force telle qu'elle puisse l'égaler, et dont l'action
« sur une unité du magnétisme de l'aiguille consiste dans

« un moment de rotation que l'on mesure par la pres-
« sion qu'exerce l'unité du poids sur un bras de levier
« de la longueur de l'unité d'espace. »

Si donc l'on désigne par T le magnétisme terrestre en
fonction de cette unité, et par M le magnétisme de l'aiguille ou du barreau oscillant, on aura

$$T = \frac{C}{t^2 \cdot M} \qquad (I.)$$

Pour déterminer M, M. Gauss, ayant reconnu qu'il
était impossible d'employer le poids que peut supporter
l'aiguille aimantée, a fait usage du procédé suivant :

Supposons une aiguille NS, fig. 21, placée sur un
plan horizontal, et en présence d'une aiguille ns, suspendue à un fil, et dans une direction perpendiculaire
qui la coupe en son milieu, elle tendra à faire exécuter à celle-ci un mouvement de rotation dans le sens des
flèches.

Le moment de rotation dépendra évidemment de la
distance des deux aiguilles et de leur puissance magnétique ; l'action produite dans cette circonstance est soumise à cette loi, que le moment de rotation multiplié par
le cube de la distance donne toujours le même résultat
quand les distances sont très-grandes. On peut considérer ce résultat comme le mouvement de rotation réduit
à l'unité de distance. Dans le cas où cette dernière serait peu considérable, le moment de rotation qui a lieu
à l'unité de distance, pourrait différer considérablement
du moment réduit.

Si l'on désigne par m la quantité de magnétisme
propre à l'aiguille ns, qui est mobile, par M celle du
magnétisme de NS, par R la grande distance qui sépare
les deux aiguilles, et par f le moment de rotation exercé
par NS, ce moment réduit sera exprimé par

$$m\,M = f\,R^3.$$

M. Gauss, dans ses expériences, n'a pas placé la barre

relativement à l'aiguille, comme on l'a indiqué dans la fig. 21, mais bien comme dans la fig. 22.

Quoique la position ne soit pas la même, la formule précédente pourra s'appliquer, avec cette différence que f ait une autre valeur que l'on pourra désigner par F; et comme il a été prouvé dans le traité de M. Gauss : *Intensitas vis magneticæ terrestris, ad mensuram absolutam revocata*, Gœttingue, 1833, que $F = 2f$, on aura

$$m\,M = \frac{F\,R^3}{2}. \qquad\qquad \text{(II)}.$$

Dans les applications, les formules dont on se sert sont toujours rapportées à ce dernier cas. Dans la crainte de ne pas rendre d'une manière assez claire la marche que M. Gauss a suivie pour obtenir la valeur absolue et réelle du magnétisme terrestre en fonction de l'expression précédente, je vais rapporter textuellement l'exposé qu'il en a fait lui-même dans *Resultate aus den Beobachtungen*, etc., de MM. F. Gauss et W. Weber, Gœttingue, 1837, pag. 74 et suiv.

« De cette manière nous aurons acquis une idée nette
« et précise pour les mesures de la puissance magnétique
« d'une aiguille aimantée. Une aiguille dont la puissance
« magnétique aura été doublée, communiquera à une ai-
« guille aimantée comme elle un moment de rotation ré-
« duit $= 4$; et il arrivera généralement qu'aussitôt que
« l'on sera parvenu à connaître le chiffre du moment de
« rotation réduit qu'une aiguille peut communiquer à
« une autre aiguille qui lui est semblable, on trouvera
« dans la racine carrée de ce chiffre la mesure absolue
« de la puissance des deux aiguilles.

« Il ne reste donc plus, pour pouvoir ramener la puis-
« sance du magnétisme terrestre à des mesures absolues,
« qu'à indiquer un procédé au moyen duquel le mo-
« ment de rotation, qu'une aiguille communiquera à
« une autre aiguille semblable, placée à égale distance
« et dans la position indiquée par la figure ci-dessus,

« pourra être exactement déterminé. En examinant su-
« perficiellement la circonstance omise avec intention
« dans ce qui précède, savoir, qu'il est impossible d'ob-
« server avec précision l'action si faible que pourra pro-
« duire N S sur l'autre aiguille *n s* (à laquelle nous sup-
« poserons provisoirement une puissance de magnétisme
« égale à celle de N S), vu que cette dernière ne sau-
« rait être soustraite à l'action universelle et beaucoup
« plus puissante du magnétisme terrestre, on croira de
« prime abord que cette question sera fort difficile à
« résoudre; au contraire, cette circonstance même en
« donnera une solution on ne peut plus facile.

« Admettons que, d'après la position que nous avons
« indiquée plus haut, la ligne droite qui part du centre de
« l'aiguille N S traversant l'aiguille *n s*, y rencontre
« (dans la direction du nord au sud) le méridien ma-
« gnétique; dans cette position, la force magnétique
« terrestre n'agira pas encore sur l'aiguille *n s*; mais dès
« l'instant que la puissance de rotation que N S exercera
« sur *n s* commencera à agir, *n s* sera détournée de sa
« position première et se mettra en mouvement; par la
« suite, plus le mouvement s'éloignera de la direction
« première, plus le magnétisme terrestre tendra à l'y ra-
« mener. L'aiguille oscillera donc, mais le centre de ces
« oscillations ne se trouvera plus dans la position du
« méridien magnétique lui-même; mais, au contraire,
« dans une position plus ou moins inclinée. Or donc,
« ce centre sera en même temps la position équilibrée de
« l'aiguille *n s*, qui prendra cette position aussitôt que
« les oscillations auront cessé. Il est possible que la
« direction ne soit autre chose que le résultat des deux
« puissances qu'exercent à la place de l'aiguille *n s*, le ma-
« gnétisme terrestre et celui de l'aiguille N S, puissances
« qui ont, nous le supposons du moins ainsi, plusieurs
« directions autour d'un rectangle.

« On pourra donc, d'après les règles connues de la
« statique, déterminer les proportions de la force de
« ces puissances, proportions qui sont également celles

« des moments de rotation produits par elles, au moyen
« de l'angle de déviation, c'est-à-dire, au moyen de
« l'inégalité des deux positions de repos de ns prises,
« la première, lorsque les deux puissances commenceront
« à agir ; la seconde, lorsque N S sera très-éloigné. »

Ici vient se présenter une observation encore plus importante. L'angle de déviation de l'aiguille ns est absolument indépendant de la puissance du magnétisme de
celle-ci ; car, en augmentant la vertu magnétique, les
deux moments de rotation augmentent évidemment dans
les mêmes proportions. Ceci nous dispense tout à fait
de la condition, sans doute difficile à remplir, savoir,
que le magnétisme de ns soit aussi puissant que celui
de N S. Maintenant, supposons que l'on désigne la déviation par v ; par $(m\,\mathrm{T})$, le maximum du moment de
rotation imprimé par la terre à l'aiguille ; par F, le moment de rotation exercé par le magnétisme du barreau
$(= \mathrm{M})$ sur le magnétisme de l'aiguille $(= m)$ à la distance R,
les puissances exercées par la terre et par le barreau sur
l'aiguille sont entre elles dans le rapport du cosinus au
sinus de la déviation v ; il en sera de même des moments
de rotation $m\,\mathrm{T}$ et F, de sorte qu'on aura :

$$m\,\mathrm{T} : \mathrm{F} :: \cos. v : \sin. v \ \text{ou} \ m\,\mathrm{T} = \frac{\mathrm{F}}{\mathrm{tang.}\ v.} \qquad \text{(III.)}$$

Si l'on divise l'équation $m\,\mathrm{M} = \dfrac{\mathrm{F\,R}^3}{2}$ par la dernière,
on aura :

$$\frac{m\,\mathrm{M}}{m\,\mathrm{T}} = \frac{\mathrm{F\,R}^3.\ \mathrm{tang.}\ v.}{2\,\mathrm{F}}, \ \text{d'où l'on tire} \ \frac{\mathrm{M}}{\mathrm{T}} = \frac{\mathrm{R}^3.\ \mathrm{tang.}\ v}{2} \quad \text{(IV.)}$$

Ainsi, la détermination de l'intensité du magnétisme
terrestre conduit à deux choses principales ; 1° on observera la durée d'oscillation d'une aiguille N S, et on calculera le moment de rotation exercé par le magnétisme
terrestre sur l'aiguille ; ce moment sera exprimé confor-

mément aux unités stipulées par le produit M T, et calculé d'après l'équation :

$$M\,T = \frac{C}{t^2};$$

C représentant le moment d'inertie du barreau multiplié par π^2, et divisé par la double hauteur de chute pour l'unité de temps choisie.

2° On suspendra une deuxième aiguille NS; on l'observera d'abord dans cet état de suspension et livrée à la seule influence du magnétisme terrestre; ensuite on placera l'aiguille aimantée NS, comme l'indique la figure, à une distance considérable, et on observera de nouveau sa position. D'après la différence résultant de ces deux positions, autrement dit de la déviation, on calculera quelle est la fraction de puissance dont l'aiguille NS a augmenté, à la distance choisie, le magnétisme terrestre; une fraction égale à celle obtenue pour le moment de rotation nous apprend à connaître le moment de rotation qui, à cette distance de l'aiguille NS, lui communiquerait un moment égal : le résultat multiplié par le carré de la distance donnera le moment de rotation réduit; la racine carrée de ce dernier résultat donnera la puissance de l'aiguille NS, dans la mesure absolue; enfin le chiffre divisé par cette même racine carrée donnera la même absolue du magnétisme terrestre.

La fraction dont (à la distance choisie R de l'aiguille) la puissance du barreau magnétique sur l'aiguille aimantée augmentera la puissance magnétique terrestre sur cette même aiguille, sera exprimée par le quotient

$$\frac{m\,T}{F}$$

et calculée d'après l'équation III

$$m\,T = \frac{F}{\mathrm{tang.}\ v}, \text{ ou } \frac{F}{m\,T} = \mathrm{tang.}\ v;$$

6.

maintenant, il restera encore d'après l'équation (II)

$$m\,M = \frac{F\,R^3}{2}, \text{ ou } \frac{F}{m\,T} = \frac{2\,M}{R^3\,T}.$$

Cette fraction déduite du moment de rotation

$$M\,T = \frac{C}{t^2},$$

calculé d'après l'équation (I), c'est-à-dire,

$$\frac{2\,M}{R^3\,T} \cdot M\,T = \frac{C}{t^2} \cdot \text{tang.}\ v,$$

nous apprend à connaître le maximum du moment de rotation que le barreau exercerait avec le magnétisme M sur une verge semblable, à la distance R ; car, d'après les lois fondamentales du magnétisme, ce maximum du moment de torsion devrait être

$$= \frac{2\,M^2}{R^3};$$

mais l'équation ci-dessus donne

$$\frac{2\,M^2}{R^3} = \frac{C}{t^2} \cdot \text{tang.}\ v.$$

Ce résultat multiplié par le carré de la distance R, donne le moment de rotation doublé

$$2\,M^2 = \frac{C\,R^3\ \text{tang.}\ v}{t^2}.$$

La racine-carrée de la moitié donnera la puissance du barreau dans la mesure absolue

$$M = \frac{1}{2}\sqrt{\frac{C\,R^3\ \text{tang.}\ v}{2}} \qquad\qquad \text{(V.)}$$

Enfin si l'on divise par le moment de rotation de la terre sur l'aiguille calculé d'après l'équation (I)

$$M\,T = \frac{C}{t^2},$$

on obtiendra

$$T = \frac{1}{t}\sqrt{\frac{2\,C}{R^3\,\text{tang.}\,v.}}. \tag{VI.}$$

Telle est la formule qui donne la valeur absolue du magnétisme terrestre. On conçoit, d'après cela, comment on peut exprimer cette valeur sans avoir égard à l'état magnétique de chaque aiguille.

Dans l'application de cette formule, on doit avoir égard à un certain nombre de circonstances accidentelles et à d'autres particulières que je vais indiquer d'après M. Gauss.

« On a vu que les unités subordonnées aux mesurages ne consistaient qu'en une unité de distance et une unité de poids; mais on ne devra point oublier qu'un poids quelconque, un gramme, par exemple, ne désignait point ici la quantité de matière pondérable à laquelle on a donné ce nom, et qui est partout la même, mais la pression que cette quantité exerce au lieu de l'observation sous l'influence de la gravitation. On sait que cette gravitation n'est point partout la même, et si nous avons pris pour unité de poids la pression d'un gramme, on ne pourra pas, à la rigueur, déterminer avec la même mesure le magnétisme terrestre en des lieux divers; et il est juste, aujourd'hui surtout que les mesurages peuvent être faits avec une grande exactitude, de ne point négliger cette différence; pour cela, il est une manière très-simple et très-naturelle, c'est de ramener la gravitation elle-même à des dimensions absolues, en admettant comme dimension de la gravitation dans une unité de temps choisie, la double hauteur de chute, une seconde par exemple, et en exprimant la pression par le produit de la masse par le chiffre de la gravitation.

« Souvent il arrive que l'on ne s'aperçoit point que de cette méthode il résulte d'autres chiffres aussi bien pour la puissance de l'aiguille aimantée dont on se sert que pour la puissance magnétique terrestre (1), dont la base, qui, auparavant, était formée par deux unités, le sera maintenant par trois, savoir, une unité de distance, une unité de temps et une unité de masse.

« En calculant les nombres M et T, d'après les équations (V et VI),

$$M = {}_t \sqrt{\frac{C R^3 \, \text{tang.} \, v}{2}}.$$

$$T = \frac{1}{t} \sqrt{\frac{2 \, C}{R^3 \, \text{tang.} \, v}}$$

on a attribué à la constante la valeur

$$C = \frac{\pi^2}{g}. \, k.,$$

où π désigne le chiffre connu 3,14159..., g la double hauteur de chute dans une unité de temps choisie, et k le moment d'inertie du barreau oscillant. On obtiendra par les mêmes équations de nouveaux chiffres, aussitôt que l'on n'attribuera à C que la valeur $C = \pi^2 k$.

« Une difficulté principale dans l'emploi de cette méthode consiste en ce que la loi ci-dessus mentionnée (celle de la proportionnalité inverse de l'action d'une aiguille aimantée sur le cube de la distance) ne saurait s'appliquer avec une exactitude suffisante qu'à des distances très-grandes, auxquelles les effets sont beaucoup trop petits pour pouvoir être évalués avec quelque précision. A des distances modérées, les déviations de la règle générale commencent déjà à devenir très-sensibles; mais la théorie nous apprend que ces déviations elles-mêmes obéissent à des règles et à des lois constantes, et les mathémati-

---

(1) Elles se trouvent vis-à-vis des précédentes dans une proportion égale de la racine carrée du chiffre qui mesure la gravitation au nombre 1.

ques nous offrent le moyen de reconnaître et d'éliminer ces déviations par la combinaison de plusieurs essais, faits à des distances moyennes, mais inégales. »

Pour montrer comment l'on s'est servi du petit appareil de mesurage pour faire les observations dont nous avons rendu compte plus haut, nous extrairons encore du traité *Intensitas*, etc., un moyen de correction simple et nécessaire.

1° On prendra pour les déviations de la boussole v_0, v_1, v_2, etc., obtenues par le moyen du barreau magnétique à différentes distances R_0, R_1, R_2, non les valeurs d'observations immédiates, mais les valeurs combinées ci-après :

$$v_0 = \tfrac{1}{4}.(u_0 - u'_0 + u''_0 - u'''_0)$$
$$v_1 = \tfrac{1}{4}(u_1 - u'_1 + u''_1 - u'''_1)$$
$$v_2 = \tfrac{1}{4}(u_2 - u'_2 + u''_2 - u'''_2), \text{ etc.}$$

2° On ajoutera aux valeurs approximatives $\dfrac{M}{T}$ que l'on aura obtenues par l'équation (IV) ci-dessus

$$\frac{M}{T} = \frac{R^3 \text{ tang. } v}{2}$$

les corrections suivantes :

Valeur approximative pour $\dfrac{M}{T}$.   *Correction.*

$$\frac{R'_0 \text{ tang. } v_0}{2}, \qquad - \frac{L}{R_0\,R_0},$$

$$\frac{R'_1 \text{ tang. } v_1}{2}, \qquad - \frac{L}{R_1\,R_1},$$

$$\frac{R^3_2 \text{ tang. } v_2}{2}, \text{ etc.} \qquad - \frac{L}{R_2\,R_2}, \text{ etc.}$$

3° On emploiera les règles du calcul des probabilités (parce que le chiffre des dimensions mesurées R_0, R_1,

R_2, etc., et v_0, v_1, v_2, est plus grand qu'il ne le faudrait pour déterminer les dimensions inconnues L et $\dfrac{M}{T}$), afin d'en déduire les valeurs probables de L et $\dfrac{M}{T}$.

Ces règles sont les suivantes :

On calculera les expressions suivantes des dimensions énoncées R_0, R_1, R_2, etc., v_0, v_1, v_2, etc.

$$\frac{\text{tang. } v_0}{R_0^3} + \frac{\text{tang. } v_1}{R_1^3} + \frac{\text{tang. } v_2}{R_2^3}, \text{ etc.} = A,$$

$$\frac{\text{tang. } v_0}{R_0^5} + \frac{\text{tang. } v_1}{R_1^5} + \frac{\text{tang. } v_2}{R_2^5}, \text{ etc.} = A',$$

$$\frac{1}{R_0^6} + \frac{1}{R_1^6} + \frac{1}{R_2^6}, \text{ etc.} = B,$$

$$\frac{1}{R_0^8} + \frac{1}{R_1^8} + \frac{1}{R_2^8}, \text{ etc.} = B',$$

$$\frac{1}{R_0^{10}} + \frac{1}{R_1^{10}} + \frac{1}{R_2^{10}}, \text{ etc.} = B''.$$

L'on aura ainsi :

$$L = \tfrac{1}{2} \cdot \frac{A\,B' - A'B}{B'^2 - BB''},$$

$$\frac{M}{T} = \tfrac{1}{2} \cdot \frac{A'B' - BB''}{B'^2 - AB''} = r.$$

En y ajoutant l'équation (I)

$$MT = \frac{C}{t^2},$$

on aura :

$$M = \frac{1}{t} \sqrt{r\,C} \ldots\ldots\ldots\ldots \quad \text{(VII.)}$$

$$T = \frac{1}{t} \sqrt{\frac{C}{r}} \quad\quad\quad\quad \text{(VIII.)}$$

Ces mêmes lois et formules pourront servir à calculer les essais faits avec le petit appareil de mesurage décrit plus haut, et à déterminer l'étendue du magnétisme du barreau et celle du magnétisme terrestre d'après les mesures absolues.

§ IV. *Calcul des observations faites avec l'appareil précédemment décrit.*

Je vais maintenant donner comme exemple à suivre le calcul d'observations faites par MM. Gauss et Weber, pour montrer l'usage de l'appareil décrit dans la section précédente.

On a fait avec ledit appareil différents essais, savoir :

1° Des essais de déviation qui ont donné pour résultats les valeurs $u_0 - u'_0$, $u_1 - u'_1$, $u_2 - u'_2$, $u''_2 - u'''_2$, $u''_1 - u'''_1$, $u''_0 - u'''_0$, et les valeurs R qui en dépendent, savoir R_0, R_1, R_2, R_2, R_1, R_0. D'après ces dernières valeurs, on pourra d'abord calculer celles de v_0, v_1, v_2, qui correspondent aux valeurs R_0, R_1, R_2. De ces derniers chiffres, on pourra déduire les valeurs A, A', B', B''; car ce ne sont que d'autres fonctions des six quantités v_0, v_1, v_2, R_0, R_1, R_2. De ce nouveau résultat enfin on pourra déduire la valeur de r, laquelle est tout simplement une autre fonction des étendues A, A', B, B', B''.

C'est en opérant ainsi que l'on obtiendra des essais de déviation la valeur de r.

Avec l'appareil de mesurage que nous avons décrit, on avait des essais d'oscillations, et on avait ainsi trouvé la valeur de la durée d'oscillation t. Il suffira, pour tous les buts que l'on pourrait se proposer dans un voyage, de calculer, au moyen d'observations à faire, les valeurs de v et de t.

$$\frac{1}{t\sqrt{r}};$$

car cette valeur est proportionnelle au nombre qui exprime le magnétisme terrestre d'après des mesures absolues, et suffira donc pour la comparaison de l'intensité absolue dans tous les lieux où de pareils essais auront été faits : cette comparaison est le seul but que l'on pourra se promettre d'obtenir en voyage.

Lorsqu'on n'aura pas seulement en vue la simple comparaison de l'intensité absolue en plusieurs endroits, mais que l'on voudra connaître le nombre lui-même qui exprime pour chaque endroit l'intensité du magnétisme terrestre, d'après des mesures absolues, afin de pouvoir comparer, dans le cas, par exemple, où l'appareil de mesurage dont on s'est servi viendrait à être perdu et devrait être remplacé par un autre appareil, les deux séries de résultats obtenus au moyen de deux instruments différant entre eux, on n'aura qu'à calculer le moment d'inertie du barreau magnétique dont la durée d'oscillation aura été observée, et en extraire la racine carrée. Le produit de la quantité

$$\frac{1}{t \sqrt{r}}$$

par cette racine carrée et le nombre $\pi = 3{,}14159$ donnera le nombre du magnétisme terrestre exprimé d'après les mesures absolues.

Il sera donc utile que le barreau ait bien la figure d'un parallélipipède, parce qu'alors il sera facile de calculer, pour le cas dont il s'agit, le moment d'inertie par le poids p, la longueur a et la largeur b du barreau; car on sait que le carré $a^2 + b^2$ de la diagonale superficielle du barreau parallélipipède, multiplié par la masse p du poids et divisé par 12, donne le moment d'inertie cherché, pour le cas où le barreau aurait été suspendu par le centre de cette surface diagonale, et qui, par conséquent, dans les équations (VII) et (VIII), est

$$C = 9{,}8696\ldots\ldots \frac{a^2 + b^2}{12} \cdot p.$$

Si l'on compare avec ces formules les observations dont il a été fait mention plus haut, on trouvera que les quantités suivantes ont été mesurées immédiatement, et l'on aura obtenu pour elles les résultats suivants :

$$u_0 - u'_0 = 23° \ 9',$$
$$u_1 - u'_1 = 47° \ 42,$$
$$u_2 - u'_2 = 71° \ 48,$$
$$u'''_2 - u'''_2 = 69° \ 21',$$
$$u''_1 - u'''_1 = 46° \ 12,$$
$$u''_0 - u'''_0 = 22° \ 27,$$

$$R_0 = 450^{mm.}$$
$$R_1 = 350^{mm.}$$
$$R_2 = 300^{mm.}$$
$$t = 6'' \ 67$$
$$a = 101^{mm. \ 0,}$$
$$b = 17^{mm. \ 5,}$$
$$p = 142000^{mgr.}$$

On en déduit d'abord

$$\nu_0 = \tfrac{1}{4}\left(23° \ 9' + 22° \ 27'\right) = 11° \ 24' \ 00,$$
$$\nu_1 = \tfrac{1}{4}\left(47° \ 42' + 46° \ 12'\right) = 23 \ 28 \ 50,$$
$$\nu_2 = \tfrac{1}{4}\left(71° \ 48' + 69° \ 21'\right) = 35 \ 17 \ 25.$$

Si l'on prend maintenant pour base de la mesure du temps et de l'espace, la seconde et le millimètre, on supputera par les valeurs trouvées de R_0, R_1, R_2, ν_0, ν_1, ν_2, les valeurs suivantes de A, A', B, B', B", c'est-à-dire

$$A = \frac{\tan. 11°24}{450^3} + \frac{\tan. 23°28'5}{350^3} + \frac{\tan. 35°17'25}{300^3} = \frac{385,54}{10^{10}};$$

$$A' = \frac{\tan. 11°24'}{450^5} + \frac{\tan. 23°28'5}{350^5} + \frac{\tan. 35°17'25}{300^5} = \frac{384,86}{10^{15}};$$

$$B = \frac{1}{450^6} + \frac{1}{350^6} + \frac{1}{300^6} = \frac{2,0362}{10^{15}};$$

$$b' = \frac{1}{450^8} + \frac{1}{350^8} + \frac{1}{300^8} = \frac{2,0277}{20^{20}};$$

$$B'' = \frac{1}{450^{10}} + \frac{1}{350^{10}} + \frac{1}{300^{10}} = \frac{2,0855}{10^{25}}.$$

De là on tire

$$r = \frac{1}{5} \frac{385{,}54.\ 2{,}0855.-384{,}86.\ 20{,}77}{2{,}0362.\ 2{,}0855.-2{,}0277^2}\ 10^5,$$

ou

$$r = 8765000.$$

Enfin on conclura de cette valeur de r et de celle de t trouvées par l'observateur, la valeur :

$$\frac{1}{t\sqrt{r}} = \frac{1}{6{,}67.\sqrt{8765000}} = \frac{5{,}0641}{10^5}.$$

Ce nombre suffira pour comparer toutes les intensités qui auront été mesurées avec le même appareil, quelque différente qu'ait pu être en elles la situation magnétique de l'appareil.

On trouvera le chiffre P exprimant le magnétisme terrestre d'après la mesure absolue, en déduisant encore des observations la valeur de C, et en multipliant le nombre précédent avec sa racine carrée; mais C sera calculé d'après les valeurs observées de a, b et p, la masse des milligrammes étant prise pour unité de masse:

$$C = 9{,}8696\ \frac{101^2 + 17{,}5^2}{12}.\ 142000 = 0{,}12272,\ 10^{10};$$

. de là on tire

$$T = 50{,}641.\sqrt{0{,}12272} = 1{,}774.$$

§ V. *Examen des résultats obtenus.*

Le nombre 1,774 obtenu, le 18 janvier 1837, pour l'intensité du magnétisme terrestre, présente, comme mesure absolue de cette intensité, l'avantage de pouvoir être immédiatement comparé avec ceux des nombres qui ont été obtenus depuis plusieurs années, c'est-à-dire au mois de juillet 1834, et à l'aide du magnétomètre établi dans l'observatoire magnétique de Gœttingue, et qui ont été publiés dans les *Annonces savantes de Gœttingue pour* 1834 (où il a été donné de plus amples détails, autant sur le bâtiment nouvellement construit et les instruments qui y ont été placés, que sur les essais auxquels on s'y est livré), savoir :

17 juillet................	1,7743
20 —	1,7741
21 —	1,7761

et pourtant il est impossible que deux appareils destinés à une même opération se ressemblent moins, diffèrent davantage entre eux, que ne le font l'appareil que nous venons de décrire et le magnétomètre.

Il est résulté de la comparaison, qu'à Gœttingue le magnétisme terrestre n'a éprouvé, durant les années 1834 à 1837, que de bien faibles variations.

On pourra également comparer immédiatement ces mêmes nombres avec celui qui a été déduit des observations faites le 1er avril 1836, à Munich, avec un instrument différant en tout des instruments précités, c'est-à-dire, avec 1,905, et le nombre 2,01839, obtenu à l'aide du magnétomètre, à Milan, durant le mois d'octobre 1836.

Afin que l'on puisse bien se pénétrer de la signification des nombres dont la découverte et l'emploi spécifique nous ont occupés jusqu'à ce moment, il n'y a qu'à se figurer une quantité de petits barreaux aimantés égaux entre eux (chacun du poids de deux grammes et demi). Qu'on se figure de plus une balance dont les bras soient proportionnels à un mètre, comme un mètre l'est à la simple chute de hauteur en une seconde (à peu près 204 millim.); que l'on se présente l'un de ces barreaux aimantés attaché dans une direction parallèle au fléau de la balance horizontalement suspendu, de manière à ce que l'équilibre de la balance n'en soit point dérangé; ensuite on donnera à tous ces petits barreaux, y compris

celui attaché au fléau de la balance, une *force magnétique égale*, et telle que lorsque l'on placera sous la balance, à un mètre de distance du barreau magnétique
attaché au fléau et dans une position verticale, un autre
barreau aimanté, on devra placer sur le plateau un poids
de $\frac{1}{1000}$ milligramme pour maintenir l'équilibre de la balance. Après que le magnétisme de tous les petits barreaux aura été réglé de cette manière, on placera l'un
de ces barreaux dans une position horizontale et rectangulaire, vis-à-vis d'une petite boussole, et dans une
position perpendiculaire, à un mètre de distance au-dessous du centre de la boussole, en ayant soin que, lorsque
l'aiguille aimantée sera détournée du méridien magnétique, le barreau soit tourné en même temps, de manière
que tous deux conservent réciproquement la position
rectangulaire; enfin, on calculera la force pour savoir
combien il faudrait de ces petits barreaux aimantés pour
amener la déviation de la boussole à 90°. La quantité de
ces barreaux donnera les millièmes de la mesure absolue
du magnétisme terrestre.

Sous ce nombre, qui représente le magnétisme terrestre
d'après sa mesure absolue, on pourra se représenter, en
sens contraire, le nombre de ces barreaux calculés par
milliers, et dont les forces devraient être réunies pour
produire, dans un éloignement d'un mètre, une déviation de 90 degrés de la boussole.

Pour obtenir ce résultat, il faudrait réunir à *b* :

      Gœttingue, la puissance de.... 1775 barreaux.
      Munich................... 1905
      Milan.................... 2018

CHAPITRE IX.

DE L'INFLUENCE DE LA TEMPÉRATURE SUR LE MAGNÉTISME DES AIGUILLES AIMANTÉES, ET DES MOYENS DE RAPPORTER LES EFFETS MAGNÉTIQUES A LA MÊME TEMPÉRATURE.

§ Ier. *Recherches de Coulomb.*

COULOMB est le premier qui se soit occupé, comme on l'a vu, tom. II, pag. 365, de l'influence de la chaleur sur la distribution du magnétisme libre dans les aiguilles aimantées. Ayant pris un barreau d'acier de 1 mèt. 62 c. de longueur, 14 millim. de largeur et pesant 82 gram., il le fit chauffer cerise-clair, et le refroidit ensuite lentement dans l'air, pour qu'il ne prît aucune trempe; il l'aimanta ensuite à saturation, à la température de 12° centig.; puis il compta le temps nécessaire pour effectuer 10 oscillations. Ayant élevé de nouveau la température, il mesura, après le refroidissement, le temps nécessaire pour faire le même nombre d'oscillations. Il obtint les résultats consignés dans le tableau suivant:

1re SÉRIE.

TEMPÉRATURE.	TEMPS DE 10 OSCILLATIONS.
12°	93″
14	97,5
80	104
211	147
340	215
510	290
690	Considérable.

Ces résultats nous montrent que l'intensité magnétique du barreau diminue à mesure que l'on élève la température. Or, comme les voyageurs, en parcourant les diverses parties du globe, observent des localités qui présentent des différences de température entre 12 et 40°, on doit en conclure que les aiguilles aimantées dont ils font usage doivent éprouver des changements dans leur magnétisme; changements qui empêchent que les résultats obtenus soient comparables entre eux. Le même physicien a montré qu'un barreau chauffé jusqu'à 700°, et refroidi dans l'eau à 12°, reprenait, en l'aimantant de nouveau à saturation, exactement la même force directrice que dans son état parfait de recuit.

En augmentant la trempe, les accroissements de la force magnétique sont peu sensibles. Supposons que l'aiguille ou le barreau ait reçu la trempe la plus dure, si on ramène l'aiguille successivement à l'état de recuit, et qu'on l'aimante chaque fois de nouveau, on obtient les résultats suivants, qui font encore sentir la nécessité de tenir compte des changements de température dans les observations :

2e SÉRIE.

TEMPÉRATURE DU RECUIT.	DURÉE DE 10 OSCILLATIONS du barreau trempé à la tempér. de 900°.
12°	63″
80	66
214 couleur bleue.	80
416 couleur d'eau.	170

Si l'on compare ces résultats à ceux qui se trouvent dans le tableau précédent, on voit que l'élévation progressive de la température altère beaucoup plus le magnétisme du barreau, lorsqu'il a été trempé d'abord vers 900°, que lorsqu'il a été mis dans un état de recuit.

Tous les barreaux employés par Coulomb avaient une

longueur égalant 3o fois au moins leur épaisseur, et les résultats ont toujours été semblables; mais il n'en est plus de même quand ils sont plus longs. Ayant pris un fil d'acier très-pur, de 3o6 millimètres de longueur et de 4 millimètres de diamètre, ce physicien le trempa à 800°, l'aimanta à saturation, et répéta la même opération, en le faisant recuire à diverses températures. On trouvera dans le tableau suivant les résultats qu'il a obtenus :

3ᵉ SÉRIE.

TEMPÉRATURE DU RECUIT.	DURÉE DE 10 OSCILLATIONS.
12°	89''
320 presque couleur d'eau.	75
450 rouge sombre.	65
530 — moins sombre.	70
900 rouge cerise clair.	76

On voit donc que la trempe roide donne la plus faible force directrice, et que le maximum d'effet a lieu quand le fil est chauffé jusqu'à 450°. Ce résultat est général pour les fils et les lames dont la longueur est très-grande relativement à la grosseur.

Dans ses recherches, Coulomb s'est appliqué seulement à déterminer la résultante des effets produits par la chaleur sur le magnétisme libre des aiguilles ou des barreaux aimantés. M. Kuppfer, comme on le verra dans le § suivant, a envisagé la question sous un autre point de vue, qui intéresse au plus haut degré les personnes qui se livrent à des observations magnétiques. Il a déterminé la quantité de magnétisme libre en différents points d'un barreau, quand on faisait varier sa température.

Pour arriver à ce but, il a fait chauffer le barreau, l'a laissé refroidir et l'a soumis ensuite à l'expérience, en déterminant la quantité de magnétisme libre dans chaque point, suivant la méthode de Coulomb (1).

______

(1) Tome ii de cet ouvrage, p. 3o.

Il résulte de ces expériences qu'un barreau chauffé jusqu'à 80°, puis remis en expérience, perd beaucoup de sa force magnétique; que cette perte n'est pas uniforme dans toute la longueur du barreau, puisqu'elle est plus considérable vers les extrémités qu'au milieu.

§ II. *Recherches de M. Kuppfer.*

On avait déjà remarqué, dans les observations de l'aiguille aimantée, que les résultats présentaient quelques différences, quand elles n'étaient pas faites à la même température; c'est ce qui a engagé M. Kuppfer à chercher les changements qui s'opèrent dans la force magnétique d'une aiguille, quand sa température monte ou descend, et qu'elle est maintenue constante pendant toute la durée de chaque expérience. La loi simple à laquelle il a été conduit, a mis à même les physiciens et les voyageurs de faire disparaître dans les résultats les effets provenant des différences de température.

Je vais maintenant exposer la série des expériences qu'il a faites pour arriver à découvrir cette loi.

Il a commencé par faire osciller une aiguille aimantée horizontale dont la température restait constante pendant toute la durée de l'observation.

Dans une expérience où il a employé une aiguille d'acier fondu, parfaitement cylindrique, ayant 59 millim. de longueur, et pesant 2 gr. 395 milligr., il a obtenu les résultats suivants :

TEMPÉRATURE.	DURÉE de 300 oscillations.	HEURE de l'observation.	DATE de l'observation.
8° 1/2	777" 1/2	11h 1/2 du matin	1er mars 1825.
9	778	9 1/2 du matin.	
9 1/2	778	9 1/2 du soir	28 février.
10 1/2	778	9	
13	779 1/2	8 1/2 du soir	27 février.
13	779 1/2	1 du soir	28 février.
18	781	1 3/4 du soir	27 février.

Ces résultats nous montrent que l'intensité de la force magnétique d'une aiguille diminue à mesure que la température s'élève, fait que Coulomb avait déjà observé, mais non pour des différences de température aussi faibles. Les observations ayant été faites à diverses heures de la journée, on pouvait craindre que les différences trouvées ne fussent dues aux variations diurnes. Pour se garantir de ces dernières, M. Kuppfer a expérimenté aux mêmes heures, et a trouvé que ces variations n'influaient en rien sur les effets produits. Comme nous avons besoin de ces derniers pour établir le rapport qui existe entre la température et la durée d'une oscillation, je donne ici les résultats obtenus :

HEURES de l'observation.	TEMPÉRATURE.	NOMBRE des oscillations comptées.	DURÉE des oscillations en secondes.	DATE de l'observation.
9 du matin.	— 0° 1/2	300	791″ 1/2	7 mars.
9	+ 10	300	797 1/2	8 idem.
10	+ 5	300	793	7 idem.
10	+ 11 1/2	300	797 1/2	8 idem.
2 1/2 soir.	+ 26	350	402	7 idem.
2	+ 26	350	805	8 idem.

Voyons maintenant quel parti l'on peut tirer de ces résultats pour trouver celui que l'on cherche :

De — 1°½ à 10°, c'est-à-dire dans l'intervalle de 11°½ de température Réaumur, la durée de 300 oscillations a augmenté de 6″ sur 791″½; de —1°½ à 26°, c'est-à-dire, dans un intervalle de 27°½, la durée du même nombre d'oscillations a augmenté de 13″½. En comparant ces deux rapports, on voit que dans l'intervalle de 0 à 30°, chaque degré de chaleur augmente à peu près d'une demi-seconde la durée de 300 oscillations de l'aiguille; au moyen de ce résultat, rien n'est plus simple que de réduire à la même température, à celle de 10° par exemple, qui exprime la durée de 300 oscillations, les observations précédentes.

Voici les valeurs précédentes ramenées à cette température :

1er Tableau 778° 1/2 ; 778° 1/2 ; 778 1/4 ; 777 3/4 ; 778 ; 778 ; 777.
2e   —   797° 1/4 ; 797° 1/2 ; 795 1/2 ; 796 3/4 ; 796 ; 797.

Ainsi donc, quand il s'agit de ramener les oscillations à une même température, il suffira de déterminer combien, pour chaque degré de chaleur, augmente la durée d'un certain nombre d'oscillations de l'aiguille, et de faire la correction en conséquence, d'après la méthode indiquée. Cette règle peut être suivie quand on opère dans des milieux dont la température varie de 0 à 30°.

Mais si, par hasard, on avait des différences plus considérables, il faudrait modifier la méthode précédemment indiquée. M. Kuppfer conseille de placer un barreau récemment aimanté, de $0^m,5$ de longueur, parallèlement et au-dessous d'une aiguille librement suspendue, les pôles inverses en regard, puis d'opérer de la manière suivante. Dans une expérience l'aiguille, abandonnée à elle-même, exécutait 300 oscillations en 762″, à 13° Réaum.; en présence du barreau, elle n'employait que 429″ pour effectuer le même nombre d'oscillations. Ensuite, le barreau a été plongé dans de l'eau, dont on a élevé la température successivement jusqu'à 80°. On a compté chaque fois le temps nécessaire pour exécuter 300 oscillations ; on a laissé refroidir ensuite, et on a compté de nouveau pour connaître les changements survenus dans la distribution du magnétisme, par l'effet du refroidissement. Pour fixer les idées, je rapporterai, dans le tableau suivant, les nombres obtenus dans cette expérience :

TEMPÉRATURE DU BARREAU.	DURÉE DE 100 OSCILLATIONS.
13°	420″
80	476
21	461 1/2
13	463
11	462 1/2

Ces résultats nous montrent encore que l'intensité des forces magnétiques diminue avec la chaleur, et qu'un barreau aimanté à la temp. de 13°, échauffé jusqu'à 80°, puis refroidi jusqu'à 13°, ne reprend plus son premier état magnétique ; effet qui devait être prévu, puisque le barreau, en se refroidissant lentement, perd de sa trempe, et par suite de son magnétisme libre.

Comme on a très-peu l'occasion d'observer les oscillations de l'aiguille aimantée à des températures supérieures à 30°, je me bornerai à donner la formule à l'aide de laquelle M. Kuppfer parvint à faire les corrections nécessaires pour ramener la durée d'oscillation à la même température.

Si l'on représente par c la force exercée par le globe sur l'aiguille oscillante, x le nombre de secondes que cette aiguille emploie pour faire n oscillations à 13°, R., et F la force exercée par le barreau à la même température, x' le nombre de secondes que la même aiguille emploie pour faire n oscillations à la température t, q l'intensité de la force au terme de la température la plus élevée, on a

$$x = \frac{n}{\sqrt{c + F}}$$

$$x' = \frac{n}{\sqrt{\left(c + F - \frac{(1-q)F}{67}(t - 13)\right)}}.$$

Or, dans le tableau précédent on en déduit, comme on va le voir

$$c = 0,163469, \quad F = 0,256368, \quad q = 0,911771.$$

Si l'on fait $t = 21°$, on a $x' = 464'',49 ; x = 464,5.$

Pour montrer comment on obtient c, F et q, il faut remarquer que lorsque le barreau aimanté a été chauffé de 13° à 80°, puis refroidi, il n'a pas repris la même force magnétique qu'il avait auparavant. Cet effet ne peut être attribué qu'à une perte du magnétisme, qui est indépendante des variations de l'intensité de cette même force à différentes températures. Il doit donc exister, d'après cela, deux quantités différentes, p et q, qui expriment, la première, l'intensité de la force magnétique du barreau à 13° de température, lorsque après avoir été échauffé jusqu'à 80°, on le refroidit jusqu'à 13°, la force de ce même barreau avant d'être chauffé, étant égale à l'unité; la seconde quantité q sera l'intensité de la force magnétique du barreau à 80°, celle de 13° étant prise pour unité.

Il est évident que $\left(\frac{300}{429}\right)^2$ est la valeur de la force qui a sollicité l'aiguille au commencement de l'expérience. Or cette force est composée de celles exercées par le barreau aimanté et par le magnétisme terrestre; en retranchant du nombre trouvé, la force exercée par la terre, qui est égale à $\left(\frac{300}{742}\right)^2$, 742 étant la durée de 300 oscillations sous l'influence seule de la terre, la différence sera la valeur de F.

Si l'on substitue dans le calcul précédent 463 à 429, on aura la force p, qui sera restée au barreau après le changement de température et dont la valeur est ici de 0,787487.

Quant à q, il faut opérer de la même manière sur les nombres 476 et 463, qui expriment les durées de 300 oscillations, d'abord à 50°, puis à 13°; on obtient alors $q = 0{,}911771$. On suppose que l'intensité du magnétisme du barreau, après son retour à 13° de température, est égale à 1.

Au moyen des indications que je viens de donner, il sera possible de faire toutes les corrections qu'exigeront les températures diverses auxquelles on fera osciller l'aiguille horizontale.

Le capitaine Duperrey, qui a pris en considération les belles recherches de M. Kuppfer, pense que l'on doit observer à deux températures différentes dans chaque station d'un voyage, attendu que le coefficient d'une même aiguille n'est pas constant; la température agissant aussi bien sur le magnétisme terrestre que sur celui de l'aiguille. Le coefficient se compose selon lui de deux corrections, l'une qui est invariable et dépendante de l'aiguille dont le magnétisme ne varie pas, et l'autre qui varie avec l'intensité magnétique selon le lieu d'observation. Je reviendrai sur ce mode de correction, quand j'exposerai les observations que cet habile navigateur a faites dans son voyage de circumnavigation.

§ III. *Recherches de MM. Gauss, Weber et Goldsmith.*

M. Gauss, qui a donné aux appareils magnétiques une sensibilité jusqu'alors inconnue, a dû chercher les moyens de corriger les effets dus aux différences de la température et qui étaient plus marqués avec ces appareils qu'avec les anciens.

On a déjà remarqué que le rapport qui existe entre le magnétisme et la température du barreau, ne reste pas toujours le même, et qu'il faut, après un certain temps, mesurer de nouveau le degré d'aimantation du barreau ; on trouve alors que le même barreau, à la même température, n'a pas tout à fait autant de magnétisme qu'auparavant. M. Gauss a soumis de nouveau cette question à un examen rigoureux, à l'aide des appareils précédemment décrits ; ce travail, cependant, était d'un intérêt secondaire pour lui ; car il arrive rarement que l'on ait besoin d'une correction exacte dans le magnétisme de l'aiguille, eu égard à la température, attendu que la détermination de la force magnétique terrestre peut être obtenue indépendamment des changements produits dans le magnétisme de l'aiguille. Dans les méthodes d'observation qu'il a données, on n'a besoin des corrections de la température que lorsqu'on cherche le magnétisme du barreau aimanté, ou que l'on veut comparer le magnétisme terrestre en différents endroits, en divers temps, sans avoir recours à des mesures abolues. Mais ces corrections sont particulièrement relatives aux observations des variations diurnes de l'intensité du magnétisme terrestre, faites avec le magnétomètre bifilaire.

Avec cet appareil, on peut déterminer les effets de la température d'une manière plus satisfaisante qu'avec tout autre; mais avant d'exposer le mode d'expérimentation employé, je rappellerai en peu de mots le procédé mis en usage par M. Kuppfer, pour montrer qu'il n'a pas le degré d'exactitude de celui employé par M. Gauss.

M. Kuppfer fait osciller de petites aiguilles à différentes températures, qui sont constantes pendant chaque série d'opérations, et il compte la durée de leurs oscillations. En supposant que le magnétisme terrestre n'ait éprouvé aucun changement pendant le temps de l'expérience, il est bien certain que la différence trouvée entre les durées d'une oscillation peut servir à évaluer le changement survenu dans l'intensité du magnétisme du barreau. Mais comme l'intensité du magnétisme terrestre éprouve elle-même à chaque instant des variations, il s'ensuit que les résultats ne sont que des valeurs moyennes pour des intervalles de temps d'une certaine longueur, et qu'ils n'ont point d'application pour des instants déterminés séparément.

M. Gauss, en reprochant à ce procédé de ne point être assez sensible, et de ne pas donner des résultats excessivement exacts, le considère comme peu applicable aux barreaux aimantés, en raison de la difficulté de modifier à volonté et de mesurer exactement leur température quand ils oscillent. En effet, on ne peut compter sur des valeurs certaines qu'autant que la température et l'intensité magnétique du barreau sont stationnaires: condition bien difficile à apprécier, quand ce barreau a de grandes dimensions. Je vais montrer maintenant comment le magnétomètre peut servir à la solution de la question.

Supposons que l'on approche du magnétomètre le barreau soumis à l'expérience, et que la déviation de l'instrument soit aussi grande que possible, mais mesurable, et qu'elle représente, par exemple, 600 parties

de l'échelle; si alors la température du barreau baisse de
10°, et que pour chaque degré son magnétisme augmente
de la $\frac{1}{3000}$ partie, la déviation ne sera plus de 600, mais de
602 parties; on peut même encore déterminer la 20e par-
tie de cette différence.

Il y a encore un autre avantage et c'est peut-être le
plus important : l'aiguille sur laquelle on observe n'a pas
besoin d'être ni chauffée, ni refroidie; sa température seulement doit être maintenue constante pendant toute la
durée de l'observation.

Le barreau n'étant pas l'objet de l'observation directe
comme dans le procédé de M. Kuppfer, il s'ensuit qu'on
peut le mettre dans un vase rempli de neige ou d'eau,
à une température quelconque, mais constante.

M. Gauss a déduit de ses expériences les conséquences
suivantes :

1° Les variations du magnétisme du barreau, quand
la température monte, sont soumises à d'autres lois que
celles qui ont lieu quand la température baisse.

2° Le même barreau se comporte différemment suivant
l'intensité magnétique qu'il possède : quand celle-ci est
très-grande, ce barreau la retient très-opiniâtrément, et
le changement de température ne produit que de petites augmentations ou diminutions. Si, au contraire, son
intensité est faible, la température agit plus fortement
sur lui.

3° Les changements simultanés de température et
d'intensité ne coïncident pas avec l'élévation de température; ainsi chaque élévation étant effectuée, continue
d'agir encore sur l'intensité du barreau pendant un
temps plus long; elle la diminue d'abord rapidement,
puis ralentit de plus en plus son action.

Si l'on veut plus d'exactitude encore, on n'a qu'à faire
agir sur le magnétomètre, en même temps, deux barreaux
aimantés placés de chaque côté de l'instrument, l'un à
l'est, l'autre à l'ouest. A cet effet, on les approche tous
deux de manière que chacun exerce sur le magnétomètre une déviation environ dix fois plus grande

que celle qui peut être mesurée avec l'échelle du magnétomètre; ensuite on laisse agir ensemble les deux
barreaux de manière que la position du magnétomètre
ne soit pas changée; cela fait, on maintient constante la
température d'un des barreaux, et l'on abaisse celle de
l'autre seulement d'un degré, ce qui augmente son intensité de $\frac{1}{3000}$. Alors ce barreau à lui seul produira, au
lieu de la déviation précédente d'environ 600 par-
ties de l'échelle, une déviation de 602 parties; dès lors
les deux barreaux agissant ensemble ne laisseront plus
le magnétomètre dans sa position, mais l'éloigneront de
deux parties de l'échelle, c'est-à-dire, précisément de la
même quantité qu'auparavant, avec un abaissement de
température 10 fois plus considérable. Dans ce cas, les
variations du magnétisme du barreau peuvent être mesurées avec 10 fois plus de sensibilité que lorsqu'on en
emploie un seul.

Je dois signaler encore un autre avantage de cette méthode; les variations de l'intensité du magnétisme terrestre n'ont ici aucune influence, car, au moyen de l'emploi
des deux barreaux, le magnétomètre ne s'éloigne que
très-peu ou pas du tout de sa position naturelle.

J'arrive maintenant aux expériences.

Un barreau magnétique, pesant 1443 grammes, et
d'une longueur de 608 millim., a été fixé solidement dans
un baquet de cuivre que l'on a placé à différentes distances du magnétomètre, d'abord au nord, puis au sud,
en deux points éloignés de 4200 millim. Dans ces diverses positions, le barreau était toujours horizontal et
dans une direction perpendiculaire au méridien magnétique.

Les expériences suivantes ont été faites dans une première position.

La température du barreau restant la même, ou à
peu près, on a observé l'état du magnétomètre qui en
était éloigné, du côté du sud, de 2100 millim.; la première fois, le pôle nord du barreau de déviation était
tourné à l'ouest, la seconde à l'est, et la troisième de

nouveau à l'ouest. Ces trois observations ont été faites dans l'observatoire magnétique, en même temps que l'on observait l'état du magnétomètre, afin de pouvoir les comparer entre elles; après quoi, la température du barreau a été modifiée avec de l'eau chaude versée dans le baquet, au fur et à mesure que l'on faisait écouler par en bas l'eau froide. Le tableau suivant renferme les résultats obtenus par MM. Ulrich, Goldsmith, Weber, en répétant l'expérience plusieurs fois.

NUMÉROS des expériences.	LE MAGNÉTOMÈTRE		TEMPÉRATURE du barreau de déclinaison.	ÉTAT du magnétomètre corrigé.	INTENSITÉ moyenne du barreau de déclinaison.	TEMPÉRATURE moyenne du barreau de déclinaison.
	Observatoire magnétique.	Observatoire astronomique.				
1	2	3	4	5	6	7
I....	1204,93 538,68 1201,77	35,85 34,08 33,03	... 0° .... 0 .... 0	. 1169,08 . . 504,60 . . 1168,74 .	. 332,15 .	.. 0°
II....	1174,70 558,36 1165,00	34,46 27,36 23,41	.. 46°,0 .. .. 43 ,2 .. .. 39 ,6 ..	. 1140,33 . . 531,01 . . 1141,59 .	. 304,97 .	... 43°,22
III...	1167,35 549,31 1167,21	23,51 22,73 22,56	.. 32°,2 .. .. 30 ,3 .. .. 28 ,5 ..	. 1143,84 . . 526,58 . . 1144,65 .	. 308,83 .	... 30°,32
IV...	1171,62 536,79 1168,19	21,03 19,43 17,69	... 0° .... 0 .... 0	. 1150,59 . . 517,36 . . 1150,50 .	. 316,69 .	... 0°
V....	1280,78 460,66 1277,83	31,13 30,67 31,07	... 0° .... 0 .... 0	. 1249,65 . . 429,99 . . 1246,76 .	. 409,11 .	... 0°
VI...	1248,61 482,38 1248,62	26,88 20,61 20,28	.. 31°,5 .. .. 31 ,6 .. .. 30 ,0 ..	. 1221,93 . . 461,77 . . 1228,34 .	. 381,71 .	... 31°,17
VII...	1253,25 479,80 1254,39	26,04 27,01 27,01	... 0° .... 0 .... 0	. 1226,31 . . 451,89 . . 1226,48 .	. 387,25 .	... 0°
VIII...	1239,88 496,47 1241,87	30,83 31,81 32,08	.. 18°,5 .. .. 18 ,0 .. .. 17 ,2 ..	. 1209,05 . . 464,66 . . 1209,79 .	. 372,38 .	... 17°,92
IX...	1245,42 497,01 1252,90	28,62 33,22 35,50	... 0° .... 0 .... 0	. 1216,80 . . 464,69 . . 1217,40 .	. 376,20 .	... 0°
X....	1255,42 400,25 1253,18	38,51 36,41 36,69	... 0° .... 0 .... 0	. 1216,01 . . 462,84 . . 1216,49 .	. 376,03 .	... 0°
XI...	1211,05 476,86 1217,06	4,89 6,98 10,25	.. 28°,2 .. .. 19 ,5 .. .. 18 ,0 ..	. 1206,16 . . 469,88 . . 1206,81 .	. 368,30 .	... 19°,52
XII...	1227,17 484,85 1227,98	17,43 18,43 17,51	... 0° .... 0 .... 0	. 1209,74 . . 466,42 . . 1210,47 .	. 371,84 .	... 0°
XIII...	1173,81 549,57 1174,18	23,98 24,34 25,01	.. 58°,1 .. .. 57 ,9 . .. 58 ,6 ..	. 1149,83 . . 525,19 . . 1149,17 .	. 312,15 .	... 58°,12
XIV...	1183,71 513,61 1184,10	26,13 26,28 26,62	.. 33°,6 .. .. 32 ,0 .. .. 32 ,8 ..	. 1157,58 . . 517,33 . . 1157,48 .	. 320,10 .	... 32°,60

NUMÉROS des expériences.	LE MAGNÉTOMÈTRE		TEMPÉRA- TURE du barreau de déclinaison.	ÉTAT du magnéto- mètre corrigé.	INTEN- SITÉ moyenne du barreau de déclinai- son.	TEMPÉRA- TURE moyenne, du barreau de déclinaison.
	Observa- toire magnéti- que.	Observa- toire astronomi- que.				
1	2	3	4	5	6	7
XV...	1195,08 541,08 1196,31	31,10 31,14 31,37	... 0° .... 0 .... 0	. 1163,08 . . 509,04 . . 1164,94 .	. 327,20 .	... 0°
XVI...	314,88 1401,92 317,02	32,14 33,68 33,38	... 0° .... 0 .... 0	. 282,74 . . 1371,24 . . 283,01 .	. 544,02 .	... 0°
XVII..	375,47 1360,94 373,76 1362,53	39,85 39,02 39,57 39,93	.. 67°,7 .. .. 62 ,8 .. .. 58 ,7 .. .. 54 ,9 ..	. 335,02 . . 1321,02 . . 334,10 . . 1322,60 .	. 403,45 .	.. 61°,02
XVIII..	1370,03 375,38 1370,14 375,37	43,63 44,63 43,32 44,66	.. 34°,3 .. .. 30 ,3 .. .. 29 ,3 .. .. 28 ,3 ..	. 1326,40 . . 330,75 . . 1326,82 . . 330,71 .	. 407,94 .	.. 29°,50
XIX...	375,38 1376,71 376,21 1377,94	47,62 47,10 46 55 46,17	... 0° .... 0 .... 0 .... 0	. 327,76 . . 1329,61 . . 327,68 . . 1329,77 .	. 500,09 .	... 0°
XX...	1152,70 549,69 1160,58 556,84	27,26 31,02 33,66 37,27	.. 64°,72 . .. 58 ,45 . .. 56 ,19 . .. 55 ,66 .	. 1125,53 . . 618,67 . . 1126,92 . . 519,57 .	. 303,55 .	.. 58°,75
XXI...	553,03 1169,16 553,03 1172,23	38,26 36,22 37,48 39,38	.. 30°,8 .. .. 29 ,3 .. .. 31 ,3 .. .. 29 ,8 ..	. 515,67 . . 1132,94 . . 515,55 . . 1132,85 .	. 308,64 .	.. 30°,30
XXII..	559,56 1189,42 565,30 1197,26	47,81 50,77 53,94 58,27	... 0° .... 0 .... 0 .... 0	. 511,75 . . 1138,65 . . 511,36 . . 1138,99 .	. 313,63 .	... 0°

Les parties divisées de l'échelle des deux magnétomètres avec lesquels les expériences précédentes ont été
faites ayant à peu près la même valeur, on n'a qu'à retran-
cher les valeurs observées dans l'observatoire astronomique de celles obtenues dans l'observatoire magnétique
pour exclure l'effet des variations de la déclinaison : les
différences se trouvent dans la cinquième colonne. Les
températures indiquées dans la quatrième et la septième
sont évaluées en degrés centigrades. Les intensités de la

sixième colonne ont été calculées avec *les trois indications* de la cinquième; elles sont le $\frac{1}{4}$ de la somme des deux différences de la première et de la troisième indication avec la seconde, comme on le voit ci-après :

$$1169,08 - 504,60 = 664,48$$
$$1168,74 - 504,60 = 664,16$$

Somme des diff.   1328,62
$\frac{1}{4}$ de la somme.   342,15

La valeur de ces intensités n'est pas toujours constante; dépendante du magnétisme terrestre, elle augmente ou diminue en même temps. On ne doit donc comparer entre eux que les résultats obtenus les uns après les autres.

Si nous considérons les résultats de la première et de la quatrième série, qui ont été obtenus à la température o, et que nous supposons que le magnétisme soit toujours fonction de la même température, ils dévraient s'accorder entre eux ou ne présenter qu'une légère différence si le magnétisme terrestre avait augmenté ou diminué dans l'intervalle de temps. Or, la différence est telle qu'elle ne peut être attribuée à une variation de l'intensité du magnétisme terrestre. Il en résulte que le magnétisme du barreau ne reste pas toujours à la même fonction de température, et qu'une portion de ce magnétisme se perd quand le barreau revient à la température première, surtout lorsque cette dernière a été considérablement élevée dans l'intervalle.

Ces résultats analysés par MM. Goldsmith et Weber leur ont montré qu'une grande perte de magnétisme a lieu à la suite d'une grande élévation de température, et qu'il faut exclure du calcul les expériences faites avec les températures élevées qui occasionnent cette perte, lorsque l'on veut déterminer, non pas la perte d'intensité, mais le changement que cette intensité éprouve momentanément par les variations de température, attendu que l'on veut déterminer l'intensité pour chaque degré de température, telle qu'elle doit être sans la désaimantation du barreau.

Si donc on désigne par t et par m la température plus élevée et l'intensité correspondante du barreau, t_0, m_0, la basse température et l'intensité correspondante du barreau, le coefficient k de l'accroissement de l'intensité pour les températures qui baissent a été calculé d'après la formule:

$$k = \frac{2}{t - t_0} \cdot \frac{m_0 - m}{m_0 + m}.$$

NUMÉROS.	t_0 et t	m et m_0	K
II	43,22	304,97	
IV	0,00	316,59	0,000865
III	30,32	308,83	
IV	0,00	316,59	0,000818
VI	31,17	381,71	
VII	0,00	387,25	0,000441
VIII	17,92	372,38	
IX	0,00	376,20	0,000570
XI	19,52	368,30	
XII	0,00	371,84	0,000400
XIII	58,12	312,15	
XV	0,00	327,26	0,000813
XIV	32,60	320,10	
XV	0,00	327,26	0,000678
XVII	61,02	493,45	
XIX	0,00	500,99	0,000248
XVIII	29,80	497,94	
XIX	0,00	500,99	0,000205
XX	58,75	303,55	
XXII	0,00	313,63	0,000556
XXI	30,30	308,64	
XXII	0,00	313,63	0,000529

Ces résultats nous montrent que l'influence de la température sur le magnétisme ne peut pas être déterminée pour tous les aimants, une fois pour toutes, et qu'il faut faire cette détermination pour chaque aimant en particulier; car on voit la différence qui existe entre les sept premiers et les quatre derniers résultats qui appartiennent à deux aimants différents.

Si l'on range les sept premiers résultats ainsi que les quatre derniers d'après leur grandeur, on n'aura qu'à ajouter à chaque résultat l'intensité que possédait l'aimant, et l'on verra de suite la relation qui existe entre l'influence de la température et l'intensité du barreau.

Le tableau suivant montre que cette influence est d'autant plus grande que le magnétisme du barreau est plus faible, et d'autant plus petite que le magnétisme du barreau est plus fort.

	ACCROISSEMENT de l'intensité pour 1° d'abaissement de température dans toutes les parties de l'intensité.	INTENSITÉ du magnétisme du barreau.
1ᵉʳ barreau	0,000865	310,7
	0,000818	312,7
	0,000813	319,7
	0,000678	323,7
	0,000570	374,3
	0,000490	370,1
	0,000441	384,5
2ᵉ barreau	0,000556	308,6
	0,000529	311,1
	0,000248	497,2
	0,000205	499,5

D'autres expériences ont été faites dans le but de lever les doutes que l'on avait eus sur des résultats obtenus, 1° parce que les barreaux avaient été chauffés et refroidis rapidement; 2° parce qu'ayant été mis en contact avec l'eau, l'acier avait pu être oxidé. Les expériences faites à cet égard, en évitant les causes susénoncées, ont produit les mêmes résultats, savoir, que, lorsque la température monte, la perte d'intensité est beaucoup plus grande que ne l'est son accroissement quand la température baisse. Tout ce qui est relatif à ces deux états de la température, ainsi qu'à l'intensité correspondante d'un barreau magnétique, ne peut être bien exploré que par la deuxième méthode exposée précédemment, laquelle consiste à faire agir en même temps sur le magnétomètre deux barreaux aimantés, placés de côté opposé, l'un à l'E., l'autre à l'O., en les approchant de cet instrument, de manière que, sans changer l'état de celui-ci, chacun, séparément, produise une déviation beaucoup plus grande que celle qui peut être mesurée immédiatement par le magnétomètre. L'un de ces barreaux est maintenu à une température constante, tandis que l'autre est placé dans un baquet de cuivre rempli d'eau, dont on élève la température au moyen de lampes à alcool placées sous le vase; un thermomètre placé dans l'eau n'indique que la température de celle-ci, et non la température du barreau, attendu qu'il ne se met pas immédiatement en équilibre de température avec elle. Dans une expérience, le barreau fut placé dans une gaîne étroite de laiton touchant par le fond et les côtés, et dont la partie supérieure était remplie de sable dans lequel se trouvait la boule d'un thermomètre. On avait pris pour la température du barreau la moyenne entre les températures de l'eau et du sable. On avait eu soin ensuite de chauffer et de refroidir l'appareil assez lentement pour que les deux thermomètres ne différassent que de très-peu dans leur marche : on observait en même temps, avec un autre magnétomètre, les variations de la déclinaison du magnétisme terrestre. C'est ainsi que fut faite la série d'expériences dont il va être question.

On plaça à l'est du magnétomètre, à environ 1200 millim., un barreau magnétique en acier fondu, pesant 1700 grammes, et de 608 millim. de long. Le pôle nord était tourné à l'ouest; un autre barreau semblable, du

VI. 2ᵉ *partie.* 8

même poids et de la même longueur, fut placé à l'ouest, à la même distance environ, le pôle nord tourné à l'est. La température du premier barreau, au commencement et à la fin de l'expérience, était :

$$9^h\ 20 \quad | \quad 14°\ 25$$
$$12\ \ 10 \quad | \quad 14°\ 50$$

HEURE.	TEMPÉRATURE.		MAGNÉTOMÈTRE		ÉTAT corrigé du magné-tomètre.	TEMPÉRA-TURE du barreau.
	Eau.	Sablé.	Observatoire magnétique.	Observatoire astronomique.		
h.						
9 30	11,30	11,90	889,58	41,07	848,51	11,60
35	11,30	11,83	887,19	39,27	847,02	11,50
40	14,30	13,37	882,88	35,90	846,98	13,83
45	22,00	19,17	876,90	34,60	842,30	20,58
50	28,63	25,03	857,79	34,41	823,38	26,83
55	34,27	30,50	822,06	31,68	790,38	32,38
10h	38,93	35,30	781,78	30,86	750,92	37,11
5	40,47	38,77	748,20	29,88	718,32	39,62
10	40,18	39,93	727,64	28,13	690,51	40,05
15	40,18	40,60	716,88	27,86	689,02	40,39
20	40,10	41,17	708,76	27,11	681,65	40,63
25	40,53	41,57	703,08	26,04	677,04	41,05
30	40,70	41,60	699,00	23,75	675,25	41,15
35	40,65	41,65	696,11	23,29	672,82	41,15
40	40,60	42,03	693,03	22,81	670,22	41,31
45	41,00	42,10	690,02	21,24	668,78	41,55
50	41,07	42,27	687,07	20,00	667,67	41,67
55	40,17	41,83	685,85	18,27	667,58	41,00
11h	38,93	41,00	684,48	16,10	668,08	39,96
5	37,68	39,73	684,91	14,92	669,99	38,70
10	36,57	38,72	685,65	14,44	671,21	37,64
15	36,47	37,73	685,53	12,76	672,78	36,60
20	34,53	36,67	687,04	13,07	673,97	35,60
25	33,57	35,63	687,20	12,44	674,85	34,60
30	32,70	34,80	687,26	10,33	676,93	33,75
35	31,87	34,00	688,02	10,15	677,87	32,93
40	31,07	33,27	687,94	9,12	678,82	32,17
45	30,27	32,40	688,48	8,39	680,09	31,33
50	29,63	31,63	689,50	8,47	680,83	30,63
55	28,97	30,83	685,51	2,89	682,62	29,90
12h	28,20	30,30	587,38	3,70	683,68	29,25

On a fait ensuite une autre expérience pour déterminer l'intensité du second barreau, en prenant la même mesure que celle dont on s'était servi pour déterminer les variations, afin de pouvoir exprimer ces dernières

en parties de toute l'intensité; mais comme les variations
ont été indiquées en parties de l'échelle du magnétomètre, il a fallu exprimer en fonctions de ces parties l'intensité du second barreau. Cette expérience fut faite de
la manière suivante :

Le magnétomètre, à 12^h0, se trouvait à $687,38$. Si
alors on eût enlevé le second barreau, le magnétomètre
aurait été dévié si fortement, que l'échelle serait sortie
du champ de vision, et qu'ainsi on n'aurait pu mesurer
l'angle d'écart. C'est pour ce motif qu'on n'enleva pas
tout à fait le barreau; on se contenta de le retirer un
peu, afin de pouvoir mesurer une partie en fonction de
l'échelle : cette partie comprenait $633,9$ divisions. Le
magnétomètre fut amené jusqu'à l'extrémité de l'échelle.
Pour employer celle-ci à mesurer une seconde partie de
l'angle d'écart, on retira un peu le premier barreau sans
déranger l'autre; en éloignant ensuite davantage le second,
le magnétomètre avait assez d'espace pour parcourir
presque toute l'échelle; on retira ensuite ce barreau
beaucoup plus que la première fois, et alors, cette seconde partie fut de $1598,8$ parties de l'échelle. En continuant de mesurer ainsi, on trouva, pour la troisième
partie $1157,8$; en additionnant les trois parties, on obt-
tint la déviation du magnétomètre correspondante, à
la fin de l'expérience, à toute l'intensité du second barreau, savoir :

$$3390,5 \text{ parties de l'échelle.}$$

Si on ajoute à cette somme les différences des positions corrigées du magnétomètre, au commencement et
à la fin des expériences, on aura $848,51 - 683,68 = 164,83$; alors l'intensité du barreau, au commencement
de l'expérience, sera de

$$3555,33 \text{ parties de l'échelle.}$$

Si, au contraire, on prend la différence des états du

8.

magnétomètre, à la fin et au commencement des températures descendantes, on aura :

$$683,68 - 668,08 = 15,6;$$

l'intensité du barreau, au commencement de la température descendante, sera donc de 3374,9 parties, et par conséquent l'intensité moyenne pendant l'abaissement séra :

$$= 3382,7 \text{ parties de l'échelle.}$$

La fig. 23 représente le tracé graphique des résultats ; les abscisses représentent les temps, et les ordonnées les températures. La courbe supérieure est la courbe de ces dernières ; l'inférieure est celle des intensités.

Dans la courbe des températures on distingue trois parties : la partie correspondante à la température qui monte presque uniformément; la partie où la température n'est presque pas changée; enfin celle où elle baisse uniformément.

Pour faciliter les calculs précédents, on peut suivre la marche suivante :

1° Pour l'intervalle de temps où les températures ont baissé depuis $11^h5'$ jusqu'à 12^h0, il suffit, pour le calcul des positions corrigées du magnétomètre, de la simple formule

$$724,89 - 1,4262 . n,$$

où n désigne la température en degrés centigrades de l'échelle ;

2° Relativement à l'intervalle de temps où la température est restée constante, depuis 10^h4 jusqu'à 11^h, on n'a qu'à ajouter, en raison de la perte d'intensité qui survient insensiblement, une correction dépendante du temps t, exprimé en minutes à partir de $10^h4'$, laquelle est ainsi formulée :

$$\frac{720}{11+t} - 10,83.$$

3° Pour l'intervalle entre les températures qui montent à peu près proportionnellement au temps, il faut ajouter, à la correction valable pour le moment extrême 10^h4′, une autre correction pour le changement de température $\frac{720}{11} - 10,83$, laquelle a pour expression

$$-6.t.$$

Le tableau suivant renferme les intensités observées et calculées du tableau précédent, à l'exception des quatre premières que l'on a omises, parce que la détermination de température ne paraissait pas exacte.

NUMÉROS.	HEURES.	TEMPS		DIFFÉRENCE.
		observé.	calculé.	
III.....	9ʰ 50′	823,38	825,25	— 1,87
	55	790,38	787,33	+ 3,05
	10	750,92	750,58	+ 0,34
II.....	10ʰ 5′	718,32	717,56	+ 0,76
	10	699,51	699,29	+ 0,22
	15	689,02	689,19	— 0,17
	20	681,65	682,78	— 1,13
	25	677,04	678,02	— 0,98
	30	675,25	674,83	+ 0,42
	35	672,82	672,51	+ 0,31
	40	670,22	670,46	— 0,24
	45	668,78	668,65	+ 0,13
	50	667,67	667,26	+ 0,41
	55	667,58	667,20	+ 0,38
I.....	11ʰ 0′	668,08	667,90	+ 0,18
	5	669,99	669,70	+ 0,29
	10	671,21	671,21	0,00
	15	672,78	672,69	+ 0,09
	20	973,97	674,12	— 0,15
	25	674,85	675,54	— 0,69
	30	676,93	676,76	+ 0,17
	35	677,87	677,03	— 0,06
	40	678,82	679,01	— 0,19
	45	680,00	680,21	— 0,11
	50	680,83	681,20	— 0,37
	55	682,02	682,25	+ 0,37
	12	683,68	683,17	+ 0,51

Si l'on divise le facteur 1,4262, cité pag. 116, *et dont l'origine n'est pas indiquée,* par l'intensité moyenne du barreau magnétique exprimée en parties de l'échelle et égale à 3282,7, on aura le coefficient k de l'accroissement de l'intensité pour les températures descendantes,

$$k = \frac{1,4262}{3382,7} = 0,000422.$$

J'ajouterai que la durée des oscillations mesurées avant les expériences était de 19″357.

Des expériences ont été faites avec diverses espèces d'acier, qui ont donné les mêmes résultats; d'où il suit que le rapport, entre l'intensité magnétique et la température, ne dépend pas de la qualité de l'acier, ni de sa grandeur ni de sa forme.

Il résulte des observations précédentes, qu'il est très-important de se servir pour le magnétomètre, et en particulier pour le magnétomètre bifilaire, de barreaux très-fortement aimantés, afin de diminuer les influences de la température. C'est pourquoi il serait convenable d'employer des barreaux de 5 kil. au lieu de barreaux de $12\frac{1}{2}$ kil., bien que ceux-ci fussent préférables, si l'on possédait les moyens de leur donner la plus forte aimantation possible.

Il conviendrait encore d'observer dans un local où les changements de température seraient très-faibles et très-lents; on emploierait sous ce rapport, avec un grand avantage, un local voûté.

On doit aussi examiner dans de courts intervalles de temps l'intensité absolue des barreaux des magnétomètres, attendu que les corrections relatives à la température ne peuvent se faire en partie avec quelque certitude que lorsque la température baisse. En prenant de longs intervalles de temps dans lesquels il y a de grandes variations de températures, ces corrections sont tout à fait impraticables.

Telles sont les conséquences auxquelles conduisent les observations de MM. Gauss, Goldsmith et Weber.

CHAPITRE X.

DE L'ATTRACTION LOCALE DES VAISSEAUX ET DES MOYENS DE S'EN PRÉSERVER.

§ Ier. *Premières observations concernant l'action des fers des vaisseaux sur l'aiguille des boussoles.*

IL ne me reste plus, pour compléter tout ce que j'ai à dire sur les moyens d'étudier les effets du magnétisme terrestre, que de faire connaître les précautions à prendre pour se garantir de l'attraction locale des vaisseaux dans les observations faites à bord.

Guillaume Denys, hydrographe à Dieppe, qui écrivait en 1666, avait déjà remarqué que deux compas placés en différents points d'un navire ne donnaient jamais les mêmes indications.

Wales, qui accompagnait Cook dans ses voyages, est le premier qui paraît s'être occupé des grands dérangements qu'éprouve souvent l'aiguille aimantée de la part d'influences locales. Un certain nombre d'années se passèrent sans qu'il fût question de ce sujet important. Il faut remonter jusqu'en 1794, pour trouver, dans un *Traité du Magnétisme*, par Walker, quelques observations sur l'attraction locale des vaisseaux. Cet ouvrage renferme, en effet, un rapport de Downie, maître-timonier du vaisseau anglais *le Glorieux*, dans lequel se trouve cette phrase :

« Je suis convaincu que la quantité de fer et le voisi-
« nage de ce métal dans la plupart des vaisseaux ont
« un effet sur l'attraction de l'aiguille; car l'expérience
« prouve que cette dernière n'a pas toujours la même

« direction dans les diverses parties du vaisseau. De
« même il se rencontre rarement que deux vaisseaux,
« faisant même route selon leur boussole, soient exacte-
« ment parallèles l'un et l'autre, et cependant ces bousso-
« les comparées auparavant s'accordaient parfaitement. »

Le capitaine Flinders, en 1801 et 1802, alla plus loin.
Il observa de grandes différences dans la direction de
l'aiguille, selon que la proue du vaisseau était à l'occident ou à l'orient : il crut devoir en conclure que les
pouvoirs d'attraction des diverses parties du vaisseau
qui sont capables d'affecter la boussole, sont concen-
trés comme en un point focal ou centre d'action, et
que ce point est presque au centre du vaisseau, là où le
plus communément se trouve la plus grande masse de
fer, tels que boulets, chaînes, ancres, etc.

Depuis, les navigateurs anglais n'ont cessé de faire des
expériences sur cet important sujet. Les capitaines Ross,
Parry et Sabine s'en sont occupés également dans leur
voyage, mais sans être parvenus cependant à détruire l'influence des causes locales ; à M. Barlow était réservé l'honneur de la découverte d'un moyen très-simple pour corriger en grande partie les effets de cette cause perturbatrice.

Pour donner une idée des erreurs qui peuvent résulter de l'influence exercée sur l'aiguille aimantée par les
fers qui se trouvent à bord des bâtiments, je citerai, d'a-
près M. Barlow, les observations suivantes :

VAISSEAUX,	LOCALITÉS.	OBSERVATEURS.	DÉVIATION de l'aiguille.
Conway	Portsmouth	Hill	4° 32'
Leven	Northfleet	Dwen	6 07
Barracouta	..... Idem	Cuttfield	14 30
Hécla	..... Idem	Parry	7 27
Fury	..... Idem	Hoppner	6 22
Griper	Nore	Clavering	13 36
Adventurer	Plymouth	King	7 48
Glocester	Channel	Stuart	0 30

(Colonne OBSERVATEURS accolée sous l'accolade : Capitaines)

Je vais commencer par indiquer quelques-unes des précautions que l'on croyait devoir prendre, avant la découverte de M. Barlow, pour se garantir de l'action perturbatrice exercée par les fers des vaisseaux sur l'aiguille de la boussole.

Dans le voyage de *l'Isabelle* et de *l'Alexandre*, en 1818, l'expérience avait fait sentir la nécessité, dans les hautes latitudes magnétiques, là où la force directrice horizontale est très-faible, d'adopter un expédient suggéré d'abord par le capitaine Flinders, lequel consistait à disposer dans le vaisseau un endroit où l'on plaçait à poste fixe la boussole, et, dans le cas où il y avait nécessité, d'employer une boussole dans toute autre partie du vaisseau, de comparer sa marche avec celle de la boussole étalon. On obtenait ainsi un certain degré d'uniformité dans les observations relatives aux effets de l'attraction locale, et on pensait qu'une série d'observations de ce genre pouvait conduire à améliorer les règles adoptées pour obtenir des résultats indépendants des causes perturbatrices.

On savait que la somme d'irrégularité, dans chaque direction de la proue du vaisseau, variait, toutes les circonstances restant les mêmes, selon que l'inclinaison de l'aiguille augmentait ou diminuait, et dans un rapport qui ne pouvait être déterminé que par l'expérience; mais pour ces observations, faites dans diverses parties du monde, il fallait que la boussole fût conservée de manière à ne rien perdre de sa force. Pour arriver à ce but, tandis que l'on arrimait *l'Hécla*, à Deptford, le capitaine Parry (1) choisit une position pour la boussole étalon; un support à trois pieds, soudé avec du cuivre, fut placé au milieu d'un abat-jour, dans la batterie; ses pieds étaient assujettis au moyen de clous et la hauteur du support était de 4 pieds $\frac{1}{3}$ à 6 p. 2 po. anglais au-dessus du pont. Cette élévation fut considérée comme favorable, non-seulement parce que la boussole pouvait être

____

(1) Appendice du voyage du capitaine Parry, fait dans les années 1819 et 1820. — Connaissances du temps pour 1826.

dirigée facilement sur tous les points que l'on avait en vue, mais encore parce que l'on diminuait ainsi la chance des perturbations apportées par les pièces de fer que l'on changeait de place à bord. Ces pièces se trouvant au-dessous de la suspension horizontale de l'aiguille, leur influence perturbatrice était alors fortement diminuée.

On commença d'abord par substituer le cuivre au fer, dans une assez grande étendue, autour du lieu où la boussole devait être placée. Le capitaine Parry mit, en outre, des canons de cuivre à l'arrière au lieu de canons de fer. Avant le départ du vaisseau on fit une série d'observations à Northfleet, dans la Tamise, afin de s'assurer des effets produits à bord par les fers sur la boussole étalon.

Une des boussoles de l'expédition fut placée sur le rivage, de manière à se trouver dans la direction du vaisseau et d'un clocher. La position magnétique de la ligne dirigée du clocher au vaisseau fut trouvée de 83° 5o′ N. E. La tête du vaisseau fut touée successivement sur chaque point de la boussole, excepté à l'O. par E. et O. S. O., le vent et le flux ne permettant pas de mettre en panne le vaisseau dans ces dernières directions; la position du clocher fut notée par la boussole étalon. Voici les résultats obtenus :

PROUE du vaisseau.	POSITION du clocher.	Différence de la véritable position magnétique.	PROUE du vaisseau.	POSITION du clocher.	Différence de la véritable position magnétique.
Nord.	N. 83° 45′ E.	0° 15′ E.	Sud.	N. 84° 00′ E.	0° 30′ E.
N. par E.	N. 82 30 E.	1 0 O.	S. par O.	N. 84 30 E.	1 00
N. N. E.	N. 81 3o E.	2 0	S. S. O.	N. 84 30 E.	1 00
N. E. par N.	N. 80 50 E.	2 40	S. O. par S.	N. 85 00 E.	1 30
N. E.	N. 79 15 E.	4 15	S. O.	N. 85 15 E.	1 45
N. E. par E.	N. 79 25 E.	4 05	S. O. par O.	N. 86 30 E.	3 00
E. N. E.	N. 79 3o E.	4 0	O. S. O.	Points non observés.	
E. par N.	N. 78 49 E.	4 41	O. par S.		
Est.	N. 78 49 E.	4 41	Ouest.		
E. par S.	N. 79 45 E.	3 45	O. par N.	N. 87 45 E.	4 15
E. S. E.	N. 80 15 E.	3 15	O. N. O.	N. 87 00 E.	3 30
S. E. par E.	N. 80 45 E.	2 45	N. O. par O.	N. 86 30 E.	3 00
S. E.	N. 83 00 E.	1 30	N. O.	N. 86 15 E.	2 45
S. E. par S.	N. 82 15 E.	1 15	N. O. par N.	N. 85 55 E.	2 23
S. S. E.	N. 83 15 E.	0 15	N. N. O.	N. 85 45 E.	2 15
S. par E.	N. 84 00 E.	0 30 E.	N. par O.	N. 84 15 E.	2 45

Inclinaison de l'aiguille... 70° 30′ N.

Ces résultats montrent que le centre commun de l'attraction du fer était en avant et presque au milieu du vaisseau, et que, par conséquent, lorsque la proue était N. ou S. par la boussole, la direction du magnétisme et de l'attraction locale coïncidait ; de sorte que la boussole indiquait la véritable position magnétique des objets. On inféra de là que la déclinaison de l'aiguille pouvait être en tout temps reconnue par les azimuts observés avec la proue du vaisseau dirigée vers l'un ou l'autre de ces points ; mais il n'en fut pas ainsi. On voit encore dans le tableau précédent que la plus grande déviation avait lieu lorsque la proue était dirigée vers l'E. ou l'O. ; mais il n'en fut pas ainsi à la baie de Baffin, où l'influence locale s'était agrandie, comme on le verra ci-après.

Baie de Baffin, lat. 73° N.; inclin. magnét. 84° ¼; déclin. 82° 0' O.

DIRECTION de l'axe du bâtiment.	DÉVIATION locale.	DIRECTION de l'axe du bâtiment.	DÉVIATION locale.
N.	0° 46'	S.	0° 8' E.
N.N.E.	0 28	S.S.O.	0 50 O.
N.E.	10 52	S.O.	5 44
E.N.E.	15 53	O.S.O.	11 40
E.	15 05	O.	13 58
E.S.E.	13 13	O.N.O.	12 13
S.E.	8 53	N.O.	9 12
S.S.E.	6 10	N.N.O.	5 26

Si l'on compare les effets de l'attraction locale à Northfleet et à la baie de Baffin, on trouve qu'ils ont varié de + 16° à — 14°, quoiqu'on ait pris de grandes précautions pour en atténuer l'influence ; dès lors, l'on conçoit que le navigateur se trouvait exposé à des erreurs de 30° sur les directions des routes qu'il devait parcourir.

Quoi qu'il en soit, on a continué à faire les observations en s'attachant particulièrement à l'orientation du bâtiment, alors que la direction du magnétisme coïncidait avec l'attraction locale ; c'est d'après ce principe que furent faites les observations en mer, comme le prouvent les résultats consignés dans le tableau suivant :

1819.		LATITUDE.	LONGITUDE DE GREENWICH.	PROUE DU VAISSEAU.	DÉCLINAISON O.	REMARQUES.
Mai.	18	57°09'..	1°02 O.	N. 1/2 E..........	. 26°38'	
	19	58 24 N.	1 25 ..	N. N. E..........	. 27 08	
	21	59 26 ..	4 50 ..	O. N. O..........	. 36 22	
	22	59 00 ..	7 20 ..	O. N. O..........	. 38 14	
	24	57 42 ..	14 16 ..	O. N. O..........	. 40 47	
	25	57 17 ..	16 20 ..	O. N. O..........	. 43 00	
	27	56 52 ..	23 40 ..	N. O. par N......	. 43 33	
				N. O...........	.	
	28	57 22 ..	25 12 ..	N.; N. par E. N. N. E.	. 39 34	
	31	58 14 ..	30 27 ..	N. O. 1/2 O......	. 51 12	
Juin.	4	55 01 ..	35 27 ..	N. E...........	. 38 14	
	5	55 03 ..	36 00 ..	N. O. par N......	. 42 35	
				N. N. O.........	. 42 27,5	
				S. O. 1/2 E......	. 40 37	
	7	55 48 ..	37 15 ..	S. O...........	. 47 17	
				O. S. O.........	. 48 08	
	9	55 42 ..	37 53 .	O. par N.........	. 51 31	
	10	56 08 ..	38 00 ..	N...........	. 44 49	
	10	55 46 ..	38 09 ..	N. N. E.........	. 39 40	
	11	56 09 ..	40 00 ..	N...........	. 43 02	
	11	56 37 ..	40 22 ..	N. par O.........	. 47 64	
	11	56 39 ..	40 22 ..	N. par O. 1/2 O...	. 47 18	
	13	57 55 ..	40 57 ..	N...........	. 48 29	Observation de ce jour très-bonne.
				S...........	. 39 26	
	13	57 55 ..	40 57 ..	S...........	. 46 40,5	
				O. S. O.........	. 52 17	
				N.O. par O. 1/4 d'O....	. 53 35	
	14	57 42 ..	41 30 ..	N. O. par O.......	. 52 01	
				N. O. 1/4 O......	. 50 37	
				N. O...........	. 50 07	
	14	57 30 ..	42 12 ..	O. N. O...........	. 54 30	
	16	58 11 ..	48 20 ..	N. O. 1/2 O......	. 55 32	
				N. O. 1/4 O......	. 54 15	
	17	58 19 ..	48 29 ..	N. E. par N.......	. 45 59	
	17	58 29 ..	48 25 ..	N. E. 3/4 N.......	. 45 43	
	17	58 42 ..	48 21 ..	N. E. 3/4 N.......	. 45 53	
	17	58 43 ..	48 21 ..	N. E. 1/2 N.......	. 45 27	
	17	58 39 ..	48 21 ..	N. E. 3/4 N.......	. 45 23	
	19	59 40 .3	48 00 ..	N...........	. 49 13,5	Pendant un calme, véritable déclinaison obser. sur la glace, 48° 38'.
	21	61 24 ..	54 45 ..	N. par O. 1/2 O.....	. 59 21	Beaucoup de mouvement.
				N. par O. 1/4 O.....	. 57 40	
				N. par O...........	. 58 50	
	23	62 50 ..	61 40 ..	N. N. E...........	. 50 11	
				N. N. E. 1/2 E......	. 50 30	
	24	63 30 ..	61 43 ..	E. N. E...........	. 45 44	
	26	64 00 ..	61 50 ..	N. 1/10 E..........	. 58 48	La véritable déclinaison observée sur la glace, 63° 55' lat. et 61° 50' long., était 61° 11' 30".
				N. par E. 1/2 E.....	. 55 06	
	28	63 40 ..	62 10 ..	N. 1/59 E..........	. 40 11	La véritable déclinaison observée sur la glace, 62° 44' lat. et 61° 49' long., était 60° 20'.
	30	63 25 ..	62 08 ..	N. 1/86 E..........	. 48 03	

1819.		LATITUDE.	LONGITUDE DE GREENWICH.	PROUE DU VAISSEAU.	DÉCLINAISON O.	REMARQUES.
Juillet.	1	64° 01' ..	60° 55' ..	E. N. E..........	. 49 14,5	
	1	64 00 ..	60 50 ..	N. 1/85 E........	. 48 49	
	1	64 02 ..	59 45 ..	E............	. 50 39	
	1	64 04 ..	60 50 ..	E. 1/2 E........	. 51 11	
	5	66 50 .	57 12 ..	E. par S......	. 51 59	
				N. par O. 1/2 O..	. 71 30	
	6	67 42 ..	57 35 ..	N. par O........	. 69 41,5	
				N. 1/9 O........	72 43	
				N. 1/2 O.	69 43	
	6	67 49 ..	57 55 ..	E. N. E.........	. 58 39,5	
	6	67 52 ..	57 56 ..	E............	. 60 42	
	7	68 21 ..	57 02 ..	N. E. par E.....	. 60 15	
				N. E. 1/70 E.....	. 55 51	
	7	68 20 ..	57 06 ..	N. 1/19 E........	. 67 13	
					. 61 10	
	8	68 28 ..	57 17 ..	N. par E........	66 01	
				N. par E. 1/4 E..	. 61 51	
				N..............	. 67 49,5	
	10	69 03 ..	57 59 ..	N. N. E. 1/4 E...	61 55	
	16	70 43 ..	59 25 ..	N. E............	. 68 47	La véritable déclinaison observée sur la glace, 70° 28' lat., 69° 12' long., était 74° 39'.
	21	72 66 ..	58 37 ..	N. par E........	. 72 33	
				N. N. E.........	. 71 05,5	
	22	73 13 ..	60 15 ..	N. 1/67 O........	. 79 42	
				N. 1/28 O........	. 91 18,5	

§ II. *Méthode employée par M. Duperrey pour se préserver de l'attraction locale.*

Le capitaine Duperrey, avant son départ pour son
voyage de circumnavigation, pendant les années 1822,
1823, 1824 et 1825, avait combattu avec grand succès,
lors de l'armement de la corvette *la Coquille*, qu'il
devait commander, l'influence produite sur l'aiguille aimantée par les masses métalliques qui se trouvaient à
bord. Les canons du gaillard d'arrière avaient été sup-
primés, et l'on avait chevillé et cloué en cuivre tout ce
qui entourait le lieu des observations magnétiques jusqu'à une distance de 3 ou 4 mètres.

Les expériences suivantes prouvent qu'on pouvait
négliger l'influence des fers du navire sur l'aiguille aiman-

tée. La première a été faite près de l'équateur, la mer étant très-calme, circonstance très-favorable.

Le 24 septembre 1822, la corvette se trouvant par 0° 14' de latitude méridionale, et le soleil était aussi par 0° 14' de déclinaison australe, le capitaine Duperrey releva cet astre au moment de son lever, avec un compas de déclinaison, en dirigeant successivement le cap du bâtiment sur tous les points de l'horizon, afin que l'aiguille aimantée fût présentée successivement à toutes les parties du bâtiment. Le mouvement de l'astre, en hauteur, étant vertical, son amplitude ne changea pas sensiblement pendant 20 minutes que dura l'observation.

	DIRECTION DU CAP DU BATIMENT.							
	Cap.	Relève-ment du soleil.	Cap.	Relève-ment du soleil.	Cap.	Relève-ment du soleil.	Cap.	Relève-ment du soleil.
1re Expé-rience.	N	E. 13°45'S	O......	E. 13°35'S	S......	E. 13°50'S	E......	E. 13°45'S
	N. N. O.	. 140...	O. S. O.	. 13 50..	S. S. E.	. 13 45 .	E. N E	. 13 40
	N. O...	. 140...	S. O...	. 13 45..	S. E..,.	. 13 30..	N. E...	. 13 30.
	O. N. O.	. 145...	S. S. O.	. 13 45..	E. S. E.	. 13 30..	N. N. E.	. 12 30.

La plus grande déviation n'est que de 0°,35.

Au mouillage de Ste-Catherine (côte du Brésil) , les relèvements ont été pris sur une mire située à 13,000 toises.

2e Expé-rience.	DIRECTION DU CAP DU BATIMENT.							
	Cap.	Relève-ment de l'objet.	Cap.	Relève-ment de l'objet.	Cap.	Relève-ment de l'objet.	Cap.	Relève-ment de l'objet.
	N	N 39°50 E	O......	N 38°45 E	S......	N 40° 0 E	E......	N 40°15 E
	N. N. O.	. 39 25..	O. S. O.	. 39 20..	S. S. E	. 40 0..	E. N. E.	. 39 20
	N. O...	. 39 25..	S. O...	. 39 30..	S. E...	. 40 10..	N. E...	. 39 30
	O. N. O.	. 38 50..	S. S. O.	. 39 20..	E. S. E	. 40 15..	N. N. E.	. 39 20

Ici la plus grande déviation est de 1° 25', après la rotation complète de la corvette , entre les relèvements pris , quand le cap était , comme ci dessus , à l'O. N. O. et à l'E. S. E.

Enfin , dans une plus haute latitude encore, au mouillage de Saint-Louis, aux îles Malouines, par 51° 32′ 50″ de latitude australe, on a eu les résultats suivants :

DIRECTION du cap du bâtiment.	RELÈVEMENT de la mire.	DIRECTION du cap du bâtiment.	RELÈVEMENT de la mire.	DIRECTION du cap du bâtiment.	RELÈVEMENT de la mire.	DIRECTION du cap du bâtiment.	RELÈVEMENT de la mire.
N.......	S 67° 15′ E	O.......	S 67° 0′ E	S.	S 67° 20′ E	E.	S 67° 10′ E
N. N. O.	. 67 10..	O. S. O..	. 67 0..	S. S. E..	. 67 20..	E. N. E..	. 67 10
N. O....	. 67 10..	S. O.....	. 67 10..	S. E.....	. 67 0..	N. E....	. 67 10
O. N. O.	67 25..	S. S. O..	. 67 20..	E. S. E..	. 67 10..	N. N. E.	. 67 15

On voit dans ce tableau que bien que la latitude fût plus élevée que précédemment, néanmoins la force magnétique du bâtiment n'a pas augmenté, comme on aurait pu le craindre ; cette force est ici inappréciable, puisque les aberrations de l'aiguille ne vont pas au delà de 0° 25′.

Il en résulte que les précautions prises par M. Duperrey, pour se mettre en garde contre les attractions locales, lui permettaient de négliger celles-ci dans les observations de déclinaison à diverses latitudes.

Il a voulu s'assurer s'il en était de même dans les observations relatives aux inclinaisons.

Dans le tableau suivant, on trouvera les résultats moyens des inclinaisons observées simultanément à terre et à bord de la corvette dans les principales relâches.

COMPARAISON *des inclinaisons observées à terre et à bord de* la Coquille, *pendant les relâches du voyage.*

HÉMISPHÈRE MAGNÉTIQUE BORÉAL.

NOM DES STATIONS.	LATITUDE magnétique.	DIRECTION du cap du bâtiment.	INCLINAISONS OBSERVÉES		DIFFÉRENCE entre les inclinaisons.
			à terre.	à bord.	
Paytá.............	2° 3′ 20″ N.	N	+ 3°55′,0	+ 4°37′,9	+ 0°42′,
Ile Oualan.........	1 35 20 ...	N. N. E.	+ 3 5,2	+ 3 15,9	+ 10,7
Ile de l'Ascension....	0 59 0 ...	S. S. E.	+ 1 41,7	+ 2 14,8	+ 33,1

HÉMISPHÈRE MAGNÉTIQUE AUSTRAL.

NOM DES STATIONS.	LATITUDE magnétique.	DIRECTION du cap du bâtiment.	INCLINAISONS OBSERVÉES		DIFFÉRENCE entre les inclinaisons.
			à terre.	à bord.	
Havre d'Offak.......	6° 53′ 0″ S.	S. O....	— 13°31′,3	— 13°43′,1	+ 0° 11′,8
Havre de Doreri.....	7 25 0 ..	N	— 14 43,6	— 14 19,8	— 23,8
Ile Ste-Hélène........	7 37 30 ..	S. E....	— 14 56,6	— 15 9,8	+ 13,2
Port Praslin........	10 40 50 ..	E.......	— 20 42,8	— 20 31,7	— 8,1
Amboine............	10 36 40 ..	N. E....	— 20 51,0	— 20 13,6	— 37,4
Ile Ste-Catherine....	11 55 20 ..	S.......	— 22 56,7	— 22 44,0	— 12,7
Sourabaya..........	14 5 0 ..	E......	— 26 46,0	— 24 31,3	— 14,8
Ile de Taïti.........	16 8 0 ..	E......	— 30 8,2	— 29 47,7	— 20,5
Talcahuano.........	26 19 30 ..	N. N. E.	— 44 50,7	— 44 15,6	— 35,1
Ile de France........	34 19 20 ..	S. E....	— 53 53,0	— 53 34,3	— 18,7
Iles Malouines.......	35 18 10 ..	S.......	— 54 45,2	— 54 33,7	— 11,5
Monawa...	40 25 0 ..	E. S. E.	— 59 45,1	— 57 24,8	— 20,3
Port Jackson........	43 36 20 ..	E.......	— 62 19,1	— 62 15,7	— 3,4

Ces résultats nous montrent que les différences entre les inclinaisons obtenues à terre et celles recueillies à la mer sont peu considérables; quoi qu'il en soit, les inclinaisons observées à bord ont toujours été un peu plus grandes dans l'hémisphère magnétique boréal et plus petites au contraire dans l'hémisphère magnétique opposé.

M. Duperrey fait observer à cet égard : « que l'ex-« trémité nord de l'aiguille qui contient le fluide austral « a été attirée dans l'un comme dans l'autre hémisphère « par une puissance sous-attractive, qui, ne pouvant être

« attribuée qu'aux masses de fer contenues dans la cor-
« vette, semble indiquer que ces masses agissaient comme
« un vaste barreau aimanté, dont le pôle boréal aurait
« été invariablement fixé au-dessous de l'aiguille d'incli-
« naison, que l'on observait toujours dans la même
« place, au milieu du gaillard d'arrière du bâtiment.

« La conséquence la plus importante que nous ayons
« à déduire des comparaisons précédentes, c'est que du
« moment où les inclinaisons observées à bord dans
« l'hémisphère magnétique boréal ont été trop grandes, et
« que celles qui ont été observées dans l'hémisphère op-
« posé ont été trop petites, la portion de l'équateur ma-
« gnétique que nous n'avons pu déterminer qu'à l'aide
« des observations faites à la mer, se trouve évidemment
« placée un peu au sud de sa véritable position.

« Mais, si l'on considère que l'équateur magnétique
« ne se trouve avoir été porté trop au sud que de 14′
« environ, dans le cas des observations septentrionales,
« et de 6′ seulement dans celui des observations méri-
« dionales, et si enfin on ajoute à cette considération
« que les différences entre les inclinaisons observées à terre
« et à bord de la corvette, telles qu'elles sont indiquées
« dans le tableau précédent, rentrent pour laplupart dans
« les limites des erreurs d'observations les plus ordinaires,
« on nous autorisera sans doute à conclure de tout
« ceci que l'aiguille aimantée peut être sensiblement dé-
« viée de sa direction naturelle dans certains navires,
« mais que, selon toute apparence les précautions prises
« dans l'armement de la corvette *la Coquille*, pour qu'il
« n'entrât pas un seul morceau de fer dans la construc-
« tion du gaillard d'arrière, destiné à être le théâtre de
« nos observations magnétiques, n'ont pas été moins
« favorables aux expériences de l'inclinaison qu'à celles
« de la déclinaison qui ont été faites à la mer, à bord
« de ce bâtiment. »

VI. 2ᵉ *partie.*

§ II. *Méthode de M. Barlow pour déterminer l'attraction locale des vaisseaux.*

On doit à M. Barlow la découverte d'un procédé qui paraît conduire le plus directement au but pour corriger les effets de l'attraction locale.

Cet habile physicien est parti du principe incontestable que les diverses masses de fer qui se trouvent à bord des bâtiments acquièrent la polarité magnétique, sous l'influence de l'action du globe, et qu'elles agissent ensuite sur les boussoles, comme pourraient le faire de véritables aimants. Ce principe posé, il admet que si l'on fait varier en même temps la distance et l'élévation d'une plaque de fer doux, par rapport à une aiguille aimantée horizontale, on peut trouver une position où cette plaque exerce la même action que les pièces de fer qui se trouvent sur un bâtiment. Dès lors cette plaque, placée d'un certain côté de l'aiguille, doit détruire les effets de l'attraction locale.

M. Barlow a tiré de là, comme conséquence, que la plaque et les masses ferrugineuses perturbatrices étant modifiées de la même manière, suivant la latitude magnétique des lieux où l'on observe, ce mode de compensation n'aurait pas besoin d'être changé.

M. Poisson a traité aussi cette question par l'analyse, comme on le verra ci-après; quant à la méthode employée par M. Barlow pour déterminer l'attraction locale des vaisseaux, elle ne saurait être mieux exposée que dans la relation qu'il a rédigée des expériences faites par lui à bord des vaisseaux le *Leven*, le *Conway* et le *Barracouta*.

« Le *Leven* était mouillé à Northfleet, le 15 avril 1820; « j'y allai le 17, dans le dessein de faire une série d'expériences avant que les canons fussent à bord; ces « opérations furent conduites comme il suit (1):

---

(1) An Essay on magnetic attraction, Barlow, 1833, p. 89.

« Je trouvai d'abord qu'il y avait une grande difficulté
« à touer le vaisseau dans ce lieu ; je proposai, et l'on y
« adhéra, de procéder de la manière suivante : je pris sur
« le rivage une excellente boussole azimutale de MM. W.
« et T. Gilbert, que je m'étais procurée à cet effet, ainsi
« qu'un théodolite de Schmalcalder ; je pris la position
« azimutale d'un objet éloigné, je trouvai qu'elle était
« de 35° 50' N.-E., et le théodolite fut ensuite pointé
« dans la même direction ; au moyen de quoi le o du
« théodolite fut porté au véritable nord magnétique, de
« sorte que la position d'un objet pouvait être déterminée
« sans qu'il fût besoin de s'en rapporter à l'aiguille. On
« comprendra facilement que le théodolite fut fixé sur le
« lieu où la boussole azimutale avait d'abord été élevée. Je
« pris à bord ce dernier instrument dans le dessein de
« faire des expériences, tandis que le lieutenant Mudge
« restait sur le rivage pour relever la direction du pié-
« destal ou pilier que l'on prenait à bord avec le théo-
« dolite (le capitaine Bartholomew avait fait élever un
« piédestal justement devant le mât de misaine, comme
« lieu fixé pour prendre des azimuts pendant le voyage).
« Le vaisseau commençant alors à céder à la marée,
« on fit entendre le mot : *Regardez* ; à ce signal, le lieu-
« tenant Vidal, à la boussole azimutale à bord, regar-
« dait le lieutenant Mudge sur le rivage, dans la ligne
« en face de lui, tandis que ce dernier regardait de la
« même manière dans le champ de son télescope le
« lieutenant Vidal. Après cette observation on cria :
« *Arrêtez*, et chacun enregistra aussitôt de son côté la
« position de l'autre. Ces positions, indépendantes de l'ac-
« tion attractive locale du vaisseau, doivent avoir été dia-
« métralement opposées, et conséquemment la différence
« entre les deux observations indiquait l'erreur due à
« l'attraction des fers du bâtiment du bord.
« La première observation enregistrée, le mot *Re-*
« *gardez* fut de nouveau crié, et le mot *Arrêtez* fut ren-
« voyé aussi souvent que possible pendant que le vaisseau
« tournait doucement ; le lieutenant Baldey prenant cha-

« que fois la position de la proue du vaisseau, au moyen
« de la boussole azimutale placée sur le cabestan du
« navire.

« Les avantages de cette méthode sont que les deux
« positions, c'est-à-dire, celle du vaisseau et celle du ri-
« vage, dépendent de la même boussole, et qu'ainsi on
« évitera les erreurs provenant de l'usage de différentes
« aiguilles, en même temps que celle de la parallaxe d'un
« objet éloigné, lorsque le vaisseau prend sa course ;
« source d'erreurs qui doit s'être reproduite dans les pre-
« mières observations de ce genre. En se reportant à la
« figure 24, cette description n'est plus inintelligible,
« v suppose le vaisseau dans la rivière R, et T la po-
« sion du théodolite sur le rivage.

« La seule chose nécessaire dans ce cas, est d'avoir
« une boussole azimutale très-mobile ; celles dont se ser-
« vent communément les navires étant si défectueuses
« qu'il est impossible (quand il n'y a pas de mouvement
« dans le vaisseau) de fixer leur position à 2 ou 3° près
« du véritable nord magnétique. Depuis cette remarque,
« je suis heureux de savoir que le bureau naval a donné
« une amélioration aux boussoles des vaisseaux. J'ai
« reçu des instructions pour les examiner, et je dois faire
« un rapport sur celles qui sont fautives. Il est à es-
« pérer que ces instruments seront bientôt placés sur un
« pied semblable à celui des autres *mesures* excellentes
« de la marine anglaise. »

Les expériences mentionnées ci-dessus furent faites
avant que l'on eût placé les canons à bord ; mais on les
répéta le 29 avril, après qu'ils eurent été mis en place.
Les résultats qui suivent sont ceux de deux séries d'observations.

EXPÉRIENCES

faites par MM. Barlow et les officiers du vaisseau, à bord du Le-
ven, à Northfleet, les 17 et 19 avril 1820. — Inclinaison, 70° 30′.

(On a compris dans ce tableau les effets de l'attraction d'une plaque de fer, effets dont je traiterai ci-après.)

N°⁸ des expériences.	SANS CANON A BORD.		N°⁸ des expériences.	AVEC LES CANONS A BORD.		
	Position de la proue du vaisseau.	Différence de position ou attraction locale.		Position de la proue du vaisseau.	Différence de position ou attraction locale.	Attraction locale que donne la plaque.
1	N. 77° 0′ 0.	+ 2°22′	1	N. 71° 0′ 0.	+ 2°51′	
2	N. 68 30 0.	+ 2 25	2	N. 64 0 0.	+ 2 07	2 20
3	N. 57 0 0.	+ 1 37	3	N. 57 0 0.	+ 1 39	
4	N. 47 0 0.	+ 1 54	4	N. 47 0 0.	+ 1 45	
5	N. 32 0 0.	+ 1 12	5	N. 31 0 0.	+ 1 39	1 30
6	N. 20 0 0.	+ 1 20	6	N. 24 0 0.	+ 1 10	1 0
7	N. 14 30 0.	+ 0 12	7	N. 15 0 0.	+ 1 19	
8	Nord.	— 0 15	8	N. 6 0 0.	+ 0 17	0 40
9	N. 5 0 E.	— 0 54	9	N. 4 0 0.	— 0 08	
10	N. 16 0 E.	— 1 32	10	Nord.	— 0 24	0 0
11	N. 32 0 E.	— 1 43	11	N. 5 0 E.	— 0 11	
12	N. 45 0 E.	— 2 25	12	N. 13 0 E.	— 0 29	0 40
13	N. 52 0 E.	— 2 26	13	N. 23 0 E.	— 0 46	1 0
14	N. 67 0 E.	— 3 15	14	N. 57 0 E.	— 1 27	1 30
15	N. 74 0 E.	— 3 6	15	N. 59 0 E.	— 2 32	
16	N. 83 0 E.	— 2 13	16	N. 72 0 E.	— 2 23	2 10
17	Est.		17	N. 80 0 E.	— 2 51	
18	S. 81 15 E.	— 2 34	18	S. 86 0 E.	— 2 11	2 30
19	S. 74 30 E.	— 2 30	19	S. 85 0 E.	— 2 34	2 30

La rapidité et la force du flux et reflux, à Northfleet, ne permirent pas de touer le vaisseau point par point; mais cette méthode, que **M.** Barlow considérait comme la meilleure, fut employée dans le havre de Portsmouth, par le capitaine Hall, dans les expériences faites à bord du *Conway*. J'en donne ici les résultats.

EXPÉRIENCES

Sur l'attraction locale, faites à Portsmouth-Harbour, à bord du vaisseau le **Conway**, *le 24 juillet 1820, par les capitaines Basil, Hall et M. Barlow.*

INCLINAISON DE L'AIGUILLE 70° 3'.

Nos des observations.	Direction de la proue du vaisseau.	Position de la station observée du vaisseau sur le rivage par le capitaine Hall.	Position de l'aiguille à bord, par M. Forster.	Attraction locale.	Nos des observations.	Direction de la proue du vaisseau.	Position de la station observée du vaisseau sur le rivage par le capitaine Hall.	Position de l'aiguille à bord par M. Forster.	Attraction locale.
1	S.S.	N.97° 0' E.	S.95°40'O.	— 1°20'	17	S.S.E.	N.07° 0' E.	S.07°15'O.	+ 0°15'
2	Sud.	96 0	94 3	— 1 57	18	S.E.S.	95 50	96 22	+ 0 32
3**	S.O.	95 20	92 57	— 2 23	19	S.E.	94 10	95 16	+ 1 0
4**	S.S.O.	95 10	92 19	— 2 51	20	S.E.E.	93 20	94 24	+ 1 4
5**	S.O.S.	94 8	91 0	— 3 8	21	E.S.E.	91 0	92 30	+ 1 30
6**	S.O.	94 2	90 47	— 3 15	22	E.S.	89 30	91 52	+ 2 22
7**	S.O.O.	93 35	90 15	— 3 20	23	Est.	87 50	91 15	+ 2 25
8	O.S.O.	93 30	88 32	— 4 58	24	E.N.	85 0	89 5	+ 4 5
9**	O.S.	92 10	87 32	— 4 38	25	E.N.E.	83 20	86 34	+ 3 14
10	Ouest.			—	26	N.E.E.	82 10	85 31	+ 3 21
11	O.N.	88 0	84 25	— 3 85	27	N.E.	82 15	84 58	+ 2 43
12	O.N.O.	86 35	83 12	— 3 23	28	N.E.N.	83 0	85 13	+ 2 13
13	N.O.O.	85 20	82 27	— 2 53	29	N.N.E.	85 50	88 4	+ 2 14
14	N.O.	83 25	81 46	— 1 39	30	N.E.	84 40	85 47	+ 1 7
15**	N.O.N.	84 17	82 7	— 2 10	31**	Nord.	83 0	83 7	+ 0 7
16**	N.N.O.	83 35	82 3	— 1 32	32**	N.O.	82 28	81 38	+ 0 50

Les nombres marqués d'un astérisque (**) double indiquent deux ou plusieurs observations faites au même point ; le résultat indiqué est la moyenne obtenue.

§ III. *Description de la plaque de correction.*

M. Barlow ayant trouvé comment on pouvait déterminer l'attraction locale du navire, chercha un moyen facile et usuel de corriger l'effet de cette attraction. Il imagina de placer une plaque de fer à peu de distance de la boussole. Cette plaque se compose de deux autres plaques de fer épaisses, vissées l'une à l'autre, et d'un disque de bois interposé, destiné à en accroître légèrement l'épaisseur, sans en augmenter de beaucoup le poids. Par ce moyen on combine le pouvoir énergique d'une des plaques avec une faible partie du pouvoir de l'autre ;

ce qui met à même d'obtenir une attraction plus uniforme. M. Barlow ne pense pas cependant que la double plaque soit nécessaire quand on fait usage de fer
pesant six livres au pied carré anglais ; mais avec une
plaque de fer de trois livres au pied carré, l'expérience
lui a prouvé que la double plaque était nécessaire. Ces
plaques ont un diamètre de 12 à 13 po., et sont percées à leur centre d'une ouverture par laquelle passe
une bobèche en cuivre, munie d'une vis extérieure ; un
écrou de cuivre, d'un pouce environ de diamètre, est
vissé à chaque extrémité de la bobèche, afin de presser
les plaques contre le disque en bois.

Pour rendre leur union plus intime, on visse les plaques près de leurs bords, au moyen de plusieurs petites
vis de fer.

Pour déterminer la situation la plus convenable où la
plaque doit être placée dans le vaisseau, on commence
par poser sur le rivage une boîte ou un morceau de
bois n'ayant pas de fer AB (fig. 24) ; on le perce de
plusieurs trous, à 8, 9, 10, etc., pouces de la partie
supérieure, dans lesquels on peut mettre, suivant le
cas, une tige horizontale de cuivre ou de laiton B, destinée à supporter la plaque ; cette tige est introduite
dans un des trous, et la boussole étant placée d'une manière fixe sur la partie supérieure de la boîte ou de la
pièce de bois, on tourne cette dernière, au moyen de
la tige, successivement vers plusieurs points de l'horizon ; puis on opère avec ou sans la plaque pour déterminer son pouvoir d'attraction. Si les résultats ainsi obtenus s'accordent avec ceux observés à bord, on a alors
la position droite de la plaque. Quand cette condition
n'est pas remplie, on change la hauteur de la boussole et
la distance de la plaque, puis l'on répète les expériences.
Il suffit de quelques essais pour obtenir avec la plaque
la même attraction que celle observée dans le vaisseau.

Après quoi on mesure avec soin la distance de la plaque à la verticale passant par le pivot de l'aiguille, et
la distance verticale au-dessous du limbe ; puis on fait

un trou, et on introduit une tige dans une des parties du trépied employé pour la boussole azimutale à bord. Il résulte de cet arrangement que lorsque la tige de cuivre est placée comme on le voit (fig. 25), la plaque se trouve placée, par rapport à la boussole, comme dans l'appareil dont on avait fait usage à terre.

Je dois faire remarquer qu'en raison d'erreurs inévitables dans les observations, il est presque impossible de disposer la plaque de manière à avoir la même attraction que le vaisseau en chaque point : on doit alors prendre une moyenne entre les déviations au S.-E., S.-O., N.-E., N.-O., N.-O., N.-S.; et si les moyennes des résultats obtenus en ces différents points dans le vaisseau et avec la plaque sur le rivage s'accordent ensemble, les autres erreurs seront très-faibles. M. Barlow conseille de se servir d'une plaque déjà corrigée, c'est-à-dire, d'une plaque dont on a reconnu l'attraction à plusieurs distances et dans plusieurs positions. On forme, à cet effet, un tableau dans lequel se trouvent consignés les résultats de l'expérience.

§ IV. *Méthode pour se servir à bord de la plaque de correction.*

La plaque est appliquée à la boussole azimutale de la manière indiquée dans les instructions que M. Barlow a laissées aux officiers du vaisseau *le Leven*.

« Quand un azimut ou une amplitude du soleil ou « d'un autre corps céleste sert à déterminer la déclinai- « son, on commence par faire les observations de la ma- « nière accoutumée, et ensuite on les répète immédiate- « ment avec la plaque fixée ; la différence entre les deux « positions donne l'attraction locale ; par exemple :

« Supposez que la moyenne de la première série d'obser- « vations donne pour la position 67°,oo et la seconde avec

« la plaque attachée 70° 3o', on aura alors, en retranchant

              de   70°   3o'   2ᵉ moyenne
                     67   oo   1ʳᵉ moyenne
                     ____

                     3°   3o' pour l'attraction locale.

« Maintenant si l'on retranche

              de 67°   o'
                   3   3o
                   ____

« on aura   63°   3o pour l'azimut correct.

    « De plus, si l'amplitude par l'observation ordinaire
« est de 13° 3o' et avec la plaque seulement 1o° 3o',
« on a alors, en retranchant

              de   13°   3o'   1ʳᵉ moyenne
                    1o   3o   2ᵉ moyenne
                    ____

                    3°   o' pour l'attraction locale.

« Si à   13°   3o'
« on ajoute   3   oo
                   ____

« on aura   16°   3o' pour la véritable amplitude de
                        la boussole.

    « En tout cas, lorsque la première position d'un ob-
« jet observé est diminuée par la plaque, la différence, ou
« l'attraction locale, doit être ajoutée à la première posi-
« tion, et lorsque le premier angle est augmenté par la
« plaque, il faut soustraire la différence.

    « Il faut observer que l'on suppose que la plaque est
« appliquée immédiatement après la moyenne de la 1ʳᵉ
« série d'observations obtenues, et avant qu'un changement
« considérable ait eu lieu dans l'azimut du corps cé-
« leste. Pour éviter toute chance d'erreurs en cette occa-
« sion, les officiers du vaisseau calculeront leurs décli-
« naisons dans deux séries d'observations, c'est-à-dire
« avant et après l'application de la plaque, et la diffé-

« rence leur donnera l'attraction locale ; c'est un surcroît
« additionnel, mais le résultat est comparativement plus
« exact. »

D'après les détails dans lesquels je suis entré pour
faire connaître les avantages et la méthode pratique
de la plaque de correction, je crois que son usage ne
présentera plus aucune espèce de difficulté.

Au surplus, je vais rapporter une série d'observations
pour montrer les avantages que l'on retire de l'emploi
de la plaque de correction.

EXPÉRIENCES faites à Sheerness (Angleterre) sur le bâtiment le
Griper, avant son départ pour le Spitzberg, en 1823.

DIRECTION de l'axe du bâtiment.	DÉVIATION locale.	DIRECTION de l'axe du bâtiment.	DÉVIATION locale.
N...............	... 1° 4' vers l'O.	S...............	... 1° 56' vers l'E.
N. E...........	... 10 26 E.	S. O...........	... non observée.
E. N. E........	... 12 56 Id.	O. S. O.......	... 11 4' ouest.
E..............	... 13 36 Id.	O.............	... 13 34
E. S. E.......	... 12 56 Id.	O. N. O.......	... 12 24
S. E..........	... 9 36 Id.	N. O..........	... 10 4

La boussole qui avait servi sur *le Griper* fut transportée à terre par M. Forster, qui chercha dans quelle
position devait être placée une plaque de fer doux, circulaire et verticale, de 44 pouces anglais de circonférence, afin de produire sur l'aiguille aimantée, dans
tous les azimuts, une action semblable à celle qu'elle
avait éprouvée dans le bâtiment. Il trouva que cette
condition était à peu près remplie quand le centre de
cette plaque se trouvait à 7 pouces $\frac{5}{8}$ (anglais) au-dessous
du plan horizontal de l'aiguille, et à 8 pouces $\frac{1}{4}$ de distance de la verticale passant par le centre de suspension.
Cette détermination faite, la plaque fut fixée solidement sur *le Griper*, de manière à anéantir l'action

locale. Les résultats suivants indiquent l'effet utile de cette disposition.

18 mai 1823, latitude 65° 6′; longitude E. de Greenwich, 6° 54′.

DIRECTION de l'axe du bâtiment.	AZIMUT du soleil sans la plaque.	AZIMUT du soleil avec la plaque.
N............	...... 26° 1′ O........	...... 24° 23′ O.
N. E........	...... 11 28 O........	...... 25 2 O.
Différences......	...... 14° 33′	...... 0° 39′

Dans cette station, l'action locale était telle qu'un changement de 45° dans l'orientation en altérait la valeur de 14° $\frac{1}{2}$, tandis qu'avec la plaque, la différence ne montait qu'à 39′ et ne provenait probablement que d'une erreur d'observation. Les trois exemples suivants montrent encore les avantages de la plaque de correction.

20 mai 1823, latitude 66° 57′N.; longitude 7° 20′ E.

DIRECTION de l'axe du bâtiment.	AZIMUT du soleil sans la plaque.	AZIMUT du soleil avec la plaque.
N............	...... 24° 53′ O........	...... 25° 30
E. 1/2 N......	...... 2 14 O........	...... 21 15
Différences......	...... 22° 39′..........	...... 4° 15′
23 mai 1823, latitude 67° 21′N.; longitude 9° 4′ E.		
N. E. 1/2 E....	...... 18° 4′ O........	...... 22° 12′ O........
O............	...... 43 5 O........	...... 20 0 O........
Différences......	...... 25° 1′..........	...... 2° 12′
28 mai 1823, latitude 69° 8′N.; longitude 14° 30′ E.		
N. E........	...... 13° 35′ O........	...... 17° 19′ O.
O............	...... 40 37 O........	...... 14 28 O.
Différences......	...... 27° 2′..........	...... 2° 41′

On peut conclure des résultats précédents que la plaque ne détruit pas entièrement l'erreur, mais qu'elle n'en laisse subsister qu'une faible partie, sans inconvénients graves pour les usages de la navigation ; mais cela supposerait qu'une fois la compensation établie en un certain lieu, théoriquement parlant, elle n'aurait pas besoin d'être changée ; toutefois les expériences faites ne sont pas de nature à résoudre affirmativement la question.

Hammerfest (Norwége), latit. 70° 40' N., long. 23° 45' E. de Greenwich ; décl. 11° 26' O., inclin. 77° 15'.

DIRECTION de l'axe du bâtiment.	DÉVIATION locale.	DIRECTION de l'axe du bâtiment.	DÉVIATION locale.
S.	4° 0' E.	N.	1° 30' E.
S.S.O.	4 30 O.	N.N.E.	8 50
S.O.	Non observée.	N.E.	19 30
O.S.O.	19 10 O.	E.N.E.	21 30
O.	24 10 O.	E.	24 0
O.N.O.	23 0 O.	E.S.E.	22 50
N.O.	Non observée.	S.E.	18 30
N.N.O.	9 10 O.	S.S.E.	12 50

Ces résultats nous montrent, ou que la plaque de correction n'avait pas été placée à Sheerness avec toute l'exactitude nécessaire, ou bien qu'il faut en changer la position avec la latitude, puisque, à Hammerfest, on a eu des déviations locales qui dépassaient 24°.

Une nouvelle position de la plaque ayant été déterminée par l'expérience, les résultats suivants indiquent que celle qui avait servi dans la Tamise pouvait être employée avec avantage à Hammerfest ; mais on ignore s'il peut en être de même en tout autre point du globe.

DIRECTION de l'axe du bâtiment.	Déviation locale avec la plaque.	DIRECTION de l'axe du bâtiment.	Déviation locale avec la plaque.
S.	1° 40′ O.	N.	1° 0′ E.
S.S.E.	3 0 O.	N.N.O.	0 50
S.E.	1 40 O.	N.O.	0 20 O.
E.S.E.	1 0 E.	O.N.O.	2 10
E.	2 30 E.	O.	1 50
E.N.E.	0 0	O.S.O.	1 10
N.E.	0 10 E.	S.O.	3 30 E.
N.N.E.	0 10 E.	S.S.O.	2 30

Ici les déviations locales ne dépassent pas 3° 30′, mais elles ont été plus grandes dans d'autres stations. En effet, dans le port Fairhaven, au Spitzberg, lat. 79° 50′ N., long. 11° 40′ E., déclin. 25° 12′ O., inclin. 81° 11′ N., les effets de l'attraction locale, sans l'emploi de la plaque, ont varié dans les diverses orientations de + 37° 12′ à — 29° 18′; avec la plaque telle qu'elle avait été déterminée à Hammerfest, les déviations locales n'ont varié que de + 6° 22′ à — 11° 18′. Quoique ces erreurs soient encore assez considérables, mais moins grandes cependant que les précédentes, M. Forster fait remarquer que les circonstances dans lesquelles il observait étaient défavorables; les glaces flottantes ne permettaient pas au *Griper* de virer de bord en évitant tout mouvement de translation : de plus, le point de mire sur lequel on visait étant peu éloigné, les erreurs de parallaxe ont pu se combiner avec celles que l'on cherchait à apprécier.

Il résulte, des observations faites jusqu'ici, ainsi que j'en ai conclu plus haut, que si les plaques de correction ne détruisent pas entièrement l'effet des attractions locales, leur emploi peut du moins servir à en diminuer considérablement l'action perturbatrice.

CHAPITRE XI.

RECHERCHES ANALYTIQUES DE M. POISSON SUR LES MOYENS DE SE GARANTIR DES EFFETS DE L'ATTRACTION LOCALE.

Dans l'impossibilité où je suis d'exposer complétement les recherches analytiques de M. Poisson, je me bornerai à insérer ici le précis qu'il en a donné lui-même dans la *Connaissance des temps* pour 1840, et dans la *relation du Voyage en Islande et au Groënland, sur la corvette* LA RECHERCHE, t. Ier, 2e partie.

La force magnétique de la terre varie d'un lieu à un autre, en direction et en intensité; elle dépend de la distribution des deux fluides magnétiques dans la masse du globe qui ne nous est pas connue. Cette force et sa direction en un point donné ne peuvent donc être déterminées que par l'expérience. Ce sont les observations qui montrent, en effet, qu'en tous les points de l'hémisphère *boréal*, le pôle *austral* de l'aiguille aimantée s'abaisse au-dessous du plan horizontal mené par son point de suspension, et que ce même pôle s'élève au-dessus de ce plan dans l'hémisphère austral. Toutefois, la courbe qui sépare ces deux hémisphères magnétiques, est une ligne à double courbure, qui s'écarte notablement de l'équateur terrestre. A mesure que l'on s'éloigne, d'un côté ou de l'autre, de cette courbe où *l'inclinaison* est nulle, l'expérience a aussi fait voir que cet angle et l'intensité magnétique du globe augmentent suivant des lois que l'on ne connaît pas encore. Quant à la déclinaison, non-seulement elle varie sur chaque méridien et d'un méridien à un autre, mais, en un point donné, l'observation nous a appris qu'elle change lentement, et que le pôle austral de l'aiguille passe même de l'est à l'ouest, ou réciproquement. A Paris, par exemple, la déclinaison qui avait lieu à l'est avant 1663, est devenue nulle dans cette année, a lieu maintenant à l'ouest, et paraît avoir atteint son *maximum* d'environ 22 degrés et demi, vers 1820. L'aiguille horizontale éprouve aussi de petites variations diurnes. Nous ne connaissons aucunement les causes de ces oscillations, ni celles des déplacements annuels, qui, vraisemblablement, affectent aussi la force magnétique du globe et l'inclinaison en chaque lieu.

La déclinaison n'éprouvant que de petites variations dans la journée, et son changement d'un lieu à un autre, séparés par une petite distance, étant aussi fort petit, il s'ensuit qu'abstraction faite de l'action du fer d'un vaisseau sur la boussole, l'aiguille demeurera sensiblement parallèle à elle-même pendant quelques jours, quels que soient les changements de direction du navire dans cet intervalle de temps. Si donc, à une époque quelconque, on a déterminé par l'observation du soleil ou autrement, l'*azimut* de la boussole, c'est-à-dire, l'angle qu'elle fait avec le méridien, cet azimut ne changeant pas durant plusieurs jours, l'observation de l'angle de la boussole et de l'axe qui va de la *poupe*, où elle est placée, à la *proue* du navire, fera connaître immédiatement l'azimut de cette droite ou de la section principale de ce vaisseau, d'où l'on conclura ensuite la direction suivant laquelle il est poussé par le vent. Mais les masses de fer que contient un vaisseau s'aimantent par l'action de la terre; elles agissent dans cet état sur la boussole, et la font dévier de sa direction naturelle. Or, cette déviation change de grandeur et de sens avec la direction du navire; par conséquent, l'observation de l'angle que fait sa section principale avec la direction apparente de l'aiguille ne pourra plus servir à déterminer exactement l'azimut de cette section. Pour fixer les idées, supposons que l'axe qui va de la poupe à la proue était d'abord perpendiculaire au plan du méridien magnétique vrai, et dirigé à l'ouest; que, dans cette position, la déviation de l'aiguille s'élevait à 20°, et avait aussi lieu à l'ouest de sa direction naturelle; que ce même axe soit venu à tourner de 180°, ou de l'ouest à l'est, et que par l'effet du changement de direction du vaisseau, la déviation ait aussi passé de l'ouest à l'est, et soit toujours de 20°, il est évident qu'un observateur qui ne connaîtrait pas l'action du fer, et qui croirait, en conséquence, que l'aiguille est restée parallèle à elle-même, devrait juger que la rotation du vaisseau a été seulement de 180°—40°, ou de 140°; en sorte qu'il se tromperait de 40° sur la seconde direction du navire, en supposant qu'il eût déterminé exactement par les procédés ordinaires, l'azimut de la section principale dans sa première direction. L'action du fer des vaisseaux a donné lieu quelquefois, dans les hautes latitudes, à des déviations de plus de 20°, soit à l'ouest, soit à l'est, qui ont pu produire, conséquemment, des erreurs de plus de 40° dans les changements de direction d'un navire, conclus de l'observation de la boussole.

Cependant, la connaissance de ces déviations ne remonte pas à une époque fort ancienne. Wales, l'astronome du voyage de Cook, paraît être le premier qui les ait remarquées. Dans le voyage de d'Entrecasteaux, M. Beautemps-Beaupré, notre confrère, en a aussi observé, et il a justement signalé les erreurs qu'elles peuvent occasionner dans les relèvements des côtes, faits à bord des vaisseaux, au moyen de la boussole. Flinders a reconnu qu'elles augmentent, pour un même bâtiment, avec l'inclinaison magnétique; relativement aux directions du navire, il a cherché à lier entre eux les résultats des nombreuses observations de Wales, au moyen de formules empiriques qui se sont trouvées démenties par les observations postérieures. Enfin, dans ces derniers temps, on s'est beaucoup occupé de cet important phénomène; et dans les voyages de découverte au pôle nord, les officiers de la marine anglaise ont observé les grandes déviations que je viens de citer.

Les erreurs, dangereuses pour la navigation, qu'elles peuvent produire, étant bien constatées, M. Barlow a proposé un moyen très-ingénieux de les éviter ou de les amoindrir, qui a été effectivement employé avec succès dans la marine. Ce moyen consiste à placer dans le voisinage de la boussole une plaque de fer doux, qui s'aimante comme les autres masses de fer du vaisseau, par l'influence du globe, et qui, à raison de sa proximité de l'instrument, peut balancer leur action et ramener l'aiguille à sa direction naturelle. Par des essais, on détermine la position qu'on doit donner à la plaque pour qu'elle détruise cette action, autant qu'il est possible, dans toutes les directions du bâtiment autour de la boussole. S'il existe une telle position pour laquelle cette destruction ait lieu rigoureusement au point de départ du navire, qu'on l'ait trouvée, qu'on y ait fixé la plaque, et que la distribution des masses de fer ne change pas pendant le voyage, il est aisé de s'assurer que la résultante de leurs actions et l'action de la plaque se détruiront encore, d'une manière complète, en tout autre point où la force magnétique du globe aura changé en grandeur et en direction. Mais si les déviations de l'aiguille n'ont été qu'imparfaitement détruites, au lieu pour lequel la position de la plaque aura été fixée, il est à craindre qu'elles ne deviennent plus sensibles, et ne reparaissent en d'autres lieux. C'est, en effet, ce que l'expérience a fait voir : les déviations ayant été réduites, au moyen de la plaque, à quelques minutes, au départ de l'Angleterre, elles se sont retrouvées de quelques degrés à de hautes latitudes, dans des circonstances, il est vrai, où elles auraient été encore bien plus grandes, et de 20 à 30°, sans le secours de cet instrument.

M. Barlow a aussi proposé un autre moyen d'employer ce même instrument; on transporte la boussole à terre, et l'on détermine par des essais, s'il est possible, des distances du centre de la plaque, soit au point de suspension de l'aiguille, soit au-dessus ou au-dessous du plan horizontal mené par ce point, qui soient telles que la déviation de l'aiguille ait le même sens et la même grandeur, pour chaque azimut de la plaque, que la déviation qui a lieu à bord du vaisseau, pour le même azimut de sa section principale, en vertu des masses de fer qu'il contient. Cela fait, on place le centre de la plaque dans le plan de cette section, aux distances de la boussole qui viennent d'être déterminées : l'auteur suppose ensuite que les actions de ce morceau de fer et du système des autres masses s'ajoutent sans se modifier mutuellement ; en sorte que les déviations de la boussole soient doublées dans tous les azimuts par l'addition de la plaque. Par conséquent, en un lieu quelconque du globe, si l'on observe successivement les angles que fait la direction apparente de la boussole avec la section principale du navire, sous l'influence de la plaque ainsi placée, et lorsque la plaque est assez éloignée de l'aiguille pour que cette influence soit sensiblement nulle, il est évident que l'excès du premier angle sur le second sera la déviation due aux masses de fer du vaisseau, et qu'en retranchant cet excès du second angle, on aura l'angle compris entre la section principale et le méridien magnétique ; ce qui fera connaître la déclinaison vraie, lorsque l'azimut de cette section aura été déterminé par les procédés ordinaires. Mais l'hypothèse de l'auteur ne peut être rigoureusement exacte ; car le fer du vaisseau, en même temps qu'il agit sur la boussole, influe aussi sur l'état magnétique de la plaque ; et alors l'action de ce corps sur la boussole n'est plus la même, à bord du navire, qu'elle était à terre, en dehors de l'influence du fer de ce bâtiment. De cette différence, il peut résulter des erreurs dans le calcul de la déviation et de la déclinaison, qui ne soient point insensibles à de hautes latitudes.

Maintenant M. Poisson s'est proposé, dans son mémoire, de déterminer directement l'inclinaison et la déclinaison vraies en un lieu quelconque du globe, d'après les observations de la boussole, faites à bord d'un vaisseau et sous l'influence du fer qu'il contient. Ce fer étant aimanté par la force magnétique de la terre, il est évident que son action sur l'aiguille sera proportionnelle à cette force ; de plus, les composantes de cette action relatives à trois axes rectangulaires qui passent constamment par les mêmes points du navire, ou sont fixes dans son intérieur, ou ont pour expression des fonctions linéaires, par rapport aux composantes de l'action du globe, suivant ces mêmes axes. C'est sur ce principe unique, résultant de la théorie du magnétisme, que l'analyse de M. Poisson est fondée.

La force magnétique du globe est alors facteur commun à tous les termes de l'équation d'équilibre de la boussole, et en disparaît conséquemment. Les inconnues qui restent dans cette équation sont l'inclinaison et l'angle que fait à chaque instant le méridien magnétique avec la section principale du navire. Elle renferme en outre l'angle compris entre la direction apparente de l'aiguille et cette section que l'on observe immédiatement, quel que soit l'azimut de cette même section, et qui fournit les données du calcul dans chaque lieu où le vaisseau se trouve. Elle contient en outre, sous forme linéaire, cinq quantités dépendantes de la totalité et de la distribution du fer que le vaisseau renferme, dont les valeurs pourront toujours se déterminer au lieu de départ du bâtiment, où l'on aura mesuré à terre l'inclinaison et la déclinaison vraies : à cet effet, on fera, à bord du vaisseau, et pour des azimuts différents de sa section principale, un grand nombre d'observations de l'angle variable avec ses azimuts ; il en résultera un pareil nombre d'équations de condition, desquelles on déduira les valeurs des cinq constantes par la méthode des moindres carrés. Cela étant, en un autre lieu quelconque où le vaisseau se sera transporté, il suffira, pour deux directions de la section principale, comprenant un angle connu, d'observer les angles qu'elle fait avec la direction apparente de la boussole; et l'équation d'équilibre, appliquée successivement à ces deux données, fera connaître la valeur des deux inconnues qu'elle contient. Toutefois, le calcul numérique de ces valeurs pourrait être assez compliqué pour nuire à l'usage de la méthode, si l'on conservait à la question toute sa généralité. Mais, dans les vaisseaux, les masses de fer sont généralement distribuées d'une manière symétrique, ou, à très-peu près, de part et d'autre de la section principale : or, cette circonstance rend nulles trois des cinq constantes; et, par suite, les expressions des deux inconnues prennent une forme très-simple et seront très-faciles à réduire en nombre. On connaîtra donc, en chaque point de la course du vaisseau, l'inclinaison et la déclinaison vraies, après cependant que l'on aura déterminé, par des méthodes astronomiques, les azimuts de la section principale qui répondent aux deux observations, ou l'un de ces angles et la quantité angulaire dont le vaisseau aura tourné, d'une observation à l'autre.

Les masses de fer d'un vaisseau sont aussi situées, en grande partie, au-dessous du plan horizontal mené par le point de suspension de la boussole. Il est facile d'en conclure que si, pour fixer les idées, l'axe qui va de la poupe à la proue, est d'abord compris dans le méridien magnétique et dirigé vers le nord, et qu'on fasse tourner le navire horizontalement, ces masses aimantées par l'influence du globe tendront, dans notre hémisphère, à entraîner le pôle austral de l'aiguille dans le sens du mouvement de la section principale, et à repousser le pôle boréal dans le sens opposé. Or, le calcul montre que pendant cette rotation du vaisseau indéfiniment prolongée, il pourra arriver deux cas distincts : dans l'un, le plus ordinaire, le pôle austral suivra d'abord la section principale jusqu'à une certaine limite; puis il rétrogradera vers le méridien magnétique, le dépassera, y reviendra de nouveau, et ses positions d'équilibre, relatives à tous les azimuts de cette section, oscilleront de part et d'autre du méridien. Dans le second cas, ce pôle suivra la section principale pendant la première demi-révolution, la précédera pendant la seconde, et passera en même temps que ce plan dans celui du méridien. Ainsi, dans ce second cas, il y aura des directions du vaisseau où l'action des masses de fer l'emportera sur celle du globe, et produira même un retournement complet des deux pôles de la boussole. Le calcul montre également que, pour chaque vaisseau, le déplacement révolutif de l'aiguille aura toujours lieu, quelle que soit la distribution des masses de fer, en s'éloignant convenablement de l'équateur; mais jusqu'à présent les navigateurs ne se sont pas encore assez approchés du pôle, pour que cet effet ait pu être observé. Il y a aussi un cas singulier qui se rencontrerait difficilement dans la pratique, où les masses de fer seraient tellement disposées dans le navire, qu'en tous les lieux de la terre l'aiguille demeurerait constamment dans le plan de la section principale.

Non-seulement dans le cas du déplacement révolutif de la boussole, sa déviation n'a pas de maximum, mais dans l'autre cas où il en existe un, il ne répond pas, comme on pourrait le croire, à la direction de la section principale du navire perpendiculaire au méridien magnétique, et peut quelquefois s'en écarter beaucoup. Toutefois, la déviation correspondante à cette direction jouit d'une propriété très-digne de remarque. En deux points quelconques du globe, aussi éloignés l'un de l'autre que l'on voudra, les tangentes de cette déviation sont entre elles comme les tangentes des inclinaisons magnétiques. Ce théorème est indépendant de la distribution des masses de fer du navire; il suppose seulement qu'elles soient symétriques des deux côtés de la section principale et qu'elles ne changent pas dans le trajet du point à l'autre de la terre. Pour le vérifier, M. Poisson a pris des observations faites dans les voyages au pôle nord que j'ai cités plus haut.

Dans celui du cap. Ross, en 1818, on a trouvé à bord de *l'Isabelle*, pour la déviation dont il s'agit,

observée à Lerwick (îles Shetland), 4° 34′ à l'E. du
méridien magnétique, quand la section principale du
navire était aussi dirigée vers l'E., et 5° 11′ à l'O.,
lorsque cette section était tournée vers l'O. La différence de 37′ qui existe entre ces deux déviations peut
être attribuée, en partie à un petit défaut de symétrie
dans la distribution des masses de fer, et en partie aux
erreurs inévitables des observations. En même temps,
l'inclinaison à Lerwick était de 74° 22′. En un point de
la baie de Baffin, où l'inclinaison s'élevait à 85° 50′,
les déviations que nous considérons, ont été de 17° 30′
à l'E. et 18° à l'O. Or, si l'on prend leur moyenne,
17° 45′ pour la déviation en ce lieu de la terre, correspondante à la direction perpendiculaire au méridien
magnétique, la proportion des tangentes donne 4° 46′
pour cette déviation à Lerwick; valeur comprise entre
les deux déviations mesurées en cet autre lieu et qui ne
diffèrent de leur moyenne 4° 52′ 30″, que de 6′ 30″.
Réciproquement, en prenant cette moyenne et la précédente pour les déviations observées à Lerwick et à la
baie de Baffin, et partant de l'inclinaison 85° 50′, observée dans le second lieu, cette même proportion donne
74° 41′ pour l'inclinaison à Lerwick; ce qui n'excède que
de 19′ l'inclinaison 47° 22′ directement mesurée.

A bord de *l'Hécla*, dans le voyage du capitaine Parry,
en 1818 et 1819, on a trouvé, à Northfleet (près de
Londres), 4° 41′ à l'E., pour la déviation, lorsque la section principale était dirigée vers l'E. du méridien magnétique. Celle qui avait lieu lorsque cette section
était tournée vers l'O. n'a pas été observée. L'inclinaison était de 70° 30′. En un point de la baie de Baffin
différent de celui de l'observation du capitaine Ross et
où l'inclinaison était de 84° 15′, cette déviation, aussi
vers l'E., s'est trouvée de 15° 5′. Or, d'après ces deux
inclinaisons et cette dernière déviation, la proportion
des tangentes donne 4° 23′ pour la déviation à Northfleet, ou seulement 18′ de moins que la déviation observée. Réciproquement, en prenant les déviations observées

4° 41′ et 15° 5′, et y joignant l'inclinaison 70° 30′ qui répond à la première, on trouve, par cette même proportion, 83° 52′ pour l'inclinaison à la baie de Baffin, c'est-à-dire 23′ de moins que celle qui a été directement observée. On jugera sans doute remarquable qu'au moyen de variations de la boussole, observées à bord d'un même vaisseau, en deux lieux de la terre aussi éloignés l'un de l'autre, et de l'inclinaison mesurée en l'un de ces points, on puisse calculer, à moins d'un demi-degré près, l'inclinaison relative à l'autre.

Dans les diverses applications que M. Poisson a pu faire des formules de ce mémoire aux observations, le sens des déviations observées a toujours été celui que la théorie indiquait. En grandeur absolue, les différences entre le calcul et l'expérience ont été peu considérables, mais non pas aussi petites cependant que dans les exemples que je viens de citer. Il y a lieu de croire qu'elles diminueraient encore et pourraient être attribuées entièrement aux erreurs des observations, sur un vaisseau préparé d'avance, de manière que la distribution des masses de fer approchât autant qu'il est possible de la symétrie, de part et d'autre de la section principale. Mais, dès à présent, l'accord du calcul et de l'observation est bien suffisant pour ne laisser aucun doute sur l'exactitude de la théorie et de ses applications à la pratique.

Puisque le problème présente deux inconnues à déterminer, l'inclinaison et la déclinaison vraies, il y faut employer deux données de l'observation. Celles qu'exigent les formules de ce mémoire que j'ai citées jusqu'ici, sont les angles de la section principale du vaisseau et de la direction apparente de la boussole, avant et après que l'on a fait tourner cette section d'un angle connu; mais on peut éviter cette manœuvre au moyen d'autres formules que l'on trouvera également dans le mémoire de M. Poisson, et dont l'application sera, à ce qu'il croit, plus immédiate et par conséquent plus commode dans la pratique. Pour cela, il suppose que, sans changer la symétrie des masses de fer, on y ajoute un morceau de ce métal, assez rapproché de la boussole pour en changer notablement la direction, et qui pourra être, par exemple, la plaque de M. Barlow, mais sans qu'elle soit assujettie à faire disparaître ou à doubler les déviations de l'aiguille. Par l'effet de cette addition, les deux constantes contenues dans l'équation d'équilibre prendront des valeurs différentes de celles qu'elles avaient auparavant, que l'on déterminera, comme celles-ci, au départ du navire, et qui dépendront de la position qu'on aura donnée à la plaque. Cela posé, lorsque le vaisseau sera parvenu en un point quelconque du globe, on observera, sans rien changer à sa direction et sans connaître même l'azimut de sa section principale, les angles différents que fait cette section avec la direction apparente de la boussole, soit quand la plaque agit sur l'aiguille, soit lorsqu'elle est assez éloignée pour ne plus exercer une action sensible; puis, au moyen de ces deux données de l'observation, on calculera facilement l'inclinaison et l'angle que fait la direction vraie de la boussole avec la section principale, en sorte qu'il ne restera plus qu'à orienter le bâtiment par les moyens ordinaires, pour connaître la déclinaison vraie au lieu de l'observation.

Dans le mémoire dont je viens de donner un extrait, se trouvent plusieurs considérations sur le magnétisme terrestre, dont je ne puis me dispenser de parler ici, en raison de leur importance. M. Poisson a réuni dans un premier paragraphe les formules connues qui se rapportent aux directions et aux oscillations de l'aiguille horizontale et de l'aiguille d'inclinaison. Il a aussi rappelé dans ce même paragraphe le procédé qu'il avait indiqué autrefois pour comparer les intensités de la force magnétique du globe en deux lieux différents et à des époques éloignées l'une de l'autre, au moyen de deux aiguilles aimantées et librement suspendues, soumises à leur action mutuelle et à celle de la terre, et qui peuvent n'être pas les mêmes à ces deux époques. M. Gauss a fait.

plus que de les indiquer, il a mis en pratique un procédé analogue à celui-là, dans lequel cet illustre géomètre a substitué la mesure de la direction des aiguilles à l'observation de leurs oscillations que M. Poisson avait proposée. En prenant implicitement pour unité de force l'action attractive ou répulsive des fluides magnétiques sous l'unité de masse et à l'unité de distance; en choisissant, en outre, le millimètre, la seconde sexagésimale, la masse dont le poids est un milligramme, pour unité de longueur, de temps, de quantité de matières, M. Gauss a trouvé 4,8085 pour le nombre qui exprimait, à Gœttingue et au milieu de 1832, la force magnétique du globe. Pour que l'on en pût conclure le rapport de cette force à la gravité, il faudrait que, sous des masses égales et à la même distance, le rapport de la puissance magnétique à l'attraction newtonienne nous fût connu. D'après l'observation de la pesanteur à la surface de la terre, la longueur de son rayon, sa densité moyenne déterminée par Cavendish, nous pouvons facilement connaître la mesure de cette attraction, c'est-à-dire, la vitesse que l'attraction d'une masse homogène, sphérique et prise pour unité, imprimerait en une unité de temps à un point matériel, d'une nature quelconque, ainsi que la masse attirante, et situé à l'unité de distance du centre de ce corps. Mais quant à la mesure absolue du pouvoir magnétique, je ne vois aucun moyen de la connaître ni même de savoir, à la rigueur, si cette puissance varie avec le temps : au lieu du nombre 4,8085, déterminé à Gœttingue, si l'on en trouvait un autre dans le même point du globe, mais à une époque très-éloignée de la nôtre, on ne pourrait pas, en effet, décider si ce changement proviendrait de ce que la force magnétique de la terre aurait varié dans l'intervalle par une cause locale ou générale, ou bien de ce que la puissance attractive ou répulsive, inhérente aux particules du fluide magnétique, serait devenue plus grande ou plus petite. Nous savons seulement que cette puissance est immensément plus grande que l'attraction universelle; mais, faute de pouvoir apprécier le rapport de l'une de ces forces à l'autre, nous ne pouvons pas non plus connaître quelle serait la vitesse que l'action magnétique du globe imprimerait au fluide magnétique qui viendrait à se détacher d'une aiguille aimantée. En faisant une supposition convenable sur le rapport de la puissance magnétique à l'attraction générale, on peut rendre cette vitesse dans le sens vertical égale à celle de la lumière, et même beaucoup plus grande; ce qui montre comment une certaine action d'un corps, sur des particules d'une extrême ténuité, situées à sa surface, peut les lancer dans l'espace avec une immense vitesse, comme on le suppose à l'égard du fluide lumineux dans la théorie de l'émission.

Dans les suppositions particulières que M. Poisson a prises pour exemples de calcul, le poids du fluide libre contenu dans une des aiguilles dont M. Gauss s'est servi, aurait une grandeur assignable, égale à une très-petite fraction de milligramme, et le poids du fluide à l'état neutre qu'elle renfermait également, demeurerait tout à fait inconnu. Mais il faut observer, à cette occasion, que dans la théorie du magnétisme, l'hypothèse que les deux fluides soient impondérables n'est pas essentielle, attendu que ces substances ne sortent jamais des corps de la plus petite dimension, et que les déplacements intérieurs qu'elles éprouvent dans l'acte de l'aimantation sont regardés comme insensibles. Cette supposition est nécessaire à l'égard du calorique et des deux fluides électriques, parce que le poids des corps n'augmente ni ne diminue jamais d'une manière appréciable, quelque grandes que soient les quantités de chaleur et d'électricité qu'on y introduise. Elle l'est également par rapport au fluide lumineux qui se meut, dans la théorie de l'émission, avec une excessive vitesse, et qui n'exerce cependant aucune percussion d'un effet appréciable sur les corps qu'il vient frapper en si grande abondance; ce qui exige que les masses, et par conséquent les poids de ces particules, soient insensibles relativement aux masses et aux poids des molécules dont sont composées les matières pondérables.

La suite du mémoire de M. Poisson renferme dans le premier paragraphe les formules relatives à la direction et à l'intensité de la force magnétique du globe; dans le second paragraphe, celles relatives à la direction de la boussole influencée par le fer des vaisseaux.

CHAPITRE XII.

DE L'INFLUENCE DES MASSES DE FER SUR LA MARCHE DES CHRONOMÈTRES.

§ Ier. *Recherches faites dans le but de déterminer cette influence.*

LE capitaine Buchan, dans son voyage aux régions arctiques, en 1818, reconnut que la marche des chronomètres n'était pas la même, à beaucoup près, à bord qu'à terre : cette différence fut attribuée aux masses de fer du navire. M. Barlow, frappé de cette différence, a cherché à prouver (*Trans. philos.*, 1821) jusqu'à quel point la proximité de masses de fer pouvait influencer la marche des chronomètres, et dans le cas où cette action aurait lieu, s'il était possible d'en déterminer les lois. A cet effet, il se procura d'excellents chronomètres avec lesquels il fit un grand nombre d'expériences pendant deux mois. Nous donnerons plus loin les principaux résultats qu'il a obtenus.

M. Fisher paraît être le premier qui ait cherché à montrer qu'en général la marche des chronomètres recevait une action de la part des masses de fer voisines. M. Barlow attribua cet effet à ce que le ressort ou quelque partie du balancier devenait magnétique : dès lors, il était facile de concevoir comment des masses de fer exerçaient une action telle sur ces diverses pièces, que la marche du chronomètre devait être accélérée ou retardée suivant la position de ce dernier par rapport aux masses de fer.

D'après les observations de M. Fisher, cette marche devait être uniformément accélérée, conséquence à laquelle M. Barlow n'a pas été conduit; les siennes l'ont porté plutôt à admettre *à priori* que, suivant la direction du balancier par rapport au fer, l'amplitude des oscillations devait éprouver une altération en plus ou en moins.

M. Fisher a fait deux séries d'expériences, l'une avec un fort barreau aimanté placé à 2 pouces (anglais) du balancier, l'autre à bord et à terre, au Spitzberg, dans deux circonstances tout à fait différentes, attendu que l'action éprouvée dans la première série par le balancier devait être beaucoup plus grande que celle qui résultait des attractions locales.

Néanmoins on peut admettre que du fer non magnétique peut attirer le balancier d'un chronomètre, quand ce balancier a acquis la propriété polaire par une cause quelconque; d'où résulte une accélération ou un retard suivant la position respective des deux corps. D'après cet exposé, on doit regarder comme singulier que tous les chronomètres dont fit usage M. Fisher aient éprouvé toujours de l'accélération, quelles que fussent les positions respectives des chronomètres et des fers. Mais ce qui ne le paraîtra pas moins, c'est que M. Barlow, dans toutes ses expériences avec cinq ou six chronomètres, a reconnu que ceux-ci ont toujours été en retard.

M. Fisher a obtenu un effet de 8 ou 9″ par jour, tandis que M. Barlow, en approchant ses chronomètres à la distance de 2 ou 3 pouces de la surface d'un boulet de fer de 13 pouces, a eu un maximum qui ne dépassait pas quatre secondes.

Il est probable que le changement remarquable qui, suivant M. Fisher, s'est opéré dans la marche des neuf chronomètres de *la Dorothée* et du *Trente*, doit être attribué à des causes particulières d'erreurs existant à bord de ces vaisseaux.

En partant de l'opinion de M. Barlow, que le balancier d'un chronomètre, ou au moins son ressort, soit susceptible d'acquérir la polarité magnétique, ce balancier doit tendre à prendre une certaine direction lorsqu'il se trouve dans la sphère d'activité d'une masse de fer; et l'intensité de sa force peut être calculée en comptant le nombre d'oscillations qu'une petite aiguille de fer exécute, dans un temps donné, dans une situation quelconque, relativement au fer, et en comparant ce nombre d'oscillations à celui qu'elle exécuterait pendant le même temps hors de la portée de la force attractive.

Supposons que A B C D, fig. 26, représente le balancier d'un chronomètre, ss' son ressort, et D la partie du balancier attirée par le centre O d'un boulet de fer ou d'une bombe; si maintenant on conçoit que le ressort détaché de la partie fixe du chronomètre soit libre de se mouvoir, ainsi que le balancier, le système prendra une position quelconque, et alors D sera attiré par O; si on vient à le déranger de sa position d'équilibre, il y reviendra en oscillant de chaque côté du point D : le nombre d'oscillations dans un temps donné sera employé à déterminer l'intensité du pouvoir attractif.

Mais, au lieu de détacher le balancier, on peut faire osciller une petite aiguille aimantée, et compter le nombre d'oscillations dans un temps donné.

M. Barlow commença par constater la durée de quatre oscillations de sa petite aiguille en présence d'une bombe de 18 pouces de diamètre, pesant 496 livres anglaises, et à 18 pouces de distance de son centre. Cela fait, il procéda aux expériences ainsi qu'il suit :

Supposons que S Q N Q' représente la bombe, QQ' son équateur magnétique, ou plan de non-attraction; $a\,b$, $c\,d$, $e\,f$, etc. les parallèles ou latitudes correspondant à 60°, 45°, 30°, etc., H H' l'horizon, N S la direction de l'action magnétique; le cercle S Q N Q' sera, d'après M. Barlow, le plan du méridien magnétique.

L'aiguille aimantée, délicatement suspendue à un fil de soie dans une cloche de verre, fut placée en Q, à 18

CHAPITRE XII.

159

pouces de distance du centre du globe, et on observa le temps nécessaire pour que cette aiguille pût exécuter quarante oscillations. Elle fut ensuite placée dans le cercle QQ', à 3o° de Q vers E, ou à 6o° en longitude, puis à 3o° plus près de E, ou à 3o° de longitude. La même chose fut répétée dans les cercles $a\,b$, $c\,d$, $e\,f$. Dans chaque situation on prit la moyenne des résultats, et on obtint les nombres consignés dans le tableau suivant, où je n'ai rapporté que le temps moyen de la durée de 1o oscillations :

LATITUDE.	TEMPS MOYEN DE LA DURÉE DE DIX OSCILLATIONS.						
	Longitude 90° N.	Longitude 60° N.	Longitude 30° N.	Longitude 0°	Longitude 30° S.	Longitude 60° S.	Longitude 90° S.
90° N .	30,25	.....	.....	.....	.....	.....	.....
60 ...	26,00	27,25	28,00	29,75	34,50	35,75	38,25
45 ...	26,25	27,50	28,25	30,00	35,25	39,25	43,50
30 ...	27,25	27,50	29,00	31,25	34,00	41,25	46,50
0 ...	34,50	34,75	34,75	35,60	35,00	35,00	35,00
30 S..	46,50	41,25	34,00	31,25	29,00	27,50	27,25
45 ...	43,50	39,25	35,25	30,00	28,25	27,50	26,25
60 ...	38,25	35,75	34,50	29,75	28,00	27,25	26,00
90 ...	.....	.....	.....	.....	.....	.....	30,25

Temps moyen de la durée de 10 oscillations de l'aiguille éloignée de la bombe ou boulet,................. 32",50

Ces résultats obtenus, M. Barlow se joignit à M. Evans pour se livrer dans son observatoire à une série d'expériences sur les chronomètres, et il les continua ensuite seul à l'observatoire de l'Académie royale militaire. Les résultats obtenus, de concert avec M. Evans, se trouvent consignés dans les tableaux suivants, dont l'interprétation exige quelque explication :

La 1re colonne indique le jour de l'expérience ;

La 2e, l'état du thermomètre, à dix heures du matin ;

La 3e, la marche de la pendule de l'observatoire déduite de deux observations consécutives de passage ;

La 4ᵉ, le retard ou l'avance de chaque chronomètre, à 9 heures de temps moyen;

La 5ᵉ, la marche journalière du chronomètre;

La 6ᵉ, la marche journalière moyenne pendant que les chronomètres restent dans la même position;

La 7ᵉ, le gain ou la perte dans chaque position; on trouve l'un ou l'autre en prenant la différence entre la marche actuelle journalière observée et la marche moyenne séparée. M. Barlow entend par marche moyenne séparée, celle des chronomètres pendant tous les jours où ils n'ont pas été approchés de la bombe;

La 8ᵉ, le temps moyen que met une aiguille aimanmantée à effectuer 10 oscillations. Désirant connaître s'il existait ou non une relation entre le retard ou l'avance du chronomètre et l'intensité magnétique de l'endroit où cet instrument était placé, on a fait osciller l'aiguille précédemment décrite dans chacune des positions où la marche du chronomètre n'avait pas varié;

Dans la 9ᵉ on donne l'intensité magnétique proportionnelle, en représentant par 100 celle de l'aiguille;

Dans la 10ᵉ on indique la position particulière de chaque chronomètre, savoir : son azimut, sa hauteur au-dessus du parquet, et sa distance au centre du boulet. Ces positions sont réduites à leurs latitude et longitude particulières et distance centrale relativement à une sphère idéale environnant la bombe, comme il a été dit ci-dessus. Par cette locution, *marque de 12* ᵸ, *tournée vers le nord, le sud, l'est, ou l'ouest*, on a indiqué la direction du chronomètre.

La plaque et le piédestal employés étaient les mêmes dont M. Barlow avait fait usage dans ses expériences pour détruire les effets de l'attraction locale. La plaque était double, d'un pied de diamètre, pesait environ 5 livres anglaises; elle était placée verticalement à une distance de 10 pouces de la verticale passant par le centre du cadran, et son centre 10 pouces plus bas.

La plaque dont je viens de parler, à une distance de 12 à 14 pouces, exerce une action égale à l'effet moyen

A la distance de douze à quatorze pouces d'une telle plaque, l'action produite par elle est égale à l'effet moyen d'un vaisseau de grandeur ordinaire, si on en juge par les observations qui ont été faites par le capitaine Ross sur l'*Isabelle*, et par le capitaine Parry sur l'*Hécla*.

Voici maintenant les tableaux que j'ai indiqués plus haut, et qui ne pourront manquer d'offrir de l'intérêt aux personnes qui voudront se livrer à de nouvelles recherches touchant l'influence des fers, à bord du vaisseau, sur les chronomètres.

SUITE DU CHRONOMÈTRE N° III.

JOURS.	Thermomètre.	Marche de la pendule.	Chronomètre + ou — à midi.	Marche journalière du chronomètre.	Marche moyenne en chaque position.	GAIN ou perte dans chaque position.	DURÉE de dix oscillations de l'aiguille aimantée.	Intensité magnétique proportionnelle.	POSITION DU CHRONOMÈTRE. Remarques, etc.
Mars 12	50°	— 1,4	+ 1 15,1	··					
13	51	··········	+ 1 14,9	— 0,2					
14	49	— 1,1	+ 1 14,4	— 0,5	— 0,4	··········	32,5	100	Marches prises à Woolwich avant que le chronomètre fût mis en présence du boulet.
15	47	— 1,5	+ 1 13,9	— 0,5					
16	46	··········		— 0,9					
17	47	— 0,9	+ 1 12,1	— 0,9					Placé au sud du boulet ; 11,3 pouc. au-dessus du plancher ; distance de la verti-
18	48	— 1,05	+ 1 11,7	— 0,4					cale 17,3 pouc., ou 35° 16' latitude Sud
19	46	— 0,9	+ 1 10,9	— 0,8	— 0,9	— 1,5	29,0	126	et 90° de longitude : distance du centre
20	47	— 1,05	+ 1 10,1	— 0,8					18 pouc. ; la marque de 12ʰ au Sud.
21	47	··········	+ 1 8,4	— 1,7					
22	48		+ 1 7,5	— 0,9					
23	45 1/2	— 1,4	+ 1 6,8	— 0,7					
24	47	— 1,4	+ 1 6,3	— 0,5					Placé au-dessus du boulet ; hauteur au-dessus du plancher 23 pouc. ; distance de
25	48	··········	+ 1 4,9	— 1,4					la verticale 6 pouc. au Sud, ou 90° de la-
26	47	··········	+ 1 3,9	— 1,0	— 0,9	— 1,5	30,0	117	titude Sud ; distance centrale 18 pouc. ;
27	49	— 2,4	+ 1 3,2	— 0,7					la marque de 12ʰ au Sud.
28	48	··········	+ 1 2,0	— 1,2					
29	50	··········	··········	··········					
30	48	— 2,4	1 0,2	— 0,9					
31	49	··········	+ 0 59,6	+ 0,6					
Avril 1er	48	— 2,5	+ 0 59,0	+ 0,6					Même situation que ci-dessus, mais la
2	51	— 1,7	+ 0 59,3	— 0,3	— 0,2	— 0,8	25,5	102	distance au centre réduite à 12 pouc ; la
3	50	··········	+ 0 59,5	— 0,2					marque de 12ʰ au Sud.
4	49	— 1,9	+ 0 58,3	— 1,2					Placé à l'est du boulet ; hauteur 6,5 pouc. ; distance de la verticale 12 pouc.,
5	49	— 2,5	+ 0 57,7	— 0,6	— 0,9	— 1,5	35,5	84	en latitude 0°, long. 0°; distance centrale
6	47	··········	+ 0 56,7	— 1,0					12 pouc. ; la marque de 12ʰ au Sud.

Fragment carried over at the top of the page: 0   47   ....   + 0 56,7   — 1,0 | en latitude 0°, long. 0°; distance centrale 12 pouc.; la marque de 12 h au Sud.

CHRONOMÈTRE No IV.

Mars 24	47	— 1,4	— 0 25,5						
25	48		— 0 24,7	+ 0,8					Placé au sud du boulet; hauteur au-dessus du plancher 11,4 pouces; distance
26	47		— 0 26,0	— 1,3					de la verticale 17,3 pouces, ou 35° 16' de
27	49	— 2,4	— 0 26,4	— 0,4	— 0,5	— 2,0	26,0	126	latitude sud, 90° de longitude; distance
28	48		— 0 26,8	— 0,4					centrale 18 pouces. Marque de 12ʰ au
29	50			— 0,9					Sud.
30	48	— 2,4	— 0 28,6	— 0,9					
31	49		— 0 27,0	+ 1,0					
Avril 1er	48	— 2,5	— 0 25,5	+ 1,5	+ 2,1		32,5	100	Détaché du boulet afin d'obtenir la
2	51	— 1,7	— 0 22,6	+ 2,9					marche naturelle.
3	50		— 0 20,3	+ 2,3					
4	49	— 1,9	— 0 20,8	— 0,5					Placé au nord du boulet; hauteur 10,5
5	49	— 2,5	— 0 20,9	— 0,1	— 0,3	— 1,8	32,5	94	pouces; distance 11,3 pouces, ou latitude 0°, longitude 90°; distance centrale
6	47		— 0 21,1	— 0,2					12 pouces; marque de 12ʰ au Sud.
7	50		— 0 20,8	+ 0,3					
8		— 1,9	— 0 19,6	+ 1,2	+ 0,3	— 1,2	33,5	94	Même situation; marque de 12ʰ à
9	57	— 1,9	— 0 20,3	— 0,7					l'Ouest.
10	58	— 1,7	— 0 19,5	+ 0,8					
11	57		— 0 19,2	+ 0,3	+ 0,8	— 0,7	33,5	94	Même situation; marque de 12ʰ à l'Est.
12	55	— 1,7	— 0 18,0	+ 1,2					
13	53	— 2,0	— 0 16,6	+ 1,4					
14	52		— 0 16,1	+ 0,5					
15	50		— 0 15,6	+ 0,5	+ 0,6	— 0,9	33,5	94	Même situation; marque de 12ʰ au Nord.
16	49		— 0 15,7	— 0,1					
17	49	— 1,9	— 0 15,1	+ 0,6					
18	51	— 2,1	— 0 14,9	+ 0,2					
19	53		— 0 14,4	+ 0,5					
20	55		— 0 15,0	— 0,6	— 0,6	— 2,1	33,5	94	Même situation que dessus, mais avec
21	57		— 0 16,4	— 1,4					la marque de 12ʰ au Nord.
22	56	— 2,4	— 0 17,9	— 1,5					
23	56	— 2,4	— 0 18,1	— 0,2					Placé sur le piédestal, au sud de la
24	60	— 1,5	— 0 17,7	+ 0,4	+ 0,2	1,3			plaque; distance de la verticale 10 pouces; hauteur au-dessus du centre 10 pouces;
25	63		— 0 17,2	+ 0,5					marque de 12ʰ au Sud.
26	65	— 0,8	— 0 14,8	+ 2,4					
27	63	— 0,3	— 0 13,5	+ 1,3					Séparé pendant ce temps, pour s'assu-
28	62	— 0,5	— 0 12,4	+ 1,1	+ 1,3		32,5	100	rer s'il retournait à sa marche première
29	60	— 0,9	— 0 11,6	+ 0,8					quand il était isolé du boulet.
30	56		— 0 10,9	+ 0,7					

CHRONOMÈTRE N° V.

JOURS.	THERMOMÈTRE.	MARCHE de la pendule.	Chronomètre + ou — à midi.	MARCHE journalière du chronomètre.	MARCHE moyenne en chaque position.	GAIN ou perte dans chaque position.	DURÉE de dix oscillations de l'aiguille aimantée.	INTENSITÉ magnétique proportionnelle.	POSITION DU CHRONOMÈTRE, REMARQUES, etc.
Mars 25	48	....	— 0 36,1	....	+ 0,9	....	32,5	106	Ces marches ont été prises avant que le chronomètre fût mis en présence du boulet ; ce chronomètre n'avait pas été monté depuis le 8 octobre 1820 ; sa marche était alors de 0,8.
26	47	....	— 0 35,0	+ 1,1					
27	49	— 2,4	— 0 34,5	+ 0,5					
28	48	....	— 0 34,2	+ 0,3					
29	50	....	....	+ 1,2					
30	48	— 2,4	— 0 31,7	+ 1,2					
31	49	....	— 0 35,5	— 3,8	— 3,4	— 3,6	27,2	143	Placé au-dessus du boulet ; hauteur au-dessus du plancher 9,8 ; distance de la verticale 1,3, ou lat. 25° 16' Sud, long. 90° ; distance cent. 12 p.; marque de 12ʰ au Sud.
Avril 1er	48	— 2,5	— 0 39,8	— 4,2					
2	51	— 1,7	— 0 42,2	— 2,4					
3	50	....	— 0 45,3	— 3,1					
4	49	— 1,9	— 0 47,9	— 9,6	— 3,3	— 3,5	27,2	143	Même situation; marque de 12ʰ au Nord.
5	49	— 2,5	— 0 51,0	— 3,1					
6	47	....	— 0 55,1	— 4,1					
7	50	....	— 0 58,3	— 3,2	— 2,5	— 2,7	27,2	143	Même situation ; marque de 12 heures à l'Ouest. (N'avait été monté que le 7).
8	....	— 1,9	— 0 16,2	....					
9	57	— 1,9	— 0 17,9	— 1,7					
10	58	— 1,7	— 0 16,4	+ 1,5	+ 0,7	+ 0,5	27,2	143	Même situation; marque de 12ʰ à l'Est.
11	57	....	— 0 14,8	+ 1,6					
12	55	— 1,7	— 0 15,9	— 1,1					
13	53	— 2,0	— 0 18,3	— 2,4	— 3,9	— 4,1	27,2	143	Même situation : mais la marque de 12ʰ retournée au Sud, comme le 31 mars.
14	52	....	— 0 21,9	— 3,6					
15	50	....	— 0 25,5	— 3,6					
16	49	....	— 0 31,3	— 5,8					
17	49	— 1,9	— 0 35,5	— 4,2					
18	51	— 2,1	— 0 41,5	— 6,0	— 3,2	— 3,4	....	....	Placé sur le piédestal, au sud de la plaque ; hauteur au-dessus de son centre 10 pouces ; distance de la verticale passant par ce centre, 10 pouces ; marque de 12 heures au Sud.
19	53	....	— 0 45,0	— 3,5					
20	55	....	— 0 47,6	— 2,6					
21	57	....	— 0 49,0	— 1,4					
22	56	— 2,4	— 0 51,5	— 2,5					

23	56	— 2,4	— 0 53,2	— 1,7					
24	60	— 1,5	— 0 52,8	+ 0,4					
25	63	....	— 0 52,6	+ 0,4					
26	65	— 0,8	— 0 49,4	+ 3,2	+ 0,4	....	32,5	100	Éloigné en même temps du boulet et de la plaque, pour s'assurer s'il était revenu à sa première marche.
27	63	— 0,3	— 0 48,0	+ 1,4					
28	62	— 0,5	— 0 48,7	— 0,7					
29	60	— 0,9	— 0 46,6	+ 2,1					
30	56	....	— 0 48,3	— 1,7					

CHRONOMÈTRE N° VI.

Avril 9	57°	— 1,9	+ 3 16,7	.... "					
10	58	— 1,7	+ 3 17,0	+ 0,3	+ 0,2	....	32,5	100	Ces marches ont été prises avant que le chronomètre fût mis en présence du boulet.
11	57	....	+ 3 17,1	+ 0,1					
12	55	— 1,7	+ 3 17,2	+ 0,1					
13	53	— 2,0	+ 3 17,2	0,0					
14	52	....	+ 3 15,7	— 1,5					
15	50	....	+ 3 14,2	— 1,5	— 1,3	— 0,9	33	97	Placé à l'est du boulet; hauteur du pont 2 pouc.; distance de la verticale 11,1 pouc. ou 20° 45′ N., long. 7° 45; distance du centre 12 pouc.; marque de 12ʰ au Sud.
16	49	....	+ 3 12,4	— 1,8					
17	49	— 1,9	+ 3 10,5	— 1,9					
18	51	— 2,1	+ 3 9,2	— 1,3					
19	53	....	+ 3 7,1	— 2,1					
20	55	....	+ 3 5,6	— 1,5	— 1,5	— 1,1	33	97	Même situation et à la même distance à l'O. du boulet; marque de 12ʰ au Sud.
21	57	....	+ 3 4,2	— 1,4					
22	56	— 2,4	+ 3 2,9	— 1,3					
23	56	— 2,4	+ 3 0,5	— 2,4					
24	60	— 1,5	+ 2 59,5	— 1,0	— 1,0	— 1,2	30,5	127	Placé au nord du boulet; haut. 2 pouc.; distance 14 pouc., ou lat. 37° 20′ N., long. 90°; distance cent. 14,6 pouc.; marque de 12ʰ au Sud.
25	63	....	+ 2 58,2	— 1,3					
26	63	— 0,8	+ 2 57,0	— 1,2					
27	63	— 0,3	+ 2 57,3	+ 0,3					
28	62	— 0,5	+ 2 57,6	+ 0,3	— 0,6	....	32,5	100	Séparé du boulet. Les observations ultérieures ont été transmises à l'Académie royale militaire.
29	60	— 0,9	+ 2 56,8	— 1,8					
30	56	....	+ 2 55,2	— 0,6					

§ II. *Déduction pratique des précédentes expériences.*

On tire des résultats consignés dans les tableaux précédents, les conséquences suivantes : 1°, la marche d'un chronomètre est dérangée par sa proximité d'une masse de fer; 2°, il ne paraît pas qu'en général le voisinage du fer accélère la marche d'un chronomètre, comme semblaient le faire croire les observations de M. Fisher, attendu que des six chronomètres employés, presque tous ont été retardés dans leur marche, quelles que fussent leurs positions; le chronomètre n° 2, dans un cas seulement, a donné une accélération.

Il est évident, d'après les observations faites avec les chronomètres n°ˢ 4 et 5, que la direction du balancier, par rapport au fer, a exercé la plus grande part sur les effets produits; le n° 4, par exemple, retardait de 2″ par jour, quand le point marquant 12 heures était tourné vers le midi, et seulement de 0,7 quand il était placé à l'est; mais aussitôt que le chronomètre était replacé dans sa première position, le retard était de nouveau de 2″,1 par jour. Même observation pour le n° 5. Le retard était de 3″,6 par jour dans une direction, et il augmentait de 0″,5 dans une autre direction, à angle droit avec la première. En remettant le chronomètre dans sa position primitive, le retard était de 4″,1 par jour, c'est-à-dire, un peu plus fort qu'avant.

Je dois cependant faire remarquer que la différence dans la marche de chaque chronomètre, selon sa direction, a été observée une fois pour toutes.

Il résulte évidemment des faits que je viens d'indiquer, qu'à bord d'un vaisseau on doit éloigner avec soin les chronomètres, comme les boussoles, du voisinage des masses de fer.

M. Barlow conseille, pour déterminer la position la plus favorable au chronomètre, d'établir une boussole dans l'emplacement désigné, d'observer et de comparer

la direction de l'aiguille avec celle de la boussole azimutale du pont, pendant que le navire subit différentes
orientations; quand la différence est trop considérable,
il faut choisir un autre emplacement.

Les expériences faites avec la plaque de fer (tableaux
4 et 5), montrent que le pouvoir du fer, pour troubler
la marche du chronomètre, réside, comme pour la
boussole, sur la surface; et comme on connaît généralement la distance et la direction que doit avoir cette
plaque, afin que son pouvoir puisse être égal à l'action
moyenne du fer du vaisseau, on a un moyen prompt
de s'assurer, avant d'envoyer un chronomètre à bord,
si ce fer aura pour effet d'accélérer ou de retarder sa
marche : on peut aussi déterminer avec une très-grande
approximation la marche de la variation.

A cet effet, il est nécessaire de se précautionner d'un
piédestal (fig. 28), dont une des faces est munie d'une
tige de cuivre $a\,b$, destinée à supporter la plaque de
fer P, et sur le sommet duquel est placé le chronomètre. Après avoir déterminé la marche accoutumée
de ce dernier, on place la plaque à 12 pouces (anglais) de
la verticale passant par le centre du cadran. La marche obtenue dans ce cas, sera, très à peu près, celle de
l'instrument sur le vaisseau, pourvu qu'on ait l'attention, lorsqu'il est placé à bord, de l'isoler de l'action
immédiate de toute masse partielle de fer.

§ III. *Observations sur les parties détachées d'un chronomètre.*

M. Barlow, dans l'intention de résoudre aussi complétement que possible la question, fit également des
expériences sur les parties détachées du chronomètre
conjointement avec M. Frodsham.

Le balancier d'un chronomètre fut suspendu très-dé-
licatement par son pivot, et mis en présence d'une
pièce de fer d'une certaine grandeur; l'action que celle-
ci exerça sur le balancier fut immédiatement sensible,

et semblait provenir du magnétisme du balancier ou du ressort qui y était adhérent ; car si le mouvement donné au balancier s'arrêtait à une certaine place, on remarquait une légère répulsion, tandis que si le côté opposé du balancier était plus près du fer quand le mouvement cessait, il y avait alors un mouvement d'attraction.

M. Frodsham parut convaincu qu'une telle action était suffisante pour changer la marche du chronomètre, dont le balancier, sur lequel on expérimentait, était une des parties détachées.

J'ai dit que les résultats produits étaient tels qu'ils pouvaient être attribués aussi bien au magnétisme du balancier qu'à celui du ressort; je vais montrer actuellement comment on peut distinguer le magnétisme du balancier de celui du corps attractif; je rapporterai pour cela les propres observations de M. Barlow.

« Si le balancier a une propriété polaire, et que le fer en soit exempt (à l'exception de celle qui est due à sa position), alors, si ce balancier est placé sous le plan de non-attraction, son pôle sud sera attiré, et son pôle nord repoussé; si ce balancier est au contraire placé au-dessus, il y aura inversion. Les mêmes effets seront produits, quelles que soient les parties du fer tournées vers le bas.

« Nous pouvons donc inférer de là, que quand une action telle que celle qui vient d'être décrite a lieu, le balancier est magnétique, tandis que le fer ou la masse attractive est exempte de toute propriété polaire, à l'exception de celle qui résulte de sa position.

« Si le fer et le balancier étaient tous deux magnétiques, alors nous aurions attraction et répulsion, comme il est dit plus haut, sans qu'il y eût aucun rapport avec le plan de non-attraction. En changeant la position du fer, ses effets sur le balancier seraient également inverses.

« En outre, si le fer possède la propriété polaire et que le balancier et le ressort en soient exempts, alors, dans toute position, une partie quelconque du balancier, placée vers un des pôles du corps attractif, sera attirée, et on n'observera jamais de répulsion.

« Enfin, mon opinion est, quoiqu'il soit difficile ici, comme dans beaucoup d'autres cas, de prouver le contraire, qu'aucune action, quelle qu'elle soit, ne saurait avoir lieu entre le balancier et le fer, lorsque tous deux sont exempts de propriétés polaires fixes. »

D'autres expériences furent faites avec un autre balancier compensateur, privé, autant que possible, de tout magnétisme local, et avec un balancier de cuivre et deux ressorts trempés à des degrés différents, chacun d'eux pouvant être fixé au balancier. Outre le pivot destiné à suspendre ces pièces, on fit usage d'une pièce de cuivre, au moyen de laquelle le tout pouvait être placé délicatement dans une position horizontale.

Avec le balancier compensateur, mis presque en contact avec un boulet, on ne put découvrir aucune action; il en fut de même quand les poids du balancier eurent été enlevés. Ce dernier ayant été éloigné du boulet, on lui présenta le pôle nord d'un barreau aimanté: après lui avoir donné un très-léger mouvement, il s'arrêta très-peu de temps après, dans une direction telle que la barre d'acier croisée se trouvait précisément dans la direction de l'aimant; et si on la dérangeait de cette position, elle y revenait aussitôt.

L'aimant ayant été retourné, on ne put découvrir la plus légère indication de répulsion; on en dut conclure que le balancier n'était point magnétique, et que chacune de ses parties était également susceptible d'acquérir le magnétisme, quoique lui-même fût tout à fait insensible à l'action du boulet. Un chronomètre construit avec un tel balancier et un ressort également exempt de magnétisme, aurait la même marche à bord qu'à terre.

Avec le balancier de cuivre, on ne put reconnaître aucune espèce d'action. En y adaptant un des ressorts, il fut mis en contact avec le boulet; le fer produisit une faible action. L'expérience ayant été répétée avec le même succès, il fut démontré que le ressort avait acquis du magnétisme.

Il résulte de ces faits, que lorsqu'un balancier ou son ressort acquièrent la propriété polaire, la marche du chronomètre auquel ils appartiennent, éprouve un changement toutes les fois que cet instrument se trouve sous l'action d'une masse de fer, et, à plus forte raison, dans le voisinage d'un aimant. Mais si le balancier et le ressort sont exempts de magnétisme, le chronomètre conserve alors sa marche.

En terminant, je rapporterai le tableau des observations faites, soit à terre, soit à la mer, sur la marche d'un chronomètre appartenant au *Leven*, pendant le voyage de ce navire aux îles du Cap Vert, en 1819 (1).

LOCALITÉS.	DATE.	MARCHE DES CHRONOMÈTRES			
		de Arnold, n° 1970.	de Arnold, n° 498.	de Harris et Hutton, n° 249.	de Arnold, n° 503.
A LA MER.					
	1819.				
LISBONNE........	du 2 janvier au 28 ...	....	— 3,70	+ 2,86	+ 7,74
SANTIAGO.	du 8 février au 14. ...	— 17,30	— 1,98	+ 5,53	+ 5,68
SAL-ISLAND......	du 28 février au 28 mars.	— 16,27	— 1,25	+ 6,83	+ 7,29
Id	du 28 mars au 20 avril..	— 16,99	— 0,99	+ 6,82	+ 9,80
CARLISLE.......	du 27 avril au 4 mai....	— 17,90	+ 0,26	+ 6,34	+ 10,39
Id........	du 4 mai au 12.......	— 17,66	+ 0,66	+ 6,55	+ 9,68
Moyenne de la marche à la mer ci-dessus.		— 16,95	— 1,47	+ 6,52	+ 8,47
A TERRE.					
	1819.				
MADÈRE........	du 20 juin au 7 juillet...	— 14,88	+ 1,27	+ 2,00	+ 13,62
Id........	du 7 juillet au 17.....	— 13,90	+ 3,85	+ 1,85	+ 14,85
Id........	du 17 juillet au 28.....	— 13,72	+ 2,83	+ 3,64	+ 13,82
Id........	du 28 juillet au 6 août..	— 14,40	+ 2,73	+ 2,84	+ 13,51
Id........	du 6 août au 24.....	— 13,85	+ 2,60	+ 2,87	+ 13,15
Id........	du 24 août au 1er sept^re.	— 14,23	+ 2,76	+ 2,26	+ 12,90
Id........	du 1er septembre au 13..	— 14,10	+ 3,20	+ 3,50	+ 14,60
Id........	du 13 septembre au 18..	— 14,10	+ 3,30	+ 3,50	+ 14,60
Moyenne de la marche à terre ci-dessus..		.. 14,17	. 2,69	+ 2,75	+ 13,80
Différence moyenne des marches à terre et à la mer....................		... 2,78	... 3,22	... 3,77	... 5,33

(1) Philosophical Journal, for october 1, 1831.

CHAPITRE XIII.

§ Ier. *Plan proposé par MM. de Humboldt et Gauss.*

M. de Humboldt, au retour de son voyage en Sibérie, vers la fin de 1828, fit établir dans un jardin très-spacieux de Berlin, une maisonnette sans fer, dans le but de s'y livrer à des observations régulières de variations horaires de la déclinaison magnétique. Ces observations, commencées le 5 février 1829, furent suivies deux ou trois fois par jour jusqu'au 20 mars, puis reprises en automne par M. Dove, afin d'observer d'heure en heure, plusieurs jours et plusieurs nuits de suite, tandis que des observations correspondantes étaient faites en différents lieux de la terre avec des instruments semblables.

M. Dove, en 1806 et 1807, s'était déjà exercé, conjointement avec M. Oltmanns, à observer à des intervalles très-rapprochés. Ayant observé pendant plusieurs jours et autant de nuits de suite, vers l'époque des équinoxes et des solstices, d'heure en heure, et même de demi-heure en demi-heure, ils reconnurent des minima nocturnes, ainsi que des affolements singuliers, ou orages magnétiques, qui reviennent dans les hautes latitudes, quelquefois plusieurs nuits de suite, et aux mêmes heures.

Ces considérations firent sentir à M. de Humboldt toute l'importance d'observations simultanées, faites sur différents points du globe, pour la solution d'une des plus grandes questions de la physique terrestre. Aussi cet illustre savant s'est-il servi de la haute influence dont il jouit en Europe, pour faire élever des observatoires partout où il existe des savants avec lesquels il pouvait entrer en relation. On peut voir, t. Iᵉʳ, p. 398 de cet ouvrage, le plan de cette vaste entreprise, que l'on trouve encore plus amplement développé dans une lettre qu'il a adressée au duc de Sussex, président de la Société royale de Londres.

D'après ce plan, il fut arrêté que dans les diverses localités, à des jours convenus, on ferait des observations régulières des variations de l'aiguille aimantée ; on fixa en outre huit termes dans l'année, de 44 heures chacun, pendant lesquels l'aiguille devait être observée d'heure en heure.

Dans plusieurs endroits on observa à des intervalles plus rapprochés encore, de demi-heure en demi-heure, et même de 20 minutes en 20 minutes. On trouve dans les Annales de physique de Poggendorf, t. XIX, p. 361, des détails à cet égard, ainsi que les observations faites dans les termes de 1829 et 1830, à Berlin, Freyberg, Pétersbourg, Cazan et Nicolaïeff.

A l'observatoire magnétique de Gœttingue, les observations des termes furent faites, pour la première fois, les 20 et 21 mars 1836, de dix minutes en dix minutes, au lieu de l'être d'heure en heure comme à Berlin, et avec les instruments précédemment décrits, qui diffèrent de ceux qu'on employait jadis.

Les annotations de Berlin montrèrent plusieurs mouvements assez considérables, qui se retrouvaient dans les observations de Gœttingue, tandis que ces dernières présentaient dans des intervalles plus rapprochés un grand nombre d'autres mouvements qui devaient manquer à Berlin.

Dans le terme suivant, celui des 4 et 5 mai, les intervalles furent encore plus rapprochés : on observa de cinq minutes en cinq minutes. Divers savants ne tardèrent pas à adopter les appareils de M. Gauss, ainsi que les termes d'observations arrêtés par lui. M. Sartorius fut un des premiers, puis M. Encke.

M. Sartorius observa en juin, à Francfort, en septembre, à Rambergen, à Salzbourg; on observa également avec des magnétomètres à Leipzig, Copenhague et Brunswick. Nous verrons dans le livre suivant combien l'association formée pour les observations simultanées a pris d'extension depuis sa fondation.

Les résultats obtenus firent sentir la nécessité d'étudier les variations des forces magnétiques terrestres dans des limites plus resserrées que ne l'avait fait M. de Humboldt.

A Gœttingue, et dans d'autres localités, on résolut d'observer, aux termes arrêtés, de trois en trois minutes; mais on en revint à l'intervalle de cinq minutes, tant parce que plusieurs associés étrangers adoptèrent ce dernier intervalle, que parce qu'il suffit pour les cas ordinaires. Enfin, M. Gauss prenant en considération le nombre de personnes nécessaires pour faire de semblables observations, a arrêté, conjointement avec ses coassociés, que le nombre des termes serait de six par an, la durée de chacun de 24 heures, et qu'on ajouterait deux termes secondaires.

Les observations faites par l'association sont publiées chaque année, depuis 1837, par MM. Gauss et Weber, dans un ouvrage spécial, qui renferme, outre les tracés graphiques de ces observations, des remarques qui s'y rapportent, des mémoires relatifs au magnétisme terrestre et à la description des appareils employés et à leur usage.

§ II. *Coopération des savants anglais.*

Le gouvernement anglais, ayant senti la nécessité d'adhérer au plan d'association arrêté par MM. de Humboldt et Gauss, a décidé qu'un certain nombre d'établissements magnétiques seraient formés dans ses vastes possessions, pour y faire des observations comparatives et simultanées; en conséquence, il a demandé à la Société royale un rapport sur les instruments magnétiques dont les observatoires devaient être pourvus, ainsi que sur le mode d'observation. Quoique ces instruments aient été construits d'après les mêmes principes que ceux de M. Gauss, précédemment décrits, je crois convenable cependant de donner ici en entier ce rapport (1), en raison de l'utilité dont il peut être pour les expérimentateurs.

« La déclinaison, l'inclinaison et l'intensité sont les éléments sur lesquels est ordinairement basée la détermination de la force magnétique de la terre. Si l'on conçoit qu'un plan vertical passe par la direction de cette force, cette direction est déterminée au moyen de son inclinaison sur l'horizon, et de l'angle que forme le plan lui-même avec le méridien; et si l'on connaît en outre le rapport de l'intensité de la force à quelque unité donnée, il est évident que la force est complétement déterminée.

« Pour plusieurs raisons toutefois, et surtout pour les recherches délicates relatives aux variations de la force magnétique, il est préférable d'adopter un système différent d'éléments. La force pouvant être décomposée en deux parties dans le plan du méridien magnétique, l'une horizontale et l'autre verticale, il est évident que ces deux composantes peuvent être substituées à l'intensité totale et à l'inclinaison, et leurs changements déterminés en même temps avec une précision beaucoup plus grande. Les composantes, qui sont variables, ont pour expression les valeurs suivantes :

$$X = R \cos. \theta, \quad Y = R \sin. \theta;$$

R indique l'intensité, X et Y les composantes horizontales et verticales, θ l'inclinaison; et les variations de θ et

____

(1) Philosophical Magazine, 3e série, n° 95, septembre 1839.

R sont exprimées en fonction des variations de X et Y, au moyen des formules :

$$d\theta = \div 2\,\theta\left(\frac{d\mathrm{Y}}{\mathrm{Y}} - \frac{d\mathrm{X}}{\mathrm{X}}\right);$$

$$\frac{d\mathrm{R}}{\mathrm{R}} = \cos.^2\theta\,\frac{d\mathrm{X}}{\mathrm{X}} + \sin.^2\theta\,\frac{d\mathrm{Y}}{\mathrm{Y}}.$$

« Comme les instruments destinés à l'observation de ces éléments (chaque observatoire en possède une série) sont, pour la plupart, d'une forme nouvelle, il sera utile de donner une relation un peu détaillée de leur construction et de leur rectification, avant d'entrer dans le plan d'observations à suivre.

Magnétomètre pour la déclinaison.

« *Construction.* La partie essentielle du magnétomètre de déclinaison est un barreau aimanté, suspendu au moyen de fils de soie sans torsion, et renfermé dans une boîte, pour le défendre de l'agitation de l'air. Ce barreau est un parallélipipède rectangulaire, de 15 pouces (anglais) de long, de $\frac{2}{9}$ de po. de large, et de $\frac{1}{4}$ de po. d'épaisseur; outre l'étrier auquel le barreau est suspendu, il est muni de chaque côté de deux pièces à coulisse. Une de ces pièces renferme une lentille achromatique, et l'autre une échelle de verre avec des divisions très-délicates; l'échelle étant placée au foyer de la lentille, il est évident que l'appareil forme un *collimateur* mobile, et que sa position absolue à chaque instant, aussi bien que ses changements de position d'un instant à l'autre, peuvent être observés à distance au moyen d'un télescope. L'ouverture de la lentille de ce *collimateur* est de 1 pouce et $\frac{1}{4}$, et sa longueur focale d'environ 12 pouces. Chaque division de l'échelle est de $\frac{1}{585}$ de pouce; et la grandeur angulaire correspondante d'environ 43 secondes.

« Au fil de suspension est attaché un petit barreau

VI. 2ᵉ *partie.*   12

cylindrique dont les bouts sont d'un plus petit diamètre, et supportent l'étrier dont les ouvertures par
lesquelles il est suspendu sur les cylindres, ont la
forme d'Y renversés, de sorte que les points de support
sont invariables. Une seconde paire d'ouvertures, de
l'autre côté de l'aimant, sert pour le renversement, et
l'on a soin de rendre parallèles les lignes qui unissent
les points de support de chaque paire d'Y, de sorte
qu'il n'y ait point de différence dans la force de torsion
du fil dans les deux positions de l'étrier. Les quatre
ouvertures se trouvent à différentes distances de l'aimant,
afin que la ligne de *collimation* puisse rester à peu près
à la même hauteur dans le *renversement*, et qu'il ne soit
pas nécessaire de changer la longueur du fil de suspension.
L'étrier et les châssis sont en métal de canon.

« Pour détruire la torsion du fil de suspension, l'appareil est muni d'un barreau à détordre, qui, avec ses
accessoires, a le même poids que l'aimant. Ce barreau,
d'une forme rectangulaire, est muni d'un étrier et d'un
collimateur semblables à ceux de l'aimant; une ouverture rectangulaire, pratiquée au milieu, reçoit un petit
aimant qui doit imprimer une faible force directrice au
barreau suspendu, et sans lequel l'ajustement final de
détorsion serait fastidieux et difficile.

« Le châssis de l'instrument consiste en deux piliers
de cuivre de 35 pouces de hauteur, fortement vissés
dans une base massive de marbre. Ces piliers sont réunis
au moyen de deux traverses de bois, l'une en haut,
l'autre à 7 pouces du bas. Au centre de la pièce du
sommet est l'appareil de suspension et un cercle divisé,
employé à déterminer la force de torsion du fil. Un tube
de verre (entre celui-ci et le milieu de la traverse inférieure)
renferme le fil de suspension; un couvercle de verre en
haut couvre l'appareil, et complète la clôture de l'instrument.

« La boîte est cylindrique; elle a 20 po. de diam.,
et 7 de profondeur; elle repose sur un socle de marbre,
entourant les supports, et qui est disposé de manière

à pouvoir être élevé quand cela est nécessaire pour l'opération. Il y a dans la boîte deux ouvertures qui sont directement opposées. L'ouverture en face, destinée à lire les degrés, est couverte d'une lame circulaire de verre attachée à un châssis rectangulaire de bois, qui se meut en queue d'aronde ; l'erreur prismatique du verre (s'il y en a), se corrige en renversant simplement le châssis dans la queue d'aronde. L'ouverture opposée est faite pour éclairer l'échelle.

« Outre les parties ci-dessus mentionnées, l'instrument est pourvu d'un second aimant, ayant les mêmes dimensions que le premier, et dont on doit faire usage dans les mesures d'intensité absolue ; d'un thermomètre dont la boule pénètre dans la boîte, afin de déterminer la température intérieure, et d'un anneau de cuivre destiné à arrêter les oscillations.

« *Ajustement.* L'instrument ayant été placé sur son support, la base doit être mise de niveau, et le tout fixé à sa place. Le niveau de la base peut être apprécié d'une manière convenable, au moyen d'un fil à plomb qu'on met à la place du fil de suspension. Il n'est pas nécessaire d'une grande précision dans cette opération, dont le principal objet est que le fil de suspension occupe le milieu du tube et que l'aimant soit dans une position centrale relativement à son support. Ce fil doit ensuite être attaché par l'une de ses extrémités au cylindre de l'appareil, et par l'autre au petit cylindre qui doit soutenir l'étrier et l'aimant. Seize fils de soie, non tordus (1) suffisent pour supporter le double du poids de l'appareil sans se briser, et l'on trouvera que, sous d'autres rapports, ils forment une suspension convenable.

« Ces préparatifs terminés, les ajustements s'effectuent de la manière suivante :

____

(1) Ce n'est pas le fil simple du ver à soie, mais le fil composé dans l'état où on le prépare pour le tissage.

« 1° Les pièces glissantes étant placées sur l'aimant, l'échelle doit être ajustée au foyer de la lentille, et de manière que leur centre de gravité soit près du milieu du barreau. L'ajustement au foyer a déjà été fait par l'artiste, qui a mesuré les distances correspondantes des pièces mobiles. On les trouvera dans le tableau I.

« 2° L'aimant doit être réuni avec le fil de suspension au moyen de l'étrier, et être mû dans ce dernier jusqu'à ce qu'il prenne la position horizontale. Cet ajustement peut s'effectuer convenablement au moyen de l'image de l'aimant réfléchie à la surface de l'eau ou du mercure, l'objet et son image réfléchie étant parallèles lorsque le premier est horizontal. L'étrier est ensuite arrêté par ses vis, et l'aimant placé à la hauteur voulue. Comme le fil s'allonge considérablement d'abord, on doit prendre cette circonstance en considération pour la hauteur.

« 3° L'aimant est ensuite enlevé (1), et le barreau non magnétique (ayant son *collimateur* ajusté de la même façon) doit être attaché sans le petit aimant, et on le laisse osciller pendant plusieurs heures. Lorsque le barreau est en repos, ou à peu près, on doit estimer sa déviation du méridien magnétique, et l'alidade du cercle de torsion est tournée du même angle dans une direction opposée. Le plan de détorsion coïncide alors approximativement avec le méridien magnétique.

« 4° L'aimant doit être ensuite substitué au barreau non magnétique ; et le télescope étant dirigé vers le *collimateur*, le point de l'échelle coïncidant avec le fil vertical doit être noté lorsque l'aimant se trouve dans des positions directes et inverses. La moitié de la somme de ces indications est le point de l'échelle correspondant à l'axe magnétique du barreau aimanté, et la moitié de

---

(1) Il est évident que cette disposition peut précéder la première et la deuxième, lorsqu'on veut économiser le temps.

leur différence (convertie en mesure angulaire) est la déviation de la ligne de *collimation* du télescope d'avec le méridien magnétique : le télescope doit être déplacé de cet angle dans la direction opposée.

« 5° Afin d'enlever la torsion restante du fil, l'aimant est ensuite retiré, et le barreau non magnétique (avec son petit aimant) lui est substitué. La déviation de ce barreau d'avec le méridien magnétique doit ensuite être lue sur son échelle, et l'alidade du cercle de torsion doit être tournée d'un angle donné dans la direction opposée. La déviation étant lue de nouveau, on aura, par une simple proportion, l'angle de torsion restant, et l'alidade étant tournée de cet angle dans la direction opposée, une autre observation servira à vérifier l'ajustement. Le plan de détorsion coïncidera alors avec le méridien magnétique ; et l'aimant étant replacé, l'instrument sera disposé pour en faire usage.

« *Observations.* Les observations à faire avec cet instrument sont : 1° la déclinaison absolue, 2° les variations de la déclinaison, et 3° l'intensité absolue.

« Pour mesurer la déclinaison absolue, chaque observatoire est muni d'un petit instrument de passage ayant un cercle azimutal. Cet instrument étant placé dans le méridien magnétique de l'instrument de déclinaison, le point de l'échelle coïncidant avec le fil central de l'instrument de passage doit être observé ; l'intervalle entre ce point et le point correspondant (1) à l'axe magnétique du barreau converti en mesure angulaire, est

---

(1) En déterminant ce point au moyen d'une double lecture de l'échelle avec le barreau élevé et renversé, on doit prendre soin d'éliminer les changements de déclinaison qui peuvent se présenter dans l'intervalle des deux parties de l'observation. Le magnétomètre de la force horizontale peut s'appliquer à cette élimination. Mais peut-être est-il plus court de prendre une série de lectures aussi rapidement que possible, alternativement dans les deux positions du barreau, en choisissant pour le temps d'observation une période où les changements de déclinaison sont

la déviation δ de la ligne de *collimation* de l'instrument
de passage du méridien magnétique. Les verniers du
cercle horizontal étant lus ensuite, la lunette est tournée, et on fait relever par le fil central une mire éloignée, dont l'azimut a a été déterminé avec soin. Si a est
l'angle lu sur le cercle horizontal, il est évident que
l'angle entre les méridiens magnétique et astronomique est

$$a + \alpha + \delta,$$

α et δ étant affectés de leurs signes convenables. On
suppose que l'angle a a été déterminé préalablement au
moyen de l'instrument de passage.

« Mais au lieu de rapporter au méridien magnétique,
au moyen du *collimateur* mobile, le télescope qui sert au
passage directement, le même résultat s'obtiendrait, et
sans doute d'une manière préférable, en le rapportant à la ligne de *collimation* du télescope avec lequel
les changements de la déclinaison sont régulièrement
observés. A cet effet, il suffit d'employer le dernier
télescope comme *collimateur*, ce dernier étant renversé sur ses supports en Y, s'il le faut. Un *collimateur* fixe peut être substitué convenablement à la
mire éloignée. Ce mode d'observation a l'avantage
de réunir directement la détermination absolue avec
la série régulière d'observations; et il est manifeste
qu'il suffit, sans autres moyens, pour déterminer, s'il
est survenu des changements, quels sont ceux qui
peuvent s'être présentés dans la position du télescope
fixe.

« Les télescopes fixes fournis à chaque observatoire,

---

lents et réguliers. En comparant chaque résultat avec la moyenne
des précédents et des subséquents, et ensuite prenant la moyenne
de toutes ces moyennes partielles, on peut obtenir une détermination très-exacte.

ont une ouverture de $1\frac{5}{8}$ pouce, et une longueur focale de 14 pouces. Ils seront fixés sur un pilier de pierre, ou sur un piédestal fixe de bois, reposant sur une maçonnerie solide indépendante du plancher.

« Pour observer les changements de déclinaison, le télescope fixe (dont on a parlé ci-dessus) est employé seul. L'observation consiste simplement à noter le point de l'échelle qui coïncide avec le fil vertical à trois limites successives de l'arc d'oscillation. Les trois indications étant marquées par $a\,b\,c$, le point moyen de l'échelle correspondant au temps de l'observation du milieu, est

$$\tfrac{1}{4}\,(a + 2\,b + c).$$

« Ce mode d'observation est suffisant lorsque l'observateur n'est pas astreint à un moment précis d'observation. Autrement, la méthode la plus exacte, indiquée par Gauss, doit être préférée (1).

« L'angle correspondant à une division étant connu, les changements de position de l'échelle peuvent être convertis en mesure angulaire. En général, cependant, cette réduction ne sera nécessaire que dans les résultats moyens de chaque mois.

« Avant que les véritables changements de déclinaison puissent être déduits des lectures faites, il est nécessaire de faire une correction dépendante de la force de torsion du fil de suspension. En supposant que le plan de détorsion ait été amené, par les ajustements ci-dessus décrits, à coïncider avec le méridien magnétique, il est évident qu'à chaque déviation de l'aimant de sa position moyenne, la force de torsion sera mise en jeu; et comme cette force tend à ramener l'aimant dans la position moyenne, les déviations apparentes doivent être

---

(1) Mémoires scientif. de Taylor, vol. II, part. V, pag. 44 et suivantes.

moindres que les déviations réelles. Le rapport de la
force de torsion à la force magnétique directrice se détermine expérimentalement en tournant la branche
mobile du cercle de torsion dans un grand angle donné
(par exemple 90°), et observant l'angle correspondant
dont l'aimant est dévié. Soit u ce dernier angle, et v le
premier; alors le rapport en question est

$$\frac{G}{F} = \frac{u}{v-u};$$

où G est le coefficient de la force de torsion, et F le moment provenant de l'action de la force magnétique
terrestre sur le magnétisme libre du barreau, la direction de l'action étant supposée perpendiculaire à son axe
magnétique. Le rapport des deux forces étant ainsi
trouvé, les véritables changements de déclinaison se dé-
duisent de ceux apparents, en les multipliant par le
coefficient

$$1 + \frac{G}{F}.$$

« Afin d'obtenir un résultat exact par le mode d'expérience ci-dessus décrit, il est nécessaire d'éliminer
les changements actuels de la déclinaison qui peuvent
se présenter dans l'intervalle des deux lectures. La
méthode la meilleure, à cet effet, consiste à observer
les changements de déclinaison simultanément avec un
second appareil. Si toutefois ces moyens ne sont pas à
la portée de l'observateur, on peut atteindre le but en
faisant une série d'observations avec le vernier du cercle
de torsion alternativement dans deux positions fixes (par
exemple à + 90° et — 90°); le résultat moyen sera indépendant des changements de la déclinaison, pourvu que
le progrès de ces changements ait été graduel dans l'intervalle de l'expérience.

« Afin de déterminer l'intensité absolue de la compo-

sante horizontale de la force magnétique terrestre,
l'instrument de déclinaison est muni d'un barreau de
déviation et d'un compas destiné à mesurer sa distance
à l'aimant suspendu. Le mode d'observation a été aussi
parfaitement expliqué par Gauss, dans son excellent mémoire intitulé : *Intensitas vis terrestris ad mensuram
absolutam revocata*, et dans le premier volume de ses
Resultates, pour qu'il soit inutile d'entrer ici dans aucun détail.

« Le tableau suivant contient l'intervalle des pièces
à coulisse des *collimateurs*, correspondant à l'ajustement focal, ainsi que la valeur d'une division de l'échelle
en arc, dans chaque instrument, exprimée en décimales
de minute.

TABLEAU I.

NUMÉRO de l'instrument.	OBSERVATOIRE.	INTERVALLE des pièces glissantes.	VALEUR en arc d'une division.
		pouces.	
I............	H. M. S. Erèbe............	.... 11,70	 0,7207
II............	Terre de Van Diémen.......	.... 12,01	 0,7085
III............	Montréal................	.... 11,72	 0,7208
IV............	Cap de Bonne-Espérance...	.... 11,18	 0,7525
V............	Sainte-Hélène............	.... 11,90	 0,7108

Magnétomètre pour la force horizontale.

« L'instrument employé à déterminer la composante
horizontale de la force magnétique terrestre est semblable, en principe, au *magnétomètre bifilaire* de Gauss.
C'est un barreau aimanté suspendu par deux fils équi-
distants, ou, plus exactement, par deux portions du
même fil dont la distance des points de support est la
même en haut et en bas; par la rotation des extrémités
supérieures du fil autour de leur point moyen, l'aimant
est maintenu dans une position à angle droit avec le
méridien magnétique.

« Il est évident, d'après la nature de cette suspension, que le poids du corps suspendu tendra à le mettre dans la position où les deux parties du fil sont dans le même plan dans toute leur étendue. Le moment de la force directrice est G sin. v; v est l'angle formé par les lignes qui réunissent les points de support au-dessus et au-dessous, ou la déviation du plan de détorsion; et G étant exprimé par la formule

$$G = w \frac{a^2}{l},$$

où w représente le poids du corps suspendu, a le demi-intervalle des fils, et l leur longueur. La force magnétique de la terre, d'un autre côté, tend à ramener l'axe magnétique du barreau dans le méridien magnétique avec la force F sin. u; dans laquelle u est la déviation de l'axe magnétique du méridien, et F le produit de la partie horizontale de la force magnétique terrestre par le moment du magnétisme libre du barreau. L'aimant recevant ainsi l'action de deux forces, restera dans la position où leurs moments sont égaux. Lorsque l'instrument est disposé de manière que $u = 90°$, ou que l'aimant est à angle droit avec le méridien magnétique, on a

$$F = G \sin v;$$

et l'on connaît le rapport des forces lorsqu'on a l'angle v. Mais comme une de ces forces est constante et l'autre variable, il est évident que la place de l'aimant variera autour de sa position moyenne, et que les variations de l'angle seront en rapport avec les variations de la force. Ce rapport s'explique par les formules

$$dF = F \cot. v . du;$$

l'angle du étant exprimé en parties du rayon.

« *Construction.* Le barreau aimanté a les mêmes dimensions que celui de l'instrument de déclinaison. Le *collimateur*, au moyen duquel on observe ses changements de position, est attaché à l'étrier et possède un mouvement azimutal. Le fil de suspension passe autour d'une petite poulie, sur l'axe de laquelle repose l'étrier au moyen des Y renversés; et l'instrument est muni d'une série de poulies semblables, dont les diamètres augmentent en progression arithmétique (la différence ordinaire étant d'environ $\frac{2}{10}$ de pouce), afin de faire varier l'intervalle des fils. Les intervalles exacts correspondants à chaque poulie à part ont été déterminés par l'artiste au moyen de mesures micrométriques très-exactes; on les a donnés dans le tableau III. Le même intervalle est changé à l'extrémité supérieure, au moyen de deux vis, l'une à droite et l'autre à gauche, les fils métalliques étant placés dans les intervalles des pas de ces vis, et leur distance réglée par la tête du micromètre. L'intervalle des pas de ces vis (qui est précisément le même pour tous les instruments) est $\frac{2}{77}$, ou 0,02597 de pouce. La tête du micromètre est divisée en 100 parties; et comme une révolution de la tête correspond à deux pas de la vis, une seule division équivaut à 0,0005194 ou $\frac{1}{2000}$ de pouce environ. La tête du micromètre a été ajustée avec soin par l'artiste, de sorte que l'index est à zéro lorsque l'intervalle des fils est exactement d'un demi-pouce.

« Dans cet instrument le *collimateur* est renfermé dans un tube léger attaché à l'étrier. L'ouverture de la lentille est d'environ $\frac{8}{10}$ de pouce, et sa longueur focale est d'environ 8 pouces. Les divisions de l'échelle sont les mêmes que dans le *collimateur* du magnétomètre de déclinaison; les valeurs des arcs correspondants ont été appréciées pour chaque instrument par une expérience exacte, et sont données dans le tableau II.

« Les principales parties de cet appareil, la boîte, le châssis et le support, sont précisément semblables à celles du magnétomètre de déclinaison. Outre les parties déjà décrites, l'instrument est muni d'un aimant de réserve, d'un poids de cuivre nécessaire pour déterminer le plan de détorsion des fils relativement au méridien magnétique, d'un thermomètre dont la boule est dans la boîte, afin de s'assurer de la température intérieure; et d'un anneau de cuivre pour arrêter les oscillations.

« *Ajustements.* L'instrument étant placé sur son support, la base doit être mise de nouveau et tout l'appareil fixé. Ayant ensuite choisi une des petites poulies, et l'ayant assujettie temporairement avec son axe horizontal, le fil doit être enroulé autour; aux extrémités libres du fil passant à travers les trous correspondants dans le rouleau de suspension placé au-dessous, on doit attacher des poids, alors les deux portions du fil prennent leur position naturelle; les extrémités peuvent être attachées au cylindre, en introduisant de petites chevilles de bois dans les trous. Les parties doivent alors être renversées et mises à leurs places; l'appareil de suspension reposant sur le cercle divisé, et le fil suspendu le long du tube.

« Le *collimateur* (son échelle ayant été d'abord ajustée au foyer : cet ajustement a déjà été fait par l'artiste) doit être vissé sur l'étrier, et ce dernier attaché à l'axe de la poulie au moyen de ses Y. L'aimant est ensuite introduit dans l'étrier et mis de niveau, et les fils enroulés sur la poulie jusqu'à ce que le *collimateur* soit à la hauteur voulue.

« Ces préparatifs terminés, on devra opérer de la manière suivante :

« 1° Déterminer expérimentalement l'angle dont il est nécessaire de tourner l'alidade du cercle de torsion, afin de dévier l'aimant du méridien magnétique jusqu'à une position qui lui soit à angle droit, les deux positions étant simplement appréciées. Le cosinus de cet angle est approximativement le rapport de la force magnétique à la force de torsion, ou la valeur de la fraction $\frac{F}{G}$. Plus ce rapport est près de l'unité, plus l'instrument doit être délicat; dans la pratique, on trouvera que $\frac{2}{10}$ sont une valeur convenable. Si, en faisant l'expérience précédente, le rapport se trouvait au-dessous ou excédait les limites convenables, la force de torsion devrait être changée en introduisant une poulie différente, et faisant la modification correspondante dans l'intervalle des extrémités supérieures des fils.

« 2° L'axe magnétique étant mis à très-peu près dans le méridien magnétique, en tournant l'alidade du cercle de torsion, le *collimateur* doit être tourné par son mouvement indépendant, jusqu'à ce qu'un point quelconque vers le milieu de l'échelle coïncide avec le fil vertical du télescope fixe. Ce point de l'échelle doit être noté de la manière ordinaire.

« 3° L'aimant doit être ensuite enlevé, et le poids de cuivre attaché. On note le nouveau point de l'échelle qui coïncide avec le fil du télescope. Alors, si l'aimant a été placé (comme dans l'expérience précédente) dans sa position directe (c'est-à-dire, le nord au nord), l'erreur du plan de torsion est

$$v \left(\frac{G}{F} + 1 \right),$$

v étant la différence des deux lectures converties en mesures angulaires. Si, de l'autre côté, l'aimant a été renversé, c'est-à-dire, son extrémité nord mise au sud, l'erreur est

$$v' \left(\frac{G}{F} - 1 \right).$$

« L'alidade du cercle de torsion doit être ensuite tournée de cet angle dans la direction opposée, et l'axe magnétique sera dans le méridien magnétique.

« La différence des deux indications correspondant à une erreur donnée étant beaucoup plus grande dans la position inverse que dans la position directe, il s'ensuit que la première donne une méthode beaucoup plus sensible pour faire l'ajustement désiré.

« 4° Le poids de cuivre restant attaché, tournez la branche mobile du cercle de torsion de 90°. Ensuite retournez le *collimateur* jusqu'à ce qu'un point quelconque du milieu de l'échelle coïncide avec le fil vertical du télescope fixe, et notez l'indication.

« 5° Maintenant enlevez le poids de cuivre et replacez l'aimant. La force magnétique de la terre le reportera vers le méridien magnétique, et l'échelle sortira du champ du télescope. Tournez ensuite l'alidade du cercle de torsion jusqu'à ce que le point de l'échelle qui a été noté en dernier coïncide de nouveau avec le fil du télescope ; l'axe magnétique est alors dans le plan perpendiculaire au méridien magnétique, et l'ajustement est complet.

« *Observations*. Les observations à faire avec cet instrument sont celles de la valeur absolue de l'intensité horizontale et de ses changements.

« D'après ce qui précède, il est manifeste que l'instrument décrit servira à déterminer le moment de la force développée par la terre sur le magnétisme libre du barreau suspendu. Soit toujours X la partie horizontale de la force magnétique de la terre, m le moment du magnétisme libre du barreau ; alors

$$m\,\mathrm{X} = \mathrm{F},$$

F ayant la même signification que ci-dessus. Ensuite, substituant les valeurs de F, G, nous aurons

$$m\,\mathrm{X} = a'\,\frac{a^2}{l}\,\sin. v\,;$$

équation dans laquelle sont données par des mesures directes toutes les quantités du second membre. La principale difficulté de cette méthode consiste dans la détermination de la quantité a, qui devrait être connue, à une très-petite fraction près de sa valeur actuelle. Cette difficulté a été vaincue par l'appareil de mesure en

rapport avec celui de suspension, qui (comme on l'a
déjà établi) sert à déterminer l'intervalle des fils à leur
extrémité supérieure, à $\frac{1}{1000}$ de pouce. Les nombres donnés dans le tableau III pour l'intervalle inférieur, peuvent inspirer de la confiance pour le même degré d'exactitude. Il est à peine nécessaire de dire que la longueur
des fils l doit être mesurée entre les points de contact
en haut et en bas.

« Le produit de la force magnétique terrestre par le
moment magnétique du barreau étant ainsi connu, le
rapport des mêmes quantités doit être déterminé en en-
levant le barreau de son étrier, et l'employant à dévier
le barreau suspendu de l'instrument de déclinaison,
d'après la méthode connue de Gauss. Les expériences de
déviation peuvent cependant se faire sans le secours
d'un second magnétomètre, en opérant sur un autre
barreau placé dans la position inverse. Cette méthode a
même l'avantage sous le rapport de la sensibilité ; mais
elle a le désavantage d'exiger que la valeur de $\dfrac{F}{G}$ soit
déterminée pour le second barreau.

« Le principal usage de cet appareil consiste à observer les variations de l'intensité. Dans ces observations,
il est seulement nécessaire de noter, à un moment
quelconque, le point de l'échelle coïncidant avec le fil
vertical du télescope fixe, le mode d'observation étant
précisément le même que dans l'autre instrument. Soit n
le nombre des divisions et partie de divisions au moyen
desquelles l'indication dans un instant diffère de sa
valeur moyenne ; alors la variation correspondante de
l'angle (en parties du rayon) est

$$ du = n a, $$

a représentant la valeur en arc (en parties du rayon)
correspondant à une seule division. En substituant cette
valeur dans la formule pag. 186, on a

$$\frac{d\mathrm{F}}{\mathrm{F}} = n\,a\ \mathrm{cot.}\ v = k\,n;$$

k étant la valeur du coefficient constant a, cotang. v. Les valeurs de a ont été déterminées pour chacun des instruments, et on les trouvera dans le tableau II.

« La quantité F, dans la formule précédente, est le produit de la force magnétique terrestre par le moment du magnétisme libre du barreau ; et comme la dernière quantité varie avec la température, il est nécessaire d'appliquer une correction avant de pouvoir en déduire les vrais changements de la force terrestre. Cette correction se déduit aisément. Puisque $\mathrm{F} = \mathrm{X}\,m$, il y a

$$\frac{d\mathrm{F}}{\mathrm{F}} = \frac{d\mathrm{X}}{\mathrm{X}} + \frac{dm}{m};$$

de sorte que la correction à faire pour déduire la valeur de

$$\frac{d\mathrm{X}}{\mathrm{X}} \ \text{est} - \frac{dm}{m}.$$

Soit t la température en degrés Fahrenheit, q le changement relatif du moment magnétique correspondant à un degré; alors

$$-\frac{dm}{m} = q\,(t - 32).$$

Par conséquent, les changements de la force terrestre s'exprimeront par la formule :

$$\frac{d\mathrm{X}}{\mathrm{X}} = k\,n + q\,(t - 32).$$

« Il n'est pas nécessaire d'appliquer ces réductions aux résultats individuels, excepté dans les cas de changement marqué, où l'on veut suivre le progrès des phénomènes actuels. Les résultats doivent être exprimés, comme on les observe, en parties de l'échelle, et les réductions devraient être faites dans des valeurs moyennes, mensuelles ou autres.

« Le tableau II contient les valeurs des arcs d'une division de l'échelle, dans chaque instrument, exprimées en décimales de minute, ainsi que les mêmes quantités réduites au rayon, comme unités, en multipliant par le nombre 0,0002909.

« Le tableau III contient les intervalles des axes des fils correspondant à chaque poulie en décimales de pouce ; le fil employé étant celui désigné dans le commerce sous le nom d'*argent fin* 6.

TABLEAU II.

NUMÉRO de l'instrument.	OBSERVATOIRE.	VAL. D'UNE DIVISION EN ARC.	
		en minutes.	en part. de rayon.
I.	Erèbe.	1,075	0,0003127
II.	Terre de Van Diémen.	1,080	0,0003142
III.	Montréal.	1,074	0,0003124
IV.	Cap de Bonne-Espérance.	1,084	0,0003153
V.	Sainte-Hélène.	1,080	0,0003142

TABLEAU III.

NUMÉRO de la roue.	I. Erèbe.	II. Terre de Van Diémen.	III. Montréal.	IV. Cap de Bonne-Espérance.	V. Sainte-Hélène.
1	0,2536	0,2549	0,2529	0,2542	0,2536
2	0,3032	0,3058	0,3055	0,3055	0,3065
3	0,3529	0,3516	0,3529	0,3407	0,3513
4	0,4058	0,4088	0,4078	0,4052	0,4071
5	0,4562	0,4555	0,4581	0,4555	0,4545
6	0,5065	0,5071	0,5042	0,5055	0,5058
7	0,5555	0,5601	0,5588	0,5565	0,5591
8	0,6671	0,6071	0,6071	0,6097	0,6081

« *Magnétomètre pour la force verticale.*

« L'instrument employé à déterminer les changements de la composante verticale de la force magnétique, est une aiguille magnétique reposant sur des plans d'agate à l'aide de couteaux, et amenée au moyen de contre-poids dans la position horizontale. Par les changements de position de cette aiguille, on peut conclure les changements de la force verticale, lorsqu'on connaît l'inclinaison moyenne au lieu de l'observation, l'azimut du plan dans lequel se meut l'aiguille, et l'angle que fait, avec l'axe magnétique, la ligne unissant le centre de gravité et le centre de mouvement. Cependant, comme la détermination de cette constante exige des additions considérables à l'appareil, le plan adopté a été d'adapter l'aiguille de manière à ce que l'angle en question soit nul. Le centre de gravité étant amené ainsi au même point que l'axe magnétique, les changements de la force verticale sont en rapport avec les changements de position de l'aiguille par la formule :

$$\frac{\delta F}{F} = \cos. \alpha. \cotan. \theta\, d\zeta;$$

$d\zeta$ représentant le changement de l'angle en parties du rayon, α l'azimut du plan où se meut l'aiguille, et θ l'inclinaison.

« *Construction.* L'aiguille magnétique a 12 pouces de long. Elle porte à chaque extrémité des fils croisés, attachés au moyen d'un petit anneau de cuivre, l'intervalle des croix étant de 13 pouces. L'axe de l'aiguille a d'une part la forme d'un tranchant de couteau, et de l'autre celle d'une portion de cylindre, ayant le tranchant pour son axe, et ce tranchant devant passer, autant que possible, par le centre de gravité de l'instrument non chargé. Les poids, au moyen desquels s'effectuent les autres ajustements, sont de petites vis de cuivre, mobiles sur des écrous fixés sur chaque branche ; l'axe d'une des vis étant parallèle à l'axe magnétique de l'aiguille, et celui de l'autre vis lui étant perpendiculaire.

« Les plans d'agate, sur lesquels repose l'aiguille, sont attachés à un support solide de cuivre, qui est fixé fortement à une base massive de marbre. Sur ce support on a ménagé les moyens d'élever l'aiguille au-dessus des plans, par un procédé semblable à celui employé dans l'instrument d'inclinaison. Le tout est couvert par une boîte d'acajou, oblongue, d'un côté de laquelle sont deux petites ouvertures vitrées, afin de pouvoir lire; le côté opposé de la boîte est couvert d'une plaque de verre. Un thermomètre, renfermé dans la boîte, indique la température intérieure; et un niveau, à esprit-de-vin, attaché à la base du marbre, sert à indiquer tout changement de niveau qui peut affecter l'instrument.

« La position de l'aiguille, à un instant donné, s'observe au moyen de deux microscopes à micromètre, placés à chaque extrémité. Ces microscopes sont supportés sur de petits piliers de cuivre, attachés à la base de l'instrument. Ils sont ajustés de manière qu'une révolution entière de la vis micrométrique corresponde à 5 minutes de l'arc. La tête du micromètre est divisée en 50 parties; et, par conséquent, l'arc correspondant à une seule division, est de 0,1.

« Outre ces parties, l'appareil est pourvu d'un barreau de cuivre de même longueur que l'aimant (muni, comme lui, de fils croisés aux extrémités, et de supports en lames de couteau), afin de déterminer les points zéro du micromètre; une échelle de cuivre, divisée de 10 en 10', est employée pour apprécier la valeur de leurs divisions; et une aiguille horizontale sert à déterminer l'azimut du plan vertical dans lequel se meut l'aiguille.

« *Ajustements.* Ce qui suit, explique les ajustements nécessaires pour cet instrument :

« 1° L'instrument étant placé sur son support, dans une position convenable, relativement aux deux autres instruments, l'azimut du plan où se meut l'aiguille peut être disposé de la manière suivante: dans le premier cas, on fait coïncider le plan avec le méridien magnétique au moyen de l'aiguille horizontale, qui se meut sur un pivot fixé au sommet de l'échelle. Un petit théodolite (ou tout autre instrument pour mesurer les angles horizontaux) est placé sur la base, et son télescope dirigé sur une mire éloignée. Le télescope doit être ensuite mû dans un angle horizontal égal à l'azimut de l'instrument qu'on a en vue, mais dans une direction opposée. La base de l'instrument doit être ensuite tournée sans déranger le théodolite, jusqu'à ce que la mire soit coupée par les fils du télescope ; il est alors dans l'azimut exigé. La base doit être mise de niveau et fixée d'une manière permanente.

« 2° Les microscopes doivent être maintenant ajustés, 1° pour que l'image des fils croisés de l'aiguille coïncide avec les fils des microscopes ; et 2° afin de rendre tout à fait égale à 5 minutes, la valeur de l'arc de l'intervalle des fils correspondant à une révolution de la tête du micromètre (1). Ces dispositions ont été prises, en grande partie, dans la construction première de l'instrument ; pour compléter l'ajustement, les microscopes sont susceptibles d'un double mouvement, l'un du corps entier de l'instrument, et l'autre de l'objectif seul. Il est évident que ces deux mouvements suffisent pour effectuer les deux dispositions. Le premier réussit lorsque les fils croisés se voient distinctement (et sans parallaxe), en même temps que les fils du microscope sont exactement au foyer de l'oculaire ; le dernier s'accomplit en faisant passer le fil mobile du microscope sur un nombre donné de divisions de l'échelle, par le double du nombre des révolutions entières de la tête du micromètre.

« 3° Les fils fixes du microscope doivent être ensuite

---

(1) Cette disposition n'est point nécessaire. Il suffit dans tous les cas de connaître exactement la valeur de l'arc correspondant à une révolution du micromètre.

ajustés à la même ligne horizontale. Cela s'effectue au moyen de l'aiguille de cuivre. Cette aiguille étant placée sur les plans d'agate par ses tranchants, si on la laisse arriver au repos, il est évident que la ligne joignant les fils croisés sera horizontale, pourvu qu'elle soit perpendiculaire à la ligne joignant le centre de gravité et l'axe. Pour effectuer cette dernière disposition, l'aiguille (dont une grande partie du poids est placée au-dessous du tranchant) est munie d'un petit poids mobile. L'épreuve de cette disposition est la même que celle de la disposition correspondante dans la balance ordinaire. Ayant amené le fil mobile à couper la croix de l'un des microscopes, si la disposition est complète, il coupera la croix à l'autre extrémité après le renversement; sinon la position de l'aiguille indiquera de quelle manière on doit faire usage du poids.

« Ayant obtenu ainsi une ligne horizontale, on y adapte les fils fixes des microscopes en faisant tourner les vis qui leur correspondent.

« 4° La dernière disposition est celle de l'aiguille magnétique elle-même. Cet ajustement est de deux sortes : 1° celui de l'aiguille pour la rendre horizontale; et 2° celui du centre de gravité de l'aiguille pour le mettre dans l'axe magnétique. Pour effectuer cette double disposition, l'aiguille est munie de deux poids mobiles de chaque côté. Ces poids (comme on l'a déjà établi) sont des vis mobiles dans un écrou fixe, l'une dans une direction parallèle à l'axe magnétique de l'aiguille, et l'autre dans une direction à angle droit avec elle. Par le mouvement du premier, l'aiguille est placée dans une position horizontale; et par celui du dernier, le centre de gravité se trouve coïncider avec l'axe magnétique. On essaye la dernière partie de l'appareil en renversant l'aiguille sur ses supports : l'inclinaison de l'aiguille ne doit pas être altérée par cette inversion, lorsque l'ajustement est complet.

« *Observations.* Pour observer les variations de la force verticale avec cet instrument, il est nécessaire seulement de s'arranger pour que le fil mobile de chaque micromètre coupe le croisé opposé des fils de l'aiguille; excepté dans les moments de perturbation, on trouvera que l'aiguille a pris à chaque instant sa position d'équilibre. L'intervalle entre les fils fixes et mobiles, exprimé en mesure angulaire, est la déviation de l'aiguille de la position horizontale; et les changements de la force verticale s'obtiennent alors en multipliant par un coefficient constant.

« Si n désigne le nombre des minutes et de parties de minute dans l'angle observé de déviation, les changements de la force s'expriment (comme dans le cas de l'autre composante) par les formules

$$\frac{d\,\mathrm{F}}{\mathrm{F}} = k\,n,$$

où le coefficient constant est

$$k = \cos.\,\alpha.\ \cot.\ \theta \sin.\ \mathrm{I}'.$$

La quantité F, dans la formule précédente, est le produit de la composante verticale de la force magnétique terrestre, multiplié par le moment du magnétisme libre de l'aiguille, ou

$$\mathrm{F} = m\,\mathrm{Y}.$$

« Par conséquent les résultats ainsi déduits nécessitent une correction pour les effets de température sur la quantité m. Cette correction ressemble à celle qu'on applique à l'intensité horizontale; et l'expression corrigée des changements de la composante verticale est donc

$$\frac{d\,\mathrm{Y}}{\mathrm{Y}} = k\,n + q\,(t - 32),$$

où t indique la température actuelle (en degrés Fahrenheit) au moment de l'observation, et q le changement relatif du moment magnétique de l'aiguille correspondant à un degré. Dans cette circonstance, comme dans le cas des autres instruments, il n'est pas cependant nécessaire, en général, d'appliquer ces réductions aux résultats individuels.

« *Époque d'observation.*

« Les sujets d'investigation sur le magnétisme terrestre peuvent naturellement se classer sous deux titres, selon qu'ils ont rapport, 1° aux valeurs absolues des éléments magnétiques à une époque donnée, ou à leurs valeurs moyennes pour une période donnée; ou 2° aux variations qu'éprouvent ces éléments d'une époque à une autre. Il sera convenable d'examiner séparément les observations relatives à ces deux branches du sujet.

« *Déterminations absolues.*

« Par la méthode d'observation qui a été adoptée pour la déclinaison absolue, toute détermination de la position du barreau de déclinaison devient absolue. On a seulement à examiner l'angle variable entre l'axe magnétique du barreau et la ligne de collimation du télescope fixe, comme correction à faire à l'angle constant (déjà déterminé) entre la dernière ligne et le méridien. Il est évident que si l'on pouvait être bien assuré de la fixité de la ligne de collimation du télescope, il suffirait d'une seule détermination du dernier angle. Mais on ne peut s'en assurer pendant une période considérable ; et il sera donc nécessaire, de temps en temps, de ramener la ligne de collimation du télescope au méridien, au moyen de l'instrument de passage; cette observation peut être répétée une fois chaque mois, ou plus fréquemment, si l'on soupçonne un changement dans la position du télescope.

« S'il s'agit de l'observation de l'intensité, il y a une autre source d'erreur (outre celle due à un changement dans la position des instruments), dont on ne peut se garder qu'en répétant les mesures absolues. Le moment magnétique de l'aimant lui-même peut s'altérer, et les observations sur les changements d'intensité ne fournissent pas les moyens de séparer cette partie de l'effet de celle qui est due à un changement dans le magnétisme de la terre. Cette séparation ne peut s'effectuer que par des moyens analogues à ceux employés dans la détermination de la valeur de l'intensité horizontale; et par conséquent, l'une ou l'autre (ou les deux) des méthodes proposées pour cette détermination doivent être quelquefois employées. Il est à désirer que cette observation soit répétée une fois par mois, et plus fréquemment toutes les fois que les changements observés avec le magnétomètre de la force horizontale indiquent, par leur caractère progressif, un changement dans le moment magnétique du barreau suspendu.

« Il serait facile, en théorie, d'imaginer une méthode où le magnétomètre de la force verticale pût servir à déterminer la valeur absolue de l'intensité verticale. Les moyens qui s'offrent maintenant paraissent cependant entourés de difficultés pratiques; et il paraît plus juste de déduire ce résultat d'une manière indirecte.

« D'après les formules données ci-dessus, on a :

$$Y = X \tan. \theta;$$

de sorte que si l'on connaît l'inclinaison θ, et que l'intensité horizontale X soit déterminée d'une manière absolue, on peut en déduire l'intensité verticale Y.

« Afin d'observer l'élément θ, chaque observatoire est muni d'un instrument d'inclinaison dont le cercle est de $9\frac{1}{2}$ pouces de diamètre. Les observations doivent être faites dans un espace libre, assez éloigné des aimants de l'observatoire et d'autres influences perturbatrices; et il faudrait prendre une série de mesures simultanément avec les deux magnétomètres d'intensité, afin d'éliminer les changements de l'inclinaison qui peuvent se présenter dans le cours de l'observation. Quant au mode d'observation, le meilleur paraît être celui qui est en usage ordinairement, et dans lequel le plan du cercle coïncide avec le méridien magnétique; mais pour éprouver les axes des aiguilles et le limbe divisé de l'instrument, il est à désirer qu'on puisse faire quelques observations dans différents azimuts, par exemple, à chaque 30 degrés du cercle azimutal, commençant avec le méridien magnétique. On en infère ensuite l'inclinaison d'après chaque double résultat correspondant, par la formule :

$$\cot.^2 \theta = \cot.^2 \zeta + \cot.^2 \zeta' ;$$

ζ et ζ' étant les angles d'inclinaison observés dans deux plans à angle droit l'un avec l'autre. Là où l'inclinaison est grande (comme à Montréal), cette méthode ne servira qu'à éprouver une partie limitée de la circonférence de l'axe et du limbe. Dans ce cas, la meilleure marche paraît être celle indiquée par le major Sabine (1), savoir, de convertir une des aiguilles temporairement en une aiguille modifiée suivant la méthode de Mayer, par un contre-poids de cire à cacheter, et de déduire l'inclinaison d'après les angles de position de l'aiguille équilibrée par la formule connue de Mayer. Les observations indiquées ici étant faites avec soin, et les changements d'inclinaison éliminés de la manière ci-dessus expliquée, la différence observée entre la moyenne et le résultat obtenu dans le *méridien magnétique* devra être appliquée comme une correction pour les erreurs de l'axe et du limbe, dans toutes les observations futures faites dans le méridien.

Ces observations devraient être faites aux mêmes époques que celles de l'intensité horizontale absolue.

____

(1) Rapports de l'Association britannique, vol. VII, p. 55.

Variations des éléments.

« Les variations des éléments magnétiques sont : 1° les variations dont la somme est une fonction de l'angle horaire du soleil ou de sa longitude, et qui retournent à leurs valeurs primitives à la même heure pendant plusieurs jours successifs, ou dans la même saison pendant plusieurs années. Celles-ci, d'après leur analogie avec les inégalités planétaires correspondantes, peuvent s'appeler périodiques. 2° Les variations qui sont ou continuellement progressives, ou qui retournent à leur premières valeurs dans des périodes longues et inconnues ; celles-ci peuvent s'appeler séculaires. 3° Les variations irrégulières, dont la somme change d'un moment à l'autre, et qui (en apparence) ne paraissent suivre aucune loi.

« Les variations périodiques (à l'exception de celles de déclinaison) ont été peu étudiées jusqu'ici, et même, dans le cas du seul élément qu'on vient de mentionner, les résultats ont à peine été au delà d'une indication générale des heures de maxima et de minima, et des changements de grandeur avec la saison. Le sujet est néanmoins de la plus haute importance sous un point de vue théorique. Il est évident que les phénomènes dépendent de l'action de la chaleur solaire opérant probablement au moyen de courants thermo-électriques qui les fait naître à la surface terrestre : au delà de ce premier aperçu, on ne connaît encore rien de leur cause physique. C'est encore une matière de discussion de savoir si l'influence solaire est une cause principale ou seulement subordonnée dans les phénomènes du magnétisme terrestre. Dans le premier cas, les changements périodiques ne doivent être considérés que comme les variations de cette influence ; dans le dernier, ils doivent l'être comme le résultat entier de cette influence, l'action, dans ce cas, ne servant qu'à modifier les phénomènes dus à quelque cause plus puissante.

On peut raisonnablement espérer qu'une étude suivie de cette classe de phénomènes éclaircira non-seulement ces points et d'autres douteux de la physique, mais encore, lorsque cette cause physique sera parfaitement connue, et qu'elle deviendra la base d'une théorie mathématique, les résultats obtenus serviront à donner à cette dernière une expression numérique, et à prouver son exactitude. La connaissance même des lois empiriques des fluctuations horaires et mensuelles doit être une grande addition à la science, et permettra (ce qui est une de ses applications les plus évidentes) à l'observateur de réduire à leurs valeurs moyennes les résultats de cette classe de changements.

« Pour déterminer complétement les changements horaires et mensuels des éléments magnétiques, il faut un système persévérant et laborieux de recherches. Les changements irréguliers sont si fréquents et souvent si considérables, qu'ils cachent (en partie, au moins) les changements réguliers : et les observations doivent être longtemps continuées aux mêmes heures, avant de pouvoir assurer que quelques irrégularités n'affectent pas sensiblement les résultats moyens. En outre, sous le point de vue théorique, la branche nocturne des courbes qui représente les changements périodiques est aussi importante que celle des courbes diurnes ; et il est évident qu'on ne peut rien faire pour sa détermination sans la coopération d'un grand nombre d'observateurs. A chacun des observatoires qui doivent être fondés par la libéralité du gouvernement de Sa Majesté, il y aura trois aides observateurs placés sous le commandement du directeur ; et l'on doit prendre les observations de deux heures en deux heures pendant vingt-quatre heures. Pour que cette série d'observations, qui est spécialement destinée à la détermination des changements périodiques, puisse en même temps jeter quelque lumière sur les mouvements irréguliers, on propose qu'elles soient simultanées à chaque observatoire. Les heures qui ont été convenues sont les heures paires (o, 2, 4, 6, etc.), temps moyen de Gœttingue. On propose encore qu'une observation sur douze soit une observation triple, la position des aimants étant notée cinq minutes avant et après l'heure principale. Le temps de cette triple observation sera à 2 heures après midi, temps moyen de Gœttingue.

« Le baromètre et les thermomètres à boules humides et sèches devront être notés toutes les douze heures magnétiques. *On ne prendra point d'observations le dimanche.*

« Il n'est pas besoin de séries distinctes d'observations pour la détermination des variations séculaires. Dans le cas de la déclinaison, le changement annuel s'obtiendra par une comparaison de la moyenne des résultats mensuels (pour le même mois et la même heure) pendant plusieurs années successives. Les observations de deux années seulement fourniront ainsi 144 résultats séparés, d'où on éliminera les changements périodiques et irréguliers; de sorte qu'on peut s'attendre à une grande précision dans le résultat final, malgré la période limitée d'observation. Le même mode de réduction s'appliquera aux deux composantes de l'intensité, pourvu qu'il n'y ait point de changement dans le moment magnétique des barreaux employés. Dans le dernier cas, on devrait avoir recours aux déterminations absolues pour la connaissance des changements séculaires.

« Les mouvements irréguliers ont acquis par les récentes découvertes de Gauss un intérêt puissant et presque capital. On s'est assuré que la direction résultante des forces qui donnent à l'aiguille horizontale sa place actuelle, varie d'une manière incessante, les oscillations étant quelquefois assez faibles, d'autres fois très-considérables; que des fluctuations semblables se présentent aux parties les plus éloignées de la surface terrestre où ont été faites des observations correspondantes, et que l'instant de leur apparition est le même partout. L'intensité de la force horizontale a été trouvée soumise à des perturbations analogues.

« Pour bien éclaircir les lois de ces intéressants phénomènes, il est de la plus grande importance que les stations d'observation puissent être espacées autant que possible sur la surface de la terre, et que leurs positions soient choisies près des points maxima et minima des éléments magnétiques. C'est ce qui a été fait, en grande partie, dans les observatoires qu'on établit par ordre du gouvernement de Sa Majesté. Les stations sont dans des positions géographiques assez éloignées, et se trouvent dans le voisinage de points très-intéressants pour les lignes isodynamiques. Les résultats d'observations à ces stations montreront bientôt si les dérangements brusques auxquels l'aiguille magnétique est sujette ont un caractère local ou universel relativement au globe ; et, en tout cas, on peut s'attendre qu'ils donneront des informations d'une grande valeur (relativement à une cause physique) quant à l'étendue des phénomènes en différents endroits, et aux éléments dont ils dépendent.

« Dans ces observations destinées à jeter du jour sur ces phénomènes, on propose de suivre, aussi exactement que possible, le plan établi par Gauss. Un jour dans chaque mois, par exemple le dernier samedi, sera consacré à des observations simultanées sur ce système (1), les observations commençant la veille à 10 heures après midi (temps moyen de Gœttingue), et continuant pendant les 24 heures. »

---

(1) Pour le détail des *Conditions d'Observations*, voyez la traduction du Mémoire de Gauss, dans les Mémoires scientifiques de Taylor, vol. II, part. V.

LIVRE II.

RECHERCHES RELATIVES AUX DIVERS ÉLÉMENTS DE LA RÉSULTANTE DES FORCES MAGNÉTIQUES TERRESTRES.

CHAPITRE PREMIER.

DES OBSERVATIONS DE DÉCLINAISON FAITES SUR DIFFÉRENTS POINTS DU GLOBE.

Les voyageurs qui ont parcouru les diverses parties du globe depuis près de deux siècles, ont recueilli un grand nombre d'observations relatives à la déclinaison de l'aiguille aimantée.

Les premiers qui observèrent à bord négligèrent l'action exercée sur la boussole par le fer des vaisseaux; les résultats qu'ils obtinrent furent donc entachés d'erreurs, qu'il était, du reste, impossible d'éviter à cette époque.

Halley est le premier qui ait essayé de réunir et de coordonner ensemble le grand nombre d'observations de déclinaison faites jusqu'à lui; en 1700, il publia une carte marine dans laquelle sont tracées les lignes d'égale déclinaison de 5 en 5°.

Cette carte, à l'époque où elle parut, fit sensation, parce qu'elle permettait de saisir d'un seul coup d'œil la marche de la déclinaison, depuis l'équateur jusqu'aux parties les plus septentrionales où les voyageurs étaient parvenus.

Des changements étant survenus dans la déclinaison, et les méthodes d'observation ayant été perfectionnées, on sentit de jour en jour combien les indications de la carte d'Halley devenaient défectueuses.

En 1745 et 1746, Mountain et Dodson, ayant eu à leur disposition les registres de l'amirauté anglaise, et les mémoires de plusieurs officiers de marine, publièrent une nouvelle carte des déclinaisons.

Churchman fit paraître, en 1794, un atlas magnétique, dans lequel il essaya de donner les lois de la déclinaison, en s'appuyant sur l'existence de deux pôles magnétiques, dont l'un était placé, pour 1800, sous la latitude de 58° nord, et sous la longitude de 134° ouest de Greenwich, très-près du cap Fairweather, et l'autre sous la latitude de 58° sud, et sous la longitude de 165°. Churchman avança, en outre, que le pôle nord effectuait sa révolution en 1096 ans, et le pôle sud en 2289.

Cet ouvrage avait été précédé d'un autre plus remarquable, qui parut en 1787, et dans lequel son auteur, M. Hansteen, donna le tableau le plus complet qu'on ait encore eu des observations de déclinaison. Cet ouvrage est accompagné d'un atlas magnétique où se trouvent toutes les lignes d'égale déclinaison. Le défaut de symétrie de ces lignes était tel, qu'on dût en conclure que les causes d'où dépend le magnétisme terrestre, sont réparties irrégulièrement sur la surface du globe.

M. Barlow a repris ce travail en 1823; mais le capitaine Duperrey a publié en 1836 de nouvelles cartes, dans lesquelles la déclinaison de l'aiguille aimantée se trouve employée selon sa véritable destination, qui est de faire connaître la direction du méridien magnétique en chaque point du globe où elle a été observée, et, par suite, la figure générale de courbes qui ont la propriété d'être, d'un pôle magnétique à l'autre, les méridiens magnétiques de tous les lieux où elles passent.

Avant de me livrer à la discussion de ces courbes, j'exposerai d'abord quelques-unes des principales observations de déclinaisons qui ont été faites depuis le commencement de ce siècle, par les astronomes et les voyageurs les plus distingués, qui ont eu égard aux perfectionnements apportés aux méthodes d'observations par les découvertes récentes en physique.

Je regrette infiniment de ne pouvoir consigner ici tous les résultats qui ont été obtenus; mais il y a réellement impossibilité de le faire, vu leur grand nombre, si je ne veux pas dépasser les limites que je me suis imposées en publiant cet ouvrage.

Je présenterai d'abord, comme exemple d'une série complète, les observations de déclinaisons que le capitaine Parry a recueillies, dans les mers polaires, soit sur le rivage, soit sur la glace, là où la composante horizontale est très-faible, attendu qu'elles sont les premières de ce genre dans ces régions; puis celles que le capitaine Duperrey a faites pendant les relâches de son voyage à bord de *la Coquille*. Bien que les lieux d'observations qui figurent dans ce dernier tableau soient reproduits dans le tableau général des déclinaisons, j'ai cru devoir les rapporter ici, parce que l'indication de la nature des terrains, qui s'y trouve, m'a paru offrir un assez puissant intérêt, d'autant que dans presque tous les autres tableaux elle manque.

Enfin je présenterai, dans un tableau général, un extrait des nombreuses observations de déclinaisons, faites depuis le commencement de ce siècle, recueillies et mises en ordre par M. le capitaine Duperrey.

Les observations du capitaine Parry furent faites sur le rivage ou sur la glace, à une distance suffisante des vaisseaux pour être hors de l'influence du fer qu'ils renfermaient. Voici les principales observations avec quatre boussoles azimutales.

Les déclinaisons ont été obtenues, à des heures déterminées, par le relèvement du centre du soleil pris à la boussole et comparé avec le véritable azimuth déduit, soit des hauteurs correspondantes, soit du temps de l'observation indiqué par une montre dont la marche était parfaitement connue.

OBSERVATIONS faites sur le rivage ou sur la glace.

1819.		Latitu-de.	Longitude de Greenwich.	Déclinai-son.	REMARQUES.
Juin.....	19	59° 40' N	48° 09' O,	48° 38',21 O,	Sur la glace.
	26	63 58	61 50	61 11,31	Id. à 200 mètres de distance du vaisseau.
	27	63 44	61 59	68 20,12	Sur la glace.
	30	63 26	62 09	61 50,12	Id. à 200 mètres de distance.
	id.	63 29	62 08	60 55,48	Id. à 200 mètres du vaisseau.
Juillet....	15	70 20	59 12	74 39,10	Sur une montagne de glace.
	17	72 00	59 56	80 55,27	Sur la glace à 200 mètres du vaisseau.
	23	73 05	60 11 1/2	82 02,41	Id. à 250 mètres Id.
	id.	73 03	60 12 1/2	82 37,30	Id. Id. Id.
	24	73 00	60 09	81 34	Id. Id. Id.
	31	73 31	77 22 1/2	108 46,35	Baie Possession.
Août.....	3	74 25	80 08	106 58,05	Sur une montagne de glace dans le détroit de Barrow.
	7	72 45	89 41	118 16,27	Côté E. du détroit du Régent, à 100 mètres de la mer.
	13	73 11	89 22 1/2	114 16,43	Sur la glace.
	15	73 33	88 18	115 37,12	Dans la baie, côté E. du détroit du Régent.
	22	74 40	91 47	128 58,07	Id. au cap Riley.
	28	75 09	103 44 1/2	165 50,09	S. E., pointe de l'île Byam Martin.
Septembre	1	75 03	105 54 1/2	158 04,13	Sur la glace.
	2	74 58	107 03	151 30,03	Sur l'île Melville, près de la pointe Ross.
	6	74 47	110 34	126 17,18	Dans la baie de l'*Hécla* et du *Griper*.
	15	74 28	111 42	117 52,22	Id. de l'île Melville.

Après un grand nombre d'observations, on a trouvé que la déclinaison de Winter-Harbour (île Melville), latit. 74° 47' 13 N, long. 110° 49' 0" O. du méridien de Greenwich, était de 117° 47, 50" Est.

VI. 2ᵉ *partie.*   14

OBSERVATIONS pour déterminer la déclinaison dans une excursion à l'intérieur de l'île Melville (Géorgie du Nord).

DATE.	LATITUDE.	LONGITUDE de GREENWICH.	OBSERVATEURS.	Boussole.	DÉCLINAISON moyenne Est.
1820. Juin 3	. 75° 06′ 52 N..	110° 27′ 40 O..	Parry............	2	128° 30′ 14″
»	. 75 06 52 ...	110 27 40 ...	Sabine	2	
7	. 75 34 47 ...	110 35 52 ...	Parry............	2	135 03 55
»	. 75 34 47 ...	110 35 52 ...	Sabine	2	
11	. 75 12 50 ...	111 51 54 ...	Parry............	2	125 15 22
»	. 75 12 50 ...	111 51 54 ...	Sabine	2	
12	. 75 05 18 ...	111 56 58 ...	Parry............	2	123 47 58
»	. 75 05 18 ...	111 56 58 ...	Sabine	2	
13	. 75 02 37 ...	111 37 10 ...	Sabine	2	126 01 48
15	. 74 48 33 ...	111 11 49 ...	Parry............	2	123 05 30
»	. 74 48 33 ...	111 11 49 ...	Sabine	2	

On vient de voir que dans les observations magnétiques faites pendant le voyage du capitaine Parry, en 1819, dans les régions arctiques, il y a deux séries distinctes d'observations de déclinaisons : les observations faites à terre ou sur la glace, et les observations faites à la mer, sous l'influence d'attractions locales. Ne considérons seulement que les premières, qui sont exemptes de la cause d'erreurs provenant de cette attraction. Si l'on jette les yeux sur les tableaux que j'ai donnés, on sera étonné de trouver entre les déterminations obtenues dans un même lieu, des différences de 2, de 3 et même de 7°. On a attribué cette différence à ce que, dans les régions où se trouvait le capitaine Parry, la résultante des forces magnétiques terrestres étant presque verticale, la force directrice horizontale devait être influencée par les causes les plus légères; à peine, disait-on, si cette résultante était capable de vaincre le frottement que l'aiguille horizontale éprouvait pour sortir de son plan d'équilibre.

Voici, au surplus, les remarques que M. Arago a faites à cet égard, et que l'on trouve consignées dans la Connaissance des temps pour 1825.

« Les auteurs qui appellent encore la boussole un
« instrument doué de la propriété de se diriger constam-
« ment au nord, renonceront pour toujours, il faut l'es-
« pérer, à une définition aussi erronée, après avoir vu
« que dans l'espace de quelques centaines de milles, la
« fleur de lis qui correspond à l'une des pointes de l'ai-
« guille, a marqué successivement l'est, l'ouest, et même
« le sud, dont elle n'était éloignée que de 14° 10' le 28
« août 1819. Par 91° 47' de longitude, la déclinaison
« de l'aiguille, comme on le voit dans le tableau p. 204,
« était égale à 128° 58'; 20° plus à l'occident, cette dé-
« clinaison déjà devenue orientale égalait 117° 52'. »
Sous un méridien intermédiaire, si les observations
avaient pu être suffisamment multipliées, on aurait donc
trouvé une déclinaison nulle, et l'aiguille aimantée se
serait exactement dirigée au sud. On ne s'éloignera pas
beaucoup de la vérité, en supposant que dans le parallèle de 74° $\frac{1}{2}$ le méridien magnétique coïncide avec le
méridien terrestre, ou devient une ligne sans déclinaison, sous le 102° degré environ de longitude occidentale, comptée de Greenwich. Dans le chapitre suivant,
je donnerai les inclinaisons obtenues par le capitaine
Parry.

Aujourd'hui, à l'aide des méridiens magnétiques de
M. Duperrey, dont nous parlerons plus loin, on conçoit parfaitement comment il se fait que dans les régions polaires la déclinaison éprouve des variations notables, quand on parcourt de faibles distances sur le
même parallèle.

OBSERVATIONS

De déclinaison faites pendant les relâches de LA COQUILLE.

NOMS des STATIONS.	DATE.	POSITION du lieu des observations.		Nombre d'observations.	Déclinaison de l'aiguille.	NATURE du SOL.
		Latitude.	Longitude.			
	1822.					
Toulon............	12 juin	43° 7′ 36″ N	3° 35″ 17′ E	....	21″ 20,0 N-O	«
Ténériffe...........	31 août.	28 28 10	18 33 17 O	30	21 0,1	Volcanique.
Ile Santa Catharina..	19 octobre.	27 25 32 S	51 0 40	40	6 25,2 N-E	Granitique.
Iles Malouines......	1er decemb.	51 31 44	60 34 32	12	19 7,3	Schiste argileux.
	1823.					
Talcahuano.........	26 janvier.	36 42 0	75 30 41	108	16 16,4	Phyllade, grès argileux.
Callao de Lima.....	3 mars.	12 3 10	79 36 50	10	9 30,0	Granite, grès et argile.
Payta............	11 mars.	5 6 4	83 32 28	102	8 55,6	Phyllade et r. tertiaire.
Ile de Taïti........	6 mai.	17 29 21	151 49 19	80	6 46,4	Volcanique.
Ile Borabora.......	26 mai.	16 30 4	154 5 57	84	6 21,4	Volcanique.
Praslin-Praslin... ..	13 août.	4 49 48	150 28 29 E	78	6 48,5	Calcaire madrép.
Offak	7 sept.	0 1 47	128 22 39	54	1 1,7	Basaltique.
Caïeli............	28 sept.	3 22 33	124 46 0	54	0 31,8	Phyllade et schiste.
Amboine..........	6 octobre.	3 41 41	125 50 5	36	0 28,0	Volcanique et granitique.
	1824.					
Port-Jackson......	26 janv.	33 51 10	148 50 9	156	8 55,9	Grès, fer oligiste.
Manawa..........	7 avril.	35 15 17	171 51 6	48	13 21,6	Volcanique.
Ile Oualan........	6 juin.	5 21 25 N	160 40 42	40	9 20,5	Volcanique.
Doreri...........	30 juillet.	0 51 50	131 45 7	48	1 36,6	Granite, madrép.
Sourabaya........	3 sept.	7 12 31 S	110 23 2	40	0 10,4 N-O	»
Ile de France......	19 octobre.	20 9 19	55 9 49	92	13 46,2	Volcanique.
	1835.					
Ile Ste-Hélène.....	7 janvier.	15 55 0	8 2 55 O	50	19 31,5	Volcanique.
Ile de l'Ascension...	22 janv.	7 55 10	16 41 26	36	16 52,3	Volcanique.

TABLEAU
DES DÉCLINAISONS DE L'AIGUILLE AIMANTÉE
POUR DIFFÉRENTS LIEUX DE LA TERRE,
EXTRAIT
DU TABLEAU GÉNÉRAL DES OBSERVATIONS MAGNÉTIQUES,
DRESSÉ
PAR M. LE CAPITAINE L.-I. DUPERREY.

LIEU des OBSERVATIONS.	DATE.	POSITION GÉOGRAPHIQUE.		NOMS des OBSERVATEURS.	DÉCLINAISON MAGNÉTIQUE.
		Latitude.	Longitude.		
FRANCE ET BELGIQUE.					
Paris.............	1800	48° 50′ N.	0° 0′	Cotte.............	22° 12′ O.
id.............	1802	id.	id.	Bouvard.............	22 13
id.............	1805	id.	id.	id.............	22 15
id.............	1807	id.	id.	id.............	22 34
id.............	1811	id.	id.	Arago.............	22 25
id.............	1812	id.	id.	id.............	22 29
id.............	1813	id.	id.	id.............	22 28
id.............	1814	id.	id.	id.............	22 34
id.............	1816	id.	id.	id.............	22 25
id.............	1817	id.	id.	id.............	22 19
id.............	1818	id.	id.	id.............	22 26
id.............	1819	id.	id.	id.............	22 39
id.............	1821	id.	id.	id.............	22 25
id.............	1822	id.	id.	id.............	22 11
id.............	1823	id.	id.	id.............	22 23
id.............	1824	id.	id.	id.............	22 23
id.............	1825	id.	id.	id.............	22 13
id.............	1827	id.	id.	id.............	22 20
id.............	1828	id.	id.	id.............	22 6
id.............	1829	id.	id.	id.............	22 12
id.............	1832	id.	id.	id.............	22 3
id.............	1835	id.	id.	id.............	22 4
Dunkerque.......	1836	51 2	0 2 E.	La Roche.............	22 21
Tréport.........	1825	50 4	1 58 O.	Givry.............	22 31
Le Havre........	1834	49 29	2 14	Bégat.............	22 59
Cherbourg.......	1832	49 39	3 57	id.............	23 58
Ile Chausey.....	1829	48 52	4 10	Daussy.............	23 31
Bréhat..........	1831	48 51	5 20	Givry.............	24 49
Brest..........	1833	48 23	6 50	Guépratte.............	24 41

LIEU des OBSERVATIONS.	DATE.	POSITION GÉOGRAPHIQUE.		NOMS des OBSERVATEURS.	DÉCLINAISON MAGNÉTIQUE.
		Latitude.	Longitude.		
Crozon..........	1818	48° 15′ N.	6° 50′ O.	Daussy...........	25° 7 O.
Lorient..........	1819	47 45	5 41	id..........	24 28
Noirmoutier......	1822	47 0	4 34	id..........	24 0
Ile d'Yeu.........	1822	46 43	4 40	id..........	23 42
I. de Ré { T. des Bal.	1824	46 15	3 54	id..........	22 10
{ Ste-Marie.	1824	46 9	3 38	id..........	22 2
La Rochelle.....	1824	46 10	3 28	id..........	23 6
Rochefort........	1824	45 56	3 18	id..........	22 59
Marennes........	1824	45 49	3 27	id..........	22 56
Cordouan........	1825	45 35	3 30	id..........	22 30
Bordeaux........	1825	44 50	2 54	id..........	22 22
Teste de Buch.....	1826	44 38	3 28	id..........	22 33
Bayonne.........	1826	43 31	3 50	id..........	22 19
Montpellier......	1828	43 37	1 33 E.	Gergonne.......	20 29
Marseille.........	1798	43 18	3 2	De Humboldt.....	20 55
id.........	1817	id.	id.	Blanpin.........	19 48
Toulou..........	1811	43 07	3 35	Strode..........	19 10
id..........	1818	id.	id.	Gauttier.........	19 30
id..........	1822	id.	id.	Duperrey.........	19 20
id.........	1830	id.	id.	Blosseville.........	19 19
id.........	1831	id.	id.	Bérard..........	19 13
id.........	1832	id.	id.	id.........	19 11
Bruxelles........	1827	50 51	2 2	Quetelet.........	22 29
id	1830	id.	id.	id	22 25
id.........	1832	id.	id.	id.........	22 19
id.........	1833	id.	id.	id.........	22 13
id.........	1834	id.	id.	id.........	22 15
id.........	1835	id.	id.	id.........	22 7
id.........	1836	id.	id.	id.........	22 8
id.........	1837	id.	id.	id.........	22 4
id.........	1838	id.	id.	id.........	22 4
id.........	1839	id.	id.	id.........	21 53
Anvers..........	1800	51 13	2 4	Beautemps-Beaupré..	21 30
Ostende.........	1804	51 14	0 35	id..........	21 0
Flessingue........	1800	51 27	1 15	id..........	21 20

GRANDE-BRETAGNE.

LIEU des OBSERVATIONS.	DATE.	POSITION GÉOGRAPHIQUE.		NOMS des OBSERVATEURS.	DÉCLINAISON MAGNÉTIQUE.
		Latitude.	Longitude.		
Londres..........	1800	51 28 N.	2 20 O.	Gilpin...........	24 3
id...........	1801	id.	id.	id.........	24 4
id...........	1802	id.	id.	id.........	24 6
id...........	1803	id.	id.	id.........	24 8
id...........	1804	id.	id.	id.........	24 8
id...........	1805	id.	id.	id.........	24 8
id...........	1806	id.	id.	Waddel...........	24 8
id...........	1807	id.	id.	id.........	24 10
id...........	1808	id.	id.	id.........	24 10

LIEU des OBSERVATIONS.	DATE.	POSITION GÉOGRAPHIQUE.		NOMS des OBSERVATEURS.	DÉCLINAISON MAGNÉTIQUE.
		Latitude.	Longitude.		
Londres............	1809	51 28 N.	2 20 O.	Waddel............	24 11 O.
id............	1811	id.	id.	id.........	24 14
id............	1812	id.	id.	id.........	24 16
id............	1813	id.	id.	Beaufoy............	24 20
id............	1815	id.	id.	id.........	24 17
id............	1816	id.	id.	id.........	24 17
id............	1817	id.	id.	id.........	24 17
id............	1818	id.	id.	id.........	24 15
id............	1819	id.	id.	id.........	24 14
id............	1820	id.	id.	id.........	24 11
id............	1821	id.	id.	id.........	24 11
id............	1822	id.	id.	id.........	24 9
id............	1823	id.	id.	id.........	24 16
id............	1831	id.	id.	id.........	24 0
Falmouth.........	1830	50 8	7 23	H. Foster.........	25 25
Plymouth.........	1831	50 22	6 30	King............	25 18
Bushey.... ...	1838	51 38	2 42	J. Ross............	23 59
Valencia.........	1838	51 56	12 37	id............	28 42
Lerwick..........	1838	60 9	3 27	id............	27 9
Edimbourg.........	1823	55 58	5 30	Wallace.	27 48
Orkey..	1821	58 48	5 15	Parry............	27 32
Stromness.	1819	58 56	5 48	Franklin..........	27 50
Gola...........	1832	55 4	10 40	Mudge............	28 5

RUSSIE ET SIBÉRIE.

LIEU des OBSERVATIONS.	DATE.	POSITION GÉOGRAPHIQUE.		NOMS des OBSERVATEURS.	DÉCLINAISON MAGNÉTIQUE.
		Latitude.	Longitude.		
St-Pétersbourg....	1812	59 56 N.	27 59 E.	Henry............	7 16 O.
id............	1818	id.	id.	Wisniewski........	7 27
id............	1828	id.	id.	Hansteen..........	6 41
Moscou........	1805	55 45	35 17	Goldbach..........	5 24
id..	1828	id.	id.	Hausteen.	3 3
Novogorod........	1828	58 31	28 56	id............	6 26
Archangel........	1822	64 34	38 14	Lutké............	1 17 E.
Iles Olenith......	1824	60 53	30 32	id............	1 23 O.
Ile Kildin........	1824	69 22	31 0	id............	1 2
Ile Seven........	1824	69 0	34 10	id............	0 30
Matotschkin......	1824	73 19	52 0	id............	10 34 E.
Cazan.........	1828	55 47	46 46	Erman............	2 22
Charkow.........	1811	50 0	34 6	Huth............	5 17 O.
Astrakan.........	1813	46 21	45 46	Kolodkin..........	2 13
Gurief........	1831	47 7	49 39	Carte de Poggendorff.	0 0
Soukoum-Kalek ...	1824	43 0	38 40	Gauttier..........	6 30
Tifflis...........	1831	41 30	42 41	Carte de Poggendorff.	5 0
N. Novogorod.....	1828	56 20	41 40	Erman............	0 35 E.
Zarizin.........	1830	48 42	42 13	Hansteen..........	1 52 O.
Saratow.	1830	51 31	43 44	id............	0 7

LIEU des OBSERVATIONS.	DATE.	POSITION GÉOGRAPHIQUE.		NOMS des OBSERVATEURS.	DÉCLINAISON MAGNÉTIQUE.
		Latitude.	Longitude.		
Sevastopol........	1820	44° 36′ N.	31° 10′ E.	Gauttier...........	8° 30′ O.
Caffa...........	1820	45 3	33 2	id............	8 10
Mer d'Azof.......	1820	45 15	34 10	id............	8 0
Odessa..........	1830	46 29	28 23	Marigny..........	10 30
Kilia...........	1828	45 26	26 56	Offic. russes........	8 53
Orenburg.........	1830	51 45	52 46	Hansteen..........	3 22 E.
Perme	1828	58 1	54 6	id............	6 4
Orsk...........	1829	51 12	56 12	id............	4 4
Iekaterinbourg....	1828	56 50	58 19	id............	6 27
Tobolsk..........	1805	58 12	65 46	Schubert..........	5 27
id.............	1828	id.	id.	Hansteen..........	6 27
Iélisarova........	1828	61 15	66 25	Erman...........	11 45
Schorkal.........	1828	63 0	65 2	id............	11 9
Béresow.........	1828	63 56	65 0	id............	11 16
Obdorsk.........	1828	66 40	66 30	id............	14 29
Tara............	1805	56 55	71 45	Schubert..........	3 46
id............	1829	id.	id.	Erman...........	9 38
Barnaoul.........	1829	53 20	81 37	Hansteen..........	7 25
Omsk...........	1829	54 59	71 19	id............	8 49
Tomsk	1828	56 30	82 50	id............	8 32
Krasnojarsk......	1829	56 1	90 37	id............	6 43
Oudinsk.........	1829	54 55	96 42	id............	4 38 O.
Ieneisseisk........	1829	58 27	89 50	id............	6 56 E.
Somorokova.......	1829	61 39	87 32	id............	10 16
Kangatovo........	1829	63 29	84 55	id............	13 14
Touroukhausk.....	1829	65 56	85 12	id............	15 1
Irkoutsk.........	1805	52 17	101 51	Schubert	0 32
id.............	1820	id.	id.	Wrangel..........	2 30
id.............	1829	id.	id.	Erman...........	2 5
id.............	1829	id.	id.	Hansteen..........	1 37
id.............	1830	id.	id.	G. Fuss..........	1 25
Troizko-Sovsk.....	1829	50 21	104 15	Hansteen..........	0 5
id.............	1831	id.	id.	G. Fuss..........	0 1
Stepnoi..........	1830	52 10	104 0	id............	1 8
Progronnoi........	1832	52 30	108 43	id............	0 18 O.
Tschitanskoi......	1832	52 1	111 7	id............	1 13
Uststretensk......	1832	53 20	119 31	id............	4 21
Attanskoi.........	1832	49 28	109 10	id............	0 48
Mendshinskoi.....	1832	49 26	106 35	id............	0 12
Tharazaiska.......	1832	50 29	102 22	id............	0 27 E.
Kirensk..........	1829	57 47	105 42	Erman...........	0 54
Krostova.........	1829	59 44	110 43	Hansteen..........	2 13 O.
Nothomiskaia......	1829	59 15	115 22	id............	1 54
Markinskaia......	1829	60 36	121 8	id............	2 20
Wilouisk.........	1829	63 45	119 10	id............	1 42
Bogadiakh........	1829	64 2	122 30	id............	1 38
Iakoustzk........	1820	63 2	127 44	Wrangel..........	5 50
id.............	1829	id.	id.	Hansteen..........	5 48

LIEU des OBSERVATIONS.	DATE.	POSITION GÉOGRAPHIQUE.		NOMS des OBSERVATEURS.	DÉCLINAISON MAGNÉTIQUE.
		Latitude.	Longitude.		
Iakoustzk........	1829	62° 2′ N.	127° 44′ E.	Erman............	5°55′ O.
Nokhinskaïa......	1829	61 57	132 45	id............	2 14
Okhotsk.........	1829	59 30	140 52	id............	2 16
Tigil..........	1829	57 57	155 42	id............	3 41 E.
Ielowka..........	1829	56 56	158 2	id............	5 9
Avatcha..........	1805	53 1	156 24	Krusenstern........	5 39
id............	1827	id.	id.	Beechey...........	4 13
id............	1829	id.	id.	Erman............	4 15
C. Swatoi-nos.....	1823	71 30	143 40	Wrangel...........	8 42
id........	1823	76 30	135 40	id............	16 0
Cap Magatoff.....	1823	72 0	147 40	id............	11 3
Nouvelle-Sibérie...	1823	75 0	147 40	id............	15 15
Nouvelle-Kolymsk..	1823	68 32	158 30	id............	11 45
Ile aux Ours......	1823	70 30	160 40	id............	14 4
En mer..........	1823	70 45	162 40	id............	14 51
Téchaunkaïa......	1823	70 0	167 40	id............	18 3
Golfe St-Laurent..	1828	65 36	173 4 O.	Lutké............	24 4
Détr. de Séniavine.	1828	64 54	174 35	id............	23 0
Golfe d'Anadir....	1828	65 0	178 55 E.	id............	18 40
Baie de Ste Croix.	1828	65 55	178 30	id............	21 45
Baie Ratmanoff....	1828	65 0	174 40 O.	id............	23 0
Ile Karaguinsky...	1828	59 0	161 25 E.	id............	6 20
Terre des Kariaks.	1828	62 0	176 40	id............	13 35
I. Béring........	1827	57 17	163 30.	id............	5 50

DANEMARK, SUÈDE ET NORVÉGE.

LIEU des OBSERVATIONS.	DATE.	Latitude.	Longitude.	NOMS des OBSERVATEURS.	DÉCLINAISON MAGNÉTIQUE.
Christiania........	1816	59 54 N.	8 25 E.	Hansteen............	20 15 O.
id............	1818	id.	id.	id............	20 0
id............	1822	id.	id.	id............	19 45
id............	1828	id.	id.	id............	19 45
id............	1830	id.	id.	id............	19 50
Drontheim........	1825	63 26	8 3	id............	19 36
Grans............	1821	60 22	8 12	id............	18 50
Nortsaboe.........	1821	60 20	6 17	id............	22 12
Ullensvang........	1821	60 20	4 18	id............	22 51
Stockholm........	1828	59 20	15 43	id............	14 57
id............	1830	id.	id.	id............	14 54
id............	1833	id.	id.	Rudberg...........	14 57
Upsal............	1834	59 52	15 18	id............	14 32
Copenhague......	1817	55 41	10 14	Wleugel............	18 5
Abo.............	1825	60 27	19 57	Hansteen............	11 20
Wasa............	1825	63 4	19 18	id............	12 38
Pitea............	1825	65 18	19 0	id............	10 6
Brahestad........	1825	64 50	22 10	id............	10 38
Tornea..........	1825	65 51	21 50	id............	12 7
Uleaborg........	1825	65 1	23 15	id............	9 32

LIEU des OBSERVATIONS.	DATE.	POSITION GÉOGRAPHIQUE.		NOMS des OBSERVATEURS.	DÉCLINAISON MAGNÉTIQUE.
		Latitude.	Longitude.		
Vadsoe............	1816	70° 5′ N.	27° 33′ E.	Christie............	7° 55′ O.
Hammerfeest......	1823	70 40	21 25	Forster............	11 26
id	1827	id.	id.	Parry.............	10 14

SPITZBERG, ISLANDE ET GROENLAND.

LIEU des OBSERVATIONS.	DATE.	Latitude.	Longitude.	NOMS des OBSERVATEURS.	DÉCLINAISON MAGNÉTIQUE.
Ile de l'Observatoire	1818	79 39 N.	8 40 E.	Franklin............	24 31 O.
Treurenberg.......	1827	79 55	14 29	Parry.............	18 46
Waygat... ..	1827	79 55	15 9	id..........	17 49
Ile Forster.......	1827	79 34	16 57	id..........	15 40
Fair-Haven.	1827	79 50	9 20	id..........	25 12
Ile Cherry.....	1810	74 45	15 30	C. d'Abweich.......	15 0
Reykiawik.........	1836	64 8	24 16 O.	Lottin............	43 14
Thingvellir........	1836	64 15	23 30	id..........	40 8
Hekla............	1836	63 58	22 3	id..........	45 50
Selsund..........	1836	63 54	22 8	id..........	40 49
Baie Gael-Hamkel..	1822	74 0	19 0	Scoresby...........	42 8
Baie Forster......	1822	72 40	24 20	id..........	45 0
Détroit de Scoresby	1822	70 25	24 2	id..........	43 24
Ile Graah.........	1829	65 20	41 0	Graah............	54 46
Ile Griffenfelds....	1829	63 0	43 40	id..........	53 30
Cap Rantzau......	1829	61 46	44 48	id..........	52 20
Canal de Christian..	1829	60 10	45 20	id..........	50 50
Frederichstal......	1829	60 0	47 19	id..........	50 30
Ile Hare.........	1818	70 26	57 12	id..........	72 9
Ile Baffin........	1818	74 4	60 12	id..........	84 9
Ile Sabine........	1818	75 28	62 56	id..........	88 25

ALLEMAGNE ou CONFÉDÉRATION GERMANIQUE.

LIEU des OBSERVATIONS.	DATE.	Latitude.	Longitude.	NOMS des OBSERVATEURS.	DÉCLINAISON MAGNÉTIQUE.
Travemunde......	1811	53 57 N.	8 34 E.	Beautemps-Beaupré..	19 6 O.
Lubeck...........	1811	53 51	8 20	id..........	19 6
Emb. de l'Elbe....	1812	53 56	6 40	id..........	20 0
Aurich..........	1821	52 28	5 7	Oltmanns..........	20 40
Berlin...........	1805	52 32	11 2	Bode..........	18 5
id...........	1825	id.	id.	Erman.........	17 40
id...........	1829	id.	id.	De Humboldt......	17 31
Bentheim........	1817	52 19	4 48	Oltmanns..........	19 41
Bochholt.........	1822	51 51	4 15	id..........	20 58
Emden..........	1816	52 22	4 52	id..........	20 42
Kirchesepe.......	1817	52 38	4 54	id..........	20 18
Leipsick.........	1825	51 20	10 2	Schimidel..........	17 45
Meppen.........	1817	52 41	4 56	Oltmanns..........	20 37
Nordhorn........	1817	52 26	4 42	id..........	19 53
Vicence..........	1821	45 32	9 14	id..........	20 32
Wismar..........	1819	53 49	9 16	id..........	20 35

LIEU des OBSERVATIONS.	DATE.	POSITION GÉOGRAPHIQUE.		NOMS. des OBSERVATEURS.	DÉCLINAISON MAGNÉTIQUE.
		Latitude.	Longitude.		
Genève............	1804	46° 12' N.	3° 49' E.	——————......	21° 13 O.
id	1825	id.	id.	Gauttier............	19 30
Dantzick...	1811	54 21	16 18	Koch...............	13 48
Kœnigsberg......	1828	54 43	18 10	Erman...	13 17
Tangermsmunde...	1814	52 33	—	Stopel.............	19 0
Kremsmunster,...	1815	51 58	5 18	Scharzenb..	17 20
id.......	1816	id.	id.	id........	17 15
id............	1817	id.	id.	id........	16 45
id............	1818	id.	id.	id........	16 40
id............	1819	id.	id.	id........	16 40
id............	1820	id.	id.	id........	16 20
id............	1821	id.	id.	id........	16 38
id............	1822	id.	id.	id........	16 30
id............	1823	id.	id.	id........	16 28
id............	1824	id.	id.	id........	16 25

ESPAGNE ET PORTUGAL.

Madrid............	1799	45 25 N.	6 2 O.	De Humboldt.......	22 2 O.
Cadix............	1807	36 32	8 38	Givry.............	22 30
Corogne.........	1806	43 24	10 40	Bradley...........	20 47
Vermejo...	1836	43 20	5 13	H. Thompson.......	23 0
Lisbonne.........	1811	38 42	11 26	Franzini...........	22 45
id...........	1820	id.	id.	Owen.............	22 42
id...........	1829	id.	id.	G. Fishers.........	22 23
Alicante.........	1800	38 20	2 49	Atkinson..........	19 25
Barcelone........	1798	41 23	0 10	id........	18 0
Détr. de Gibraltar.	1825	36 2	7 45	Duperrey..........	21 25
Algésiras...	1826	36 4	7 44	D'Urville..........	21 22
Ile Minorque......	1811	43 7	3 35	Strode	19 10
Ile Alboran.......	1818	35 57	5 21	Rumker...........	21 18

ITALIE ET DALMATIE.

Spalatro..........	1819	43 40 N.	14 2 E.	Smith.............	14 15 O.
Raguse...........	1809	42 38	15 47	Beautemps-Beaupré..	15 48
Zara,...........	1823	44 7	12 48	Smith.............	14 43
Pola............	1823	44 52	11 30	id...........	15 15
Parenzo..........	1819	45 14	11 15	id...........	16 5
Otrante..........	1818	40 9	16 9	Gauttier..........	19 0
Ile Trinité........	1818	42 7	13 10	id...........	16 18
Ancône..........	1818	43 37	11 10	id...........	18 9
Palerme..........	1814	38 7	11 0	Pazzi.............	18 30
id............	1815	id.	id.	Smith.............	18 45
Messine..........	1815	38 11	13 15	id...........	18 33
id............	1829	id.	id.	G. Fisher..........	17 12

LIEU des OBSERVATIONS.	DATE.	POSITION GÉOGRAPHIQUE.		NOMS des OBSERVATEURS.	DÉCLINAISON MAGNÉTIQUE.
		Latitude.	Longitude.		
Maritimo..........	1815	38 1 N.	9 44 E.	Rumker............	17 30 O.
Lipari............	1815	38 28	12 38	Smith.............	19 1
Ustica....	1815	38 43	10 51	id...........	18 57
Ile Pantellaria....	1815	36 51	9 34	id...........	17 52
Aulona...........	1823	40 27	17 6	id...........	13 56
Budua............	1818	42 16	16 30	id...........	14 56
Bonifacio........	1821	41 23	6 49	Hell............	17 28
Calvi............	1824	42 34	6 25	id...........	18 26
Ajaccio..........	1824	41 55	6 24	id...........	18 45
Sagone...........	1824	42 6	6 21	id...........	19 19
Malte............	1829	35 54	12 9	G. Fisher..........	15 15
id............	1839	id.	id.	Caligny...........	15 25
Naples...........	1829	40 53	11 55	G. Fisher..........	15 20
Vésuve (cratère)...	1829	40 49	12 6	id...........	12 25
Baïa............	1829	40 50	11 45	id...........	15 20
Syracuse.........	1815	37 3	12 57	Smith.............	17 45
id............	1829	id.	id.	G. Fisher..........	16 40
Catania..........	1829	37 30	12 45	id...........	16 28
Etna (sommet)....	1829	37 44	12 40	id...........	18 35
Livourne.........	1828	43 33	7 57	Rumker............	19 20
Porto-Ferrajo.....	1828	42 49	8 0	id...........	16 29
Durazzo..........	1818	41 19	17 7	id...........	15 58
Trieste..........	1812	45 39	12 26	....	17 44
Céphalonie........	1815	38 0	11 44	Smith.............	18 40

GRÈCE ET TURQUIE.

LIEU des OBSERVATIONS.	DATE.	Latitude.	Longitude.	NOMS des OBSERVATEURS.	DÉCLINAISON MAGNÉTIQUE.
Corfou...........	1818	39 38 N.	17 35 E.	Smith.............	14 34 O.
Candie...........	1823	35 25	22 50	Gauttier...........	12 0
Navarin..........	1815	36 52	19 21	Duperrey...........	14 32
Constantinople....	1820	41 2	26 34	Gauttier...........	10 30
Smyrne...........	1829	38 24	24 18	G. Fisher..........	10 36
Ile Imbro.........	1820	40 10	23 30	Gauttier...........	12 25
Dardanelles.......	1820	40 9	24 4	id...........	12 25
Ile de Marmara....	1820	40 40	25 20	id...........	11 20
Cololimno.........	1820	40 30	26 10	id...........	10 43
Bouches du Danube	1824	45 14	27 0	id...........	10 10
Sinope...........	1824	42 4	32 49	id...........	8 50
Trébisonde........	1824	41 2	37 26	id...........	7 30
Tripoli de Syrie ...	1820	34 26	33 31	id...........	9 30
Cap Matapan......	1839	36 21	20 5	Caligny...........	12 0
Ténédos...........	1839	39 51	23 45	id...........	11 36
Iassi.............	1828	47 10	25 15	Offic. russes........	11 52
Galatz...........	1828	45 26	25 43	id...........	11 2
Romane..........	1828	46 55	24 35	id...........	11 30
Bucharest.........	1829	44 26	24 15	id...........	11 14

LIEU des OBSERVATIONS.	DATE.	POSITION GÉOGRAPHIQUE.		NOMS des OBSERVATEURS.	DÉCLINAISON MAGNÉTIQUE.
		Latitude.	Longitude.		
Kalarash.........	1829	44° 11′ N.	25° 0′ E.	Offic. russes.........	11° 14′ O.
Mugureni.........	1831	43 45	22 32	id.........	11 1
Kalafat.........	1831	43 59	20 35	id.........	11 43
Krayovah	1831	44 19	21 27	id.........	12 48
Baba-Tagh.........	1828	44 53	26 24	id.........	12 10
Kustenja.........	1828	44 10	26 22	id.........	11 33
Kavarnah.........	1830	43 26	26 3	id.........	10 12
Joannopolis......	1829	42 29	24 13	id.........	11 35
Jarlet-Burghaz.....	1829	41 24	25 1	id.........	11 25
Aidos.........	1829	42 42	22 28	id.........	11 32
Anchiolé.........	1829	42 33	25 2	id.........	11 19
Didymotichos.....	1829	41 21	24 10	id.........	11 41

ÉGYPTE ET ARABIE.

LIEU des OBSERVATIONS.	DATE.	POSITION GÉOGRAPHIQUE.		NOMS des OBSERVATEURS.	DÉCLINAISON MAGNÉTIQUE.
		Latitude.	Longitude.		
Suez..........	1800	30 0 N.	30 8 E.	—	12 0 O.
Alexandrie	1822	31 11	37 31	Smith.........	10 55
Médynet.........	1819	29 18	28 35	Cailliaud.........	10 0
Ez-Zabou.........	1820	28 22	26 44	id.........	12 13
Gournah.........	1820	25 43	30 18	id.........	12 0
Sennâr.........	1821	13 37	31 25	id.........	11 3
Snigué.........	1821	10 32	32 32	id.........	11 30
Akromar.........	1823	19 10	28 0	Ruppel.........	11 16
Ambucol.........	1823	18 4	29 15	id.........	10 46
Mirza.........	1805	19 35	35 20	—	12 24
Moka.........	1820	13 19	40 59	—	9 18
Cap Aden.........	1811	12 50	42 40	—	8 30
id.........	1825	id.	id.	Owen.........	8 42
Basrah.........	1812	30 29	45 20	—	5 30
Grane.........	1825	29 23	45 38	Haines.........	6 0
Jésérah.........	1822	26 0	53 10	id.........	4 0
Manamah.........	1827	29 58	46 5	id.........	4 50
Ile Felondj.........	1824	29 27	45 56	id.........	5 22
Munduug.........	1810	28 30	46 10	—	5 12
Bahraïn.........	1818	26 13	48 23	—	5 40
id.........	1825	id.	id.	Haines.........	5 20
Arzenie.........	1823	24 27	50 7	—	4 27
Raz-Inagera.........	1825	17 7	52 42	Owen.........	2 18
Ile Ephinstones.....	1824	26 15	54 0	Haines.........	3 35
Cap Fartash.........	1821	15 37	49 58	—	6 30
Macula.........	1821	14 31	46 50	—	7 42
Gebel-tor.........	1801	15 32	39 40	—	9 0
Ile Hassance.........	1832	24 58	34 52	—	7 51
Raz-Mahomet......	1832	27 43	32 2	—	9 48
Tor.........	1800	28 19	31 8	—	12 0
Mascat.........	1800	23 28	56 26	Horsburgh.........	5 30
Raz-el-gat.........	1822	22 8	57 22	Moresby	6 12

LIEU des OBSERVATIONS.	DATE.	POSITION GÉOGRAPHIQUE.		NOMS des OBSERVATEURS.	DÉCLINAISON MAGNÉTIQUE.
		Latitude.	Longitude.		

AFRIQUE SEPTENTRIONALE.

LIEU des OBSERVATIONS.	DATE.	Latitude.	Longitude.	NOMS des OBSERVATEURS.	DÉCLINAISON MAGNÉTIQUE.
Alexandrie..........	1822	31 10 N.	27 31 E.	Smith..........	10 55 O.
Bomba..........	1821	32 23	20 56	id..........	14 55
Derna..........	1828	32 46	20 6	Beechey..........	14 30
Marza-Suza..........	1828	32 55	19 0	id..........	14 29
Bengazi..........	1816	32 10	17 40	Richard..........	16 0
id..........	1828	id.	id.	Beechey..........	15 0
Carcora..........	1816	31 30	17 35	Richard..........	16 0
Pointe du Soufre..	1816	30 27	17 15	id..........	16 20
Pointe Chebec.....	1816	31 13	14 15	id..........	16 30
Nusurata..........	1828	32 23	12 51	Beechey..........	17 5
Tripoli de Barbarie.	1816	32 54	10 51	Gauttier..........	16 45
id..........	1821	id.	id.	Smith..........	16 35
id..........	1828	id.	id.	Beechey..........	17 8
Ile Lampedouse...	1815	35 29	10 15	Smith..........	17 50
Ile Galita..........	1833	37 31	6 36	Bérard..........	17 7
Bone..........	1832	36 54	5 26	id..........	17 30
Cap de Fer..........	1832	37 5	4 49	id..........	17 33
Djigelli..........	1832	36 50	3 25	id..........	18 16
Bougie..........	1832	36 50	2 40	id..........	18 24 O.
Alger..........	2832	36 47	0 44	id..........	19 25
Arzew..........	1833	35 52	2 37 O.	id..........	20 0
Oran..........	1831	35 44	3 0	id..........	20 9
Ile Zafarines..........	1833	35 11	4 46	id..........	21 7
Ile Alboran..........	1818	35 57	5 21	Rumker..........	21 18
Détr. de Gibraltar..	1825	36 2	7 45	Duperrey..........	21 25
Ceuta..........	1811	35 54	7 36	——————	22 30
Maroc..........	1804	30 32	9 30	——————	20 39

ILES A L'OUEST DE L'AFRIQUE.

LIEU des OBSERVATIONS.	DATE.	Latitude.	Longitude.	NOMS des OBSERVATEURS.	DÉCLINAISON MAGNÉTIQUE.
St-Michel..........	1820	37 49 N.	28 3 O.	Owen..........	25 0 O.
id..........	1830	id.	id.	H. Forster..........	24 31
Flores..........	1820	39 33	33 28	Owen..........	18 30
Fayal..........	1814	38 30	31 2	Reid..........	23 30
Terceire..........	1836	38 39	29 33	Fitz-Roy..........	24 18
Porto-Santo..........	1819	33 3	18 44	Owen..........	23 29
Madère..........	1813	32 33	19 55	Shortland..........	22 0
id..........	1821	id.	id.	Rumker..........	23 0
Ténériffe..........	1817	28 28	18 33	Freycinet..........	21 4
id..........	1822	id.	id.	Duperrey..........	21 0
id..........	1826	id.	id.	D'Urville..........	22 37
St-Antoine... { S..	1822	16 57	27 42	Owen..........	15 30
{ N.	1822	17 11	27 35	Duperrey..........	15 3

LIEU des OBSERVATIONS.	DATE.	POSITION GÉOGRAPHIQUE.		NOMS des OBSERVATEURS.	DÉCLINAISON MAGNÉTIQUE.
		Latitude.	Longitude.		
Porto-Praya......	1822	14 54 N.	26 0 O.	Owen............	15 0 O.
id...........	1836	id.	id.	Fitz-Roy........	16 30
L'Ascension......	1806	7 55 S.	16 44	Bonsoë..........	15 40
id...........	1816	id.	id.	Brine..........	15 30
id...........	1825	id.	id.	Duperrey......	16 52
Ste-Hélène......	1806	15 55	8 3	Krusenstern........	17 18
id...........	1815	id.	id.	Ross........	17 30
id...........	1816	id.	id.	Meynell........	17 30
id...........	1825	id.	id.	Duperrey......	19 34
id...........	1836	id.	id.	Fitz-Roy........	18 0
Tristan-d'Acunha..	1811	37 6	14 21	Haywood........	9 18
id...........	1813	id.	id.	Fitz-Maurice........	9 48
id...........	1825	id.	id.	James Herd........	10 59
Gough...........	1811	40 19	12 5	Haywood........	10 30
id...........	1813	id.	id.	Fitz-Maurice........	11 51

AFRIQUE OCCIDENTALE.

LIEU des OBSERVATIONS.	DATE.	Latitude.	Longitude.	NOMS des OBSERVATEURS.	DÉCLINAISON MAGNÉTIQUE.
Cap Bajador......	1818	26 7 N.	16 50 O.	Givry............	18 30 O.
Ouro, rivière......	1821	23 36	18 18	Owen............	20 0
Augra da Cintra...	1818	23 5	18 30	Givry............	19 32
Cap Barbas........	1818	22 20	19 50	id............	19 29
Cap Blanc........	1817	20 47	19 22	id............	18 24
E. du Sénégal.....	1817	15 53	18 50	id............	17 32
Gambia, rivière...	1826	13 28	18 55	Owen............	17 54
Ile de Gorée......	1817	14 40	19 47	Givry............	17 31
id...........	1830	id.	id.	Laplace........	17 0
Ile Cayo........	1818	11 51	18 40	id............	17 5
Bissao...........	1826	11 51	17 57	Owen........	18 0
Ile Bissagos......	1826	11 10	18 8	id............	17 24
Ile de Los......	1818	9 30	16 5	Givry............	17 9
id...........	1826	id.	id.	Owen............	18 0
Sierra-Leone......	1826	8 30	15 38	id............	18 48
Cap Palmas......	1831	4 15	10 0	Richardson........	19 0
La Mina........	1827	5 5	3 42	De Clerval........	19 45
Benin, rivière.....	1826	5 46	2 43 E.	Owen............	19 0
Fernando-Po......	1826	3 45	6 25	id............	22 0
Stirling...........	1835	7 49	4 46	W. Allen........	19 51
Rabba...........	1835	9 13	4 6	id............	20 36
Ile du Prince......	1816	1 41	5 7	Fitz-Maurice........	20 7
id...........	1827	id.	id.	De Clerval........	18 56
Ile San-Tomé......	1816	0 27	4 25	Fitz-Maurice........	22 48
id...........	1826	id.	id.	Owen............	23 0
Ile Annobon......	1819	1 25 S.	3 0		22 30
Cap Lopez........	1826	0 36	6 20	Owen..........	19 48
Mayumba........	1826	3 23	8 15	id............	21 24
Loango...........	1826	4 40	9 22	id............	20 36
Congo, rivière.....	1826	6 5	9 52	id............	21 42

LIEU des OBSERVATIONS.	DATE.	POSITION GÉOGRAPHIQUE.		NOMS des OBSERVATEURS.	DÉCLINAISON MAGNÉTIQUE.
		Latitude.	Longitude.		
St-Paul-de-Loando.	1825	8° 46′ S.	10° 49′ E.	Owen..............	22° 0 O.
Benguela..........	1825	12 34	10 54	id..............	22 0
Cap Negro.........	1825	15 47	9 26	id..............	23 0
Cap Frio..........	1825	18 23	9 37	id..............	23 18
Walwich..........	1825	22 52	12 2	id..............	23 0
Cap Voltas........	1825	28 44	14 6	id..............	29 0
Donkin............	1825	31 54	15 54	id..............	29 24
Cap de Bonne-Esp.	1825	34 22	16 8	id..............	28 12
Ville du Cap......	1804	33 56	16 5	Bonsoë............	25 4
id...............	1813	id.	id.	Fitz-Maurice......	28 0
id...............	1818	id.	id.	Freycinet.........	26 30
id...............	1825	id.	id.	Owen..............	28 12
id...............	1829	id.	id.	Bellamy...........	28 0
id...............	1836	id.	id.	Fitz-Roy..........	28 30
Simon's-Town.....	1823	34 10	16 8	King..............	28 30
id...............	1828	id.	id.	Blosseville.......	28 36
Cap des Aiguilles.	1824	35 0	17 30	Duperrey..........	29 24
Cap Seal..........	1825	34 5	20 57	Owen..............	32 0
Litakou...........	1824	27 6	22 15	Burchell..........	27 7

AFRIQUE ORIENTALE, MADAGASCAR ET ILES DE LA MER DES INDES.

LIEU des OBSERVATIONS.	DATE.	Latitude.	Longitude.	NOMS des OBSERVATEURS.	DÉCLINAISON MAGNÉTIQUE.
Plettemburg.......	1825	34 5 S.	20 57 E.	Owen..............	32 0 O.
Great-Fish........	1825	33 27	24 42	id..............	30 18
Sta-Lucia.........	1825	28 26	30 2	id..............	27 48
Baie Delagoa......	1825	25 58	30 37	id..............	25 0
Inhamban..........	1825	23 52	33 0	id..............	23 12
Sofala............	1825	20 11	32 21	id..............	23 0
Quillimane........	1825	18 1	34 36	id..............	21 0
Mozambique........	1825	14 52	38 26	id..............	16 54
Pamba.............	1825	12 56	38 8	id..............	16 30
Songa-Songa.......	1825	8 32	37 10	id..............	15 0
Zanzibar..........	1825	6 10	36 49	id..............	11 42
Mombas...........	1825	4 4	37 18	id..............	11 0
Formose..........	1825	2 33	38 10	id..............	11 30
Patta.............	1825	2 9	38 37	id..............	11 0
Brava.............	1825	1 7 N.	41 38	id..............	10 0
Magadoxa.........	1825	2 2	43 0	id..............	9 0
Cap Guardafui.....	1825	11 41	48 52	id..............	4 36
Ile Durjy.........	1825	12 6	50 43	id..............	4 0
Ile Socotora......	1825	12 44	51 2	id..............	3 30
id...............	1835	12 39	51 46	Welsted...........	4 30
Zeyla.............	1825	11 20	40 40	Owen..............	8 30
Diego-Suarez......	1825	12 15 S.	47 14	id..............	11 0

LIEU des OBSERVATIONS.	DATE.	POSITION GÉOGRAPHIQUE.		NOMS des OBSERVATEURS.	DÉCLINAISON MAGNÉTIQUE.
		Latitude.	Longitude.		
N' Goney	1825	15° 14' S.	48° 5' E.	Owen	13° 0' O.
Ile Ste-Marie	1825	17 0	47 29	id	14 0
Tamatave	1825	18 10	47 11	id	13 0
Manooroo	1825	19 55	46 27	id	12 0
Manambatoo	1825	24 17	45 0	id	17 0
Cap Ste-Marie	1825	25 39	42 42	id	21 0
Baie St-Augustin	1825	23 35	41 20	id	20 48
Mourondova	1825	20 18	41 54	id	18 42
Ile Barren	1825	18 41	41 33	id	17 48
Ile Coffin	1825	17 29	41 22	id	18 0
Ile Juan da Nova	1824	17 15	40 10	id	18 0
Bembatoo-ka	1825	15 43	43 55	id	15 0
Passandava	1825	13 28	45 50	id	12 30
Ile Minoa	1825	12 49	46 14	id	12 0
Bassa da India	1825	21 29	37 15	id	21 54
Ile Europa	1825	22 22	37 59	id	21 0
Juan da Nova	1824	17 15	40 10	id	18 0
Ile Comore	1825	12 10	42 0	id	12 30
Ile Assomption	1824	9 46	44 8	id	12 54
Iles Glorieuses	1825	11 35	44 59	id	13 0
Ile Providence	1825	9 14	48 45	id	8 54
Ile Mahé	1825	4 37	53 5	id	6 30
id	1830	id.	id.	Laplace	7 31
Ile Galega	1824	10 24	54 7	Owen	11 18
Ile de Sable	1830	15 54	52 11	Laplace	11 0
Iles Chagos (Sandy)	1816	5 17	70 20	Mayne	2 14
Gargados-Garajos	1824	16 22	57 24	Owen	9 54
Ile de France	1801	20 9	55 10	Baudin	13 15
id	1818	id.	id.	Freycinet	12 46
id	1824	id.	id.	Duperrey	13 46
id	1836	id.	id.	Fitz-Roy	11 18
Ile Bourbon	1824	20 51	53 10	Duperrey	13 46
id	1827	id.	id.	Blosseville	14 58
Ile Rodrigue	1813	19 41	61 0	Owen	13 0
Ile St-Paul	1818	38 40	75 10	King	22 30
Ile Keeling	1836	12 5	94 35	Fitz-Roy	1 12

PERSE, INDOUSTAN, BIRMAN ET DÉTROIT DE MALACA.

LIEU des OBSERVATIONS.	DATE.	Latitude.	Longitude.	NOMS des OBSERVATEURS.	DÉCLINAISON MAGNÉTIQUE.
Basrah (ville)	1812	30 2 N.	45 20 E.	Owen	5 30 O.
Basrah (rivière)	1827	29 58	46 5	Haines	4 50
Karrack	1824	29 10	47 55	id	4 35
Bushir	1808	28 10	48 40	—	5 30
id	1810	id.	id.	—	4 40
Baie Jas	1829	25 48	55 25	Haines	3 20
Mascate	1816	23 30	56 20	Maude	4 22
Baie Gutter	1829	25 10	59 42	Haines	1 20

LIEU des OBSERVATIONS.	DATE.	POSITION GÉOGRAPHIQUE.		NOMS des OBSERVATEURS.	DÉCLINAISON MAGNÉTIQUE.
		Latitude.	Longitude.		
Bate-Castle..........	1803	22° 28′ N.	67° 0′ E.	—	1 24 O.
Bombay.............	1823	18 56	70 34	Owen............	1 0 E.
Melinde............	1823	16 3	70 57	id............	0 42
Ramas.............	1823	15 5	71 25	id............	0 42
Sacrifice...........	1823	11 30	72 57	id............	0 12 O.
Ile Maldive.........	1802	5 0	71 30	—	1 30
id	1836	id.	id.	—	1 30
Ile Audomnatis......	1830	1 26	71 6	Laplace..........	0 15
Ile Suadiva.........	1824	0 51	71 0	Bougainville......	1 24
Karnal.............	1828	29 38	74 26	Brown..........	1 31 E.
Sainpoor...........	1813	30 23	75 16	Hodgson..........	0 18
Serondja...........	1823	24 6	75 21	Gérard..........	0 57
Agra..............	1823	26 41	75 30	id............	1 25
Mohim.............	1816	30 33	—	Hodgson..........	0 30
Sukeet.............	1813	27 27	77 20	id............	0 42
Rhadana...........	1813	29 14	78 0	id............	0 34
Langtofal..........	1823	24 45	—	Pemberton........	3 57
Cap Comorin.......	1815	8 5	75 23	B. Hall..........	2 9
Pointe de Galle.....	1815	6 0	77 50	id............	2 10
Trinquemalay......	1828	8 32	78 51	Blosseville......	1 8
Aripo.............	1828	8 48	77 31	id............	1 16
Jaffnapatnam......	1828	9 40	77 41	id............	1 16
Changani..........	1828	9 47	77 36	id............	1 16
Karikal...........	1828	10 55	77 33	id............	1 14
Pondichéri.........	1828	11 56	77 32	id............	1 13
Madras............	1809	13 4	77 57	Kempton..........	3 0
Coringui...........	1830	16 25	79 52	Laplace..........	2 5
Calcutta...........	1827	22 34	86 0	Blosseville......	2 38
id............	1828	id.	id.	Brown..........	2 41
id............	1829	id.	id.	id............	2 24
Entrée de l'Hoogly.	1837	21 0	85 30	Carte de la comp.....	3 0
Chandernagor.....	1827	22 51	85 58	Blosseville......	2 40
Port-Owen.........	1830	13 5	88 0	Laws..........	2 25
Kyouk-Phyou......	1830	19 29	91 9	id............	2 6
Détroit de Cheduba.	1830	18 30	91 25	id............	2 45
Ile Cheduba.......	1830	19 0	90 40	id............	2 30
Golfe d'Aracan....:	1835	20 0	90 0	id............	2 30
Grande Nicobar...	1824	6 46	91 31	Bougainville......	4 30
Ile Diamond......	1826	15 51	91 58	Crowford..........	3 0
Golfe de Martaban.	1826	16 27	94 3	id............	2 0
Bentink...........	1830	15 33	95 31	Laws..........	2 25
Ile Tores.........	1835	12 0	94 40	id............	3 0
Achem............	1814	5 35	94 3	B. Hall..........	2 25
Pointe Dinding....	1824	4 20	98 20	Bougainville......	2 26
Mont Parcelar....	1824	2 50	99 0	id............	1 30
Sincapour........	1824	1 16	101 31	id	1 50
id............	1830	id.	id.	Laplace..........	2 0

LIEU des OBSERVATIONS.	DATE.	POSITION GÉOGRAPHIQUE.		NOMS des OBSERVATEURS.	DÉCLINAISON MAGNÉTIQUE.
		Latitude.	Longitude.		
CHINE, COCHINCHINE ET JAPON.					
Chunzal............	1830	48 13 N.	104 7 E.	G. Fuss............	1° 6'
Chologur...........	1830	46 0	107 14	id............	0 49
Durbauderatu......	1830	45 32	109 5	id............	1 7
Ergi..............	1830	45 32	109 5	id............	1 7
Batchay............	1830	44 21	110 35	id............	0 59
Scharabudurguna...	1830	43 13	111 46	id............	0 46
Chalgan...........	1830	40 49	112 38	id............	1 13
Pékin.............	1831	39 54	114 6	id............	1 48
Sendshi...........	1831	44 45	108 6	id............	0 30
Olou-Obo..........	1831	46 21	105 42	id............	0 2
Urga..............	1831	47 55	104 22	id............	1 16 E.
Poulo-Condore.....	1805	8 40	104 20	Horsburgh............	1 45
Ile d'Hainan......	1825	18 20	107 30	Bougainville............	1 30 O.
Tourane...........	1825	16 6	105 57	id............	1 29 E.
id.............	1831	id.	id.	Laplace............	1 30
Macao.............	1824	22 12	111 14	Bougainville............	1 37
id.............	1827	id.	id.	Beechey............	1 58
id.............	1830	id.	id.	Laplace............	1 30
Canton............	1816	23 7	110 54	Ross............	0 20
Ile Formose.......	1808	21 55	118 44	Horsburgh............	1 0
Hué-Fou, riv......	1830	16 35	105 25	Laplace............	2 30
Baie Cheatow......	1816	37 36	119 14	B. Hall............	2 16
Ile Alceste.......	1816	34 0	122 25	id............	2 3 O.
Ile Amherst.......	1816	34 22	123 45	id............	2 30
Mer d'Illou.......	1816	38 0	117 40	id............	2 16
Pei-Ho............	1816	38 57	115 30	id............	2 16
Loo-Choo..........	1816	26 8	125 22	Mayne............	0 53
id.............	1827	id.	id.	Beechey............	0 41 E.
Naugasaky.........	1805	32 43	127 32	Krusenstern............	1 46 O.
Gotto.............	1805	32 34	126 24	id............	0 55
Détroit de Saugar.	1805	41 1	142 18	id............	1 22
Baie Strogonoff...	1805	43 30	142 40	id............	1 14
Cap Malaspina.....	1805	44 11	144 24	id............	0 0
Baie Aniva........	1805	46 34	145 10	id............	1 43 E.
Cap Dalrymple.....	1805	48 14	145 50	id............	0 57
Baie Patience.....	1805	49 0	145 30	id............	0 30 O.
Cap Patience......	1805	49 0	148 24	id............	0 43 E.
Ile Rashau........	1805	47 56	154 58	id............	3 54
Cap Rotmanoff.....	1805	50 22	147 27	id............	1 4
Cap des Dunes.....	1805	52 17	145 43	id............	1 3
Cap Maria.........	1805	54 4	144 34	id............	0 35 O.
Port Endormo......	1813	42 21	139 0	Ricord............	0 16

LIEU des OBSERVATIONS.	DATE.	POSITION GÉOGRAPHIQUE.		NOMS des OBSERVATEURS.	DÉCLINAISON MAGNÉTIQUE.
		Latitude.	Longitude.		

GRAND ARCHIPEL D'ASIE ET NOUVELLE-GUINÉE.

LIEU des OBSERVATIONS.	DATE.	Latitude.	Longitude.	NOMS des OBSERVATEURS.	DÉCLINAISON MAGNÉTIQUE.
Achen............	1814	5°36 N.	93° 14 E.	B. Hall............	2°25′ E.
Ile Keeling.......	1836	12 5 S.	94 35	Fitz-Roy..........	1 12 O.
Baie Toppanooly...	1822	1 40 N.	96 35	—........	1 18 E.
Ile Anambas.....	1825	3 10	103 59	Bougainville	1 .7
Ile Victory.......	1825	1 19	104 12	id.........	1 12
Ile Gaspar........	1825	2 6 S.	104 48	id.........	1 26
Batavia..........	1814	6 9	104 27	B. Hall	0 17
id.	1828	id.	id.	Blosseville........	0 31
Nantunas.........	1831	4 39 N.	105 31	Laplace...........	1 30
Ile Turtle..... ..	1825	14 20	107 0	Bougainville......	1 0
Sourabaya........	1824	7 12 S.	110 23	Duperrey..........	0 11 O.
Ile Kangelang.. ...	1825	6 48	112 40	Bougainville.......	0 0
Détroit d'Alass....	1825	8 32	114 29	id.........	0 47
Ile Peejow........	1825	8 44	114 16	id.........	1 30
Dét. de Balabac....	1822	7 10 N.	113 30	—.......	1 24 E.
Manille..........	1829	18 30	118 33	Lutké.............	0 19
id.	1830	id.	id.	Laplace...........	1 0
Ile Salayer	1824	5 39 S.	118 7	Duperrey	1 3 O.
Ile Savu.........	1823	10 27	119 33	id.........	2 3 E.
Ile Waugi–Wangi..	1824	5 18	121 8	id.........	0 26
Ile Mathew.......	1813	5 18	121 56	—.......	0 30
Ile Watthoen.....	1823	6 8	122 22	—	1 12
Coupang.........	1802	10 10	121 15	Baudin....	0 22
id.	1818	id.	id.	Freycinet.........	0 14 O.
Dillé............	1818	8 33	123 9	id.........	0 36
Baie Manado......	1828	1 29 N.	122 31	D'Urville..........	1 6 E.
Ile Gambi........	1823	8 13 S.	123 13	Duperrey..........	0 52
Caïeli............	1823	3 22	124 46	id.........	0 32
Amboine	1823	3 42	125 50	id.........	0 28
Ile Pisang........	1824	1 23	126 34	id.........	0 0
Ile Syang........	1823	0 18 N.	127 30	id.........	0 21
Offak...........	1823	0 2 S.	128 23	id.........	1 2
Rawak..........	1818	0 1	128 36	Freycinet.........	1 30
Timor-Laut.......	1822	8 30	128 40	—........	2 40
Banda	1822	4 30	127 40	—........	0 35 O.
C. de Bonne-Espér.	1824	0 19	130 5	Duperrey..........	0 0
Doreri...........	1824	0 52	131 45	id.........	1 36 E.
id.	1827	id.	id.	D'Urville..........	2 6
Ile Duperrey......	1827	1 55	136 37	id.........	3 30
Baie Humboldt....	1827	2 39	138 23	id.........	3 30
Iles Schouten.....	1823	3 37	142 26	Duperrey..........	5 12
Cap Rigny..... ..	1827	5 30	143 38	D'Urville..........	5 45
Ile Lottin........	1827	5 19	145 18	id......	5 10

LIEU des OBSERVATIONS.	DATE.	POSITION GÉOGRAPHIQUE.		NOMS des OBSERVATEURS.	DÉCLINAISON MAGNÉTIQUE.
		Latitude.	Longitude.		
NOUVELLE-HOLLANDE ET VAN-DIÉMEN.					
Baie Carening.....	1820	15° 6 S.	122 40′ E.	King.............	0 43′ O.
Ile Lacépéde.....	1820	16 50	119 47	id.........	0 12
Ile Legendre.....	1819	20 19	114 25	id.........	2 37
Ile Barrow......	1819	20 50	112 50	id.........	1 45
B. des Chiens Marins	1818	25 43	110 59	Freycinet.........	3 38
Riv. des Cygnes...	1827	32 4	113 42	Stirling.........	4 17
Ile Rottnest......	1829	31 58	113 4	id.........	5 20
Baie du Géographe.	1819	33 25	112 40	King.........	6 27
Baie du Roi George.	1803	35 3	115 38	Baudin	6 49
id............	1826	id.	id.	D'Urville.........	5 35
id............	1836	id.	id.	Fitz-Roy.........	5 36
Baie Lucky......	1802	34 0	119 54	Flinders.........	3 6
Baie Fowler......	1802	32 1	130 7	id.........	0 25
Ile Francis.......	1818	32 35	130 55	King.........	0 0
Ile Flinders......	1802	33 41	132 7	Flinders.........	0 44 E.
Port-Lincoln.....	1818	34 48	133 24	King.........	3 57
Ile Kangourou....	1818	35 33	135 20	id.........	3 20
Baie de Rivoli....	1818	37 30	137 44	id.........	4 8
Cap Bridgewater...	1819	38 21	139 0	id.........	4 38
Ile King.........	1820	39 36	141 34	id.........	5 48
Port-Western.....	1826	38 28	142 56	D'Urville.........	7 54
Port-Macquarie....	1809	42 12	143 0	Ewans.........	9 0
id.........	1819	id.	id.	King.........	8 30
Port-Dalrymple....	1804	41 3	144 32	Flinders.........	8 30
Hobart-Town.....	1802	42 53	145 7	Baudin.........	9 18
id...........	1819	id.	id.	King.........	9 10
id...........	1828	id.	id.	D'Urville.........	12 35
id...........	1836	id.	id.	Fitz-Roy.........	11 6
Baie Jervis.......	1826	35 8	35 8	D'Urville.........	9 38
Sydney..........	1803	33 52	148 50	Flinders.........	8 51
id...........	1817	id.	id.	King.........	8 42
id...........	1819	id.	id.	Freycinet.........	9 15
id...........	1820	id.	id.	Bellingshausen......	8 3
id...........	1820	id.	id.	Lazareff.........	8 28
id...........	1824	id.	id.	Duperrey.........	8 56
id...........	1825	id.	id.	Bougainville........	8 3
id...........	1826	id.	id.	D'Urville.........	9 17
id...........	1836	id.	id.	Fitz-Roy.........	10 24
Parramata........	1823	33 49	148 35	Rumker...........	8 42
Bathurst..........	1817	33 27	147 8	Oxley.........	8 40
id..........	1820	id.	id.	id.........	8 39
Port-Stephens.....	1819	32 47	149 52	King.............	10 0

LIEU des OBSERVATIONS.	DATE.	POSITION GÉOGRAPHIQUE.		NOMS des OBSERVATEURS.	DÉCLINAISON MAGNÉTIQUE.	
		Latitude.	Longitude.			
Localités non désignées, dans l'intérieur de la colonie.	1817	33 40 S.	146 0 E.	Oxley............	7 47 E.	
	1817	33 16	144 56	id..........	7 0	
	1817	34 8	143 43	id..........	7 18	
	1817	33 22	143 4	id..........	7 30	
	1817	33 53	142 14	id..........	7 25	
	1817	32 44	145 26	id..........	7 18	
	1818	31 18	145 11	id..........	7 48	
	1818	31 14	146 0	id..........	8 14	
	1818	30 57	147 0	id..........	8 42	
	1818	31 0	149 6	id..........	8 51	
	1818	31 38	150 28	id..........	9 33	
Macquarie........	1818	31 24	150 31	id..........	10 5	
Port-Bowen	1819	22 29	148 25	King............	9 5	
Ile Cumberland....	1819	20 46	147 14	id..........	6 17	
Baie Repulse......	1819	20 37	146 30	id..........	6 15	
Ile Fitz-Roy.......	1819	16 55	143 36	id..........	5 14	
Endéavour, riv....	1819	15 27	142 50	id..........	5 14	
Endéavour, str....	1819	10 46	139 48	id..........	5 38	
Ile Marsden.......	1836	9 44	140 52	Ch. Eaton..........	4 0	
R. sir Ch. Hardy...	1831	11 56	141 27	Richardson..........	5 30	
Ile Flinders.......	1819	14 8	141 50	King............	5 20	
Ile Wellesley	1803	17 8	137 23	Flinders............	4 7	
Ile Goulburn......	1818	11 38	136 0	King............	2 0	
Port-Cockburn...	1819	11 24	128 8	id..........	1 0	
Port-Warrender...	1819	14 35	123 40	id..........	1 17	
C. Londonderry...	1819	14 45	124 55	id..........	0 0	

NOUVELLE-ZÉLANDE.

LIEU des OBSERVATIONS.	DATE.	POSITION GÉOGRAPHIQUE.		NOMS des OBSERVATEURS.	DÉCLINAISON MAGNÉTIQUE.	
		Latitude.	Longitude.			
Cap Otou........	1827	34 24 S.	170 46 E.	D'Urville............	12 40 E.	
Baie Oudou-Oudou.	1827	35 0	171 7	id..........	12 0	
Baie des Iles......	1824	35 15	171 51	Duperrey..........	13 22	
id............	1827	id.	id.	D'Urville..........	13 8	
id............	1835	id.	id.	Fitz-Roy...........	14 0	
id............	1838	id.	id.	Cécille............	13 30	
Schooukiango.....	1825	35 31	171 12	J. Herd............	13 23	
Shouraki.........	1827	37 2	173 1	D'Urville..........	14 30	
Riv. Thames......	1825	37 6	173 5	J. Herd............	12 38	
Cap Wareka-Heka.	1827	37 33	176 10	D'Urville..........	13 14	
Tera-Kako........	1827	39 7	175 47	id..........	15 20	
Cap Borell	1820	39 24	171 37	Bellingshausen	13 1	
Cap Topolo-Solo ..	1827	40 31	174 22	D'Urville..........	14 10	
Ile Hummook.....	1837	40 52	172 37	Jonhson............	11 33	
Baie Tasman......	1827	40 58	170 45	D'Urville..........	14 25	
Cap Foulwind.....	1827	41 46	169 9	id..........	14 30	
Ile Cloudy........	1837	41 21	171 50	Read..............	17 0	

LIEU des OBSERVATIONS.	DATE.	POSITION GÉOGRAPHIQUE.		NOMS des OBSERVATEURS.	DÉCLINAISON MAGNÉTIQUE.
		Latitude.	Longitude.		
Port Akaroa......	1838	43° 49' S.	170° 48' E.	Cécille............	16° 10' E.
Tokolabo.........	1838	43 31	170 50	id...........	16 0
Port-Otago.	1825	45 46	168 17	J. Herd............	17 5
Ile Stewart........	1825	47 11	165 7	id...........	17 4
Ile Chatam........	1838	43 48	179 14	Cécille............	13 0

POLYNÉSIE SEPTENTRIONALE.

LIEU des OBSERVATIONS.	DATE.	Latitude.	Longitude.	NOMS des OBSERVATEURS.	DÉCLINAISON MAGNÉTIQUE.
Ile Parry.........	1827	27 43 N.	139 48 E.	Beechey............	2 37 E.
Port Lloyd.......	1827	27 5	139 54	id...........	1 9
Iles Mariannes.					
Iles Assomption....	1827	19 41	143 8	id...........	5 42
Les Mangs........	1827	19 57	143 0	id...........	5 42
Ile Gugnan.......	1819	17 35	143 34	Freycinet.........	3 50
Faral. de Médinilla.	1819	15 59	143 42	id...........	3 58
Ile Seypan........	1819	15 20	143 30	id...........	4 11
Ile Rotta.........	1819	14 11	142 56	id...........	4 15
Ile Gouham.......	1819	13 28	142 27	id...........	4 39
Iles Carolines.					
Iles Pelew........	1828	7 10	131 53	D'Urville...........	2 4
Ile Gouap........	1828	9 33	135 49	id...........	1 10
Ile Onluthy	1828	10 0	137 25	Lutké...........	2 0
Ile Feys..........	1828	9 46	138 15	id...........	1 30
Ile Eourypyg.....	1828	6 40	140 52	id...........	3 42
Ile Oulea.........	1828	7 22	141 37	id...........	3 7
Ile Ifelouk........	1828	7 15	142 11	id.	2 34
Ile Farrailep......	1828	8 35	142 17	id.	2 48
Ile Olimaro........	1828	7 43	143 40	id...........	2 0
Ile Namourek.....	1828	7 30	144 10	id...........	3 0
Ile Fayeou, occid..	1828	8 3	144 30	id...........	3 55
Ile Tamatam......	1824	7 32	147 10	Duperrey...........	2 3
Iles Hogoleu......	1824	7 14	149 19	id...........	4 48
Ile Fayeou, orient.	1828	8 33	149 6	Lutké...........	5 34
Ile Lougounor....	1828	5 30	151 30	id...........	•6 30
Ile Los Valientes..	1828	5 46	154 45	id...........	7 0
Ile Ngaryk.......	1828	5 47	155 9	id...........	7 30
Iles Séniavine.....	1828	7 0	155 55	id...........	7 7
Iles Duperrey.....	1824	6 40	157 29	Duperrey...........	6 18
Ile Mac-Askill....	1824	6 14	158 27	id...........	6 18
Ile Brown........	1828	11 30	159 40	Lutké...........	8 6
Ile Oualan...	1824	5 21	160 41	Duperrey...........	9 20
id.............	1828	id.	id.	Lutké...........	8 51
Ile Eschscholtz....	1825	11 30	163 10	Kotzebue...........	10 52
Iles Piscadores....	1825	11 15	164 40	id...........	11 0

LIEU des OBSERVATIONS.	DATE.	POSITION GÉOGRAPHIQUE.		NOMS des OBSERVATEURS.	DÉCLINAISON MAGNÉTIQUE.
		Latitude.	Longitude.		
Ile Legiep..	1817	9 51' N.	166 54' E.	Kotzebue...........	° ' E.
Ile Button........	1817	11 20	167 31	id.........	11 18
Ile Ailu............	1817	10 15	167 40	id.........	11 15
id.	1824	id.	id.	id.........	10 54
Ile Otdia........	1817	9 28	167 57	id.........	11 38
Ile Kawen.......	1817	8 54	168 33	id.........	11 30
Iles Bonham......	1824	6 16	167 10	Duperrey........	9 25
Iles Mulgraves....	1824	6 7	169 36	id.........	9 23
Ile Charlotte......	1824	1 54	170 27	id.........	10 15
Ile Hall..........	1821	0 49	171 41	id.........	8 40
Ile Henderville....	1824	0 10	171 16	id.........	8 0
Ile Sydenham.....	1824	0 36 S.	171 58	id.........	7 45
Ile Drummont.....	1824	1 33	172 48	id.........	7 45
ILES SANDWICH.					
Baie Kayakakoua..	1819	19 37	158 25 O.	Freycinet.........	9 50
Baie Karakakoa...	1824	19 26	158 20	Lord Byron........	10 14
Baie Byron.......	1824	19 44	157 26	id.........	8 51
Ile Mowi.........	1819	20 52	159 2	Freycinet.........	8 49
Ile Wahou........	1816	21 19	160 12	Kotzebue..........	10 57
id.	1819	id.	id.	Freycinet..........	10 24
id.	1824	id.	id.	Lord Byron........	9 52
id.	1827	id.	id.	Beechey...........	10 26

POLYNÉSIE MÉRIDIONALE.

LIEU des OBSERVATIONS.	DATE.	Latitude.	Longitude.	NOMS des OBSERVATEURS.	DÉCLINAISON MAGNÉTIQUE.
Ile de l'Amirauté ..	1819	1 40 S.	144 20 E.	Freycinet..	5 32 E.
Ile Gracieuse......	1827	6 9	146 40	D'Urville...........	6 45
Ile Sandwich......	1823	3 3	148 28	Duperrey...........	5 0
Ile Amacata.......	1823	4 7	150 4	id.........	5 30
Port-Praslin.....	1823	4 50	150 28	id.........	6 48
Havre Carteret....	1827	4 42	150 20	D'Urville...........	6 40
Ile Langlan.......	1827	9 18	151 7	id.........	6 0
Ile Bouka.........	1823	5 0	152 14	Duperrey...........	7 20
Nouvelle-Calédonie.	1803	22 0	163 35	Kent...............	11 0
Ile Beaupré.......	1827	20 20	163 44	D'Urville...........	10 30
Ile Vanikoro......	1828	11 40	164 32	id.........	10 21
Ile Chabrol.......	1827	20 40	164 40	id.........	9 45
Ile Tikopia.......	1828	12 19	166 28	id.........	10 30
Ile Fataka.	1828	11 55	167 48	id.........	9 15
Riv. Mathew......	1828	22 22	168 53	id.........	13 6
Ile St-Augustin....	1824	5 41	173 50	Duperrey...........	9 13
Ile Rotouma......	1824	12 32	174 51	id.........	10 47
Ile Viti-Levou.....	1827	18 7	174 51	D'Urville...........	10 30
Ile Nederlandaise..	1825	7 13	175 13	Kœrsen............	7 0
Ile Monasa........	1827	18 30	177 28	D'Urville	11 15

LIEU des OBSERVATIONS.	DATE.	POSITION GÉOGRAPHIQUE.		NOMS des OBSERVATEURS.	DÉCLINAISON MAGNÉTIQUE.
		Latitude.	Longitude.		
Ile Curtis..........	1827	30° 33' S	179° 3' E.	D'Urville..........	12° 0 E.
Ile Pylstaart.......	1819	22 25	178 24 O	Freycinet..........	10 35
Ile Tougatabou...	1827	21 8	177 33	D'Urville..........	10 37
Ile Evoa..........	1823	21 26	177 14	Duperrey..........	10 12
Ile Vavao.........	1820	18 41	176 21	Bellingshausen.......	12 40
Ile Sauvage.......	1823	19 5	172 10	Duperrey..........	10 19
Ile Pola..........	1824	14 0	174 20	Kotzebue..........	6 58
Ile Fatoui........	1824	14 20	172 10	id..........	6 5
Ile Rose..........	1824	14 33	170 17	id..........	6 0
Ile du Danger.....	1820	10 54	168 8	Bellingshausen.......	9 24
Ile Peurhin.......	1816	9 1	159 54	Kotzebue..........	8 28
ILES DE LA SOCIÉTÉ ET POMOTOU.					
Ile Bellingshausen..	1824	15 48	156 50	Kotzebue..........	6 0
Ile Maupiti........	1823	16 26	154 32	Duperrey..........	7 10
Ile Borabora......	1823	16 30	154 6	id..........	6 21
Ile de Taïti.......	1794	17 29	151 49	Vancouver..........	6 12
id..........	1823	id.	id.	Duperrey..........	6 40
id..........	1824	id.	id.	Kotzebue..........	6 50
id..........	1826	id.	id.	Beechey..........	7 33
id..........	1831	id.	id.	Irland..........	7 30
id..........	1835	id.	id.	Fitz-Roy..........	7 34
id..........	1837	id.	id.	Bruce	7 10
Ile Krusenstern...	1816	15 0	150 34	Kotzebue..........	5 37
Ile Vlegen........	1830	14 40	150 0	Erman..........	6 10
Ile Rurick........	1816	15 30	148 58	Kotzebue..........	6 16
Ile Pallisser.......	1820	15 50	148 50	Bellingshausen.......	6 48
Ile Kotzebue......	1824	15 27	147 51	Kotzebue..........	5 37
Ile de Bass........	1820	27 38	146 35	Bellingshausen......	5 21
id..........	1838	27 55	145 35	Cécille..........	8 0
Ile Romanzoff....	1816	14 57	146 48	Kotzebue..........	5 36
Ile Moller........	1823	17 43	143 2	Duperrey..........	6 32
Ile Predpriatie.....	1824	15 58	142 26	Kotzebue..........	5 0
Ile des Lanciers...	1825	18 30	141 28	Beechey..........	7 3
Ile Houden.......	1816	14 50	141 8	Kotzebue..........	5 8
Ile Narcisse.......	1823	17 21	140 50	Duperrey..........	5 22
Ile Clermont-Tonnerre..........	1823	18 28	138 46	id..........	4 51
Iles Gambier......	1826	23 8	137 15	Beechey..........	7 8
Ile Noukahiva.....	1804	8 54	142 0	Krusenstern..........	4 36
Ile Motané........	1804	10 0	140 50	id..........	5 52
Ile Pitcairn.......	1825	25 4	132 30	Beechey..........	6 0
Ile Ducis..........	1825	24 40	127 6	id..........	7 54
Ile de Pâques......	1804	27 9	111 45	Krusenstern..........	6 12
Salaz y Gomez....	1825	26 28	107 40	Beechey..........	8 14

LIEU des OBSERVATIONS.	DATE.	POSITION GÉOGRAPHIQUE.		NOMS des OBSERVATEURS.	DÉCLINAISON MAGNÉTIQUE.
		Latitude.	Longitude.		
ILES GALLAPAGOS.					
Ile Abingdon......	1821	0 32 N.	92 51 O.	B. Hall............	8 20 E.
Ile Albemarle.....	1835	0 16 S.	93 47	Fitz-Roy..........	9 30
Ile Chatham......	1835	0 50	91 57	Fitz-Roy..........	9 30
Juan-Fernandez...	1830	33 38	81 13	id.........	17 13

AMÉRIQUE RUSSE ET ILES ALEUTIENNES.

LIEU des OBSERVATIONS.	DATE.	Latitude.	Longitude.	NOMS des OBSERVATEURS.	DÉCLINAISON MAGNÉTIQUE.
Pointe Beechey....	1826	70 26 N.	151 12 O.	Franklin..........	41 20 E.
—	1837	70 43	154 34	Simpson...........	43 0
—	1837	71 3	156 46	id..........	42 0
Pointe Barrow....	1827	71 23	158 42	Beechey..........	41 0
Sur la glace.......	1827	id.	id.	id........	42 15
Cap des glaces.. ...	1827	70 20	164 0	Beechey....... ...	32 49
Station du lac.....	1827	69 34	165 27	id.........	34 42
Cap Krusenstern...	1826	67 11	165 57	id.......	30 12
Entrée d'Holham...	1826	67 0	165 10	id.........	29 53
Cap Blossom......	1826	66 45	164 44	id.......	30 42
B. de Bonne-Espér..	1826	66 3	166 50	id.......	29 28
Baie Escholtz. N. O.	1826	66 25	164 5	id.......	29 49
Pointe Garnet.....	1826	66 16	164 10	id.......	28 41
Baie Escholtz. S....	1826	66 17	163 40	id.......	31 2
Baie Spafarieff....	1826	66 0	164 0	id.......	32 41
Cap Espenberg....	1826	66 34	165 56	id.......	30 12
Cap Deceit........	1826	66 6	165 0	id.......	30 18
Ile Chamiso.......	1826	66 13	164 6	id.......	30 48
Port Clarence.....	1827	65 16	169 8	id.......	26 55
Baie Norton.......	1827	63 28	164 12	Lutké...........	30 30
Ile St-Mathieu....	1827	60 38	175 1	id.......	19 1
Ile Amak.........	1827	55 25	166 22	id.......	21 15
Port Wrangel.....	1827	56 59	160 17	id.......	24 0
Cap Noir.........	1827	58 43	164 25	id.......	25 10
Cap Souvoroff.....	1827	58 42	159 20	id.......	26 15
Sitka........	1804	57 3	137 50	Lisiansky...........	26 45
id........	1824	id.	id.	Kotzebue...........	27 30
id........	1829	id.	id.	Erman.............	28 19
Ounalachka.......	1817	53 52	168 45	Kotzebue	19 24
id........	1827	id.	id.	Lutké.............	19 54
Ile d'Atkha.......	1830	52 17	176 32	Etoline............	16 21
Amtchitka........	1830	51 27	183 0	id...........	14 5

LIEU des OBSERVATIONS.	DATE.	POSITION GÉOGRAPHIQUE.		NOMS des OBSERVATEURS.	DÉCLINAISON MAGNÉTIQUE.
		Latitude.	Longitude.		
AMÉRIQUE ANGLAISE.					
Iles Carys..........	1818	76° 28′ N.	75° 40′ O.	J. Ross...........	102° 0′ O.
Cap Clarence.....	1818	76 32	79 24	id.	107 56
Dét. de Lancaster..	1818	74 3	83 48	id........	114 0
Elisabeth Position..	1829	74 1	79 20	id........	114 0
Scheffiff Bay......	1831	70 1	94 0	id........	96 12
Victory Bay......	1831	70 9	93 50	id........	101 32
—	1831	69 35	97 0	id........	57 15
Sur la glace.......	1819	63 58	64 10	Parry...........	61 11
id.............	1819	70 29	61 32	id........	74 39
id..	1819	73 5	62 31	id........	82 3
Baie Possession....	1819	73 31	79 42	id........	108 47
Barrow-Strait.....	1819	74 25	82 28	id........	106 58
Cap Riley........	1819	74 40	94 7	id........	128 58
Ile Byam-Martin..	1819	75 9	106 4	id........	165 50 E.
I. Melville, pte Ross.	1819	74 58	109 23	id........	151 30
Baie de l'Hécla....	1820	74 47	112 54	id........	126 17
Winter-Harb......	1820	74 47	113 9	id........	127 48
Cap Providence....	1820	74 25	115 1	id........	111 19
A l'O. id.........	1820	74 26	116 8	id........	106 7
—	1820	71 16	73 38	id........	91 28 O.
Riv. Clyde.......	1820	70 22	70 57	id........	80 59
Cap Hatton.......	1821	61 13	67 20	id........	52 50
Upper Savage, I...	1821	62 31	72 17	id........	52 37
Sur la glace......	1821	63 45	76 24	id........	54 52
id	1821	65 8	81 55	id........	52 12
id...........	1821	65 31	85 40	id........	53 49
Ile Southampton...	1821	65 28	87 0	id........	50 18
B. du duc d'Yorck.	1821	65 27	87 35	id........	47 34
Baie Repulse......	1821	66 31	88 50	id........	48 33
Ducket Cove......	1821	66 12	87 4	id........	52 20
Safely Cove......	1821	66 32	86 9	id........	54 56
Baie Gore........	1821	66 24	87 0	id........	56 20
A terre..........	1822	67 11	83 44	id........	70 28
Ile Winter........	1822	66 11	85 14	id........	57 24
Igloolik	1823	69 21	83 57	id........	83 1
Cap Warrender...	1824	74 28	84 11	id........	104 48
Sur la glace......	1824	72 55	94 39	id........	129 25
Pass. du P. Régent.	1825	72 17	91 16	id........	100 4
Sur la glace......	1825	72 45	91 46	id........	122 27
Cap Sommerset....	1825	73 6	93 40	id........	128 28
La *Furie*........	1825	72 46	94 10	id........	129 25
Port-Bowen.....	1825	73 14	91 15	id........	123 22
York, Facto......	1807	57 0	94 46	Fiddler...........	4 55 E.
id.............	1819	id.	id.	Franklin..........	6 21

LIEU des OBSERVATIONS.	DATE.	POSITION GÉOGRAPHIQUE.		NOMS des OBSERVATEURS.	DÉCLINAISON MAGNÉTIQUE.
		Latitude.	Longitude.		
Hill, riv....	1819	55° 27′ N.	96° 17′ O.	Franklin............	8° 30′ E.
Ile Magnétic.	1819	54 59	97 20	id...........	11 50
Hill's Gates	1819	54 29	98 37	id...........	13 20
Norway...........	1819	53 42	100 21	id........ .:.	14 26
Saskatchawan.....	1819	53 27	103 4	id...........	15 20
Cumberland.......	1819	53 57	104 37	id...........	17 18
id	1825	id.	id.	id...........	19 14
Carlton	1820	52 51	108 33	id...........	20 45
Green Lake.......	1820	54 16	109 50	id...........	22 7
F. La Crosse......	1820	55 27	110 13	id...........	22 16
id............	1825	id.	id.	id...........	23 19
Methye Lake......	1820	56 24	111 43	id...........	22 50
Elk, rivière.......	1820	56 40	113 28	id...........	24 18
F. Chepewyan.....	1820	58 43	113 38	id...........	22 49
id............	1825	id.	id.	id	25 30
English, riv.......	1820	55 40	108 16	id...........	20 17
Methye...........	1820	56 43	112 12	id..	25 2
id....	1825	id.	id.	id...........	27 54
F. Résolution......	1820	61 10	116 5	id....	25 41
id............	1826	id.	id.	id...........	29 15
F. Providence.....	1820	62 17	116 29	id...........	33 36
Fishing Lake......	1820	63 14	116 47	id...........	33 4
F. Enterprise......	1820	64 28	115 26	id...........	36 27
F. Francklin......	1821	65 12	115 32	id..........	39 10
id............	1826	id.	id.	id...........	39 14
Copper Mine.....	1821	65 43	116 47	id...........	42 17
id..	1821	67 23	118 27	id...........	49 46
id	1821	67 43	117 59	id...........	46 25
id............	1826	id.	id.	id...........	48 0
Port-Epworth.....	1821	67 42	114 50	id........ ..	47 38
Détention, harb...	1821	67 54	113 1	id...........	40 49
Bathurst..........	1821	67 40	111 0	id...........	41 10
Cap Tournagain...	1821	68 19	112 25	id...........	44 16
Lac Huron........	1825	44 49	82 21	id...........	0 56
Missassaga.	1825	46 10	84 59	id...........	0 16
Ste-Marie.	1825	46 31	86 44	id...........	2 33
F. William........	1816	48 24	91 36	Beechey...........	5 30
id............	1825	id.	id.	Franklin...........	7 17
F. Rainy.........	1823	48 36	94 48	Long'exped........	8 15
id....	1825	id.	id.	Franklin...........	10 50
F. Alexandre......	1825	50 37	98 41	id...........	15 16
Dog's Head........	1825	51 37	99 6	id...........	14 46
Long. Point.......	1825	53 1	100 54	id...........	19 52
Mackensie, riv.....	1826	61 0	119 8	id...........	33 13
F. Norman........	1826	64 41	127 5	id...........	39 58
F. Simpson........	1826	62 4	125 51	id...........	37 42
F. Good-Hope....	1826	67 28	133 12	id...........	47 29
Ile Garry.........	1826	69 29	138 0	id...........	51 42

LIEU des OBSERVATIONS.	DATE.	POSITION GÉOGRAPHIQUE.		NOMS des OBSERVATEURS.	DÉCLINAISON MAGNÉTIQUE.
		Latitude.	Longitude.		
B. Vicar.............	1826	65° 1′ N.	122° 33′ O.	Franklin............	42° 28′ E.
Pointe Leith..	1826	65 47	121 34	id..........	44 54
—	1826	65 26	133 3	id..........	40 48
—	1826	66 15	130 51	id..........	39 54
—	1826	67 27	135 51	id..........	45 37
—	1826	69 1	139 45	id..........	46 41
—	1826	69 19	140 30	id..........	46 16
Small, riv........	1826	69 36	142 32	id..........	45 6
Baie Clarence.....	1826	69 38	143 11	id..........	45 43
Ile Bartu..........	1826	70 5	146 15	id..........	45 36
Ile Flaxman.......	1826	70 11	148 10	id..........	42 56
Ile Foggy.........	1826	70 16	149 58	id..........	43 15
Pointe Beechey....	1826	70 26	151 12	id..........	41 20
—	183-	70 43	154 34	Simpson	43 0
—	183-	71 3	156 46	id..........	42 0
Baie Utchinson....	1826	69 43	134 18	Franklin..........	50 50
Cap Parry........	1826	69 58	126 20	id..........	55 47
Ile Barrow........	1826	69 49	125 53	id..........	56 33
Ile Clapperton.....	1826	69 42	125 37	id..........	54 0
Cap Lyon.........	1826	69 17	121 48	id..........	51 28
Copper-Mine, riv..	1826	67 47	117 57	id..........	48 0
Lac Wollaston....	180-	58 0	105 0	Fiddler..........	18 2
Churchill, F......	180-	58 50	95 30	id..........	5 39
Prince of Wales, F.	1813	58 47	96 34	—	6 0
Gelée-Blanche, riv.	1833	62 50	112 8	Back............	36 52
Lac Walinsley......	1833	63 24	110 29	id..........	36 0
Fort Reliance.....	1833	62 46	111 22	id..........	35 19
Thlew-ee-Choh....	1834	67 8	97 0	id..........	8 30 O.
Pointe Beaufort....	1834	67 41	97 23	id..........	6 0
Ile Montréal......	1834	67 47	97 39	id..........	2 0
Pointe Ogle.......	1834	68 14	97 18	id..........	0 3 E.
F. Albany........	1810	52 22	84 58	Abweich. C.........	8 0 O.
Port Mauvers.... .	1808	57 0	64 15	Manby............	40 0

GOLFE DE SAINT-LAURENT.

LIEU des OBSERVATIONS.	DATE.	Latitude.	Longitude.	NOMS des OBSERVATEURS.	DÉCLINAISON MAGNÉTIQUE.
Québec.	1810	46 49 N.	73 36 O.	Abweich. C.........	11 0 O.
id............	1814	id.	id.	Kent.............	11 50
id... .	1831	id.	id.	Bayfield...........	13 38
Ile Coudres.......	1831	47 25	72 31	id..........	15 30
Ile Grow..	1831	47 35	72 16	id..........	16 15
Saguenay, riv....	1831	48 9	72 6	id..........	17 35
Brendy-Pots......	1831	47 52	72 4	id..........	17 15
Port-Neuf........	1831	48 37	71 29	id..........	17 15
Ile Bic...........	1831	48 25	71 11	id..........	17 16
Port St-Nicolas....	1831	49 18	70 10	id..........	19 44
Ile Carousel.......	1831	50 5	68 47	id..........	23 55

LIEU des OBSERVATIONS.	DATE.	POSITION GÉOGRAPHIQUE.		NOMS des OBSERVATEURS.	DÉCLINAISON MAGNÉTIQUE.
		Latitude.	Longitude.		
Havre Mingan.....	1831	50° 17′ N.	66° 45′ O	Bayfield......	25° 30′ O.
Gaspée..........	1831	48 15	66 32	id.........	21 16
Cap Chat........	1831	49 6	68 0	id.........	21 0
I. Anticosti.) P. O.	1831	49 52	66 55	id.........	24 22
(P. E.	1831	49 8	64 20	id.........	24 32
Clear Water......	1831	50 13	65 50	id.........	27 28
Nabesippe, riv....	1832	50 14	64 36	id.........	28 8
Baie Kegashka ...	1832	50 11	63 39	id.........	28 34
Ile Byron........	1835	47 48	63 40	id.........	23 39
Havre Amherst....	1833	47 14	64 0	id.........	22 36
Ile St-Paul.......	1836	47 10	62 25	id.........	24 0
Ile Breton, cap. N..	1831	47 2	62 47	id.........	23 0
Cap Ray.........	1836	47 53	61 46	id.........	25 0
Cap Whittle......	1832	50 11	62 29	id.........	29 9
Ile Dyke.........	1833	50 44	61 20	id.........	32 45
Ile Lyon.........	1834	51 24	60 0	id.........	33 0
Baie Forteau......	1834	51 28	59 19	id.........	33 20
Red-Bay.........	1833	51 44	58 48	id.........	34 30
Ile Henley...	1833	52 0	59 13	id.........	36 0
Cap St-Louis......	1833	52 21	57 40	id.........	37 30
Détroit de Belle-Ile	1833	51 24	58 56	id.........	33 38
Baie Blanche......	1816	50 15	58 30	Cartes du dépôt......	29 0
I. St-Pierre et Miq.	1818	46 47	58 27	Du Petit-Thouars....	25 45
C. Chapeau Rouge..	1831	46 51	57 49	Bayfield..........	28 34
Banc de Terre-Neuve	1816	44 20	52 30	Carte du dépôt......	26 0
Cap de Sable......	1828	43 20	67 50	id.........	12 0

ÉTATS-UNIS D'AMÉRIQUE.

LIEU des OBSERVATIONS.	DATE.	Latitude.	Longitude.	NOMS des OBSERVATEURS.	DÉCLINAISON MAGNÉTIQUE.
Brandon.........	1808	48 40 N.	101 40 O.	Fiddler..........	12 12 E.
Lac des Bois......	1823	49 0	96 20	Long's exped.......	11 1
Lac Rainy........	1823	48 35	94 50	id.........	8 15
id..	1825	id.	id.	Franklin..........	10 50
Meadow, riv.....	1825	48 57	92 21	id.........	5 58
F. William........	1816	48 24	91 36	Beechey..........	5 30
id........	1825	id.	id.	Franklin........	7 17
Lac Supérieur.....	1823	47 58	92 20	Long's exped	6 21
F. Colum........	1823	45 39	98 54	id.........	12 29
St-Peters........	1823	44 41	99 20	id.........	12 21
St-Peters, riv.....	1823	44 53	95 23	id.........	10 29
Fort Crawford....	1823	43 3	93 12	id.........	8 49
Enginer.........	1819	41 25	98 4	id.........	12 59
Ile Cow.........	1819	39 25	96 20	id.........	11 32
Franklin.	1819	38 57	95 17	id.........	11 42
Chicago.........	1823	42 0	90 0	id.........	6 12
Fort Niagara......	1817	43 30	81 15	Fitz-Owen..........	1 27
Fort Erié........	1817	42 54	81 19	id.........	1 42
Penobscot.. ...	1825	45 30	71 5	Herrick.	14 45 O.

LIEU des OBSERVATIONS.	DATE.	POSITION GÉOGRAPHIQUE.		NOMS des OBSERVATEURS.	DÉCLINAISON MAGNÉTIQUE.
		Latitude.	Longitude.		
Cap de Sable......	1828	43° 20' N.	67° 50' O.	Cartes du dépôt.....	12° 0' O.
Albany..........	1817	42 39	76 5	Winthrope........	5 44
id..........	1818	id.	id.	id.........	5 45
id..........	1825	id.	id.	Witt..........	6 0
Boston......	1810	42 21	73 24	C. d'Abweich......	5 22
Falmouth......	1800	41 33	72 55	Winthrop......	6 7
Cap Cod......	1811	42 5	72 24	Blunt........	9 55
Montréal......	1814	45 31	75 55	—	7 45
New-York......	1825	40 42	76 21	Franklin........	1 31
Philadelphie......	1802	39 57	77 30	Howel........	1 30
id......	1804	id.	id.	id.........	2 0
id......	1813	id.	id.	Withney......	2 27
Montpellier......	1829	44 17	74 56	Blunt........	12 25
West Chester....	1832	39 57	78 1	Bache........	3 25
Chesterfield......	1825	42 53	74 40	Wisden........	6 35
Burlington......	1822	44 28	75 3	Johnson........	7 42
Hart-Ford......	1824	41 46	75 0	Goodwin......	5 45
New-Haven......	1828	41 18	75 18	id.........	5 17
Florence......	1818	34 50	90 7	Weakly........	6 35 E.
Nashville......	1829	36 10	89 9	Hamilton......	6 50
Savannah......	1817	32 4	83 0	Cartes du dépôt.....	4 0
Lac Big......	1807	32 15	93 30	Fiddler........	8 0
Baie Mobilee......	1814	30 13	90 41	Kent...	6 30
Baie du Mississipi..	1817	28 27	92 20	Blunt........	8 55
Canal de Bahama...	1817	27 17	81 50	id......	5 26
Riv. de la Floride..	1818	24 15	85 0	Livingston........	6 33
Iles Bermudes.....	1808	32 22	67 13	Downie........	2 45 O.

MEXIQUE, GUATEMALA ET MER DES ANTILLES.

LIEU des OBSERVATIONS.	DATE.	Latitude.	Longitude.	NOMS des OBSERVATEURS.	DÉCLINAISON MAGNÉTIQUE.
San Francisco......	1824	37 48 N.	124 45 O.	Kotzebue..........	16 0
id..........	1827	id.	id.	Beechey........	15 27
id......	1829	id.	id.	Erman...........	15 6
Monterey........	1827	36 36	124 13	Beechey........	15 38
Mazatlan........	1828	23 11	108 43	id.........	9 48
Ile Isabella......	1828	21 51	108 12	id.........	10 22
San Blas........	1822	21 32	107 35	B. Hall......	8 40
id..,......	1828	id.	id.	Beechey........	11 6
Tampico........	1816	22 15	100 10	Livingston........	8 30
id......	1833	id.	id.	Petter..........	8 15
Guanaxuato.......	1804	21 0	103 15	De Humboldt......	8 48
Mexico........	1803	19 26	101 25	id.........	8 8
Vera Cruz......	1815	19 12	98 29	Mahony..........	10 37
id......	1819	id.	id.	Wise.........	9 16
Acapulco........	1822	16 50	102 11	B. Hall........	8 40
id..........	1828	id.	id.	Beechey........	9 7
Honduras......	1816	16 18	89 7	Livingston........	8 0
Port San Carlos...	1829	13 22	90 6	Villeneuve.........	10 25

LIEU des OBSERVATIONS.	DATE.	POSITION GÉOGRAPHIQUE.		NOMS des OBSERVATEURS.	DÉCLINAISON MAGNÉTIQUE.
		Latitude.	Longitude.		
Chagre.	1816	9° 19′ N.	82° 18′ O.	Livingston.	6 30 E.
id.	1829	id.	id.	Lloyd.	6 22
id.	1832	id.	id.	Foster.	6 28
Panama.	1802	8 53	81 41	Cartes d'Espagne.	8 0
id.	1822	id.	id.	B. Hall.	7 0
Carthagène.	1801	10 25	77 50	De Humboldt.	7 2
id.	1813	id.	id.	Ovington.	6 32
Mompox.	1801	9 14	76 48	De Humboldt.	7 32
Cap Vela.	1816	12 11	74 36	Livingston.	6 20
Marmato.	1829	5 29	77 45	Boussingault.	6 39
Santa-Fé de Bogota.	1801	4 36	76 35	De Humboldt.	7 35
Quito.	1802	0 14 S.	81 5	id.	9 24
Guayaquil.	1822	2 12	82 18	B. Hall.	9 5
Curaçao.	1814	12 2 N.	71 9	Forley.	4 0
id.	1818	id.	id.	Bentley.	5 1
id.	1820	id.	id.	Givry.	5 30
Hac. de Cura.	1800	10 16	70 15	De Humboldt.	4 49
Calabozo.	1800	8 56	70 11	id.	4 54
Caracas.	1800	10 31	69 25	id.	4 39
La Guayra.	1800	10 37	69 27	id.	4 21
id.	1814	id.	id.	Forley.	4 53
id.	1820	id.	id.	Givry.	4 10
Cumana	1800	10 28	66 30	De Humboldt.	4 13
id.	1820	id.	id.	Givry.	3 10
Carisse.	1800	10 10	66 14	De Humboldt.	3 15
Récifs de la Floride.	1818	24 15	85 0	Livingston.	6 33
Canal de Bahama.	1817	27 17	81 50	Blunt.	5 26
id.	1820	26 15	81 45	Givry.	4 54
Ile Providence.	1818	25 5	78 39	Livingston.	5 30
Jamaïque.	1819	17 55	78 29	De Mackau.	4 50
id.	1821	id.	79 13	De Mayne.	4 50
id.	1822	id.	id.	Owen.	4 54
id.	1832	id.	78 29	Foster.	5 13
Cuba, Havane.	1816	23 9	84 43	Bentley.	5 30
id. Pᵗ Princip.	1832	21 20	80 17	Lavallée.	5 40
St-Domingue.					
Cap Tiburon.	1819	18 24	76 34	De Mackau.	4 46
Le Môle.	1820	19 52	75 42	Givry.	5 23
Ile Wathing.	1818	23 59	76 51	Livingston.	4 40
Ile Crooked.	1818	22 7	76 37	id.	4 27
id.	1832	id.	id.	Foster.	5 13
Grand Cayman.	1815	19 12	83 46	Bentley.	6 45
id.	1820	id.	id.	Givry.	5 47
Grande Inagué.	1819	21 6	75 3	de Mackau.	4 8
Les Caïques.	1819	21 54	74 50	id.	3 50
Mariguana.	1819	22 27	74 39	id.	3 33
Nativité.	1817	19 40	71 30	Blunt.	2 2
Ile St-Thomas.	1816	18 20	67 20	Henderson.	2 24

LIEU des OBSERVATIONS	DATE	POSITION GÉOGRAPHIQUE		NOMS des OBSERVATEURS	DÉSIGNATION MAGNÉTIQUE.
		Latitude.	Longitude.		
Ile Ste-Croix	1817	17°45 N.	67° 9 O.	Thomson	2°50 E.
Ile Antigoa	1810	17 4	64 15	C. d'Abweich	2 30
Ile Dominica	1819	15 18	63 53	—	2 40
id.	1826	id.	id.	Zahrtmann	1 15
Guadeloupe	1809	15 59	64 5	—	4 55
Martinique.					
Fort-Royal	1820	14 35	63 28	Givry	3 4
id.	1824	id.	id.	Monnier	2 47
Barbade	1808	13 5	61 57	—	2 53
Ile de la Trinité	1822	10 39	63 52	Owen	4 0

PÉROU, BOLIVIA ET CHILI.

LIEU des OBSERVATIONS	DATE	Latitude.	Longitude.	NOMS des OBSERVATEURS	DÉSIGNATION MAGNÉTIQUE.
Payta	1821	5 6 S.	83 32 O.	B. Hall	9 0 E.
id.	1823	id.	id.	Duperrey	8 56
Pointe d'Aguja	1823	6 0	83 33	id.	10 19
Ile Lobos	1835	6 57	83 5	Fitz-Roy	9 5
Samanco	1835	9 15	80 54	id.	9 5
Guarmey	1835	10 6	80 35	id.	9 5
Supé	1835	10 49	80 8	id.	9 8
Guacho	1821	11 7	80 2	B. Hall	9 36
Ancon	1821	11 46	79 35	id.	10 25
id.	1825	id.	id.	Chaucheprat	8 30
Lima	1802	12 2	79 27	Cartes espagnoles	9 50
Callao	1821	12 3	79 34	B. Hall	10 34
id.	1823	id.	id.	Duperrey	9 30
id.	1835	id.	id.	Fitz-Roy	10 18
Pisco	1835	13 48	78 44	id.	10 0
Ile Sangallan	1823	13 50	78 51	Duperrey	9 33
San Juan	1835	15 21	77 35	Fitz-Roy	10 3
Lomas	1835	15 33	77 16	id.	10 3
Atico	1835	16 13	76 7	id.	11 2
Pointe de Pescadores	1821	16 15	76 6	B. Hall	11 20
Guerrayos	1831	16 30	66 0	D'Orbigny	8 30
Quilca	1822	16 42	74 52	Lartigue	10 14
Illay	1823	17 0	74 32	id	10 0
id.	1835	id.	id.	Fitz-Roy	11 0
Mellendo	1821	17 2	74 27	B. Hall	11 5
id.	1823	id.	id.	Lartigue	10 0
Ylo	1823	17 36	73 45	id.	10 15
Pointe Coles	1821	17 42	73 52	B. Hall	10 18
Arica	1821	18 28	72 45	id.	10 25
id.	1822	id.	id.	Lartigue	9 4
id.	1835	id.	id.	Fitz-Roy	11 0
Iquiqué	1835	20 12	72 34	id.	12 18
B. de la Constitution	1835	23 29	73 2	id.	12 8
Flamenco	1835	20 34	73 10	id.	13 46
Havre Anglais	1835	27 5	73 16	id.	13 32

LIEU des OBSERVATIONS.	DATE.	POSITION GÉOGRAPHIQUE.		NOMS des OBSERVATEURS.	DÉSIGNATION MAGNÉTIQUE.
		Latitude.	Longitude.		
Copiapo..............	1821	27 20 S.	73 22 O.	B. Hall.............	13 36 E.
id.............	1835	id.	id.	Fitz-Roy...........	13 32
Guasco.............	1821	28 27	73 40	B. Hall............	13 30
id.............	1835	id.	id.	Fitz-Roy...........	13 37
Havre de Carrisal.	1835	28 5	73 36	id...........	13 23
Coquimbo........	1821	29 59	73 50	B. Hall...........	14 0
id.............	1828	id.	id.	Beechey..........	14 24
id.............	1835	id.	id.	Fitz-Roy..........	14 24
Pichidanqué......	1835	32 8	73 55	id...........	15 24
Papud..........	1835	32 20	73 51	id...........	15 12
Valparaiso........	1802	33 2	74 1	Cartes espagnoles..	14 55
id.............	1821	id.	id.	B. Hall...........	14 43
id.............	1823	id.	id.	Morrell...........	15 41
id.............	1825	id.	id.	Beechey..........	15 52
id.............	1827	id.	id.	Lutké............	14 26
id.............	1830	id.	id.	King.............	15 18
id.............	1831	id.	id.	Laplace...........	15 0
id.............	1835	id.	id.	Fitz-Roy..........	15 18
Ile Juan Fernandez.	1830	33 38	81 14	King.............	17 13
Ile Masafuero.....	1832	33 45	82 54	Laplace...........	16 0
Maule, riv..	1835	35 20	74 49	Fitz-Roy..........	16 24
Talcahuano.......	1821	36 42	75 31	B. Hall...........	15 30
id.............	1823	id.	id.	Duperrey..........	16 16
id.............	1824	id.	id.	Kotzebue..........	15 0
id.............	1825	id.	id.	Beechey..........	16 49
id.............	1827	id.	id.	Lutké............	17 2
id.............	1829	id.	id.	King.............	16 47
id.............	1835	id.	id.	Fitz-Roy..........	16 48
Arauco............	1821	37 14	75 44	B. Hall...........	18 22
Ile de la Mocha...	1821	38 19	76 20	id	19 34
id.............	1823	id.	id.	Morrell...........	17 22
Valdivia..........	1822	39 53	75 49	Lartigue...........	17 0
id.............	1835	id.	id.	Fitz-Roy	17 30
San Carlos de Chiloé	1807	41 51	76 16	Smith.............	19 20
id.............	1829	id.	id.	King.............	18 23
id.............	1834	id.	id.	Fitz-Roy..........	18 0
Port Low........	1835	43 48	76 22	King.............	19 48
Midship, bay......	1834	45 18	76 56	Fitz-Roy	20 42

GUYANES ET BRÉSIL.

LIEU des OBSERVATIONS.	DATE.	Latitude.	Longitude.	NOMS des OBSERVATEURS.	DÉSIGNATION MAGNÉTIQUE.
Cayenne..........	1820	4 56 N.	54 35 O.	Roussin...........	2 28
Fernan. de Noronha	1810	3 56	34 36	C. d'Abweich.......	5 0 O.
Penedo de S. Pedro.	1813	0 55	31 35	Collins...........	6 0
id.............	1825	id.	id.	Beechey..........	9 5
Manoel-Luiz, vig..	1820	0 51 S.	46 37	Roussin...........	0 57 E.
Ile San-João......	1832	1 17	47 20	Wellesley.........	1 24
Para.............	1832	1 28	50 48	Foster............	1 14

LIEU des OBSERVATIONS.	DATE.	POSITION GÉOGRAPHIQUE.		NOMS des OBSERVATEURS.	DÉCLINAISON MAGNÉTIQUE.
		Latitude.	Longitude.		
Ile Santa-Anna. . . .	1832	2 17 S.	46 5 O.	Wellesley.	2 24 E.
Maranham.	1820	2 29	46 37	Givry.	1 37
id.	1822	id.	id.	Foster	0 31
id.	1832	id.	id.	Owen.	2 0
Morro Alegro	1820	2 20	45 34	Roussin.	0 5
Lançoes Grandes. . .	1820	2 23	45 29	id.	0 0
Iguerassù , riv.	1820	2 52	43 58	id.	1 16 O.
Jericacoara.	1820	2 47	42 48	id.	2 23
Ciara.	1820	3 43	40 54	id.	3 3
id.	1832	id.	id.	Wellesley.	3 32
Pointe de Mel.	1819	4 55	39 19	Roussin.	3 36
Brisans das Urcas. .	1819	4 51	38 39	id.	3 50
Cap St-Roch.	1819	5 28	37 37	id.	4 55
Pointe Lucena.	1819	6 54	37 13	id.	4 30
Pernambuco.	1815	8 3	37 12	Hawett.	3 0
id.	1819	id.	id.	Roussin.	4 45
id.	1822	id.	id.	Owen.	4 48
id.	1836	id.	id.	Fitz-Roy.	5 54
Cap St-Augustin. .	1819	8 21	37 17	Roussin.	4 30
Iles San Aleixo. . . .	1819	8 36	37 21	id	4 0
Fort Tamandaré. .	1819	8 43	37 25	id	3 47
Port des Français. .	1819	9 40	38 3	id.	3 10
Rio Francisco.	1819	10 29	38 44	id.	3 10
Gracia de Avila. . . .	1819	12 32	40 21	id.	2 23
Bahia.	1819	13 0	40 52	id.	1 58
id.	1822	id.	id.	Owen.	2 0
id.	1836	id.	id.	Fitz-Roy.	4 18
Morro de San Paulo	1819	13 22	41 14	Roussin.	1 50
Pointe de Mula. . . .	1819	13 53	41 17	id.	1 16
Villa de San Jorge. .	1819	14 49	41 20	id.	1 0
Porto Seguro.	1819	16 27	41 23	id.	0 54
id.	1819	id.	id.	Givry.	0 50
Banc d'Itocolimi. . .	1819	17 0	41 20	Roussin.	0 50
Iles Ahrolhos. . . .	1819	17 57	41 2	id.	0 46
id.	1836	id.	id.	Fitz-Roy.	2 0
Rio San Matheo. . . .	1819	18 37	42 5	Roussin.	0 1
Rio Doce.	1819	19 37	42 11	id	0 5 E.
Baie Spirito-Santo. .	1819	20 21	42 38	id.	0 56
Ile Martin-Vaz. . . .	1822	20 29	31 12	Duperrey.	7 0 O.
Ile de la Trinidad. .	1826	20 32	31 40	D'Urville.	6 50
Guarapari.	1819	20 44	42 47	Roussin.	1 0 E.
Morro San João. . . .	1819	22 32	44 27	id.	1 16
Cap Frio.	1817	28 1	44 24	Freycinet.	1 8
id.	1819	id.	id.	Roussin.	2 30
id.	1822	id.	id.	Owen.	3 0
id.	1828	id.	id.	Foster.	1 7
id.	1831	id.	id.	Kellett.	0 12
Cap Negro.	1819	22 57	45 5	Roussin.	2 40

LIEU des OBSERVATIONS.	DATE.	POSITION GÉOGRAPHIQUE. Latitude.	Longitude.	NOMS des OBSERVATEURS.	DÉCLINAISON MAGNÉTIQUE.
Rio-Janeiro.......	1817	22° 54′ N.	45° 36′ O.	Freycinet...........	2° 15′ E.
id.............	1819	id.	id.	Roussin...........	3 40
id.............	1819	id.	id.	Givry.............	3 48
id.............	1820	id.	id.	Freycinet...	3 34
id.............	1821	id.	id.	Rumker...........	3 21
id.............	1821	id.	id.	Bellingshausen......	4 3
id.............	1822	id.	id.	Owen....	3 0
id.............	1825	id.	id.	Beechey...........	3 11
id.............	1826	id.	id.	King..............	2 37
id.............	1827	id.	id.	Lutké.............	3 0
id.............	1830	id.	id.	Erman............	2 10
id.............	1832	id.	id.	Laplace...........	2 0
id.............	1836	id.	id.	Fitz-Roy..........	2 0
La Gabia......,...	1819	22 59	45 43	Roussin...........	3 43
Morne de Cairoçu..	1819	23 20	47 3	id......	4 38
Iles Buzios.......	1819	23 44	47 26	id......	4 40
Ile San Sebastião...	1819	23 47	47 47	id	3 25
id.............	1819	id.	id.	Givry.............	3 30
id.............	1819	id.	id.	Owen.............	3 12
Ile Alcatraze......	1819	24 6	48 7	Roussin...........	5 0
Conception.......	1819	24 13	49 7	Owen.............	6 0
Port de Santos.....	1819	24 1	48 50	Roussin...........	6 1
Laage de Santos...	1819	24 18	48 37	id.........	5 50
Queimada........	1819	24 29	49 7	Owen.............	6 0
Cananea.........	1819	24 59	59 12	id.........	7 0
id.............	1819	id.	id.	Roussin...........	6 27
Ile de Mel........	1819	25 33	50 46	id.........	6 11
Paranagua........	1819	25 34	50 47	id.........	7 39
id	1819	id.	id.	Givry.............	7 42
Roc Itacolomi.....	1819	25 50	50 53	Roussin...........	7 30
Rio San Francisco..	1819	26 6	51 0	id.........	7 28
Iles Tamboretes....	1819	26 21	50 59	id.........	7 30
Ile Anhatomirim..	1804	27 25	51 1	Krusenstern........	7 51
id.............	1819	id.	id.	Owen..	7 30
id.............	1819	id.	id.	Roussin...........	7 29
id.............	1819	id.	id.	Givry.............	7 26
id.............	1822	id.	id.	Duperrey..........	6 26
id.............	1827	id.	id.	King..............	6 30

URUGUAY, RÉPUBLIQUE ARGENTINE ET PATAGONIE.

LIEU des OBSERVATIONS.	DATE.	POSITION GÉOGRAPHIQUE. Latitude.	Longitude.	NOMS des OBSERVATEURS.	DÉCLINAISON MAGNÉTIQUE.
Corrientes........	1826	27 27 S.	61 5 O.	D'Orbigny..........	8 0 E.
Arroyo Grande....	1829	33 40	59 24	id.........	12 0
Sur le Yi.........	1829	33 30	58 0	id.........	11 55
Buenos-Ayres.....	1813	34 36	60 44	Heywood..........	12 30
id.............	1829	id.	id.	D'Orbigny........ ..	13 10

LIEU des OBSERVATIONS.	DATE.	POSITION GÉOGRAPHIQUE.		NOMS des OBSERVATEURS.	DÉCLINAISON MAGNÉTIQUE.
		Latitude.	Longitude.		
Monte Video......	1807	34° 54′ S.	58° 33′ O.	Beaufort..........	13° 20′ E.
id..........	1820	id.	id.	Freycinet............	12 47
id..........	1827	id.	id.	King.............	12 7
id..........	1829	id.	id.	D'Orbigny..........	11 43
id..........	1830	id.	id.	Duperré.............	11 42
id..........	1833	id.	id.	Fitz-Roy..........	12 0
Ile Gorriti.......	1813	35 0	57 14	Heywood.........	13 0
id..........	1829	id.	id.	King.............	13 48
Cruz de Guerra...	1828	35 40	63 3	D'Orbigny..........	14 7
Tandil.........	1823	37 20	61 20	—	14 59
id..........	1828	id.	id.	D'Orbigny..........	14 26
Bahia-Blanca.....	1828	38 50	64 21	id..........	13 39
id..........	1832	id.	id.	Fitz-Roy..........	15 0
Rio Negro........	1832	41 1	65 7	id..........	17 42
Rio Chupat.......	1832	43 20	67 14	id..........	18 6
Port Ste-Hélène....	1826	44 30	67 37	King...........	19 19
Port Désiré.......	1826	47 45	68 15	id..........	19 42
id..........	1834	id.	id.	Fitz-Roy..........	20 12
Sea Bear Bay.....	1829	47 51	68 8	King...........	20 47
Port St-Julien.....	1834	49 15	70 2	Fitz-Roy..........	21 0
Rio Sta-Cruz......	1834	50 7	70 44	id..........	20 54
Rio-Gallegos......	1829	51 33	71 18	King..........	21 47
Cap des Vierges...	1829	52 10	70 37	id..........	22 30
Cap Grégory......	1829	52 38	72 30	id..........	23 34
Peckett-Harb......	1829	52 47	73 1	id..........	23 49
Pte-Ste-Marie.....	1829	53 22	73 14	id..........	23 26
Port Famine......	1828	53 38	73 18	id..........	23 30
Cap San Isidore....	1828	53 47	73 15	id..........	23 30
Cascade Harb......	1828	53 58	73 48	id..........	24 18
Cap Gallant......	1828	53 42	74 19	id..........	24 35
Port Gallant......	1828	53 42	74 17	id..........	24 4
Batchelor, riv.....	1828	53 33	74 37	id..........	24 6
Cap Providence....	1828	52 59	75 51	id..........	23 22
Cap Tamar.......	1828	52 55	76 4	id..........	23 24
Cap Cortado......	1828	52 50	76 43	id..........	23 40
Mont Observation..	1828	52 29	76 53	id..........	24 9
Harb Mercy......	1828	52 45	76 55	id..........	23 48
Warping, cove....	1828	54 24	73 25	id..........	24 57
Park, bay	1828	54 19	73 35	id..........	24 56
Tom, harb......	1828	54 24	74 22	id..........	25 19
Hewett, bay.....	1828	54 15	74 37	id..........	24 0
North anchorage...	1828	54 9	74 31	id..........	24 12
Bedfort, bay......	1828	54 0	74 38	id..........	24 0
Porte-St-Martin...	1828	53 7	74 21	id..........	23 58
Inglefield, I.......	1828	53 4	74 12	id..........	23 56
Dunkin, cove.....	1828	52 45	74 42	id..........	23 40
Wigwam, cove....	1828	52 59	73 45	id..........	23 34
Deep, harb.......	1828	52 41	76 5	id..........	23 4

LIEU des OBSERVATIONS.	DATE.	POSITION GÉOGRAPHIQUE.		NOMS des OBSERVATEURS.	DÉCLINAISON MAGNÉTIQUE.
		Latitude.	Longitude.		
Good, bay	1828	52° 34′ S.	76° 3′ O.	King	23° 20′ E.
Fortune, bay	1828	52 15	76 1	id	23 40
Velcome	1828	52 9	76 3	id	23 40
Narrow Creek	1828	51 47	76 29	id	24 9
Relief, harb	1828	51 26	76 27	id	24 40
Puerto Bueno	1828	50 58	76 27	id	21 0
Port Henry	1828	50 0	77 35	id	20 50
Cap Primero	1828	49 50	77 52	id	20 58
Xavier, I	1828	47 10	76 46	id	19 50
Port Otway	1828	46 49	77 39	id	20 32
Port Sta-Barbara	1828	48 2	77 49	id	19 10
Dislocation, harb	1828	52 54	76 53	id	23 53
Week, I	1828	53 11	76 35	id	24 0
Latitude, bay	1828	53 19	76 32	id	23 56
Noir roads	1828	54 28	75 16	id	24 40
Cap Noir	1828	54 30	75 21	id	25 0
Fury, harb	1828	54 28	74 34	id	24 30
North, cove	1828	54 24	74 35	id	24 30
Townshend	1828	54 42	74 12	id	24 34
Stewart	1828	54 54	73 45	id	24 14
Doris, cove	1828	54 59	73 26	id	24 16
March, harb	1828	55 23	72 14	id	24 4
Adventure, cove	1828	55 21	72 10	id	24 40
Orange, bay	1828	55 31	70 20	id	23 56
Lennox, harb	1828	55 17	69 4	id	23 40
Ile Diego Ramirez	1829	56 26	70 56	id	24 0
Ile Ildefonse	1822	55 49	71 20	Weddell	26 40
Cap Horn	1822	55 49	69 36	id	23 39
id	1834	id.	id.	Fitz-Roy	24 0
Baie du Bon-Succès	1829	54 48	67 34	King	22 42
id	1834	id.	id.	Fitz-Roy	22 54
Cap St-Jean	1822	54 47	66 7	Duperrey	21 0

ILES MALOUINES.

LIEU des OBSERVATIONS.	DATE.	POSITION GÉOGRAPHIQUE.		NOMS des OBSERVATEURS.	DÉCLINAISON MAGNÉTIQUE.
		Latitude.	Longitude.		
Baie Française	1820	51 32 E.	60 30 O.	Freycinet	19 26 E.
id	1822	id.	id.	Duperrey	19 7
id	1834	id.	id.	Fitz-Roy	19 0
Baie Choiseul	1834	51 54	60 51	id	19 2
Port Porpoise	1834	52 21	61 41	id	19 7
Port Edgar	1820	52 3	62 36	Owen	19 30
id	1834	id.	id.	Fitz-Roy	20 0
Port Stephens	1834	52 12	63 1	id	20 4
Port Egmont	1834	51 21	62 25	id	19 5
Milieu du golfe de Patagonie	1822	51 34	66 40	Duperrey	21 52
id	1822	53 19	66 57	id	21 32

LIEU des OBSERVATIONS.	DATE.	POSITION GÉOGRAPHIQUE.		NOMS des OBSERVATEURS.	DÉCLINAISON MAGNÉTIQUE.
		Latitude.	Longitude.		

RÉGION POLAIRE AUSTRALE.

LIEU des OBSERVATIONS.	DATE.	Latitude.	Longitude.	NOMS des OBSERVATEURS.	DÉCLINAISON MAGNÉTIQUE.
En mer..	1831	66° 48′ S.	1° 18′ O.	Biscoë	18° 0′ O.
id.	1831	62 25	4 48	id.	15 0
id.	1820	69 0	3 8	Bellingshausen	11 28
id.	1820	69 17	5 6	id.	8 48
id.	1820	63 18	6 15	id.	9 55
id.	1820	60 50	8 12	id.	10 37
id.	1831	59 16	9 34	Biscoë	11 30
id.	1820	60 7	9 38	Bellingshausen	9 12
id.	1820	59 27	12 10	id.	7 6
id.	1820	59 15	13 39	id.	4 8
id.	1820	59 47	17 50	id.	3 48
id.	1831	59 35	21 14	Biscoë	1 30 E.
id.	1820	59 50	23 7	Bellingshausen	2 34
id.	1830	58 18	25 34	Biscoë	2 0
Terre de Sandwich.	1820	59 39	28 49	Bellingshausen	6 32
	1819	57 49	29 4	id.	4 52
	1819	57 10	29 20	id.	5 22
	1820	60 17	29 44	id.	7 9
	1820	60 3	29 59	id.	7 4
id.	1838	61 50	33 50	D'Urville	7 4
id.	1838	62 20	35 30	id.	8 0
id.	1823	65 44	36 24	Weddell	12 2
id.	1823	74 15	36 37	id.	11 20
id.	1823	72 30	37 11	id.	12 23
id.	1823	73 34	38 15	id.	15 10
id.	1838	62 20	38 40	D'Urville	11 9
Ile Georgia.	1823	54 3	40 0	Weddell	11 15
En mer.	1823	64 54	42 0	id.	10 35
id.	1838	63 15	46 35	D'Urville	15 27
Cap Dundas.	1823	60 46	46 56	Weddell	16 0
Ile Saddle.	1823	60 38	47 13	id.	16 0
id.	1838	id.	id.	D'Urville	14 46
	1838	60 0	47 30	id.	15 0
Cap West.	1823	60 42	48 44	Weddell	16 0
Ile Éléphant.	1838	61 20	57 10	D'Urville	19 40
Terre de Joinville.	1838	63 0	58 50	id.	23 0
Ile King-George.	1821	61 42	60 30	Bellingshausen	21 27
Ile Dumoulin.	1838	63 30	61 40	D'Urville	22 30
Ile Greenwich.	1821	62 30	62 30	Powell	25 0
Ile Déception.	1829	63 0	62 50	Kendall	28 0
Ile Loyds.	1821	62 45	64 0	Powell	25 14
Ile James	1823	62 53	64 15	Weddell	27 30
Ile Smith.	1821	63 9	65 20	Bellingshausen	24 24
Terre de Graham.	1832	64 20	67 40	Biscoë	26 0

LIEU des OBSERVATIONS.	DATE.	POSITION GÉOGRAPHIQUE. Latitude.	Longitude.	NOMS des OBSERVATEURS.	DÉCLINAISON MAGNÉTIQUE.
En mer	1822	57° 9′ S.	68° 44′ O.	Duperrey	24° 6′ E.
id	1822	57 57	69 57	id	25 2
id	1832	64 53	69 23	Biscoë	26 20
id	1823	57 52	79 27	Duperrey	27 6
Île Alexandre Ier, en vue	1821	69 8	79 12	Bellingshausen	32 3
En mer	1822	66 27	80 24	Biscoë	30 0
id	1823	57 48	83 40	Duperrey	27 48
id	1823	54 26	85 52	id	25 15
id	1821	67 26	88 28	Bellingshausen	33 36
Île Pierre Ier, en vue	1821	68 57	93 6	id	36 6
En mer	1820	58 29	101 49	Freycinet	23 50
id	1832	64 10	113 10	Biscoë	23 0
id	1821	63 26	117 15	Bellingshausen	21 31
id	1820	62 2	122 27	id	24 0
id	1820	65 4	123 19	id	20 0
id	1832	64 20	122 0	Biscoë	17 0
id	1822	55 50	152 10	id	12 0
id	1820	64 21	157 41	Bellingshausen	19 10
id	1820	66 4	168 0	id	30 34
id	1832	56 26	172 50	Biscoë	16 0
id	1820	55 2	176 31	Freycinet	19 37
id	1820	61 54	177 0	Bellingshausen	20 10
id	1832	52 44	178 12	Biscoë	13 0
id	1820	55 17	179 38 E.	Freycinet	15 57
id	1820	54 59	175 1	id	16 55
id	1820	53 44	170 40	id	15 23
Île Campbell	1820	52 40	167 1	id	14 0
En mer	1820	63 17	164 38	Bellingshausen	22 26
id	1820	60 22	161 11	id	22 7
Île Macquarie	1820	54 56	156 53	id	14 30
En mer	1820	52 20	151 37	id	13 0
id	1821	46 45	146 58	Duperrey	10 4
id	1820	49 45	140 10	Bellingshausen	6 53
id	1831	48 40	137 35	Biscoë	0 0
id	1820	49 44	134 0	Lazareff	1 0 E.
id	1820	49 59	134 0	id	0 52 O.
id	1831	51 53	126 49	Biscoë	0 0
id	1820	55 4	126 48	Bellingshausen	8 45 O.
id	1820	56 42	121 50	id	21 5
id	1820	54 49	110 47	Lazareff	27 49
id	1820	55 3	107 13	id	31 16
id	1831	54 57	102 12	Biscoë	27 38
id	1820	56 11	101 44	Lazareff	37 26
id	1820	58 22	95 8	Bellingshausen	42 51
id	1820	57 25	88 39	Lazareff	42 52
id	1820	59 34	86 12	id	44 40
id	1820	60 29	83 46	Bellingshausen	49 40

LIEU des OBSERVATIONS.	DATE.	POSITION GÉOGRAPHIQUE.		NOMS des OBSERVATEURS.	DÉCLINAISON MAGNÉTIQUE.
		Latitude.	Longitude.		
En mer..........	1820	60° 49′ S.	80° 2′ E.	Bellingshausen......	48° 4′ O.
id	1820	61 22	67 17	id......	45 26
id.............	1820	62 4	65 56	id.............	45 19
id.............	1820	62 48	66 23	id.............	46 9
id.............	1831	65 16	62 27	Biscoë............	40 28
I. Marion et Crozet.	1838	46 26	49 30	Cécille............	35 0
	1820	62 28	50 7	Bellingshausen......	44 4
	1820	62 50	39 45	id.............	39 2
	1820	65 48	39 24	id.............	40 35
Parage de la	1820	66 49	39 6	id.............	40 13
	1820	65 5	39 2	id.............	38 9
Terre d'Enderby.	1831	66 46	38 50	Biscoë............	40 22
	1831	67 50	34 18	id.............	34 12
	1831	66 56	34 37	id.............	33 0
	1820	66 59	35 18	Bellingshausen......	35 53
I. du Prince Edward.	1838	46 45	35 16	Cécille............	33 0
En mer..........	1820	65 13	25 55	Bellingshausen......	32 11
id.............	1831	68 58	21 25	Biscoë............	29 10
id.............	1831	68 43	20 5	id.............	28 44
id.............	1820	65 44	21 0	Bellingshausen	29 55
id.............	1820	67 25	16 43	id.	24 44
id.............	1820	67 16	14 41	id.............	23 14
id.............	1820	66 1	15 15	id.............	22 59
id.....	1831	68 30	12 22	Biscoë............	23 12
id.............	1820	64 26	9 44	Bellingshausen	22 39
id.............	1820	65 50	7 22	id.	19 58
id.............	1831	67 57	6 8	Biscoë..	21 12
id....	1820	66 12	0 6	Bellingshausen	15 57

Le tableau qui précède contient une grande partie des observations dont M. Duperrey s'est servi pour dresser les *Cartes des Méridiens et des Parallèles magnétiques*, qu'il a publiées en 1836.

§ Iᵉʳ. *Des variations séculaires et annuelles de la déclinaison.*

La déclinaison de l'aiguille aimantée est soumise à des variations séculaires, annuelles, mensuelles et diurnes, qu'on peut considérer comme régulières, et à des variations irrégulières qui se montrent dans certaines circonstances atmosphériques, telles que les aurores boréales. Je vais exposer successivement ces deux espèces, en commençant par les variations séculaires et annuelles, telles qu'elles ont été observées avec les anciens appareils. Je donnerai ensuite les résultats obtenus par les procédés de M. Gauss précédemment décrits.

Faute d'observations, on ne peut remonter au delà de 1580. A cette époque, à Paris, l'extrémité nord de l'aiguille déviait à l'est de 11° 30'; en 1663 l'aiguille se trouvait dans le méridien terrestre; depuis lors, la déclinaison est devenue occidentale; en 1814, elle avait atteint son maximum, et depuis elle a continué à diminuer. Voici le tableau des observations de la déclinaison faites à Paris, depuis 1580 jusqu'en 1826.

ANNÉES.	DÉCLINAISON.	ANNÉE.	DÉCLINAISON.
1580 ...	..... 11° 30' E.	1816....	..... 22° 25' O.
1618....	..... 8 0	1817....	..... 22 19
1663....	..... 0 0	1818....	..... 22 22
1678....	..... 1 30 O.	1819....	..... 22 29
1700....	..... 8 10	1820....	..... » »
1767....	..... 19 16	1821....	..... » »
1780 ...	..... 19 55	1822....	..... 22 11
1785....	..... 22 00	1823....	..... 22 23
1805....	..... 22 5	1824....	..... 22 23
1813...	..... 22 28	1825....	..... 22 22
1814....	..... 22 34	1826....	..... » »

Je mettrai en regard les observations faites à Londres depuis 1576 jusqu'à 1831, comme point de comparaison.

ANNÉES.	OBSERVATEURS.	DÉCLINAISON.
1576....	Norman.	11° 15' à l'est.
1580....	Burroughs	11 17 maximum.
1622....	Gunter.	6 12
1634....	Gellibrand.	4 5
1657....		
1662....		0 0 aucune déclinaison
1666....		0 34 à l'ouest.
1670....		2 66
1672....		2 30
1700....		9 40
1720....		13 10
1740....		16 10
1760....		19 30
1771....		22 20
1778....	Trans. phil.	22 11
1790....	Gilpin.	23 39
1800....		24 36
1806....	Trans. phil.	24 8
1813....	Colonel Beaufoy.	24 20,17
1815....		27 18 maximum.
1816....		24 17,9
1820....		24 11,7
1823....		24 9,40
1831....		24 0,0

En comparant ces deux tableaux, nous voyons que le maximum de déviation a eu lieu, dans ces deux localités, en 1580; que de 1657 à 1662, à Londres, la déclinaison était nulle, tandis qu'à Paris, elle ne l'a été qu'en 1663; que le maximum de déclinaison à l'ouest a eu lieu à Londres en 1815, et à Paris en 1814. Ainsi les deux maxima ont eu lieu à l'est et à l'ouest sensiblement aux mêmes époques à Paris et à Londres.

Je rapporterai encore les déclinaisons observées au cap de Bonne-Espérance, afin de montrer que les variations séculaires, dans l'hémisphère sud, suivent une marche analogue à celles que l'on observe dans notre hémisphère.

ANNÉE.	DÉCLINAISON.	ANNÉE.	DÉCLINAISON.
1605....	0° 30' à l'est.	1724...	16° 27' à l'ouest.
1609....	0 12 à l'ouest.	1752....	19 0
1614....	1 30	1768....	19 30
1667....	7 15	1775....	21 14
1675....	8 30	1791...	25 40 maximum.
1702....	12 50	1801....	25 4

Nous voyons que dans l'hémisphère sud , comme dans l'hémisphère nord, la déclinaison est soumise à une marche semblable : on la voit légèrement à l'est en 1605; de 1605 à 1609, elle devient nulle, puis passe à l'ouest, atteint son maximum vers 1791 et rétrograde vers l'est.

M. Barlow a essayé de déduire d'une formule les changements progressifs et séculaires qu'éprouve la déclinaison de l'aiguille aimantée, en admettant que le pôle magnétique qui influence l'aiguille à Londres était placé, en 1818, sous la latitude nord 75° 2′, et la longitude 67° 41′ ouest; il en tira la conséquence que le mouvement était uniforme et de 4° 14′ en 10 ans. Voici la règle pratique qu'il a donnée : à la cotangente π N L, fig. 29, ajoutez le logarithme constant 1,65642; cherchez l'angle dont la somme de ces deux nombres est la tangente : désignez cet arc par A. A la même cotangente ajoutez le logarithme 0, 03987, et cherchez l'arc dont la somme est la tangente; appelez cet arc B. B — A sera la déclinaison ou l'angle π LN.

Le tableau suivant renferme la déclinaison observée à Londres et calculée d'après cette formule de 1660 à 1818.

CALCUL.		OBSERVATIONS.		AUTORITÉS.
ANNÉE.	DÉCLINAISON.	DÉCLINAISON.	ANNÉE.	
1658 ou 1660.	0° 0′	0° 0′	1658 ou 1660.	Bond.
1670	2 44	2 30	1672	Halley.
1680	5 25		1676	Bond.
1690	7 59	6 0	1692	Halley.
1700	10 26	»	»	»
1710	12 43	»	»	»
1720	14 47	14 17	1723	Graham.
1730	16 41			»
1740	18 20	17 0	1745	Graham.
1750	19 47	17 48	1748	id.
1760	21 1			Heberden.
1770	22 4	21 9	1773	Gilpin.
1780	22 51	23 17	1786	id.
1790	23 33	23 89	1790	id.
1800	24 4	24 3	1800	id.
1810	24 18	24 11	1809	id.
1818	24 30	24 30		

On voit que les différences entre les résultats calculés et les résultats de l'observation sont peu considérables.

M. Barlow a appliqué également sa méthode de calcul à la détermination de la déclinaison à Paris et à Copenhague; la différence a été, entre les déclinaisons observées et les déclinaisons calculées, au-dessous de 0° 30', à Paris, et de 0° 20' à Copenhague, en mettant de côté la déclinaison observée en 1781.

L'aiguille aimantée, outre les variations dont je viens de parler, est soumise encore à des oscillations annuelles, et qui paraissent se rattacher à la position du soleil à l'époque des équinoxes et des solstices, et dont on doit la découverte à Cassini (1). Voici les conséquences auxquelles cet observateur a été conduit :

« Dans l'intervalle du mois de janvier au mois d'avril, « l'aiguille aimantée s'éloigne du pôle nord, en sorte que « la déclinaison occidentale augmente.

« A partir du mois d'avril, et jusqu'au commencement « du mois de juillet, c'est-à-dire, durant tout le temps « qui s'écoule entre l'équinoxe du printemps et le solstice « d'été, la déclinaison diminue.

« Après le solstice d'été et jusqu'à l'équinoxe du prin- « temps suivant, l'aiguille reprend son chemin vers « l'ouest, de manière qu'en octobre elle se retrouve, à « fort peu près, dans la même direction qu'en mai; « entre octobre et mars, le mouvement occidental est « plus petit que dans les trois mois précédents.

« Il résulte de là que pendant les trois mois qui se sont « écoulés entre l'équinoxe du printemps et le solstice d'été, « l'aiguille a rétrogradé vers l'est, et que dans les neuf « mois suivants, sa marche générale, au contraire, s'est « dirigée vers l'ouest. »

M. Cassini a observé, en outre, que les déviations étaient encore les mêmes dans les caves de l'Observatoire, où la lumière ne pénètre pas, et où la chaleur

____

(1) Annales de Ch. et Phys., tom. XVI, page 54 et suiv.

es, sensiblement constante. Nous verrons plus loin jusqu'à quel point ces résultats généraux s'accordent avec ceux que MM. Gauss et Weber ont obtenus, à l'aide des nouvelles méthodes d'observation précédemment décrites.

M. Arago, voulant discuter les observations faites dans divers lieux, a pris la déclinaison moyenne de chaque jour, qui est la demi-somme de deux déclinaisons maximum et minimum, puis la déclinaison moyenne de chaque mois, qui est la somme des moyennes de tous les jours du mois, divisée par le nombre de ces jours. Toutes les déclinaisons moyennes, à Paris, pour chaque mois, depuis 1784 jusqu'à 1788, ont été placées dans un tableau. Dans un autre il a mis les déclinaisons moyennes à Londres, dans les environs des équinoxes et des solstices, depuis 1793 jusqu'en 1805, calculées d'après les observations de M. Gilpin. En comparant tous ces résultats, il a trouvé un maximum de déclinaison vers l'équinoxe du printemps, et un minimum au solstice d'été, mais avec cette différence, que l'amplitude de l'oscillation a été moindre à Londres qu'à Paris.

Je donne ici ces deux tableaux, afin que le lecteur puisse vérifier les deux faits que je viens d'indiquer.

TABLEAU *des déclinaisons moyennes à Paris.*

	1784.	1785.	1786.	1787.	1788.	Moyennes des 5 années.
Janvier.........	− 4′ 29″	+ 18′ 19″	27′ 3″	33′ 0″	39′ 31′	22′ 43″
Février.........	− 4 53.	+ 20 2.	27 36..	37 42..	41 25..	24 22
Mars.........	+ 2 53.	+ 19 44	28 36..	48 59..	10 40..	28 12
Avril.........	+ 3 39	+ 19 12.	0 47..	40 58..	53 21 .	31 23
Mai.........	+ 2 39.	+ 17 31.	27 51..	46 47..	49 58 .	28 57
Juin.........	− 2 59.	+ 14 26.	17 43..	40 4..	40 46..	23 12
Juillet.........	− 2 31.	+ 14 26.	20 56..	35 26..	46 17..	22 55
Août.........	− 0 58.	+ 15 39.	20 39..	37 50..	45 19.	23 42
Septembre.....	+ 3 13.	+ 18 9.	24 57..	42 33..	46 17..	26 2
Octobre.........	+ 9 58.	+ 21 11.	30 51..	47 42..	52 6..	32 22
Novembre.....	+ 12 18	+ 26 32	26 52..	35 18..	54 42..	31 8
Décembre.....	+ 13 54.	+ 27 13.	32 30..	39 12..	52 1..	32 58

Les signes — qui affectent quelques nombres de la colonne 1784 indiquent que l'index était à droite du zéro de la division.

TABLEAU *des déclinaisons moyennes à Londres.*

ANNÉES.	MARS.	JUILLET.	SEPTEMBRE.	DÉCEMBRE.
1793......	... 23° 48',8".	.. «°485"	.. «°52 6"....	.. «°52 3"
1795......	... 23 57,5..	.. « 57 1	.. « 60 4	.. « 59 4
1796	... 23 61,1..	.. « 58 7	.. « 60 1	.. « 61 3
1797......	... 24 1,5..	.. « 0 2	.. « 1 4	.. « 1 3
1798......	... 24 0,6..	.. « 0 0	.. « 1 4	.. « 1 4
1799......	.. 24 1,1..	.. « 0 6	.. « 2 9	.. « 2 3
1800......	... 24 3,6 .	.. « ! 8	.. « 3 6	. « 3 3
1801......	... 24 5,2..	.. « 2 8	.. « 3 8 ...	.. « 5 4
1802......	... 24 6,9..	.. « 5 3	.. « 8 7	.. « 6 8
1803......	... 24 8,0..	.. « 7 0	.. « 10 5	.. « 10 7
1804......	... 24 9,4.	.. « 6 0	.. « 8 9	.. « 9 0
1805......	... 24 8,7..	.. « 7 8	.. « 10 0 ...,	.. « 9 4
MOYENNE...	... 24° 2' 7"	.. « 1' 3"....	.. « 3' 7"....	.. 3' « 6"

On trouve effectivement dans ces dernières observations, comme dans celles qui ont été faites à Paris, un
maximum de déclinaison vers l'équinoxe du printemps,
et un minimum au solstice d'été.

M. Arago, en comparant les observations de M. Cassini à l'époque de 1786, avec celles de 1800, correspondantes aux mesures de M. Gilpin, a reconnu qu'elles
ne différaient qu'en un seul point les unes des autres :
en 1786, le changement annuel de la déclinaison était
de 0° 9', tandis qu'en 1800, il était à peine de 0° 1'.
« Le mouvement rétrograde qu'éprouve l'aiguille entre
« l'équinoxe du printemps et le solstice d'été, s'est donc
« affaibli en même temps que le mouvement général et
« annuel vers l'occident. »

Dans le même travail, M. Arago donne le tableau
des déclinaisons moyennes, déterminées en 1810, par
M. Bowditch, à Salem aux États-Unis. Dans cette localité,
la déclinaison est occidentale, et diminue graduellement
depuis un grand nombre d'années d'environ 0° 2' par
an. En examinant ces résultats, on n'y trouve aucune
trace de la période indiquée par M. Cassini; car la déclinaison n'a pas diminué entre l'équinoxe du printemps
et le solstice d'été; elle a augmenté au contraire graduel-

lement depuis avril jusqu'en août, par compensation elle a diminué sensiblement entre septembre et décembre, comme on peut le voir dans le tableau suivant (1),

Avril 1810 .... 6° 21′ 21″ ouest.
Mai............... » 23 36
Juin............... » 25 42
Juillet............ » 28 51
Août.............. » 29 44
Septembre......... » 25 21
Octobre........... » 21 42
Novembre .... » 19 11
Décembre.......... » 12 35
Janvier........... » 20 55
Février........... » 21 19
Mars.............. » 20 29
Avril............. » 23 39
Mai............... » 21 38

Il pourrait se faire cependant que la période de M. Cassini se fût transportée du printemps en automne. Si cette conjecture se confirmait, les oscillations, suivant M. Arago, seraient réglées par les principes suivants :

« 1° Quand l'aiguille, la déclinaison étant occidentale, « s'éloigne du méridien, elle éprouve un mouvement « rétrograde qui la rapproche de ce plan. C'est la dé- « couverte de M. Cassini ;

« 2° Cette oscillation rétrograde est d'autant plus « étendue que le changement annuel de déclinaison est « plus grand (cette conséquence résulte de la compa- « raison des observations de M. Cassini avec celles de « M. Gilpin);

« 3° L'oscillation disparaît, et tous les mois donnent à « peu près la même déclinaison moyenne, quand l'ai-

____

(1) Memoirs of the American Academy.

« guille, étant parvenue à la limite de son excursion occi-
« dentale, le changement annuel de déclinaison est nul.
« Ceci résulte des observations de M. Beaufoy ;
  « 4° Enfin, lorsque la déclinaison occidentale diminue
« d'année en année, on n'observe plus d'oscillations re-
« marquables de l'aiguille vers l'est, qu'entre les mois de
« septembre et de décembre. Observation de M. Bow-
« ditch. »

§ II. *Des variations diurnes de l'aiguille aimantée.*

L'aiguille aimantée, outre les variations séculaires et
annuelles, est soumise, dans sa déclinaison comme je l'ai
déjà dit, à des changements diurnes, qu'on observe avec
le plus grand soin dans tous les observatoires de l'Europe.
Depuis 1722, époque où Graham découvrit ces variations, on a constamment observé leur marche, dans
le but de remonter, s'il était possible, à la cause du
phénomène. On a vu, précédemment, qu'en Europe
l'extrémité boréale de l'aiguille horizontale marche tous
les jours de l'est à l'ouest depuis le lever du soleil
jusque vers une heure après midi, et retourne ensuite
vers l'est par un mouvement rétrograde, de manière à
reprendre, à très-peu près, vers dix heures du soir, la
position qu'elle occupait le matin ; que, pendant la nuit,
l'aiguille est presque stationnaire, et recommence le lendemain ses excursions périodiques. La position géographique du lieu où l'on observe exerce-t-elle une influence
sur ce phénomène ? Est-il moins marqué près de l'équateur terrestre que dans nos climats ? C'est ce que nous
aurons plus loin l'occasion d'examiner.
A Paris, la moyenne de la variation diurne est, pour
avril, mai, juin, juillet et septembre, de 13 à 15′, et
pour les autres mois de 8 à 10′. Il y a des jours où elle
s'élève à 25′, et d'autres où elle ne dépasse pas 5 ou 6′.
Le maximum de déviation n'a pas lieu à la même
heure sur les différents points du globe. Ainsi M. Dowe
a annoncé que le maximum de déviation orientale a lieu

VI. 2e *partie.* 17

à 8 heures du matin, à Freyberg, Nicolaïeff et Saint-Pétersbourg ; à 9 heures à Cazan ; le maximum de la déviation occidentale, à 2 heures après midi, à Cazan, Nicolaïeff, Saint-Pétersbourg, et à 1 heure à Freyberg.

En Danemark, en Islande, ainsi que dans les régions septentrionales, les excursions diurnes de l'aiguille aimantée sont plus étendues, aussi régulières, et ne s'arrêtent pas pendant la nuit. On en a conclu que les variations diurnes augmentent en allant de nos climats au nord, et diminuent jusqu'à l'équateur magnétique, où elles sont très-faibles.

Bien que les variations de l'aiguille aimantée soient soumises à un mouvement régulier de l'est à l'ouest dans nos contrées, on ne trouve pas deux jours dans l'année qui se ressemblent parfaitement. Cette remarque, faite depuis longtemps, a été justifiée par les observations de MM. Gauss et Weber qui ont poussé l'exactitude jusqu'à des secondes de degré.

Après avoir donné un aperçu général de la marche des variations diurnes en diverses parties du globe, je vais rapporter quelques-unes des principales séries d'observations recueillies dans plusieurs localités, afin de bien préciser la marche de ces variations en allant des pôles à l'équateur. Je commencerai par celles qui ont été faites en Islande et au Groënland par la commission scientifique envoyée sur la corvette *la Recherche*, sous la direction de M. Gaimard.

L'appareil employé à l'observation des variations diurnes était celui de M. Gambey, et que nous avons précédemment décrit.

Avant le départ, M. Lottin, lieutenant de vaisseau, dont j'ai déjà eu l'occasion de parler, a comparé, à Paris, conjointement avec M. E. Bouvard, la marche de l'aiguille de la boussole de *la Recherche* avec celle de la boussole de l'Observatoire. J'ai cru devoir reproduire les tracés graphiques des résultats, afin de montrer jusqu'à quel point coïncident ensemble les variations obtenues dans le même lieu avec deux aiguilles différentes.

La comparaison a été faite, du 12 au 19 avril 1836, à 8 heures environ du matin, et de 12 h. à 2 h., moment de la plus grande amplitude de la variation diurne vers l'est et vers l'ouest. Je donnerai d'abord comme exemple les observations faites dans les journées des 12 et 13 avril 1836.

VARIATIONS diurnes de la déclinaison, du 12 au 13 avril 1836. Comparaison entre l'aiguille de la Recherche et celle de l'Observatoire de Paris.

HEURES.	Aiguille de la Recherche.		Aiguille de l'Observatoire.		VENT, ÉTAT DU CIEL; REMARQUES.
	Amplitude.	Différence.	Amplitude.	Différence.	
12 avril.	»	»	»	»	»
8h 15'	» »	»	»	»	»
30	» »	» »	— 0 36	24 45"	Ciel couvert, vent du N.-O.
9 0	» »	» »	— 2 42	24 9	Id.
midi 30	18 16	» »	— 11 42	21 27	— couvert, O.-N.-O.
50	16 59	— 1 17	+ 0 4	9 45	— nuageux, N.-N.-O.
1 10	18 29	+ 1 30	— 1 43	9 49	Id.
30	18 4	— 0 25	+ 0 27	8 6	Id.
50	16 58	— 1 6	+ 1 3	8 33	Id.
2 10	16 12	— 0 46	» »	9 36	Id.
30	15 3	— 1 9	+ 2 24	» »	Id.
40	14 20	— 0 34	» »	» »	Id.
				12 0	— nuageux, vent N.-O.
13 avril.	»	»	»	»	
8 0	1 26		»	»	»
20	3 30	+ 2 13	— 1 39	24 0	— couvert; vent d'O.-S.-O.
40	3 44	+ 0 5	— 0 27	22 21	Id.
9 0	3 31	— 0 13	0 0	21 54	Id.
midi	17 38	+ 14 7	— 12 36	21 54	— couvert, vent O.
20	17 42	+ 0 4	— 0 41	9 18	— très-nuageux, O.
40	18 15	+ 0 34	— 0 31	8 37	Id.
1 0	17 3	+ 1 13	+ 1 39	8 6	Id.
20	21 34	+ 4 31	— 4 48	9 45	— couvert, O.-S.-O.
40	23 26	+ 1 52	— 2 42	4 57	— couvert, O.-N.-O.
2 0	19 30	— 3 56	» »	2 15	— couvert, O.
20	14 3	— 5 27	+ 10 21	» »	Id.
»	»	»	»	12 36	Id.
2 40	14 37	+ 0 34	» »	» »	»
				» »	»
9 15	8 45	» »	» »	16 3	Ciel couvert, vent de l'O.

Les figures 30, 31 et 32 indiquent les tracés graphiques non-seulement de ces observations, mais encore de toutes celles qui ont été faites du 12 au 19 avril 1836. Les courbes ont été tracées en prenant les déviations pour abscisses, et les heures pour ordonnées.

Pour bien comparer la marche de la déclinaison obtenue avec chacune des deux aiguilles, on pourra jeter les yeux sur la figure 32 qui représente la moyenne des variations dont il vient d'être question. On verra que les deux lignes sont loin d'être semblables, quoique leur allure ait de l'analogie. D'où peut venir cette différence? Doit-on l'attribuer à quelques erreurs dans les observations (ce qui n'est pas présumable), ou bien à des causes perturbatrices inaperçues qui n'ont pas agi de la même manière sur chacune des deux aiguilles? C'est ce qu'on ignore. Des observations simultanées ont été faites aussi avec les mêmes aiguilles, à Cherbourg et à l'Observatoire de Paris, les fig. 33, 34 et 35 donnent les tracés des résultats obtenus.

Passons maintenant aux variations diurnes observées par M. Lottin à Reykiawik. Avant son départ, il avait été convenu que des observations des variations diurnes de la déclinaison seraient faites simultanément dans cette dernière localité et à l'Observatoire de Paris, du 10 au 28 août 1836, de 15' en 15', afin de pouvoir comparer la marche de l'aiguille dans les latitudes nord et dans les latitudes des zones tempérées. Les figures 36, 37 et 38 représentent le tracé graphique des variations diurnes observées en ces deux points.

La fig. 38 est le tracé de la moyenne des mêmes observations. A la simple inspection des figures, on voit que la courbure est la même jusqu'à 11 h. $\frac{1}{2}$ du matin environ, et qu'ensuite elle est dans un sens opposé.

Voyons actuellement les observations de la variation diurne faites plus au nord encore, à Bossekop (West-Finmark), par MM. Bravais, Lelliehooke, Lottin et Silvestrom; MM. Bravais et Lottin faisaient partie de l'expédition scientifique envoyée par le gouvernement français dans le nord, sous la direction de M. Gaimard, en 1837 et 1838, et MM. Lelliehooke et Silvestrom leur avaient été adjoints par le gouvernement suédois.

Je dois les renseignements qui suivent à M. Lottin, officier distingué de la marine française, et qui a eu la bonté de mettre à ma disposition un de ses journaux d'observation.

Les variations diurnes ont été observées avec les appareils de MM. Gambey et Gauss ; les observations, avec l'instrument de M. Gauss, ont été faites régulièrement de septembre 1838 à avril 1839, le dernier samedi de chaque mois, de cinq en cinq minutes, depuis le samedi midi jusqu'au dimanche midi ; le chronomètre réglé sur le temps moyen de Gœttingue.

Pendant ces vingt-quatre heures, on suivait en même temps l'aiguille de M. Gambey. Ces observations simultanées ont été faites dans le but de trouver le rapport qui existe entre la variation de la déclinaison et celle de l'intensité, ainsi que le rapport entre la direction et l'amplitude des perturbations qu'éprouvent les forces magnétiques lors de l'apparition des aurores boréales.

Les deux appareils de déclinaison étaient distants l'un de l'autre d'environ 200 mètres. Les courbes des variations diurnes obtenues avec chacun d'eux ont présenté la plus grande ressemblance, ce qui doit inspirer une confiance entière dans l'exactitude des résultats.

La boussole des variations diurnes a été observée également de deux en deux heures, sans interruption, de septembre 1838 à avril 1839, et plus fréquemment encore lors de l'apparition des aurores, et aux environs des maxima et des minima.

On a fait, en outre, des observations de quart d'heure en quart d'heure, du 20 septembre au 9 octobre, du 19 décembre au 8 janvier, et enfin du 16 mars au 5 avril : on a eu ainsi trois séries de vingt jours chacune.

Voici les conséquences auxquelles conduisent les résultats de ces trois séries :

Dans la première série, on trouve que l'aiguille est à peu près stationnaire de 11 h. du soir à 7 h. $\frac{1}{4}$ du matin ; elle commence alors à marcher vers l'ouest jusque vers 1 h. $\frac{1}{2}$, où elle atteint son maximum d'écartement, puis elle rétrograde vers l'est jusqu'à 11 heures du soir, mais en reprenant une position qui n'est jamais la même que celle de la veille.

L'amplitude moyenne de cette variation est d'environ 0° 15'.

Pendant la durée de cette première série, il y a eu huit aurores boréales ; on a donc dû, en calculant l'amplitude moyenne, rejeter les observations qui indiquaient que l'aiguille avait été influencée par ces aurores ou par des causes quelconques. La déclinaison moyenne a été trouvée de 10° 9' N.-O.

Dans la deuxième série, c'est-à-dire, du 18 décembre au 8 janvier, il y a eu absence de soleil, et la température s'est abaissée jusqu'à 24 degrés centigrades. On a observé, en outre, 16 aurores boréales qui ont causé dans la marche de l'aiguille des perturbations telles que l'on n'a pu suivre ses variations diurnes ; cependant, en examinant avec attention les résultats, on peut en déduire les conséquences suivantes :

Pendant la nuit, l'aiguille n'a jamais été stationnaire ; depuis 1 heure du matin jusqu'à midi, la pointe nord déclinait vers l'ouest ; mais l'amplitude était si faible, qu'on ne pouvait déterminer avec exactitude l'instant précis du maximum. A trois heures, elle reprenait sa marche vers l'est jusque vers une heure du matin ; le maximum d'amplitude était d'environ 5 à 6 minutes, au lieu de 15 minutes, comme dans la première série.

La déclinaison moyenne était de 10° 15' N.-O.

Ainsi l'absence du soleil sur l'horizon, en modifiant la variation diurne, a augmenté la déclinaison de 6'.

On a remarqué que les déviations de la pointe nord vers l'est ont été plus fréquentes dans cette série que dans la précédente.

Dans la troisième série, du 16 mars au 5 avril, il y a eu quatorze aurores boréales, qui ont troublé presque constamment la marche de l'aiguille.

Le minimum de déclinaison a eu lieu entre 6 et 8 h. du matin, le maximum vers 1 h. ½ du soir. L'amplitude de la variation diurne était de 15 à 16'. Ces résultats

ayant une grande analogie avec ceux de la première
série, semblent annoncer que le retour du soleil a dû
exercer une influence sur les phénomènes ; cependant
la déclinaison moyenne fut de 10° 19′ N.-O., c'est-à-dire,
10′ plus forte qu'à l'époque de la première série.

Ces résultats nous montrent que pendant la nuit l'aiguille est plus agitée que dans nos contrées, et que
l'amplitude des oscillations n'est pas aussi étendue qu'on
l'avait d'abord avancé, puisqu'elle n'a pas excédé 15
à 16′, amplitude qui est souvent dépassée dans nos climats.

Nous n'avons plus maintenant qu'à montrer la marche des oscillations diurnes dans les différentes parties du
globe.

L'on trouve dans les *Transactions philosophiques*,
deux séries d'observations de variations diurnes de l'aiguille de déclinaison, faites de 1794 à 1796, par John
Macdonald, au fort Marlborough de Sumatra, et à l'île
de Sainte-Hélène.

Les observations de Macdonald conduisent à deux
conséquences importantes : l'une, que les variations
diurnes, entre les tropiques, ont sensiblement moins
d'étendue qu'en Europe ; l'autre, qu'aux mêmes heures
où, dans l'hémisphère boréal, l'extrémité nord de l'aiguille marche à l'ouest, le mouvement, dans l'hémisphère austral, s'exécute en sens contraire.

Les observations beaucoup plus récentes de MM. de
Freycinet et Duperrey, dont je vais faire connaître les
principaux résultats, confirment la première de ces assertions, bien qu'il soit vrai de dire qu'il ne paraît pas
y avoir de relation entre les amplitudes de l'aiguille et
les latitudes des stations.

Quant à la seconde assertion, nous ferons remarquer
qu'elle est généralement confirmée par les observations
qui ont été faites jusqu'à présent dans les régions tempérées, et dans une partie de la zone inter-tropicale ;
mais tout porte à croire que la limite des variations
diurnes ne coïncide pas avec la ligne équinoxiale, ni

même avec la ligne sans inclinaison. Nous jugeons de ces faits par les résultats que M. Duperrey a obtenus à Payta, à Offak et à l'île de l'Ascension, où il s'est transporté, durant le voyage de *la Coquille*, dans le but unique d'examiner la question dont il s'agit.

M. le capitaine Freycinet, dans le voyage de *l'Uranie*, a observé les variations de l'aiguille aimantée dans six relâches, mais d'heure en heure seulement. Le tableau suivant renferme les moyennes des observations faites dans chacune d'elles.

RÉSULTAT DES VARIATIONS DE L'AIGUILLE HORIZONTALE OBSERVÉES HEURE PAR HEURE.

LOCALITÉ et DATE.	1 h. mat.	2 h. mat.	3 h. mat.	4 h. mat.	5 h. mat.	6 h. mat.	7 h. mat.	8 h. mat.	9 h. mat.	10 h. mat.	11 h. mat.	midi.	1 h. soir	2 h. soir	3 h. soir	4 h. soir	5 h. soir	6 h. soir	7 h. soir	8 h. soir	9 h. soir	10 h. soir	11 h. soir	minuit.
Ile de France. Juin 1818.	6,56	6,39	6,74	6,65	7,54	7,39	7,74	7,74	6,76	5,61	5,02	5,03	5,61	6,83	7,58	7,17	6,60	6,30	6,60	5,24	6,10	6,47	5,83	6,29
Coupang, Ile Timor. Octobre 1818.	16,52	16,72	16,40	13,75	16,12	16,73	18,85	20,20	19,86	18,74	17,55	15,37	13,62	13,42	13,52	14,33	14,82	14,93	15,39	15,63	15,63	15,81	16,77	16,20
Ile Rawak. Ile Waigiou. Décembre 1818.	16,82	16,92	16,75	16,57	16,42	15,67	15,42	15,98	16,45	16,67	16,97	17,85	17,85	18,33	18,27	18,00	17,93	17,65	17,32	17,95	18,33	18,67	17,43	16,93
Guam à Agagna, Iles Mariannes. Mai 1819.	15,98	16,02	15,88	15,88	15,92	15,63	15,90	16,33	16,87	17,47	17,85	17,75	17,54	17,10	16,96	16,17	15,72	16,10	16,28	16,33	16,47	16,30	16,23	16,12
Mowi, Iles Sandwich. Août 1819.	15,63	16,93	16,50	16,38	15,83	15,23	12,87	13,50	15,93	20,07	21,83	21,97	23,13	18,67	18,00	18,17	17,60	18,10	19,75	18,13	17,40	16,47	17,17	16,60
Port - Jackson, Nouv.-Hollande. Décembre 1819.	24,20	24,03	23,98	24,20	24,63	23,97	26,86	27,82	28,23	28,63	24,63	23,43	20,75	19,34	19,60	20,60	21,53	22,27	23,12	23,32	23,48	23,72	24,24	24,07

N. B. On trouvera les positions géographiques de chacune de ces localités dans les tableaux des intensités magnétiques.

M. Duperrey, auquel nous devons les résultats suivants, était muni, durant son voyage sur *la Coquille*, d'une excellente boussole de Gambey, qui lui avait été confiée par le Bureau des longitudes.

Cette boussole était solidement établie sur une table en pierre de 0^m, 03 d'épaisseur. Le microscope était au nord de l'aiguille; il entraînait la division. Le vernier était fixe et tenait à la monture de l'instrument. Les divisions de la languette mobile allaient en croissant de gauche à droite, c'est-à-dire qu'elles augmentaient lorsque l'extrémité nord de l'aiguille marchait vers l'orient. Ces divisions, qui, à l'aide du vernier, exprimaient des centièmes de millimètre, ont été réduites en parties du degré du cercle d'un rayon égal à la demi-longueur de l'aiguille qui était de 250^{mm}.

L'aiguille était suspendue par des fils de soie sans torsion, et elle portait à son extrémité nord une petite plaque d'ivoire, sur laquelle était tracée la ligne de foi, que l'on suivait au moyen du microscope. Les mouvements de cette aiguille ont été notés avec soin de 15 en 15 minutes, et pendant plusieurs jours de suite.

On trouvera, planche VII, figures 29, *a*, *b*, *c*, *d*, *e*, le tracé graphique de la moyenne des observations qui ont été faites dans chaque localité.

Voici les principaux résultats de ces observations (abstraction faite du mouvement de l'aiguille après midi) :

Du 11 au 18 mars 1823.— A Payta, situé au sud de l'équateur terrestre, et à 2° au nord de l'équateur magnétique, l'extrémité nord de l'aiguille s'avançait vers l'occident, depuis 8 h. du matin jusqu'à midi, et l'arc parcouru était de 1' 0" : le soleil passait à 3° au nord de la station.

Du 6 au 10 septembre 1823. — A Offak (Ile Waigiou), sur l'équateur terrestre, et à 6° 52' au sud de l'équateur magnétique, l'extrémité nord de l'aiguille s'avançait vers l'occident depuis 7 h. jusqu'à 11 h. ½ du matin, et l'arc parcouru était de 4' 25" dans cette direction : le soleil passait à 6° 20' au nord de la station.

Du 17 *au* 23 *octobre* 1824. — A l'île de France, située au sud de l'équateur terrestre, et à 33° 30′ au sud de l'équateur magnétique, l'extrémité nord de l'aiguille s'avançait vers l'occident de 7 h. à 9 h. ½ du matin, vers l'orient de 9 h. ½ du matin à 2 h. de l'après-midi, et enfin vers l'occident, depuis cette dernière heure jusqu'à 6 h. du soir. Le plus grand arc parcouru était de 6′ 5″ vers l'orient : le soleil passait à 10° au nord de la station.

Du 4 *au* 11 *janvier* 1825. — A l'île de Ste-Hélène, située au sud de l'équateur terrestre, et à 7° 40′ au sud de l'équateur magnétique, l'extrémité nord de l'aiguille s'avançait vers l'orient, depuis 7 h. du matin jusqu'à midi, et l'arc parcouru était de 7′ 10″ dans cette direction : le soleil passait à 6° 25′ au sud de la station.

Du 19 *au* 23 *janvier* 1825. — A l'île de l'Ascension, située au sud de l'équateur terrestre, et à 1° au nord de l'équateur magnétique, l'extrémité nord de l'aiguille s'avançait vers l'orient depuis 7 heures du matin jusqu'à midi ½, et l'arc parcouru était de 4′ 40″ dans cette di-rection : le soleil passait à 12° au sud de la station.

Les faits précédents tendent à nous montrer que les variations de l'aiguille aimantée, soit annuelles, soit diurnes, doivent être attribuées à l'action de la chaleur solaire; car on a vu, relativement aux premières, qu'il y a un maximum de déclinaison, en Europe, près du solstice d'hiver, et un minimum près du solstice d'été, et que l'aiguille, dans nos climats, est stationnaire pendant la nuit, et ne recommence à se mettre en mouvement, la pointe nord du côté de l'ouest, que lorsque le soleil se montre au-dessus de l'horizon.

Nous avons déjà fait connaître tom. 1ᵉʳ, page 403 de ce traité, la manière dont M. Duperrey se rend compte de la cause qui produit les mouvements diurnes de l'aiguille aimantée dans les deux hémisphères; nous revien-drons sur cette question quand nous traiterons des causes probables du magnétisme terrestre.

§ III. *Des variations irrégulières de la déclinaison.*

En exposant les phénomènes qui accompagnent l'aurore boréale, j'ai annoncé qu'une foule d'observations faites sur différents points du globe prouvaient que la marche régulière de l'aiguille aimantée, lors de l'apparition de ce météore, était subitement dérangée, non-seulement dans les lieux où il était visible, mais encore dans des contrées qui en étaient éloignées ; il en résulte alors des variations irrégulières dont nous avons à nous occuper. Il existe encore d'autres causes qui réagissent sur l'aiguille aimantée, telles que les éruptions volcaniques et les tremblements de terre ; mais, comme les faits observés à cet égard sont peu nombreux, et qu'il en a déjà été fait mention dans le premier volume, partie historique, je n'y reviendrai pas.

Parmi les physiciens qui se sont le plus occupés de constater l'influence qu'exercent les aurores boréales sur des aiguilles aimantées placées dans des régions où ces météores ne sont pas visibles, je dois citer M. Arago, qui, outre ses observations propres, a réuni encore un grand nombre de faits tendant à mettre hors de doute cette influence que quelques personnes avaient niée. Je crois convenable de ne pas entrer dans la discussion qui a eu lieu à cet égard, me bornant seulement à présenter quelques faits qui justifient cette assertion, et qui sont consignés dans les *Annales de chimie.*

Le 29 avril 1826, on a vu, à Carlisle et dans le Roxburgshire, un arc lumineux provenant d'une aurore boréale (1).

Le même jour, à Paris, à 7 h. 50' du soir, la pointe nord de l'aiguille des variations diurnes était déviée de 4' à l'est de sa position ordinaire ; à 8 h. ½ elle s'était rapprochée de l'ouest par un mouvement prompt ; à

---

(1) Tom. XXXIII, pag. 621.

11 h. ½, elle avait repris, à une demi-minute près, sa
position première.

M. Dalton écrivait à M. Arago, sous la date du 22
novembre, même année :

« On a vu une aurore boréale très-remarquable dans
« le nord de l'Angleterre et de l'Écosse, le 29 mars
« 1826, entre 8 et 10 heures du soir. Elle avait la forme
« de l'arc-en-ciel, et embrassait dans le firmament l'espace
« compris entre l'orient et l'occident magnétiques. Cet arc
« resta presque complétement stationnaire pendant près
« d'une heure ; son mouvement, dans le sens nord-sud
« du moins, était tout à fait insensible, etc. » (1).

Le 9 janvier 1827 M. Marshal a vu à Kendal, en
Angleterre, une brillante aurore boréale (2).

Le même jour, la marche de l'aiguille des variations
diurnes, à Paris, fut très-irrégulière. Déjà à 2 h. après
midi, la pointe nord était plus occidentale qu'à l'ordinaire de 4 min. et demie ; la déviation se maintint dans
le même sens jusqu'à 7 heures et demie ; mais à 11 h.
5', la déclinaison était au contraire de 3' et demie plus
petite que les jours précédents.

L'aiguille d'inclinaison fut soumise aussi des à oscillations irrégulières.

Le 27 août, dans la soirée, on aperçut une aurore
boréale à Perth, au nord de l'Écosse. Les jets de lumière étaient très-rapides ; ils couvrirent un moment
presque tout le ciel.

A Paris, le 27 août, M. Arago trouva la pointe nord
de l'aiguille 10 minutes plus à l'occident que dans sa
position ordinaire, à 1 h. 6' de l'après-midi ; elle éprouvait de plus des oscillations irrégulières. Le soir, au
contraire, à 9 h. et demie, la déclinaison était plus petite d'environ 8 minutes que les jours précédents à pareille
heure : le ciel était très-nuageux (3).

____

(1) Tom. xxxvi, p. 404.
(2) Tom. xxxvi, p. 405.
(3) Tom. xxxvi, pag. 408.

Aurore boréale en plein jour, Journal de l'Institution royale, janvier 1828, p. 489.

La matinée du 9 septembre 1827 fut pluvieuse; le vent soufflait du nord-est; un peu avant midi, le vent tourna à l'ouest, les nuages se dissipèrent au nord-ouest, et la partie du ciel éclaircie prit la forme d'un segment de cercle parfaitement tranché, qui s'éleva graduellement jusqu'à 20 degrés de hauteur. Au delà, le ciel resta couvert. Dans la zone bleue circulaire, on aperçut de temps à autre des jets d'une faible lumière blanchâtre. Le soir, entre 9 et 10 heures, on vit une aurore boréale très-brillante.

Le même jour, l'aiguille des variations diurnes fut très-notablement dérangée à Paris, le matin et le soir, ainsi que dans l'après-midi. Entre 1 h. 30' et 2 h., par exemple, la déclinaison diminua de près de 7'; à 6 h. un quart, elle était d'environ 12' plus petite qu'à l'ordinaire.

Le 30 septembre 1828, M. Burney a observé une aurore à Plymouth; l'aiguille de déclinaison fut très-dérangée toute la journée. A 8 h. trois quarts du matin, la déclinaison surpassait de plus de 21' celle du jour précédent et des suivants (1).

Le 1er décembre, même année, une aurore boréale fut observée à Manchester, à 6 h. du soir, par M. Blackwall.

Le même jour, l'aiguille de déclinaison, à Paris, éprouva pendant la journée de notables perturbations. Le matin, la déclinaison était plus grande qu'à l'ordinaire; le soir, au contraire, elle était plus petite; à 11ʰ 28', la perturbation s'éleva à plus de 22'.

Le 26 septembre 1828, une aurore fut vue à Albany, Auburn, Lowville, Clinton, etc.

Le même jour, à 10 h. du soir, la déclinaison de

---

(1) Tome XXXIX, pag. 419.

l'aiguille, à Paris, était de 9' plus petite qu'à l'ordinaire (1).

M. Farquharson a observé des aurores boréales dans l'Aberdeenshire (États-Unis), en 1829:

Les 6, 11 et 25 octobre;
Les 17, 18 et 19 novembre;
Le 14 décembre.

Il est rare, dit M. Arago, que l'aiguille soit aussi souvent et aussi fortement dérangée qu'elle l'a été pendant les trois derniers mois de 1829. En effet, voici les jours où les perturbations ont été assez notables pour que l'on ait dû les attribuer à des aurores boréales :

Octobre; les 4, 9, 10, 11, 12, 21, 22, 24, 25 et 30;
Novembre; les 10, 13, 14, 16, 17, 18, 19, 24 et 26;
Décembre; les 7, 14, 19, 20, 21 et 23.

Je pourrais citer encore un grand nombre d'observations comparées, qui montreraient que des aiguilles aimantées placées en des lieux très-distants les uns des autres sont influencées simultanément. Je me bornerai seulement à rapporter les aurores boréales qui ont été observées en 1830 (2) :

25 *janvier* 1830. Aberdeenshire. Une succession d'arcs qui s'élevèrent peu : de temps en temps des jets brillants.

A Paris, à 1 h après midi, l'aiguille était d'environ 3' à l'occident de sa position habituelle. Le soir, à 9ʰ, la déviation en sens contraire, ou *vers l'orient*, n'était guère que de 1 min. et demie. Aucun dérangement ne se manifesta dans l'aiguille de M. Farquharson; mais ce physicien, à ce qu'on croit, n'observa la déclinaison que le soir.

____

(1) Tome XLII, pag. 353.
(2) Annal. de Chim., t. XLV, p. 409.

28 *janvier* 1830.—Kendal (Angleterre), aurore très-brillante :

A Paris;
à 6ʰ ¼ du soir, perturbat. occid. de près de   8′;
8ʰ 25′, ... orient. de   4′;
8ʰ 27, ... orient. de près de 10′;
8ʰ 30, ... orient. de plus de 12′;
8ʰ 35, ... orient. de près de 10′;
8ʰ 37, ... orient. .... 9′;
8ʰ 45, ... orient. .... 4′;
8ʰ 52, ... état ordinaire.

A Alford (Aberdeenshire), l'aiguille de M. Farquharson était,
à 8ʰ, dans sa position ordinaire;

8ʰ ½, ... orientale de 21′ 30″;
9ʰ 55′, ... oscillante dans une étendue de 30′.

19 *février*. Kendal. Aurore brillante, mais sans jets. A Paris, forte perturbation depuis le matin jusqu'à 3ʰ, et perturbation orientale à 9ʰ ¾ du soir.

18 *mars*. Manchester (Angleterre). Aurore vive et élevée; à Paris, à 6ʰ 40′ minutes du soir, l'aiguille était plus orientale qu'à l'ordinaire de plus de 17′.

24 *mars* 1830. (Aberdeenshire) : aurore très-brillante. A Paris, l'aiguille n'a éprouvé aucun dérangement ni le matin ni le soir; celle de M. Farquharson, au contraire, a été considérablement dérangée :

à 9ʰ 5′, ... de 32′ vers l'ouest;
vers 9ʰ 10′, ... de 25′ vers l'est;
vers 9ʰ 15′, ... de 34′ vers l'ouest.

19 *avril*. Manchester (Angleterre). Aurore très-brillante, depuis 9ʰ du soir jusqu'à minuit. A Paris, à 1ʰ de l'après-midi, l'aiguille était plus occidentale que d'ha-

bitude de plus de 3'; à 10ʰ 40' du soir, la perturbation en sens contraire ou orientale s'élevait à plus de 12'. Le ciel alors était serein, mais on ne voyait pas d'aurore.

5 *mai*. — Pétersbourg.

A Paris, grand dérangement de l'aiguille dans la soirée :

à 8ʰ 5' (temps vrai);	de plus de	7'	vers l'orient;
9ʰ 10, ...		5	idem.
10ʰ 10, ...		5	idem.
10ʰ 45, ...		17	idem.
10ʰ 50, ...	de plus de	9	idem.
11ʰ	.... de plus de	9	idem.
11ʰ 10, ...		11	idem.
11ʰ 30, ...		17	vers l'occident.
11ʰ 40, ...		8	vers l'orient.
11ʰ 45, ...		13	idem.
11ʰ 52, ...	de plus de	14	idem.
A minuit, ...	de plus de	14	idem.

Le lendemain matin, il y avait encore dérangement, mais vers l'occident; à 9ʰ ¼, il était de près de 9'.

Dans la soirée du 5, l'aiguille d'inclinaison éprouva aussi parfois en très-peu d'instants des variations de 3 à 4'.

A Pétersbourg, l'aiguille horizontale de M. Kupffer a subi de grands dérangements dans la nuit du 5 au 6 mai; M. Arago, n'ayant pu savoir si les heures des observations se trouvent exprimées en temps vrai ou en temps moyen, pense cependant que les grands mouvements ne se sont opérés ni aux mêmes époques, ni toujours dans le même sens à Pétersbourg qu'à Paris.

16 *octobre*. Gosport. Long jet lumineux; à Paris, forte perturbation orientale dans la position de l'aiguille, à 6ʰ 50' du soir; ciel serein, mais on n'apercevait aucune trace d'aurore.

VI. 2ᵉ *partie*.　　　　　　18

17 *octobre*. Aurore qui ne donna naissance à aucune colonne ascendante.

A Paris, entre $7^h \frac{1}{4}$ et 9^h 39' du soir, l'aiguille se maintint constamment dans une direction beaucoup plus orientale que sa position habituelle. Le ciel était serein, mais on n'apercevait aucune trace d'aurore.

1er *novembre*. Id. Très-brillante aurore boréale; jets très-visibles, malgré le clair de lune.

A Paris, à 9^h du soir, l'aiguille était à l'orient de sa position ordinaire d'environ 8'.

4 *novembre*. Id. Aurore visible dès 7^h du soir. Les jets lumineux ne se formèrent qu'à 8^h, et montèrent à 22° de hauteur. Le phénomène disparut à 9^h.

A Paris, il y avait dans la position de l'aiguille une perturbation occidentale sensible à 1^h après midi, et un commencement de perturbation orientale dès 7^h 40' du soir. A 7^h 55', ce dérangement était considérable; il existait encore à 10^h 15'.

17 *décembre*. Id. Brillante aurore boréale; jets pourprés de 30° de hauteur.

A Paris, à 8^h du soir, l'aiguille était plus orientale qu'à l'ordinaire.

12 *décembre*. Id. Faible aurore.

A Paris, dès $6^h \frac{1}{4}$ du soir, l'aiguille était considérablement à l'orient de sa position habituelle. Le lendemain, 18, à 8^h du matin, le dérangement était aussi très-sensible, mais vers l'occident.

M. Farquharson a cru remarquer que les dérangements de l'aiguille aimantée ne se manifestent qu'à l'époque où, dans leur mouvement ascendant, les parties lumineuses de l'aurore atteignent le plan perpendiculaire au méridien magnétique passant par l'aiguille d'inclinaison; mais M. Arago ne regarde pas cette supposition comme applicable dans nos climats. En effet, presque toujours l'aurore, qui, à son apparition, le soir, déviera la pointe nord de l'aiguille vers l'orient, a déjà produit le matin un dérangement en sens opposé. On fera remarquer de plus, ajoute M. Arago, qu'il arrive que l'aurore agit à Paris, lors même qu'elle ne s'élève pas au-dessus de l'horizon.

Voici actuellement quelques observations faites à Bossekop, dans la partie la plus septentrionale de l'Europe, là où les aurores paraissent dans tout leur éclat. Quand celles-ci n'offrent que des vapeurs diffuses disposées en arcs ou en plaques éparses, la perturbation de l'aiguille aimantée est généralement faible et souvent nulle; mais lorsque les arcs rayonnants, ou les faisceaux de rayons isolés deviennent vifs et colorés, l'action se fait sentir de 1 à 3' après leur apparition, et alors il est difficile de suivre les grandes oscillations de l'aiguille, qui souvent sont de plusieurs degrés.

Les plus grands écarts de l'aiguille se manifestent quand les couronnes boréales, formées par les rayons qui convergent au zénith magnétique, effacent l'éclat des étoiles de première grandeur, et dont les bases inégales, colorées d'admirables teintes rouges et vertes, dardent et ondulent avec rapidité.

MM. les membres de la commission scientifique ont encore remarqué que parfois l'aiguille reste parfaitement tranquille jusqu'au moment de l'apparition de l'aurore, et même pendant une partie du temps de sa présence sur l'horizon. Il arrive souvent aussi qu'elle prédit l'aurore, pour ainsi dire, par sa marche anormale vers l'ouest durant toute la journée.

En général, la déclinaison augmente avant l'aurore, et souvent même jusqu'à ce que le phénomène ait atteint un certain degré d'intensité; alors les grandes oscillations commencent, puis l'aiguille revient vers l'est très-régulièrement : elle dépasse sa position normale, qu'elle ne reprend que quelques heures après, si une nouvelle aurore ne vient pas troubler sa marche.

M. Lottin, qui a étudié avec le plus grand soin les phénomènes qui accompagnent l'aurore boréale, et auquel je dois tous ces détails, a remarqué que les faits

18.

précédents ne sont pas sans exception; ils ne laissent néanmoins aucun doute touchant l'action exercée par les aurores boréales sur les aiguilles aimantées placées non-seulement dans les régions où ces phénomènes apparaissent, mais encore dans celles où ils ne sont pas visibles.

CHAPITRE II.

DES VARIATIONS DE L'AIGUILLE AIMANTÉE, OBSERVÉES D'APRÈS LA MÉTHODE DE M. GAUSS.

Les méthodes adoptées par M. Gauss pour étudier les phénomènes magnétiques constituent une nouvelle ère d'observations; aussi doit-on en faire une classe à part. C'est ce motif qui m'engage à exposer séparément tout ce qui concerne les variations de l'aiguille aimantée, étudiées d'après ces méthodes sous le rapport de sa direction et de son intensité.

M. Gauss, non content de se livrer à des observations magnétiques journalières dans l'Observatoire de Gœttingue, a témoigné le désir que des physiciens se livrassent, comme lui, sur divers points de l'Europe, à des observations suivies, à des époques fixes de l'année, auxquelles on a donné le nom de *périodes* ou *termes d'observation*, et avec ses appareils, pour montrer non-seulement les avantages que l'on pouvait retirer de l'usage de ces derniers, mais encore l'influence exercée par des causes locales sur la marche des phénomènes.

M. de Humboldt, comme je l'ai déjà dit, page 172, est le premier qui ait eu l'idée de la formation d'une semblable association. En passant à Gœttingue en septembre 1829, cet illustre savant témoigna le désir à M. Gauss de faire, dans le jardin de l'Observatoire, des observations simultanées sur l'intensité magnétique; en employant des méthodes différentes, ils obtinrent des résultats qui ne différaient entre eux que de $0'',05$ pour une série d'observations faite dans l'intervalle de 391″. Ce parfait accord frappa M. Gauss, qui fut convaincu que dans ce genre d'observations on pouvait obtenir la précision astronomique.

Du 20 au 21 mars 1834 on commença à observer à Gœttingue, avec le magnétomètre, de 10 en 10′, tandis qu'à Berlin, à la même époque, on n'observait que d'heure en heure. On trouva dans cette dernière ville des oscillations extraordinaires, qui avaient été également remarquées dans la première ; seulement les observations à Gœttingue ayant été faites pendant des intervalles plus courts, on dut reconnaître des effets qu'il avait été impossible d'apercevoir à Berlin. Dès lors on ne pouvait constater si une grande partie des oscillations observées à Gœttingue devait être attribuée à des causes locales.

A la période d'observation fixée pour les 4 et 5 mai, cette question fut résolue ; les observations eurent lieu de 5 en 5′. M. Sartorius observa à Waltershausen (Bavière), à 20 milles de Gœttingue, avec le magnétomètre et à de courts intervalles ; ses observations s'accordèrent parfaitement avec celles faites dans cette dernière ville : dès lors, il fut impossible d'attribuer aucune influence aux causes locales.

Pendant les trois périodes suivantes, juin, août et septembre, les observations furent faites simultanément à Gœttingue et dans diverses localités : les résultats obtenus ayant une très-grande concordance entre eux, on vit alors combien il était important d'observer les phénomènes à des intervalles très-rapprochés. Pendant quelque temps cela eut lieu, aux époques précitées, de 3′ en 3′ ; mais on préféra ensuite l'intervalle de 5′ en 5′. C'est à cette époque que M. Gauss et les savants qui s'associaient à lui arrêtèrent définitivement qu'il y aurait par an six périodes d'observations, d'une durée chacune de 24 heures, plus deux périodes supplémentaires. On observe aujourd'hui, d'après le système de M. Gauss, à Altona, Augsbourg, Berlin, Bonn, Brunswick, Breda, Breslaw,

Cassel, Copenhague, Dublin, Freyberg, Greenwich, Haal, Cazan, Kracovie, Leipsick, Milan, Margbourg, Munich, Pétersbourg, Naples et autres lieux.

M. Gauss, pour distinguer les variations régulières, c'est-à-dire, les variations diurnes et annuelles, des variations irrégulières dues à des causes accidentelles, multiplie pendant longtemps les expériences, et prend les moyennes des résultats obtenus; c'est le seul moyen, en effet, de faire disparaître l'influence des anomalies que présentent souvent les résultats individuels.

Cette marche doit être également suivie dans la recherche des variations séculaires, qui exigent, pour être connues, une longue série d'années; car il ne suffit pas d'observations isolées, faites à peu d'années d'intervalle, lors même qu'elles auraient lieu aux mêmes jours, aux mêmes heures, il faut encore des moyennes sur un grand nombre d'années. C'est pour ce motif que M. Gauss détermine chaque jour, à 8 heures du matin et à 1 heure de l'après-midi, temps moyen, la déclinaison absolue: il a choisi ces deux époques, parce que, à 1 heure, l'aiguille est peu éloignée de son maximum de déclinaison, et qu'à 8 heures elle s'approche beaucoup de son minimum.

Les annotations régulières ont commencé le 1er janvier 1834, de concert avec M. Weber, qui s'est associé à ses travaux; mais dans les relevés qui ont été faits, on a annulé les observations de janvier, de février et de la première quinzaine de mars, sur l'exactitude desquelles on ne pouvait compter. Voici les résultats obtenus:

DÉCLINAISON MOYENNE;
Ouest de Gœttingue.

ANNÉES ET MOIS.		8 HEURES du matin.	1 HEURE après midi.
1834..	2ᵉ quinzaine de mars	18° 38′ 16″ O.	°46′ 49″,4
	Avril	36 6,9	47 3,8
	Mai	36 28,2	47 15,4
	Juin	37 47	40 59,5
	Juillet	37 57,5	48 19,0
	Août	38 48,1	49 11,0
	Septembre	36 58,4	46 32,3
	Octobre	37 18,4	44 47,2
	Novembre	37 38,4	43 4,3
	Décembre	37 54,8	41 32,7
1835..	Janvier	37 51,5	42 14,4
	Février	37 3,5	42 29,4
	Mars	34 47,5	44 55,2
	Avril	32 57,7	46 31,6
	Mai	32 13,4	45 17,1
	Juin	32 56,4	44 41,3
	Juillet	34 8,0	44 42,8
	Août	34 12,4	46 56,8
	Septembre	33 21,2	44 27,6
	Octobre	33 23,0	43 5,3
	Novembre	36 15,3	43 49,5
	Décembre	35 25,9	40 19,1
1836..	Janvier	35 2,4	40 34,6
	Février	33 26,7	41 15,2
	Mars	31 1,4	43 16,4
	Avril	26 32,9	43 42,6
	Mai	28 0,8	44 37,2
	Juin	27 35,1	42 52,4
	Juillet	26 54,2	42 26,0
	Août	25 42,4	41 45,0
	Septembre	26 14,6	40 59,6
	Octobre	27 34,0	40 32,8
	Novembre	29 21,0	36 54,3
	Décembre	29 13,7	35 46,8
1837..	Janvier	27 35,3	37 46,2
	Février	27 35,6	36 28,3
	Mars	25 44,2	39 4,2

On voit que les différences des déclinaisons moyennes du matin et du soir sont généralement de même signe.

Dans le tableau suivant, on a consigné la marche de ces différences.

	1834-1835.	1835-1836.	1836-1837.	Moyenne.
Avril................	10′ 56″,9	13′ 33″,0	17′ 0″,7	13′ 53″,5
Mai.................	10 47,2	13 3,7	16 36,4	13 29,1
Juin................	10 18,8	11 44,9	15 17,3	12 27,0
Juillet..............	10 21,5	10 34,8	15 31,8	12 9,4
Août...............	10 22,9	12 44,4	16 2,6	13 3,3
Septembre...........	9 33,9	11 6,4	14 45,0	11 48,4
Octobre.............	7 28,8	9 42,3	12 58,8	10 3,3
Novembre............	5 25,9	7 34,2	7 33,3	6 51,1
Décembre............	3 37,9	4 53,2	6 33,1	5 14
Janvier.............	4 22,9	5 32,2	10 19	6 42,0
Février.............	5 25,9	7 48,5	8 52,7	7 22,4
Mars................	10 7,7	12 15,0	13 10,0	11 54,2
Moyenne........	8′ 14″,2	10′ 2″,8	12′ 54″,3	10′ 23″,8

Ces résultats montrent 1° que chaque année, au mois de décembre, la différence est un minimum, ce qui paraît naturel, attendu que les changements variant selon les différentes heures de la journée, ne peuvent être attribués, suivant toutes les apparences, qu'à l'influence exercée par le soleil ; 2° que les déclinaisons sont plus fortes vers une heure de l'après-midi que le matin, comme on le savait déjà ; 3° que les différences n'atteignent pas leur maximum à l'époque du solstice d'été, puisqu'en juin et juillet elles sont plus petites qu'en avril, mai et août. Cassini avait déjà reconnu une période à peu près semblable, puisque, selon lui, à partir du mois d'avril jusqu'au commencement de juillet, la déclinaison diminue. MM. Gauss et Weber attribuent avec raison ces effets à l'influence du soleil ; mais, relativement à la déclinaison moins forte dans les mois qui s'approchent du solstice d'été, on peut observer que l'instant du minimum de la déclinaison a lieu avant 8 heures du matin, de sorte que l'accroissement total est plus grand que le mouvement calculé, à partir de cette heure.

Nous voyons encore que, pendant la deuxième année, la différence a été beaucoup plus grande dans tous les mois pris isolément, que pendant la première, et que, dans la troisième, cette différence est encore plus grande que dans la précédente. Ces différences sont beaucoup trop fortes, pour que l'on puisse y voir l'indice d'un accroissement séculaire; ces observations ont été faites depuis trop peu d'années pour que l'on en tire cette induction. Au surplus, si cela est, comment faire cadrer ce résultat avec le fait bien constaté que la déclinaison est maintenant dans sa période de décroissement? Il pourrait se faire cependant que l'influence exercée par le soleil sur le magnétisme terrestre fût, selon les années, plus ou moins marquée, de même que la température diffère souvent d'une année à l'autre.

Les précédents résultats nous montrent bien que les différences qui existent entre les variations de la déclinaison du matin et celle de l'après-midi, présentent des particularités tout opposées à celles qu'elles offrent dans la marche normale ou régulière. Ces exceptions, à la vérité, sont rares; et il ne s'est présenté que quatorze cas, dont un seul pour 79 jours, dans l'espace de trois ans, où la déclinaison ait été plus forte le matin que le soir.

Voici ces époques et la valeur des différences :

1834	Août	15	6′ 8″,0		1835	Novembre	8	3′ 42″,2
	Décembre	24	3 43,0			Décembre	8	18 35,6
	Décembre	25	0 38,2		1836	Janvier	20	0 46,3
	Décembre	26	2 20,3			Juillet	20	5 8,8
1835	Janvier	30	0 23,8			Novembre	9	11 9,5
	Février	7	0 32,5		1837	Février	13	4 1,0
	Octobre	4	0 43,1			Mars	14	1 22,6

On peut remarquer que, parmi ces quatorze exceptions, douze ont été observées durant les mois d'hiver et deux seulement pendant les mois d'été; dans l'hiver, l'influence journalière du soleil est tellement faible, que les causes irrégulières peuvent bien l'avoir emporté sur les causes régulières.

Dans le but de reconnaître les variations séculaires, au moyen des observations déjà faites, on a comparé les moyennes mensuelles de la 1re année avec celles des mois de la seconde et troisième année qui leur correspondent. Sur quarante-huit observations, quarante-sept donnent des diminutions, et une seule présente de l'augmentation, comme on le voit ci-après : cette dernière a été indiquée par le signe —.

Décroissement annuel de la déclinaison.

MOIS.	1re ANNÉE.		2e ANNÉE.		MOYENNE.
	8 heures du matin.	1 heure après midi.	8 heures du matin.	1 heure après midi.	
Avril.........	.. 3′ 9″,2 ..	.. 0 32,2 ..	.. 6 24,8 ..	.. 2 49,0 ..	3′ 13,8
Mai..........	.. 4 14,8 ..	.. 1 58,3 ..	.. 4 12,6 ..	.. 0 39,9 ..	5 46,4
Juin........	.. 4 44,3 ..	.. 3 18,2 ..	.. 5 21,3 ..	.. 1 48,9 ..	3 48,1
Juillet.......	.. 3 49,5 ..	.. 3 36,2 ..	.. 7 13,8 ..	.. 2 16,8 ..	4 14,1
Août.........	.. 4 35,7 ..	.. 2 14,2 ..	.. 8 30,0 ..	.. 5 11,8 ..	5 7,2
Septembre....	.. 3 37,2 ..	.. 2 4,7 ..	.. 7 6,6 ..	.. 3 28,0 ..	4 41
Octobre......	.. 3 35,4 ..	.. 1 41,9 ..	.. 5 49,0 ..	.. 2 32,5 ..	3 29,6
Novembre....	.. 1 23,1 ..	— 0 45,2 ..	.. 6 54,3 ..	.. 6 55,2 ..	3 37,8
Décembre....	.. 2 28,9 ..	.. 1 13,6 ..	.. 6 12,2 ..	.. 2 32,3 ..	3 36,7
Janvier.......	.. 2 49,1 ..	.. 1 39,8 ..	.. 7 27,1 ..	.. 4 48,4 ..	3 41,1
Février......	.. 3 36,8 ..	.. 1 14,2 ..	.. 5 51,1 ..	.. 4 46,9 ..	3 52,2
Mars.........	.. 3 46,1 ..	.. 1 38,8 ..	.. 5 17,2 ..	.. 1 12,2 ..	3 43,6
Moyenne...	.. 3′ 38″ ..	.. 1 42″ ..	.. 6′ 21″,7 ..	.. 3′ 30″,2 ..	3 46,2

En comparant les moyennes des observations faites à 8 heures du matin avec celles faites dans l'après-midi, on voit que les premières présentent une augmentation de déclinaison plus grande que les secondes : ceci revient à ce qu'on a dit précédemment, savoir que, pendant la 1re année, les variations quotidiennes ont été moins grandes que durant la 2e et que celles de la 3e ont été encore plus étendues que ne l'étaient celles de la 2e année. Cette différence ne doit pas être considérée comme réelle, mais comme fortuite.

« La continuation des observations, disent MM. Gauss « et Weber, pourra donner lieu bientôt à des résultats « tout opposés ; et si l'on n'a aucune raison déterminante

« pour préférer l'un ou l'autre des résultats obtenus, le
« moyen le plus simple à employer sera de s'en tenir au
« chiffre moyen résultant de tous deux. Ce terme moyen
« est de 2′ 36″,5 pour la 1re année et de 4′ 55″,9 pour la
« 2e. L'on serait presque tenté d'admettre ces résultats
« comme une preuve que la diminution de la déclinaison
« s'accélère de plus en plus; pourtant ce serait donner
« un mauvais principe à une chose très-simple et très-
« naturelle en elle-même; car il a été reconnu que la dé-
« clinaison magnétique, qui, pendant le siècle dernier a
« constamment été en augmentant dans toutes les parties
« de l'Europe, a atteint son maximum vers les premières
« années du siècle actuel et qu'aujourd'hui elle a com-
« mencé à rétrograder. D'après la nature même des cho-
« ses, ce retour du mouvement progressif au mouvement
« rétrograde a dû donner lieu à un décroissement peu
« sensible d'abord, mais allant de plus en plus en aug-
« mentant. Faute d'observations antérieures, il n'est guère
« possible d'indiquer exactement pour Gœttingue l'épo-
« que à laquelle ce passage d'un mouvement progressif
« à un mouvement rétrograde a eu lieu. Toutefois, à en
« juger par les observations faites en d'autres lieux et
« qui nous ont été communiquées, cette époque serait
« beaucoup plus reculée que celle qui résulte des deux
« chiffres précités, si on les considérait comme résultat
« net d'un mouvement lent, tel que le mouvement sécu-
« laire. En outre, toutes les expériences faites sont là
« pour démontrer qu'une variation régulière égale à
« 2′19″,4 est absolument inadmissible pour une seule
« année.

« Nous considérons donc aussi cette différence comme
« étant en grande partie fortuite, et nous devons donc,
« pour aujourd'hui du moins, et jusqu'à ce que de nou-
« velles expériences nous aient appris quelque chose de
« mieux, considérer le chiffre moyen 3′46″,2 comme
« étant celui de la diminution de la déclinaison annuelle
« pour 1834 à 1837. »

On a vu que les différences observées entre les dé-

clinaisons du matin et celles de l'après-midi paraissaient
soumises à l'influence de la variation des saisons. Il s'a-
git de savoir maintenant si une d'elles seule, ou bien si
toutes deux sont ensemble et en même temps soumises
à l'influence que peuvent exercer les changements des
saisons et quelles peuvent en être les lois. Pour découvrir ces lois, il faudra probablement une série d'années
bien plus grande que celle qui sera nécessaire pour déterminer simplement les différences existant entre les
déclinaisons. En attendant, je donne les observations
faites à ce sujet jusqu'en 1837, et dont on pourra tirer
telle conséquence qu'on jugera convenable.

Dans le tableau suivant se trouvent les termes moyens
de douze mois, calculés à cet effet pour les trois années
d'observations.

	8 HEURES DU MATIN.	I HEURE APRÈS MIDI.
1834—1835	18° 37' 12",5	18° 45' 27",0
1835—1836	33 42 ,0	43 44 ,8
1836—1837	27 20 ,3	40 14 ,6

Ces résultats ne sont valables que pour le jour moyen
de chaque année calculé : le premier se rapporte au
1er octobre 1834, et ainsi de suite. Si l'on compare les
mois de chaque année avec leurs termes moyens, on a les
différences suivantes :

DÉCLINAISON A 8 HEURES DU MATIN.

	1re ANNÉE.	2e ANNÉE.	3e ANNÉE.	MOYENNE.
Avril.........	— 1' 5,9	— 0' 44,3	— 0' 47,4	— 0 52,5
Mai..........	— 0 44,6	— 1 28,6	+ 0 40,5	— 0 30,9
Juin..........	+ 0 27,9	— 0 45,6	+ 0 14,8	— 0 1,0
Juillet.........	+ 0 44,7	+ 0 26,0	— 0 26,1	+ 0 14,9
Août..........	+ 1 35,3	+ 0 30,4	— 1 37,9	+ 0 9,3
Septembre	— 0 14,4	— 0 20,8	— 1 5,7	— 0 33,6
Octobre........	+ 0 5,6	— 0 19,0	+ 0 13,7	— 0 0,1
Novembre......	+ 0 25,6	+ 2 33,3	+ 2 0,7	+ 1 30,9
Décembre......	+ 0 12,0	+ 1 43,9	+ 1 53,4	+ 1 26,4
Janvier........	+ 0 38,7	+ 1 20,4	+ 0 15,0	+ 0 44,7
Février........	— 0 9,3	— 0 15,3	+ 0 15,3	— 0 31
Mars..........	— 2 25,3	— 2 40,6	— 1 36,1	— 2 14,0

DÉCLINAISON A 1 HEURE DE L'APRÈS-MIDI.

	1re ANNÉE.	2e ANNÉE.	3e ANNÉE.	MOYENNE.
Avril.........	+ 1 36,8	+ 2 46,8	+ 3 28,0	+ 2 37,2
Mai..........	+ 1 48,4	+ 1 32,3	+ 4 22,6	+ 2 34,4
Juin..........	+ 2 32,5	+ 0 56,5	+ 2 37,8	+ 2 2,3
Juillet........	+ 2 52,0	+ 2 58,0	+ 2 11,4	+ 2 0,5
Août..........	+ 3 44,0	+ 3 12,0	+ 1 30,4	+ 2 48,8
Septembre.....	+ 1 5,3	+ 0 42,8	+ 0 45,0	+ 0 51,0
Octobre.......	— 0 39,8	— 0 39,5	+ 0 18	— 0 20,4
Novembre......	— 2 22,7	+ 0 4,7	— 3 20,3	— 1 52,8
Décembre......	— 3 54,3	— 3 25,7	— 4 27,8	— 3 55,9
Janvier........	— 3 12,6	— 3 10,2	— 2 28,4	— 2 57,1
Février........	— 2 57,6	— 2 20,6	— 3 46,3	— 3 4,5
Mars..........	— 0 31,8	— 0 28,4	— 1 10,4	— 0 43,5

Dans la 4e colonne se trouvent les termes moyens de trois années, exempts autant qu'il est possible des anomalies irrégulières, mais portant évidemment le cachet des variations séculaires.

MM. Gauss et Weber, pour remédier à cet inconvénient, adoptent le principe suivant. La quotité de chacun de ces chiffres, dans le tableau ci-après, prise à partir du milieu de chacun des mois et le 1er octobre, est affectée du signe négatif pour les six premiers mois, et du signe positif pour les six autres.

Si l'on prend ensuite pour base des valeurs annuelles que l'on a déterminées plus haut, le chiffre 3' 46",2, on obtient les résultats suivants :

	8 HEURES du matin.	1 HEURE après midi.	MOYENNE.
Avril............	— 2′ 35″,6	+ 0 54,2	— 0 50,7
Mai.............	— 1 55,3	+ 1 10,0	— 0 22,6
Juin............	— 1 6,6	+ 0 56,7	— 0 4,9
Juillet..........	— 0 32,0	+ 1 13,6	+ 0 20,8
Août...........	— 0 18,8	+ 2 20,7	+ 1 0,9
Septembre.......	— 0 43,0	+ 0 41,6	— 1 0,7
Octobre.........	+ 0 9,3	— 0 11,0	— 0 0,8
Novembre.......	+ 2 8,0	— 1 24,7	+ 0 21,6
Décembre........	+ 2 13,3	— 3 9,0	— 0 27,8
Janvier.........	+ 1 50,3	— 1 51,5	— 0 0,6
Février.........	+ 1 21,3	— 1 40,1	— 0 9,4
Mars...........	— 0 30,9	+ 0 59,6	+ 0 14,3

Il est certain que l'on ne pouvait s'attendre, après trois années d'observations, à obtenir une régularité plus grande dans les résultats. En effet, on trouve dans la première colonne la quantité dont la déclinaison magnétique dévie, chaque mois, de la déclinaison moyenne de chaque matinée; la deuxième colonne renferme, également ment pour chaque mois, la différence qui existe entre la déclinaison de l'après-midi et la déclinaison moyenne de la même heure de la même journée, en remarquant que cette dernière est de $10'\,23'',8$ plus grande que la déclinaison du matin.

On doit remarquer aussi que dans tous les mois de l'année, les oscillations de la déclinaison du matin, ainsi que celles de l'après-midi, dépassent, et dans des directions opposées, leurs moyennes. Pendant les cinq mois d'hiver, c'est-à-dire, depuis octobre jusqu'en février, la déclinaison du matin est plus grande que sa valeur moyenne et celle de l'après-midi plus petite.

« Ces deux circonstances, dit M. Gauss, contribuent « d'elles-mêmes, mutuellement et en même temps, du- « rant cette saison, à ramener les différences à leur va- « leur moyenne; pendant les sept autres mois de l'année, « c'est tout le contraire qui arrive. En outre, ces oscil- « lations sont, l'une portant l'autre, à peu près de même « grandeur, d'où il résulte que dans la dernière colonne

« qui représente leurs termes moyens, elles s'annulent
« à peu de chose près les unes les autres, ou, pour m'ex-
« primer en d'autres termes, la moyenne entre la décli-
« naison magnétique de huit heures du matin et celle
« d'une heure de l'après-midi ne contient, à l'exception
« des anomalies irrégulières et du décroissement sécu-
« laire, aucune oscillation bien considérable et qui puisse
« être attribuée à l'influence des saisons : du moins on
« n'a pu encore remarquer avec certitude une différence
« entre les mois d'été et ceux d'hiver. »

M. Gauss conclut des moyennes calculées, que le
terme moyen de toutes les observations faites pendant
trois années, sera, pour le 1er octobre 1835 :

$$= 18° 36' 56''.$$

Ce terme moyen est relatif seulement aux heures où
l'on a observé. Dans ce qui précède, on n'a parlé que
des termes moyens mensuels. MM. Gauss et Weber n'ont
point publié le résultat complet des observations isolées,
attendu qu'elles n'ont été faites avec persévérance qu'à
Gœttingue seulement.

Je dois faire remarquer que M. Gauss entend par
oscillation de la déclinaison magnétique, la différence
qui existe entre l'observation de la veille et celle du lendemain faite à pareille heure, et par oscillation moyenne
durant une période déterminée, la racine carrée du terme
moyen des carrés des oscillations isolées. Quand plusieurs
périodes censées égales doivent être réunies, il ne faut
pas se borner seulement, pour avoir le terme moyen général, à prendre le terme moyen arithmétique résultant
d'oscillations partielles et moyennes, mais revenir aux
carrés de ces dernières, extraire le terme moyen arithmétique de ceux-ci et s'en tenir ensuite à leur racine
carrée.

C'est en exécutant ce calcul, sur les observations
faites pendant trois années, que les résultats suivants
ont été obtenus :

	8 HEURES DU MATIN.				1 HEURE APRÈS MIDI.			
	1	2	3	Moyenn.	1	2	3	Moyenn.
Avril............	74	126	205	147	129	101	264	180
Mai............	192	124	277	207	158	183	210	185
Juin............	172	171	199	181	95	151	217	162
Juillet............	213	213	287	250	119	184	252	193
Août............	264	253	269	262	175	165	307	225
Septembre.......	162	325	207	241	172	143	161	159
Octobre........	116	206	216	222	182	202	242	210
Novembre	79	205	308	218	170	173	126	158
Décembre.......	132	321	71	206	184	206	154	182
Janvier.........	146	274	138	196	174	212	154	182
Février.........	110	146	164	143	178	183	129	165
Mars..........	100	109	366	228	127	153	246	183
Moyenne.....	157	229	238	211	156	174	213	183

M. Gauss a donné aussi les oscillations les plus étendues qui ont été trouvées pendant les trois années d'observation, avant et après midi. Il a reconnu que la première, celle observée le 8 octobre, à 8 h. du matin, était plus grande de 20' 1" que n'avait été celle du 7 du même mois, et que la déclinaison observée dans l'après-midi du 24 avril 1836 dépassait de 13' 0" celle du jour précédent. Il est arrivé souvent aussi que la déclinaison du matin et celle du soir étaient parfaitement semblables. Dans les oscillations moyennes mensuelles, les deux extrêmes se rapprochent beaucoup plus; néanmoins la grande inégalité que l'on observe dans le mois pris isolément est d'autant plus remarquable sous ce rapport que l'oscillation moyenne, comme on peut le voir dans l'aperçu ci-dessus, observée dans la déclinaison moyenne, avant midi de mars 1837, comptait une étendue de 6' 6'', tandis que celle de décembre 1836, ne dépassait pas 1' 11".

On n'a pu encore déterminer, avec les résultats que l'on possédait en 1837, pour 8ʰ du matin et une heure de l'après-midi, si en général les oscillations plus étendues prédominent de préférence à telles ou telles heures.

En réunissant les observations du matin et celles de l'après-midi, on obtient les oscillations moyennes suivantes :

	1re ANNÉE.	2e ANNÉE.	3e ANNÉE.	MOYENNE.
Avril.............	108	114	237	164
Mai..............	176	156	215	196
Juin.............	139	161	208	172
Juillet...........	173	215	270	223
Août.............	221	214	289	244
Septembre........	167	251	185	204
Octobre..........	152	254	229	216
Novembre.........	133	190	235	191
Décembre.........	160	271	120	195
Janvier..........	160	245	146	189
Février..........	160	166	148	155
Mars.............	114	133	312	206
VALEURS MOYENNES.				
Juillet-Décembre....	170	234	228	213
Les autres mois.....	143	167	223	181
L'année entière.....	158	204	226	198

La 4ᵉ colonne nous montre que du mois de juillet à décembre, les oscillations sont plus grandes que durant les autres mois de l'année; mais comme les termes moyens 3' 33" et 3' 1" diffèrent très-peu entre eux, on ne peut guère en conclure que durant la première période les oscillations sont favorisées davantage qu'elles ne le sont dans la seconde, d'autant plus qu'une seule fois, de 1835 à 1836, les différences de ce genre ont été très-sensibles.

En comparant les trois années, l'inégalité des variations devient au contraire fort sensible ; le terme moyen obtenu pour la 3ᵉ année dépasse presque de moitié celui de la 1re, et il est très-possible, suivant MM. Gauss et Weber, que le terme moyen général 3' 18" déduit des observations faites jusqu'à ce jour, éprouve par la suite de notables variations.

Tels sont les résultats que MM. Gauss et Weber ont pu déduire des annotations de la déclinaison magnétique faites jusqu'en 1837.

Explications relatives aux annotations des termes et aux chiffres d'observation.

MM. Gauss et Weber ont tracé sur des cartes particulières les observations relatives aux variations des six termes de chacune des années 1836, 1837 et 1838; mais je ne parlerai seulement ici que des observations de 1836 qui suffisent pour donner une idée complète de la marche générale des variations. Ces tracés forment en tout 46 courbes provenant de 14 endroits différents, savoir : Berlin, Breda, Breslaw, Catane, Marbourg, Messine, Munich, Palerme, Upsal, Freyberg, Gœttingue, la Haye, Leipzig, Milan.

Les observations de Gœttingue sont immédiatement tracées d'après les parties de l'échelle indiquée sur l'un des côtés de la planche dans la plupart des termes, de sorte que pour chaque carré de réseau, on a adopté la hauteur de deux parties de l'échelle.

Dans le terme de janvier 1836, qui, jusqu'à présent, a offert les mouvements les plus grands de tous les termes, on a compté trois parties de l'échelle pour chaque hauteur carrée, afin de ne pas trop augmenter la hauteur de la feuille. Les nombres croissants désignent toujours un mouvement de l'aiguille dans la direction de gauche à droite, par conséquent des déclinaisons décroissantes à l'ouest.

Quant aux observations de Breslaw, Freyberg, la Haye et Leipzig, où les parties de l'échelle ont approximativement la même hauteur qu'à Gœttingue, le tracé est fait d'après la même proportion; seulement, au nombre trouvé dans chaque endroit, on a fait un changement pour placer les courbes à des distances convenables entre elles.

Pour les autres endroits où les parties de l'échelle ont des valeurs très-différentes, les nombres originaux ont été multipliés par un facteur qui exprime, autant que possible, par des nombres simples, le rapport entre les parties de l'échelle de Gœttingue; de cette manière, les différentes courbes dans chaque terme sont dessinées très-approximativement d'après la même échelle.

Dans les trois premiers termes, les hauteurs exprimées en côté du carré des petits réseaux répondent aux parties suivantes de l'arc.

	NOVEMBRE 1835.	JANVIER 1836.	JUILLET 1836.
La Haye	42,01	63,01	42,01
Gœttingue	42,25	63,38	42,25
Berlin	»	»	42,21
Breslaw	»	»	42,40
Leipsig	41,34	63,01	41,34
Marbourg	42,20	60,28	42,20
Munich	41,86	55,82	41,86
Milan	40,27	60,70	41,33
Palerme	42,07	»	»
Catane	»	41,56	»
Messine	»	»	43,06

Pour les trois derniers termes, la valeur des parties de l'échelle et le rapport d'après lequel ils ont été tracés sur le dessin, se trouvent auprès des chiffres d'observation.

Les courbes ont été dessinées approximativement d'après le temps moyen de Gœttingue indiqué en haut de chaque feuille, de manière que les mouvements simultanés se trouvent toujours dans la même ligne verticale. On s'est arrangé pour faire entrer les courbes les unes dans les autres.

Quelques remarques particulières auxquelles donnent lieu plusieurs des termes auront de l'intérêt pour le lecteur.

Le 28 novembre 1835 et la nuit suivante, les observations à Palerme furent fortement troublées par le *siroco;* on fut même obligé de les interrompre pendant une heure et demie, et on n'obtint que des déterminations incertaines : il est probable que la plupart des oscillations ne furent pas dues aux influences magnétiques; cependant, on n'a pas voulu exclure cette courbe, attendu que dans la dernière partie de la matinée du 29, où la

tempête était apaisée, on a trouvé une harmonie tout à
fait satisfaisante avec les résultats obtenus dans des lieux
situés plus au nord.

En général, les vents les plus violents restent sans
influence sur l'aiguille aimantée; très-souvent on observe,
à Gœttingue, pendant le plus violent ouragan, un état
extraordinairement tranquille de l'aiguille. Il en est de
même des orages, qui, non-seulement à Gœttingue,
mais encore en d'autres lieux, ont une influence peu visible sur l'aiguille aimantée.

Je rapporterai encore quelques observations relatives
aux mouvements qui ont eu lieu dans six termes. Dans
les trois premiers termes d'été, on peut voir au milieu de
toutes les grandes anomalies, apparaître le mouvement
régulier de chaque jour, en ceci seulement, que les courbes
montent dans les heures de l'après-midi, et descendent
dans celles de la matinée. Dans les trois termes d'hiver,
on peut à peine en apercevoir quelque chose; le tracé
régulier est envahi par le tracé irrégulier où il se perd
entièrement. Dans les années 1834 et 1835, il y a eu
quelques termes où la marche régulière n'a été troublée
par aucune anomalie considérable, tandis que les petites
anomalies n'ont jamais manqué.

Mais ce qui rend les mouvements anormaux si
remarquables, c'est le grand accord que l'on trouve jusqu'aux plus faibles nuances, en différents endroits; accord qui se montre même dans tous les lieux d'observation, seulement avec des valeurs différentes. MM. Gauss
et Weber n'ont pas cherché à expliquer ces divers effets,
qu'ils appellent des hiéroglyphes de la nature; ils se bor-
nent pour l'instant à observer des faits : voici quelques
réflexions qu'ils ont présentées à cet égard.

Les anomalies ne sont que de légers changements
dans la grande force magnétique terrestre, dus probablement à des effets magnétiques du globe, ou qui ont
lieu peut-être en dehors de notre atmosphère.

Il ne faut pas pour cela abandonner l'ancienne idée,
que la force magnétique principale a son siége dans la

partie solide du globe. Si, d'après l'opinion de quelques physiciens, l'intérieur de la terre était encore dans un état liquide, alors la solidification progressive offrirait l'explication la plus naturelle des changements séculaires de la force magnétique.

M. Gauss a remarqué que la plupart des anomalies sont plus petites, à beaucoup près, dans les lieux d'observation situés au sud, et plus grandes dans ceux placés au nord; par exemple, la hausse remarquable du 30 janvier 1836, entre 9 h. 25′ et 9 h. 40′, réduite à des parties de l'arc, se montre : à Catane, de 6; à Milan, 12; à Munich, 13 et ½; à Leipzig, 16; à Marbourg, 20; à Gœttingue, 26; à la Haye, 29′. Il faut déduire, à la vérité, quelque chose de cette inégalité, en ce que dans les endroits plus au nord, où la partie horizontale de la force magnétique terrestre a une moindre intensité que dans ceux du sud, des forces perturbatrices égales y produisent nécessairement une action plus forte que dans ces derniers. Cependant la différence des intensités depuis la Haye jusqu'à Catane étant peu considérable relativement aux inégalités observées, il en résulte que l'énergie de la force perturbatrice devient plus faible à mesure que l'on va vers le sud.

Les régions les plus septentrionales paraissent être, en général, le foyer principal d'où partent les plus fréquentes et les plus grandes actions perturbatrices.

Si l'on regarde attentivement ces perturbations, on trouve en divers endroits, dans les différents mouvements successifs, des variations considérables sous le rapport de leur grandeur, quoique, d'ailleurs, la ressemblance soit évidente. Ainsi, par exemple, souvent de deux saillies dans un endroit, la première est la plus grande, et, dans un autre endroit, au contraire, c'est la seconde. On est donc forcé d'admettre que dans le même jour et à la même heure, beaucoup de forces agissent, indépendantes peut-être les unes des autres, ayant différents siéges, et dont les actions se confondent dans des proportions fort inégales, en raison de leur position et de leur distance, ou qui peuvent s'influencer réciproquement, de manière que l'une commence à agir quand l'autre n'a pas encore cessé. Au milieu de ce conflit, il est difficile de suivre la marche du phénomène; cependant, M. Gauss pense que l'on parviendra à démêler ces diverses causes, lorsque la participation aux observations simultanées aura reçue une plus grande extension.

Je dis aussi qu'il n'est pas rare de trouver en des endroits particuliers un petit écart qui n'a pas son analogue dans d'autres lieux. Il serait peut-être un peu hasardé de considérer ces écarts comme une influence magnétique locale; il peut se faire qu'ils aient pour cause une erreur.

Restreint par les limites de cet ouvrage, je ne puis donner que les tableaux des variations diurnes pour le terme d'août 1836, afin que le lecteur puisse avoir sous les yeux un modèle d'annotations; on trouvera dans la planche XI, fig. 39, le tracé graphique des observations de ce terme.

1836, 17, AOUT.

GOETTINGUE. temps moyen.	Upsal. 17″ 83	La Haye. 21″ 00	Gœttingue. 21″ 13	Berlin. 20″ 67	Leipzig. 25″ 34	Munich. 13″ 95
23h 50′	—	—	—	10,90	—	—
55	—	22,6	—	13,01	—	—
0h 0	18,15	24,7	21,25	12,70	17,25	—
5	15,75	22,0	17,66	9,95	14,11	35,85
10	12,46	20,3	15,54	8,25	12,18	33,48
15	9,50	18,6	14,03	6,90	11,02	31,68
20	7,93	16,1	12,62	5,53	9,91	28,87
25	5,72	15,9	13,12	5,86	10,50	29,41
30	4,65	15,4	12,31	5,62	9,65	28,76
35	3,82	13,4	11,09	4,88	8,39	26,38
40	1,49	11,6	9,38	3,50	7,98	24,41
45	1,48	10,9	9,96	4,70	8,84	24,45
50	2,42	11,7	9,72	4,50	7,97	22,82
55	2,74	11,2	10,56	4,78	8,47	22,90
1h 0	1,99	11,4	10,46	4,43	7,83	22,11
5	4,36	11,7	11,32	5,16	8,54	23,11
10	2,68	9,6	7,69	3,69	8,17	18,21
15	0,64	7,0	5,87	2,51	5,70	15,37
20	2,49	8,2	7,82	2,99	6,12	15,53
25	3,49	10,0	10,34	4,09	7,01	17,28
30	4,96	9,6	10,32	4,23	6,48	16,89
35	2,52	6,6	11,60	2,54	4,41	12,16
40	0,00	3,9	8,34	0,96	2,42	7,34
45	2,22	2,1	2,15	0,16	1,96	4,30
50	0,16	1,1	2,33	0,40	0,00	2,84
55	1,90	0,7	2,49	0,00	0,85	1,76
2h 0	1,05	0,3	2,11	0,20	1,09	0,97
5	4,67	0,0	0,00	0,50	1,38	2,53
10	5,33	1,4	4,80	1,60	1,76	2,48
15	6,19	1,8	5,65	2,10	2,16	2,27
20	10,13	1,1	4,58	2,00	2,67	3,27
25	11,79	2,2	5,15	2,61	3,25	3,24
30	10,53	1,8	4,52	2,58	3,73	2,63
35	10,43	1,2	3,07	2,14	4,43	0,00
40	11,36	0,2	3,87	2,26	5,24	0,31
45	15,04	0,4	5,74	3,19	5,98	3,17
50	19,36	3,0	7,91	5,37	7,15	7,91
55	20,40	7,1	11,35	7,50	8,68	12,35
3h 0	25,54	8,5	14,02	9,86	10,63	16,98
5	22,88	9,2	14,01	10,23	10,40	18,04
10	17,54	7,6	10,96	8,37	9,35	17,14
15	18,59	5,7	10,05	8,81	11,42	18,08
20	18,80	7,4	11,96	9,55	11,27	19,21
25	22,28	9,2	15,06	11,56	13,07	23,04
30	23,89	10,9	17,16	13,69	14,46	30,99
35	23,01	11,2	17,66	14,55	15,66	28,84
40	23,30	11,7	20,26	15,86	17,36	32,32
45	23,32	11,0	19,24	15,38	17,31	32,49
50	25,92	11,5	20,54	17,20	19,76	35,98
55	28,41	16,7	25,16	20,23	22,56	41,22
	$\frac{5}{6}$	1	1	$\frac{6}{5}$	1	$\frac{2}{1}$

GOETTINGUE. temps moyen.	Upsal.	La Haye.	Gœttingue.	Berlin.	Leipzig.	Munich.
	17"83	21"00	21"13	25"34	20"67	13"95
4ʰ 0	30,09	19,8	27,88	21,27	23,91	44,47
5	31,62	20,4	28,88	22,28	24,16	47,23
10	27,87	20,1	29,04	22,56	25,06	48,65
15	26,10	21,2	28,57	22,03	25,04	49,56
20	26,38	21,0	28,44	21,70	25,29	50,23
25	29,08	20,7	28,74	22,67	26,14	51,87
30	31,78	21,6	29,66	22,94	26,90	53,70
35	31,33	23,9	31,36	24,06	28,33	56,63
40	34,08	25,0	32,62	25,11	29,13	58,54
45	38,04	23,5	32,86	26,56	31,45	61,70
50	41,26	26,6	37,38	28,59	33,25	65,20
55	41,77	28,1	38,71	29,52	34,47	67,50
5ʰ 0	43,78	30,4	40,81	30,47	36,03	71,48
5	44,27	30,5	40,22	30,48	36,80	72,33
10	41,24	29,5	38,07	29,26	36,29	71,01
15	35,76	28,0	35,88	27,71	35,15	70,24
20	29,02	28,1	35,40	26,44	33,63	69,08
25	23,29	23,6	27,50	22,30	28,90	61,69
30	23,29	17,3	25,16	21,13	28,94	61,97
35	26,13	20,7	28,34	22,29	30,26	64,05
40	31,80	24,3	32,46	25,05	32,92	68,97
45	34,35	25,5	34,46	26,18	33,80	70,93
50	37,25	28,9	37,84	28,30	35,50	74,31
55	38,58	29,6	38,69	29,16	37,09	76,73
6ʰ 0	39,33	32,2	40,36	29,88	37,59	78,69
5	37,00	31,5	38,46	29,27	36,83	77,64
10	37,86	31,7	—	29,27	37,50	78,82
15	37,64	31,7	38,39	29,33	37,51	78,71
20	38,36	34,0	40,42	30,69	38,49	80,40
25	38,60	34,6	40,66	30,55	83,89	81,15
30	40,23	34,8	40,32	29,45	39,11	80,75
35	41,98	36,4	41,85	30,19	39,77	81,91
40	42,76	39,1	43,28	32,77	40,53	83,70
45	43,03	39,2	42,66	31,53	39,91	82,71
50	42,33	39,3	42,31	31,36	39,47	82,19
55	41,03	38,8	40,92	29,07	38,48	81,03
7ʰ 0	37,91	37,5	38,56	29,30	37,10	78,82
5	35,09	36,7	36,66	27,40	35,69	76,79
10	31,33	34,3	34,15	26,00	34,51	74,41
15	33,81	33,8	35,12	28,06	35,69	76,14
20	37,21	34,7	37,46	28,64	37,80	78,67
25	41,51	35,2	39,70	31,12	40,03	82,56
30	43,23	36,9	41,47	31,93	40,72	84,26
35	36,39	26,9	39,55	31,24	39,13	84,84
40	37,81	38,3	41,12	31,05	40,36	85,92
45	46,96	38,5	44,80	33,05	43,09	90,39
50	57,29	40,6	47,91	36,77	46,65	95,27
55	46,50	44,2	47,46	35,62	44,08	94,09
	$\frac{5}{8}$	1	1	$\frac{6}{5}$	1	$\frac{2}{3}$

GOETTINGUE. temps moyen.	Upsal. 17" 83	La Haye. 21" 00	Goettingue. 12" 23	Berlin. 25" 34	Leipzig. 20" 67	Munich. 13" 95
8h 0	34,40	40,4	43,65	31,18	40,12	88,79
5	34,58	36,9	44,17	29,78	39,52	86,89
10	35,83	35,0	40,03	28,65	38,98	85,80
15	36,14	35,0	40,26	28,59	38,79	85,52
20	36,61	34,3	40,21	28,80	38,39	84,90
25	34,97	33,9	39,36	28,42	37,49	84,09
30	33,89	34,1	39,41	28,22	37,82	82,98
35	31,85	32,7	38,13	27,13	36,59	81,12
40	26,99	32,8	36,56	25,42	34,34	77,93
45	23,80	30,6	34,26	24,11	33,60	76,64
50	24,22	28,9	33,53	22,58	33,00	75,54
55	26,34	28,2	33,94	23,58	32,80	75,17
9h 0	29,03	29,2	36,31	25,01	35,00	78,42
5	33,57	31,4	39,38	27,11	36,50	81,19
10	35,31	33,2	40,91	28,08	37,16	82,56
15	33,52	31,2	38,94	27,25	36,37	81,05
20	33,41	31,7	39,97	28,05	36,70	82,10
25	30,50	30,5	38,16	26,40	35,86	80,67
30	30,45	31,3	39,21	27,09	36,82	82,36
35	33,69	33,3	42,52	29,14	40,16	86,85
40	36,95	40,6	48,35	33,60	43,80	94,41
45	39,29	46,7	53,06	36,54	47,30	100,54
50	49,73	50,9	57,61	39,66	49,24	104,44
55	46,67	50,2	56,16	38,70	48,48	103,34
10h 0	36,43	48,9	53,37	36,24	45,87	99,98
5	56,57	41,7	44,97	30,90	41,14	93,19
10	20,72	37,7	38,46	26,52	36,89	86,24
15	21,53	34,9	36,63	25,80	37,57	86,51
20	35,91	38,2	42,87	29,96	42,44	93,51
25	45,41	45,1	52,49	36,55	48,03	92,81
30	50,82	48,8	57,36	39,74	50,47	107,07
35	51,59	50,2	57,62	39,70	49,59	106,17
40	44,90	47,2	53,19	36,97	48,04	103,56
45	42,18	48,0	53,70	37,23	47,78	102,19
50	39,46	47,5	51,23	35,65	45,70	99,55
55	39,92	45,1	47,88	34,12	53,57	95,95
11h 0	40,79	39,3	42,95	30,55	40,94	91,63
5	41,63	36,1	42,31	29,60	40,18	88,89
10	43,71	35,2	44,13	30,93	41,40	90,14
15	43,65	37,7	45,76	31,79	41,27	89,89
20	42,52	38,2	44,95	31,70	41,07	90,29
25	43,62	38,1	46,14	32,02	40,71	89,49
30	38,93	33,8	41,06	28,38	38,14	84,59
35	38,77	33,7	40,06	28,03	38,12	84,20
40	37,55	36,0	43,62	30,38	40,21	89,15
45	42,05	38,1	45,66	32,04	41,94	91,18
50	43,70	39,1	47,51	33,04	42,01	91,16
55	42,68	37,6	45,41	31,80	41,33	89,80
	$\frac{5}{6}$	1	1	$\frac{6}{5}$	1	$\frac{2}{3}$

GOETTINGUE. temps moyen.	Upsal. 17"83	La Haye. 21"00	Goettingue. 21"13	Berlin. 25"54	Leipzig. 20"67	Munich. 13"95
12h 0	42,57	38,1	45,38	31,85	40,70	88,81
5	43,77	36,6	45,51	31,20	40,15	89,40
10	44,49	36,3	45,34	31,89	39,82	88,07
15	40,94	35,6	42,71	29,57	37,13	83,83
20	38,18	31,8	39,49	27,70	35,97	82,29
25	40,70	32,2	40,48	28,38	36,98	83,51
30	41,26	33,6	41,85	28,91	37,38	84,13
35	39,23	33,7	41,15	28,66	36,54	82,91
40	37,01	32,2	38,81	27,00	35,57	81,81
45	39,84	32,5	41,08	28,57	37,07	84,19
50	41,48	33,8	42,97	29,02	37,70	85,32
55	39,59	33,3	40,84	27,89	36,23	83,16
13h 0	40,25	32,7	40,66	28,30	36,91	84,12
5	39,27	32,2	39,96	27,61	35,42	81,68
10	38,49	31,2	39,94	27,09	35,23	81,47
15	39,38	31,2	40,40	27,64	35,63	81,67
20	40,19	31,5	40,72	27,63	35,61	81,47
25	39,54	32,6	40,85	27,71	35,79	81,61
30	37,94	33,2	41,02	27,88	35,45	81,28
35	42,10	32,2	39,71	26,61	34,04	78,47
40	33,17	28,6	34,86	23,80	30,87	73,07
45	29,78	24,9	31,12	20,94	28,57	69,27
50	28,57	25,9	30,41	21,07	27,91	67,45
55	27,81	24,6	29,97	21,12	27,66	66,71
14h 0	26,15	24,3	29,02	20,09	27,11	65,84
5	24,84	23,7	28,71	19,56	26,70	65,49
10	24,45	24,4	29,10	19,88	26,84	66,02
15	25,63	25,7	30,92	21,19	28,18	68,45
20	25,66	27,6	32,62	20,45	29,22	70,88
25	26,71	28,5	34,87	22,73	30,24	72,65
30	28,99	30,1	36,62	23,30	31,54	74,52
35	32,05	31,0	37,74	24,51	32,58	76,10
40	34,02	30,7	38,62	24,72	32,77	75,42
45	33,98	28,0	36,46	23,40	31,35	73,26
50	34,49	26,0	35,20	22,43	30,62	71,19
55	36,02	24,3	34,41	22,88	30,11	69,76
15h 0	37,49	22,7	33,12	22,39	29,08	68,63
5	33,34	22,5	30,74	20,97	27,89	66,98
10	34,58	21,7	30,92	21,94	28,97	68,81
15	29,20	21,7	29,18	19,73	26,11	64,55
20	30,06	22,9	30,96	21,32	28,21	68,31
25	31,55	25,2	34,34	24,05	30,77	72,68
30	35,35	29,3	38,68	26,67	34,37	78,61
35	38,52	34,5	43,84	29,85	36,04	82,66
40	39,82	35,3	45,41	30,31	38,38	85,13
45	42,38	37,1	47,81	32,50	40,15	88,19
50	42,02	38,4	48,89	33,25	41,24	89,89
55	41,59	39,3	49,83	33,89	41,95	91,49
	$\frac{3}{4}$	1	1	$\frac{6}{5}$	1	$\frac{2}{3}$

GOETTINGUE. temps moyen.	Upsal. 17″83	La Haye. 21″00	Gœttingue. 21″13	Berlin. 25″34	Leipzig. 20″67	Munich. 13″95
16h 0	43,39	40,1	50,10	34,18	43,09	92,60
5	47,59	40,8	51,21	35,78	44,58	94,87
10	49,54	41,1	50,87	36,93	45,15	95,73
15	55,24	41,1	52,34	38,13	47,43	99,47
20	56,74	44,0	55,93	41,05	49,04	102,52
25	54,41	45,0	55,16	40,90	48,52	101,72
30	51,20	43,8	52,86	38,60	47,59	100,13
35	51,55	42,1	51,72	37,83	47,15	99,61
40	53,63	42,7	52,14	38,24	48,37	101,21
45	54,23	43,1	52,32	38,66	48,03	100,24
50	49,50	41,2	49,74	36,08	48,15	101,10
55	55,75	43,5	53,01	39,15	49,42	103,31
17h 0	54,77	43,5	53,23	39,73	49,51	104,02
5	58,43	43,5	53,76	41,16	52,18	108,98
10	60,13	47,7	57,39	42,53	52,60	108,54
15	56,85	46,6	55,74	41,84	52,62	108,69
20	53,66	47,4	54,20	39,21	50,09	105,64
25	54,54	46,8	56,21	41,76	53,57	111,47
30	56,54	50,4	58,98	43,03	54,07	112,71
35	56,68	51,2	59,00	42,96	54,42	113,61
40	54,27	50,2	57,67	41,84	53,83	110,39
45	53,34	48,0	55,80	41,09	53,90	111,88
50	50,68	46,7	54,73	40,05	51,64	108,93
55	61,42	51,9	63,22	46,28	57,32	117,59
18h 0	59,71	53,5	61,96	45,22	57,65	118,37
5	60,82	53,5	63,31	45,98	58,64	119,82
10	55,96	52,4	60,58	43,80	56,77	118,43
15	58,14	53,7	62,69	45,61	58,00	120,37
20	60,92	54,3	63,86	47,24	60,22	124,06
25	61,71	55,8	61,94	46,72	59,80	123,76
30	63,33	55,8	65,62	48,18	61,50	126,55
35	63,05	57,0	70,29	47,47	61,51	126,65
40	65,12	59,0	68,35	49,11	58,24	129,51
45	66,69	60,9	69,62	50,04	64,71	133,10
50	64,20	60,6	69,61	59,00	62,58	130,06
55	64,10	57,8	67,84	48,08	63,48	132,32
19h 0	62,43	59,8	67,15	48,28	61,69	129,38
5	59,92	58,9	63,76	46,73	64,05	131,39
10	64,65	63,7	69,02	49,78	63,12	131,85
15	63,62	61,5	67,56	49,41	65,55	137,80
20	65,19	67,0	69,88	50,23	64,22	134,40
25	64,62	65,9	67,62	48,99	63,81	133,61
30	66,63	67,4	69,87	50,84	65,11	134,65
35	67,42	68,7	70,83	51,23	65,70	132,46
40	66,26	68,3	69,43	50,11	64,97	131,21
45	66,38	69,6	67,74	50,50	63,47	127,88
50	62,98	68,8	68,11	48,38	61,97	124,25
55	61,19	65,7	68,05	47,16	60,95	122,92
	$\frac{3}{4}$	1	1	$\frac{6}{5}$	1	$\frac{2}{3}$

GOETTINGUE. temps moyen.	Upsal. 17"83	La Haye. 21"00	Gœttingue. 21"13	Berlin. 25"34	Leipzig. 20"67	Munich. 13"95
20h 0	60,88	67,1	66,50	46,87	60,68	122,44
5	58,24	66,0	67,86	45,75	58,43	118,19
10	58,07	66,3	63,69	46,10	59,47	119,80
15	57,43	65,5	63,14	45,46	58,30	119,42
20	59,83	64,8	64,35	46,32	58,98	120,49
25	60,30	63,3	66,20	47,19	60,25	124,61
30	64,38	62,5	67,23	47,73	60,26	129,63
35	58,07	60,9	64,71	45,83	58,51	122,79
40	57,70	60,0	64,22	45,53	58,38	120,49
45	55,92	58,6	62,58	43,99	56,87	118,30
50	56,21	58,4	62,24	43,76	56,58	117,66
55	58,92	57,7	63,48	44,69	58,35	119,50
21h 0	54,65	60,7	62,84	43,78	56,02	114,99
5	53,21	58,4	62,47	42,80	55,73	114,68
10	47,04	60,5	57,26	40,63	51,78	107,77
15	46,65	55,0	56,30	39,84	50,54	105,58
20	45,87	53,9	56,10	38,90	50,95	106,00
25	45,35	54,7	55,22	37,64	49,45	101,44
30	41,71	54,7	52,16	35,00	46,46	95,92
35	36,53	48,4	46,18	41,27	42,93	90,63
40	37,45	45,9	44,88	30,36	42,59	89,33
45	38,41	45,8	45,04	30,49	41,95	87,81
50	36,44	44,9	43,78	29,93	41,01	86,93
55	36,72	44,7	43,93	30,11	41,11	87,61
22h 0	38,88	42,8	43,93	31,33	41,72	90,65
5	37,42	41,8	45,23	30,68	40,37	86,50
10	34,39	40,9	42,70	29,09	38,26	82,33
15	31,84	39,9	40,22	27,39	36,54	78,79
20	30,14	37,9	38,62	25,80	35,25	76,45
25	27,96	36,4	36,66	24,39	33,29	73,58
30	26,03	35,8	35,78	23,63	32,59	72,02
35	25,40	35,2	35,12	22,69	30,31	71,83
40	22,25	32,9	32,20	20,70	28,63	68,41
45	11,60	32,0	31,41	19,94	27,42	62,16
50	11,19	30,5	30,67	19,28	27,00	60,43
55	10,28	30,0	30,42	18,84	26,32	59,64
23h 0	9,74	29,0	29,91	18,04	25,08	57,36
5	16,24	30,1	28,22	16,81	22,99	52,87
10	14,40	26,7	26,33	14,59	21,75	50,00
15	13,66	23,7	25,04	14,01	21,51	49,73
20	11,69	22,9	23,61	13,17	19,71	45,89
25	9,83	20,1	21,79	12,15	18,91	44,65
30	10,39	21,9	23,36	13,46	20,42	46,51
35	11,03	23,5	24,71	14,12	20,69	46,43
40	11,96	23,7	26,01	15,00	20,77	45,74
45	10,51	21,6	25,03	14,68	20,99	46,11
50	10,07	21,5	24,65	13,92	19,87	43,69
55	8,24	19,2	22,69	12,95	18,86	42,13
0h 0	6,17	17,2	20,86	11,46	17,88	41,77
5	7,19	17,4	21,14	11,74	—	37,04
10	3,34	—	17,30	8,88	—	—
	$\frac{5}{6}$	1	1	$\frac{6}{5}$	1	$\frac{2}{3}$

CHAPITRE III.

DES OBSERVATIONS D'INCLINAISON FAITES EN DIFFÉRENTS POINTS DU GLOBE.

Les observations relatives à l'inclinaison ont occupé les voyageurs non moins que celles de la déclinaison; aussi en trouve-t-on un grand nombre dans les relations qu'ils ont publiées; mais elles paraissent avoir moins d'importance, en raison du rôle que jouent les déclinaisons dans la détermination des méridiens magnétiques, dont je démontrerai plus loin l'utilité, pour l'étude du magnétisme terrestre. Dans l'impossibilité où je suis de les reproduire toutes ici, je donnerai seulement, quelques séries complètes d'observations, non-seulement comme modèles à suivre, mais encore pour faire connaître la marche de l'inclinaison dans diverses parties du globe.

En étudiant cette marche, et partant de Paris, se rendant vers le nord, on a trouvé que le pôle austral de l'aiguille s'abaisse de plus en plus au-dessous de l'horizon; que l'inclinaison augmente en même temps que la latitude, et que dans les régions polaires, il existe des points où elle est de 90°.

En se dirigeant au contraire dans l'hémisphère austral, on a reconnu que l'inclinaison diminue avec la latitude, et qu'il existe, non loin de l'équateur, des points où l'aiguille est sans inclinaison. Au delà de ces points, l'inclinaison recommence, mais dans un sens inverse et continue à augmenter jusque vers le pôle où elle est de 90°. La courbe qui comprend tous les points, où l'aiguille aimantée est sans inclinaison, a été nommée *équateur magnétique*; et les points où l'aiguille est verticale, *pôles magnétiques*. Toutes les observations d'inclinaison tendent à trouver, non-seulement la position de ces derniers, mais encore celles de l'équateur; mais pour l'instant, je ne m'occuperai que des observations d'inclinaison en général, et je commencerai par celles qui ont été faites par M. de Humboldt, dans les années 1798-1804, depuis les 48° 5o' de latitude boréale jusqu'au 12° de latitude australe, et depuis les 3° 2' de longitude orientale jusqu'au 106° 27' de longitude occidentale, en France, en Espagne, aux îles Canaries, dans l'océan Atlantique, en Amérique et dans la mer du Sud; j'y joindrai ensuite les observations qu'il a faites en 1805 et 1806, conjointement avec M. Gay-Lussac, en Suisse, en Italie et en Allemagne; et celles qu'il a recueillies en 1829 pendant son voyage dans l'Oural, l'Altaïe et la mer Caspienne.

Dans les tableaux suivants, on trouvera une colonne destinée aux intensités magnétiques, que je n'ai pas voulu enlever, afin de ne pas scinder les observations. J'ai tenu à donner complétement ces dernières, non-seulement en raison de leur importance, mais encore parce que M. de Humboldt a indiqué dans chaque station la nature du terrain, qu'on néglige peut être à tort, car on ignore jusqu'à quel point la composition des roches exerce une influence sur les phénomènes magnétiques terrestres.

Dans l'ouvrage de M. de Humboldt, les intensités magnétiques ne sont représentées que par le nombre des oscillations de l'aiguille, ce qui ne permet pas de pouvoir les comparer immédiatement entre elles. Pour éviter cet inconvénient, nous les donnons ici exprimées en rapports, tels qu'ils résultent du calcul qui en a été fait par M. Duperrey. L'intensité à Paris ayant été prise pour unité, on pourra lui substituer la valeur que l'on voudra, pourvu que l'on multiplie en même temps tous les rapports par cette valeur.

TABLEAU *des observations d'intensité et d'inclinaison faites dans les années 1798—1804, en France, en Espagne, aux îles Canaries, dans l'océan Atlantique, en Amérique et dans la mer du Sud.*

LIEUX D'OBSERVATION.	ÉPOQUES. — 1798-1804.	INTENSITÉ de la force magnétique.	INCLINAISON de l'aiguille aimantée (div. cent.).	LATITUDE des lieux d'observation.	LONGITUDE des lieux d'observation.	HAUTEUR des lieux d'observation (en mètres).	TEMPÉRATURE de l'air (centig.).	NATURE DES ROCHES VOISINES ET REMARQUES.
FRANCE.								
1 Paris............	Octobre...	1,0000	77° 62' N.	48° 50' 14" N.	0° 0' 0"	65	17°	1 Conjointement avec M. de Borda. Formations tertiaires. Déclinaison magnét. 22° 15' N. O.
2 Marseille.........	Octobre...	0,9596	72 97	43 17 49	3 2 0 E.	30	20	2 Conj. avec MM. Thulis et Blaucpain. Décl. mag. 20° 55' 30" (obs. de la marine). Nagelflouhe.
3 Nîmes...........	Décembre..	0,9596	73 10	43 50 8	2 1 30	25	9	3 Coteaux de la formation crayeuse.
4 Montpellier......	Janvier....	1,0000	73 75	43 36 16	1 32 30	45	6	4 Conjointement avec M. Chaptal. Sables et grès coquilliers (subapennins).
5 Perpignan........	Janvier-...	1,0246	73 27	42 42 3	0 33 54	17	8	5 Dépôts de transport reposant sur des sables coquilliers tertiaires.
ESPAGNE.								
6 Gerona..........	Janvier....	0,8967	72 28	41 52 0	0 27 0	....	8	6 Granite, gneiss.
7 Barcelone........	Janvier....	1,0000	72 32	41 23 8	0 9 35 O.	12	10	7 Granite. A l'observatoire de M. Méchain. }
8 Cambrils.........	Février....	0,9676	71 27	40 55 0	1 35 0	5	12	8 Calcaire secondaire.
9 Valencia	Février....	0,9200	71 26	39 28 42	2 45 5	17	14	9 Calcaire secondaire, grès.
10 Madrid..........	Mars....	0,9596	75 67	40 25 5	6 2 30	7	....	10 Formations secondaires. Décl. m. 22° 2' 0" NO.
11 Guadarama.......	Mai......	0,9596	73 95	40 39 0	6 29 0	13	....	11 Granite.
12 S. Xidrian.......	Mai......	0,9200	72 87	....	....	15	....	12 ——
13 Medina del Campo..	Mai......	0,9596	74 05	41 24 0	7 5 0	....	....	13 Calcaire jurassique.
14 Villa el Pando.....	Mai......	0,9596	74 27	41 58 0	7 48 0	....	....	14 Formations secondaires.
15 Villafranca........	Mai......	0,9596	76 62	42 38 40	8 22 15	17	....	15 Schiste de transition.
16 Sobrado..........	Mai......	1,0246	76 20	....	....	....	....	16 Schiste ferrugineux.
17 Ferrol...........	Juin......	0,9357	76 61	43 29 30	10 35 15	14	....	17 Conjointement avec M. Herera. Granite, mi caschiste.
OCÉAN ATLANTIQUE ET ÎLES CANARIES.								
18 Sur mer	Juin	0,9756	75 76	38 52 0	16 22 0	....	16	18 Bonne observation.
19 Sur mer..........	Juin	0,9756	75 35	37 26 0	16 32 0	....	15	19 Calme entre le cap Saint-Vincent et les Açores.
20 Sur mer..........	Juin	0,9122	73 00	34 30 0	16 55 0	....	16	20 Calme plat.
21 Sur mer..........	Juin	0,9357	71 90	31 46 0	17 4 0	....	17	21 Dout. surtout l'intensité (à l'est de Madère).
22 Rade de Sainte-Croix de Ténériffe......	Juin......	0,9137	69,35	28 28 30	18 33 5	....	19	22 ...
23 Sur mer	Juin......							

21 Dout. surtout l'intensité (à l'est de Madère).

22 Rade de Sainte-Croix de Ténériffe	Juin	0,9137	69,35	28 28 30	18 33 5	......	19	22 Bonne. Laves basaltiques.
23 Sur mer	Juin	0,9516	67,60	24 53 0	20 58 0	......	21	23 Très-bonne ; au S. E. du cap Bajador.
24 Sur mer	Juin	0,9257	61,65	21 29 0	25 42 0	......	20	24 Très-bonne. Cent lieues au nord des îles du cap (Vert.
25 Sur mer	Juin	0,9279	63,52	19 54 0	28 45 0	......	19	25 Bonne.
26 Sur mer	Juillet	0,9516	56,30	14 15 0	48 3 0	......	23	26 Bonne.
27 Sur mer	Juillet	0,9122	50,67	13 2 0	53 15 0	......	21	27 Inclinaison bonne ; intensité douteuse.
28 Sur mer	Juillet	0,9357	47,05	11 1 0	64 51 0	......	23	28 Bonne.
29 Sur mer	Juillet	0,8736	46,95	10 46 0	60 54 0	......	25	29 Bonne. 4 lieues au N. de la côte montagneuse de Paria.
PROVINCE DE NUEVA ANDALUSIA.								
30 Cumana	Août	0,8736	43,65	10 27 52	66 30 0	10	26	30 Conglomérat à ciment calcaire. Déclin. magn. 4° 13' 15" N. E. La seconde observation après le tremblement de terre du 4 mars.
	Novembre	......	42,75	....	....	....		
31 Quetepe	Septembre	......	42,70	10 24 0	60 27 0	372	28	31 Formation calcaire.
32 Cerro del Imposible	Septembre	0,9044	42,51	10 26 0	66 26 8	480	24	32 A la Casa de la Polvora ; calcaire alpin.
33 Cumanacoa	Septembre	0,8660	42,60	10 16 11	66 18 50	202	22	33 Calcaire poreux.
34 Plateau du Cocollar	Septembre	0,8736	42,10	10 9 37	66 19 21	795	21	34 A la pente du Turimiquiri.
35 Couvent de Carisse	Septembre	0,8736	42,75	10 10 14	66 13 47	804	19	35 Formations calcaires. Déclinaison magnétique 3° 15' N. E.
PROVINCE DE VENE-ZUELA.	**1800.**							
36 Caracas	Janvier	0,8967	42,90	10 30 50	69 25 0	870	17	36 A la Trinidad, gneiss. Déclin. magnétique. 4° 38' 45" N. E.
37 Silla de Caracas	Janvier	0,8813	41,90	10 31 5	69 21 38	2631	11	37 Schiste micacé. Sommet oriental de la Silla.
38 Venta de Avila	Janvier	0,9122	41,75	10 33 9	69 27 47	1182	19	38 Gneiss avec couches de calcaire grenu.
39 La Guayra	Janvier	0,9357	42,20	10 36 19	69 27 0	8	26	39 Gneiss. Déclinaison magnét. 4° 20' 35" N. E.
40 Hac. de Cura	Février	0,8813	41,20	10 15 40	70 15 12	441	22	40 Vallées d'Aragua, granite. Déclin. magnét. 4° 48' 15" N. E.
41 Hac. del Tuy	Février	0,8660	41,60	10 16 44	69 47 35	576	22	41 Schiste micacé.
42 La Victoria	Février	0,9279	40,80	10 13 35	69 50 42	525	24	42 Granite recouvert de calcaire marneux. Perturbations magnétiques entre n° 41 et 42.
43 Nueva Valencia	Février	0,8359	41,75	10 9 50	70 33 48	456	23	43 Granite.
44 Calabozo	Mars	0,8216	38,70	8 56 8	70 10 40	102	27	44 Milieu des Llanos, grès. Déclin. magnétique 40° 54' 10" N. E.
PROVINCE DE VARINAS.								
45 San Fernando de Apure	Mars	0,8216	36,70	7 53 12	70 20 11	54	38	45 Conglomérat ferrugineux. Savanes de l'Apure.
PROVINCE DE LA GUAYANE.								
46 Carichana	Avril	0,8751	33,70	6 34 5	70 15 0	......	26	46 Granite.
47 Atures	Avril	0,8285	32,25	5 37 34	70 19 21	......	27	47 Première grande cataracte de l'Orénoque.
48 Maypures	Avril	......	31,10	5 13 32	70 37 33	182	31	48 Seconde grande cataracte.

LIEUX D'OBSERVATION.	ÉPOQUES. — 1800-1801.	INTENSITÉ de la force magnétique.	INCLINAISON de l'aiguille aimantée (div. cent.).	LATITUDES des lieux d'observation.	LONGITUDES des lieux d'observation.	HAUTEURS des lieux d'observation (en mètres).	TEMPÉRATURE de l'air (centig.).	NATURE DES ROCHES VOISINES ET REMARQUES.
49 S. Fernando da Atabapo	Mai	0,7990	29,70 N.	4° 2' 48" N.	70° 30' 46" O.	......	28°	49 Gneiss, près de l'embouchure du Rio Atabapo dans l'Orénoque.
50 San Balthasar	Mai	......	27,80	3 14 23	70 14 21	......	26	50 Granite.
51 Javita	Mai	0,7917	26,40	2 48 0	70 22 9	323	24	51 Syénite, au milieu de forêts épaisses sur les bords du Rio Temi.
52 San Carlos del Rio Negro	Mai	0,7773	22,60	1 53 42	69 58 39	248	22	52 Granite, au fortin.
53 Mandavaca	Mai	......	25,25	2 4 7	69 27 26	......	28	53 Syénite, au bord du Cassiquiare.
54 Esmeralda	Mai	0,7815	28,25	3 11 0	68 23 19	229	33	54 Gneiss, au pied du Duida.
55 S. Thomas de la Nueva Guayana	Juillet	8,8216	39,00	8 8 11	66 15 21	......	30	55 Schiste amphibolique.
PROVINCE DE NUEVA BARCELONA.								
56 Nueva Barcelona	Août	0,8359	42,20	10 6 52	67 4 48	8	27	56 Calcaire jurassique. Bord du Rio Nevery.
ÎLE DE CUBA.	1801.							
57 Havane	Janvier	1,0082	59,30	23 9 27	84 43 8	3	24	57 Dans le port ; formations calcaires. Serpentine de Guanavacoa.
ROYAUME DE LA NOUVELLE GRENADE.								
58 Carthagène des Indes.	Avril	0,9596	39,35	10 25 20	77 50 0	7	29	58 Au pied du Cerro de la Popa. Déclinaison magnétique 7° 2 N. E.
59 Mompox	Avril	0,8890	37,34	9 14 11	76 47 45	128	34	59 Grès, au sud des formations trappéennes. Déclinaison magnétique 7° 32' 10".
60 Morales	Mai	0,8813	36,15	8 15 30	76 21 15	137	32	60 Calcaire fétide. Phonolithe près Morocoyo.
61 Boca de Nares	Juin	0,8434	31,25	6 9 49	77 1 3	......	31	61 Grès.
62 Honda	Juin	0,8285	29,25	5 11 45	77 13 45	283	27	62 Grès avec kieselschiefer.
63 Santa Fé de Bogota	Août	0,8509	27,15	4 35 48	76 34 8	2661	18	63 Formations secondaires. Déclin. magnétique 7° 35' N. E.
64 Chapelle de Nra Sra de Guadalupe	Août	0,8359	26,80	......	......	3290	10	64 Un peu à l'est de Santa Fé de Bogota.
65 Ibague	Septembre	0,8549	26,95	4 27 23	77 40 5	1370	22	65 Grès au pied de la cordillière granitique de Quindiu.
66 Carthago	Octobre	0,7990	28,17	4 45 0	78 26 39	964	24	66 Vallée calcaire de Rio Cauca.
67 Popayan	Novembre	0,8285	23,05	2 26 17	79 0 9	1772	18	67 Porphyre trachytique.
68 Village de Purace	Novembre	0,8063	21,80	2 15 18	78 54 13	2643	13	68 Au pied du volcan.
69 Volcan de Purace	Novembre	......	20,30	2 18 50	78 47 30	4433	7	69 Sommet du volcan.
70 Almaguer	Décembre	0,7917	20,85	1 54 20	78 ...			

Lieu	Mois		Temp.	Latitude	Longitude	Mètres		Observations
… de Purace	Novembre..	0,8063	21,80	2 15 18	78 54 13	2643	13	67 Porphyre trachytique.
								68 Au pied du volcan.
69 Volcan de Purace	Novembre..	……	20,30	2 18 50	78 47 30	4433	7	69 Sommet du volcan ; trachyte avec obsidienne.
70 Almaguer	Décembre.	0,7017	20,85	1 54 29	79 15 21	2268	18	70 Micaschiste.
71 Pasto	Décembre.	0,7773	19,05	1 13 5	79 41 40	2615	16	71 A l'est du volcan trachytique de Pasto.
	1802.							
72 Villa de Ibarra	Janvier …	0,7629	16,52	0 21 0	80 38 40	2308	17	72 Pied du volcan d'Imbaburu.
ROYAUME DE QUITO.								
73 Quito	Février …	0,7917	14,85	0 14 05	81 4 38	2908	16	73 A la pente du volcan de Rucu-Pichincha.
74 Chillo	Mars …	0,8063	15,15	0 18 27	81 0 53	2614	18	74 Plaine de Cachapamba.
75 Caverne du Volcan d'Antisana	Mars …	0,8813	15,18	0 32 52	……	4860	17	75 Trachyte à base d'obsidienne.
76 S. Antonio de Lulumbaba	Juin…	0,8063	16,02	0 0 0	81 2 0	3487	22	76 Équateur géographique ; vallée étroite.
77 Alausi	Juin…	0,7845	10,70	2 13 22 S.	81 20 38	2432	18	77 Micaschiste.
78 Riobamba Nuevo	Juin…	0,7990	12,40	1 41 46	81 4 38	2890	21	78 Grande plaine couverte de ponces.
79 Cuença	Juillet…	0,7629	9,35	2 55 3	81 33 38	2633	19	79 Grès.
80 Loxa	Juillet…	0,7487	6,00	4 0 0	81 43 31	2063	16	80 Granite.
81 Gonzanama	Juillet…	0,7487	5,07	4 13 24	81 54 3	2092	17	81 Syénite porphyrique.
ROYAUME DU PÉROU.								
82 Ayavaca	Août…	0,7558	3,85	4 37 56	82 1 19	2742	26	82 Porphyre trappéen.
83 Gualtaquillo	Août…	0,7558	3,05	4 52 28	81 54 37	1275	21	83 Bords du Cachiyacu.
84 Guancabamba	Août…	0,7629	4,55	5 14 15	81 43 43	2003	17	84 Porphyre basaltique.
PROVINCE DE JAEN.								
85 San Felipe	Août…	0,7277	2,30	5 46 6	81 56 49	1914	22	85 La plus petite des intensités que j'aie observées.
86 Huertas de Pucara	Août…	0,7487	1,50	5 56 0	81 44 5	965	27	86 Porphyre amphibolique.
87 Passo de Chamaya	Août…	0,7487	3,03	6 10 0	……	507	28	87 Grès.
88 Bords de la rivière des Amazones	Août…	0,7487	3,35	5 47 47	81 8 19	377	30	88 Vis-à-vis la cataracte de Rentema.
89 Tomependa	Août…	0,7558	3,55	5 31 28	80 57 30	403	23	89 Bords du Rio Chinchipe.
ROYAUME DU PÉROU.								
90 Montan	Septembre.	0,7487	0,70	6 33 9	81 10 45	2650	18	90 Dans une ferme, près du village de Santa Cruz.
91 Micuipampa	Septembre.	0,7417	0,42	0 44 25	81 0 30	3618	7	91 Calcaire argentifère du Cerro de Hualgayoc.
92 Caxamarca	Septembre.	0,7558	0,15 S.	7 8 38	30 55 37	2859	15	92 A l'ouest des trachytes de Yanaguanga.
93 Truxillo	Septembre.	0,8137	2,15	8 5 40	81 23 37	63	17	93 Au S. O. de la Campana de Truxillo.
94 Santa	Octobre…	0,7558	4,55	8 59 3	80 57 46	87	16	94 Granite.
95 Casma	Octobre…	0,7417	6,12	9 38 0	80 56 8	5	17	95 Désert du Pérou.
96 Guarmey	Octobre…	0,7417	6,80	10 4 0	80 42 0	6	15	96 Désert.
97 Huaura	Octobre…	0,7487	9,00	11 3 5	79 57 0	3	15	97 Désert.
98 El Ramadal	Octobre…	0,8487	10,35	11 32 30	79 43 3	4	16	98 Presque au bord de la mer du Sud.
99 Lima	Octobre…	0,7990	11,10	12 2 34	79 27 45	174	18	99 Granite et roches diallagiques.

LIEUX D'OBSERVATION.	ÉPOQUES. 1803-1804.	INTENSITÉ de la force magnétique.	INCLINAISON de l'aiguille aimantée (div. cent.).	LATITUDES des lieux d'observation.	LONGITUDES des lieux d'observation.	HAUTEURS des lieux d'observation (en mètres).	TEMPÉRATURE de l'air (cent.).	NATURE DES ROCHES VOISINES ET REMARQUES.
MER DU SUD.	1803.							
100 Sur mer	Janvier	0,7917	9° 20' N.	5°12' 5"S.	....	0	23°	100 A 2 lieues au sud du Mearto. Calme.
101 Sur mer	Janvier	0,7845	11 00	3 2 0	82° 7' 0"O.	0	22	101 Près du Fondeadero de la Puna.
ROYAUME DE QUITO.								
102 Guayaquil	Février	....	11 95	2 13 0	82 18 10	10	31	102 Plaine d'alluvion.
MER DU SUD.								
103 Sur mer	Février	....	17 05	0 17 5 N.	....	....	25	103 à 113, par une mer peu calme.
104 Sur mer	Février	....	19 10	1 4 0	86 18 0	....	24	
105 Sur mer	Mars	....	22 20	2 18 0	86 27 0	....	20	Les observations 105 , 110 , 114 , 116 , 118 , bonnes à 1/2 degré près.
106 Sur mer	Mars	....	23 05	2 30 0	86 31 0	....	25	
107 Sur mer	Mars	....	21 60	2 27 0	88 11 0	....	26	
108 Sur mer	Mars	....	22 80	3 12 0	89 36 0	....	28	
109 Sur mer	Mars	....	23 40	3 55 0	91 6 0	....	31	Seulement bonnes à moins de 2° près, les observations 103 , 104 , 111 et 113.
110 Sur mer	Mars	....	23 70	4 55 0	92 11 0	....	32	
111 Sur mer	Mars	....	27 60	6 28 0	94 54 0	....	28	
112 Sur mer	Mars	....	30 30	8 55 0	99 47 0	....	25	Douteuses à 2° près, les observations 112 et 115.
113 Sur mer	Mars	....	34 50	10 27 0	102 11 0	....	27	
114 Sur mer	Mars	....	36 50	11 6 0	103 42 0	....	26	
115 Sur mer	Mars	....	38 50	12 23 0	105 34 0	....	22	
116 Sur mer	Mars	....	37 30	13 16 0	106 17 0	....	25	
117 Sur mer	Mars	....	39 50	13 51 0	106 22 0	....	21	
118 Sur mer	Mars	....	42 50	15 26 0	105 51 0	....	22	
ROYAUME DE LA NOU-VELLE-ESPAGNE.								
119 Acapulco	Mars	....	43 20	16 50 53	102 9 33	8	26	119 Granite.
120 Tepecacuilco	Mars	....	46 10	18 20 0	101 51 33	1012	36	120 Calcaire poreux traversé par la phonolithe.
121 Mexico	Décembre. 1804	0,9756	46 85	19 25 45	101 25 30	2278	20	121 Amygdaloïde poreuse. Décl. magn. 8° 8' N. E.
122 Queretaro	Août	....	47 85	20 36 39	102 30 30	1910	26	122 Porphyre schisteux.
123 Guanaxuato	Août	....	48 75	21 0 15	103 15 0	2084	21	123 Schiste de transition et porphyre. Déclinaison magnétique 8° 48' N. E.
124 Valladolid	Août	....	47 40	19 42 0	103 12 15	1951	23	124 Formations trappéennes.

TABLEAU *des Observations d'intensité et d'inclinaison magnétiques, faites en 1805 et 1806, en France, en Suisse, en Italie et en Allemagne, par MM. de Humboldt et Gay-Lussac.*

LIEUX des OBSERVATIONS.	INTENSITÉS.			INCLINAISON. (mesure ancienne.)	Latitude.	Longitude à l'Est de Paris.	Hauteurs au-dessus du niveau de la mer (en mètres).	NATURE DU SOL.
	Temps pour 60 oscillations horizontales.	L'intensité à Paris étant 1.	L'intensité à Paris étant 1,3482.					
1 Berlin.............	316,5	1,0164	1,3703	69° 53'	52° 31' 30"	11° 2' 0"	40	Sables.
2 Magdebourg.......	316,5	1,0342	......	69 35	52 8 4	0 18 44	76	Grès.
3 Gœttingue........	316,2	1,1002	1,3485	69 29	51 32 5	7 33 0	134	Calcaire coquillier.
4 Clèves...........	.....	......	......	70 8	51 47 40	3 40 51	....	Sables.
5 Heidelberg.......	.....	......	......	68 30	49 24 30	6 21 23	132	Granite.
6 Heilbronn........	.....	......	......	68 1	.. .. ..	.. .. ..	162	Grès.
7 Paris............	314,0	1,0000	1,3482	69 12	48 50 14	.. .. ..	65	Calcaire , gypse.
8 Tubingen.........	305,2	1,0065	1,3569	68 4	48 31 4	6 43 15	376	Grès.
9 Wellendingen.....	.....	......	......	67 57	48 8 49	6 22 15	410	Calcaire.
10 Villeneuve-sur-Yonne	306,4	......	......	.. ..	.. .. ..	.. .. ..	95	
11 Lacie-le-Bois......	.....	......	......	68 10	.. .. ..	.. .. ..	....	
12 Zurich	301,1	0,8685	......	67 27	47 22 0	6 12 30	426	Grès.
13 Lucerne..........	301,4	0,8431	......	67 10	.. .. ..	.. .. ..	430	Grès.
14 Altorf...........	301,5	0,9812	1,3228	66 55	.. .. ..	.. .. ..	494	Calcaire.
15 Ursern	302,2	8,9694	1,3069	66 42	.. .. ..	.. .. ..	....	Micaschiste.
16 Hosp. du St-Gothard.	299,4	0,9745	1,3138	66 12	.. .. ..	.. .. ..	2075	Granite de nouvelle formation.
17 Airolo...........	297,3	0,9707	1,3090	66 55	.. .. ..	.. .. ..	....	Micaschiste.
18 Como............	298,8	0,9720	1,3104	66 12	45 48 22	6 45 26	36	Calcaire.
19 Lyon............	296,4	0,9890	1,3334	66 14	45 45 52	2 29 9	186	Gneiss.
20 St-Michel........	294,5	1,0004	1,3488	66 12	45 23 17	.. .. ..	....	Schiste de transition.
21 Modène..........	.....	......	......	66 6	.. .. ..	.. .. ..	....	Schiste.
22 Lans-le-Bourg.....	297,1	0,9811	1,3227	66 9	45 17 40	.. .. ..	....	
23 Hospice du Mont-Cenis..	296,0	0,9970	1,3441	66 22	45 14 10	.. .. ..	2066	Micaschiste.
24 Turin...........	295,0	0,9970	1,3364	66 3	45 4 14	5 20 0	230	Serpentine.
25 Milan...........	295,5	0,9920	1,3121	65 40	45 28 5	6 51 15	128	Sables.
26 Pavie...........	291,5	0,7361	.....,	65 26	45 10 47	6 49 33	86	
27 Plaisance.........	.....	......	......	65 0	45 2 44	7 22 17	....	Sables.
28 Parme	.....	......	......	65 7	44 48 1	8 0 19	93	
29 Modène..........	.....	......	......	64 55	44 38 35	8 34 58	....	
30 Bologne..........	290,3	0,7138	......	64 48	44 29 36	9 0 15	121	Grès.
31 Gènes...........	293,0	0,7243	......	64 45	44 25 0	6 38 0	10	Calcaire de transition.
32 Rimini...........	.....	......	......	63 48	44 3 45	10 12 36	6	
33 Faenza..........	.....	......	......	63 54	.. .. ..	.. .. ..	20	
34 Pezaro...........	.....	......	......	64 18	43 55 1	10 33 21	10	
35 Florence..........	290,0	0,9488	1,2782	63 57	43 46 30	8 55 0	74	Grès (Grauwakke).
36 Spoleto..........	.....	......	......	62 51	.. .. ..	.. .. ..	280	Calcaire jurassique.
37 Nocera	285,4	......	......	.. ..	.. .. ..	.. .. ..	....	Calcaire.
38 Rome...........	281,4	8,9377	1,2642	61 57	41 53 54	10 7 30	58	Laves basaltiques , tuf.
39 Tivoli...........	181,6	......	......	.. ..	.. .. ..	.. .. ..	240	Calcaire d'eau douce.
40 Naples..........	279,0	0,9453	1,2745	61 35	40 50 15	11 56 0	10	Laves anciennes.
41 Portici..........	274,2	0,9556	1,2883	60 50	.. .. ..	.. .. ..	16	Laves.
42 Ermitage de S. Salvador	279,0	0,9662	1,3026	62 15	.. .. ..	.. .. ..	588	
43 Cratère du Vésuve...	290,3	0,8851	1,1933	62 0	40 48 40	12 7 10	1052	Laves très-récentes.

OBSERVATIONS

Faites en 1829 dans l'Oural, l'Altaie et la mer Caspienne. L'inclinaison est la moyenne de deux mesures prises avec deux aiguilles différentes.

LOCALITÉS.	POSITION GÉOGRAPHIQUE.		INCLINAISON.	ÉPOQUES de L'OBSERVATION.
	Latitude N.	Longitude E. de Paris.		
Berlin............	. 52° 31 13″	. 11° 3′ 30″	... 68°30′,7 ...	... 9 avril 1829.
Kœnigsberg......	. 54 42 50	. 18 19 40	... 69 25,8 ...	... 17 —
Sandkrug........	. 55 42 13	. 18 47 30	... 69 39,8 ...	... 20 —
Pétersbourg......	. 59 56 31	. 27 59 30	... 71 0,7 ...	... 6 décembre.
Moscou..........	. 55 45 13	. 35 17 0	... 68 56,7 ...	... 6 novembre.
Kasan...........	. 55 47 51	. 46 47 30	... 68 26,7 ...	... 10 mai.
Ekaterinenbourg..	. 56 50 13	. 58 14 15	... 69 9,7 ...	... 15 juillet.
Beresowsk.......	. 56 54 0	. 58 24 15	... 69 13,2 ...	... 20 juin.
Nijne-Taghilk....	. 57 55 0	. 57 56 15	... 69 29,8 ...	... 30 —
Nijne-Tourinske..	. 58 41 0	. 57 55 15	... 70 58,7 ...	... 2 juillet.
Tobolsk.........	. 58 11 43	. 65 56 15	... 70 55,6 ...	... 23 —
Barnaul.........	. 53 19 0	. 81 46 0	... 68 9,8 ...	... 4 août.
Zmeinogorsk.....	. 51 8 0	. 80 25 0	... 66 5,5 ...	... 8 —
Ustkamenogorsk..	. 49 56 0	. 79 55 0	... 64 47,6 ...	... 20 —
Omsk...........	. 54 57 0	. 71 13 0	... 68 54,2 ...	... 27 —
Petropawlowski ..	. 54 52 0	. 66 48 0	... 68 18,4 ...	... 30 —
Troitzk.........	. 54 5 0	. 59 13 0	... 67 14,2 ...	... 5 septembre.
Miask..........	. 54 58 0	57 44 0	... 67 40,2 ...	... 6 —
Zlatooust.......	. 55 8 0	. 57 28 0	... 67 43,2 ...	... 9 —
Kyschtim.......	. 55 37 0	. 57 58 0	... 68 45,9 ...	... 12 —
Orenbourg.......	. 51 46 0	. 52 46 15	... 64 40,7 ...	... 25 —
Uralsk..........	. 51 11 0	. 49 2 0	... 64 19,3 ...	... 28 —
Saratov.........	. 51 31 0	. 43 44 0	... 64 40,9 ...	... 4 octobre.
Sarepta.........	. 48 30 0	. 41 59 0	... 62 15,9 ...	... 9 —
Astracan........	. 46 21 0	. 45 45 0	... 59 58,3 ...	... 20 —
Birutschicassa *...	. 45 44 0	. 45 18 0	... 59 21,6 ...	... 15 —
Woronesch......	. 51 39 0	36 54 0	... 65 12,0 ...	... 27 —

* Île située dans la mer Caspienne.

OBSERVATIONS

D'inclinaison les plus récentes.

LOCALITÉS.	DATES.		OBSERVATEURS.	INCLINAISON de l'aiguille.		
Gœttingue...............	23 juin	1832	Gauss.........	. 68°	22'	52"
Pekin.............	juin	1831	"	. 54	48	9
Pointe Turganain.....	id.........	1821	Franklin....	. 86	56	o
Fort Enterprise........	id.........	1821	id.........	. 86	58	o
Cumberland-House....	id.........	1821	id.........	. 84	35	o
id.............	id.........	1833	Back........	. 80	49	o
Factorerie d'York.....	id.........	1821	Franklin...	. 79	29	o
New-York...........	id.........	1833	Back........	. 73	14	o
Montréal............	id.........	1833	id.........	. 77	49	o
Ile à la Cross.........	id.........	1821	Franklin.....	. 84	13	o
id.............	id.........	1833	Back	. 80	35	o
Fort Chipeweyan.....	id.........	1821	Franklin....	. 85	23	o
id.............	id.........	1833	Back........	. 81	52	o
Fort Résolution.......	id.........	1833	id.	. 84	30	o
Fort Reliance........	id.........	1834	id.........	. 84	24	o
....	id.........	1834	id.........	. 86	13	o
Roche.............	id.........	1834	id.........	. 87	54	o
Pointe Beaufort......	id.........	1834	id.........	. 88	13	o
Ile Montréal....... ...	id.........	1834	id.........	. 87	45	o
Pointe Ogle..........	id.........	1834	id.........	. 87	26	o
Édimbourg, Greenhill.	id.........	1832	Forbes......	. 71	37	o
Reykiawik.......... .	3—14 juin	1836		. 76	50,0	
id................	12 juill., 8 août	1836	Commission	. 77	4,6	
Thingvellir...........	21 juin	1836	Scientique	. 76	4,2	
Hekla...............	29 juin	1836	d'Islande.	. 79	22,7	
Selsund.............	30 juin	1836		. 76	40,7	

Je vais donner les observations d'inclinaison faites dans le voyage du capitaine Parry, pendant 1819, afin demontrer la marche de l'inclinaison dans les hautes latitudes.

1819		POSITION GÉOGRAPHIQUE.		NOMS des OBSERVATEURS.	Nombre d'observations.	INCLINAISON.	LOCALITÉS et REMARQUES.
		Latitude.	Longitude de Greenwich.				
		° ′	° ′	CAPITAINES.		° ′	
Mars.		51 31 N.	00 08 O.	Sabine.	16	70 33,27 N.	A Regent'sPark, à Londres.
Juin	26	64 00	61 50	Parry. Sabine.	12 12	83 04,36 83 04,45	Détroit de Dawis; sur la glace se mouvant dans l'azimut, l'instrument souvent réajusté au méridien maguét.
Juillet	17	72 00	60 00	Sabine.	12	84 14,9	Baie de Baffin, sur la glace.
	31	73 31	77 22	Parry. Sabine.	12 12	86 03,29 86 04,19	Dans la baie, à Possession-Bay.
Août.	7	72 45,15	89 41	Sabine.	12	88 26,71	Dans la baie sur la côte E. de Regeut'sInlet.
	11	72 57	89 30	Parry. Sabine.	12 12	88 24,92 88 25,42	Sur la glace se mouvant dans l'azimut; à la fin des observ.,l'instrument était dévié de 15° sur le mérid. magn.
	15	73 33	88 18	Parry. Sabine.	12 12	87 35,74 87 36,16	Dans la baie sur le côté N. du détroit de Barrow; sur des rochers de pierre calcaire hauts de 6 ou 700 pieds.
	28	75 10	103 44	id.	12	88 25,58	Dans l'île de Byam'sIsland.
	30	74 55	104 12	id.	12	88 29,12	Sur la glace, à sept milles de la terre, à 400 mètres du vaisseau.
Sept.	6	74 47	110 34	id.	12	88 29,91	Dans la baie; baie de l'*Hécla* et du *Griper*, vent haut, sable flottant. Observ. indifférentes.

1819	POSITION GÉOGRAPHIQUE.		NOMS des OBSERVATEURS.	Nombre d'observations.	INCLINAISON.	LOCALITÉS et REMARQUES.
	Latitude.	Longitude de Greenwich.				
			CAPITAINES.			
Sept. 11	74° 27'	111° 42'	Sabine.	12	88° 36,95	Ile Melville.
				12	88 37,041	
Nov. 1, 2.				12	88 43,99	Observatoire ;
1820	74 47	110 48	id.	12	88 43,4	Winter - Har-
Juillet 17,						bour.
18, 19.				12	88 43,1	
Sept. 17	68 30	64 21	id.	14	84 21,42	Sur la glace, dans le détroit de Dawis.
Déc. 28	51 43	00 14	id.	12	70 33,5	Près de Lon- dres.

La série complète des observations d'inclinaison
faites par le capitaine Duperrey, et qu'on trouvera dans
les tableaux ci-joints, a un intérêt direct pour le lecteur, en ce qu'elle permet de suivre sans difficulté la
marche de l'inclinaison en s'écartant de l'équateur magnétique, que cet habile officier a coupé six fois durant
son voyage.

OBSERVATIONS *de l'inclinaison de l'aiguille aimantée faites par* M. L. I. DUPERREY.

LIEUX D'OBSERVATIONS.	DATE.	POSITION du lieu des observations.		DIRECTION du magnétisme.	
		Latitude.	Longitude.	Déclinaison.	Inclinaison.
	1822.				
Paris (observat.).	28 avril.	48° 50' 14" N..	0° 0' 0" ...	22° 11' N.O.	+ 68° 22,4
Toulon..........	2 juin.	43 7 36 ...	3 35 17 E..	19 20	+ 63 56,5
En mer.........	27 août.	29 53 0 ...	16 44 22 O..	21 0	+ 57 40,3
Ténériffe	29	28 28 10 ...	18 33 17 ...	21 0	+ 57 6,2
En mer.........	5 sept.	24 26 0 ...	22 27 36 ...	16 33	+ 55 22,2
Id.	9	15 49 26 ...	27 44 44 ...	15 15	+ 47 21,0
Id.	10	13 44 47 ...	27 46 8 ...	15 15	+ 45 6,3
Id.	17	6 59 39 ...	22 43 26 ...	12 0	+ 33 10,5
Id.	22	2 49 35 ...	24 0 48 ...	12 51	+ 26 36,7
Id.	23	1 18 14 ...	25 1 40 ...	12 57	+ 23 49,5
Id.	24	0 13 30 S..	25 18 23 ...	13 40	+ 19 41,9
Id.	25	1 40 9 ...	25 37 56 ...	12 45	+ 18 35,1
Id.	26	2 47 37 ...	25 49 52 ...	11 30	+ 18 13,6
Id.	27	4 34 52 ...	26 4 7 ...	12 30	+ 15 15,5
Id.	28	6 20 19 ...	26 14 32 ...	11 30	+ 11 7,0
Id.	1er oct.	11 13 56 ...	26 23 56 ...	8 0	+ 2 9,4
Id.	1er	11 42 31 ...	26 32 14 ...	8 0	+ 1 37,3
ÉQUATEUR MAGNÉTIQUE.					
Id.	2	12 55 12 ...	27 4 17 ...	8 0	— 0 11,0
Id.	2	13 24 40 ...	27 12 55 ...	8 0	— 0 51,3
Id.	3	14 42 30 ...	27 49 57 ...	9 0	— 3 13,2
Id.	4	16 43 16 ...	28 15 5 ...	8 0	— 6 28,8
Id.	5	19 30 29 ...	29 14 52 ...	7 56	— 11 1,2
Id.	7	21 11 27 ...	32 49 4 ...	3 20	— 12 42,0
Id.	13	25 33 12 ...	44 3 46 ...	5 10 N.E.	— 20 25,5
Id.	15	27 18 0 ...	48 52 30 ...	6 30	— 23 7,2
Santa-Catharina..	19	27 25 32 ...	51 0 40 ...	6 26,2 ...	— 22 53,5
En mer.........	9 nov.	40 0 0 ...	53 22 59 ...	11 0	— 41 34,1
Id.	15	48 45 16 ...	61 57 53 ...	17 21	— 51 11,2
Iles Malouines..	30	51 31 44 ...	60 31 32 ...	19 7,3 ...	— 54 41,4
	1823.				
En mer........	4 janv.	57 52 17 ...	79 10 48 ...	27 6	— 65 35,9
Talcahuano.....	1er fév.	36 42 0 ...	75 30 41 ...	16 16,4 ...	— 44 41,9
En mer........	16	28 28 3 ...	77 3 28 ...	11 37	— 33 38,1
Id.	17	26 14 28 ...	77 43 24 ...	13 19	— 30 5,1
Id.	18	23 56 54 ...	78 10 15 ...	13 0	— 27 11,6
Id.	20	21 53 55 ...	78 48 33 ...	11 23	— 24 17,2
Id.	21	19 42 42 ...	79 1 20 ...	9 47	— 20 11,5
Id.	22	16 51 58 ...	79 4 50 ...	9 16	— 14 50,2
Id.	23	14 6 18 ...	79 6 28 ...	0 33	— 9 54,6
Id.	24	13 0 0 ...	79 15 18 ...	8 2	— 8 25,6
Callao de Lima..	3 mars.	12 3 10 ...	79 36 50 ...	9 30	— 8 33,3
En mer........	5	11 17 54 ...	80 50 36 ...	8 27	— 7 5,9
Id.	6	10 5 21 ...	81 45 50 ...	8 32	— 4 7,6
Id.	7	8 53 53 ...	82 47 29 ...	7 42	— 2 19,3
Id.	7	8 23 26 ...	83 9 29 ...	7 42	— 1 41,3
Id.	8	7 43 7 ...	83 46 34 ...	8 23	— 0 1,4
ÉQUATEUR MAGNÉTIQUE.					
Id.	8	6 50 43 ...	83 45 27 ...	8 23	+ 1 50,8
Payta..........	12	5 6 4 ...	83 32 28 ...	8 55,6 ...	+ 4 6,1
ÉQUATEUR MAGNÉTIQUE.					

LIEUX D'OBSERVATIONS.	DATE.	POSITION du lieu des observations.		DIRECTION du magnétisme.	
		Latitude.	Longitude.	Déclinaison.	Inclinaison.
	1823				
En mer......	24 mars.	6°22'46"N.	86°3'23"O.	10°48' N-E.	— 0°51,3
Id.	25	7 32 11	87 25 36	10 47	— 3 50,7
Id.	2 avril.	18 8 52	100 12 0	8 10	— 27 36,3
Id.	4	17 36 12	104 39 50	7 6	— 27 14,0
Id.	6	17 16 29	108 29 0	6 15	— 27 46,9
Id.	9	16 51 0	115 54 21	5 23	— 27 29,8
Id.	12	16 51 6	125 30 30	5 38	— 27 35,8
Id.	15	16 53 22	132 8 30	5 50	— 27 42,7
Id.	21	18 38 41	137 57 56	4 51	— 30 12,5
Ile de Taïti.....	8 mai.	17 29 21	151 49 19	0 40,4	— 30 3,0
En mer......	17 juin.	19 22 41	172 42 0	10 19	— 37 18,2
Id.	26	22 38 28	179 6 48	8 24	— 40 57,5
Id.	27 juill.	20 45 7	170 44 18 E.	8 47	— 40 45,2
Id.	1er août.	12 3 0	165 22 4	10 21	— 29 29,7
Id.	3	10 22 0	162 27 4	7 12	— 25 37,0
Id.	6	7 50 0	157 6 4	7 39	— 21 55,9
Id.	8	5 16 40	153 40 4	6 36	— 20 8,2
Port-Praslin..	15	4 49 48	150 28 29	6 48,5	— 20 40,1
En mer......	23	3 27 40	148 34 41	5 0	— 17 28,1
Id.	27	3 5 0	141 43 43	5 12	— 17 57,1
Id.	29	1 37 16	137 52 26	2 10	— 16 17,6
Id.	30	0 20 0	135 59 15	2 0	— 12 41,5
Id.	31	0 4 36 N.	133 46 17	1 0	— 12 21,1
Id.	2 sept.	0 2 30	131 8 30	2 50	— 13 50,4
Havre d'Offak..	8	0 1 47 S.	128 22 39	1 1,7	— 13 34,3
Caïeli	29	3 22 33	124 46 0	0 31,8	— 20 8,4
Amboine	12 oct.	3 41 41	125 50 5	0 28,0	— 20 32,3
En mer......	1er déc.	13 30 53	111 26 15	0 39 N.O.	— 37 53,3
Id.	15	24 34 29	94 19 59	4 27	— 52 58,0
	1824.				
Id.	8 janv.	46 4 27	141 41 44	12 38 N.E.	— 73 8,2
Id.	12	43 33 48	151 31 48	11 39	— 70 25,7
Port-Jackson....	26	33 51 40	148 50 9	8 55,9	— 62 18,2
Parramatta	7 février.	33 48 42	148 35 18	8 42,5	— 62 26,7
Manawa.	9 avril.	35 15 17	171 51 6	13 21,6	— 59 34,9
En mer......	20	29 3 35	174 4 15	10 0	— 50 52,4
Id.	25	20 5 48	173 59 8	8 15	— 38 6,8
Id.	27	16 48 13	173 53 42	8 0	— 31 16,8
Id.	3 mai.	11 56 0	173 46 8	10 47	— 24 12,0
Id.	6	8 45 15	175 3 58	10 32	— 16 34,2
Id.	7	7 30 41	174 24 35	8 30	— 15 11,3
Id.	9	6 23 18	173 42 25	8 5	— 12 25,1
Id.	11	4 0 45	173 18 54	9 0	— 10 9,3
Id.	13	2 57 17	172 54 51	7 45	— 6 28,1
Id.	15	1 45 22	172 47 0	7 45	— 3 35,0
Id.	15	1 43 0	172 46 58	7 45	— 3 13,7
Id.	16	0 40 0	171 58 46	7 45	— 3 4,1
Id.	17	0 12 22 N.	171 3 4	8 2	— 2 20,5
Id.	18	8 52 55	170 38 48	8 40	— 0 31,5
ÉQUATEUR MAGNÉTIQUE.					
Id.	19	1 32 48	170 25 54	10 15	+ 1 12,5
Id.	24	3 39 19	169 38 55	8 1	+ 4 43,3
Id.	29	0 36 0	166 18 32	8 15	+ 6 11,1
Id.	1er juin.	5 4 8	164 4 58	10 0	+ 3 24,1
Ile Oualan....	6	5 21 25	160 40 42	9 20,5	+ 3 10,5
En mer.......	20	8 39 49	154 23 21	7 30	+ 5 21,7

LIEUX D'OBSERVATIONS.	DATE.	POSITION du lieu des observations.		DIRECTION du magnétisme.	
		Latitude.	Longitude.	Déclinaison.	Inclinaison.
	1824.				
En mer......	22 juin.	8° 15′ 53″ N..	151° 46′ 18″ E.	5° 38′ N-E..	+ 3° 49,3
Id.	23	7 40 24 ...	150 56 42 ..	4 0	+ 1 53,7
Id.	23	7 31 58 ...	150 47 9 ..	4 0	+ 1 52,5
Id.	23	7 25 0 ...	150 38 22 ..	4 10	+ 1 33,7
Id.	23	7 20 0 ...	150 31 44 ..	4 0	+ 1 15,0
Id.	24	7 27 0 ..	150 48 7 ..	5 0	+ 1 41,0
Id.	27	7 13 10 ...	149 13 20 ..	5 42	+ 1 11,2
Id.	4 juillet.	6 48 37 ...	145 2 36 ..	3 30	+ 0 3,7
Id.	4	6 50 38 ...	144 59 7 ..	3 30	+ 0 16,2
ÉQUATEUR MAGNÉTIQUE.					
Id.	7	6 20 56 ...	144 7 19 ..	3 0	— 2 00,0
Id.	13	0 40 11 ...	141 35 57 ..	0 53	— 12 13,9
Doreri	30	0 51 50 S..	131 45 7 ..	1 35,6 ...	— 14 35,6
En mer......	23 août.	6 11 0 ...	119 39 3 ..	1 0	— 24 2,1
Sourabaya	8 sept.	7 12 31 ...	110 23 2 ..	0 10,4 N.O.	— 26 38,6
En mer......	14	5 30 28 ...	105 43 17 ..	3 0	— 23 41,8
Id.	21	18 32 31 ...	81 43 30 ..	0 37	— 48 23,4
Ile de France....	25 oct.	20 9 19 ...	55 9 49 ..	13 46,2. ..	— 53 46,8
En mer......	23 déc.	29 1 52 ...	6 58 52 ..	25 30	— 41 17,3
Id.	20	20 23 8 ...	2 28 50 O.	21 50	— 25 43,7
	1825.				
Ile Ste-Hélène...	9 janv.	15 55 0 ...	8 2 55 ..	19 34,5....	— 15 3,2
En mer......	14	13 6 25 ...	11 9 28 .	18 45	— 8 47,3
Id.	15	10 46 51 ...	12 49 12 ..	18 40	— 3 4,5
ÉQUATEUR MAGNÉTIQUE.					
Id.	16	9 43 48 ...	14 13 31 ..	18 20	+ 0 1,9
Id.	17	8 16 0 ...	15 44 20 ..	17 0	+ 2 12,8
Ile de l'Ascension.	23	7 55 10 ...	16 44 26 ..	16 52,3. ..	+ 1 58,2
Dennemont (France).	1827. juin.	49 1 2 N..	0 39 30 ..	»	+ 68 34,8
	1834.				
Brest........	18 mars.	48 23 36 ...	6 49 36 ..	»	+ 68 19,8
Landevenec.	28	48 17 36 ...	6 35 9 ..	»	+ 68 11,5
Orléans........	28 juin.	47 54 9 ...	0 25 36 ..	»	+ 66 54,1
Paris........	10 sept.	48 50 14 ..	0 0 0 ..	»	+ 67 26,5

§ III. *Variations de l'inclinaison.*

L'inclinaison de l'aiguille aimantée est soumise, comme la déclinaison, à des variations continuelles.

Les tableaux suivants montrent les changements qui ont eu lieu dans l'inclinaison à Paris, depuis 1671 jusqu'en 1829.

Années.	Inclin.	Années.	Inclin.
1671	75° 0'	1818	68° 35'
1754	72 15	1819	68 25
1776	72 25	1820	68 20
1780	71 48	1821	68 14
1791	70 52	1822	68 11
1798	69 51	1823	68 8
1806	69 12	1824	68 7
1810	68 50	1825	68 0
1814	68 36	1826	68 0
1816	68 40	1829	67 41
1817	68 38		

On voit, par ces résultats, que l'inclinaison a toujours été en diminuant depuis 1671 jusqu'à cette dernière époque.

On trouve une diminution semblable dans les résultats suivants, qui expriment l'inclinaison de l'aiguille aimantée à Londres depuis 1720.

Années.	Inclin. observée.		Inclin. calculée.
1720	74° 42'	Graham......	76° 27'
1773	72 19	Heberden.....	73 40
1780	72 8	Gilpin.......	73 18
1790	71 33	Id..........	72 39
1800	70 35	Id..........	71 58
1810	» »	»	71 15
1818	70 34	Kater........	70 34
1821	70 3	Sabine.......	» »
1828	69 47	Id..........	69 43
1830	69 38	Kater........	» »
1833	» »	....	69 21

Les derniers résultats ont été calculés par M. Barlow, au moyen de la formule $2 \cot. \pi L = \tan.$ d'inclinaison, d'après laquelle la tangente de l'inclinaison est égale à la double tangente de la latitude magnétique.

On considère la variation progressive qu'éprouve l'inclinaison comme la conséquence nécessaire d'un changement dans la latitude magnétique provenant des nœuds de l'équateur magnétique modifié par la forme de la courbe.

MM. de Humboldt et Arago ont essayé de calculer la diminution annuelle de l'inclinaison produite par le mouvement de l'équateur magnétique. Si l'on compare les observations de 1778 et de 1810 pour Paris, la diminution annuelle est d'environ 5′, tandis que, d'après celle de 1820 à 1825, elle paraît être de 3′,3 seulement. Les observations faites à Turin de 1805 à 1826 donnent 3′,5, et celles de Florence 3′,3.

D'un autre côté, M. Hansteen, qui a observé les variations diurnes de l'inclinaison, a trouvé que l'inclinaison pendant l'été était d'environ 15′ plus forte que pendant l'hiver, et d'environ 4 ou 5′ plus grande avant midi qu'après.

CHAPITRE IV.

DE L'INTENSITÉ MAGNÉTIQUE DU GLOBE EN DIVERS POINTS DE SA SURFACE.

L'INTENSITÉ magnétique du globe a été l'objet de recherches de la part de Graham, le premier observateur auquel nous devions la découverte des variations diurnes de l'aiguille aimantée ; Muschenbrock, en 1629, et Lemonnier, en 1776, puis Saussure et Borda, se sont occupés également de cette question. Ce dernier a même donné une méthode d'approximation pour la résoudre avec plus d'exactitude qu'on ne l'avait fait avant lui ; mais c'est en France où l'on a eu, pour la première fois, l'idée de déterminer, par l'observation, l'intensité des forces magnétiques du globe en différents points de sa surface.

Les membres de l'Académie des sciences, chargés de rédiger des instructions pour l'expédition de la Pérouse, recommandèrent d'observer la durée d'oscillation d'une aiguille d'inclinaison à des stations très-éloignées, afin d'en déduire des différences entre les intensités des forces magnétiques correspondantes à ces stations.

Les observations recueillies à cet égard ont été perdues avec l'infortuné la Pérouse. Mais les instructions ont survécu et ont été mises à profit par M. de Rossel, qui accompagnait d'Entrecasteaux dans son voyage à la recherche de l'intrépide navigateur.

Les observations de M. de Rossel ont été faites de 1791 à 1794, avec une aiguille d'inclinaison dont la force avait été essayée avant le départ de l'expédition ; mais rien ne prouve qu'à son retour on ait cherché à s'assurer si elle n'avait rien perdu de son magnétisme, en sorte que l'on ne peut en déduire de résultats définitifs qu'en s'appuyant sur de nouvelles observations. Néanmoins, l'accroissement de l'intensité, en partant de l'équateur et se dirigeant vers l'un des deux pôles, est ressorti des observations faites, en 1792 et 1793, à la terre de Van-Diémen et à Amboine, car M. de Rossel s'est assuré que l'aiguille, entre ces deux points, n'avait pas subi de changement ; c'est cet accroissement, dont je donnerai plus loin la valeur, qui a servi de point de départ pour montrer que l'intensité magnétique n'est pas la même en divers points du globe. Les observations de M. de Rossel n'ont été publiées qu'en 1808, après que M. de Humboldt eût fait les siennes, dans son célèbre voyage en Amérique, de 1798 à 1803 (A).

Il restait néanmoins encore des doutes sur le fait fondamental découvert par M. de Rossel ; mais M. de Humboldt les a levés tous en prouvant, par de nombreuses observations faites avec le plus grand soin,

---

(A) J'apprends, au moment de mettre sous presse, que les observations magnétiques faites par Paul de Lamanon, durant le voyage de la Pérouse, étaient parvenues à l'Académie des sciences en juillet 1787. M. le capitaine Duperrey possède la copie d'une lettre de Paul de Lamanon, adressée à M. le marquis de Condorcet, dans laquelle se trouvent consignés les principaux résultats des observations faites depuis le départ de Brest jusqu'en janvier 1787, époque du séjour de l'expédition à Macao. Il est d'autant plus à regretter, dit M. Duperrey, que cette lettre n'ait point été insérée dans le Voyage de la Pérouse, qu'elle constate d'une manière positive plusieurs faits importants déduits de l'expérience, et parmi lesquels on remarque les suivants :

1° *Que la force attractive de l'aimant est moindre dans les tropiques qu'en avançant vers les pôles ;*

2° *Que l'intensité magnétique, déduite du nombre des oscillations de l'aiguille de la boussole d'inclinaison, change et augmente avec la latitude.*

que l'intensité de la force magnétique du globe est variable en différents points. Depuis cette époque, les physiciens et les voyageurs n'ont cessé de s'occuper de recherches relatives à la détermination de l'intensité des forces magnétiques terrestres, comme on peut le voir dans un rapport très-étendu que vient de publier le m⁰ʳ Sabine, sur les variations de l'intensité du magnétisme terrestre, dans le *Seventh report of the British association for the advencement of sciences* ; Londres, 1838 ; rapport auquel j'aurai souvent recours dans ce chapitre, et dont je vais extraire quelques détails historiques, qui ne seront pas sans intérêt pour le lecteur.

Les observations de M. de Humboldt, qui sont consignées dans le XVᵉ vol. des *Annal. de physiq. et de chim.*, ont été faites avec une aiguille d'inclinaison de Lenoir. La durée d'oscillation a été déterminée à Paris, en 1798, avant son départ, mais elle n'a pu l'être à son retour en Europe, l'aiguille étant restée à Mexico ; de sorte qu'il a été impossible de s'assurer de l'invariabilité de son magnétisme. Néanmoins, on a acquis la certitude par des moyens indirects que le magnétisme de l'aiguille n'avait pas sensiblement varié jusqu'en 1800, et que, postérieurement, l'altération a été très-minime.

M. de Humboldt (1) s'est attaché particulièrement, dans ses observations magnétiques, à déterminer la loi par laquelle varie l'intensité des forces magnétiques, à diverses latitudes. Il découvrit, en se rendant au Haut-Orénoque et au Pico-Négro, pendant l'été de 1800, que cette intensité allait en croissant des basses latitudes aux pôles. Ainsi la même aiguille d'inclinaison qui avait donné, en dix minutes, à Paris, 245 oscillations, n'en donnait plus que 229 à Cumana (lat. 10° 28′ bor.) et 216 à San-Carlos del Rio-Negro (lat. 1° 53′ bor.), et sous l'équateur magnétique, 211. Cette observation sous l'équa-

____

(1) *Voyage de MM. de Humboldt et Bonpland*, 1ʳᵉ partie : Relation historique, t. III, p. 615.

VI. 2ᵉ partie.

leur eut lieu en septembre 1802, et un mois plus tard, il vit de nouveau l'intensité augmenter dans l'hémisphère méridional, en s'éloignant de l'équateur magnétique. M. de Humboldt, en publiant cette loi de l'accroissement magnétique vers les deux pôles (1), montra aussi comment les forces varient régulièrement par zone.

La grande intensité des forces observée à Carthagène des Indes, à la Havane et au Mexique, prouve que la diminution de l'intensité sous l'équateur magnétique ne peut être attribuée à un affaiblissement dans le magnétisme de la boussole. M. de Humboldt s'est assuré, du reste, que le magnétisme de l'aiguille n'avait pas changé. Il a fait aussi osciller son aiguille dans le méridien magnétique et dans le plan rectangulaire : l'inclinaison qu'il en a déduite, au moyen du calcul, s'est trouvée la même que celle qu'il avait obtenue directement par l'expérience.

En comparant la valeur de l'intensité exprimée par 240 oscillations à Carthagène des Indes (lat. bor. 10° 25'), en avril 1800, à celle qui est représentée par 241, à Madrid (lat. bor. 40° 15'), M. de Humboldt a découvert un autre fait très-important : c'est le défaut de parallélisme des lignes isodynamiques, et d'égale inclinaison. A Madrid, l'inclinaison était, en octobre 1798, de 77° 62', et à Carthagène des Indes, de 39° 35'.

Les faits importants que je viens d'indiquer ont été confirmés dans ces dernières années par les nombreuses observations faites dans les expéditions anglaises aux régions polaires et dans les voyages autour du monde par les navigateurs français.

MM. de Humboldt et Gay-Lussac, de 1805 à 1806, ont fait des observations sur l'intensité, pendant leur voyage en France, en Suisse, en Italie et en Allemagne, avec une aiguille horizontale, suspendue à un assemblage de fils sans torsion. L'inclinaison a été observée en même

----

(1) Journal de phys., tom. XLIX, p. 433.

temps avec l'aiguille d'inclinaison qui avait servi dans le voyage de d'Entrecasteaux. Les valeurs de l'intensité ont été calculées en fonction de la force obtenue à Paris. L'aiguille n'avait rien perdu de son magnétisme pendant tout le voyage; il paraît qu'il n'y a pas eu non plus de corrections pour les différences de température. La relation des observations se trouve consignée dans le Ier vol. des Mémoires de la société d'Arcueil; on les trouvera dans le tableau général des intensités qui est à la fin de ce chapitre.

Le M^{or} Sabine, en 1818, 1819 et 1820, a fait une série d'observations, dans ses deux voyages, dans la baie de Baffin et dans la mer polaire; celles de 1818 sont consignées dans les *Transactions philosophiques*, et celles de 1819 à 1820 se trouvent en partie dans l'appendice de ce voyage et dans la relation intitulée *Pendulum*, etc.; publiée en 1825.

Les corrections relatives à la température ont été calculées d'après les formules en usage, dans lesquelles le coefficient 0,0004 a été déterminé par des expériences faites avec la même aiguille à des températures basses et élevées.

Le tableau suivant renferme les observations faites pendant les deux voyages polaires, avec les corrections voulues pour amener les résultats à la même température.

LOCALITÉS.	Latitude.		Longitude.		Thermomètre Far.	DURÉE de l'oscillation		Intensité.
						observée.	corrigée.	
	o	'	o	'				
Londres..... 1819	51	31	359	52	48	480	472,0	1,372
id......... 1819						482	473,5	
id......... 1820						480	472,9	
Shetland.... 1818	60	09	358	48	44	470	461,7	1,434
Sur la glace.	68	22	306	10	34	440	432,1	1,643
Ile Hare....	70	26	305	08	34	443	431,9	1,622
Sur la glace.	75	05	299	37	33	417,2	439,4	1,590
id........	75	51	296	54	33	413,6	435,6	1,618
id........	76	45	284	00	33	435,0	429,1	1,666
id........	76	08	281	39	33	436,0	430,0	1,659
id........	70	35	293	05	33	436,0	429,7	1,661
id........ 1819	64	00	298	10	32	437,4	435,0	1,621
Baie Possession...	73	31	282	38	40	439,5	432,9	1,637
Passage du détroit du Régent......	72	45	270	19	32	439,0	428,9	1,668
Ile Byam Martin..	75	10	256	16	32	442,5	430,7	1,653
Ile Melville......	74	27	248	18	20	444,3	434,6	1,621
Winter Harbour..	74	47	249	12	43	446,2	432,6	1,638

M. Hansteen, de 1819 à 1825, s'est attaché à compléter son exposition de la théorie du magnétisme terrestre; de 1819 à 1824, il a fait des observations d'intensité en Norwége et sur les rives de la Baltique (1); en 1825, il les a étendues sur les bords du golfe de Bothnie (2).

En 1824 et 1825, les capitaines Trichsen, Keilhau, Bœck, puis Erman, ont pris des mesures d'intensité sur les rives de la Baltique et en Allemagne; de 1822 à 1823, le M⁰ʳ Sabine a fait une série d'observations dans deux autres voyages; le premier entrepris sur les rives équatoriales de l'Afrique et de l'Amérique, et le second dans le nord de l'Europe, le Groënland et au Spitzberg.

Les valeurs d'intensité obtenues par ce dernier officier sont consignées dans le tableau suivant, qui renferme

____

(1) Annalen der Physick, vol. III.
(2) Annalen der Physick, vol. IX.

également les résultats obtenus par **M. Hansteen**. L'intensité observée à Paris a été prise pour terme de comparaison (1).

LOCALITÉS.	HANSTEEN.	SABINE.	LOCALITÉS.	HANSTEEN.	SABINE.
Bahia	0,891	0,898	Madère	1,382	1,373
Ascension	0,000	0,920	Jamaïque	1,414	1,436
St-Thomas	0,921	0,931	Drontheim	1,430	1,442
Maranham	1,006	1,016	Grand Cayman	1,430	1,454
Sierra-Leone	1,043	1,053	La Havane	1,493	1,499
Rivière Gambie	1,129	1,141	Hammerfest	1,493	1,506
Port Praya	1,181	1,193	Groënland	1,512	1,530
La Trinité	1,183	1,204	Spitzberg	1,531	1,562
Ténériffe	1,300	1,313	New-York	1,794	1,803

Le capitaine Lutké, de 1826 à 1829, s'est livré à des observations d'intensité dans un voyage de circumnavigation, sur le vaisseau *le Séniavine*. Le capitaine King, de 1826 à 1830, sur la côte de l'Amérique méridionale, de Rio-Janeiro à Valparaiso, a obtenu des résultats que M. Hansteen a réunis à ceux du capitaine Lutké et dont il s'est servi dans sa carte des intensités publiées dans les *Annal. der physick*, vol. **XVIII**.

En 1827, le M^{or} Sabine a déterminé le rapport de l'intensité à Paris à celle de Londres, afin de pouvoir exprimer la valeur de l'intensité d'un lieu quelconque, en fonction de l'intensité de l'une ou l'autre de ces deux villes. A cet effet, il a employé, pour les observations, 6 aiguilles horizontales qui ont donné les résultats suivants pour l'intensité à Paris, celle de Londres étant prise pour unité :

1re aiguille... 1,0732	4e aiguille... 1,0723
2e id....... 1,0675	5e id....... 1,0709
3e id....... 1,0726	6e id....... 1,0717

Moyenne... 1,0714.

---

(1) Sabine, p. 13.

On a fait les corrections relatives aux différences de température.

Afin de déduire les valeurs relatives de l'intensité totale des composantes horizontales, M. Sabine a déterminé l'inclinaison aux deux stations : à Londres, dans le jardin de la Société d'horticulture, à Chiswick, près de Londres ; à Paris, dans la salle magnétique de l'Observatoire.

En août 1828, l'inclinaison, dans le jardin de Chiswick, était de 69°, 46', 9.

A Paris, elle était :

MM.

1825. Arago.................. 68° 00
1826. Humboldt, Mathieu...... 67 56,5"
1827. id.   id.......... 67 58
1830. Arago.................. 67 41,3

Les observations de 1825 et 1826 ont été faites en août et septembre ; M. Sabine a pris celles de 1827 et 1828 comme correspondantes aux mêmes mois ; en admettant un décroissement annuel de 2' 8 (1), il a obtenu l'inclinaison en août 1824, comme il suit :

MM.

1825. Arago.............. 67° 51' 6"
1826. Humboldt, Mathieu.... 67 50 9   } 67° 51', 15
1827. id.   id........ 67 55 2
1830. Arago.............. 67 46 9

67° 51' 2" est la valeur adoptée pour Paris.

A l'époque en question, l'inclinaison à Londres surpassait celle de Paris de 1 15' 7. En combinant ces va-

____

(1) Annalen der physick, vol. XXI, pag. 819.

leurs avec les intensités horizontales observées, on obtient 1,018 pour la valeur de la force totale à Londres, la force totale à Paris étant un.

Dans le cas où l'on prendrait quelque autre nombre que l'unité pour mesure de la force à Paris, la valeur correspondante à Londres sera le produit de ce nombre par 1,018. La force de Londres en fonction de celle de Paris sera exprimée par $1,3482 \times 1,018 = 1,372$.

Des observations semblables ont été faites, avec les mêmes aiguilles, dans le printemps de 1828, à Christiania et à Londres, par MM. Sabine et Hansteen. Voici les résultats obtenus pour l'intensité horizontale à Christiania, en unité de Londres :

Aiguille A $\left\{ \begin{array}{l} \text{comparaison en mars. } 0,9124 \\ \text{id........ en mai.. } 0,9157 \end{array} \right.$

Aiguille B $\left\{ \begin{array}{l} \text{comparaison en mars. } 0,9157 \\ \text{id........ en mai.. } 0,9160 \end{array} \right.$

Moyenne.... 0,9147.

Or, on a trouvé 1,0714 pour l'intensité horizontale à Paris, en fonction de l'unité de Londres ; il s'ensuit que les intensités de Christiania à Paris seront :: 0,9147 : 1,0714, ou :: 0,8537 : 1. Or, suivant M. Hansteen, dans le printemps de 1828, l'inclinaison, à Christiania, était de 72° 16′ 2″ ; et comme à Paris elle était, au mois d'août 1828, de 67° 52,5, l'intensité totale, à Christiania, sera de 1,423. M. Hansteen, en 1825, avait trouvé, par une comparaison directe, 1,419.

Les observations de Keilhau faites à Finmark et au Spitzberg ont été insérées dans le XIVe volume des *Annalen der Physick*.

De 1828 à 1830, de nombreuses observations d'intensité ont été faites par MM. Hansteen, Due et Erman. Le premier a publié son ouvrage sur le magnétisme terrestre en 1819 ; et il a tiré cette conséquence, relativement à l'intensité, qu'il doit exister un pôle magnétique dans le nord de la Sibérie, moins puissant, mais d'ailleurs semblable à celui du nord de l'Amérique, et que les lignes d'égale intensité se disposent d'elles-mêmes autour du centre en Sibérie, de la même manière qu'autour du centre d'une force plus grande dans l'Amérique. A cette époque, on n'avait pas fait une seule observation sur l'intensité plus rapprochée de la Sibérie que Berlin d'un côté, et Mexico de l'autre. Il était à désirer qu'une semblable déduction fût soumise à l'expérience : les fonds ont été faits, à cet effet, par la Norwége. M. Hansteen, accompagné du lieutenant Due, a fait, en 1818, un voyage dans l'empire russe, au nord de l'Europe et de l'Asie. Ils étaient munis d'une boussole d'inclinaison et de deux aiguilles de Gambey, ainsi que d'une aiguille horizontale. A Saint-Pétersbourg, ils furent joints par M. Erman et voyagèrent ensemble en Sibérie, MM. Hansteen et Due d'un côté, et M. Erman de l'autre. Dans leur voyage, ils traversèrent tout le nord de l'Europe et de l'Asie longitudinalement ; ils descendirent les rivières de Lobi et de Genesey, au cercle polaire, dans le but de déterminer la longitude et la latitude du pôle de Sibérie, ou le centre de l'intensité magnétique. M. Hansteen trouva dans l'ensemble des observations qu'il avait réunies une confirmation de l'existence de deux pôles dans chaque hémisphère, et sur laquelle nous aurons plus tard à nous expliquer.

A son retour, il publia une carte générale de l'intensité magnétique, que l'on trouve dans le XXVIIIe volume des *Annalen*, etc.

En 1829, par ordre de l'empereur de Russie, M. Kuppfer a fait un voyage au Caucase pour se livrer à des expériences magnétiques. A son retour, il a présenté, seulement à l'Académie des sciences de Saint-Pétersbourg, un rapport sur les résultats généraux de son voyage, dans lequel se trouvent les durées d'oscillation de l'aiguille horizontale, ainsi que les températures et les déclinaisons observées. Les résultats d'intensité que l'on trouvera dans le tableau général des intensités, ont été calculés sans qu'on ait eu égard à la correction de température, d'ailleurs de peu d'importance, cette différence étant peu considérable.

En 1828, M. Quetelet a fait des observations d'intensité en Allemagne et dans les Pays-Bas, et l'année suivante, en France, en Suisse et en Italie.

Les observations de 1829 ont été publiées dans le VIe vol. des *Mém. de l'Acad. de Bruxelles*; celles de 1830, dans les *Annalen der Physick*; la plus grande partie des intensités horizontales ne sont point accompagnées des inclinaisons observées.

Douglas, dont les sciences ont à déplorer la perte, a fait de nombreuses expériences dans un voyage au nord-ouest des côtes de l'Amérique. Toutes les précautions avaient été prises pour s'assurer, à chaque instant, de l'état magnétique des aiguilles employées; lorsqu'elles ne servaient pas aux observations, elles étaient réunies dans la même boîte, ayant leurs pôles opposés en contact. A ce sujet, M. Sabine fait remarquer qu'il a eu l'occasion d'observer que lorsque l'on réunit ainsi deux aiguilles, différant beaucoup dans leur pouvoir magnétique, il arrive assez fréquemment que l'aiguille la plus faible acquiert du magnétisme, et que, conséquemment, la plus forte en perd, c'est ce qui arriva dans ce cas.

Quand les aiguilles sont placées par paire, toutes deux elles pourraient être employées dans chaque occasion, et leurs résultats combinés regardés comme une détermination : jamais Douglas ne les employa seules. Si, dans ce cas, le gain d'une aiguille était proportionnel à la perte, les résultats de l'aiguille, prise séparément, différeraient; mais combinées, elles formeraient une compensation mutuelle. Dans le cas présent, le gain et la perte, quoique n'étant pas identiques, sont si rapprochés l'un de l'autre, qu'en prenant une moyenne entre la somme de Londres, pour chaque aiguille, en 1829 et en 1836, et en combinant à Londres et aux autres stations les résultats des deux aiguilles en une seule détermination, on obtient les valeurs de l'intensité, telles qu'elles auraient été données par une seule aiguille, dont le magnétisme n'aurait éprouvé que peu ou point de changement.

Relativement aux observations d'inclinaison, de déclinaison et d'intensité, faites au sommet de Mowna Kaah, dans l'île Owhyhée, à environ 14,000 pieds au-dessus de la mer et à d'autres élévations de l'île surpassant 10,000 pieds, Douglas a mentionné, comme conséquence générale, qu'il a trouvé peu ou point de différence dans les résultats obtenus à ces diverses hauteurs et près de la mer.

M. Fitz Roy, officier de la marine anglaise, a été occupé, de 1831 à 1836, au relevé des côtes de l'Amérique du Sud. Il a fait ensuite un voyage de circumnavigation dans l'hémisphère sud. Il s'était procuré une boussole d'inclinaison de Gambey. *Les instruments de ce genre*, dit le M^or Sabine, *quoique n'étant pas toujours sans défaut, sont universellement reconnus comme les* MEILLEURS *et* SUPÉRIEURS *à ceux de nos propres artistes à l'époque actuelle.* Certes, on ne peut faire un plus bel éloge des instruments de notre célèbre artiste ! M. Fitz Roy a fait usage pour les observations d'intensité d'une aiguille horizontale que M. Hansteen avait remise au capitaine King.

Les observations de M. Rudberg, en 1831, à Paris et autres lieux, ont été consignées dans le XXVIIe vol. des *Annalen*, etc.

MM. Lloyd et Sabine ont été chargés, en 1835 et 1836, de faire des recherches sur l'intensité dans les îles britanniques. La relation de leurs observations se trouve dans les volumes des rapports de l'Association britannique pour ces deux années.

En 1836, le capitaine Ross a fait un voyage au détroit de Davis pendant l'hiver; il s'y livra de nouveau à des observations d'intensité.

En 1833, M. Forbes a fait en diverses parties de l'Europe une série très-nombreuse de déterminations d'intensité horizontale, qui sont consignées dans les Transactions d'Édimbourg pour 1836.

La même année, M. Estcourt a recueilli un certain

nombre d'observations sur les bords de l'Euphrate, pendant le relevé de la navigation de ce fleuve par le colonel Chesney.

Depuis 1834, MM. Gauss et Webert, ainsi que d'autres observateurs, se sont livrés avec un zèle infatigable à des expériences relatives à l'intensité magnétique, particulièrement sur les variations diurnes auxquelles elle est soumise, et dont il sera question plus loin. Je dois mentionner aussi les travaux des deux commissions scientifiques envoyées dans le Nord, en 1835, 1836, 1837 et 1838, dont l'une était composée de savants français, et l'autre de savants français et suédois.

La première expédition s'est rendue en Islande et au Groënland, et ses travaux sont consignés dans la relation publiée par ordre du roi, sous la direction de M. Paul Gaimard, et rédigée par M. le lieutenant Lottin, dont on ne saurait trop louer le zèle, l'intelligence et le dévouement; la seconde expédition eut pour destination Bossekop et le Spitzberg : ses travaux ne sont pas encore publiés.

Il n'a pas encore été question, dans le précis historique que je viens de présenter, des travaux de nos deux estimables compatriotes, les capitaines Freycinet et Duperrey, qui ont apporté à la masse commune bon nombre d'observations relatives à l'intensité magnétique, comme on va le voir. Je ne sais pour quel motif celles qui ont été faites par le dernier se trouvent omises dans le tableau des intensités dressé par M. le major Sabine ; ces observations ont cependant été publiées dans la *Relation du voyage autour du monde, sur la corvette* LA COQUILLE, publiée en 1830.

En outre, M. Duperrey les a discutées toutes avec une grande sagacité, comme on a déjà pu voir dans le chapitre V du Ier livre, où j'ai exposé ses méthodes d'observation et de calcul, et comme on s'en convaincra encore de nouveau dans la suite de cet ouvrage.

§ 1ᵉʳ. *Observations d'intensité magnétique faites par le capitaine Duperrey.*

Le capitaine Duperrey a fait ses observations d'intensité avec l'aiguille de la boussole des variations diurnes. Les résultats de cette aiguille, dont le magnétisme n'a jamais été troublé durant la campagne, se trouvent réduits, dans le tableau suivant, en nombres d'oscillations horizontales infiniment petites, et ramenés à une température égale.

Pour ramener ces divers résultats à une même température, on s'est servi de la formule $c = \dfrac{N - N'}{N\,(t' - t)}$, laquelle, en raison des observations faites à Paris, à des températures différentes, a donné $c = 0{,}0002833$ pour la valeur du coefficient de la correction applicable à toutes les observations du voyage.

Telle est la méthode que l'on suit encore aujourd'hui pour ramener les observations d'intensité magnétique à une température uniforme; néanmoins, le capitaine Duperrey exprimait, dès l'époque de la publication de ses résultats, le regret de n'avoir observé qu'à Paris à deux températures différentes, son opinion étant déjà fixée sur ce point, que le coefficient de la correction de température déduit d'une même aiguille ne doit pas être le même en tout point du globe. Il a des motifs de croire que la température atmosphérique agit à la fois sur le magnétisme du sol et sur le magnétisme de l'aiguille; qu'en conséquence le coefficient que l'on obtient par des observations faites en plein air se compose de deux corrections initiales, l'une qui doit être constante, comme appartenant à l'aiguille qui conserve, à très-peu près, toute son énergie pendant la durée du voyage, et l'autre qui doit varier, au contraire, avec l'intensité des forces magnétiques, selon le lieu où l'on observe. Ceci est important, en ce qu'il en résulterait que les corrections de températures applicables aux nombres d'oscillations faites par l'aiguille en deux lieux différents ne seraient plus proportionnelles à ces nombres, comme le suppose la formule dont on fait usage.

NOMS des STATIONS.	DATE.	POSITION GÉOGRAPHIQUE.		Oscillations horizontales infiniment petites, en 10'.	THERMOMÈTRE centigrade.	RÉDUCTION à 28° de température.
		Latitude.	Longitude.			
	1823					
Payta............	18 mars.....	5° 6′ 4″S.	83° 32′ 28″O.	42,6498	30,3	
Id........	.... Id.	... Id.	... Id.	42,6802	30,2	42,6916
Offak............	10 septembre.	0 1 47	128 22 39 E.	43,0108	31,3	
Id........	... Id.	... Id.	... Id.	42,9978	31,8	43,0469
	1824.					
Port-Jackson.....	1 février....	33 51 40	140 50 9	36,2782	26,2	
Id........	.... Id.	... Id.	... Id.	36,2813	26,6	36,2633
Ile de France....	15 octobre...	20 0 19	55 9 49	34,6147	31,4	
Id........	.... Id.	... Id.	... Id.	34,6015	32,0	34,6494
	1825.					
Paris............	1 septembre.	48 50 14 N.	0 0 0	29,2399	25,9	
Id........	6 octobre...	... Id.	... Id.	29,3142	16,8	29,2225
Id........	.... Id.	... Id.	.. Id.	29,3180	16,7	

On a vu qu'en représentant par N le nombre d'oscillations horizontales, et par I l'inclinaison observée dans un même lieu, on avait pour l'intensité de la résultante des forces magnétiques $\dfrac{N^2}{\cos. I}$. Mettant à la place des lettres N et I les valeurs qui leur sont relatives dans chaque station, on a les résultats qui figurent dans là cinquième colonne du tableau que nous donnons plus loin.

Le capitaine Duperrey, présumant que son aiguille avait perdu, en arrivant en France, une partie de l'intensité dont elle était douée à Payta, où elle avait été observée pour la première fois, n'a rien trouvé de mieux, pour déterminer l'étendue de cette perte et en tenir compte, que de rendre comparables ses observations avec celles de M. de Humboldt, se fondant sur ce que, d'après des observations toutes récentes de M. Erman, le rapport établi par M. de Humboldt, en 1802, entre les forces magnétiques observées à cette époque au Pérou et à Paris, n'avait pas sensiblement changé (1).

Or, M. de Humboldt avait trouvé que l'aiguille de sa boussole d'inclinaison, qui avait donné en 10' de temps moyen 213 et 214 oscillations, à Gualtaquillo, à Ayavaca et à Guancabamba, où l'inclinaison était alors ce qu'elle est aujourd'hui à Payta, d'environ 4°, n'en donnait plus que 211 entre Micuipampa et Caxamarca, où l'inclinaison était nulle; dès lors on peut admettre que l'intensité observée à Payta est à l'intensité observée sur l'équateur magnétique, comme $(213,5)^2$ est à $(211)^2$, et par conséquent comme 1826,87 est à 1784,34.

Mais si l'on prend cette dernière intensité pour unité, on aura à Paris $\dfrac{2279,60}{1784,34} = 1,2775$, tandis que, d'après M. de Humboldt, on doit avoir 1,3482. Il est donc évident que le diviseur 1784,34 est trop grand pour être employé à Paris, et qu'il doit y être remplacé par le nombre 1690,85 qui satisfait à l'équation $\dfrac{2279,60}{1690,85} = 1,3482$;

c'est-à-dire que l'aiguille dont l'intensité sur l'équateur magnétique était de 1784,34 à l'époque des observations faites au Pérou, n'aurait plus donné dans le même lieu que 1690,85 à l'époque des observations faites à Paris. On voit, d'après cela, que l'aiguille a éprouvé une perte d'intensité de 93,49 entre les deux stations extrêmes du voyage; qu'en conséquence, si l'on veut que l'intensité à l'équateur magnétique soit représentée par l'unité dans les rapports que l'on cherche, il faut diviser l'intensité observée dans chaque station, non pas par l'intensité primitivement obtenue à l'équateur magnétique, mais par cette intensité ramenée à ce qu'elle aurait été dans le même lieu aux différentes époques du voyage, en se fon-

----

(1) En adoptant ce rapport, le capitaine Duperrey s'est d'ailleurs conformé à l'usage établi par M. Hansteen et plus récemment encore par le major Sabine.

dant sur ce que sa valeur primitive s'est trouvée réduite, en arrivant à Paris, à 1690,85, après 29 mois et demi de traversée.

Cette intensité ainsi ramenée aux époques des stations, figure dans l'avant-dernière colonne du tableau suivant; et les rapports d'intensité qui en sont déduits constituent la dernière colonne du même tableau.

INTENSITÉS
Comparées à celle de l'équateur magnétique au Pérou.

NOMS des STATIONS.	INTERVALLE en mois.	NOMBRE d'oscillations horizontales.	INCLINAISON magnétique.	INTENSITÉS TOTALES		
				dans les stations.	à l'équateur magnétique.	Rapport d'intensité.
Équateur magnétique au Pérou.	...	.....	.....	.....	. 1784,34 .	. 1,0000
Payta..........	0,0	42,6916	+ 3° 55',9	. 1826,87 .	. 1781,34 .	. 1,0238
Offak..........	5,8	43,0469	—13 31 ,3	. 1905,86 .	. 1765,96 .	. 1,0792
Port-Jackson.....	10,6	36,2633	—62 19 ,1	. 2830,70 .	. 1750,75 .	. 1,6168
Ile de France.....	19,0	34,6494	—53 53 ,0	. 2036,86 .	. 1724,13 .	. 1,1813
Paris..........	29,5	29,2225	+68 0 ,0	. 2279,60 .	. 1690,85 .	. 1,3482

Les résultats qui précèdent mettent bien en évidence deux faits déjà remarqués par M. de Humboldt : que l'intensité des forces magnétiques augmente à mesure que l'on s'éloigne de la ligne sans inclinaison; et qu'il ne paraît pas y avoir de relation entre l'intensité et l'inclinaison magnétique.

Ces résultats sont peu nombreux, néanmoins ils ont eu un but d'utilité immédiate en offrant au capitaine Duperrey le moyen d'achever, en 1832, les cartes des lignes isodynamiques que M. Hansteen venait de publier et qui n'étaient restées imparfaites que faute d'observations dans l'hémisphère austral.

Le capitaine Duperrey a fait, en 1834, un voyage en

Bretagne dans le but d'examiner plusieurs questions relatives au magnétisme de la terre, notamment celle de savoir si en prolongeant le plus possible vers la partie occidentale de la France les lignes d'égale intensité qui traversent le centre de l'Europe, et dont la position paraît avoir été déterminée avec exactitude, il en résulterait des courbes dont la condition serait d'être perpendiculaires aux méridiens magnétiques. Nous reviendrons sur cette question qui semble résolue par le fait des dernières observations du capitaine Duperrey. Quant à présent, nous n'avons à nous occuper que de ces observations, lesquelles ont été faites de la manière la plus complète, et en prenant les précautions les plus minutieuses.

Le ministère de la marine avait mis à la disposition du capitaine Duperrey une excellente boussole d'inclinaison de Gambey, munie de trois aiguilles, exécutées avec une telle précision, qu'on aurait pu, à la rigueur, se dispenser d'en renverser les pôles dans la recherche de l'inclinaison magnétique à laquelle elles ont été uniquement employées. Le degré de la division du limbe vertical de cette boussole était partagé en six parties, et les lectures se faisaient à l'aide d'une loupe placée vis-à-vis chacune des extrémités de l'aiguille.

Le tableau suivant contient les inclinaisons magnétiques qui résultent des trois aiguilles observées.

NOMS des STATIONS.	DATE.	POSITION GÉOGRAPHIQUE.		INCLINAISONS DES AIGUILLES.			MOYENNE des trois aiguilles.
		Latitude.	Longitude.	N° 1.	N° 2.	N° 3.	
Paris. (Dépôt de la marine).	1834 11 mai.	»	»	67° 19,6	67° 24,0	67° 18,8	67° 20,8
Brest. (Jardin au nord de la ville).	19	48° 23' 35"	6° 49' 35"	68 19,6	68 17,0	68 18,8	68 18,5
	20	»	»	68 23,2	68 13,3	68 22,0	68 21,2
Landevenec. (Ancienne abbaye).	23	48 17 35	6 35 9	68 12,0	68 13,4	68 11,6	68 12,3
	29	»	»	68 8,6	68 10,4	68 13,0	68 10,7
Orléans. (Jardin botanique).	27 juin.	47 54 9	0 25 35	66 55,7	66 52,8	66 53,8	66 54,1
Paris. (Dépôt de la marine).	3 juillet.	»	»	67 18,2	67 20,5	67 23,0	67 20,6
	17	»	»	67 16,0	67 21,0	67 20,2	67 19,1
	28	»	»	67 23,8	67 21,2	67 22,0	67 22,3
Paris. (Observatoire royal).	9 sept.	»	»	67 18,7	67 19,2	67 24,2	67 20,7
	9	48 50 14	0 0 0	67 24,4	67 28,4	67 26,7	67 26,5

L'intensité du magnétisme a été observée au moyen d'un petit appareil de M. Hansteen. Une aiguille d'acier, de forme cylindrique, terminée en cône, était suspendue horizontalement par un seul fil de cocon. Cette aiguille, qui pesait 20 gr. 582 avec sa chape en cuivre, et 19 gr. 823 sans sa chape, avait les dimensions suivantes :

longueur totale................ 78^{mm}.
axe des cônes.................. 6
circonférence.................. 21,7

Pour pouvoir élever ou abaisser l'aiguille à volonté,

VI. 2e *partie*.

22

le capitaine Duperrey avait fait construire au sommet
de la colonne verticale un petit treuil, destiné à enrouler
le fil de suspension. Il avait aussi fait établir sur le fond
de l'instrument un berceau dans lequel l'aiguille venait
se placer, pour y rester à demeure, du moment où l'on
cessait les expériences. Ce berceau, mobile autour du
centre de l'appareil, était mis en mouvement à l'aide d'un
levier extérieur, et servait ainsi à conduire l'extrémité
de l'aiguille sur le point de l'échelle des amplitudes d'où
l'on voulait compter la première oscillation.

Le capitaine Duperrey a profité de ce que son aiguille
oscillait pendant un temps assez considérable dans de
très-petites amplitudes pour ne pas la conduire au delà
de 4° de chaque côté du méridien magnétique. Par ce
moyen, la correction d'amplitude étant nulle, les oscillations observées se sont trouvées naturellement réduites
en oscillations infiniment petites, sans qu'il ait été nécessaire de tenir auprès de l'appareil un observateur
dont la trop grande proximité aurait pu nuire d'une
manière sensible à l'exactitude des résultats.

Le temps de la durée des expériences a été compté sur
une montre marine de Motel, munie de deux aiguilles
de seconde, dont l'une constamment mobile, et l'autre
pouvant être arrêtée à l'instant précis du passage de
l'extrémité de l'aiguille aimantée au fil de la lunette.

Les observations ont toutes été faites en plein air,
mais à l'abri du soleil et du rayonnement des objets environnants. On ne fermait l'appareil, pour commencer
une expérience, qu'après s'être assuré que sa température intérieure était parfaitement égale à celle de l'air
ambiant. On a tenu compte de l'état de la température
atmosphérique au moyen d'un thermomètre centigrade
de Bunten, que l'on tenait à peu de distance de l'aiguille.

Le coefficient de la correction due à l'effet de la température sur l'aiguille a été déterminé, dans chaque station, d'après la méthode ordinaire, c'est-à-dire, en em-

ployant la formule $c = \dfrac{N - N'}{\frac{1}{2}(N + N')(t' - t)}$ dont on a obtenu les résultats suivants :

A Paris, entre 17 et 23° centigrades... $c = 0,000649$
     entre 20 et 30............. 0,000647
     entre 17 et 29............. 0,000652
     entre 2 et 11............. 0,000644

Coefficient moy. pour Paris..... 0,000648

A Brest, entre 14 et 23°............. $c = 0,000657$
A Landevenec, entre 12 et 25......... 0,000669
Coefficient moy. pour Brest et Landevenec. 0,000663

A Orléans, de 17 à 26°.............$c = 0,000649$

Tels sont les coefficients qui ont servi à ramener les observations suivantes à la température de 20° centigrades.

NOMS des STATIONS.	DATE.	Inclinaison magnétique moyenne.	Thermomètre centigrade.	OSCILLATIONS HORIZONTALES en 10' de temps moyen.	
				à la tempér. observée.	à 20° de tempér.
Paris, au départ. (Dépôt de la marine).	1834 11 mai. id. id. id.	67° 20',8	24,0 24,4 25,0 25,2	120,46 120,39 120,36 120,36	
			24,65	120,39	120,75
Brest, 1er séjour. (Jardin au nord de la ville).	18 mai. id. id. id.	68 19,8	14,1 15,0 15,7 15,6	119,50 119,47 119,35 119,35	
			15,10	119,42	119,03
Landrevenec. (Ancienne abbaye.)	24 mai. id. id. id. 25 — id. id. id. id. 31 — id. id. 1er juin. id. id.	68 11,5	17,0 24,0 24,0 24,6 12,7 12,7 13,0 18,7 17,9 15,2 15,2 16,0 15,0 14,6 15,0	119,49 118,94 118,94 118,89 119,84 119,83 119,82 119,36 119,43 119,63 119,63 119,58 119,65 119,65 119,67	
			17,04	119,49	119,26
Brest, 2e séjour.	3 juin. id. id. id. 5 — id. id.	68 19,8	14,7 14,5 22,4 22,4 21,4 21,4 21,0	119,39 119,39 118,76 118,80 118,87 118,88 118,92	
			19,69	119,00	118,97

NOMS des STATIONS.	DATE.	Inclinaison magnétique moyenne.	Thermomètre centigrade.	OSCILLATIONS HORIZONTALES en 10' de temps moyen.	
				à la tempér. observée.	à 20° de tempér.
Orléans. (Jardin botanique).	1834 27 juin.	66° 54',1	25,3	121,12	
	id.		25,4	121,12	
	id.		25,3	121,12	
	28 —		17,0	121,79	
	id.		17,4	121,73	
	id.		17,6	121,73	
			21,33	121,44	121,54
Paris, au retour. (Dépôt de la marine).	2 juillet.	67 20,6	17,5	120,89	
	id.		17,6	120,89	
	id.		18,8	120,78	
	id.		18,2	120,83	
	3 —		17,0	120,94	
	id.		17,0	120,94	
	id.		23,0	120,47	
	id.		23,0	120,47	
			19,01	120,78	120,70
Paris. (Dépôt de la marine).	10 sept.	67 20,7	19,3	120,57	
	id.		20,8	120,46	
	id.		21,0	120,46	
			20,37	120,50	120,53
Paris. (Observatoire royal.)	10 sept.	67 26,5	22,0	120,18	
	id.		22,0	120,18	
	id.		22,0	120,18	
			22,0	120,18	120,34
Paris. (Dépôt de la marine).	10 sept.	67 20,7	21,0	120,46	
	id.		21,1	120,43	
	id.		20,0	120,55	
			20,7	120,48	120,53

D'après les documents qui viennent d'être présentés, l'on voit que l'aiguille observée à Paris, au dépôt de la marine, donnait pour l'intensité totale, avant le départ,

$$\frac{(120,75)^2}{\cos. 67° 28' 48''} = 37856,4$$

et au retour, dans le même lieu,

$$\frac{(120,70)^2}{\cos. 67° 20' 36''} = 37819,8$$

Différence. . — 36,6

Le capitaine Duperrey n'attribue pas entièrement cette différence à une perte d'intensité que son aiguille aurait éprouvée dans l'intervalle des observations. Il se fonde sur ce que, ayant observé cette aiguille pendant toute l'année 1834, les résultats obtenus et ramenés à une même température ont été progressivement décroissants du 1er mai au 28 août, sédentaires du 28 août au 15 septembre, et croissants à partir de cette dernière époque jusqu'à la fin de l'année. Mais, que ce soit le magnétisme de l'aiguille ou celui de la terre qui ait varié dans l'intervalle de temps écoulé durant le voyage, c'est-à-dire, du 11 mai au 3 juillet, il n'en faut pas moins se servir de la différence 36,6, trouvée ci-dessus, pour ramener l'intensité observée à Paris avant le départ à ce qu'elle aurait été, à Paris même, aux différentes époques des observations faites dans les stations intermédiaires.

Ces considérations conduisent aux résultats suivants :

NOMS DES STATIONS.	DATE.	INTERVALLE en jours.	OSCILLATIONS horizontales à 20° de température.	INCLINAISON magnétique.	INTENSITÉS TOTALES		
					dans les sta-tions.	à Paris, au dépôt de la marine.	Rapport d'in-tensité.
Paris. (Dépôt de la marine.)	11 mai..	0	120,75	67° 20.8	37856,4	37856,4	1,0000
Brest, 1er séjour.........	18	7	119,03	68 19,8	38369,0	37851,6	1,0137
Landevenec............	28	17	119,26	68 11,5	38284,9	37841,7	1,0116
Brest, 2e séjour.........	4 juin..	24	118,97	68 19,8	38330,3	37839,8	1,0130
Orléans..............	28	48	121 54	66 54,1	37653,8	37823,3	0,9955
Paris. (Dépôt de la marine.)	3 juillet.	53	120,70	67 20,6	37819,8	37819,8	1,0000

Les observations que le capitaine Duperrey a faites à Paris dans la journée du 10 septembre, en transportant ses instruments du dépôt de la marine à l'Observatoire royal, et réciproquement, ont eu pour but de faire dépendre de l'Observatoire tous les résultats qui précèdent. Or, il résulte de ces dernières observations que si l'on prend l'intensité à l'Observatoire pour unité, on a, au dépôt de la marine

$$\frac{(120,53)^2.\ \cos.\ 67°26'30''}{(120,34)^2.\ \cos.\ 67°20'42''} = 0,9991,$$

on aura donc en définitive les résultats suivants :

NOMS des STATIONS.	POSITION GÉOGRAPHIQUE.		INCLINAISON magnétique.	RAPPORTS D'INTENSITÉ.	
	Latitude.	Longitude.		Paris = 1,0000	Paris = 1,3482
Paris , Observatoire.....	48° 50' 14''	0° 0' 0''	67° 26'5	1,0000	1,3482
Id. Dépôt de la marine.	»	»	67 20,7	0,9991	1,3470
Brest...............	48 23 35	6 49 35	68 19,8	1,0125	1,3650
Landevenec...........	48 17 35	6 35 9	68 11,5	1,0107	1,3620
Orléans........	47 54 0	0 25 35	66 54,1	9,9946	1,3410

Observations d'intensité magnétique, faites pendant le voyage de L'URANIE autour du monde.

M. le capitaine Duperrey a soumis au calcul les observations d'intensité magnétique qui ont été faites dans le voyage de la corvette *l'Uranie*, sous la direction de M. le capitaine de Freycinet. Je donnerai d'abord le résumé des observations, et ensuite les résultats que le capitaine Duperrey en a déduits.

Les aiguilles employées sont désignées par les nos 7, 8 et 9. L'aiguille n° 7 avait été faite exprès pour l'expédition de *l'Uranie*; le n° 8, de la même dimension , avait appartenu à Coulomb, et le n° 9 à MM. de Humboldt et Gay-Lussac. Ces trois aiguilles avaient une forme prismatique rectangulaire ; leurs oscillations se faisaient horizontalement, à l'extrémité d'un fil de soie sans torsion, et à l'abri de l'air.

Les aiguilles n°s 7 et 8 ont été observées à Paris au départ et au retour de l'expédition.

Après les expériences du 22 juin, à l'île de France, l'aiguille n° 9 ayant été posée, par inadvertance, auprès d'un grand faisceau magnétique qui en a changé le degré d'aimantation, le capitaine Duperrey la considère comme formant deux aiguilles distinctes, qu'il désigne, l'une par la lettre *a*, et l'autre par la lettre *b*. La première est celle qui a été observée de Paris à l'île de France, et la seconde est celle qui l'a été de Coupang aux îles Malouines inclusivement.

Résumé des Observations:

NOMS des STATIONS.	DATE.	POSITION GÉOGRAPHIQUE.		INCLINAISON moyenne de l'aiguille.	DÉCLINAISON moyenne de l'aiguille.	INTENSITÉ MAGNÉTIQUE.		TEMPÉRATURE centigrade de l'air.
		Latitude.	Longitude.			N° de l'aiguille observée.	Durée de 100 oscillations infiniment petites.	
Paris, avant le départ......	1817. Avril. 4	48°50′ N.	0° 0′	+ 68°28′28″	22°25′ N.O. (observée en 1816).	7	1019″,0	17°,9
	28	....	....	....		7	1019,9	8,8
	Mars. 30	... ...	....	....		8	1009,6	13,2
	Avril. 4	....	....	....		8	1009,6	17,9
	28	....	....	....		8	1010,6	8,5
	20	....	....	....		9 (a)	524,7	14,3
	29	....	....	....		9 (n)	525,4	14,6
Paris, au retour.	1821. Avril. 16	id. id.	id. id.	....	....	7	1042,8	9,5
	16	....	....	....	....	7	1044,0	9,4
	16	....	....	....	....	8	1045,3	9,5
Ste Croix de-Ténériffe...	1817. Octob. 26	28 28	18 35 0.	+ 57 56 40	21 4	9 (a)	450,7	23,0
	26	....	....	....	....	9 (a)	450,8	23,2
Rio-Janeiro, 1re relâche.	Déc. 23	22 55 S.	45 38	− 14 42 14	2 15 N·E.	7	775,9	23,0
	24	....	....	....	....	8	766,7	24,1
	24	....	....	....	....	8	768,2	26,2
	24	....	....	....	....	8	766,9	28,8
	28	....	....	....	....	9 (a)	402,6	21,3
	28	....	....	....	....	9 (a)	401,8	24,3
Rio-Janeiro, 2e relâche.	1820. Août. 22	22 55	45 39	− 14 42 43	3 35	7	790,5	21,5
	22	....	....	....	....	8	791,2	21,5
	22	....	....	....	....	8	790,6	21,5
Cap de Bonne-Espérance...	1818. Mars. 31	33 55	16 4 E.	− 50 47 3	26 30 N·O.	8	937,0	27,0
	31	....	....	....	....	9 (a)	477,9	23,0
Ile de France.	Juin. 26	20 10	55 8	− 55 6 45	12 46	7	912,0	29,0
	30	....	....	....	....	8	913,0	29,0
	22	....	....	....	....	9 (a)	468,3	29,9
	22	....	....	....	....	9 (a)	467,6	30,1
	22	....	....	....	....	9 (a)	467,5	28,5

NOMS des STATIONS.	DATE.	POSITION GÉOGRAPHIQUE.		INCLINAISON moyenne de l'aiguille.	DÉCLINAISON moyenne de l'aiguille.	INTENSITÉ MAGNÉTIQUE.		TEMPÉRATURE centigrade de l'air.
		Latitude.	Longitude.			N° de l'aiguille observée.	Durée de 100 oscillations infiniment petites.	
Baie des Chiens Marins. (Nlle-Hollande).	1818. Sept. 21	25° 43′ S.	110° 59′ E.	— 54° 52′ 45″	3° 38′ N.O.	7	799,″4	20°,5
	24	....	....	....	....	7	799,5	21,8
	24	....	....	....	....	7	802,3	21,6
	24	....	....	....	....	8	802,5	20,1
Coupang. (Ile Timor.)	Octob. 19	19 10	121 15	— 32 52 3	0 14	7	728,5	29,1
	19	....	....	....	....	8	729,8	32,0
	19	....	....	....	....	9 (b)	340,0	29,6
Ile Rawak. (Iles des Papous).	Déc. 31	0 2	128 35	— 14 26 57	1 30 N.E.	7	721,6	29,5
	31	....	....	....	....	7	721,6	30,3
	30	....	....	....	....	8	722,7	28,2
Agana. (Iles Mariannes).	1819. Mai, 25	13 28 N	142 29	+ 12 46 53	4 39	7	749,2	28,1
	25	....	....	....	....	7	749,1	29,1
	24	....	....	....	....	8	749,9	31,7
	27	....	....	....	....	9 (b)	343,3	30,9
Ile Mowi. (Raheina).	Août. 22	20 52	159 2 O.	+ 41 39 22	8 49	7	792,8	29,9
	22	....	....	....	....	8	793,0	29,1
	21	....	....	....	....	9 (b)	370,1	28,3
Port-Jackson. (Sydney).	Déc. 22	31 52 S.	148 48 E.	— 62 47 7	9 15	7	846,4	20,7
	22	....	....	....	....	8	847,4	20,6
	10	....	....	....	....	9 (b)	394,8	22,2
	10	....	....	....	....	9 (b)	394,9	22,2
Iles Malouines. (Baie Française).	1820. Avril. 11	51 35	60 27 O.	— 55 20 7	10 26	7	832,2	13,2
	11	....	....	....	....	8	832,2	12,8
	11	....	....	....	....	9 (b)	380,8	12,5

Les observations qui précèdent sont accompagnées d'indications thermométriques; néanmoins, il n'a pas été possible de les ramener à une température uniforme. Tout ce que l'on peut déduire de ces indications, dit le capitaine Duperrey, c'est que les rapports d'intensité magnétique seront probablement un peu trop faibles dans les stations du voyage, comme ayant été obtenus à des températures généralement plus élevées que celle de Paris.

M. de Freycinet n'a point observé l'inclinaison à Paris au retour de sa campagne; mais le capitaine Duperrey trouve, dans l'Annuaire du Bureau des Longitudes, le moyen de remédier à cet inconvénient :

L'inclinaison était à Paris, le 11 mars 1819,
de......... 68° 25′ 0″
et le 17 juin 1822, de......... 68 11 0

Différence dans 39 mois......... 14′ 0″
Ce qui fait pour 25 mois........... 9 0

D'où l'on peut admettre que le 16 avril 1821, l'inclinaison était de 68° 16′ 0″, et faire concourir cette inclinaison à la réduction des intensités totales, qui a été opérée ainsi qu'il suit.

On a cherché quel était, dans chaque station, le nombre des oscillations infiniment petites, faites par chaque aiguille dans 10′ de temps moyen, afin de pouvoir se servir de la formule $i = \dfrac{N^2}{\cos. I}$ qui est l'expression de l'intensité totale.

Les aiguilles n°^{os} 7 et 8 ont été observées à Paris, au départ, entre le 1er et le 30 avril 1817, ce qui fixe le jour du départ au 16 avril. Ces mêmes aiguilles ont été observées à Paris, au retour, le 16 avril 1821; en conséquence, la durée totale du temps écoulé dans l'intervalle des observations s'élève à 1461 jours.

D'après ce qui précède, on a donc à Paris :

		N°. 7	N°. 8
au départ	$\dfrac{N^2}{\cos. I} =$	9435,1	9619,5
et au retour	$\dfrac{N'^2}{\cos. I'} =$	8930,2	8897,8
Perte des aiguilles dans 1461 j.		504,9	721,7.

Telles sont les valeurs sur lesquelles on a spéculé pour ramener les intensités totales observées à Paris, au départ, à ce qu'elles auraient été dans le même lieu, aux différentes époques des observations faites dans les stations intermédiaires. Ces intensités, ainsi corrigées, ayant été prises pour unité dans chaque station respective, constituent les rapports d'intensité qui figurent dans les colonnes du tableau suivant.

Ainsi qu'il a été dit plus haut, le capitaine Duperrey considère dans l'aiguille n° 9 deux aiguilles, qu'il désigne par les lettres a et b.

L'aiguille a donne à Paris, au départ, 35590,5 d'intensité totale; elle donne à l'île de France 7567,3. Établissant à Paris l'unité d'intensité, on a, à l'île de France, 0,8082; or, il résulte des aiguilles n°ˢ 7 et 8 que le rapport d'intensité peut être représenté dans le même lieu par 0,8091; l'on peut donc admettre les rapports qui résultent de l'aiguille a, tels qu'on les obtient de prime abord.

Mais il n'en est pas ainsi de l'aiguille b. Cette aiguille donne à Coupang 37076,8, les aiguilles n°ˢ 7 et 8 donnent dans le même lieu 0,8672, l'intensité à Paris étant représentée par l'unité. Si l'on fait $\dfrac{37076,8}{x} = 0,8672$, on a $x = 42754,6$, intensité que l'aiguille aurait eue à Paris, à l'époque des observations qui ont été faites à Coupang. De même, l'aiguille b donne aux îles Malouines 41656,2; d'après les aiguilles n°ˢ 7 et 8, on a dans cette localité 1,0077. On aura donc $\dfrac{41656,2}{x'} = 1,0077$, et par conséquent $x' = 41337,9$ pour l'intensité que l'aiguille aurait eue à Paris, à l'époque des observations qui ont été faites aux îles Malouines. D'après cela, il est évident que l'aiguille b peut être considérée comme ayant perdu, entre Coupang et les îles Malouines, une quantité égale à $42754,6 - 41337,9 = 1416,7$ de l'intensité qu'elle aurait eue à Paris à l'époque des observations faites à Coupang; quantité dont on a tenu compte pour obtenir les rapports d'intensité de cette aiguille.

Tel est le mode de réduction dont le capitaine Duperrey a déduit les résultats suivants :

NOMS des STATIONS.	DATE.	POSITION GÉOGRAPHIQUE. Latitude.	Longitude.	INCLINAISON magnétique.	INTENSITÉS MAGNÉTIQUES TOTALES. Aig. n° 7.	Aig. n° 8.	Aig. n° 9.	Moyenne.	Paris étant 1,3482
		1817					(Aig. *a.*)		
Paris, avant le départ..	Avril	48° 50′ 15″ N.	0° 0′ 0″	+ 68° 28′ 28″	1,0000	1,0000	1,0000	1,0000	1,3482
Ténériffe	Octobre	28 27 45	18 35 8 O.	+ 57 56 40	»	»	0,9380	0,9380	1,2646
Rio-Janeiro, 1er séj...	Décembre	22 55 1 S.	45 38 52	+ 14 42 14	0,6613	0,6659	8,6465	0,6579	0,8370
		1818							
Cap de Bonne-Espér..	Mars	33 55 15	16 3 45 E.	— 50 47 3	»	0,6865	0,7005	0,6935	0,9350
Ile de France	Juin	20 9 56	55 8 26	— 55 6 45	0,8151	0,8031	0,8082	0,8088	1,0904
B. des Chiens Marins.	Septembre	25 43 21	110 59 13	— 54 52 45	1,0556	1,0381	»	1,0468	1,4113
Coupang	Octobre	10 9 55	121 15 22	— 32 52 3	0,8736	0,8609	»	0,8672	1,1692
Rawak	Décembre	0 1 34	128 35 5	— 14 26 57	0,7744	0,7644	(Aig. *b.*)	0,7694	1,0373
		1819							
Agana	Mai	13 27 51 N.	142 28 50	+ 12 46 53	0,7173	0,7104	0,7426	0,7234	0,9753
Mowi	Août	20 52 7	159 2 3 O.	+ 41 39 22	0,8389	0,8332	0,8386	0,8369	1,1283
Port-Jackson	Décembre	31 51 34 S.	148 48 0 E.	— 62 47 7	1,2080	1,2000	1,2120	1,2067	1,6269
		1820							
Iles Malouines	Avril	51 35 18	60 26 52 O.	— 55 20 7	1,0090	1,0064	»	1,0077	1,3586
Rio-Janeiro, 2e séjour.	Décembre	22 55 25	48 38 23	+ 14 42 43	0,6609	0,6601	»	0,6605	0,8905
		1821							
Paris, retour	Avril	48 50 15 N.	0 0 0	»	1,0000	1,0000	»	1,0000	1,3482

§ 11 *Intensités magnétiques observées durant le voyage à la recherche de Lapérouse.*

Le capitaine Duperrey ayant voulu tirer parti des observations d'intensité magnétique qui ont été faites par M. de Rossel pendant le voyage de l'amiral d'Entrecasteaux, est parvenu au but qu'il se proposait, en rendant ces observations dépendantes de celles qui lui sont propres et dont nous avons déjà rendu compte.

M. de Rossel ayant fait osciller l'aiguille d'une boussole d'inclinaison dans le plan vertical du méridien magnétique, on est dispensé d'avoir égard à la valeur de l'inclinaison dans la réduction des intensités.

Les six premières colonnes du tableau suivant contiennent les éléments puisés dans le voyage. La dernière colonne contient les rapports d'intensité qui résultent d'un premier calcul, dans lequel on suppose que l'aiguille n'a pas perdu de son magnétisme :

NOMS des STATIONS.	DATE.	POSITION GÉOGRAPHIQUE.		INCLI-NAISON.	DURÉE de 100 oscillations infiniment petites.	IN-TENSITÉ.
		Latitude.	Longitude.			
	1791					
Brest......	20 septembre.	48° 24' N.	6°50' O.	+71° 30'	.. 203,0 ..	. 1,0000
Ténériffe....	21 octobre...	28 28	18 36	+62 25	.. 208,1 ..	. 0,9422
	1792					
Van-Diemen.	11 mai......	43 32 S.	144 37 E.	—70 50	.. 186,0 ..	
	1793					. 1,1800
Id......	7 février. ..	43 34	144 36	—70 48	.. 185,0 ..	
	1792					
Amboine....	9 octobre...	3 42	125 47	—20 37	.. 240,3 ..	. 0,7066
	1794					
Sourabaya..	9 mai......	7 14	110 21	—25 40	.. 242,9 ..	. 0,6916

L'aiguille n'ayant point été observée à Brest au retour de l'expédition, le capitaine Duperrey cherche quel a été le mouvement du magnétisme de cette aiguille pendant le voyage, en comparant le résultat trouvé à Amboine par M. de Rossel à celui qu'il est parvenu à déduire, pour cette localité, de l'intensité qu'il a obtenue à Offak, dans le voyage de *la Coquille*. Offak et Amboine sont à peu de distance l'un de l'autre et de l'équateur magnétique, et la direction de la résultante des forces magnétiques n'a pas sensiblement varié à Amboine, de 1792 à 1823. Dans les parages où se trouvent placées ces deux stations, l'intensité du magnétisme de la terre varie très-peu dans l'espace de 3 à 4° en latitude ; la ligne sans inclinaison suit une direction parallèle à la ligne équinoxiale, et la déclinaison est nulle, en sorte que la différence en longitude, qui n'est que de 2° 36' entre les deux stations, peut être négligée dans le calcul que le capitaine Duperrey effectue de la manière suivante :

Soit i et i'' les intensités respectives à Offak et à Amboine ; λ et λ' les latitudes magnétiques de ces stations. On a pour le rapport de ces intensités

$$\frac{i'}{i} = \sqrt{\frac{1 + 3\sin.^2\lambda'}{1 + 3\sin.\lambda}}.$$

On sait qu'à Amboine,

$$\text{tang.}\ \lambda' = \frac{\text{tang.}\ 20^\circ\ 32'}{2},$$

d'où $\lambda' = 10^\circ\ 36'\ 40''$, et qu'à Offak,

$$\text{tang.}\ \lambda = \frac{\text{tang.}\ 13^\circ\ 34'}{2},\ \text{d'où}\ \lambda = 6\ 53, 0.$$

Si donc on fait l'intensité i, à Offak, égale 1,0000, on aura à Amboine

$$i' = \sqrt{\frac{1 + 3\sin.^2\ 10^\circ\ 36'\ 40''}{1 + 3\sin.^2\ 6.53.0}} = 1,0277.$$

Or, il résulte des observations du capitaine Duperrey,

qu'en supposant l'intensité, à Paris, égale à 1,0000, on doit avoir, à Offak, 0,8004, et à Brest, 1,0125. Si actuellement l'on prend Brest pour unité, on aura à Offak 0,7905, et, dans cette hypothèse, on aura à Amboine 1,0277 × 0,7905 = 0,8124; mais, d'après M. de Rossel, on ne trouve que 0,7066. Il est donc évident que l'aiguille n'avait pas conservé toute l'intensité dont elle était douée au commencement de la campagne. Pour savoir ce qu'elle a perdu dans le trajet de Brest à Amboine, et pour être, par conséquent, en état de ramener l'intensité 1,0000, obtenue à Brest avant le départ, à ce qu'elle aurait été dans le même lieu aux différentes époques du voyage, afin de la prendre, ainsi modifiée, pour unité dans chaque station respective, il faut d'abord chercher quelle a dû être la valeur de l'intensité de l'aiguille à Brest, à l'époque des observations d'Amboine; ce que l'on obtient en faisant $\dfrac{0,7066}{x} = 0,8124$; d'où l'on tire pour cette valeur $x = 0,8698$; et par suite $1,0000 - 0,8698 = 0,1302$ pour la perte de l'aiguille, dont on a tenu compte dans le tableau suivant :

NOMS des STATIONS.	INTERVALLE en mois.	POSITION GÉOGRAPHIQUE.		INTENSITÉS MAGNÉTIQUES		RAPPORTS D'INTENSITÉ.	
		Latitude.	Longitude.	dans les stations.	à Brest.	Brest = 1,0000	Paris = 1,3482
Brest........	0	48° 24' N.	6° 50' O.	1,0000	1,0000	1,0000	1,3650
Ténériffe.....	1	28 28	18 36	0,9422	0,9898	0,9519	1,2993
Van-Diémen..	12	43 33 S.	144 37 E.	1,1800	0,8770	1,3455	1,8366
Amboine.....	12,7	3 42	125 47	0,7066	0,8698	0,8124	1,1089
Sourabaya,..	31,7	7 14	110 21	0,6916	9,8698	0,7951	1,0853

Le capitaine Duperrey n'avait aucun moyen de déterminer le mouvement du magnétisme de l'aiguille entre les époques des observations d'Amboine et de Sourabaya; mais il fait remarquer que, d'après le tableau qui précède ce dernier, la comparaison des observations faites à Van-Diémen, à des époques différentes, porte à croire que l'aiguille aurait plutôt gagné que perdu à partir d'Amboine; qu'en conséquence, l'intensité que cette aiguille aurait eue à Brest, à l'époque des observations d'Amboine, peut être prise pour unité jusqu'à la fin du voyage.

Le capitaine Duperrey avait déjà eu recours aux expériences de M. de Rossel, lorsque, en 1832, il fit paraître ses cartes des lignes isodynamiques. A cette époque il n'avait pas encore établi de liaisons entre les intensités magnétiques de Brest et de Paris; néanmoins, il déduisit de ses calculs que l'intensité, à Van-Diémen, devait être au moins de 1,807, et non pas 1,60, comme l'avait supposé M. Hansteen. On voit ici qu'une réduction plus complète donne, pour le même lieu, 1,836, résultat qui diffère extrêmement peu de celui que le capitaine Fitz-Roy a obtenu tout récemment à Hobart-Town, ville située à 40 milles au nord des stations de M. de Rossel.

Le tableau suivant est extrait du rapport fait par M. Sabine à l'Association Britannique; nous y avons ajouté les observations de M. Fuss, ainsi que les résultats que M. Duperrey a obtenus en soumettant à de nouveaux calculs les observations de MM. de Rossel, de Freycinet, et les siennes.

TABLEAU

DES INTENSITÉS MAGNÉTIQUES

POUR DIFFÉRENTS LIEUX DE LA TERRE.

1re DIVISION. — HÉMISPHÈRE NORD.

LIEU des OBSERVATIONS.	DATE.	Latitude.	Longitude de PARIS.	NOMS des OBSERVATEURS.	Intensité magnétique.
§ I. INTENSITÉS DE 1,85 A 1,75.					
Viluisk............	1829	63° 0′ N	117° 40′ E.	Due.............	1,759
New-York........	1822	40 43	76 22 O.	Sabine...........	1,803
§ II. INTENSITÉS DE 1,75 A 1,65.					
Turuchansk........	1829	65 55	85 13 E.	Hansteen...........	1,667
Sebrinikowo	1829	60 02	88 13	id...........	1,660
Alschinsk.........	1828	56 16	88 40	id. et Due...	1,654
Jenesiek..........	1829	58 27	89 51	Hansteen...........	1,668
Krasnojarsk.......	1829	56 1	90 37	Erman..............	1,652
id..............	1829	id.	id.	Hansteen et Due.....	1,663
Kausk	1829	55 43	94 33	Erman..............	1,670
id..............	1829	id.	id.	Hansteen et Due....	1,678
Kamyochatsk	1828	55 12	96 30	id.........	1,671
N. Udinsk........	1828	55 00	97 0	id.........	1,672
Kurgan...........	1829	54 20	97 40	Erman..............	1,652
Salarinsk.........	1828	53 30	99 40	Hansteen et Due.....	1,652
Sawaria..........	1829	53 34	99 33	Erman..............	1,657
Olonska...........	1829	52 59	102 44	id.........	1,673
Botowsk..........	1829	55 10	103 2	id.........	1,720
Bojarsk	1829	56 05	103 14	id.........	1,689
Tarakanowa.......	1829	52 14	104 17	id.........	1,664
Potapowsk........	1829	57 17	105 14	id.........	1,711
Kirensk..........	1829	57 47	105 44	Due.............	1,704
id..............	1829	id.	id.	Erman..............	1,693
Itschora..........	1829	58 38	107 16	id.........	1,714
Ivanofska........	1829	58 38	108 14	Due.............	1,708
Parchiusk........	1829	59 7	109 11	Erman..............	1,741
Wittinsk.........	1829	59 40	109 40	Due.............	1,731
Kantinsk.........	1829	59 53	112 20	id.........	1,712
id..............	1829	id.	id.	Erman..............	1,733

LIEU des OBSERVATIONS.	DATE.	Latitude.	Longitude de PARIS.	NOMS des OBSERVATEURS.	Intensité magnétique.
Jarbinsk.........	1829	60° 28' N.	113° 55' E.	Erman...........	1,702
Beresowsk.......	1829	59 50	115 36	id...........	1,747
Olekma.........	1829	60 22	117 13	Duc...........	1,725
id...........	1829	id.	id.	Erman...........	1,707
Sanjacktatsk......	1829	60 47	121 46	id...........	1,732
Toen Ariusk......	1829	61 37	126 11	id...........	1,689
Yakutsk.........	1829	62 01	127 25	id...........	1,697
Porotowsk.......	1829	62 01	129 30	id...........	1,721
Lebeghine........	1829	62 11	131 22	id...........	1,697
Nokchinsk........	1829	61 57	132 37	id...........	1,713
Perewos.........	1829	61 45	133 20	id...........	1,679
Tchernolies.......	1829	61 31	134 3	id...........	1,700
Karuastak........	1829	61 30	134 40	id...........	1,690
Allachjan........	1829	61 03	136 25	id...........	1,678
Judomsk.........	1829	60 54	138 15	id...........	1,680
Arki...........	1829	60 07	140 0	id...........	1,644
Baie de St-Laurent.	1828	65 38	146 54	Lutké...........	1,652
A la mer........	1827	48 44	145 43 O.	id...........	1,653
Sitka...........	1827	57 03	137 36	id...........	1,735
id...........	1829	id.	id.	Erman...........	1,726
Lac de Frazer.....	1833	54 03	127 0	Douglas...........	1,734
Lac Stuart.......	1833	54 27	126 40	id...........	1,746
C. Disappointment.	1830	46 16	126 16	id...........	1,674
Fort Alexandre....	1833	52 33	124 49	id...........	1,714
Riv. Multnomah...	1830	45 15	125 7	id...........	1,660
Fort Vancouver...	1830	45 37	124 56	id...........	1,688
Riv. Sandiam......	1830	44 35	124 57	id...........	1,672
Torr. de Colombie.	1830	45 40	124 8	id...........	1,671
Riv. Thompson....	1833	50 41	122 31	id...........	1,701
Oakanagan.......	1833	48 05	121 47	id...........	1,701
Riv. Wullawullah..	1830	46 03	121 8	id...........	1,699
Ile Byam Martin...	1819	75 10	106 10	Sabine...........	1,653
Détroit du Régent..	1819	72 45	92 0	id...........	1,668
Baie Baffin.......	1818	76 08	80 41	id...........	1,659
id...........	1818	76 45	78 11	id...........	1,666
id...........	1818	70 35	69 15	id...........	1,661
Labrador.........	1836	57 33	64 11	Ross...........	1,682
Stepnoi.........	1832	52 10	104 0 E.	G. Fuss...........	1,663
Kolessowaja......	1832	52 7	104 13	id...........	1,666
Possolsk.........	1832	52 1	103 58	id...........	1,653
Werchneudinsk....	1832	51 50	105 26	id...........	1,657
Kurbinsk........	1832	52 5	108 43	id...........	1,665
Tschitauskoi......	1832	52 1	111 7	id...........	1,668
Argunskoi........	1832	51 33	117 36	id...........	1,655
Uriunpina........	1832	52 47	117 44	id...........	1,667
Schegdatschinskoi..	1832	53 15	119 1	id...........	1,658
Uststretensk......	1832	53 20	119 31	id...........	1,656
Fortr. of Gorbizkoi.	1832	53 6	116 49	id...........	1,660
Tschindant........	1832	50 34	113 12	id...........	1,650
Akschinska........	1832	50 15	111 5	id...........	1,671

LIEU des OBSERVATIONS.	DATE.	Latitude.	Longitude de PARIS.	NOMS des OBSERVATEURS.	Intensité magnétique.
§ III. INTENSITÉS DE 1,65 A 1,55.					
Spitzberg, Fairharen	1823	79 40 N.	9 20 E.	Sabine	1,562
Spitzberg, cap Sud.	1827	76 35	13 40	Keilhau	1,558
Katchegatisk	1828	65 9	62 42	Erman	1,568
Beresow	1828	63 56	62 44	id.	1,580
Kunduwaski	1828	63 18	62 46	id.	1,584
Wandiask	1828	66 16	62 50	id.	1,608
Kondingsk	1828	62 13	64 16	id.	1,596
Obdorsk	1828	66 31	64 22	id.	1,580
Jagakow	1828	57 32	64 46	id.	1,546
id.	1828	id.	id.	Hansteen et Due.	1,558
Chutarbitka	1828	57 59	65 11	Erman	1,544
id.	1828	id.	id.	Hansteen et Due.	1,566
Kewaskirche	1828	61 20	65 45	Erman	1,585
Toholsk	1828	58 12	65 56	Hansteen et Due.	1,560
id.	1828	id.	id.	Erman	1,554
Samarowo	1828	60 45	66 15	id.	1,584
Uwatsk	1828	59 0	66 26	id.	1,564
Kololschikowo	1829	57 27	66 38	id.	1,564
Sawotiuski	1828	60 23	67 6	id.	1,5-3
Tugalowsk	1828	59 32	67 20	id.	1,574
Tara	1829	56 54	71 44	id.	1,575
Pokrowsk	1829	55 38	74 45	id.	1,617
Muraschiwa	1828	55 50	71 40	Hansteen et Due.	1,586
Gotoputowa	1828	55 47	74 40	id.	1,577
Autoschiua	1828	55 40	75 40	id.	1,585
Kainsk	1828	55 40	75 50	id.	1,601
Narym	1828	58 50	78 40	Due	1,638
Tschulum	1829	55 6	78 54	Erman	1,578
Kolyvan	1829	55 17	80 25	Hansteen et Due.	1,611
id.	1829	id.	id.	Erman	1,599
Togursk	1828	58 40	80 40	Due	1,644
Barnaul	1829	53 20	81 36	Hansteen	1,605
Tomsk	1829	56 30	82 49	Erman	1,618
id	1829	id.	id.	Hansteen et Due.	1,620
Pojesnik	1829	56 18	84 50	Erman	1,627
Kangatovo	1829	63 27	84 56	Hansteen	1,648
Irkutsk	1829	52 16	102 0	Hansteen et Due.	1,642
id.	1829	id.	id.	Erman	1,632
Kadilna	1829	52 7	102 31	Hansteen et Due.	1,649
id.	1828	id.	id.	Erman	1,634
Chogotsk	1829	53 0	102 40	Due	1,645
Tiumeruska	1828	54 9	103 13	Erman	1,648
Selenginsk	1829	51 20	103 55	Hansteen et Due.	1,642
Troisko Sawsk	1829	50 21	104 8	id.	1,642
id.	1829	id.	id.	Erman	1,628
Monachorowa	1829	50 58	104 9	Hansteen et Due.	1,624
id.	1829	id.	id.	Erman	1,638

LIEU des OBSERVATIONS.	DATE.	Latitude.	Longitude de PARIS.	NOMS des OBSERVATEURS.	Intensité magnétique.
Arsentiska........	1829	51° 17' N.	104° 36' E.	Hansteen et Due.....	1,650
id...........	1829	id.	id.	Erman.............	1,636
Werchne Udinsk..	1829	51 49	105 27	Hansteen et Due.....	1,625
id........	1829	id.	id.	Erman.............	1,626
Ochozk....	1829	59 21	140 51	id.........	1,615
Mer de Ochozk....	1829	58 46	143 32	id.........	1,677
id....	1829	58 15	149 41	id.........	1,601
id....	1829	58 13	154 26	id.........	1,595
Riv. Tigil........	1829	58 1	155 55	id.........	1,577
Maschura........	1829	55 4	156 35	id.........	1,551
Baie Ste-Croix....	1828	65 28	179 8	Lutké...........	1,646
Unalaska........	1827	53 54	168 50 O.	id.........	1,604
St-François......	1829	37 48	126 35	Erman.............	1,585
id........	1831	id.	id.	Douglas...........	1,597
St-Solano........	1831	38 17	126 44	id.........	1,614
Monterey........	1831	36 35	126 20	id.........	1,599
St-Joseph........	1831	37 32	126 20	id.........	1,607
La Solitude......	1831	36 24	125 44	id.........	1,590
St-Antoine.......	1831	36 1	125 38	id.........	1,584
St-Michel........	1831	35 45	125 4	id.........	1,580
St-Louis-l'Évêque..	1831	35 16	125 0	id.........	1,580
La Purissima......	1831	34 40	124 47	id.........	1,571
Ste-Ynez........	1831	34 36	124 31	id.........	1,579
Ste-Barbara......	1831	34 25	122 26	id.........	1,587
Ile Melville......	1819	74 27	114 2	Sabine...........	1,624
Winter Harbour....	1820	74 47	113 8	id.........	1,638
Baie Possession....	1819	73 31	79 42	id.........	1,637
Baie Baffin........	1818	75 51	65 26	id.........	1,618
Détroit de Dawis...	1819	64 0	64 10	id.........	1,621
Baie Baffin........	1818	75 5	62 43	id.........	1,590
Ile Hare........	1818	70 26	57 12	id.........	1,622
Détroit de Dawis.	1818	68 22	56 10	id.........	1,643
Irkutzk....	1832	52 17	101 57 E.	G. Fuss...........	1,647
Listwinischnoi.....	1832	51 54	102 11	id.........	1,640
Baingol.........	1832	48 52	103 4	id.........	1,630
Clunzal........	1832	48 13	104 7	id.........	1,612
Urga........	1832	47 55	104 22	id.........	1,583
Nalaicha........	1832	47 47	104 58	id.........	1,591
Gittegentai......	1832	46 54	106 26	id.........	1,594
Schihétu........	1832	46 29	107 18	id.........	1,609
Zsulgétu........	1832	46 16	107 50	id.........	1,565
Chologur........	1832	46 0	108 14	id.........	1,580
Durhandereta.....	1832	45 48	108 54	id.........	1,584
Ergi........	1832	45 32	109 5	id.........	1,559
Batchay........	1832	44 21	110 35	id.........	1,553
Bainchara........	1832	46 31	105 36	id.........	1,582
Chapschatu.	1832	47 20	104 46	id.........	1,581
Charatnin-Sudshi..	1832	44 50	109 46	id.........	1,579
Urga........	1832	47 55	104 22	id.........	1,583
Troizkosawsk.....	1832	50 21	104 25	id.........	1,642

LIEU des OBSERVATIONS.	DATE.	Latitude.	Longitude de PARIS.	NOMS des OBSERVATEURS.	Intensité magnétique.
Pogromnoi............	1832	52° 30′ N.	108° 43′ E.	G. Fuss............	1,640
Nertschinsk-Town .	1832	51 56	114 11	id..........	1,635
Nertschinsk-Mine..	1832	51 19	117 17	id..........	1,617
Zuruchaitu........	1832	50 23	116 43	id..........	1,626
Stretensk..........	1832	52 15	115 20	id..........	1,649
Abagaitujewskoi...	1832	49 35	115 30	id..........	1,583
Altauskoi..........	1832	49 28	109 10	id..........	1,619
Mendshinskoi.....	1832	49 26	106 35	id..........	1,630
Charazaiska........	1832	50 29	102 24	id..........	1,643

<h2 style="text-align:center">§ IV. INTENSITÉS DE 1,55 A 1,45.</h2>

LIEU des OBSERVATIONS.	DATE.	Latitude.	Longitude de PARIS.	NOMS des OBSERVATEURS.	Intensité magnétique.
Slidre............	1821	61 5 N.	5 49 E.	Hansteen............	1,454
Idsat............	1825	62 57	8 58	id............	1,452
Bodoe............	1827	67 15	11 35	Keilhau............	1,451
Ile Bear............	1827	74 55	12 30	id............	1,496
Spitzberg........	1827	77 25	14 40	id............	1,539
Tromsoe............	1827	69 38	16 35	id............	1,515
Jacob's Elv........	1827	69 54	18 25	id............	1,467
Talvig............	1827	70 2	20 28	id............	1,512
Havoe............	1827	70 57	20 59	id............	1,476
Ingoe............	1827	71 6	21 43	id............	1,517
Mageroe..........	1827	71 1	23 41	id............	1,500
Hammerfest......	1823	70 40	21 26	Sabine............	1,506
id	1827	id.	id.	Keilhau............	1,461
Haut-Toruea......	1825	66 16	21 27	Hansteen............	1,464
Brahestad........	1825	64 41	22 0	id............	1,455
Lebbesbye........	1827	70 37	24 25	Keilhau............	1,465
Mehavn..........	1827	71 6	25 13	id............	1,496
Kaleboton........	1827	70 12	25 50	id............	1,491
Omgang..........	1827	71 0	26 10	id............	1,487
Berlevaag........	1827	70 54	26 51	id............	1,460
Wadsoe..........	1827	70 10	27 30	id............	1,469
Wardhuus........	1827	70 23	28 47	id............	1,477
Mileschka........	1828	56 13	47 34	Erman............	1,459
id............	1828	id.	id.	Hansteen et Due....	1,447
Milet............	1828	56 41	48 10	Erman............	1,473
id............	1828	id.	id.	Hansteen et Due....	1,461
Koschil............	1828	57 8	49 32	Erman............	1,488
id............	1828	id.	id.	Hansteen et Due....	1,478
Suri............	1828	57 34	51 3	Erman............	1,476
id	1828	id.	id.	Hansteen et Due....	1,477
Dubrowa........	1828	57 42	52 10	Erman............	1,482
id............	1828	id.	id.	Hansteen et Due....	1,488
Ochansk..........	1828	57 0	53 40	id............	1,497
Perm............	1828	58 1	53 54	id............	1,494
id............	1828	id.	id.	Erman............	1,489
Krilassowa........	1828	57 34	54 17	Hansteen et Due....	1,501
id............	1828	id.	id.	Erman............	1,535

LIEU des OBSERVATIONS.	DATE.	Latitude.	Longitude de PARIS.	NOMS des OBSERVATEURS.	Intensité magnétique.
Buikowa............	1828	56° 53′ N.	55° 6′ E.	Hansteen et Due. ...	1,504
id.............	1828	id.	id.	Erman............	1,514
Kirgischansk......	1828	56 50	56 46	Hansteen et Due.....	1,525
id.............	1828	id.	id.	Erman............	1,509
Kushwa..........	1828	58 17	57 23	Hansteen et Due.....	1,500
id.............	1828	id.	id.	Erman............	1,502
N. Tagilsk........	1828	57 55	57 34	Hansteen et Due.....	1,506
Bogoslowsk.......	1828	59 49	57 35	Erman............	1,524
id.............	1828	id.	id.	Hansteen et Due.....	1,509
Ekaterinenburg....	1828	56 51	58 14	Erman............	1,522
id.............	1828	id.	id.	Hansteen et Due.....	1,524
Werchoturie......	1828	58 52	58 26	Erman............	1,548
id.............	1828	id.	id.	Hansteen et Due.....	1,536
Bjelieska.........	1828	56 50	59 36	Erman............	1,509
id.............	1828	id.	id.	Hansteen et Due.....	1,508
Sugask..........	1828	57 0	61 24	Erman............	1,501
id.............	1828	id.	id.	Hansteen et Due.....	1,535
Tiumen	1828	57 10	63 7	Erman............	1,505
id.............	1828	id.	id.	Hansteen et Due.....	1,550
Nishnei Turinsk...	1828	id.	id.	id.........	1,535
Orlowa	1828	id.	id.	id.........	1,543
Semipalatinsk.....	1829	50 24	26 3	Hansteen..........	1,556
Natschika	1829	53 06	155 55	Erman............	1,494
St-Pierre et St-Paul.	1829	53 0	156 20	id.........	1,489
Kosuirewsk.......	1829	55 52	157 14	id.........	1,548
Chartschinsk......	1829	56 31	158 23	id.........	1,542
Jelowka.........	1829	56 54	158 35	id.........	1,543
Kuraginski......	1828	58 34	161 7	Lutké..........	1,533
A la mer........	1827	40 28	148 45 O.	id.........	1,456
Ile Cayman......	1822	19 14	83 25	Sabine..........	1,450
Terceira......	1836	38 39	29 33	Fitz-Roy......	1,457
Greenland.......	1823	74 32	21 10	Sabine..........	1,543
Kulchuduck......	1823	43 29	111 32 E.	G. Fuss..........	1,538
Scharabudurguna..	1823	43 13	111 46	id.........	1,538
Zackildack........	1823	42 48	111 57	id.........	1,513
Zsamein-Ussu.....	1823	41 46	112 18	id.........	1,505
Chalgan..........	1823	40 49	112 38	id.........	1,459
Pékin...........	1823	39 54	114 6	id.........	1,453
Zagau-Balgassu....	1823	41 17	112 24	id.........	1,473
Tulgha..........	1823	41 33	112 24	id.........	1,465
Sudshi..........	1823	42 28	111 31	id.........	1,495
Mingan	1823	43 3	110 10	id.........	1,508
Zsamein-Chuduck .	1823	43 37	109 31	id.........	1,509
Kutull..........	1823	43 58	109 18	id.........	1,520
Gaschun.........	1823	44 23	108 59	id.........	1,516
Sendshi.........	1823	44 45	108 6	id.........	1,530
Kukuderissu......	1823	45 8	107 22	id.........	1,542
Uizsyn.........	1823	45 34	106 56	id.........	1,543
Mogaitu.........	1823	45 50	106 33	id.........	1,545
Chapchaktu.......	1823	46 2	106 15	id.........	1,538

LIEU des OBSERVATIONS.	DATE.	Latitude.	Longitude de PARIS.	NOMS des OBSERVATEURS.	Intensité magnétique.
§ V. INTENSITÉS DE 1,45 A 1,35.					
Bruxelles.........	1829	50° 52' N.	2° o' E.	Quetelet..........	1,3-4
id..........	1832	id.	id.	Rudberg..........	1,369
Bekkervig.........	1821	60 01	2 50	Hansteen..........	1,411
Berg.............	1821	60 24	2 57	id..........	1,422
Ullensvang........	1821	60 20	4 18	id..........	1,426
Leierdal..........	1821	61 10	5 30	id..........	1,419
Mariasteen........	1821	61 02	5 54	id..........	1,406
Norsteboe.........	1821	60 20	6 17	id..........	1,414
Francfort.........	1829	50 10	6 17	Quetelet..........	1,358
Tubingue.........	1806	48 31	6 44	Humboldt, Gay-Lussac	1,357
Ingolfsland.......	1821	59 53	6 28	Hansteen,..........	1,416
Bolkesjoë.........	1821	59 43	7 0	id..........	1,405
Korset..........	1822	58 49	7 12	id..........	1,373
Kongsberg........	1820	59 40	7 20	id..........	1,414
Helgeroe.........	1822	58 59	7 34	id..........	1,398
Kolding..........	1824	55 27	7 0	id..........	1,385
Sleswig..........	1824	54 31	7 35	id..........	1,381
Gœttingue........	1806	51 32	7 35	Humboldt, Gay-Lussac	1,348
id..........	1829	id.	id.	Quetelet..........	1,365
id..........	1832	id.	id.	Rudberg..........	1,349
Aalborg..........	1824	57 03	7 36	Hansteen..........	1,367
Tomlevold........	1821	60 51	7 38	id..........	1,425
Heggen..........	1825	59 55	7 50	id..........	1,415
Drammen.........	1823	59 49	7 53	id..........	1,377
Moe.............	1821	60 14	8 11	id..........	1,423
Gran............	1821	60 22	8 12	id..........	1,422
Johnsrud.........	1825	59 57	8 17	id..........	1,425
Aarhuus..........	1824	56 10	7 54	id..........	1,384
Odense..........	1824	55 24	7 59	id..........	1,365
Drontheim........	1823	63 26	8 5	Sabine..........	1,442
id..........	1825	id.	id.	Hansteen..........	1,430
Christiania........	1820	59 55	8 25	id..........	1,419
Elleöen..........	1822	59 19	8 20	id..........	1,384
Souer...........	1822	59 32	8 25	id..........	1,383
Skieberg.........	1822	59 14	8 51	id..........	1,372
Frederieshall......	1828	59 01	9 10	id. et Duc..	1,387
Altorp..........	1822	58 53	9 54	Hansteen..........	1,389
Vang...........	1821	61 06	8 14	id..........	1,431
Nebye..........	1825	62 18	8 38	id..........	1,423
Kornestad........	1825	61 03	9 8	id..........	1,423
Roraas..........	1825	62 34	9 15	id..........	1,440
Grundsat........	1825	60 56	9 15	id..........	1,440
Frederieshavn.....	1824	57 27	8 13	id..........	1,384
Gottenbourg......	1819	57 42	8 38	id..........	1,383
Quistrum.........	1819	58 27	9 25	id..........	1,407
Odensala.........	1822	57 26	9 43	id..........	1,367

LIEU des OBSERVATIONS.	DATE.	Latitude.	Longitude de PARIS.	NOMS des OBSERVATEURS.	Intensité magnétique.
Wennesborg......	1828	58°22' N.	9°57' E.	Hansteen et Due....	1,381
Suul...........	1825	63 42	9 52	Hansteen...........	1,423
Soroe...........	1820	55 27	9 34	id...........	1,384
Fredericsberg.....	1820	55 56	9 58	id...........	1,403
Helsingberg......	1820	56 03	10 23	id...........	1,378
Copenhague.......	1820	55 41	10 35	id...........	1,367
Leipsick.........	1826	51 20	10 2	Keilhau et Boeck....	1,359
id...........	1829	id.	id.	Quetelet...........	1,363
Magnor...........	1825	59 7	10 2	Hansteen...........	1,420
Berlin...........	1806	52 31	11 2	Humboldt, Gay-Lussac	1,370
id...........	1828	id.	id.	Erman.............	1,367
id...........	1829	id.	id.	Quetelet...........	1,367
Dresde...........	1820	51 02	11 23	id...........	1,366
Ystadt...........	1824	55 26	11 36	Erichsen...........	1,374
Carlstad.........	1825	59 23	11 6	Hansteen...........	1,378
Mariestad.........	1828	58 40	11 30	Hansteen et Due....	1,381
Lincoping.........	1828	58 26	13 18	id...........	1,356
Carolath.........	1824	51 46	13 37	Erichsen...........	1,351
Oestersund.......	1825	63 10	12 12	Hansteen...........	1,434
Grimnas.........	1825	62 50	12 50	id...........	1,427
Alsta...........	1825	62 29	13 40	id...........	1,422
Sundswall.........	1825	62 22	14 56	id...........	1,415
Hernosand.........	1825	62 38	15 33	id...........	1,421
Gebostad.........	1827	59 15	15 30	Keilhau...........	1,444
Stockholm.........	1825	59 20	15 44	Hansteen...........	1,392
id...........	1828	id.	id.	id et Due...........	1,386
id...........	1828	id.	id.	Erman.............	1,386
id...........	1832	id.	id.	Rudberg...........	1,382
Dantzick.........	1824	54 21	16 18	Erichsen...........	1,374
Umea...........	1825	63 49	17 52	Hansteen	1,413
Kœnigsberg......	1826	54 43	18 10	Erman.............	1,365
Tjock...........	1825	62 17	19 2	Hansteen...........	1,406
Pitea...........	1825	65 19	19 9	id...........	1,448
Wasa...........	1825	63 04	19 22	id...........	1,448
Biorneborg......	1825	61 29	19 26	id...........	1,400
Abo...........	1825	60 27	19 58	id...........	1,389
Carleby.........	1825	63 38	20 31	id...........	1,414
Tornéa...........	1825	65 50	21 55	id...........	1,445
Uleaborg.........	1825	65 0	23 10	id...........	1,440
Pétersbourg......	1828	59 56	27 58	id. et Due...	1,410
Pomeranja.........	1828	59 13	29 3	Erman.............	1,427
id...........	1828	id.	id.	Hansteen et Due.....	1,417
G. Novgorod......	1828	58 31	28 59	Erman.............	1,412
id...........	1828	id.	id.	Hansteen et Due....	1,412
Waldai...........	1828	57 55	30 50	Erman.............	1,416
id...........	1828	id.	id.	Hansteen et Due....	1,416
W. Wolotschok.....	1828	57 25	32 20	Erman.............	1,417
id...........	1828	id.	id.	Hansteen et Due.....	1,395
Tver...........	1828	56 52	33 37	Erman.............	1,398
id...........	1828	id.	id.	Hansteen et Due.....	1,397

LIEU des OBSERVATIONS.	DATE.	Latitude.	Longitude de PARIS.	NOMS des OBSERVATEURS.	Intensité magnétique.
Moscou............	1828	55° 46′ N.	35″ 16′ E.	Erman.............	1,408
id.............	1828	id.	id.	Hansteen et Due.....	1,401
Platowa..........	1828	55 41	37 15	id..........	1,399
id............	1828	id.	id.	Erman............	1,411
Demitrewski......	1828	55 59	37 39	Hansteen et Due.....	1,409
id.............	1828	id.	id.	Erman.............	1,463
Murom	1828	55 35	38 52	Hansteen et Due.....	1,436
id	1828	id.	id.	Erman.............	1,433
Osoblikowo.......	1828	55 54	40 6	Hansteen et Due.....	1,423
Doskino.........	1828	56 9	41 14	Erman.............	1,434
id.....	1828	id.	id.	Hansteen et Due.....	1,400
N. Novgorod......	1828	56 19	41 37	Erman.............	1,442
id.............	1828	id.	id.	Hansteen et Due.....	1,408
Tschougonniei.....	1828	56 06	43 28	Erman.............	1,435
id.............	1828	id.	id.	Hansteen et Due.....	1,431
Angikowo........	1828	55 44	45 49	Erman.............	1,450
id.............	1828	id.	id.	Hansteen et Due.....	1,428
Kasan.	1828	55 48	46 47	Erman.............	1,440
id.............	1828	id.	id.	Hansteen et Due.....	1,425
Uralsk..........	1829	51 11	49 2	Hansteen..........	1,398
Klinen..........	1829	49 5	49 40	id...........	1,370
Orenburg	1829	51 45	52 46	id...........	1,432
Oufa............	1829	54 45	53 40	id...........	1,469
Havane	1801	23 9	84 42 O.	Humboldt..........	1,351
id............	1822	id.	id.	Sabine............	1,492
Jamaïque.........	1822	17 56	79 14	id...........	1,436
Madère..........	1822	32 38	19 16	id...........	1,373
id............	1826	id.	id.	King	1,377
Irlande (30 stations)	1835	53 25	10 15	Lloyd et Sabine.....	1,410
Écosse (25 stations)	1836	56 27	6 45	Sabine............	1,414
Stromness.........	1836	58 58	5 50	Ross.............	1,419
Brassa	1818	60 9	3 32	Sabine............	1,443
Londres..........	1827	51 31	2 30	id...........	1,372
Brest...........	1834	48 24	6 50	Duperrey..........	1,365
Landevenec.......	1834	48 18	6 35	id...........	1,363

§ VI. INTENSITÉS DE 1,35 A 1,25.

LIEU des OBSERVATIONS.	DATE.	Latitude.	Longitude de PARIS.	NOMS des OBSERVATEURS.	Intensité magnétique.
Valence..........	1798	39 29 N.	2 44 O.	Humboldt..........	1,241
Cambrils.........	1798	40 55	1 34	id...........	1,305
Barcelone	1798	41 23	0 28	id...........	1,348
Gerona	1798	41 52	0 8 E.	id...........	1,209
Perpignan........	1798	42 43	0 37	id...........	1,381
Paris............	1800	48 52	0 0	id...........	1,348
Montpellier.......	1798	43 36	1 33	id...........	1,348
Nimes	1798	43 50	2 0	id...........	1,294
Marseille........	1798	43 18	3 0	id...........	1,294
Lyon	1805	45 46	2 32	id. et Gay-Lussac..	1,333
St-Michel........	1805	45 23	id.	id...........	1,349

LIEU des OBSERVATIONS.	DATE.	Latitude.	Longitude de PARIS.	NOMS des OBSERVATEURS.	Intensité magnétique.
Mont-Cenis........	1805	45 14 N.	4 35 E.	Humboldt, Gay-Lussac	1,344
Genéve..........	1830	46 12	3 47	Quetelet..........	1,292
Grand St-Bernard..	1830	45 55	4 51	id...........	1,294
Lanslebourg......	1805	45 18	id.	Humboldt, Gay-Lussac	1,323
Turin..........	1805	45 4	5 22	id...........	1,336
St-Gothard.......	1805	46 32	6 13	id...........	1,314
Altorp	1805	46 41	6 12	id...........	1,325
Como...........	1805	45 48	6 46	id...........	1,310
Milan..,	1805	45 28	6 49	id...........	1,312
id.........	1830	id	id.	Quetelet..........	1,294
Florence........	1805	43 46	8 55	Humboldt, Gay-Lussac	1,278
Munich.........	1826	48 8	9 14	Erman...........	1,339
Rome..........	1805	41 54	10 6	Humboldt, Gay-Lussac	1,264
Tœplitz........	1826	49 58	10 32	Keilhau et Bœck....	1,334
Trieste.........	1826	45 38	11 27	id...........	1,317
Lohistsh.........	1826	45 55	11 53	id...........	1,314
Naples..........	1805	40 50	11 54	Humboldt, Gay-Lussac	1,274
Prague........	1826	50 5	12 7	Keilhau	1,332
Gratz..........	1826	47 4	13 7	id et Bœck.......	1,327
Iglau..........	1826	49 23	13 16	id	1,319
Vienne.........	1826	48 13	14 3	id...........	1,325
Nicolaieff........	1829	46 58	29 41	Kupffer...........	1,275
Taganrog........	1829	47 12	36 38	id...........	1,308
Stavropol........	1829	45 3	39 41	id...........	1,327
Pont de Malka....	1829	43 45	40 10	id...........	1,302
Astracan	1830	46 20	45 40	Hansteen...........	1,334
A la mer........	1799	13 39	50 30 O.	Humboldt...........	1,256
A la mer........	1799	20 41	27 12	id...........	1,256
Ténériffe........	1798	28 27	18 36	id...........	1,272
id...........	1791	id.	id.	Rossel..	1,299
id...........	1817	id.	id.	Freycinet	1,265
id...........	1822	id.	id.	Sabine.........	1,313
Ferrol..........	1799	43 29	10 34	Humboldt..........	1,262
Villa el Pando.....	1799	41 58	7 47	id.........	1,294
Médina del Campo.	1799	41 24	7 4	id.........	1,294
Guadarama......	1799	40 39	6 28	id.........	1,294
Villa-Franca......	1799	42 37	6 21	id.........	1,294
Madrid.........	1799	40 25	6 0	id.........	1,294
Orléans.........	1834	47 54	0 26	Duperrey	1,341

§ VII. INTENSITÉS DE 1,25 A 1,15.

LIEU des OBSERVATIONS.	DATE.	Latitude.	Longitude de PARIS.	NOMS des OBSERVATEURS.	Intensité magnétique.
Port William,.....	1836	37 0 N.	35 40 E.	Estcourt........,	1,198
Bussora..........	1836	30 20	45 15	id.........	1,175
A la mer........	1827	39 7	156 43	Lutké	1,186
Carthagène	1801	10 25	77 50 O.	Humboldt..........	1,294
Mompox	1801	9 14	76 48	id...........	1,199
Moralés..........	1801	8 15	76 21	id...........	1,188
Nouvelle-Valence..	1800	10 10	70 34	id...........	1,127

LIEU des OBSERVATIONS.	DATE.	Latitude.	Longitude de PARIS.	NOMS des OBSERVATEURS.	Intensité magnétique.
Hac. de Cura	1800	10° 16′ N.	70° 15′ O.	Humboldt	1,189
Victoria	1800	10 14	69 51	id	1,251
Hac. de Tui	1800	10 17	69 47	id	1,168
Venta di Avila	1800	10 33	69 28	id	1,230
La Guayra	1800	10 36	69 27	id	1,262
Curacas	1800	10 31	69 25	id	1,209
Silla de Curacas	1800	10 31	69 22	id	1,189
Cumana	1800	10 28	66 30	id	1,178
L'Impossible	1800	10 26	66 26	id	1,219
Cocollar	1800	10 10	66 19	id	1,178
Caripe	1800	10 10	66 13	id	1,178
Cumanaçoa	1800	10 16	66 19	id	1,168
La Trinité	1822	10 39	63 55	Sabine	1,198
A la mer	1799	10 53	62 51	Humboldt	1,220
Port Praya	1822	14 54	25 50	Sabine	1,193
id	1826	id.	id.	King	1,177
id	{1832 / 1836}	id.	id.	Fitz-Roy	1,156

§ VIII. INTENSITÉS DE 1,15 A 1,05.

LIEU des OBSERVATIONS.	DATE.	Latitude.	Longitude de PARIS.	NOMS des OBSERVATEURS.	Intensité magnétique.
Bonin	1828	27° 7′ N.	140° 4′ E.	Lutké	1,111
Oahou	1830	21 18	160 20 O.	Douglas	1,119
Mowi	1819	20 52	159 0	Freycinet	1,128
Owhyhee	1834	19 43	158 30	Douglas	1,098
Ile Galapagos	1835	0 15 S.	92 51	Fitz-Roy	1,069
Guayaquil	1803	2 13	82 17	Humboldt	1,058
Cuenca	1802	2 55	81 33	id	1,029
Alausi	1802	2 13	81 20	id	1,058
Rio Bamba	1802	1 42	81 4	id	1,077
Cuito	1802	0 14	81 4	id	1,067
St-Antoine	1802	0 0	81 0	id	1,087
Villa d'Ibara	1802	0 21 N.	80 38	id	1,028
Pasto	1801	1 13	79 42	id	1,048
Almaquer	1801	1 54	79 15	id	1,067
Popoyan	1801	2 26	79 0	id	1,117
Carthago	1801	4 45	78 27	id	1,077
Ibague	1801	4 27	77 40	id	1,147
Santa-Fé de Bogota	1801	4 36	76 34	id	1,147
Honda	1801	5 12	77 13	id	1,117
Bocca di Narés	1801	6 10	77 1	id	1,137
Atabapo	1800	4 3	70 31	id	1,077
Apure	1800	7 53	70 20	id	1,107
Atures	1800	5 38	70 19	id	1,117
Carichana	1800	6 34	70 15	id	1,157
Calabozo	1800	8 56	70 11	id	1,107
Javita	1800	2 48	70 22	id	1,068
St-Charles	1800	1 54	69 59	id	1,048

LIEU des OBSERVATIONS.	DATE.	Latitude.	Longitude. de PARIS.	NOMS des OBSERVATEURS.	Intensité magnétique.
Nouvelle-Barcelone.	1800	10° 07′ N.	67° 05′ O.	Humboldt	1,127
St-Thomas	1800	8 08	66 15	id.	1,107
Riv. Gambie	1822	13 08	18 53	Sabine	1,141
Sierra-Leone	1822	8 29	15 35	id.	1,053

§ IX. INTENSITÉS DE 1,05 A 0,95.

LIEU des OBSERVATIONS.	DATE.	Latitude.	Longitude. de PARIS.	NOMS des OBSERVATEURS.	Intensité magnétique.
Manilla	1829	14 36 N.	113 58 E.	Lutké	1,044
Gonam { Sn-Luis	1829	13 26	142 24	id.	0,980
Gonam { Agagua	1819	13 29	142 28	Freycinet	0,975
A la mer	1827	6 55	155 42	Lutké	0,990
id	1827	11 27	159 32	id.	0,970
id	1827	2 56	160 30	id.	1,018
id	1827	4 17	160 34	id.	1,001
id	1827	3 47	160 39	id.	1,010
id	1827	18 44	161 35	id.	0,989
id	1827	0 35	79 24 O.	id.	1,013
Ayavaca	1802	4 38 S.	81 54	Humboldt	1,019
Gualtaquillo	1802	4 52	81 54	id.	1,028
Gonzanama	1802	4 13	81 53	id.	1,009
Guancahamba	1802	5 14	81 43	id.	1,019
Pucara	1802	5 56	81 43	id.	1,009
Riv. des Amazones	1802	5 48	81 7	id.	1,009
Tomependa	1802	5 31	80 56	id.	1,019
Montan	1802	6 33	81 10	id.	1,009
Micuipampa	1802	6 44	80 59	id.	1,000
Santa	1802	8 59	80 57	id.	1,019
Caxamarca	1802	7 09	80 55	id.	1,019
Maranham	1822	2 32	46 41	Sabine	1,016

§ X. INTENSITÉS AU-DESSOUS DE 0,95.

LIEU des OBSERVATIONS.	DATE.	Latitude.	Longitude. de PARIS.	NOMS des OBSERVATEURS.	Intensité magnétique.
St-Thomas	1822	0 25 N.	4 25 E.	Sabine	0,931
Ste-Catherine	1827	27 26 S.	50 53 O.	King	0,920
Rio de Janeiro	{1817}{1820}	22 55	45 35	Freycinet	0,889
id	1827	id.	id.	Lutké	0,886
id	1830	id.	id.	Erman	0,879
id	1832	id.	id.	Fitz-Roy	0,878
Bahia	1822	12 59	40 50	Sabine	0,898
id	1836	id	id.	Fitz-Roy	0,871
Fernamboue	1836	8 4	37 11	id.	0,914
L'Ascension	1822	7 56	16 44	Sabine	0,920
id	1836	id.	id.	Fitz-Roy	0,873
Ste-Hélène	1836	15 55	8 3	id.	0,836

2ᵉ DIVISION. — HÉMISPHÈRE SUD.

LIEU des OBSERVATIONS.	DATE.	Latitude.	Longitude de PARIS.	NOMS des OBSERVATEURS.	Intensité magnétique.
§ XI. INTENSITÉS DE 0,95 A 1,05.					
C. de Bonne-Espér.	1818	33° 55′ S.	16° 6′ E.	Freycinet............	0,935
id............	1836	id.	id.	Fitz-Roy............	1,014
Waigiou { Rawak .	1818	0 1	128 35	Freycinet............	1,037
Waigiou { Offak ..	1823	0 2	128 23	Duperrey............	1,079
Payta............	1823	5 6	83 32 O.	id	1,024
Ulean............	1828	7 22 N.	141 37	Lutké............	1,004
Lugunor........	1828	5 29	151 38	id............	0,998
Los Valientes......	1828	5 46	154 45	id............	0,993
Oualan........	1827	5 21	161 3	id............	1,002
A la mer........	1827	4 20 S.	124 7	id............	0,998
id............	1827	13 9	111 0	id............	1,014
Casma	1802	9 38	80 55	Humboldt............	1,000
Guarmey........	1802	10 4	80 41	id............	1,000
Huaura	1802	11 3	80 6	id..	1,009
El Ramadal........	1802	11 32	79 45	id............	1,009
Lima	1802	12 3	79 27	id............	1,077
Goriti............	1829	34 57	57 17	King............	1,041
§ XII. INTENSITÉS DE 1,05 A 1,15.					
Maurice	1818	20 9 S.	55 10 E.	Freycinet............	1,090
id............	1824	id.	id.	Duperrey............	1,181
id....	1836	id.	id.	Fitz-Roy............	1,192
Amboine........	1792	3 42	125 48	Rossel	1,100
Sourabaya........	1794	7 14	110 21	id............	1,085
Tahiti............	1830	17 29	151 50 O.	Erman............	1,172
id............	1835	id.	id.	Fitz-Roy............	1,017
Coquimbo........	1835	29 59	73 46	id............	1,111
Baie Blanche......	1832	38 57	64 19	id............	1,113
Monte-Video......	1830	34 53	58 83	King............	1,065
id............	1833	id.	id.	Fitz-Roy............	1,055
A la mer........	1827	40 55	55 20	Lutké............	1,110
§ XIII. INTENSITÉS DE 1,15 A 1,25.					
Coupang............	1818	10 10 S.	121 15 E.	Freycinet............	1,169
Valdivia............	1835	39 53	77 49 O.	Fitz-Roy............	1,238
Conception........	1827	36 42	75 30	Lutké............	1,234
id............	1829	id.	id.	King............	1,250
id............	1835	id.	id.	Fitz-Roy............	1,186

LIEU des OBSERVATIONS.	DATE.	Latitude.	Longitude de PARIS.	NOMS des OBSERVATEURS.	Intensité magnétique.
Valparaiso..	1827	38° 2' S.	74° 0' O.	Lutké....	1,170
id............	(1829)(1830)	id.	id.	King.............	1,176

§ XIV. INTENSITÉS DE 1,25 A 1,35.

Juan Fernandez....	1830	33 38 S.	81 13 O.	King.............	1,262
A la mer.....	1827	41 0	79 50	Lutké.............	1,324
Port Lowe........	1835	43 48	76 22	Fitz-Roy..........	1,326
Chiloe	1829	41 51	76 16	King.............	1,321
id...........	1834	id.	id.	Fitz-Roy..........	1,304
A la mer.........	1827	49 18	59 32	Lutké.............	1,268

§ XV. INTENSITÉS DE 1,35 A 1,45.

B. des Chiens-Marins	1818	25 43	111 0 E.	Freycinet...	1,411
Rio Santa Cruz...	1834	50 7	70 44 O.	Fitz-Roy...........	1,425
Port Désiré.......	1833	47 45	68 15	id...........	1,355
B. de l'Ours de mer	1829	47 51	68 8	King.............	1,361
A la mer.........	1827	55 25	63 53	Lutké..	1,413
Iles Malouines.....	1820	51 35	60 25	Freycinet..........	1,359
id.............	1833	51 32	60 27	Fitz-Roy.	1,349
id.............	1834	id.	id.	id...........	1,385

§ XVI. INTENSITÉS DE 1,45 A 1,55.

Port Famine......	1827	58 38 S.	73 18 O.	King.............	1,505
id...........	1834	id.	id.	Fitz-Roy..........	1,560
St-Martin's cove...	1827	55 51	69 54	King.............	1,498

§ XVII. INTENSITÉS DE 1,55 A 1,65.

Nouvelle-Zélande..	1835	35 16 S.	171 40 E.	Fitz-Roy	1,591

§ XVIII. INTENSITÉS DE 1,65 A 1,75.

Sydney...........	1819	33 51 S.	148 50 E.	Freycinet..........	1,627
id....	1824	id.	id.	Duperrey..........	1,617
id...........	1830	id.	id.	Fitz-Roy..........	1,685
Port du Roi George	1836	35 2	115 36	id..........	1,709

§ XIX. INTENSITÉS DE 1,75 A 1,85.

Van Diémen.......	1792	43 33 S.	144 37 E.	Rossel.............	1,836
Hobart Town......	1836	42 53	145 4	Fitz-Roy	1,817

§ II. *Des variations de l'intensité.*

L'action magnétique du globe s'étend dans l'espace, comme MM. Gay-Lussac et Biot l'ont constaté dans leur voyage aérostatique (1). Ils ont trouvé qu'elle décroît très-lentement à mesure qu'on s'éloigne de la terre; car, ayant fait osciller la même aiguille à terre et à une hauteur de 3,600 toises, ils n'ont trouvé que des différences presque insensibles dans le nombre des oscillations pendant le même temps. Il est probable que la diminution suit aussi la loi inverse du carré de la distance, comme les attractions magnétiques. Il y a quelques probabilités à supposer (2) que les astres, la lune, le soleil, etc., sont doués aussi de la puissance magnétique. S'il en est ainsi, leur action doit réagir sur nos aiguilles, en raison de leur distance et de leur position par rapport à nous; mais comme ces derniers éléments changent par suite des mouvements de la terre et des planètes, il doit en résulter des variations diurnes et annuelles. Néanmoins on est loin d'attribuer à de semblables causes toutes les variations que nous observons dans la marche de l'aiguille de la boussole; peut-être y contribuent-elles pour une partie? Il est d'autres causes cependant dont on ne saurait nier la coopération.

L'étude relative aux variations de l'intensité n'a été suivie que depuis peu d'années.

Je vais essayer de donner un aperçu des résultats généraux auxquels on est parvenu.

M. Hansteen paraît être un des premiers qui se soient occupés de rechercher les variations diurnes et annuelles auxquelles l'intensité des forces magnétiques terrestres est soumise.

Pour étudier ces variations, M. Hansteen s'est servi

---

(1) Annal. de Chim., t. LII, p. 75.
(2) Précis élémentaire de Physique; Biot, t. II. 2e éd., p. 98.

d'une aiguille cylindrique en acier, de 64 millim. de long et de 2 millim. de diamètre. Cette aiguille était suspendue à un fil de soie sans torsion, et renfermée dans une boîte au fond de laquelle se trouvait un arc divisé, destiné à mesurer l'amplitude des oscillations, et l'on ne commençait à compter qu'à l'instant où les élongations étaient de 20°.

Les temps où commençaient les oscillations de 10 en 10 étaient marqués sur un chronomètre, et l'on continuait ainsi à compter jusqu'à la 360° oscillation. Pour avoir la durée de 300 oscillations, M. Hansteen comparait successivement les instants où avaient commencé les 0, 6°, 12°, 18° et 60° oscillations, aux heures que le chronomètre marquait au commencement de la 300°, de la 306°, etc.

Toutes ces différences auraient été égales sans la résistance de l'air; mais, en raison de cette cause, la 360° oscillation comparée à la 60°, donnait un intervalle de $\frac{8}{10}$ de seconde plus court que celui obtenu en retranchant l'heure du chronomètre au commencement des observations, de l'heure qu'il marquait à la 300° oscillation. La durée de 300 oscillations était la moyenne des 11 déterminations obtenues.

On sait que les intensités sont en raison inverse du carré du temps des oscillations. On peut prendre pour une unité l'une quelconque des durées, et exprimer les autres en fonctions de celle-là. Dans une expérience, M. Hansteen a trouvé qu'il fallait 813″,6 pour faire 300 oscillations; ayant considéré l'intensité magnétique ce jour-là comme un minimum, il a pris cette valeur pour unité, et a calculé les autres intensités T correspondantes à des durées I au moyen de la proportion,

$$I : 1 :: (813″, 6)^2 : T^2;$$

d'où l'on tire :

$$I = \left(\frac{813″,6}{T^2}\right)^2.$$

Les résultats suivants ont été obtenus avec cette formule; mais si l'on veut transformer les variations d'intensité en changements de durée, on se sert de la table ci-après :

VI. 2e *partie.* 24

DURÉES de 300 oscillations.	INTENSITÉS correspondantes.	DURÉES de 300 oscillations.	INTENSITÉS correspondantes.
813″,6	1,0000	808″,0	1,0139
813,0	1,0015	807,0	1,0164
812,0	1,0039	806,0	1,0189
811,0	1,0064	805,0	1,0215
810,0	1,0089	804,0	1,0240
809,0	1,0114	803,0	1,0265

On pourra donc supposer qu'une variation de o,oo25 sur l'expression numérique de l'intensité, correspond à une seconde de changement sur le temps qu'emploie l'aiguille pour faire 3oo oscillations.

TABLE *des intensités moyennes correspondant à divers mois et à diverses heures.*

MOIS.	8ʰ. du matin.	10ʰ. 1/2.	4ʰ. du soir.	7ʰ.	10ʰ. 1/2.	MOYENNE.
1819 Décembre..	1,01951	1,01902	1,01966	1,01920	1,01732	1,01912
1819 Mars,.....	1,01095	1,01010	1,01147	1,01125	1,01063	1,01081
1820 Avril,.....	1,00717	1,00625	1,00879	2,00966	1,00903	1,00818
» Mai.......	1,66582	1,00548	1,00849	1,00844	1,00740	1,00713
» Juin.......	1,00407	1,00397	1,00647	1,00700	1,00665	1,00563
» Juillet.....	1,00277	1,00235	1,00461	1,00500	1,00548	1,00404
» Août......	1,00339	1,00335	1,00543	1,00570	1,00555	1,00468
» Septembre..	1,00560	1,00508	1,00708	1,00711	1,00715	1,00640
» Octobre ...	1,00886	1,00800	1,00909	1,00953	1,00955	1,00900

Les résultats consignés dans cette table nous montrent, 1° que l'intensité magnétique est soumise à des variations diurnes; 2° que le minimum de cette intensité a lieu entre 10 et 11 h. du matin et le maximum entre 4 et 5 h. de l'après-midi; 3° que les intensités moyennes mensuelles sont elles-mêmes variables; 4° que l'intensité moyenne, vers le solstice d'hiver, surpasse beaucoup l'intensité moyenne donnée par des jours semblablement placés relativement au solstice d'été; 5° que les variations d'intensité moyenne d'un mois à l'autre, sont à leur minimum en mai et en juin, et à leur maximum vers les équinoxes.

M. Hansteen, en discutant les observations partielles, a reconnu que les moyennes variations journalières sont plus grandes en été qu'en hiver, comme on peut le voir dans le tableau suivant, où les extrêmes de ces variations sont exprimés en parties de l'unité et en secondes, tandis que les variations moyennes pour chaque mois sont exprimées en parties de l'unité.

MOIS.	MAXIMUM.		MINIMUM.		DIFFÉREN-CES exprimées en durées.	VARIATIONS moyennes jour-nalières.
	Intensités.	Durées.	Intensités.	Durées.		
Décembre..	1,0242	803,0	1,0082	810,3	7,4	0,00064
Mars..	1,0174	806,6	1,0042	811,9	5,3	0,00137
Avril.	1,0151	807,5	1,0039	812,0	4,5	0,00341
Mai.	1,0161	807,1	1,0016	813,0	5,9	0,06301
Juin.	1,0088	810,1	1,0883	818,4	8,3	0,00303
Juillet.	1,0104	809,4	1,0096	813,8	4,4	0,00313
Août.	1,0078	810,5	1,0002	813,5	3,0	0,00235
Septembre.	1,0111	809,2	1,0005	813,4	4,2	0,00207
Octobre.	1,0120	808,7	1,0068	810,9	2,2	0,00153

Les observations précédentes ayant été faites avec une aiguille horizontale, il s'ensuit que l'intensité magnétique du globe n'est pas constante, ou bien que l'inclinaison est variable, car, en désignant par F la force magnétique du globe et n l'inclinaison, on a pour la composante horizontale H $=$ F cos. n.

Mais, suivant M. Hansteen, l'inclinaison elle-même étant soumise à des variations diurnes, variations qui, d'après lui, sont d'environ 15′ plus grandes en été qu'en hiver et de 4 ou 5′ plus grandes le matin que dans l'après-midi, il en a conclu que les variations d'intensité doivent être attribuées à des changements dans l'inclinaison. Relativement à ces derniers, je ferai observer que quelques physiciens, particulièrement M. Gilpin (1), avaient annoncé antérieurement qu'ils n'avaient pu reconnaître dans l'inclinaison à Londres des variations appréciables. En effet, en supputant les inclinaisons obtenues pour les différents mois de l'année, M. Gilpin a eu les résultats suivants, qui présentent de si faibles différences, qu'il est bien difficile d'en déduire les variations mensuelles ; en effet, il a eu pour janvier et décembre les valeurs suivantes : $72° 3''$; $72° 7'$; $72° 6'$; $72° 7'$; $72° 8'$; $72° 7'$; $72° 6'$; $72° 6$; $72° 6'$; $72° 5'$; $72° 5'$; $72° 4'$. Je ferai remarquer aussi que M. Hansteen n'a pas eu égard, dans ses résultats, aux variations de la température.

La question relative aux variations de l'intensité était donc restée indécise.

M. Hansteen, en 1820, a répété ses observations d'intensité à Copenhague, dans la tour Ronde; cette tour a des murs d'une épaisseur de 1 mètre 50 c., et sa hauteur est de 41 mètres; au centre se trouve un cylindre creux dont le diamètre est de 1 m. 56 c. On monte au sommet de la tour par un chemin en spirale qui fait ses circonvolutions autour du cylindre intérieur.

Voici les observations qui ont été faites. La durée de 300 oscillations de l'aiguille a été trouvée de :

Dans un jardin.............................. $779''$,0
Au pied de la tour.......................... 787 ,0
Au sommet de la tour....................... 842 ,4
Après être descendu d'un tour du chemin en
    spirale.................................... 836 ,6
Après une nouvelle descente de deux tours.. 837 ,3
En descendant encore d'un tour et demi..... 834 ,4
En descendant de nouveau de deux tours... 804 ,1 !
Au pied de la tour, dans l'intérieur........... 813 ,0

---

(1) Trans. phil. 1806, p. 396.

Des différences aussi grandes dans la durée des oscillations excitèrent l'attention de M. Hansteen; pour en connaître la cause, il fit de nombreuses expériences qui le conduisirent aux résultats suivants :

Lorsqu'une aiguille horizontale est placée au pied d'un objet vertical quelconque, elle oscille plus vite quand elle est au nord qu'au sud de l'objet; à l'extrémité supérieure, c'est l'inverse.

M. Hansteen en tira la conclusion qu'un objet vertical, quelle qu'en soit la nature, a, dans nos climats, deux pôles magnétiques distincts, le pôle sud dans le haut, et le pôle nord dans le bas.

§ III. *Des variations de l'intensité observées avec le magnétomètre.*

L'appareil bifilaire peut servir avec avantage à observer les variations régulières et irrégulières de l'intensité qui ont lieu à de petits intervalles, de même que le magnétomètre est employé à étudier les variations analogues de la déclinaison; le mode d'observation est le même.

Les variations de l'intensité sont exprimées en parties de l'échelle qui peuvent être réduites facilement en parties de l'intensité même. Dans l'appareil dont on fait usage à Gœttingue, une partie de l'échelle correspond à la $\frac{1}{22000}$ partie de l'intensité totale.

Les résultats obtenus en 1837 indiquent des variations régulières dépendantes du temps de la journée, et qui peuvent se confondre, comme pour la déclinaison, avec des variations irrégulières, et qu'on ne distinguera les unes des autres qu'après des observations continuées pendant nombre d'années. Quoi qu'il en soit, M. Gauss pense que l'intensité décroît pendant les heures de la matinée, de telle sorte qu'elle atteint son minimum une ou deux heures avant midi, et qu'elle augmente de nouveau à partir de ce temps; suivant M. Hansteen, ce mouvement a lieu entre 10 et 11 heures.

Pour avoir un terme de comparaison sous le rapport

de la quantité, M. Gauss a pris, pendant les 30 jours du mois d'août 1837, les intensités de 10 heures du matin et de 3 heures après midi ; il les a comparées ensemble, et a trouvé que, pendant 26 jours, l'intensité a été plus grande, et pendant 4 jours seulement plus petite, après midi qu'avant. La différence moyenne était de 39 parties de l'échelle, c'est-à-dire, un peu au-dessous de la $\frac{1}{600}$ partie de toute l'intensité.

Ayant comparé également, pendant la plupart de ces jours, l'intensité à 9 heures du matin, il a trouvé que sur 28 jours, il y en a eu 23 où l'intensité était plus grande qu'une heure après : pendant 5 jours, le contraire a eu lieu ; la différence moyenne n'a été que de $11\frac{1}{2}$ parties de l'échelle, ou un peu plus de la $\frac{1}{2000}$ partie de toute l'intensité.

M. Weber a reconnu que des variations irrégulières, quelquefois très-considérables, se montrent à de courts intervalles, et ne sont pas moins fréquentes que dans la déclinaison. Des observations comparées ont été faites trois fois pendant long temps et sans interruption, avec les magnétomètres bifilaire et unifilaire, le 15 juillet, depuis 6 heures du matin jusqu'à 6 heures du soir ; ensuite, dans le terme magnétique du 29 au 30 juillet 1837, et dans le terme extraordinaire du 31 août au 1er septembre, pendant 24 heures, de 5′ en 5′. Les figures (40 et 41, pl. XII) représentent les tracés graphiques de l'avant-dernier terme ; on trouve (fig. 40) les courbes représentant les variations de l'intensité et celles des variations de la déclinaison ; elles indiquent bien, les unes et les autres, la marche des phénomènes.

Les mouvements des deux courbes dans chaque terme n'ont aucune ressemblance ; néanmoins l'on voit que là où la déclinaison est fortement troublée, il y a également perturbation dans l'intensité.

Ce tracé, tel qu'il vient d'être présenté, n'indique pas, à beaucoup près, d'une manière aussi satisfaisante, le tableau de la marche des perturbations, que si celle-ci était construite sur la même courbe. Mais si l'on veut avoir une idée complète de la marche de la force magnétique terrestre, on fait le tracé de la manière suivante : on prend une ligne droite dont la longueur est proportionnelle à l'intensité et qui fait avec une ligne droite fixe un angle égal à la déclinaison. Pour représenter la force, à plusieurs instants successifs en grandeur et en intensité, on conserve le point de départ de la première ligne, et on le rend commun pour toutes les autres, de sorte que l'on ne considère que les points extrêmes des lignes qui représentent en position et en grandeur la déclinaison et l'intensité; ensuite, ces points extrêmes, qui sont cotés avec les nombres exprimant les temps, sont réunis par des lignes droites, de sorte que l'on a une ligne brisée qui sert à faire connaître l'état de la force magnétique à chaque instant : ce mode de représentation nous permet d'envisager sous un nouveau point de vue les variations des deux éléments magnétiques. Ces variations ne sont en effet que les deux composantes horizontales de la force perturbatrice, toujours très-petite, à laquelle est soumise continuellement la force magnétique moyenne, qui se décompose elle-même en deux autres forces, l'une située dans le méridien magnétique, l'autre dans un plan perpendiculaire. La seconde est donnée immédiatement par le magnétomètre unifilaire, et la première par le magnétomètre bifilaire : ces deux divisions doivent être ramenées à une même mesure avant la construction graphique.

Je ferai observer qu'il n'est pas toujours commode de présenter sans confusion sur le même dessin la marche de la force pendant toute la journée, surtout lorsqu'il y a de fréquentes perturbations; dans ce cas, la courbe présente un grand nombre de croisements; alors on est obligé de dessiner des courbes à part pendant de petits intervalles de temps.

Voici au surplus des indications plus précises sur les tracés graphiques :

Dans la fig. 40, la courbe supérieure représente les variations de l'intensité magnétique, et la courbe inférieure les variations de l'intensité observées à Gœttingue, du 29 au 30 juillet 1837; les nombres de gauche représentent les parties de l'échelle de l'appareil d'intensité; une intensité plus forte correspond à des nombres plus petits; les nombres de droite sont les parties de l'échelle du magnétomètre; les nombres plus grands correspondent à une position plus orientale.

Fig. 41. Variation de la force magnétique terrestre. Gœttingue, 29 et 30 juillet 1837.

Les nombres de droite ou de gauche représentent les parties de l'échelle de l'appareil d'intensité, et chacune de ces parties représente $\frac{1}{22000}$ de toute l'intensité. Les parties de l'échelle placées en haut ou en bas sont celles du magnétomètre: dans l'observatoire magnétique, chacune d'elles vaut 21″. A des nombres plus grands du côté droit répondent des intensités plus grandes; à un nombre plus grand du côté gauche correspond une déclinaison orientale.

LIVRE III.

DISCUSSION DES OBSERVATIONS MAGNÉTIQUES.

La marche que j'ai suivie jusqu'ici dans l'exposé des phénomènes magnétiques terrestres est dictée par la nature même du sujet; j'ai commencé, en effet, par décrire les appareils en usage pour observer et étudier ces phénomènes; puis j'ai fait connaître l'ensemble des observations faites sur les principaux points de la surface du globe où les physiciens et les voyageurs ont pu pénétrer. Il ne me reste donc plus qu'à présenter les travaux exécutés dans le but de coordonner toutes les observations, de les grouper ensemble, de manière à les faire servir à l'établissement d'une théorie générale du magnétisme terrestre, et à la connaissance des causes probables des phénomènes qui s'y rattachent. Je sens combien cet exposé présente de difficultés en raison des opinions diverses émises à ce sujet par des hommes illustres; opinions dont quelques-unes ne sont pas en harmonie complète avec les faits; mais je ferai tous mes efforts pour concilier ce que je dois à la vérité avec les égards que réclament de hautes notabilités scientifiques.

Me bornant au rôle d'historien, je présenterai successivement chacune des théories, sans prévention aucune contre telle ou telle, avec le seul désir de faire connaître quel est l'état actuel de la question du magnétisme terrestre.

CHAPITRE PREMIER.

Après avoir fait connaître la déclinaison de l'aiguille aimantée en divers points du globe, ainsi que les variations séculaires, annuelles, mensuelles et diurnes, que l'on peut considérer comme régulières, et les variations irrégulières dues à des causes accidentelles, telles que les aurores boréales, pour terminer ce qui concerne la déclinaison, et en vue du but que je me propose dans ce livre, je vais parler des travaux qui ont été faits pour grouper les observations de manière à pouvoir tracer sur le globe les lignes appelées d'*égale déclinaison*, dont on a essayé de tirer parti pour déterminer la position des pôles magnétiques ; nous verrons bientôt que ces lignes ne peuvent avoir d'autre importance que de grouper les observations d'une manière méthodique, depuis surtout que M. le capitaine Duperrey, abandonnant les lignes d'égale déclinaison et faisant connaître les motifs qui l'ont engagé à y renoncer, et qui seront exposés plus loin, a trouvé un moyen graphique à l'aide duquel il a déterminé la véritable figure des méridiens magnétiques, tels qu'ils doivent être considérés dans l'état actuel de la question du magnétisme terrestre.

On a vu que M. Hansteen publia, en 1787, un atlas magnétique, dans lequel se trouve une carte des déclinaisons renfermant la réunion d'observations la plus complète que l'on ait faite jusque-là. A la simple inspection de cette carte, on reconnaît le défaut de symétrie des courbes de déclinaison; on doit en conclure que les causes dont dépend le magnétisme terrestre sont réparties inégalement. On voit encore qu'il existe deux lignes sans déclinaison, l'une située dans l'océan Atlantique, entre l'ancien et le nouveau monde, laquelle commence sous le 60° de latit., à l'ouest de la baie d'Hudson, s'avance, dans la direction sud-est, à travers les lacs de l'Amérique du Nord, traverse les Antilles et le cap St-Roch, jusqu'à ce qu'elle atteigne l'océan Atlantique du sud, où elle coupe le méridien de Greenwich par 65° latit. sud. Cette ligne est presque droite jusque près de la partie orientale de l'Amérique du Sud, où elle se courbe un peu au-dessus de l'équateur.

La seconde ligne sans déclinaison qui est remplie d'inflexions, commence au 60° de latit. sud, au-dessous de la Nouvelle-Hollande, traverse cette île, s'étend dans l'archipel Indien, en se partageant en deux branches qui coupent trois fois l'équateur. Elle passe d'abord au nord de ce dernier, à l'est de Bornéo; elle revient ensuite, et passe au sud entre Sumatra et Bornéo, et, traversant de nouveau l'équateur au-dessous de Ceylan, d'où elle passe à l'est au milieu de la mer Jaune, elle se dirige ensuite le long de la côte de la Chine, puis atteint la latitude de 71°, redescend de nouveau au nord en faisant un grand cercle semi-circulaire qui se termine à la mer Blanche.

Cook avança aussi qu'il existe encore une troisième ligne sans déclinaison vers le point de la plus grande inflexion magnétique; mais elle n'a pas été suivie dans le nord; de sorte que l'on ne connaît pas son cours. Les voyageurs ont cherché aussi la série des points où ils pensaient que la déclinaison était la plus grande; Cook a trouvé une ligne de ce genre dans l'hémisphère austral, à 60° 49′ de latit. et 93° 45′ de longit. occid., comptés du méridien de Paris.

Outre les lignes de non-déclinaison, M. Hansteen en a tracé d'autres qui les suivent et dont la déclinaison est de 5°, 10°, 15°, etc. Ces dernières présentant une courbure sur elles-mêmes à leurs extrémités, il en a tiré la conséquence qu'il existe deux pôles magnétiques dans chaque hémisphère, dont l'un a une intensité plus grande que l'autre, et que ces quatre pôles ont un mouvement régulier autour des pôles terrestres, les deux pôles du nord allant de l'ouest à l'est dans une direction oblique, et les deux autres de l'est à l'ouest aussi obliquement.

Il assigne à ces révolutions, d'après les observations faites antérieurement à 1817, les durées suivantes :

Au nord, pôle dont l'intens. est la plus forte, 1740 ans.
Au sud, *idem*,   la plus forte, 4609
Au nord, *idem*,   la plus faible, 860
Au sud, *idem*,   la plus faible, 1304

En s'appuyant sur ces dates, M. Hansteen a déterminé par le calcul la position de ces pôles de 1800 à 1850 ; les résultats se trouvent dans le tableau suivant :

ANNÉES.	LE PLUS FORT PÔLE NORD.		LE PLUS FORT PÔLE SUD.	
	Longitude ouest.	Latit. nord.	Longitude est.	Latit. sud.
1800	93° 33″	69° 53″	134° 8″	69° 7″
1810	91 28	69 45	133 21	68 59
1820	89 24	69 38	132 35	68 52
1830	87 19	69 30	131 47	68 44
1840	85 15	69 22	131 1	68 37
1850	83 10	69 14	130 14	68 29

ANNÉES.	LE PLUS FAIBLE PÔLE SUD.		LE PLUS FAIBLE PÔLE NORD.	
	Longitude est.	Latit. nord.	Longitude ouest.	Latit. sud.
1800	131° 43″	85° 23″	130° 28″	77° 50″
1810	135 54	85 18	133 14	78 3
1820	140 6	85 12	135 59	78 16
1830	144 17	85 6	137 45	78 29
1840	148 28	85 0	140 31	78 41
1850	152 40	85 0	143 16	78 54

Suivant M. Hansteen, les deux plus forts pôles se trouvent à l'extrémité d'un axe magnétique, et les deux plus faibles à l'extrémité d'un autre axe, dont la position change en vertu de causes qui ne sont pas encore connues.

Depuis la publication du travail dont je viens de parler, M. Hansteen a recueilli les observations faites par tous les voyageurs français et anglais qui se sont mis en garde contre les causes d'erreurs que leurs devanciers avaient négligées; de plus, ayant eu connaissance des observations inédites qui se trouvent au dépôt des cartes marines d'Angleterre, il a pu revoir les calculs qu'il avait faits, pour déterminer la position des pôles magnétiques, ainsi que le temps de leur révolution. Voici les résultats qu'il a obtenus :

Pôle fort au nord. Les observations faites en 1813 par les officiers du vaisseau anglais *le Brazen*, dans la baie d'Hudson, assignent 67° 10′ pour la latitude du pôle nord, et 92° 24′ pour la longitude occidentale. En comparant ces données aux déterminations précédentes, on a :

Latitude du pôle.	*Longitude ouest du pôle.*
1730, 70° 45′,	108° 6′,
1769, 70° 17′,	100° 2′,
1813, 67° 10′.	92° 24′.

On voit donc que le mouvement du pôle à l'est, de 1730 à 1769, a été de 8° 4′, ou de 12′ 44″ par année. — 1769 à 1813 — de 7° 38′, ou de 10′ 41″ par année. Moyen mouvement : 11′ 4″,25.

Période de la révolution complète, 1890 ans.

Le capitaine Parry, le 18 août 1819, se trouvait au nord de ce pôle; l'inclinaison était alors de 88° 37′; le 11 septembre, sa position était telle que la déclinaison était de 3° à l'ouest du pôle, et la latitude de 74° 27′; il en résulte que la latitude du pôle magnétique devait être d'environ 71° 27′.

Le capitaine Ross, qui a été ensuite sur le pôle même, a trouvé qu'il était situé par les 70° 8″ de latitude nord, et les 99° 5′ 48″ de longitude ouest, à compter du méridien de Greenwich,

Pôle fort au sud. M. Hansteen, en combinant les observations de Cook en 1773 et 1777, avec celles de Furneaux en 1773, et les comparant avec les observations de Tasman en 1642, a trouvé, pour la position de ce pôle :

1642, latitude nord, 71° 5′; longit. est, 146° 57′.
1773, latitude nord, 69° 26′ 5″　　　　　136° 15′ 4″.

Le déplacement de ce pôle en 131 ans est de 10° 14′, ou de 4′ 67″ par an; ce qui donne 4605 ans pour sa révolution complète.

Pôle faible au nord. M. Hansteen, en comparant les observations faites en 1770 et 1805, à Tobolsk, Tara et Udinsk, en Sibérie, a trouvé, pour sa position à ces deux époques :

Latitude nord.	Longitude est.	Mouv. en 35 ans.	Mouvem. ann.
1770, 85° 46′	91° 29′ 30″	14° 35″	35″　128
1805, 85 21 ½	116 19		

Ainsi, ce pôle achèverait sa révolution de l'est à l'ouest en 860 ans.

Pôle le plus faible au sud. La position de ce pôle a été déterminée à l'aide des observations faites par Cook et Furneaux en 1774, et Halley en 1760.

Latitude sud.	Longitude ouest.	Mouv. en 104 ans.	Mouvem. ann.
1670, 64° 7″	94° 33 ½	28° 43 ½″	16″ 57
1774, 77 17	123 17		

Ce pôle accomplirait donc sa révolution en 1303 ans. Les recherches de M. Barlow n'ont pas peu contribué

à faire abandonner l'hypothèse dont il vient d'être question, de deux pôles dans chaque hémisphère. Cet habile
physicien, dans un mémoire lu à la Société royale de
Londres, le 9 mai 1833 (1), a exposé les principaux
faits concernant la situation actuelle des lignes d'égale
déclinaison et les changements qu'elles éprouvent à la
surface du globe. Il a réuni, à cet effet, les observations
les plus importantes faites dans les voyages récents, et
en particulier, dans le voisinage des pôles, celles du capitaine Beechey, qui a eu le soin d'écarter les erreurs
provenant de l'attraction locale, et celles qui ont été
faites sur les côtes d'Afrique, d'Amérique et de la Nouvelle-Hollande, par les capitaines Owen et King, ainsi
que les observations du capitaine Lutké, au service de
Russie, et celles de M. le capitaine Duperrey.

Tous les résultats ont été tracés sur une carte, pl. XIII,
fig. 42, en ayant l'attention d'écarter toute vue théorique. Ainsi, là où il y avait solution de continuité par
manque d'observations, on a laissé des blancs; c'est ce
qui est arrivé particulièrement vers le pôle sud. En Europe, cependant, où les déclinaisons sont si bien observées, ces lignes ont été continuées sur la terre et sur l'eau.

Si l'on jette les yeux sur cette carte, qui est à peu près
celle de M. Hansteen, à part les additions mentionnées,
on reconnaît, qu'abstraction faite des portions qui offrent
des courbures extraordinaires, ces lignes d'égale déclinaison doivent dépendre de lois que nous ne connaissons
pas encore.

En admettant que les déclinaisons fussent, comme on
l'a quelquefois supposé, influencées par les parties qui
se trouvent dans leur voisinage immédiat, on ne voit
pas comment pourrait avoir lieu cette régularité qu'on
observe dans un grand nombre de parties, sinon dans
toutes. Le tracé de la courbe dans l'océan Atlantique en
est un exemple.

---

(1) Trans. philos. 1833.

Dans l'océan Indien on a une ligne sans déclinaison qui coupe l'équateur terrestre, et dont la courbure est extraordinaire; les lignes d'égale déclinaison situées à gauche de celle-ci ont une déclinaison occidentale, celles qui sont à droite une déclinaison orientale.

M. Barlow a remarqué que les observations faites dans ces mers sont plus en harmonie entre elles que celles recueillies dans les autres parties du globe; circonstance que cet habile physicien attribue à la faible valeur de l'inclinaison et à la forte intensité de la composante horizontale, qui expose moins celle-ci à être influencée par des attractions locales.

On reconnaît encore que dans ce même océan, pendant 40°, la ligne sans déclinaison court presque parallèlement à l'équateur, et pendant 40 autres degrés elle revient dans le méridien. Mais comme, dans le cas de non-déclinaison, le pôle magnétique doit se trouver dans le méridien du lieu, il s'ensuit que le pôle doit aussi courir pendant 40°, ou coïncider avec le pôle du globe. Tous ces faits, comme le dit M. Barlow, sont incompatibles avec l'existence supposée de 4 pôles magnétiques, ou même d'un plus grand nombre.

Si l'on examine les courbes remarquables qu'on trouve dans le grand océan Pacifique, rien ne dénote, suivant M. Barlow, malgré leur caractère particulier, l'influence de causes locales. Ces lignes, au lieu de s'étendre vers les pôles, comme dans les autres parties du globe, retournent sur elles-mêmes, de manière à former des figures semblables, quoique irrégulières. Cette disposition ne permet pas non plus d'admettre l'existence de quatre pôles.

Quant à la courbure des lignes qui traversent l'Asie, M. Barlow n'a pas consulté les autorités originales pour leur tracé; il s'en est rapporté au travail qui avait été fait jadis à cet égard par M. Hansteen. Il y a néanmoins apporté un léger changement par suite des observations récentes du capitaine Lutké sur les côtes de la Nouvelle-Zemble et dans le nord de l'Europe.

Passons maintenant aux changements progressifs de

situation et de configuration des lignes d'égale déclinaison dont j'ai déjà dit quelques mots au commencement du chapitre.

D'après les documents les plus authentiques, il paraît que c'est vers l'année 1660 que la ligne sans déclinaison doit avoir traversé l'océan Atlantique presqu'à angle droit avec les méridiens de nos contrées, comme cela se voit aujourd'hui dans l'océan Indien. Depuis ce temps, elle a été graduellement en descendant vers le sud et l'ouest, et aujourd'hui elle traverse la partie orientale de l'Amérique du Sud. Cette ligne sans déclinaison traverse l'Australie; mais il paraît que s'il y a eu depuis 60 ans quelque changement, il a dû être très-faible. La déclinaison dans cette localité paraîtrait donc aussi fixe que sur la côte d'Amérique. Ce qu'il y a de particulier dans cette presque constance dans la déclinaison, c'est qu'on n'a rien vu de semblable dans notre hémisphère. Le mouvement pendant un certain nombre d'années, avant et après le passage actuel de cette ligne, n'a jamais été très-rapide; mais aussi il n'a pas été presque aussi stationnaire que dans l'Australie.

On a remarqué aussi que, dans l'Inde occidentale, les Bermudes et quelques autres lieux où la déclinaison est faible, le changement a été également très-peu considérable; mais on n'a pas encore reconnu de points où la déclinaison soit grande et stationnaire en même temps.

M. Barlow fait une observation digne de remarque, c'est que partout où l'on a tenu exactement note des déclinaisons, et où le déplacement a été considérable, on a pu toujours réduire ce mouvement de déplacement à la rotation circulaire d'un certain pôle magnétique pris vers le pôle de la terre.

Churchmann paraît être le premier qui ait eu l'idée d'attribuer un pôle à chaque lieu, et qui ait calculé d'après ce principe les déclinaisons qui ont été observées à Londres, de 10 en 10 ans, depuis 1622 jusqu'à 1800. En comparant ces déclinaisons avec celles actuellement observées, les différences sont peu considérables.

VI. 2e *partie.*

M. Barlow a fait une comparaison semblable, non en assignant le lieu du pôle, mais en le déterminant d'après l'inclinaison et la déclinaison. Ces différences, quoique n'étant pas aussi petites, sont cependant peu sensibles; elles ont été encore plus faibles pour les déclinaisons calculées et les déclinaisons observées à Paris, à Copenhague et à Londres, et il en a conclu naturellement qu'on doit regarder comme extraordinaire un accord aussi remarquable entre les déclinaisons calculées et celles observées dans des lieux situés à plus de 30° de différence, si la supposition d'une révolution polaire n'était pas fondée. Comment, d'après cela, rendre compte de ces points stationnaires ou presque stationnaires où la déclinaison est nulle ?

M. Barlow n'a pas trouvé d'autre moyen de répondre à cette question, que d'admettre qu'il n'y a pas de pôles déterminés vers lesquels l'aiguille se dirige, mais que chaque lieu a son pôle particulier et sa révolution polaire gouvernée probablement par quelques causes maintenant inconnues.

Les courbes tracées sur la carte que nous examinons dans ce moment, présentent cette particularité remarquable, que le véritable lieu où le capitaine Ross a trouvé que l'aiguille d'inclinaison était perpendiculaire, est précisément le point où, en admettant que toutes les lignes se rencontrent, celles-ci conservent le mieux leur caractère d'unité, soit qu'on les considère séparément ou dans leur ensemble.

On a vu plus haut que M. Barlow n'admettait qu'un seul pôle magnétique dans chaque hémisphère : il a déterminé la position de chacun d'eux, en supposant que les phénomènes magnétiques du globe sont les mêmes que ceux que présente une boule de fer, et en s'appuyant sur les meilleures observations de déclinaison et d'inclinaison faites dans diverses parties du globe. J'ai déjà exposé sa méthode de calcul (1), en traitant de l'action

____

(1) Tom. II, pag. 343 et suiv.

exercée sur l'aiguille aimantée par des sphères de fer.
Au surplus, il ne s'agit, selon M. Barlow, que de résoudre un triangle sphérique pour avoir la position de chaque pôle.

Supposons que π soit le pôle magnétique cherché (fig.
29, pl. VII), NS les pôles de la terre, et L un lieu dont
on connaît l'inclinaison et la déclinaison. Or, par l'inclinaison on a la latitude magnétique πL, puisque la
tangente de l'inclinaison est égale à la double tangente
de la latitude magnétique. D'un autre côté, NL étant la
latitude terrestre et $NL\pi$ la déclinaison, on a donc un
triangle sphérique dont on connaît deux côtés, πL et LN,
et l'angle compris, et dans lequel πN est la latitude terrestre du pôle magnétique, et πNL la longitude du
même pôle par rapport au méridien magnétique; en
calculant ces deux dernières quantités pour divers lieux,
M. Barlow a obtenu :

LIEUX D'OBSERVATION.	DATE.	Inclinaison.	Déclinaison.	Position calculée du pôle magnétique.	
				Latit. Nord.	Longit. Ouest.
Tristan d'Acunha.............	1821	37° 53' S.	12° 0' O.	70° 56	49° 33
Trinité.....................	1821	10 27 N.	5 0	73 59	47 20
St-Iago....................	1820	48 0	15 55	69 37	67 4
Ténériffe..................	1820	58 22	20 47	69 49	69 14
Madère....................	1820	63 47	23 7	68 4	65 26
Paris......................	1814	68 36	22 31	75 31	67 4
Londres...................	1818	70 34	24 30	75 2	67 41
Berlin.....................	1805	69 53	18 2	79 2	70 44
Copenhague................	1813	71 26	18 22	79 43	67 38
Détroit de Davis.	1820	83 43	60 20	67 37	94 26
Passage du Régent..........	1820	88 26	118 16	71 10	98 16
Baie de Baffin.............	1820	84 30	82 2	71 13	97 3
Baie Possession............	1820	86 4	108 46	69 40	99 10
Ile Melville...............	1820	88 43	127 46 E.	73 12	102 46
Madrid....................	1799	67 41	15 50 O.	72 47	50 33

En examinant ces résultats, on trouve une différence
qui n'est pas moins de 55° en longitude et de 10° en latitude.

M. Barlow a conclu de là, que chaque lieu avait son axe
magnétique.

CHAPITRE II.

DES LIGNES D'ÉGALE INCLINAISON ET DE L'ÉQUATEUR MAGNÉTIQUE.

Il paraît que la première carte des lignes d'égale inclinaison est celle qui a été dressée par Wilcke ; on la trouve insérée dans les Mémoires de l'Académie de Stockholm, pour l'année 1768. La même carte a été reproduite plus tard par Le Monnier, mais avec des modifications considérables.

Les cartes de ce genre qui méritent d'être prises en considération sont, pour l'époque où elles ont été dressées, celles que M. Hansteen a publiées en 1819.

Les lignes d'égale inclinaison sont analogues aux parallèles terrestres qu'elles coupent obliquement, mais elles n'en ont pas toute la régularité, et sont d'ailleurs d'autant moins parallèles entre elles qu'elles se rapprochent davantage des régions polaires, où elles circonscrivent les pôles magnétiques de toute part. Ces pôles, qu'il ne faut pas confondre, dit M. Duperrey, avec les centres d'action intérieurs qui sont les vrais pôles magnétiques de la terre, sont tout simplement les points de la surface où l'aiguille aimantée, suspendue par son centre de gravité, prend la direction de la verticale.

M. Hansteen croit pouvoir déduire de la figure des lignes d'égale inclinaison, qu'il existe deux pôles magnétiques dans chaque région polaire; mais cette assertion n'est pas généralement admise, et M. Duperrey s'est assuré qu'elle ne pouvait être la conséquence d'aucune des anomalies que l'on remarque dans l'ensemble des observations, soit de la direction, soit de l'intensité des forces magnétiques. Il est inutile, poursuit M. Duperrey, de recourir à plusieurs pôles magnétiques de la surface de la terre, comme à plus de deux centres d'action dans l'intérieur de sa masse, pour se rendre raison de la position respective des lignes d'égale déclinaison, d'égale inclinaison, d'égale intensité, comme aussi des méridiens et des parallèles magnétiques. Il suffit d'examiner d'abord quelle est la véritable condition de ces différentes courbes sur un corps magnétique de forme sphérique, et de faire varier ensuite à volonté, soit l'un des pôles magnétiques de la surface, soit la position des centres d'action, pour résoudre immédiatement une foule de questions que les théories du magnétisme terrestre ont laissées jusqu'à ce jour sans solution définitive.

Selon M. Duperrey, les lignes d'égale inclinaison ont, comme les lignes d'égale déclinaison, l'inconvénient de ne pas être l'expression d'un fait uniquement dépendant de l'action du magnétisme. Chaque inclinaison est la mesure de l'angle que fait l'aiguille avec le plan de l'horizon, ou, si l'on veut, avec la verticale du lieu de l'observation. Si la ligne d'égale inclinaison était un cercle parfait de la sphère, les verticales de tous les points de ce cercle auraient, dans la direction des plans des méridiens magnétiques, une direction qui leur serait commune, en sorte que toutes les aiguilles suspendues le long de ce cercle, suivraient elles-mêmes une même direction. Mais, dit M. Duperrey, du moment où la ligne d'égale inclinaison se présente sous la forme d'une courbe à double courbure, les inclinaisons n'étant plus comptées à partir d'une direction unique des verticales, expriment deux faits à la fois; l'un, qui dépend uniquement de l'action du magnétisme, l'autre de la direction particulière que suit chaque verticale; et l'on conçoit alors que la relation que nous établissons par nos courbes, entre les valeurs égales de l'inclinaison, n'a plus de rapport avec la relation que les directions des aiguilles ont entre elles.

Cette appréciation des lignes d'égale inclinaison s'applique aussi à l'équateur magnétique dont nous allons parler.

§ Ier. *De l'équateur magnétique, ou ligne sans inclinaison.*

Parmi les lignes d'égale inclinaison, il en est une dont les physiciens se sont plus particulièrement occupés ; nous voulons parler de la ligne sans inclinaison, à laquelle on a donné le nom d'équateur magnétique. Wilcke en a donné une figure en 1768. MM. Hansteen et Morlet l'ont reproduite à des époques beaucoup plus récentes, en se fondant sur les nombreuses observations qu'ils ont puisées dans les voyages de Cook, d'Eckberg, de Panton, de La Pérouse, etc. L'on doit à M. Morlet un moyen facile de faire concourir à la détermination de cette courbe les observations voisines des lieux qu'elle parcourt. On sait que M. Biot, résumant toutes les actions australes et boréales de magnétisme terrestre, en deux centres d'action, qu'il place à une très-petite distance du centre du globe, est arrivé à une formule à l'aide de laquelle on obtiendrait la latitude magnétique d'un point de la surface de la terre, en fonction de l'inclinaison de l'aiguille observée en ce point, si la terre était parfaitement homogène. Cette formule, que MM. Bodwich, Malweide et Kraft ont transformée en celle-ci, qui est d'une simplicité remarquable : $\text{tang.}\,\lambda = \dfrac{\text{tang.}\,I}{2}$, est celle dont M. Morlet a fait usage, après avoir reconnu, par de nombreux essais, qu'elle pouvait toujours être appliquée aux inclinaisons qui ne dépassent pas 3o°, et après s'être assuré que la latitude magnétique λ du lieu de l'observation devait être comptée sur le méridien magnétique, et non pas sur le méridien terrestre du lieu dont il s'agit.

Les résultats obtenus par MM. Hansteen et Morlet se rapportent à l'équateur magnétique de 1780. M. Arago les a comparés (1) et en a déduit les faits suivants :

MM. Hansteen et Morlet placent l'équateur magnétique, en totalité, au-dessus de l'équateur terrestre, entre l'Afrique et l'Amérique. Le plus grand écartement de ces courbes correspond à environ 25° de longitude occidentale; il est de 13 ou 14° dans la carte de M. Hansteen; on trouve dans celle-ci un nœud en Afrique, par 22° de longitude orientale; M. Morlet le place 4° plus à l'occident.

Suivant l'un et l'autre, si l'on part de ce nœud, en s'avançant du côté de la mer des Indes, la ligne sans inclinaison s'éloigne rapidement vers le nord de l'équateur magnétique, sort de l'Afrique, un peu au-dessus du cap Gardafui, et parvient dans la mer d'Arabie à son maximum d'excursion boréale (environ 12°), par 62° de longitude orientale. Entre ce méridien et le 174° de longitude, l'équateur magnétique se maintient constamment dans l'hémisphère boréal; elle coupe la presqu'île de l'Inde, un peu au nord du cap Comorin; traverse le golfe de Bengale, en se rapprochant légèrement de l'équateur terrestre, dont elle n'est éloignée que de 8°, à l'entrée du golfe de Siam; remonte ensuite un tant soit peu au nord; est presque tangente à la pointe septentrionale de Bornéo; traverse l'île Paragua, le détroit qui sépare la plus méridionale des Philippines de l'île Mindanao, et, sous le méridien de Waigiou, se trouve de nouveau placée à 9° de latitude nord.

De là, après avoir passé dans l'archipel des Carolines, l'équateur magnétique descend rapidement vers l'équateur terrestre, et le coupe, d'après M. Morlet, par 174°, et, suivant M. Hansteen, par 187° de longitude orientale. Il y a beaucoup moins d'incertitude sur la position d'un second nœud situé aussi dans l'océan Pacifique, dont la

____

(1) Annal. de Ch. et de Phys., t. xxx , p. 348.

longitude occidentale doit être de 120° environ. Mais, tandis que les recherches de M. Morlet l'ont conduit à admettre que l'équateur magnétique, après avoir touché seulement l'équateur terrestre, s'infléchit aussitôt vers le sud, M. Hansteen suppose que cette courbe passe dans l'hémisphère nord, sur une étendue d'environ 150° de longitude, revient ensuite couper de nouveau la ligne équinoxiale, à 23° de distance de la côte occidentale d'Amérique. Du reste, pour qu'on ne s'exagère point cette discordance, nous devons dire que, dans son excursion boréale, la courbe sans inclinaison de M. Hansteen ne s'éloigne pas de l'équateur terrestre de plus de $1° \frac{1}{2}$; et que, en définitive, cette ligne et celle de M. Morlet ne sont nulle part à 2° de distance l'une de l'autre, dans le sens des cercles de latitude.

Les observations directes des nœuds semblent indiquer un mouvement de translation d'année en année; en effet, les deux nœuds de M. Hansteen et le nœud tangent de M. Morlet, dans la mer du Sud, se trouvent situés entre le 108 et le 126° de longitude occidentale. M. Freycinet a trouvé, en 1819, à bord de l'*Uranie*, que ce nœud était placé vers le 132° de longitude (1). Suivant le capitaine Sabine, comme on peut le voir dans son ouvrage publié par ordre du bureau des longitudes de Londres, le point d'intersection des deux équations, qui était situé dans l'intérieur des terres et assez loin des côtes en 1780, s'est avancé d'orient en occident jusque dans l'océan Atlantique.

M. Morlet avait indiqué ce mouvement de translation de l'équateur, mais avec une certaine défiance, parce que

---

(1) Nota. Nous ferons remarquer ici, que les observations de M. de Freycinet n'ont point été faites à l'est du 150ᵉ degré de longitude occidentale; qu'en conséquence il est impossible d'en déduire la position d'un nœud par 132° de longitude. (Voyez, à la suite de cet article, les tableaux de la ligne sans inclinaison qui ont été dressés par M. Duperrey).

les mesures anciennes d'inclinaison n'avaient pas été obtenues en changeant les pôles de l'aiguille. Il regarde comme très-probable que la forme et la position de la ligne sans inclinaison règlent, d'un pôle à l'autre, le sens dans lequel doivent avoir lieu, dans chaque point du globe, les variations annuelles de l'aiguille aimantée. En appelant latitude magnétique d'un point la distance de ce point à la ligne sans inclinaison, mesurée sur le méridien magnétique, considéré comme un grand cercle, M. Morlet a trouvé que l'inclinaison de l'aiguille diminue là où le mouvement de translation de l'équateur tend à diminuer la latitude magnétique, et qu'elle augmente, au contraire, partout où la latitude magnétique s'agrandit. Nous aurons l'occasion plus loin de montrer que cette conjecture se trouve confirmée par des observations postérieures.

M. Duperrey a fait, durant son voyage sur la corvette *la Coquille*, de nombreuses observations qui l'ont mis à même de déterminer, pour l'année 1824, l'équateur magnétique dans la presque totalité de son cours. M. Arago, au nom d'une commission de l'Institut, a fait un Rapport sur les observations magnétiques de ce voyage (1). Il y est fait mention du déplacement probable de l'équateur magnétique. *La Coquille* ayant coupé six fois cette courbe, il a été possible de déterminer directement la position de deux des points d'intersection, situés dans l'océan Atlantique. Dans la carte de M. Morlet, les latitudes des points de la ligne sans inclinaison, qui correspondent aux mêmes longitudes, sont de 1° 43′ à 1° 50′ plus sud; il semble résulter de là que l'équateur magnétique s'est rapproché de l'équateur terrestre d'une quantité égale : les mêmes différences se trouvent sur la carte de M. Hansteen.

Le travail auquel M. Duperrey s'est livré pour obtenir de ses observations la figure de la ligne sans incli-

---

(1) Annal. de Ch. et de Phys., t. **xxx**.

naison, à laquelle il a consacré une carte particulière, se trouve dans les Annales de Physique et de Chimie, t. XLV, p. 371, et dans la Partie physique de son voyage. Nous en avons déjà rendu compte (1). Nous croyons d'autant moins nécessaire de le rapporter ici, que depuis cette époque M. Duperrey a de nouveau fixé la position de la ligne sans inclinaison, pour l'année 1825, d'après ses propres observations, auxquelles il a réuni celles de tous les voyageurs contemporains. Ce dernier travail est celui que nous présentons dans l'article suivant, tel qu'il nous a été communiqué par son auteur.

§ II. *Nouvelle détermination de la ligne sans inclinaison, pour l'année 1825 (2), par M. L. I. Duperrey.*

« J'ai donné en 1829 la figure de l'équateur magnétique, déduite des observations de l'inclinaison de l'aiguille aimantée que j'avais faites, de 1822 à 1825, durant le voyage de *la Coquille* ; d'une inclinaison observée en 1822, dans l'île San-Tomé, par le capitaine Sabine, et des observations que M. de Blosseville venait de recueillir tout récemment dans la mer des Indes.

« Le but que je me propose aujourd'hui, est de faire connaître la figure que j'ai obtenue, en joignant, à mes observations particulières, celles de tous les voyageurs qui ont opéré, vers la même époque, dans l'intérêt de cette recherche.

« Les observateurs qui ont ainsi contribué à la nouvelle détermination de l'équateur magnétique, dont je vais présenter la configuration pour l'année 1825, époque moyenne de la totalité des observations recueillies, sont, par rang de date :

----

(1) Tome I, page 400.

(2) Dans les planches XIV et XV de l'atlas, la ligne sans inclinaison est représentée par une ligne ponctuée ; dans les planches XVII et XVIII, elle est représentée par une ligne pleine.

MM. de Freycinet .	de 1817 à 1820	MM. Boussingault...	de 1824 à 1832
Rumker................	1821	Beechey...............	1827
Sabine................	1822	de Blosseville...	de 1827 à 1828
Duperrey.....	de 1822 à 1825	Lutké.	de 1827 à 1828
Kotzebue.................	1824	Foster.................	1828
King........	de 1826 à 1827	Erman.................	1830

« Toutes les inclinaisons de l'aiguille aimantée, qui ne dépassent pas 3o degrés, sont les seules dont j'ai fait usage comme étant généralement applicables à la formule tang. $\lambda = \dfrac{\text{tang. } I}{2}$, laquelle établit que la tangente de la latitude magnétique du point de l'observation est égale à la moitié de la tangente de l'inclinaison observée en ce point.

« Le nombre des points déterminés par toutes les observations qui me sont parvenues est de 270, lequel se réduit à 73, en prenant un milieu entre les coordonnées des points qui se trouvent à moins de 3° en longitude les uns des autres.

« La nouvelle courbe qui résulte de ces 73 points est à très-peu près celle que j'avais déjà obtenue de mes observations faites dans le voyage de la corvette *la Coquille*. Néanmoins, je m'empresse de dire qu'elle a sur celle-ci deux avantages qu'il importe de signaler. L'un de ces avantages est de ne plus présenter les irrégularités secondaires qu'un plus grand nombre d'observations devait nécessairement faire disparaître. L'autre, de réduire à 17° une lacune de 33° en longitude qui existait dans le Grand-Océan, à l'ouest du méridien de l'île de Taïti. C'est aux observations du voyage de *l'Uranie*, que M. de Freycinet a eu l'extrême bonté de mettre à ma disposition, que l'on doit ce dernier avantage.

« Les observations que j'ai faites en 1823, sur les côtes orientales et occidentales de l'Amérique du Sud, fixent à 23° en longitude, la portion de l'équateur magnétique qui est indéterminée dans l'intérieur de ce continent. Cette lacune, qui est d'ailleurs sans importance, en ce que les portions déterminées qui en sont voisines, offrent le moyen de la combler avec assez d'exactitude, peut très-bien être réduite à 14°, si l'on veut employer deux observations qui ont été faites, l'une à Montevideo par M. de Freycinet, l'autre à Valparaiso, par M. le capitaine Lutké.

« La première de ces observations donne pour l'inclinaison, à Montevideo, — 36° 47', et place un point de l'équateur magnétique par 14° 56' de latitude sud, et 54° 27' de longitude ouest, dans le *vrai méridien magnétique* (1).

« La seconde donne pour l'inclinaison, à Valparaiso, — 39° 12', et place un point de la même courbe par 12° 20' sud, et 69° 00' ouest, dans le *vrai méridien magnétique*.

« Ces deux inclinaisons sortent, il est vrai, de la limite que je me suis imposée; mais je puis dire, en passant, que les inclinaisons de 30 à 40° que l'on observe au sud de l'équateur magnétique, dans les environs de l'Amérique méridionale, partagent avec les petites inclinaisons la faculté de pouvoir être appliquées avec succès à la formule dont on fait usage.

« La seule partie indéterminée de l'équateur magnétique, qui mérite de fixer notre attention, est celle qui traverse l'Afrique et le golfe d'Arabie. Celle-ci a pour limites l'île San-Tomé, dans l'océan Atlantique, et l'île de Ceylan, dans la mer des Indes ; ce qui lui donne une étendue de 71° en longitude.

« Pour remplir cette grande lacune, j'avais déjà eu recours aux belles et nombreuses observations que Panton avait faites en 1776, dans le golfe d'Arabie, lesquelles s'accordaient à faire passer l'équateur magnétique à 1° environ au sud de l'île Socotora, qui est à

---

(1) Nota. *M. Duperrey entend ici par vrai méridien magnétique, une courbe dont la condition est d'être le méridien magnétique de tous les lieux où elle passe, et non pas le grand cercle de la sphère que l'on prolongeait indéfiniment après l'avoir fait passer par la direction de l'aiguille horizontale du lieu de l'observation.*

l'entrée de la mer Rouge. (C'est par erreur que cette portion de courbe a été gravée au nord de Socotora, dans ma carte de 1829). J'ai eu depuis, à l'imitation de MM. Hansteen et Morlet, la curiosité d'examiner et de calculer avec soin toutes les observations qui ont été faites de 1770 à 1780, tant dans l'océan Atlantique, que dans la mer des Indes, par Le Gentil, Cook, Beyley, King, Eckberg, Panton et Dalrymple; et j'ai obtenu de ces observations véritablement remarquables par l'accord qui existe entre elles, une courbe pour l'année 1776, qui, étant mise en regard des portions déterminées de la nouvelle courbe, prouve d'une manière incontestable ce fait, que M. Arago avait déjà annoncé en 1825, dans son Rapport à l'Académie des sciences, sur les opérations du voyage de *la Coquille*, que toute la partie de l'équateur magnétique qui traverse la mer des Indes, l'Afrique et l'océan Atlantique, s'est transportée vers l'ouest de 8 à 10° entre les deux époques. On conçoit, d'après cela, qu'il suffit de faire parcourir cet espace à la figure de 1776 pour avoir, à très peu près, la position qu'elle doit occuper en 1824.

« Il résulte de ce transport vers l'ouest, et de ce que l'équateur magnétique est presque parallèle à la ligne équinoxiale dans toute la mer des Indes, que sa nouvelle position, au sud de Socotora, ne diffère que bien peu en latitude de celle que lui avait assignée Panton en 1776. En effet, le point que Panton avait placé dans le méridien de Socotora, par 11° 02' de latitude nord, est remplacé aujourd'hui, d'après notre hypothèse, par celui qu'il avait trouvé 8° 40' plus à l'est, par 11° 54' de latitude; c'est-à-dire, que l'équateur magnétique ne se serait porté que de 52 minutes au nord, entre les deux époques, dans le méridien de l'île dont il s'agit.

« Ce résultat est d'autant plus probable, qu'il se trouve confirmé par les considérations suivantes :

« L'île de France est précisément dans le méridien magnétique qui passe par Socotora; mais l'inclinaison qu'on y observe est trop grande pour que l'on puisse en déduire la position du point correspondant de l'équateur magnétique. Je suis donc obligé de recourir à un principe que j'ai reconnu depuis longtemps, et qui établit, *qu'en un point quelconque du globe, la différence entre les latitudes magnétiques] obtenues à deux époques différentes, est toujours, à très-peu près, égale au changement en latitude, que l'équateur magnétique a subi entre les deux époques dans le méridien magnétique de ce point.* Or, il résulte des observations de Daprès de Manevillette et de Lacaille, que l'inclinaison était à l'Ile de France, en 1753, de — 52° 35′, ce qui donne pour la latitude magnétique......... 33° 10′

« J'ai trouvé que l'inclinaison était, dans la même île, en 1824, de — 53° 47′, d'où la latitude magnétique était alors de........... 34° 19′

« L'équateur magnétique s'est donc éloigné de l'Ile de France de 69 minutes, dans l'espace de soixante et onze ans; et comme il s'est écoulé quarante-huit ans de 1776 à 1824, je trouve 47 minutes pour la quantité dont l'équateur magnétique se serait élevé vers le nord dans le méridien magnétique de l'Ile de France, qui est aussi celui de Socotora; quantité qui ne diffère que de 10′ de celle que j'ai obtenue dans l'hypothèse du transport de l'équateur magnétique vers l'ouest.

« Les observations de 1776, ainsi modifiées, nous offrent 44 résultats partiels, lesquels constituent 16 points supplémentaires, qui me paraissent devoir combler une grande partie de la lacune de 71″, qui a échappé jusqu'à ce jour aux voyageurs de notre époque. Le point le plus occidental déduit des observations de Panton est bien probablement aujourd'hui par 9″ 15′ de latitude nord et 30° 19′ de longitude est; en sorte qu'il ne reste plus à remplir qu'une petite lacune de 27°, située dans l'intérieur de l'Afrique, à partir de l'île San-Tomé.

« L'on voit, d'après tout ce qui précède, que l'équateur magnétique se trouve déterminé, pour l'année 1825, dans la presque totalité de son cours, par des observations directes, présentant toutes les conditions d'exactitude que l'on est en droit d'exiger. Quant à la portion qui a échappé aux observations de l'époque, il est bien probable que nos hypothèses ne nous ont pas beaucoup éloignés de la vérité.

« Les résultats que j'ai obtenus sont compris dans les tableaux qui terminent cet article, et où l'on trouvera réunis, comme je l'avais déjà fait dans ceux qui ont été publiés en 1829, tous les éléments sur lesquels ils reposent. Je résume, dans le petit tableau suivant, la position géographique des points d'intersection de l'équateur magnétique avec les méridiens terrestres, de 10 en 10° de longitude.

« Cette courbe coupe la ligne équinoxiale en deux points. L'un de ces points a été fixé dans l'océan Atlantique, d'après les observations de M. Sabine, par 3° 20′ de longitude orientale. J'avais reconnu, durant le voyage de *la Coquille*, que le second nœud devait être par 175° 44′ de longitude est; mais il était facile de prévoir, en examinant ma carte, que du moment où l'équateur magnétique prolongeait presque parallèlement et à très-peu de distance la ligne équinoxiale, depuis les côtes du Pérou jusqu'aux méridiens des îles de la Société, il arriverait qu'au delà de ces îles les deux courbes se confonderaient ensemble dans un espace considérable. Tel est, en effet, ce qui résulte des observations faites durant le voyage de *l'Uranie*, à l'ouest du méridien de l'île de Noel. D'après ces observations, l'équateur magnétique se confond avec la ligne équinoxiale dès la longitude de 166° 25′ occidentale; or, j'avais trouvé, dans le voyage de *la Coquille*, que ces deux courbes ne commençaient à se séparer que par 175° 44′ est; il est donc évident que la juxtaposition a lieu dans l'espace de 17° 51′, qui sépare ces deux longitudes; d'où l'on peut admettre que le véritable nœud polynésien est au milieu de cet espace, c'est-à-dire, par 175° 20′ ouest, et par conséquent à 2°, près de l'extrémité du diamètre qui aboutit au nœud atlantique.

« La plus grande excursion de l'équateur magnétique,

dans l'hémisphère nord, a lieu à l'est de Socotora, entre 5o et 6o° de longitude orientale, où elle atteint 11° 4o′ de latitude. Dans l'hémisphère opposé, elle a lieu dans l'intérieur de l'Amérique, sous le 5o° degré de longitude ouest, par 15° 4o′ de latitude sud.

Position de la ligne sans inclinaison.

HÉMISPHÈRE BORÉAL.		HÉMISPHÈRE AUSTRAL.	
Longitude E.	Latitude N.	Longitude O.	Latitude S.
° ′	° ′	° ′	° ′
3 20	0 0	0 0	2 3o
10 0	3 15	10 0	8 3o
20 0	6 45	20 0	10 4o
3o 0	9 15	3o 0	14 0
4o 0	10 55	4o 0	15 25
5o 0	11 4o	5o 0	15 4o
6o 0	11 4o	6o 0	14 5o
7o 0	10 55	7o 0	11 3o
8o 0	9 3o	8o 0	8 10
9o 0	8 15	9o 0	5 20
100 0	7 3o	100 0	3 4o
110 0	6 3o	110 0	2 35
120 0	6 20	120 0	2 20
13o 0	6 55	13o 0	2 0
14o 0	6 45	14o 0	2 0
15o 0	6 15	15o 0	2 0
16o 0	3 55	16o 0	2 5
17o 0	1 10	166 25	0 0
175 44	0 0	18o 0	0 0

« Si l'on suit, d'après ce tableau, la ligne sans inclinaison dans une carte, l'on verra qu'à partir du nœud atlantique, qui est auprès de l'île San-Tomé, par 3° 20′ de longitude orientale, cette courbe se dirige vers l'île de l'Ascension, passe à 1° 4o′ au sud de cette île; descend obliquement vers le 15° parallèle de latitude sud, qu'elle coupe auprès de Saint-Georges, en entrant dans le continent de l'Amérique, et qu'elle prolonge ensuite, en inclinant néanmoins un peu vers le sud, pour atteindre, entre Rixas et Cuaybas, la latitude de 15° 4o′, où elle parvient à son maximum absolu d'excursion australe. De là, elle remonte sensiblement au nord; sort de l'Amérique auprès de Truxillo, situé sur la côte du Pérou, par 8° de latitude sud, et s'étend dans le Grand-Océan équinoxial, en se rapprochant insensiblement de l'équateur terrestre, qu'elle ne parvient à rencontrer qu'entre 166° 25' de longitude occidentale et 175° 44' de longitude orientale ; espace dans lequel se trouve son nœud polynésien. A partir de ce nœud, la ligne sans inclinaison commence son excursion dans l'hémisphère boréal en passant à peu de distance au sud des îles Mathews, Oualan, Valientès, Hogoleu, Oulié et Palaos, qui appartiennent au vaste archipel des îles Carolines ; passe ensuite sur la position de la ville de Mindanao et sur la pointe nord de Borneo, d'où elle se dirige vers la pointe nord de Ceylan, où se terminent les observations les plus récentes qui ont servi à fixer sa position. A l'est de Ceylan, elle se dirige vers la partie méridionale de l'île Socotora, dont elle coupe le méridien par 11° 40' de latitude nord, à en juger du moins par les observations déjà fort anciennes de Panton, corrigées empiriquement ; elle redescend ensuite obliquement vers le sud, en traversant l'Afrique, pour venir rejoindre l'île San-Tomé, où se trouve son nœud atlantique.

« Ayant cherché quelle serait la position du plan moyen de la ligne sans inclinaison, j'ai trouvé que ce plan passerait à environ 9 milles au nord du plan de l'équateur terrestre ; qu'il ferait avec ce plan un angle de 10° 49', et que son axe percerait la surface du globe en deux points situés dans les régions polaires :

l'un, par... 79° 11' N. et 78° 20' O.
l'autre, par.. 79° 11' S. et 101° 40' E.

« Dans la recherche des méridiens magnétiques, j'ai pu, ainsi qu'on le verra plus loin, déterminer exactement la position des points de la surface du globe où l'aiguille aimantée suit la direction de la verticale, et que pour cette raison on nomme pôles magnétiques.

« J'ai fixé l'un de ces pôles,

VI. 2ᵉ *partie.*

par 70° 10′ N. et 100° 40′ O.

et l'autre par 75° 0′ S. et 136° 0′ E.

« L'on voit que ces pôles ne coïncident pas avec les extrémités de l'axe de l'équateur magnétique; néanmoins ce n'est pas une raison pour repousser l'hypothèse des deux centres d'action voisins du centre de la terre; c'est au contraire une raison pour l'admettre, car il suffit que ces centres d'action soient sur une corde voisine, parallèle à l'axe de l'équateur magnétique, pour que les pôles magnétiques de la surface soient aux extrémités d'une seconde corde à peu près parallèle, mais située au delà de celle-ci par rapport au centre du globe. Dans des considérations générales sur le magnétisme, je donnerai toute l'extension désirable à cette question importante.

« J'ai déjà dit que les lignes d'égale inclinaison exprimaient un fait qui ne dépendait pas uniquement de l'action du magnétisme. A ce titre, la ligne sans inclinaison ne devrait pas être considérée comme un véritable équateur magnétique. Il en est de cette courbe comme des lignes sans déclinaison, auxquelles on avait donné, et l'on donne même souvent encore le nom de méridiens magnétiques, quelle que soit la manière dont elles coupent les directions horizontales de l'aiguille aimantée. Toutefois, l'inconvénient n'est pas aussi grave pour la ligne sans inclinaison que pour les lignes sans déclinaison. Pour m'en assurer, j'ai cherché quelle serait la figure d'une courbe, dont la condition serait d'être perpendiculaire à tous les méridiens magnétiques et dont la moyenne des latitudes nord et sud serait égale à zéro; ce qui est à peu près la moyenne des latitudes de la ligne sans inclinaison. J'ai trouvé que la figure de cette courbe, qui ne dépend d'aucune cause étrangère à l'action du magnétisme, et que pour cette raison je suis porté à considérer comme un véritable équateur magnétique, ne diffère pas essentiellement de la ligne sans inclinaison,

ainsi qu'on peut le voir dans la planche XIV, où elle est
représentée par une ligne pleine.

« Le plan moyen de cette nouvelle courbe fait avec
le plan de l'équateur terrestre un angle de 10° 54', et
son axe qui exprime, selon moi, la direction suivant
laquelle le globe est aimanté, perce la surface du globe
en deux points situés dans les régions polaires :

l'un, par...... 79° 6' N. et 71° 31' O.
l'autre, par.... 79° 6' S. et 108° 28' E.;

direction qui diffère bien peu de celle que j'ai obtenue
ci-dessus pour l'axe du plan moyen de la ligne sans inclinaison.

« Pour faire bien ressortir les irrégularités de l'équateur magnétique ou ligne sans inclinaison, j'ai tracé sa
figure et celle de son plan moyen dans la planche XVII.
Si l'on consulte cette planche, on remarquera que l'é-
quateur magnétique s'éloigne outre mesure de la ligne
équinoxiale dans l'intérieur de l'Afrique, dans l'Amérique du Sud et dans l'océan Atlantique; tandis qu'il s'en
rapproche beaucoup, au contraire, dans les méridiens
du milieu de la Sibérie, comme dans ceux qui se trouvent compris entre les côtes du Pérou et les îles de la
Société. J'ai cherché quelle était la cause de ces irrégularités, et les faits que j'ai rassemblés, pour atteindre ce
but, prouvent d'une manière incontestable que les anomalies que l'on remarque dans la ligne sans inclinaison,
comme dans la configuration des lignes magnétiques
en général, sont principalement dues aux anomalies que
présentent les températures qu'on observe à la surface
des mers et des continents. »

NOUVELLE DÉTERMINATION
DE L'ÉQUATEUR MAGNÉTIQUE, OU LIGNE SANS INCLINAISON, POUR L'ANNÉE 1825.

Par M. L. I. DUPERREY, CAPITAINE DE FRÉGATE.

NOMS des OBSERVATEURS.	DATE.	POSITION du lieu des observations.			NATURE des observations.		LATITUDE magnétique.	POSITION de l'équateur magnétique.	
		Nom du lieu.	Latitude.	Longitude.	Déclinaison.	Inclinaison.		Latitude.	Longitude.
Sabine	1822	Ile San-Tomé	0° 25' N.	4° 24' E.	»	— 0° 4,0	0° 2	0° 27' N.	4° 24' E.
Duperrey	1824	En mer	20 23 S.	2 290	21° 51' O.	— 25 43,7	13 33	7 31 S.	7 39 O.
Duperrey	1825	Ile Ste-Hélène	15 55	8 3	19 34	— 15 3,2	7 39	8 42	10 40
Duperrey	1825	En mer	13 6	11 9	18 45	— 8 47,3	4 25	8 55	12 35
id	1825	id	10 47	12 49	18 40	— 3 4,5	1 32	9 19	13 19
							Moy. des 2 rés.	9 7	12 57
Sabine	1822	Ile de l'Ascension	7 55	16 44	»	+ 5 10,0	2 36	10 24	16 0
Duperrey	1825	id	id.	id.	16 52	+ 1 58,2	0 59	8 52	16 27
id	1825	En mer	9 44	14 13	18 20	+ 0 1,9	0 1	9 45	14 13
id	1825	id	8 16	15 44	17 0	+ 2 12,8	1 9	9 22	15 24
							Moy. des 4 rés.	9 36	15 31
Duperrey	1822	En mer	4 50 N.	24 1	12 51	+ 26 36,7	14 4	10 52	20 52
Duperrey	1822	En mer	1 18	25 2	12 57	+ 23 10,5	[illegible]	[illegible]	[illegible]
id	1822	id	[illegible]	[illegible]	[illegible]	[illegible]	[illegible]	[illegible]	[illegible]

Duperrey	1822	En mer	2 50 N.	24 1	12 51	+ 26 36,5	14 4	10 52	20 52
Duperrey	1822	En mer	1 18	25 2	12 37	+ 23 49,5	12 27	10 50	22 13
id	1822	id	0 13 S.	25 18	13 54	+ 19 41,9	10 9	10 8	23 4
id	1822	id	1 40	25 38	12 45	+ 18 35,1	9 33	10 59	23 31
id	1822	id	2 48	25 50	11 30	+ 18 13,6	9 21	11 57	23 58
id	1822	id	4 35	26 4	12 30	+ 15 15,5	7 46	12 10	24 22
							Moy. des 5 rés.	11 13	23 26
Duperrey	1822	En mer	6 20	26 14	11 30	+ 11 7,0	5 37	11 50	25 7
id	1822	id	11 14	26 24	8 0	+ 2 9,4	1 5	12 18	26 15
id	1822	id	11 42	26 32	8 0	+ 1 37,3	0 49	12 31	26 25
							Moy. des 3 rés.	12 13	25 56
Duperrey	1822	En mer	19 30	29 15	7 56	− 11 1,2	5 34	14 0	30 3
Erman	1830	id	5 19	33 8	"	+ 17 43,0	9 4	14 19	31 52
id	1830	id	3 51	33 1	"	+ 20 24,2	10 32	14 17	31 24
id	1830	id	1 53	32 47	"	+ 23 28,9	12 15	14 0	30 52
id	1830	id	0 26 N.	32 35	"	+ 27 16,5	14 27	14 3	30 18
							Moy. des 5 rés.	14 8	30 54
Duperrey	1822	En mer	21 11 S.	32 49	3 20	− 12 42,0	6 26	14 46	33 13
Erman	1830	id	9 42	34 5	"	+ 9 28,0	4 46	14 25	33 25
							Moy. des 2 rés.	14 35	33 19
Erman	1830	En mer	16 17	35 50	"	− 2 28,0	1 14	15 3	35 55
id	1830	id	15 56	35 47	"	− 1 33,5	0 47	15 9	35 50
id	1830	id	14 53	35 31	"	+ 0 24,8	0 12	15 5	35 31
id	1830	id	14 25	35 15	"	+ 1 28,8	0 44	15 9	35 11
id	1830	id	13 18	34 58	"	+ 3 18,2	1 39	15 57	34 48
							Moy. des 5 rés.	15 5	35 28
Erman	1830	En mer	24 53	37 54	"	− 18 29,9	9 30	15 23	37 54
id	1830	id	24 6	37 6	"	− 15 56,6	8 8	15 58	37 23
id	1830	id	20 56	37 5	"	− 9 45,1	4 55	16 1	37 15
id	1830	id	20 0	37 20	"	− 7 53,3	3 58	16 2	37 28
id	1830	id	19 38	37 24	"	− 7 34,0	3 48	15 50	37 36

NOMS des OBSERVATEURS.	DATE.	POSITION du lieu des observations.			NATURE des observations.		LATITUDE magnétique.	POSITION de l'équateur magnétique.	
		Nom du lieu.	Latitude.	Longitude.	Déclinaison.	Inclinaison.		Latitude.	Longitude.
Erman............	1830	En mer............	18° 57' S.	37° 23' O.	»	— 7 19,8	3° 40'	15° 17' S.	37° 34' O.
id..............	1830	id..............	17 33	36 36	»	— 4 44,0	2 22	15 11	36 44
							Moy. des 7 rés.	15 40	37 25
Sabine............	1822	Bahia............	12 59	40 53		+ 4 12,0	2 6	15 5	40 49
Duperrey..........	1822	En mer............	25 33	44 4	5° 10' E.	— 20 25,5	10 33	15 3	43 4
Erman............	1830	id..............	24 18	43 55	»	— 16 35,0	8 28	15 50	43 28
							Moy. des 3 rés.	15 19	42 27
Freycinet..........	1817	Rio-Janeiro........	22 52	45 39	2 22	— 14 42,2	7 28	15 24	45 23
id.............	1820	id............	id.	id.	3 41	— 14 42,7	7 29	15 24	45 7
Rumker............	1821	id............	id.	id.	3 21	— 15 25,6	7 51	15 5	45 14
King.............	1826	id............	id.	id.	2 37	— 14 4,0	7 8	15 47	45 17
Lutké.............	1827	id............	id.	id.	3 0	— 14 35,2	7 25	15 29	45 10
Erman............	1830	id............	id.	id.	2 10	— 13 38,9	6 55	15 57	45 16
Sabine............	1822	Maranham..........	2 32	46 37		+ 23 6,0	12 2	14 34	46 37
Foster............	1828	id..............	id.	id.	0 31	+ 23 21,0	12 11	14 43	46 37
							Moy. des 8 rés.	15 18	45 35
Duperrey..........	1822	En mer............	27 18	48 52	6 30	— 23 7,2	12 0	15 20	47 25
Duperrey..........	1822	Ile Sta-Catharina....	27 25	51 0	6 26	— 22 53,5	11 55	15 35	49 35
King.............	1827	id............	id.	id.	6 30	— 22 25,0	11 39	15 50	49 37
							Moy. des 2 rés.	15 42	49 36

		id.		id.	0 30	— 22 25,0	11 39	13 30	49 37
Moy. des 2 rés.								15 42	49 36
Freycinet	1820	Montévidéo	34 54	58 35	12 47	— 36 46,8	20 30	14 56	54 27
Lutké	1827	Valparaiso	32 2	74 3	15 0	— 39 1,0	21 26	12 20	69 0
Duperrey	1823	En mer	26 14	77 43	13 19	— 30 5,1	16 9	10 28	73 16
id	1823	id	23 57	78 10	13 0	— 27 11,6	14 24	9 45	74 34
Moy. des 2 rés.								10 7	73 55
Duperrey	1823	En mer	21 54	78 48	11 23	— 24 17,2	12 43	9 15	76 17
id	1823	id	19 43	79 1	9 47	— 20 11,5	10 31	9 20	77 11
id	1823	id	16 52	79 5	9 16	— 14 50,2	7 32	9 26	77 50
Boussingault	1829	Sérinza	5 46 N.	75 48	»	+ 28 30,0	15 11	9 19	77 39
id	1829	Socorro	6 41	75 36	»	+ 29 53,7	16 2	9 13	77- 33
Moy. des 5 rés.								9 19	77 18
Duperrey	1823	En mer	14 6 S.	79 6	9 33	— 9 54,6	4 59	9 11	78 26
id	1823	id	13 0	79 15	8 2	— 8 25,6	4 14	8 48	78 39
id	1823	Callao de Lima	13 3	79 37	9 30	— 8 33,3	4 18	7 46	78 54
Boussingault	1824	Sta-Fé de Bogota	4 36 N.	76 34	»	+ 25 51,2	13 37	8 55	78 14
id	1829	id	id.	id.	»	+ 25 58,7	13 41	9 0	78 14
id	1825	Mariquita	5 13	77 22	»	+ 26 50,0	14 12	8 52	79 6
id	1825	Rio-Suño	5 26	77 51	»	+ 27 20,0	14 29	8 57	79 37
id	1825	Vega de Sapia	5 28	77 47	»	+ 27 13,7	14 26	8 50	79 28
id	1830	id	id.	id.	»	+ 27 40,0	14 41	9 6	79 30
id	1825	Rio-Negro	6 18	77 50	»	+ 28 12,5	15 1	8 35	79 40
id	1829	Paramo	5 24	77 34	»	+ 26 36,7	14 4	8 33	79 16
Moy. des 11 rés.								8 47	79 0
Duperrey	1823	En mer	11 18 S	80 51	8 27	— 7 5,9	3 34	8 46	80 19
id	1823	id	10 5	81 46	8 32	— 4 7,6	2 4	8 3	81 27
Boussingault	1825	Titiribi	6 6 N.	78 11	»	+ 28 10,0	14 59	8 46	80 1
id	1830	Cartago	4 45	78 26	»	+ 25 52,0	13 38	8 45	80 5
id	1831	Palmira	3 29	78 40	»	+ 23 45,0	12 24	8 49	80 10
id	1831	Popayan	2 26	79 0	»	+ 20 47,5	10 45	8 13	80 29
id	1831	Pasto	1 13	79 42	»	+ 19 27,5	10 1	8 41	81 5
Moy. des 7 rés.								8 26	80 31

NOMS des OBSERVATEURS	DATE	Nom du lieu	Latitude	Longitude	Déclinaison	Inclinaison	LATITUDE magnétique	Position de l'équateur magnétique — Latitude	Position de l'équateur magnétique — Longitude
Duperrey	1823	En mer	8° 54′ S.	82° 48′ O.	7° 42′ E.	— 2° 19,3′	1° 10′	7° 45′ S.	82° 38′ O.
id	1823	id.	8 23	83 10	7 42	— 1 41,3	0 51	7 32	83 3
id	1823	id.	7 43	83 47	8 23	— 0 1,4	0 1	7 42	83 47
id	1823	id.	6 51	83 46	8 23	+ 1 50,8	0 55	7 45	83 54
id	1823	Payta	5 6	83 33	8 56	+ 4 6,4	2 3	7 8	83 52
Boussingault	1832	id.	id.	id.	″	+ 4 40,0	2 20	7 25	83 54
id	1831	Cumbal	0 30 N.	80 35	″	+ 18 25,0	9 27	8 49	82 3
id	1831	Quito	0 13 S.	81 5	″	+ 16 32,5	8 27	8 34	82 23
id	1831	Rio-Bamba	1 42	81 9	″	+ 12 35,0	6 22	8 0	82 8
id	1832	Guayaquil	2 11	82 17	″	+ 12 15,0	6 12	8 18	83 14
							Moy. des 10 rés.	7 54	83 6
Duperrey	1823	En mer	6 23	86 3	10 48	— 0 51,3	0 26	5 58	85 59
id	1823	id	7 32	87 26	10 47	— 3 50,7	1 55	5 57	87 11
							Moy. des 2 rés.	5 57	86 35
Duperrey	1823	En mer	18 9	100 12	8 10	— 27 36,3	14 39	4 3	98 9
Duperrey	1823	En mer	17 36	104 40	7 6	— 27 14,0	14 26	3 17	102 50
Duperrey	1823	En mer	17 16	108 29	6 15	— 27 46,9	14 45	2 36	106 51
Lutké	1827	En mer	13 9	111 0	8 5	— 20 35,8	10 38	2 37	109 31
Lutké	1827	En mer	9 38	118 55	5 45	— 15 3,5	7 40	2 1	118 8
id	1827	id	6 1	122 12	4 19	— 6 53,8	3 28	2 34	121 58
							Moy. des 2 rés.	2 17	120 3
Duperrey	1823	En mer	17 51	125 30	5 38	— 27 35,8	14 39	2 16	124 13
Lutké	1827	id	4 20	124 7	4 24	— 3 53,0	1 57	2 23	123 5

id.	1827	id.	6 1	122 12	4 19	— 6 53,8	7 40	2 1	118 8
							3 28	2 34	121 58
						Moy. des 2 rés.		2 17	120 3
Duperrey	1823	En mer	17 51	125 30	5 38	— 27 35,8	14 39	2 16	124 13
Lutké	1827	id.	4 20	124 7	4 24	— 3 53,9	1 57	2 23	123 59
id.	1827	id.	2 39	125 54	4 0	— 0 28,1	0 14	2 15	125 53
						Moy. des 3 rés.		2 18	124 42
Lutké	1827	En mer	2 2	126 16	"	+ 0 36,1	0 18	2 20	126 15
id.	1827	id.	1 15	126 50	4 19	+ 2 14,2	1 7	2 22	126 45
id.	1827	id.	1 10	127 49	5 19	+ 1 33,7	0 47	1 57	127 48
Erman	1830	id.	11 18 N.	125 58	5 3	+ 25 44,4	13 32	2 12	127 9
id.	1830	id.	9 43	126 22	"	+ 23 6,4	12 2	2 17	127 25
id.	1830	id.	8 55	126 22	"	+ 20 57,7	10 51	1 53	127 18
id.	1830	id.	8 10	126 16	5 12	+ 19 21,1	9 57	1 45	127 8
id.	1830	id.	7 15	125 54	"	+ 17 51,9	9 9	1 52	126 41
id.	1830	id.	6 27	125 38	4 54	+ 17 8,8	8 46	2 17	126 24
id.	1830	id.	5 49	125 42	"	+ 15 24,8	7 51	2 0	126 23
id.	1830	id.	4 35	126 33	4 29	+ 13 2,6	6 36	2 0	126 57
						Moy. des 11 rés.		2 5	126 56
Lutké	1827	En mer	0 56 S.	129 3	4 53	+ 2 10,6	1 5	2 1	128 57
id.	1827	id.	0 35 N.	129 24	4 46	+ 5 42,9	2 52	2 16	129 39
Erman	1830	id.	2 42	128 3	3 44	+ 9 18,3	4 41	1 58	128 22
id.	1830	id.	1 33	128 51	"	+ 7 21,2	3 41	2 8	129 7
id.	1830	id.	0 46	129 26	"	+ 5 15,4	2 38	1 51	129 37
id.	1830	id.	0 12 S.	129 11	4 9	+ 3 8,5	1 34	1 46	129 18
						Moy. des 6 rés.		2 0	129 10
Duperrey	1823	En mer	16 53	132 8	5 50	— 27 42,7	14 43	2 15	130 38
Lutké	1827	id.	2 14 N.	130 12	4 42	+ 9 43,4	4 54	2 29	130 38
Erman	1830	id.	0 9	129 53	4 9	+ 3 30,4	1 45	1 36	130 0
id.	1830	id.	0 7	131 40	"	+ 3 45,3	1 53	1 45	131 48
id.	1830	id.	0 10	132 23	"	+ 3 46,0	1 53	1 43	132 31
id.	1830	id.	0 8	132 37	"	+ 4 19,3	2 10	2 1	132 46
						Moy. des 6 rés.		1 58	131 23
Erman	1830	En mer	0 0	133 0	"	+ 3 49,5	1 55	1 54	133 8
id.	1830	id.	0 29 S.	133 40	"	+ 2 38,3	1 19	1 48	133 45
id.	1830	id.	0 40	133 51	"	+ 2 16,8	1 8	1 49	133 56

NOMS des OBSERVATEURS.	DATE.	POSITION du lieu des observations.			NATURE des observations.		LATITUDE magnétique.	POSITION de l'équateur magnétique.	
		Nom du lieu.	Latitude.	Longitude.	Déclinaison.	Inclinaison.		Latitude.	Longitude.
Erman	1830	En mer	0° 53' S.	134° 4' O.	4° 29' E.	+ 2° 10,9'	1° 5'	1° 58' S.	134° 8' O.
id	1830	id	1 7	134 19	»	+ 1 32,8	0 46	1 53	134 20
							Moy. des 5 rés.	1 52	133 51
Duperrey	1823	En mer	18 39	137 58	4 51	− 30 12,5	16 31	2 11	136 32
Lutké	1827	id	13 13 N.	135 20	5 49	+ 30 5,3	16 9	2 47	137 1
Erman	1830	id	1 47 S.	135 2	»	− 0 14,5	0 7	1 40	135 0
id	1830	id	1 52	135 53	»	+ 0 16,2	0 8	2 0	135 53
id	1830	id	1 53	136 48	»	− 0 42,6	0 21	1 31	136 47
id	1830	id	1 52	137 18	4 34	+ 0 0,9	0 0	1 52	137 18
							Moy. des 6 rés.	2 0	136 25
Erman	1830	En mer	1 30	138 34	»	+ 0 46,7	0 23	1 53	138 36
id	1830	id	1 28	138 21	»	+ 1 5,4	0 33	2 0	138 23
							Moy. des 2 rés.	1 56	138 29
Erman	1830	En mer	1 37	140 8	4 34	+ 0 57,4	0 29	2 6	140 10
id	1830	id	1 48	140 32	»	− 0 3,7	0 2	1 46	140 32
id	1830	id	2 11	141 8	4 12	− 0 21,8	0 11	2 0	141 7
id	1830	id	1 53	141 44	»	+ 0 14,9	0 7	2 1	144 44
							Moy. des 4 rés.	1 58	140 53
Freycinet	1819	En mer	8 26 N.	141 40	3 24	+ 20 46,7	10 44	2 18	142 14
id	1819	id	7 10	142 7	»	+ 18 44,1	9 37	2 26	142 47
id	1819	id	8 34	142 18	»	+ 20 55,3	10 49	2 13	143 3
id	1819	id	6 35	143 7	»	+ 17 30,0	8 57	2 20	143 44
Erman	1830	id	2 19 S.	142 10	4 12	− 0 39,4	0 20	2 0	142 9

Erman	1830	id	2 19 S.	142 10	4 12	— 0 39,4	0 20	2 0	142 9
id	1830	id	3 12	142 53	»	— 1 45,5	0 53	2 20	142 53
id	1830	id	3 31	143 50	»	— 2 50,2	1 25	8	143 4
id	1830	id	4 30	143 38	4 8	— 5 3,9	2 32	1 58	143 27
id	1830	id	5 51	144 5	»	— 8 5,9	4 4	1 47	143 48
							Moy. des 9 rés.	2 10	143 1
Freycinet	1819	En mer	5 17 N.	144 24	3 57	+ 14 39,7	7 27	2 9	144 55
id	1819	id	9 4	145 0	3 57	+ 22 59,9	11 59	2 54	145 50
Erman	1830	id	5 33 S.	144 17	4 8	— 7 29,8	3 46	1 48	144 1
id	1830	id	7 3	145 16	»	— 10 7,3	5 6	1 58	144 50
id	1830	id	7 45	146 27	4 12	— 11 27,1	5 47	1 59	145 57
id	1830	id	9 22	146 22	»	— 15 18,5	7 48	1 36	145 41
							Moy. des 6 rés.	2 4	145 12
Freycinet	1819	En mer	3 56 N.	146 0	3 47	+ 12 2,5	6 5	2 9	146 26
Erman	1830	id	8 6 S.	146 39	4 12	— 12 46,8	6 28	1 39	146 5
id	1830	id	10 22	146 52	»	— 17 16,7	8 50	1 34	146 6
id	1830	id	11 13	147 31	»	— 18 18,0	9 23	1 51	146 42
id	1830	id	11 54	147 28	5 4	— 19 10,8	9 52	2 4	146 37
id	1830	id	12 2	147 29	»	— 19 32,9	10 4	2 1	146 37
id	1830	id	12 56	147 43	»	— 21 19,1	11 2	1 56	146 45
id	1830	id	13 7	147 43	»	— 21 16,9	11 1	2 8	146 45
id	1830	id	13 44	147 29	»	— 22 23,6	11 38	2 8	146 28
id	1830	id	14 1	147 49	»	— 23 28,6	12 15	1 49	146 48
							Moy. des 10 rés.	1 56	146 32
Freycinet	1819	En mer	2 41 N.	147 32	4 19	+ 8 59,4	4 31	1 50	147 51
Erman	1830	id	14 55 S.	148 21	6 10	— 24 54,2	13 4	1 53	147 13
id	1830	id	14 43	149 54	6 10	— 24 23,2	12 46	1 58	148 34
							Moy. des 3 rés.	1 54	147 53
Freycinet	1819	En mer	1 51 N.	149 1	3 55	+ 6 48,7	3 24	1 34	149 15
id	1819	id	0 48	149 45-	3 52	+ 4 20,1	2 10	1 22	149 54
id	1819	id	0 32 S.	150 2	3 28	+ 2 1,0	1 0	1 32	150 2
id	1819	id	1 56	150 5	3 13	— 0 15,5	0 8	1 48	150 0
id	1819	id	2 0	150 30	3 13	— 0 18,4	0 9	1 51	150 24
Duperrey	1823	Ile de Taïti	17 29	151 49	6 40	— 30 3,0	16 8	1 28	149 50

NOMS des OBSERVATEURS.	DATE.	POSITION du lieu des observations.			NATURE des observations.		LATITUDE magnétique.	POSITION de l'équateur magnétique.	
		Nom du lieu.	Latitude.	Longitude.	Déclinaison.	Inclinaison.		Latitude.	Longitude.
Kotzebue.........	1824	Ile de Taïti.........	17° 29′ S.	151° 49′ O.	6° 50′ E.	— 29° 30,0	15° 48′	1° 49′ S.	149° 50′ O.
Erman...........	1830	En mer..........	16 27	151 35	6 10	— 27 4,9	14 20	2 12	150 5
id...........	1830	id...........	17 25	152 10	"	— 29 15,9	15 39	1 57	150 32
							Moy. des 9 rés.	1 44	149 49
Freycinet.........	1819	En mer..........	9 20 N.	151 34	3 53	+ 22 31,3	11 43	2 21	152 23
id...........	1819	id...........	2 1 S.	152 47	3 35	+ 0 31,3	0 16	2 17	152 53
id...........	1819	id...........	2 1	153 25	3 35	+ 0 31,6	0 16	2 17	153 31
id...........	1819	id...........	3 15	154 45	3 33	— 1 58,3	0 59	2 16	154 41
							Moy. des 4 rés.	2 18	153 22
Freycinet.........	1819	En mer..........	3 0	157 46	4 40	— 1 36,0	0 48	2 12	157 42
Freycinet.........	1819	En mer..........	2 48	160 30	5 14	— 1 32,9	0 46	2 2	160 26
Freycinet.........	1819	En mer..........	2 16	162 20	6 41	— 0 33,7	0 17	1 59	162 18
id...........	1819	id...........	2 14	162 36	6 41	— 2 17,9	1 9	1 5	162 28
							Moy. des 2 rés.	1 32	162 23
Freycinet.........	1819	En mer..........	4 25	164 6	6 46	— 6 33,2	3 17	1 9	163 45
id...........	1819	id...........	6 27	165 32	6 1	— 11 18,0	5 39	0 50	164 57
							Moy. des 2 rés.	0 59	164 21
Freycinet.........	1819	En mer..........	9 31	167 6	7 19	— 18 20,7	9 25	0 10	165 57
id...........	1819	id...........	11 12	167 56	7 42	— 21 48,0	11 19	0 0	166 17
id...........	1819	id...........	12 52	168 59	"	— 25 5,3	13 0	0 10 N.	167 0
							Nœud. Moy. des 3 rés.	0 0	166 23 O.
Duperrey.........	1824	En mer..........	11 56	173 46 E.	10 47	— 24 12,0	12 26	0 30 N.	176 10 E.
id...........	1824	id...........	8 45	175 4	10 32	— 16 34,2	8 28	0 26 S.	176 3

						— 23 3,3	13 0	0 10 N.	167 0
						Nœud. Moy. des 3 rés.		0 0	166 23 O.
Duperrey	1824	En mer	11 56	173 46 E.	10 47	— 24 12,0	12 26	0 30 N.	176 10 E.
id	1824	id	8 45	175 4	10 32	— 16 34,2	8 28	0 26 S.	176 37
id	1824	id	7 31	174 25	8 30	— 15 11,3	7 44	0 8 N.	175 33
id	1824	id	6 23	173 42	8 5	— 12 25,1	6 17	0 9 S.	174 35
						Nœud. Moy. des 4 rés.		0 0	175 44 E.
Duperrey	1824	En mer	2 57	172 55	7 45	— 6 28,1	3 41	0 41 N.	173 25
id	1824	id	1 45	172 47	7 45	— 3 35,0	1 47	0 1	173 1
id	1824	id	1 43	172 47	7 45	— 3 13,7	1 37	0 7 S.	173 0
id	1824	id	0 40	171 59	7 45	— 8 4,1	1 32	0 51 N.	172 11
						Moy. des 4 rés.		0 22 N.	172 54
Duperrey	1824	En mer	0 11 N.	171 3	8 2	— 2 20,5	1 1	1 12	171 12
id	1824	id	0 53	170 39	8 40	— 0 31,5	0 16	1 8	170 41
id	1824	id	1 33	170 26	10 15	+ 1 12,5	0 36	0 57	170 19
						Moy. des 3 rés.		1 6	170 44
Duperrey	1824	En mer	3 39	169 39	8 1	+ 4 43,3	2 22	1 19	169 19
Duperrey	1823	En mer	10 22 S.	162 27	7 12	— 25 37,0	13 29	3 0	164 9
id	1824	id	6 36 N.	166 18	8 15	+ 6 11,1	3 6	3 32	165 51
id	1824	id	5 4	164 5	10 0	+ 3 24,1	1 42	3 25	163 47
						Moy. des 3 rés.		3 19	164 36
Duperrey	1824	Ile Oualan	5 21	160 41	9 20	+ 3 10,5	1 35	3 47	160 25
Lutké	1827	id	5 21	160 45	8 51	+ 2 54,8	1 27	3 55	160 31
id	1827	En mer	4 17	160 34	9 0	+ 0 36,9	0 18	3 59	160 31
id	1827	id	3 47	160 39	"	— 0 30,3	0 15	4 2	160 41
id	1827	id	2 56	160 30	8 58	— 1 38,7	0 49	3 45	160 38
id	1827	id	4 6	160 34	"	+ 0 36,0	0 18	3 48	160 31
						Moy. des 6 rés.		3 53	160 33
Duperrey	1823	En mer	7 50 S.	158 6	7 39	— 21 55,9	11 23	3 27	159 41
Lutké	1827	id	18 44 N.	161 35	8 45	+ 27 55,2	14 50	4 4	159 15
id	1827	id	11 27	159 43	8 24	+ 14 16,7	7 13	4 16	158 44
						Moy. des 3 rés.		3 56	159 13

NOMS des OBSERVATEURS.	DATE.	POSITION du lieu des observations.			NATURE des observations.		LATITUDE magnétique.	POSITION de l'équateur magnétique.	
		Nom du lieu.	Latitude.	Longitude.	Déclinaison.	Inclinaison.		Latitude.	Longitude.
Duperrey	1823	En mer	5° 17' S.	153° 40' E.	6° 36' E.	— 20° 8,2'	10° 23'	5° 3' N.	154° 52' E.
id	1824	id	8 40 N.	154 23	7 30	+ 5 21,7	2 41	5 59	154 2
Lutké	1828	id	6 55	155 52	8 0	+ 5 16,5	2 38	4 18	155 30
id	1828	Los Valientes	5 46	154 45	7 0	+ 1 37,3	0 49	4 58	154 40
							Moy. des 4 rés.	5 4	154 46
Duperrey	1823	Port Praslin	4 50 S.	150 28	6 48	— 20 40,1	10 41	5 47	151 45
id	1824	En mer	8 16 N.	151 46	5 38	+ 3 49,3	1 55	6 22	151 35
id	1824	id	7 40	150 57	4 0	+ 1 53,7	0 57	6 44	150 52
id	1824	id	7 32	150 47	4 0	+ 1 52,5	0 56	6 36	150 43
id	1824	id	7 25	150 38	4 10	+ 1 33,7	0 47	6 38	150 35
id	1824	id	7 20	150 32	4 0	+ 1 15,0	0 37	6 43	150 29
id	1824	id	7 27	150 48	5 0	+ 1 41,0	0 50	6 37	150 44
Lutké	1828	id	5 30	150 38	5 30	— 0 46,0	0 23	5 53	151 40
							Moy. des 8 rés.	6 25	151 3
Freycinet	1819	En mer	21 59	151 9	6 27	+ 29 33,7	15 50	6 16	149 18
Duperrey	1823	id	3 28 S.	148 35	5 0	— 17 28,1	8 56	5 27	149 15
id	1824	id	7 13 N.	149 13	5 42	+ 1 11,2	0 36	6 38	149 10
							Moy. des 3 rés.	6 7	149 14
Freycinet	1819	En mer	9 22	146 31	6 21	+ 6 45,5	3 23	6 0	146 9
id	1819	id	20 6	147 26	3 11	+ 26 36,4	14 4	6 7	146 40
id	1819	id	0 29	144 55	4 42	— 13 48,7	7 0	7 27	145 32
Duperrey	1824	id	6 49	145 3	3 30	+ 0 3,7	0 2	6 47	145 2
							Moy. des 4 rés.	6 35	145 51
Freycinet	1819	En mer	[illegible]	[illegible]	[illegible]	[illegible]	[illegible]	[illegible]	[illegible]

Observateur	Année	Lieu							
							Moy. des 4 rés.	6 35	145 51
Freycinet	1819	En mer	17 40	143 55	3 50	+ 21 43,2	11 16	6 26	143 8
id	1819	id	19 48	144 51	"	+ 24 47,4	13 0	6 49	143 55
Duperrey	1824	id	6 51	144 59	3 30	+ 0 16,2	0 8	6 43	144 59
id	1824	id	6 21	144 7	3 0	— 2 0,0	0 10	7 21	144 10
							Moy. des 4 rés.	6 49	144 3
Freycinet	1819	Gouam	13 27	142 29	4 39	+ 12 46,9	6 28	7 8	141 54
Lutké	1828	id	13 26	142 24	2 57	+ 12 52,0	6 31	6 57	142 4
id	1828	Oulié	7 22	141 37	3 7	+ 0 39,2	0 20	7 2	141 36
Duperrey	1823	En mer	3 5 S.	141 44	5 12	— 17 57,1	9 12	6 5	142 34
id	1824	id	0 41 N.	141 36	0 53	— 12 13,9	6 11	6 51	141 42
							Moy. des 5 rés.	6 49	141 58
Duperrey	1823	En mer	1 37 S.	137 52	2 10	— 16 7,6	8 18	6 41	138 11
Freycinet	1819	En mer	3 31 N.	135 19	3 19	— 7 46,1	3 54	7 25	135 21
Duperrey	1823	id	0 20 S.	135 59	2 0	— 12 41,5	6 25	6 5	136 13
							Moy. des 2 rés.	6 45	135 52
Duperrey	1823	En mer	0 5 N.	133 46	1 0	— 12 21,1	7 15	6 19	133 53
id	1823	id	0 2	131 8	2 50	— 13 50,4	7 1	7 3	131 29
id	1824	Doreri	0 32 S.	131 45	1 36	— 14 35,6	7 25	6 33	131 57
							Moy. des 3 rés.	6 38	132 46
Freycinet	1818	Rawak	0 2	128 35	1 30	— 14 26,9	7 20	7 19	128 43
Duperrey	1823	Offak	0 2	128 23	1 2	— 13 34,3	6 53	6 51	128 30
							Moy. des 2 rés.	7 5	128 36
Duperrey	1823	Caïeli	3 22	124 46	0 32	— 20 8,4	10 23	7 0	124 52
id	1823	Amboine	3 42	125 50	0 28	— 20 32,3	10 37	6 54	125 55
							Moy. des 2 rés.	6 57	125 23
Duperrey	1824	En mer	6 11	119 39	1 0	— 24 2,1	12 34	6 23	119 22
Lutké	1828	Mauille	14 28 N.	118 35	0 9	— 16 0,0	8 9	6 19	118 35
							Moy. des 2 rés.	6 21	118 59

NOMS des OBSERVATEURS.	DATE.	POSITION du lieu des observations.			NATURE des observations.		LATITUDE magnétique.	POSITION de l'équateur magnétique.	
		Nom du lieu.	Latitude.	Longitude.	Déclinaison.	Inclinaison.		Latitude.	Longitude.
Duperrey	1824	Sourabaya	7° 12' S	110° 23' E.	0° 10' O.	— 26 38,6	14° 5'	6° 52' N.	110° 26' E.
Beechey	1827	Macao	22 12 N.	111 14	1. 50 E	+ 29 57,5	16 4	6 8	110 42
							Moy. des 2 rés.	6 30	110 34
Duperrey	1824	En mer	5 30 S.	105 43	3 0 O	— 23 41,8	12 23	6 51	106 22
Blosseville	1828	Batavia	6 9	104 27	0 31 E.	— 25 55,8	13 40	7 31	104 34
id	1828	Ile Kuyper	6 2	104 21	0 31	— 25 32,7	13 26	7 24	104 28
							Moy. des 2 rés.	7 27	104 31
Blosseville	1827	Calcutta	22 34 N.	86 1	2 38	+ 26 32,9	14 2	8 33	85 20
id	1827	Chandernagor	22 51	85 58	2 40	+ 26 47,0	14 10	8 42	85 17
							Moy. des 2 rés.	8 38	85 18
Blosseville	1828	Pondichéry	11 56	77 32	1 13	+ 3 33,1	1 52	10 4	77 30
id	1828	Karikal	10 55	77 33	1 14	+ 1 51,5	0 56	9 59	77 32
id	1828	Trinquemalay	8 32	78 51	1 8	— 2 38,6	1 51	9 51	78 53
id	1828	Jaffnapatnam	9 40	77 41	1 16	— 0 39,8	0 20	10 0	77 41
id	1828	Aripo	8 48	77 31	1 16	— 2 17,6	1 9	9 57	77 32
id	1828	Changavi	8 47	77 36	1 16	— 0 36,6	0 18	10 5	77 36
							Moy. des 6 rés.	9 59	77 47
								10 55	70 0
								11 40	60 0
								11 40	50 0
								10 55	40 0
								9 15	30 0

D'après les observations faites par Panton en 1776, la ligne sans inclinaison devait passer en 1825, par....

Lorsque M. Duperrey s'est livré, en 1836, à cette nouvelle détermination de l'équateur magnétique, ses cartes des méridiens magnétiques venaient d'être gravées, en sorte que la courbe ponctuée qui figure dans ces cartes, sous le nom de *ligne sans inclinaison*, doit être remplacée par celle dont il vient de donner la nouvelle position, bien que celle-ci ne diffère pas essentiellement de la première.

Le tableau de la page 400 suffit pour rectifier la ligne sans inclinaison qui est tracée dans les planches XIV et XV de notre atlas; mais il sera préférable d'avoir recours au tableau de la page 104, si l'on veut figurer la même courbe dans les grandes cartes de M. Duperrey, dont les nôtres ne sont qu'une très-petite réduction.

Espérons que les voyageurs qui parcourent dans ce moment la mer Rouge et l'intérieur de l'Afrique, nous feront bientôt connaître, par des observations directes, si la véritable position que la ligne sans inclinaison occupe dans ces parages, confirme les hypothèses auxquelles M. Duperrey a été obligé de recourir, en se fondant sur d'anciennes observations.

Nota. Au moment où nous mettons sous presse, l'espoir que nous avons exprimé, en terminant l'article qui précède, se trouve réalisé. M. Lefebvre, officier de la marine royale, communique à M. Duperrey les observations suivantes qu'il a faites en Abyssinie, en 1839 :

A Massoah, par 15° 37′ N. et 37° 17′ E., l'inclinaison était de 10° 43′.

A Adoa, par 14° 18′ et 36° 30′, l'inclinaison était de 8° 50′.

Ces observations soumises au calcul placent deux points de l'équateur magnétique : l'un par. . . . . 10° 17′ N. et 38° 7′ E.;
l'autre par. . . . . 10° 39′ et 37° 12.

Résultat moyen. . . . . . 10° 28′ N. et 37° 40 E.,
lequel tombe exactement sur la portion de courbe que M. Duperrey a déterminée entre 30 et 40° de longitude orientale.

VI. 2ᵉ *partie.*

CHAPITRE III.

§ 1er. *Cartes de M. Hansteen.*

M. le professeur Hansteen a fait paraître, à Christiania, en 1826, une première carte dans laquelle se trouvent figurées des lignes d'égale intensité magnétique, qu'il désigne sous le nom de *Lignes isodynamiques*.

De nouvelles cartes, plus complètes que la précédente, ont été publiées par ses soins en 1832. Ces cartes sont accompagnées d'un mémoire que M. Duperrey a fait traduire du norwégien en français, et dont il nous a communiqué l'analyse suivante :

« M. Hansteen discute toutes les observations d'intensité magnétique qui ont été faites depuis 1790 jusqu'en 1830. Il rend ces observations comparables, autant que les circonstances le permettent, et il en exprime la valeur par des rapports qu'il fait dépendre du minimum d'intensité que M. de Humboldt avait observé, en 1802, sur l'équateur magnétique dans l'intérieur du Pérou.

« Les lignes isodynamiques, telles qu'elles ont été conçues par M. Hansteen, ont cela de commun avec les lignes d'égale inclinaison, que les unes et les autres sont analogues à des parallèles de la sphère; mais elles sont irrégulières, et, d'ailleurs, elles ne coïncident pas entre elles, c'est-à-dire, qu'à inclinaison, comme à latitude égale, les rapports d'intensité magnétique présentent des valeurs souvent très-différentes, ainsi que M. de Humboldt en avait déjà fait la remarque, durant son voyage aux régions équinoxiales du nouveau continent.

« Les observations recueillies et discutées par M. Hansteen, sont celles qui ont été faites par MM. de Rossel, de Humboldt, Gay-Lussac, Sabine, Hansteen, OErsted, Erikson, Keilhau, Bœck, Abel, Lutké, King, Due, Erman et Kupffer. Ces observations sont suffisamment nombreuses pour donner une certaine idée du système d'intensité magnétique de l'hémisphère boréal. Quant à l'hémisphère austral, M. Hansteen, étant privé des observations que MM. de Freycinet et Duperrey avaient faites dans cette partie du globe, n'a pu étendre ses lignes isodynamiques au delà des côtes de l'Amérique méridionale. Il disposa, il est vrai, des observations faites de 1790 à 1794, par M. de Rossel; mais, alors, ces observations, commencées à Brest et terminées à Sourabaya, n'avaient point été corrigées, comme elles l'ont été depuis par M. Duperrey, qui en a sensiblement modifié les résultats, ainsi qu'on peut le voir, page 350 de ce volume.

« M. Hansteen déduit, de la configuration de ses lignes isodynamiques, plusieurs faits que nous croyons devoir rapporter ici, bien qu'ils ne nous paraissent pas tous de nature à pouvoir être admis sans restriction. Il pense qu'il doit y avoir deux pôles magnétiques à la surface du globe, dans chaque région polaire; qu'il existe entre les tropiques une courbe sur laquelle l'intensité minima, qu'on obtient dans chaque méridien, paraît varier de 0,8 à 1,0, entre deux points qui seraient situés, l'un dans la partie méridionale de l'Afrique, l'autre sur les côtes du Pérou; que les valeurs extrêmes de l'intensité magnétique, à la surface de la terre, sont dans le rapport de 1 à 2,4; et, enfin, se fondant sur l'intensité 1,8 observée par M. Sabine, à New-York, par 41° de latitude nord, et sur l'intensité 1,6 (non corrigée), observée par M. de Rossel, à Van-Diémen, par 43° de latitude sud, il pense que l'intensité magnétique doit être généralement plus grande dans l'hémisphère boréal que dans l'hémisphère opposé.

« En terminant son mémoire, M. Hansteen appelle l'attention sur le rapport qui paraît exister entre la température moyenne d'un lieu et sa position vers les pôles magnétiques. Il ajoute que M. Brewster, d'Édimbourg, a adopté ce rapport, et que plusieurs naturalistes sont portés à attribuer l'abaissement de la température à la puissance des pôles magnétiques. Mais il ne lui paraît pas encore possible d'éclaircir cette question, qu'il regarde comme une énigme, dont la solution jettera le plus grand jour sur la constitution intérieure de la terre. »

§ II. *Cartes de M. Duperrey*.

Après avoir pris connaissance du Mémoire qui précède, M. Duperrey, désirant fixer son opinion sur les questions qu'il renferme, s'est d'abord appliqué à achever la carte des lignes isodynamiques qui était restée incomplète, faute d'observations dans l'hémisphère austral. Dans les nouvelles cartes que M. Duperrey a présentées à l'Académie des sciences, en 1833 (voyez pl. XVII et XVIII), les lignes isodynamiques de l'hémisphère nord sont à peu près telles que M. Hansteen les avait déjà tracées ; mais celles de la zone intertropicale et de l'hémisphère sud ont éprouvé des modifications considérables. Les observations faites à Payta, à Offak, à Sourabaya, à l'Ile-de-France, au Port-Jackson et à Van-Diémen, ont fait remonter les lignes d'égale intensité vers le nord, de 8 à 10° en latitude selon les localités, et la ligne 1,6, qui passait sur la partie méridionale de la terre de Van-Diémen, est remplacée par la ligne 1,8, qui ne permet plus d'admettre la différence que M. Hansteen croyait pouvoir établir entre les intensités des deux hémisphères.

C'est en faisant dépendre des observations de M. de Humboldt, ses propres observations et celles que M. de Rossel avait faites, durant le voyage de l'amiral d'Entrecasteaux , que M. Duperrey est parvenu à fixer la valeur de l'intensité magnétique dans les îles Moluques, à la Nouvelle-Hollande, à la terre de Van-Diémen et dans la mer des Indes. Les résultats qu'il a obtenus, et dont l'exactitude se trouve aujourd'hui parfaitement confirmée par les observations toutes récentes du capitaine Fitz-Roy, ont suffi pour donner une idée approximative de la forme générale des lignes isodynamiques dans l'hémisphère austral, et compléter ainsi le travail que M. Hansteen avait si bien commencé, et qu'il aurait sans doute achevé de la même manière, s'il avait eu connaissance des observations de M. Duperrey, et des moyens de rectification dont les observations de M. de Rossel étaient susceptibles.

A l'époque où M. Duperrey publia ses cartes de lignes isodynamiques, tout portait à croire que la ligne sans inclinaison était, sinon une ligne d'égale intensité magnétique, du moins la ligne des plus petites intensités observées dans les méridiens. Cette hypothèse semblait, en effet, résulter des observations qui avaient été faites entre les tropiques par MM. de Rossel, de Humboldt, Sabine, Duperrey, Lutké et Erman. M. Duperrey adoptant cette hypothèse, la ligne sans inclinaison fut considérée par lui, à cette époque, comme devant être la limite des intensités magnétiques des deux hémisphères, en sorte que les espaces où la valeur de l'intensité est plus petite que partout ailleurs le long de cette courbe, se trouvent renfermés entre deux lignes isodynamiques de dénominations contraires, qui viennent y aboutir obliquement, sans passer outre.

« Aujourd'hui il n'est plus permis de croire, dit
« M. Duperrey, que la ligne sans inclinaison soit préci-
« sément la ligne des plus petites intensités magnétiques;
« mais il est bien probable qu'elle n'est pas très-éloignée
« de la courbe qui doit jouir de cette propriété, et sur
« laquelle il faudra établir, lorsque sa position sera con-
« nue, les points de rebroussement des lignes isodyna-
« miques destinées à envelopper les espaces de moindre
« intensité. »

M. Duperrey n'a présenté ses cartes de lignes isodynamiques qu'avec une extrême réserve. Ses craintes sont
fondées sur ce que les observations d'intensité magnétique paraissent assujetties à des erreurs dont il n'est pas
encore possible de les débarrasser d'une manière complète. « L'inclinaison, les variations de la température,
« l'action de la terre sur les aiguilles que l'on transporte
« en différents points du globe, la position horizontale
« de l'aiguille que l'on croit être la position horizontale
« de son axe magnétique, la nature du sol sur lequel on
« observe, l'époque de l'année, la proximité de l'obser-
« vateur, les aurores polaires, etc., etc., sont autant de
« causes qui, dans son opinion, peuvent facilement occa-
« sionner les différences de un dixième, et souvent même
« de deux dixièmes, que l'on remarque entre les résul-
« tats obtenus dans un même lieu; différences dont on
« concevra l'importance, si l'on fait attention qu'un
« dixième d'intensité magnétique sépare deux lignes iso-
« dynamiques, dont la distance en latitude est, terme
« moyen, de neuf degrés, ce qui répond à 180 lieues
« marines. »

Quoi qu'il en soit de l'exactitude problématique de ce
genre de carte, M. Duperrey n'en a pas moins été curieux de comparer l'ensemble de toutes les observations
faites jusqu'à ce jour avec la théorie, relativement à la
loi d'après laquelle l'intensité des forces magnétiques
varie à différentes latitudes de l'équateur aux pôles.

La formule de M. Biot $i = \sqrt{1 + 3\sin^2\lambda}$, qui exprime cette loi dans l'hypothèse de deux centres d'action
placés à une très-petite distance du centre de la terre,
suppose que le globe est parfaitement homogène; en
sorte qu'elle ne peut être vérifiée par des observations isolées. Mais en calculant l'intensité magnétique moyenne
de la ligne équinoxiale et de chaque parallèle terrestre
de 10 en 10 degrés, au moyen des lignes isodynamiques,
et en prenant la moyenne des résultats ainsi obtenus pour
les parallèles homologues des deux hémisphères, M. Duperrey a trouvé que la courbe de l'accroissement de l'in-

tensité magnétique de l'équateur au pôle, tracée d'après ces valeurs moyennes, ne s'écartait de celle qui résulte de la formule de M. Biot, que d'environ 0,015 de l'intensité prise pour unité (*Voyez* planche XVI, fig. 46); en sorte que cette formule serait l'expression véritable de l'intensité magnétique de la terre, si la terre était parfaitement homogène ou régulièrement magnétique sur chaque parallèle.

M. Duperrey n'admet pas cette multiplicité de pôles magnétiques, introduite dans la science par Halley, repoussée par Euler, et reproduite, plus tard, par M. Hansteen. Les déclinaisons de 11 à 15° nord-est, observées par le baron Wrangel autour de la Nouvelle-Sibérie, lui prouvent d'une manière incontestable qu'il n'y a point de pôle magnétique à l'ouest de ces îles, dans la partie septentrionale de l'Asie. Il voit bien que la ligne isodynamique 1,7 qui contourne le pôle magnétique du nord de l'Amérique, s'étend considérablement vers la Sibérie; mais, indépendamment de ce qu'il aurait à dire sur la forme donnée à cette courbe par M. Hansteen, il n'en est point étonné du moment où il sait que les deux pôles magnétiques de la surface de la terre, l'un boréal, l'autre austral, ne sont pas diamétralement opposés, et que la plus grande distance qui sépare ces pôles est précisément dans les méridiens de l'Asie, tandis que la plus petite est dans ceux du milieu du Grand Océan.

Cette position respective des pôles magnétiques est évidemment l'une des causes qui rendent variable, d'un méridien à l'autre, la distance d'un pôle magnétique à une même ligne isodynamique.

Une cause non moins déterminante est celle que M. Duperrey attribue à la température dont l'abaissement se prolonge naturellement davantage entre le pôle magnétique et la Sibérie en passant par le pôle terrestre, qu'entre ce même pôle magnétique et le centre de l'Amérique septentrionale.

M. Duperrey n'admet pas l'opinion de M. Hansteen,

en tant qu'il s'agit de considérer les pôles magnétiques
de la surface de la terre comme des centres ou foyers
magnétiques. Il n'admet pas non plus que ce soit la présence de ces pôles qui occasionne l'abaissement de température que l'on remarque dans les lieux qu'ils occupent. Il attribue, au contraire, aux variations de la
température atmosphérique et à ses anomalies, les variations et les anomalies que l'on remarque dans la configuration des lignes comme dans la position des pôles
magnétiques.

L'opinion de M. Duperrey, sur cette matière, a été
complétement développée dans un Mémoire qu'il a lu à
l'Académie des sciences, en 1833, et dont il sera parlé
plus loin (1).

En reproduisant les cartes des lignes isodynamiques de
M. Duperrey, nous avons cru devoir indiquer dans l'une
d'elles (Planche XVI) les lignes d'égale température ex-
traites de l'Atlas physique que M. Berghaüs a publié à
Gotha, en 1838.

Dans les cartes dont nous parlons, M. Duperrey n'a
point indiqué les pôles magnétiques, parce que les lignes
isodynamiques ne sont pas assez exactes pour offrir le
moyen d'en bien déterminer la position; mais il a marqué,
dans les régions polaires, deux espaces ombrés, bornés
par des lignes isodynamiques de très-forte intensité, qui
doivent nécessairement contenir les pôles en question.
L'espace boréal est très-allongé, et ses deux extrémités
sont, l'une sur la côte nord de l'Asie, l'autre sur la côte

----

(1) Parmi les assertions que M. Duperrey a fait valoir dans ses
Considérations sur le magnétisme terrestre, lues à l'Académie des
sciences en 1833, il en est qu'il s'était réservé de soumettre plus
tard à de nouvelles investigations. Ses travaux postérieurs lui en
ont fait abandonner quelques-unes qu'il nous a signalées en
1836, et que pour cette raison nous ne reproduirons dans le
cours de cet ouvrage qu'autant qu'il nous paraîtra utile à la
science de faire connaître les motifs qui ont obligé M. Duperrey
à modifier ses opinions.

nord de l'Amérique. L'espace austral est un cercle irrégulier, compris entre la terre de Van-Diémen et le pôle de rotation du globe.

§ III. *Cartes de M. Sabine.*

M. le major Sabine a fait, en 1838, à l'Association britannique pour l'avancement des sciences, un rapport sur les variations de l'intensité du magnétisme terrestre. Ce rapport, dont nous avons déjà parlé, à l'occasion des observations d'intensité magnétique qui s'y trouvent relatées, est accompagné de nouvelles cartes de lignes isodynamiques.

Pour dresser ces nouvelles cartes, M. Sabine s'est fondé, comme l'avaient fait ses prédécesseurs, sur toutes les observations recueillies depuis 1790 jusqu'en 1830; mais il a pu disposer des observations du voyage de l'*Uranie*, dont M. Duperrey avait été privé, et il a ajouté à ces dernières, en outre d'observations récentes qui lui sont propres, toutes celles que MM. Quetelet, Douglas, Fitz-Roy, Estcourt, Rudberg et Lloyd venaient de faire dans différentes parties du globe.

Ces nouvelles observations sont nombreuses; néanmoins, nous ne voyons pas qu'elles aient fait sensiblement varier la forme des courbes que MM. Hansteen et Duperrey avaient tracées, l'un dans l'hémisphère nord, l'autre dans l'hémisphère sud. Les seuls changements considérables que nous remarquons ne nous paraissent pas suffisamment justifiés. Parmi les cas de ce genre, nous croyons devoir citer les suivants :

MM. Hansteen et Duperrey avaient donné à la ligne isodynamique 1,7, de l'hémisphère boréal, une forme elliptique allongée vers la Sibérie; M. Sabine donne à la même courbe une forme telle que l'espace qu'elle renfermait se trouve partagé en deux espaces distincts, et cela sans aucun motif que nous puissions apprécier, si ce n'est celui qui porte M. Sabine à reproduire l'hypothèse des doubles pôles magnétiques dont il se montre, en effet, dans tout le cours de son rapport, l'un des plus zélés défenseurs.

Dans les cartes de M. Duperrey, la ligne 1,2 d'intensité passe à une très-petite distance au sud de l'île Maurice. Dans les cartes de M. Sabine, cette courbe a été portée sept degrés plus au sud. L'accord qui existe entre les résultats que MM. Duperrey et Fitz-Roy ont obtenus dans l'île Maurice, l'un en 1824, l'autre en 1836, prouve en faveur de la première détermination dont la conséquence est de faire remonter vers la ligne sans inclinaison le minima d'intensité, et généralement toutes les lignes isodynamiques que M. Sabine a placées trop au sud dans la partie méridionale de l'Afrique et de l'océan Atlantique.

On a vu plus haut que, selon M. Duperrey, la ligne des minima d'intensité devait peu s'éloigner de la ligne sans inclinaison. Si l'on ne consultait que les cartes de M. Sabine, on serait tenté de ne pas admettre cette assertion ; mais M. Duperrey fait remarquer que dans la région intertropicale, notamment dans l'océan Atlantique méridional, la moindre des erreurs dont il est impossible de garantir les observations, suffit pour rendre vaines toutes nos recherches à cet égard. C'est ainsi, dit-il, que d'après les observations de M. Fitz-Foy, l'intensité magnétique serait un peu plus faible à l'île de Ste-Hélène qu'à l'île de l'Ascension, où passe la ligne sans inclinaison ; tandis que le fait contraire résulte positivement des observations que M. de Tessan, ingénieur hydrographe de la marine, vient de faire tout récemment dans ces deux îles.

Tout ce qui a précédé prouve donc que les observations d'intensité magnétique ne présentent pas encore assez d'exactitude pour qu'il soit possible d'en déduire la véritable figure des lignes isodynamiques.

Dans son rapport sur les variations de l'intensité magnétique, M. Sabine s'étend beaucoup sur divers faits

que ses prédécesseurs avaient déjà signalés et que pour
cette raison nous ne reproduirons pas ici. Quant à ses
opinions théoriques sur le magnétisme de la terre, nous
dirons qu'il admet deux pôles magnétiques à la surface
du globe dans chaque hémisphère, et qu'il considère
ces pôles comme des centres ou foyers magnétiques, ce
qui n'est certainement pas admissible.

CHAPITRE IV.

J'AVAIS annoncé dans la préface du dernier volume, que M. le capitaine Duperrey devait enrichir celui-ci d'un exposé détaillé des méridiens et parallèles magnétiques tels qu'il les envisage dans leurs rapports avec les phénomènes magnétiques en général, ainsi que de considérations sur la théorie du magnétisme terrestre, considérations qui ne pouvaient manquer d'avoir beaucoup d'intérêt, en raison des études profondes que cet habile navigateur a faites dans cette partie de la physique générale, comme on a pu le voir dans plusieurs des chapitres précédents qui sont *entièrement* de lui.

Mais les travaux qu'il a entrepris pour faire cet exposé l'ayant entraîné dans de grands développements qui ne lui permettent pas de prévoir l'époque à laquelle il sera terminé, et me trouvant dans l'obligation de publier la dernière partie de mon ouvrage en raison des engagements que j'ai pris avec le public, et qu'il n'a pas été en mon pouvoir, par les raisons ci-dessus motivées, de remplir plus tôt, je me vois contraint à faire paraître ce volume, traitant du magnétisme terrestre, auquel, à mon grand regret, manqueront les derniers travaux de M. Duperrey; me réservant de publier postérieurement un appendice à ce sujet, aussitôt que cet officier distingué aura mis au jour son travail, et de le faire tenir aux souscripteurs.

Néanmoins, pour l'interprétation des cartes des méridiens et parallèles magnétiques (Pl. xiv, xv, xvi, fig. 43,

44, 45), je vais donner quelques notions sur le tracé de ces lignes.

Les méridiens magnétiques, tels que les considère M. Duperrey, ne sont pas des lignes hypothétiques; ils résultent de la direction de l'aiguille aimantée en chaque point du globe. Supposons que l'on parte d'un point quelconque, et que, cheminant toujours dans le sens de la direction de l'aiguille aimantée, d'abord vers le pôle nord, ensuite vers le pôle sud, on relève tous les points par lesquels on aura passé, la courbe qui les réunira tous, formera un méridien magnétique. Si l'on prend un autre point de départ voisin du premier, et que l'on trace de la même manière un méridien magnétique, ce méridien rencontrera le premier en deux points situés l'un vers le pôle nord, l'autre vers le pôle sud. En traçant sur le globe un certain nombre de ces méridiens, et prenant les points d'intersection de deux méridiens voisins, on aura alors, dans chaque hémisphère, une courbe fermée, résultante de la réunion de tous les points d'intersection : il est naturel d'admettre que le pôle magnétique de chaque hémisphère se trouve au centre de l'aire renfermée par ces courbes. La pl. xiv indique le tracé d'un certain nombre de ces méridiens, tel que l'a établi M. Duperrey, qui s'est servi pour cela d'un grand nombre d'observations: il suffit de jeter les yeux sur cette carte pour se faire une idée des rapports qui existent entre tous ces méridiens que l'on ne peut se refuser d'admettre, puisqu'ils ont chacun pour élément la direction de l'aiguille aimantée dans chaque point du globe.

Outre les méridiens magnétiques, M. Duperrey a tracé encore sur les mêmes cartes, pl. xiv, xv, xvi, des courbes normales aux méridiens, et que pour ce motif il a appelées parallèles magnétiques, en raison de leur analogie avec les parallèles terrestres. Ces parallèles magnétiques et les méridiens correspondants jouissent de propriétés particulières que M. Duperrey se propose de faire connaître dans le travail qu'il prépare dans ce moment sur le magnétisme terrestre. Nous nous abstenons dès lors de toute réflexion.

CHAPITRE V.

DOCUMENTS RELATIFS A L'ÉTAT ACTUEL DU MAGNÉTISME TERRESTRE.

Après avoir décrit tous les appareils à l'aide desquels on observe les trois éléments de la résultante des forces magnétiques du globe en un lieu quelconque, ainsi que les méthodes d'observation ; après avoir exposé les principales observations faites depuis 40 ans par les plus habiles physiciens et voyageurs, et la discussion qui en a été faite pour la formation des lignes d'égale déclinaison, des méridiens magnétiques, des lignes d'égale inclinaison, en y comprenant l'équateur magnétique, et des lignes isodynamiques, il ne me reste plus qu'à présenter les diverses théories qui ont été données touchant les phénomènes magnétiques terrestres ; mais avant que d'aborder cette grande question, je crois être utile en donnant ici : 1° les instructions rédigées par M. Arago, au nom d'une commission nommée par l'Académie des sciences, et approuvées par elle, pour le voyage de circumnavigation de *la Bonite* ; 2° une lettre de M. de Humboldt au président de la Société royale de Londres, sur les moyens propres à perfectionner la connaissance du magnétisme terrestre ; 3° les instructions rédigées par la Société royale de Londres pour l'expédition scientifique envoyée aux régions antarctiques ; 4° une lettre du baron de Humboldt au comte de Minto, et une autre du professeur Erman au major Sabine.

Ces diverses pièces sont de nature à faire connaître l'état actuel des connaissances sur le magnétisme terrestre, ou du moins comment on doit l'envisager. Commençons par les instructions pour la *Bonite*.

§ I. *Instructions pour la Bonite.*

La science s'est enrichie, depuis quelques années, d'un bon nombre d'observations de variations diurnes de l'aiguille aimantée; mais la plupart de ces observations ont été faites ou dans les îles ou sur les *côtes occidentales* des continents. Des observations analogues, correspondantes à des *côtes orientales*, seraient aujourd'hui très-utiles : elles serviraient, en effet, à soumettre à une épreuve presque décisive la plupart des explications qu'on a essayé de donner de ce mystérieux phénomène.

L'itinéraire de l'expédition ne permet pas de supposer que *la Bonite* puisse relâcher, ou du moins séjourner quelque temps, dans des points situés entre l'équateur terrestre et l'équateur magnétique, tels que Fernambouc, Payta, le cap Comorin, les îles Pelew. Sans cela, nous eussions recommandé d'une manière particulière, d'y établir *solidement*, et loin de toute masse ferrugineuse, le bel instrument de M. Gambey, et de suivre les oscillations de l'aiguille avec un soin scrupuleux (1).

____

(1) A tout événement, nous poserons ici le problème que serviraient à résoudre des observations faites dans tous les points que nous venons de nommer.

Dans l'hémisphère nord, la pointe d'une aiguille horizontale aimantée, *tournée vers le nord*, marche

De l'*est* à l'*ouest*, depuis 8 heures 1/4 du matin jusqu'à 1 heure 1/4 après midi ;
De l'*ouest* à l'*est*, depuis 1 heure 1/4 après midi jusqu'au lendemain matin.

Notre hémisphère ne peut avoir, à cet égard, aucun privilége; ce qu'y éprouve la pointe nord, doit se produire sur la pointe sud, au sud de l'équateur. Ainsi,

De l'*est* à l'*ouest*, depuis 8 heures 1/4 du matin jusqu'à 1 heure 1/4 après midi ;
De l'*ouest* à l'*est*, depuis 1 heure 1/4 après midi jusqu'au lendemain matin.

En général, dans les lieux où l'expédition ne séjournera pas une semaine entière, il serait peu utile de se livrer à l'observation des variations diurnes de *l'aiguille aimantée horizontale*. Il n'en est pas de même des autres éléments magnétiques. Partout où *la Bonite* s'ar-

---

L'observation, au surplus, s'est trouvée d'accord avec le raisonnement.

Comparons maintenant les mouvements simultanés des deux aiguilles, en les rapportant à la même pointe, *à celle qui est tournée vers le nord*.

Dans l'hémisphère sud, la pointe tournée vers le sud marche

De l'*est* à l'*ouest*, depuis 8 heures 1/4 du matin jusqu'à 1 heure 1/4 après midi ;

donc la pointe nord de la même aiguille éprouve le mouvement contraire; ainsi définitivement,

Dans l'hémisphère sud, la pointe tournée vers le NORD marche

De l'*ouest* à l'*est*, depuis 8 heures 1/4 du matin jusqu'à 1 heure 1/4 après midi ;

c'est précisément l'opposé du mouvement qu'effectue, aux mêmes heures, la même pointe nord dans notre hémisphère.

Supposons qu'un observateur partant de Paris s'avance vers l'équateur. Tant qu'il sera dans notre hémisphère, *la pointe nord* de son aiguille effectuera tous les matins un mouvement *vers l'occident*; dans l'hémisphère opposé, *la pointe nord* de cette même aiguille éprouvera tous les matins un mouvement *vers l'orient*. Il est impossible que ce passage du *mouvement occidental* au *mouvement oriental* se fasse d'une manière brusque; il y a nécessairement entre la zone où s'observe le premier de ces mouvements, et celle où s'opère le second, une ligne où, le matin, l'aiguille ne marche ni à l'orient ni à l'occident, c'est-à-dire reste stationnaire.

Une semblable ligne ne peut pas manquer d'exister, mais où la trouver? Est-elle l'équateur magnétique, l'équateur terrestre, ou bien quelque courbe d'intensité ?

Des recherches faites *pendant plusieurs mois*, sur des points situés dans l'un des espaces que l'équateur terrestre et l'équateur magnétique comprennent entre eux, tels que Fernambouc, Payta, la Conception, les îles Pelew, etc., conduiraient certainement à la solution désirée; mais plusieurs mois d'observations assidues seraient nécessaires, car, malgré l'habileté de l'observateur, les courtes relâches de M. le capitaine Duperrey, à la Conception et à Payta, faites à la demande de l'Académie, ont laissé subsister quelques doutes.

rêtera, ne fût-ce que quelques heures, il faudra, si c'est possible, mesurer la déclinaison, l'inclinaison et l'intensité.

En cherchant à concilier les observations d'inclinaison, faites à des époques éloignées dans diverses régions de la terre peu distantes de l'équateur magnétique, on avait reconnu, depuis quelques années, que cet équateur s'avance progressivement et en totalité de l'orient à l'occident. Aujourd'hui on suppose que ce mouvement est accompagné d'un changement de forme. L'étude des lignes d'égale inclinaison envisagée sous le même point de vue, n'offrira pas moins d'intérêt. Il sera curieux, quand toutes ces lignes auront été tracées sur les cartes, de les suivre de l'œil dans leurs déplacements et dans leurs changements de courbure; d'importantes vérités pourront jaillir de cet examen. On comprend maintenant pourquoi nous demandons autant de mesures d'inclinaison qu'on en pourra recueillir.

Les observations d'intensité ne datent que des voyages de d'Entrecasteaux et de M. de Humboldt; et cependant elles ont déjà jeté de vives lumières sur la question si compliquée, mais en même temps si intéressante, du magnétisme terrestre; et cependant à chaque pas le théoricien est arrêté par le manque de mesures exactes. Ce genre d'observations mérite, au plus haut degré, de fixer l'attention des officiers de *la Bonite*.

Quant à la déclinaison, son immense utilité est trop bien sentie des navigateurs, pour qu'à cet égard toute recommandation ne soit pas superflue.

Les voyages aérostatiques de MM. Biot et Gay-Lussac, exécutés jadis sous les auspices de l'Académie, étaient en grande partie destinés à l'examen de cette question capitale : la force magnétique qui, à la surface de la terre, dirige l'aiguille aimantée vers le nord, a-t-elle exactement la même intensité à quelque hauteur que l'on s'élève?

Les observations de nos deux confrères, celles de M. de Humboldt faites dans les montagnes, les obser-

vations encore plus anciennes de Saussure, semblèrent
toutes montrer qu'aux plus grandes hauteurs qu'il soit
permis à l'homme d'atteindre, le décroissement de la
force magnétique est encore inappréciable.

Cette conclusion a récemment été contredite. On a
remarqué que dans le voyage de M. Gay-Lussac, par
exemple, le thermomètre qui, à terre, au moment du
départ, marquait + 31° centigrades, s'était abaissé jusqu'à — 9°,o dans la région aérienne où notre confrère
fit osciller une seconde fois son aiguille; or il est aujourd'hui parfaitement établi, qu'en un même lieu, sous
l'action d'une même force, une même aiguille oscille
d'autant plus vite que sa température est moindre. Ainsi,
pour rendre les observations du ballon et celles de
terre comparables, il aurait fallu, à raison de l'état du
thermomètre, apporter une certaine diminution à la
force que les observations supérieures indiquaient. Sans
cette correction, l'aiguille semblait également attirée en
haut et en bas; donc, malgré les apparences, il y avait
affaiblissement réel.

Cette diminution de la force magnétique avec la hauteur semble aussi résulter des observations faites, en
1829, au sommet du mont Elbrouz (dans le Caucase),
par M. Kupffer. Ici l'on a tenu un compte exact des
effets de la température, et cependant diverses irrégularités dans la marche de l'inclinaison jettent quelque
doute sur le résultat.

Nous croyons donc que la comparaison de l'intensité
magnétique, au bas et au sommet d'une montagne, doit
être spécialement recommandée aux officiers de *la Bonite*. Le *Mowna-Roa*, des îles Sandwich, semble devoir être un lieu très-propre à ce genre d'observations.
On pourrait aussi les répéter sur le *Tacora*, si l'expédition s'arrête seulement trois ou quatre jours à *Arica*.

On a souvent agité la question de savoir si, en général, dans un lieu déterminé, l'aiguille d'inclinaison mar-
querait exactement le même degré à la surface du sol,
à une grande hauteur dans les airs et à une grande pro-

fondeur dans une mine. Le manque d'uniformité dans la composition chimique du terrain rend la solution de ce problème très-difficile. Si l'on observe en ballon, les mesures ne sont pas suffisamment exactes. Quand le physicien prend sa station sur une montagne, il est exposé à des attractions locales; des masses ferrugineuses peuvent alors altérer notablement la position de l'aiguille sans que rien en avertisse. La même incertitude affecte les observations faites dans les galeries de mines. Ce n'est pas qu'il soit absolument impossible de déterminer en chaque lieu la part des circonstances accidentelles; mais il faut pour cela avoir des instruments trèsparfaits; il faut pouvoir s'éloigner de la station qu'on a choisie, dans toutes les directions, et jusqu'à d'assez grandes distances; il faut enfin multiplier les observations beaucoup plus qu'un voyageur n'a ordinairement les moyens de le faire. Quoi qu'il en puisse être, les observations de cette espèce sont dignes d'intérêt. *Leur ensemble* conduira peut-être un jour à quelque résultat général.

§ II. *Lettre de M. de Humboldt à S. A. R. monseigneur le duc de Sussex, président de la Société royale de Londres, sur les moyens propres à perfectionner la connaissance du magnétisme terrestre par l'établissement de stations magnétiques et d'observations correspondantes.*

Votre Altesse royale, noblement intéressée aux progrès des connaissances humaines, daignera agréer, je m'en flatte, la prière que je lui adresse avec une respectueuse confiance. J'ose fixer son attention sur des travaux propres à approfondir, par des moyens précis et d'un emploi presque continu, les variations du *magnétisme terrestre*. C'est en sollicitant la coopération d'un grand nombre d'observateurs zélés et munis d'instruments de construction semblable, que nous avons réussi, depuis huit ans, M. Arago, M. Kupffer et moi,

28.

à étendre ces travaux sur une partie très-considérable de
l'hémisphère boréal. Des *stations magnétiques* permanentes étant établies aujourd'hui depuis Paris jusqu'en
Chine, en suivant vers l'est les parallèles de 40° à 60°, je
me crois en droit, monseigneur, de solliciter par votre
organe le concours puissant de la Société royale de Londres, pour favoriser cette entreprise et pour l'agrandir
en fondant de nouvelles stations, tant dans le voisinage
de l'équateur magnétique que dans la partie tempérée
de l'hémisphère austral.

Un objet aussi important pour la physique du globe
et pour le perfectionnement de l'art nautique est doublement digne de l'intérêt d'une société qui, dès son
origine, avec un succès toujours croissant, a fécondé le
vaste champ des sciences exactes. Ce serait avoir peu
suivi l'histoire du développement progressif de nos connaissances sur le *magnétisme terrestre*, que de ne pas
se rappeler le grand nombre d'observations précieuses
qui ont été faites à différentes époques et qui se font encore dans les Iles Britanniques et dans quelques parties
de la zone équinoxiale soumises au même empire. Il ne
s'agit ici que du désir de rendre ces observations plus
utiles, c'est-à-dire, plus propres à manifester de grandes
lois physiques, en les coordonnant d'après un plan uniforme, et en les liant aux observations qui se font sur le
continent de l'Europe et de l'Asie boréale.

Ayant été vivement occupé, dans le cours de mon
voyage aux régions équinoxiales de l'Amérique, pendant
les années 1799-1804, des phénomènes de l'intensité
des forces magnétiques, de l'inclinaison et de la déclinaison de l'aiguille aimantée, je conçus, au retour dans
ma patrie, le projet d'examiner la marche des *variations horaires de la déclinaison* et les *perturbations*
qu'éprouve cette marche, en employant une méthode
que je croyais n'avoir point encore été suivie sur une
grande échelle. Je mesurai à Berlin dans un vaste jardin,
surtout à l'époque des solstices et des équinoxes, pendant les années 1806 et 1807, d'heure en heure (sou-

vent de demi-heure en demi-heure), sans discontinuer pendant quatre, cinq ou six jours et autant de nuits, les changements angulaires du méridien magnétique. M. Oltmanns, avantageusement connu des astronomes par ses nombreux calculs de positions géographiques, voulut bien partager avec moi les fatigues de ce travail. L'instrument dont nous nous servions était une *lunette aimantée* de Prony, susceptible de retournement sur son axe, suspendue d'après la méthode de Coulomb, placée dans une cage de verre, et dirigée sur une mire très-éloignée, dont les divisions, éclairées pendant la nuit, indiquaient jusqu'à six ou sept secondes de variation horaire. Je fus frappé, en constatant la régularité habituelle d'une *période nocturne*, de la fréquence des perturbations, surtout de ces oscillations dont l'amplitude dépassait toutes les divisions de l'échelle, qui se répétaient souvent aux mêmes heures avant le lever du soleil, et dont les mouvements violents et accélérés ne pouvaient être attribués à aucune cause mécanique accidentelle. Ces *affolements* de l'aiguille, dont une certaine périodicité a été confirmée récemment par M. Kupffer d'après le récit de son *Voyage au Caucase*, me paraissaient l'effet d'une réaction de l'intérieur du globe vers sa surface, j'oserai dire des *orages magnétiques*, qui indiquent un changement rapide de tension. Je désirais dès lors d'établir à l'est et à l'ouest du méridien de Berlin, des appareils semblables aux miens, pour obtenir des observations correspondantes faites à de grandes distances et aux mêmes heures ; mais la tourmente politique de l'Allemagne et un prompt départ pour la France, où je fus envoyé par mon gouvernement, entravèrent pour longtemps l'exécution de ce projet. Heureusement mon illustre ami, M. Arago, entreprit, je crois vers l'an 1818, après son retour des côtes d'Afrique et des prisons d'Espagne, une série d'observations de déclinaisons magnétiques à l'observatoire de Paris, qui, faites journellement à des intervalles uniformément fixés, et continuées, d'après un même plan,

jusqu'à ce jour, l'emportent, par leur nombre et leur
liaison mutuelle, sur tout ce qui a été tenté dans ce
genre d'investigations physiques. L'appareil de Gambey
dont on se sert est d'une exécution parfaite. Muni de
micromètres à microscopes, il est d'un emploi plus commode et plus sûr que la lunette de Prony, attachée à un
fort barreau aimanté de 20 ½ pouces de longueur.

C'est dans le cours de ce travail que M. Arago a découvert et constaté par de nombreux exemples un phénomène qui diffère essentiellement de l'observation faite
par Olof Hiorter à Upsal, en 1741 : il a reconnu non-
seulement que les aurores boréales troublent la marche
régulière des déclinaisons horaires là où elles ne sont
pas visibles, mais aussi que, dès le matin, souvent dix
ou douze heures avant que le phénomène lumineux se
développe dans un lieu très-éloigné, ce phénomène s'an-
nonce par la forme particulière que présente la courbe
des variations diurnes, c'est-à-dire, par la valeur des
maxima d'élongation du matin et du soir. Un autre fait
nouveau se manifesta dans les perturbations. M. Kupffer,
ayant établi à Kasan, presque aux limites orientales de
l'Europe, une boussole de Gambey, entièrement semblable à celle dont se sert M. Arago à Paris, les deux
observateurs purent se convaincre, par un certain nombre de mesures correspondantes de déclinaison horaire,
que, malgré une différence de longitude de plus de 47°,
les perturbations étaient isochrones. C'étaient comme
des signaux qui de l'intérieur du globe arrivaient simultanément à sa surface, vers les bords de la Seine et du
Wolga.

Lorsque, en 1827, je me fixai de nouveau à Berlin,
mon premier soin fut de reprendre le cours des observations faites à de petits intervalles pendant plusieurs
jours et plusieurs nuits, dans les deux années de 1806
et 1807. Je tâchai en même temps de généraliser les
moyens d'observations simultanées dont l'emploi acci-
dentel venait de donner des résultats si importants.
Une boussole de Gambey fut placée dans le *pavillon*

magnétique, entièrement dépourvu de fer, que je fis
construire au milieu d'un jardin. Le travail régulier ne
put commencer que dans l'automne de 1828. Appelé,
au printemps de l'année 1829, par S. M. l'empereur de
Russie pour faire un voyage minéralogique dans le nord
de l'Asie et à la mer Caspienne, j'eus occasion d'étendre
rapidement la ligne des stations vers l'est. A ma prière,
l'Académie impériale et le curateur de l'université de
Kasan firent construire des *maisons magnétiques* à
St. Pétersbourg et à Kasan. Au sein de l'Académie
impériale, dans une commission que j'ai eu l'honneur
de présider, on discutait les avantages immenses que
pouvait offrir à la connaissance des lois du magnétisme
terrestre, la vaste étendue de pays limitée d'un côté par la
courbe sans déclinaison de Doskino (entre Moscou et
Kasan, ou plus exactement, d'après M. Adolphe
Erman, entre Osablikowo et Doskino, par latitude
56° 0′ et long. 40° 36′ à l'est de Paris), et de l'autre,
par la courbe sans déclinaison d'Arsentchewa près du
lac Baikal, que l'on croit identique avec celle de Doskino,
par une différence de méridiens de 63° 21′. Le départe-
ment impérial des mines ayant généreusement concouru
au même but, des *stations magnétiques* ont été établies
successivement à Moscou, à Barnaoul, dont j'ai trouvé
la position astronomique au pied de l'Altaï, par latitude
53° 19′ 11″, long. 5° 27′ 2″ (à l'est de Paris), et à Nertschinsk. L'Académie de Saint-Pétersbourg a fait plus encore : elle a envoyé un astronome courageux et habile,
M. George Fuss, frère de son secrétaire perpétuel, à
Pékin, et y a fait construire, dans le jardin du couvent
des moines de rite grec, un *pavillon magnétique*. On ne
peut faire mention de cette entreprise sans se rappeler que
(selon le *Penthsaoyani*, histoire naturelle médicale,
composée sous la dynastie des Soung, presque 400 ans
avant Christophe Colomb, et avant que les Européens
eussent la moindre notion de la déclinaison magnétique)
les Chinois suspendaient leurs aiguilles au moyen d'un
fil, pour leur donner le mouvement le plus libre, et

savaient que, ainsi suspendues *à la Coulomb* (comme
dans l'appareil du jésuite Lana, au 17ᵉ siècle), les aiguilles déclinaient au sud-est, et ne s'arrêtaient jamais au
véritable point sud. Depuis le retour de M. Fuss, un
jeune officier des mines, M. Kowanko, que j'ai eu le
plaisir de rencontrer dans l'Oural, continue en Chine
les observations de déclinaison horaire correspondantes
à celles d'Allemagne, de Saint-Pétersbourg, de Kasan et
de Nicolajeff en Crimée, où l'amiral Greigh a fait établir une boussole de Gambey, confiée au directeur de
l'observatoire, M. Knorr. J'ai obtenu aussi que dans les
mines de Freyberg en Saxe, dans une galerie d'écoulement, à 35 toises de profondeur, un appareil magnétique fût placé. M. Reich, auquel on doit un excellent travail sur la température moyenne de la terre à
différentes profondeurs, y observe assidûment et à des
époques convenues. De l'Amérique du Sud, M. Boussin-
gault, qui n'a rien négligé de ce qui peut avancer les
progrès de la physique du globe, nous a envoyé des
observations de déclinaison horaire faites à Marmato,
dans la province d'Antioquia, par les 5° 27″ de latitude
boréale, dans un lieu où la déclinaison est orientale, comme
à Kasan et à Barnoul en Asie, tandis que sur les côtes
nord-ouest du nouveau continent, à Sitka, dans l'Amérique russe, le baron de Wrangel, également muni d'une
boussole de Gambey, a pris part aux observations simultanées faites à l'époque des solstices et des équinoxes.
Un amiral espagnol, M. de Laborde, ayant eu connaissance d'une prière que j'avais adressée à la *Société pa-
triotique* de la Havane, eut la bonté de me charger, de
son propre mouvement, de lui envoyer des instruments
qui serviraient à déterminer avec précision l'inclinaison,
la déclinaison absolue, les variations horaires de déclinaison et l'intensité des forces magnétiques. Ces précieux instruments, entièrement semblables à ceux que
possède l'observatoire de Paris, sont heureusement
arrivés à l'île de Cuba; mais le changement du commandement maritime à la Havane, et d'autres circons-

tances locales, n'ont point encore permis d'établir la
station magnétique sous le tropique du Cancer, et de
faire usage des instruments. Il en a été de même jusqu'ici de la boussole de Gambey, que M. Arago a fait
construire à ses frais, pour obtenir des observations de
l'intérieur du Mexique, où le sol s'élève à plus de 6,000
pieds au-dessus du niveau de la mer. Enfin, pendant
mon dernier séjour à Paris, j'ai eu l'honneur de proposer
à M. l'amiral Duperré, ministre de la marine, de fonder
une station magnétique en Islande. Cette demande a été
accueillie avec l'empressement le plus bienveillant, et
l'instrument, déjà commandé, sera déposé cet été au
port de Reikiawig, lorsque l'expédition qui avait été
dirigée vers le Nord, à la recherche de M. de Blosseville
et de ses compagnons d'infortune, retournera en Islande
pour y continuer des travaux scientifiques. On peut
être sûr que le gouvernement danois, qui protége avec
une si noble ardeur l'astronomie et les progrès de
l'art nautique, daignera favoriser l'établissement d'une
station magnétique dans une de ses possessions voisines
du cercle polaire. Au Chili, M. Gay a fait aussi un grand
nombre d'observations horaires correspondantes, d'après
les instructions de M. Arago.

Je suis entré dans ce long et minutieux détail historique pour faire voir jusqu'où j'ai réussi, conjointement
avec mes amis, à étendre le concours d'observations
simultanées. Après mon retour de Sibérie, nous avons
publié, M. Dove et moi, en 1830, le tracé graphique
des courbes de déclinaisons horaires de Berlin, Freyberg,
Pétersbourg et Nicolajeff en Crimée, pour faire voir le
parallélisme qu'affectent ces lignes, malgré le grand
éloignement des stations et sous l'influence de perturbations extraordinaires. Dans la comparaison des observations de St-Pétersbourg et de Nicolajeff, on a pu faire
usage d'observations faites dans les intervalles très-rapprochés de 20 en 20 minutes. Il ne faut pas se persua-
der cependant que ce parallélisme d'inflexions existe
toujours dans les courbes horaires. Nous avons éprouvé

que, même dans les lieux très-voisins, par exemple à
Berlin et dans les mines de Freyberg, les réactions magnétiques de l'intérieur de la terre vers la surface ne
sont pas constamment simultanées, que l'une des aiguilles présente des perturbations considérables, tandis
que l'autre continue cette marche régulière qui, sous
chaque méridien, est fonction du temps vrai du lieu.
J'ai proposé aussi, dans le mémoire publié en 1830, pour
le concours d'observations simultanées, les époques
suivantes :

<table>
<tr><td>20 et 21 Mars</td><td rowspan="7">depuis 4 heures du matin du premier jour jusqu'à minuit du second jour, en observant pour le moins, dans chaque station magnétique, jour et nuit, d'heure en heure.</td></tr>
<tr><td>4 et 5 Mai</td></tr>
<tr><td>21 et 22 Juin</td></tr>
<tr><td>6 et 7 Août</td></tr>
<tr><td>23 et 24 Septembre</td></tr>
<tr><td>5 et 6 Novembre</td></tr>
<tr><td>21 et 22 Décembre</td></tr>
</table>

Comme plusieurs observateurs placés sur la ligne des
stations ont trouvé ces époques trop rapprochées les
unes des autres, on a dû insister de préférence sur le
seul temps des solstices et des équinoxes.

L'Angleterre, depuis les travaux anciens de William
Gilbert, Graham et Halley, jusqu'aux travaux modernes
de MM. Gilpin, Beaufoy (à Bushy Heath), Barlow et
Christie, a offert une riche collection de matériaux propres à découvrir les lois physiques qui règlent les variations de la déclinaison magnétique, soit dans un même
lieu selon la différence des heures et des saisons, soit à
différentes distances de l'équateur magnétique et des
lignes sans déclinaison. M. Gilpin a observé chaque jour
douze heures, pendant plus de seize mois. Les nombreuses observations du colonel Beaufoy ont été régulièrement publiées dans les *Annales de Thompson*. De
mémorables expéditions dans les régions les plus inhos-
pitalières du Nord ont fait recueillir à MM. Sabine,
Franklin, Hood, Parry, Henry Foster, Beechey et
James Clark Ross, une riche moisson d'observations importantes. C'est sous le rapport du magnétisme terres-

tre et de la météorologie que la géographie physique doit un accroissement considérable de connaissances aux tentatives faites récemment pour déterminer la forme du détroit ou passage du Nord-Ouest. Elle en doit aussi aux périlleuses explorations des côtes glacées d'Asie par les capitaines Wrangel, Lütke et Anjou. Pendant le cours de ces nobles efforts, une impulsion inattendue a été donnée aux sciences physiques. Une partie de la philosophie naturelle, dont les progrès théoriques avaient été si lents depuis deux siècles, a jeté un vif éclat et fécondé d'autres sciences. Tel a été l'effet des grandes découvertes d'Oersted, Arago, Ampère, Seebeck et Faraday, sur la nature des forces électro-magnétiques. Excités par ce concours de talents et de travaux ingénieux, trois savants voyageurs, MM. Hansteen, Due et Adolphe Erman, ont exploré dans toute l'immense étendue de l'Asie boréale, par la réunion heureuse de moyens astronomiques et physiques très-exacts, presque pour une même époque, la trace des courbes isoclines, isogones et isodynamiques. En parlant de ce grand travail que M. Hansteen avait conçu et proposé depuis long-temps, je devrais peut-être passer sous silence les observations d'inclinaison magnétique que j'ai faites sur la frontière peu usitée de la Dzoungarie chinoise et sur les bords de la mer Caspienne; observations publiées dans le deuxième volume de mes *Fragments asiatiques*. Mon savant compatriote, M. Adolphe Erman, embarqué au Kamtschatka et retournant en Europe par le cap Horn, a eu le rare avantage de continuer, pendant une longue navigation, la mesure des trois manifestations du magnétisme terrestre à la surface du globe. Il a pu employer les mêmes instruments et les mêmes méthodes qui lui avaient servi de Berlin à l'embouchure de l'Obi, et de cette embouchure à la mer d'Okhotsk.

Ce qui caractérise notre époque, dans un temps marqué par de grandes découvertes d'optique, d'électricité et de magnétisme, c'est la possibilité de lier les phénomènes par la généralisation de lois empiriques, c'est le secours mutuel que se rendent des sciences restées long-temps isolées. Aujourd'hui, de simples observations de déclinaison horaire ou d'intensité magnétique, faites si-multanément dans des endroits très-éloignés les uns des autres, nous révèlent, pour ainsi dire, ce qui se passe à de grandes profondeurs dans l'intérieur de notre pla-nète, ou dans les régions supérieures de l'atmosphère. Ces émanations lumineuses, ces explosions polaires qui accompagnent l'orage magnétique, semblent succéder à de grands changements qu'éprouve la *tension* habituelle ou moyenne du magnétisme terrestre.

Il serait d'un vif intérêt pour l'avancement des sciences mathématiques et physiques, que sous votre présidence, Monseigneur, et sous vos auspices, la So-ciété royale de Londres, à laquelle je me fais gloire d'appartenir depuis vingt ans, voulût bien exercer sa puissante influence en étendant la *ligne d'observa-tions simultanées*, et en fondant des *stations magnéti-ques permanentes* soit dans la région des tropiques, des deux côtés de l'équateur magnétique dont la proximité diminue nécessairement l'amplitude des déclinaisons ho-raires, soit dans les hautes latitudes de l'hémisphère aus-tral et au Canada. J'ose proposer ce dernier point, parce que les observations de déclinaisons horaires faites dans la vaste étendue des États-Unis sont encore très-rares. Celles de Salem (de 1810), qui ont été calculées par M. Bowditch et comparées par M. Arago aux observa-tions de Cassini, Gilpin et Beaufoy, méritent cependant beaucoup d'éloges. Elles pourront guider les observateurs du Canada pour examiner si, contrairement à ce qui arrive dans l'Europe occidentale, la déclinaison n'y di-minue pas dans l'intervalle entre l'équinoxe du prin-temps et le solstice d'été. Dans un mémoire que j'ai publié, il y a cinq ans, j'ai désigné, comme *stations magnétiques* extrêmement favorables pour les progrès de nos connaissances : la Nouvelle-Hollande, Ceylan, l'île Mauritius, le cap de Bonne-Espérance (illustré de nouveau par les travaux de sir John Herschel), l'île

Ste-Hélène, quelque point sur la côte orientale de l'Amérique du Sud, et Québec. Déjà dans le siècle passé, en 1794 et 1796, un voyageur anglais, M. Macdonald, avait fait des observations nouvelles et importantes sur la marche diurne de l'aiguille à Sumatra et à Ste-Hélène; observations qui ont été confirmées et étendues sur une grande échelle dans les expéditions scientifiques des capitaines Freycinet et Duperrey, l'un commandant (1817—1820) la corvette *l'Uranie*; l'autre, qui a coupé six fois l'équateur magnétique, commandant (1822 — 1825) la corvette *la Coquille*. Pour avancer rapidement la théorie des phénomènes du magnétisme terrestre, ou du moins pour établir avec plus de précision des lois empiriques, il faudrait à la fois prolonger et varier les lignes d'*observations correspondantes*, distinguer dans les observations de variations horaires ce qui est dû à l'influence des saisons, au temps serein et au temps couvert et de pluies abondantes, aux heures du jour et de la nuit, au temps vrai de chaque lieu, c'est-à-dire, à l'influence du soleil, d'avec ce qui est isochrone sous des méridiens différents : il faudrait réunir à ces observations de déclinaison horaire celles de la marche annuelle de la *déclinaison absolue*, de l'*inclinaison de l'aiguille* et de l'*intensité des forces magnétiques*, dont l'accroissement depuis l'équateur magnétique aux pôles est inégal dans l'hémisphère occidental américain et dans l'hémisphère oriental asiatique. Toutes ces données, bases indispensables d'une théorie future, ne peuvent acquérir de l'importance et de la certitude que par le moyen d'établissements qui restent permanents pendant un grand nombre d'années, *observatoires de physique* dans lesquels on répète la recherche des éléments numériques à des intervalles de temps convenus et par des instruments semblables. Les voyageurs qui traversent un pays dans une seule direction et à une seule époque, ne font que préparer un travail qui doit embrasser le tracé complet des lignes sans déclinaison à des intervalles également espacés, le déplacement progressif des nœuds ou points d'intersection des équateurs magnétique et terrestre, les changements de forme dans les lignes isogones et isodynamiques, l'influence qu'exercent indubitablement la configuration et l'articulation des continents sur la marche lente ou accélérée de ces courbes. Heureux si les essais isolés des voyageurs, dont il m'appartient de plaider la cause, ont contribué à vivifier un genre de recherches qui est l'ouvrage des siècles, et qui exige à la fois le concours de beaucoup d'observateurs distribués d'après un plan mûrement discuté, et une direction qui émane de plusieurs grands centres scientifiques de l'Europe. Cette direction ne se renfermera pas et pour toujours dans le cercle étroit des mêmes instructions ; elle saura les varier librement d'après l'état progressif des connaissances physiques et les perfectionnements apportés aux instruments et aux méthodes d'observation.

En suppliant Votre Altesse royale de daigner communiquer cette lettre à la Société royale qu'elle préside, il ne m'appartient aucunement d'examiner quelles sont les *stations magnétiques* qui méritent la préférence pour le moment, et que les circonstances locales permettent d'établir. Il me suffit d'avoir réclamé le concours de la Société royale de Londres pour donner une nouvelle vie à une entreprise utile et dont je m'occupe depuis un grand nombre d'années. J'ose simplement hasarder le vœu que dans le cas où ma proposition serait accueillie avec indulgence, la Société royale voulût bien entrer directement en communication avec la *Société royale de Gœttingue*, *l'Institut royal de France* et *l'Académie impériale de Russie*, pour adopter les mesures les plus propres à combiner ce que l'on projette d'établir avec ce qui existe déjà sur une étendue de surface assez considérable. Peut-être voudra-t-on aussi se concerter d'avance sur la publication des *observations partielles* et (si le calcul n'exige pas trop de temps et ne retarde pas trop les communications) sur la publication des *résultats moyens*. C'est un des heureux effets de la civilisation et des progrès de la raison, qu'en s'adressant aux sociétés savantes, on peut compter sur le concours général des volontés, dès qu'il s'agit de l'avancement des sciences ou du développement intellectuel de l'humanité.

Des travaux d'une surprenante précision ont été exécutés, depuis quelques années, dans un pavillon magnétique de l'observatoire de Gœttingue, avec des appareils d'une force extraordinaire. Ces travaux, bien dignes de fixer l'attention des physiciens, offrent un mode plus précis de mesurer les variations horaires. Le barreau aimanté est d'une dimension beaucoup plus grande encore que le barreau de la *lunette aimantée de Prony* : il est muni à son extrémité d'un miroir dans lequel se réfléchissent les divisions d'une mire plus ou moins éloignée selon la valeur angulaire qu'on désire donner aux divisions. Par l'emploi de ce moyen perfectionné, l'observateur n'a pas besoin d'approcher du barreau aimanté, et (en évitant les courants d'air que peuvent faire naître la proximité du corps humain, ou, pendant la nuit, celle d'une lampe) on parvient à observer dans les plus petits intervalles de temps. Le grand géomètre, M. Gauss, auquel nous devons ce mode d'observation, de même que le moyen de réduire à une mesure absolue l'intensité de la force magnétique dans un lieu quelconque de la terre, et l'invention ingénieuse d'un *magnétomètre* mis en mouvement par un *multiplicateur d'induction*, a publié dans les années 1834 et 1835 des séries d'observations simultanées faites de 5 en 5 ou de 10 en 10 minutes, avec des appareils semblables à Gœttingue, Copenhague, Altona, Brunsvick, Leipzig, Berlin, où, près du nouvel observatoire royal, M. Encke a déjà établi une maison magnétique très-spacieuse; Milan et Rome. L'Éphéméride allemande (*Jahrbuch für* 1836) de M. Schumacher offre graphiquement, et par le parallélisme des plus petites inflexions des courbes horaires, la simultanéité des perturbations à Milan et à Copenhague, deux villes dont la différence de latitude est de 10° 13′. M. Gauss a d'abord observé aux époques que

j'avais proposées en 1830; mais, dans l'intérêt de rapporter les mesures angulaires de déclinaison magnétique aux plus petits intervalles de temps (le 7 février
1834, des changements de 6 minutes en arc correspon-
daient à une seule minute de temps), M. Gauss a réduit
les 44 heures d'observations simultanées à la durée de
24 heures : il a prescrit pour les stations qui sont munies
de ses nouveaux appareils, six époques de l'année, c'est-
à-dire, les derniers samedis de chaque mois à nombre de
jours impairs. Les barreaux aimantés qu'il emploie
comme magnétomètres sont, les petits, d'un poids de 4
livres, les grands de 25 livres. Le curieux *appareil d'induction* propre à rendre sensibles et mesurables les
mouvements d'oscillation que prédit une théorie fondée
sur l'admirable découverte de M. Faraday, est composé
de deux barreaux accouplés, chacun d'un poids de 25
livres. J'ai dû rappeler les beaux travaux de M. Gauss,
pour que ceux des membres de la Société royale de
Londres qui ont le plus avancé l'étude du magnétisme
terrestre, et qui connaissent la localité des établissements coloniaux, veuillent bien prendre en considération,
si dans les nouvelles stations à établir on doit employer
des barreaux d'un grand poids, munis d'un miroir et
suspendus dans un pavillon soigneusement fermé, ou si
l'on doit faire usage de la boussole de Gambey, dont
jusqu'ici on s'est uniformément servi dans nos anciennes stations d'Europe et d'Asie. En discutant cette question, on évaluera sans doute les avantages qui naissent,
dans l'appareil de M. Gauss, de la moindre mobilité des
barreaux par des courants d'air, comme de la lecture
aisée et rapide des divisions angulaires en de très-petits
intervalles de temps. Mon désir n'est que de voir s'étendre les lignes des stations magnétiques, quels que soient
les moyens par lesquels on parvienne à obtenir la précision des observations correspondantes. Je dois rappeler
en finissant, que deux voyageurs instruits, MM. Sartorius et Listing, munis d'instruments de petites dimensions et très-portatifs, ont employé avec beaucoup de

succès la méthode du grand géomètre de Gœttingue dans leurs excursions à Naples et en Sicile.

§ III. *Instructions de la Société royale de Londres pour l'expédition scientifique envoyée aux régions antarctiques.*

Mon but étant de faire connaître, dans cet ouvrage, toutes les opinions émises sur les phénomènes magnétiques du globe, afin qu'on puisse les mettre en regard et les comparer ensemble, je dois donner également la partie relative à l'étude de ces phénomènes, qui se trouve dans les instructions rédigées par la Société royale de Londres pour l'expédition scientifique envoyée aux régions antarctiques, sous les ordres du capitaine James Clarke Ross (1) :

« Le sujet le plus important et sur lequel, avant tout, doit se porter l'attention du capitaine J. C. Ross et de ses officiers, et qui doit être considéré, pour ainsi dire, comme le grand but scientifique de l'expédition, c'est l'étude du magnétisme terrestre. On le considérera : premièrement, relativement à ce que pourront ajouter à nos connaissances, les observations faites pendant le cours de l'expédition, indépendamment de tout concours étranger, de toutes observations correspondantes faites en d'autres lieux ; secondement, relativement aux résultats qui exigeront ce concours, et pour lesquels, par conséquent, ces observations faites pendant le cours du voyage devront être examinées concurremment avec celles faites simultanément dans les observatoires magnétiques permanents que le gouvernement a ordonné d'établir dans ce but spécial, ainsi que dans d'autres observatoires, publics ou particuliers, soit dans l'Inde ou ailleurs, et avec lesquels on entretiendra une correspondance suivie.

« Maintenant, on peut remarquer que ces deux classes

---

(1) The London and Edimburg philosophical magazine, september 1839.

d'observations se rapportent à deux branches principales, dans lesquelles se subdivise la science du magnétisme terrestre, dans son état actuel, et qui ont une certaine analogie avec les théories des mouvements elliptiques des planètes et de leurs perturbations périodiques et séculaires. La première de ces branches comprend la distribution de l'influence magnétique sur le globe, à l'époque actuelle, dans son état moyen, lorsque les effets de fluctuation temporaire sont négligés, ou qu'on les a fait disparaître en prenant des observations continuées pendant un temps suffisant pour en neutraliser les effets. La seconde branche comprend l'histoire de tout ce qui n'est pas permanent dans le phénomène, soit que cette partie variable apparaisse sous forme de changements momentanés, quotidiens, mensuels ou annuels, ou sous celle de changements progressifs qui ne sont pas compensés par des changements contraires, mais qui s'accumulent constamment dans une direction, de manière à altérer, au bout de quelques années, la somme moyenne des résultats obtenus.

« Ces derniers changements sont, relativement aux quantités moyennes et aux fluctuations temporaires, ce que, dans les mouvements planétaires, sont les variations séculaires par rapport aux orbites moyens et aux perturbations de la courte période.

« Il y a cependant cette différence, que dans la théorie planétaire, toutes ces variétés d'effets ont été rapportées d'une manière satisfaisante à une cause unique, tandis que dans celle du magnétisme terrestre, il est loin d'en être ainsi, et que le cas contraire n'est pas dénué de probabilité. En effet, rien ne s'oppose à ce que l'on puisse voir, dans les grandes lignes des courbes magnétiques, dans leurs déplacements généraux et leur changement de forme sur la surface du globe, le résultat de causes agissant dans l'intérieur de la terre et envahissant toute la masse; tandis que les variations annuelles et diurnes de l'aiguille, avec leur série de mouvements périodiques subordonnés, peuvent provenir et proviennent vraisemblablement de courants électriques produits par des variations périodiques de température à la surface du globe, variations dues à la position du soleil au-dessus de l'horizon, ou dans l'écliptique, et modifiées par des causes locales ; tandis que les décharges électriques locales ou temporaires, dues à des causes calorifiques, chimiques ou mécaniques ; agissant dans des régions élevées de l'atmosphère et se renouvelant irrégulièrement ou à intervalles, peuvent servir à rendre compte de ces mouvements incessants et accidentels comme on pourrait le croire, que des observations récentes ont placés dans un jour aussi manifeste et aussi intéressant. La théorie électro-dynamique, qui rapporte tout le magnétisme à des courants électriques, garde le silence sur les causes de ces courants qui peuvent être divers, et que l'analyse seule de leurs effets peut nous fairer considérer, soit comme dus à des causes internes superficielles ou atmosphériques.

« Ce n'est pas seulement pour l'usage des navigateurs qu'il est nécessaire d'avoir des cartes donnant une idée générale des lignes de déclinaison, d'inclinaison et d'intensité. Ces cartes, si on pouvait se fier à elles, et qu'elles fussent bien complètes, seraient d'un usage très-utile pour le théoricien, considérées non-seulement comme directions générales dans le choix des formules empiriques, mais encore comme moyens puissants pour faciliter les recherches numériques par le choix qu'elles présentent de données convenablement disposées, et, par-dessus tout, comme offrant décidément les meilleurs moyens de comparer toute théorie donnée avec l'observation. En effet, le mode le plus prompt et le plus efficace d'épreuve pour l'application numérique d'une théorie magnétique terrestre, ne consisterait pas à calculer servilement ses résultats pour des localités données, quelque nombreuses qu'elles fussent, et d'accumuler les erreurs apparentes avec les erreurs réelles d'observation et de magnétisme local, mais à comparer la totalité des lignes dans nos cartes avec des lignes correspondantes, telles qu'elles résultent des formules que l'on doit essayer, et dans lesquelles l'accord ou le désaccord de ces lignes ne montrera pas seulement combien les dernières représentent les faits, mais encore nous fournira des indications distinctes des modifications qu'elles exigent.

« Malheureusement pour le progrès de nos théories, nous sommes encore bien éloignés de posséder des cartes, même de déclinaison, l'élément le plus nécessaire aux navigateurs ; bien plus, les autres cartes, celles qui sont relatives à l'inclinaison et à l'intensité, présentent les lacunes les plus déplorables, surtout dans les régions antarctiques, par la pratique continuelle de chaque mode d'observation approprié à la circonstance dans laquelle l'observateur se trouve placé pendant le voyage. Un des objets les plus dignes d'attention serait de compléter ces lacunes. Et d'abord, en mer, on ne peut pas attendre des observations magnétiques qui y sont faites, la précision dont elles sont susceptibles à terre. Néanmoins, on s'est assuré que non-seulement la déclinaison, mais encore l'inclinaison et l'intensité peuvent être observées avec une précision suffisante pour fournir une instruction utile, si l'on met assez de patience et de précaution, et si on le fait dans les circonstances ordinaires de la mer et de l'atmosphère. L'intensité totale, comme on s'en est assuré, peut être mesurée avec un grand degré d'exactitude en adoptant une méthode statique d'observation récemment découverte par M. Fox, dont l'appareil fait partie des instruments dont l'expédition doit être pourvue. Lorsqu'on pense que, au défaut de ces observations, toute la partie du globe qui est maintenant recouverte par l'Océan, resterait en blanc sur ces cartes, il devient inutile d'insister sur la nécessité de s'occuper attentivement dans ce voyage, et dans les deux vaisseaux, d'une série journalière d'observations magnétiques sous les trois rapports ci-dessus mentionnés. Les observations magnétiques, en mer, seront naturellement affectées par le magnétisme du vaisseau, qu'on doit éliminer, si l'on veut obtenir des résultats utiles.

« Dans cette vue : 1° chaque série d'observations faites à bord devra être accompagnée d'une note relative à la direction de la proue du vaisseau, donnée au moyen de la boussole; 2° avant de faire voile, on devra noter une série très-exacte des déviations apparentes dans toutes les positions de la proue du vaisseau, comparées avec sa position réelle au moyen de deux boussoles fixées d'une manière permanente (l'une comme à l'ordinaire, et l'autre en un lieu convenable, mais beaucoup plus sur l'avant du vaisseau), afin d'obtenir l'action constante du vaisseau, d'après la théorie de M. Poisson; cette opération pourrait être répétée une ou plusieurs fois pendant le voyage; et généralement, quand on serait à l'ancre, on pourrait saisir l'occasion de tourner la proue du vaisseau vers les quatre points cardinaux, et exécuter, dans chaque position, une série complète d'observations usuelles; 3° toutes les fois que les instruments magnétiques seront déposés à terre, et que l'on fera des observations, soit à terre, soit sur la glace, on devra faire simultanément une série régulière d'observations à bord du vaisseau, et ce, avec le plus grand soin et le plus de diligence possible, afin d'établir, par l'expérience, d'une manière incontestable, la nature et la somme des corrections dues à l'action du vaisseau pour cette position géographique, et, par la réunion de toutes ces observations, présenter des données servant à tirer des conclusions générales; 4° il ne devra être fait aucun changement dans la disposition des masses considérables de fer pendant le voyage; mais si un déplacement était nécessaire, il faudrait en tenir note; 5° quand on trouvera la ligne magnétique de non-inclinaison, il est à désirer que l'on observe l'inclinaison avec l'instrument placé successivement dans une série de différents azimuts magnétiques; au moyen de quoi, l'action magnétique du vaisseau, dans une direction verticale, sera mise en évidence, *à terre ou sur la glace.* Comme l'excellence des instruments dont l'expédition sera pourvue permet de compter sur les résultats obtenus, surtout en raison de l'exactitude scrupuleuse bien connue du capitaine Ross, il ne sera guère moins utile de déterminer de nouveau ces éléments magnétiques à des points où on les a déjà reconnus, que de les déterminer à des stations où ils n'ont jamais été observés. On doit surtout insister sur ce point, puisque, après un certain laps de temps, ces éléments changent quelquefois avec une grande rapidité. Il est donc d'une grande importance que les observations destinées à être comparées soient aussi contemporaines que possible, et que l'on puisse obtenir des données suffisantes pour éliminer les effets des variations séculaires pendant de courts intervalles de temps, de manière à permettre de ramener les observations d'une série à une époque commune.

« D'un autre côté, on ne saurait trop recommander de rechercher avec le soin le plus minutieux toutes les occasions de prendre terre sur des points (magnétiquement parlant) inconnus, et de déterminer les éléments de ces points avec toute la précision possible. On ne doit pas négliger non plus, toutes les fois qu'il y a le moindre doute, de déterminer en même temps la position géographique des stations d'observation en latitude et en longitude : quand on observera sur la glace, il est inutile de faire remarquer que ce sera toujours nécessaire.

« Avec cette recommandation générale, il est inutile d'énumérer des localités particulières ; en effet, on ne saurait trop les multiplier. On ne peut douter aussi que dans le cours de l'exploration antarctique on ne rencontre quelque terre inconnue ; chacun de ces points pourra être utile comme station magnétique, suivant que l'accès en sera facile et que l'on y trouvera quelques commodités.

« Il y a certains points, dans les régions que l'on doit traverser pendant le voyage, qui offrent un grand intérêt, particulièrement sous le point de vue magnétique : ce sont d'abord, le pôle ou les pôles magnétiques sud, points dans lesquels la force horizontale est nulle et où l'aiguille a une direction verticale ; puis les points d'intensité maximum, que nous appellerons provisoirement *foyers,* afin d'éviter la confusion qui pourrait résulter du double emploi des mots *pôles.*

« On ne doit pas supposer que le capitaine Ross, qui s'est déjà signalé dans son premier voyage au pôle magnétique nord, ait besoin d'être stimulé pour diriger ses efforts vers le pôle sud ; bien au contraire, il nous semblerait préférable de lui faire remarquer que les données scientifiques qui pourraient résulter des observations de son voyage, ou les tentatives pour atteindre des latitudes méridionales très-élevées, ne paraissent pas assez importantes pour exposer à des périls imminents la vie d'hommes braves et utiles. Le pôle magnétique, quoiqu'on ne l'ait pas atteint, sera suffisamment indiqué, lorsque l'inclinaison approchera de 90°, et au moyen de la convergence des *méridiens magnétiques* vers ce point. Si l'on observe cette convergence dans une grande étendue de pays, on pourra alors en déduire la position du pôle, quoiqu'elle soit inaccessible.

« M. Gauss, d'après des considérations théoriques, a placé récemment le pôle magnétique sud par 146° de longitude orientale, et 66° de latitude sud, en niant l'existence des deux pôles du même nom dans l'un et l'autre hémisphère, ce qui, comme il le remarque judicieusement, forcerait à admettre un troisième point ayant les caractères d'un pôle intermédiaire. On peut prouver qu'il en est ainsi sans avoir recours à sa démonstration, un peu difficile, en admettant simplement que si l'on transporte une aiguille d'un pôle à un autre de même nom, elle commencera à s'écarter de la verticale vers le pôle qu'elle a quitté, et finira par atteindre de nouveau la direction perpendiculaire, après s'être dirigée obliquement dans la dernière partie de sa course vers le pôle où elle se transporte ; série d'actions impossible à admettre dans un passage intermédiaire, où la direction est perpendiculaire.

« Il n'est pas improbable que le point indiqué par M. Gauss ne devienne accessible ; en tout cas, on pourra en approcher assez près pour vérifier l'exactitude de l'indication au moyen de la *convergence des méridiens;* et comme la théorie donne la véritable position du pôle nord, dans des limites d'erreur très-modérées, et comme, d'un autre côté, elle représente les éléments magnétiques dans toute région explorée d'une manière suffisamment approchée, on est en droit de recommander spécialement ce point, comme méritant d'être particulièrement déterminé dans les voyages du capitaine Ross. Si la décision est négative, c'est-à-dire, si l'on ne rencontre dans ces contrées aucune des indications caractéristiques du voisinage du pôle magnétique dans cette région, on devra le chercher, et la connaissance de sa position réelle sera un des résultats scientifiques que l'on peut attendre le plus raisonnablement de cette expédition, et que l'on ne peut atteindre qu'*en tournant autour du pôle antarctique, la boussole en main.*

« La découverte actuelle d'un foyer de maximum d'intensité est difficile, par suite de l'absence d'un caractère distinct qui fasse reconnaître, avant l'expérience, dans quelle direction on doit agir, lorsque l'intensité, après être augmentée jusqu'à un certain point, commence à diminuer. La meilleure règle à donner (en admettant que les circonstances le permissent), serait, lorsqu'on s'aperçoit que l'intensité est devenue presque stationnaire, de tourner court et de suivre une route à angle droit avec la précédente; dans ce cas, un changement ne manquerait pas de se présenter, lequel indiquerait, par sa direction, le côté vers lequel le foyer est situé.

« Un autre mode, préférable au premier abord, pour mener à bien ces recherches, serait, lorsqu'on se trouve dans le voisinage d'un foyer d'intensité maximum, de suivre deux parallèles en latitude, ou deux arcs du méridien, séparés par un intervalle de peu d'étendue, en remarquant pendant tout le temps, par quelles observations comparées on pourrait rendre apparentes les concavités des lignes isodynamiques, ou tirer les perpendiculaires aux cordes qui se coupent dans ou près des foyers.

« Deux foyers ou points de maximum d'intensité totale sont indiqués par le cours général des lignes dans la carte que le major Sabine a donnée de l'hémisphère sud, l'un, aux environs de 140° longitude est, et de 47° latitude sud; l'autre, plus confusément, à 235° de longitude est, et 60° ouest, ou environ. Ces deux points sont certainement accessibles; et comme l'expédition en passera à peu de distance, on peut les visiter avec avantage, en calculant la route de manière à passer directement par les ovales isodynamiques qui les entourent.

« En poursuivant la trace des lignes isodynamiques, sur la carte ci-dessus mentionnée, il paraît qu'un des deux points d'intensité totale minimum qui doit exister, si cette carte est exacte, peut se rencontrer environ par 25° de latitude sud, et 12° de longitude ouest, et que l'intensité en ce point est probablement la plus faible qui se rencontre dans tout le globe. D'ailleurs, ce point ne se trouve pas éloigné de la route directe suivie ordinairement par les vaisseaux qui se rendent au Cap; il paraîtrait donc désirable de le traverser, ne fût-ce que pour déterminer directement l'intensité magnétique la plus faible existant actuellement sur la terre; élément d'une certaine importance pour le progrès futur des recherches théoriques.

« En touchant à Sainte-Hélène, et en passant de là au Cap, on aura de très-bonnes occasions pour la recherche de tous ces points et pour obtenir la véritable forme des ovales isodynamiques dans l'Atlantique méridionale. Dans cette course, le point des moindres intensités sera traversé, ou du moins on s'en approchera beaucoup.

« On ne doit pas négliger de porter son attention sur la ligne indiquée théoriquement par Gauss, comme partageant en deux les régions septentrionale et méridionale, et où l'on peut regarder le magnétisme libre comme distribué superficiellement. Cette ligne coupe l'équateur à 6° de longitude est, et se trouve inclinée en cet endroit (en la supposant dans un grand cercle) de 15°, quantité dont elle s'écarte du nord de l'équateur, en se dirigeant vers l'ouest du point d'intersection. Des observations faites en des points qui se rencontrent dans le cours de cette ligne pourraient avoir une valeur que nous n'entrevoyons pas actuellement.

« Comme donnée théorique, l'intensité horizontale a été recommandée par Gauss, de préférence à l'intensité totale, non-seulement comme déduite d'observations susceptibles d'une grande précision, mais comme donnant immédiatement de grandes facilités pour le calcul. Comme on ne sera probablement pas longtemps avant de posséder une carte de l'intensité horizontale, les maxima et les minima de cet élément méritent aussi des recherches spéciales, et l'on peut les essayer de la manière indiquée précédemment.

« Les maxima d'intensité horizontale ne sont pas maintenant déterminés au moyen d'une observation directe. Cependant ils doivent nécessairement se rencontrer plutôt dans les latitudes magnétiques inférieures que ceux de l'intensité totale, comme leurs maxima doivent être dans les latitudes plus élevées, et, d'après les données imparfaites que nous avons, pour asseoir un jugement, les positions probables des maxima peuvent être indiquées comme devant se trouver par :

$$20° \text{ N} \ldots\ldots 80° \text{ E} \ldots\ldots \text{I.}$$
$$7 \text{ N} \ldots\ldots 260 \text{ E} \ldots\ldots \text{II.}$$
$$3 \text{ S} \ldots\ldots 130 \text{ E} \ldots\ldots \text{III.}$$
$$10 \text{ S} \ldots\ldots 180 \text{ E} \ldots\ldots \text{IV.}$$

« On a fait des observations d'intensité horizontale dans le voisinage de II et III, et ce sont assurément les plus élevées qui aient été observées.

« En général, dans le choix des stations pour déterminer les valeurs absolues des trois éléments magnétiques, il ne faut pas perdre de vue que l'importance de chaque nouvelle station est d'autant plus grande que cette station est plus éloignée de celles déjà connues. S'il s'élevait des doutes sur la préférence à donner à quelques points particuliers, on se déciderait, en se reportant aux cartes et aux mappemondes magnétiques, où l'on trouverait les points d'observations les plus clair-semés.

« Pour les déterminations magnétiques, telles que celles considérées ci-dessus, les instruments employés jusqu'ici, ainsi que l'appareil de M. Fox, pour la détermination statique de l'intensité suffira ; le nombre des observations faites en mer compensant ce qui peut y manquer sous le rapport de l'exactitude. Les déterminations qui appartiennent à la seconde branche de notre sujet, c'est-à-dire, celles des variations diurnes et des autres variations périodiques, et des fluctuations momentanées des forces magnétiques, exigent, dans l'état actuel de nos connaissances, l'emploi de ces instruments plus délicats, dont l'usage s'est récemment introduit; ces déterminations, disons-nous, étant comparatives plutôt qu'absolues, elles dépendent en grande partie (et tout à fait par rapport aux changements momentanés) d'une observation combinée et simultanée.

« Les variations auxquelles la force magnétique de la terre est soumise, en un lieu donné, peuvent être rangées en trois catégories, savoir : 1° les variations irrégulières, ou celles qui n'ont point de loi apparente; 2° les variations *périodiques*, dont la somme est une fonction de l'heure du jour ou de la saison de l'année; et 3° les variations *séculaires*, qui sont ou lentement progressives, ou retournent à leurs valeurs primitives dans des périodes d'une longueur très-grande et inconnue.

« Les découvertes récentes qui se rattachent aux variations irrégulières de la déclinaison magnétique, ont donné à cette classe de changements un très-grand intérêt. En 1818, M. Arago a fait, à l'observatoire de Paris, une série étendue et importante d'observations sur les changements de déclinaison; et M. Kuppfer ayant, vers le même temps, entrepris une semblable recherche à Cazan, la comparaison des résultats a conduit à découvrir que les perturbations de l'aiguille étaient *synchroniques* dans les deux endroits, quoique ces endroits différassent l'un de l'autre de plus de 47° de longitude. Il paraît que c'est la première fois qu'on ait reconnu un phénomène qui, maintenant dans les mains de Gauss et de ceux qui travaillent avec lui, paraît être destiné à devenir bien évident.

« Pour suivre ce phénomène avec succès, et pour avancer dans d'autres directions la théorie du magnétisme terrestre, il était nécessaire d'étendre et de varier les stations d'observations et d'adopter un plan tout à fait commun. Un système semblable d'observations simultanées a été organisé par M. de Humboldt en 1827. Des stations magnétiques ont été établies à Berlin et Freyberg; et l'Académie impériale de Russie, entrant avec zèle dans ce projet, une ligne d'observatoires fut établie dans ce colossal empire : des observatoires magnétiques ont été érigés à Pétersbourg et à Cazan, et des instruments magnétiques y furent placés, des observations régulières ont été commencées à Moscou, à Sitka, à Nicolaïeff, en Crimée, à Barnavul, à Nertschinsk en Sibérie, et même à Pékin. Le plan d'observation fut définitivement organisé en 1830, et des observations simultanées furent faites sept fois dans l'année, à des intervalles d'une heure dans l'espace de 44 heures.

« En 1834, l'illustre Gauss dirigea son attention sur la question du magnétisme terrestre, et ayant imaginé des instruments capables de donner des résultats d'une précision jusque-là inattendue dans les recherches magnétiques, il s'occupa de rechercher les mouvements simultanés de l'aiguille horizontale à des endroits éloignés. Au début même de ses recherches il a découvert le fait, que le synchronisme des perturbations n'appartenait pas seulement aux changements grands et extraordinaires (comme on l'avait imaginé jusqu'ici), mais que la plus petite déviation dans un endroit avait sa contre-partie dans un autre. Gauss fut ainsi conduit à organiser un plan d'observations simultanées, non à des intervalles d'une heure, mais à de courts intervalles de cinq minutes. Elles étaient faites six fois dans l'année (récemment ce nombre a été réduit à quatre) pendant 24 heures, et des stations magnétiques, d'après ce système, ont été établies à Altona, Augsbourg, Berlin, Bonn, Brunswick, Breda, Breslau, Cassel, Copenhague, Dublin, Freyberg, Gœttingue, Greenwich, Halle, Cazan, Cracovie, Leipzig, Milan, Marbourg, Munich, Naples, Saint-Pétesbourg et Upsal.

« Quelque étendu que soit ce plan, il reste encore beaucoup à faire. Les stations, nombreuses comme elles sont, n'embrassent qu'une petite portion de la surface de la terre, et, ce qui est encore d'une plus grande importance, aucune d'elles n'est située dans le voisinage de ces points singuliers, de ces courbes sur la surface de la terre, où l'on peut attendre que la grandeur des changements sera excessive, et peut-être même leur direction intervertie. En un mot, un système plus large d'observations est nécessaire pour déterminer si la somme des changements (très-dissemblable en différents lieux) dépend simplement des coordonnées géographiques, ou des coordonnées magnétiques du lieu; si la variation dans ce total est due à la distance plus ou moins grande d'un centre de perturbation, ou à l'effet modifiant de la force magnétique moyenne du lieu, ou aux deux causes agissant ensemble; sous un autre rapport aussi, le plan d'observations simultanées admet une plus grande extension. Jusque dans ces derniers temps, les mouvements observés ont été seulement ceux de déclinaison magnétique, quoiqu'il n'y ait pas de doute que l'inclinaison et l'intensité soient sujettes à des perturbations semblables. Tout récemment, à plusieurs des stations en Allemagne, la composante horizontale de l'intensité a été observée aussi bien que la déclinaison; mais il faut encore la détermination d'un autre élément pour que nous possédions toutes les données nécessaires dans des recherches aussi intéressantes.

«Les observatoires magnétiques qui sont sur le point d'être établis dans les colonies anglaises, par la générosité du gouvernement, satisferont en grande partie, on l'espère, aux besoins de la science. Les stations sont bien espacées sur la surface de la terre et sont situées à des points d'un grand intérêt relativement aux lignes isodynamiques et isoclines. Le point d'intensité maximum dans l'hémisphère nord est dans le Canada; le maximum correspondant dans l'hémisphère sud se trouve près de la terre de Van-Diémen; Sainte-Hélène est près de la ligne d'intensité minimum; et le cap de Bonne-Espérance est très-important à cause de la latitude méridionale. A chaque observatoire, les changements de la composante verticale de la force magnétique seront observés aussi bien que ceux de la composante horizontale et de la déclinaison; et les variations des deux composantes de la force étant connues, celles de l'inclinaison et de la force elle-même s'en déduiront facilement. Les observations simultanées de ces trois éléments seront faites à des périodes fixes, nombreuses, et l'on a tout lieu d'espérer que les directeurs des divers observatoires d'Europe prendront part à ce système combiné.

« Tout intéressants que soient ces phénomènes, ils ne forment qu'une faible partie de l'occupation d'un observatoire. Les changements *réguliers* (périodiques et séculaires) ne sont pas moins importants que les changements irréguliers; et ce sont certainement ceux-là qu'un observateur patient doit rechercher pour arriver aux lois générales. L'expression empirique même de ces lois ne peut manquer d'être d'une grande valeur, comme fournissant une correction pour les valeurs absolues des éléments magnétiques, et les réduisant par là à leur somme moyenne.

« Les changements horaires de la déclinaison ont été fréquemment et attentivement observés; mais quant aux variations périodiques des deux autres éléments, nous n'avons là-dessus que très-peu d'informations. La détermination de ces variations formera une partie importante de la tâche des observatoires magnétiques; et d'après l'exactitude dont les observations sont susceptibles, et l'étendue qu'on se propose de leur donner, on ne peut douter qu'il n'en résulte une connaissance très-exacte des lois empiriques.

« Relativement aux variations séculaires, on peut
douter peut-être si le temps limité pendant lequel les observatoires feront leurs opérations sera suffisant pour leur
détermination. Mais on doit se rappeler que la moyenne
mensuelle correspondant à chaque heure d'observation,
fournira un résultat séparé, et que le nombre et l'exactitude des résultats ainsi obtenus pourront compenser
pleinement le peu de longueur de l'intervalle où on les
fera. Un bel exemple d'un résultat semblable, déduit de
trois années d'observation de la déclinaison, se trouve dans
le premier volume de l'ouvrage sur le magnétisme de
Gauss, dont on a publié une traduction dans le Ve nu-
méro des *Mémoires scientifiques de Taylor*.

« Il reste à dire quelques mots des instruments adop-
tés pour arriver à ces fins.

« Les instruments magnétiques attachés à chaque observatoire et constamment en usage sont : 1° un instrument
de déclinaison; 2° un magnétomètre pour la force horizontale; 3° un magnétomètre pour la force verticale. Ces instruments sont construits d'après le plan adopté par le professeur Lloyd, dans l'observatoire magnétique de Dublin.
L'aimant, dans les deux premiers, est un barreau de 15
pouces de long, et pesant près d'une livre. Dans l'instrument de déclinaison, l'aimant reste dans le méridien magnétique, étant suspendu par des fils de soie sans torsion.
Dans le magnétomètre de la force horizontale, l'aimant
est supporté par deux fils parallèles et maintenu dans une
position à angle droit avec le méridien magnétique par
la torsion de leurs extrémités supérieures. Dans les deux
instruments, les changements de position de l'aimant peuvent se lire au moyen d'un *collimateur*, ayant à son bout
une échelle avec des divisions. Le magnétomètre de
la force verticale est un barreau reposant au moyen de
lames de couteaux sur des plans d'agate, et capable de
se mouvoir dans le plan vertical seulement. Ce barreau
est chargé de manière à rester dans la position horizontale à l'état moyen de la force, et les déviations de
cette position peuvent se lire au moyen de micromètres
placés aux deux extrémités du barreau.

« Outre ces instruments, chaque observatoire est muni d'un cercle d'inclinaison (un *transit*) avec un cercle azimutal et de deux chronomètres. Chaque vaisseau est muni aussi d'un pareil assortiment. Si les vaisseaux étaient dans la nécessité de passer l'hiver sur la glace, et généralement dans toute occasion où la nature du service exige que l'on fasse un séjour considérable dans un port ou dans un ancrage, les magnétomètres devront être établis, et des observations seront faites avec toute la régularité prescrite pour les observatoires fixes, et avec une stricte attention dans les mêmes détails.

« Le choix des stations convenables pour l'érection des magnétomètres, et le temps à donner à chacun d'eux, doit en grande partie dépendre des circonstances, qui ne pourront être appréciées qu'après que l'expédition aura mis à la voile. L'observatoire de Sainte-Hélène (où le capitaine Ross déposera les officiers et les instruments) sera probablement en activité, et celui du Cap, qui est dans les mêmes circonstances, le sera peut-être à l'époque où les vaisseaux arriveront à la Terre de Kerguelen, que nous recommandons comme une station très-intéressante, pour se procurer une série aussi complète et étendue d'observations correspondantes que le permettra la nécessité d'une prompte arrivée à la Terre de Van-Diémen, pour l'établissement d'un observatoire fixe en ce point, en prenant en considération la possibilité d'obtenir, pendant le voyage intermédiaire, une pareille série sur quelque point de la côte découverte par Kemp, à Biscoe. Dans la suite du voyage, on trouvera dans la Nouvelle-Zélande un point d'un intérêt spécial pour des observations semblables, et ce pays, d'après le tracé du voyage que nous a communiqué le capitaine Ross, sera probablement visité peu après l'établissement de l'observatoire de la Terre de Van-Diémen. Les observations présenteront un grand intérêt, puisque, réunies avec celles qu'on fera simultanément dans la Terre de Van-Diémen, elles décideront la question importante de savoir jusqu'à quel point la correspondance exacte des perturbations magnétiques momentanées observées en Europe, a lieu dans une région si éloignée, entre des endroits séparés par une distance égale à celle qui existe entre les stations d'Europe les plus distantes.

« Dans l'intervalle entre le départ et le retour à la Terre de Van-Diémen, il se présentera, sans doute, des occasions de faire plus d'une série d'observations avec le magnétomètre, en laissant toutefois le choix de la localité au jugement du capitaine Ross, et en n'oubliant pas l'avantage qu'il y aurait à observer à des stations aussi éloignées que possible de la Terre de Van-Diémen et de la Nouvelle-Zélande.

« La recherche du pôle magnétique sud et l'exploration des mers antarctiques donnera, comme on peut le présumer, plusieurs occasions d'établir sur une terre jusque-là inconnue, ou sur la glace fixe, lorsque le vaisseau sera bloqué pendant un certain temps, des observations de cette espèce ; et dans le cours de la circumnavigation, la ligne de côtes observée, ou supposée exister sous le nom de Terre de Graham, ou celles des îles de ce voisinage, Sud-Shetland, Terre de Sandwich, et enfin, au retour, l'île de Tristan d'Acunha, donneront des stations ayant chacune leur intérêt.

« On dressera un programme des jours choisis pour des observations simultanées aux observatoires fixes, et des détails auxquels il faudra avoir égard dans les observations elles-mêmes, ainsi qu'on l'a déjà dit. Ces jours comprendront les termes ou les jours établis par l'Association allemande pour le magnétisme, dans lesquels, par les arrangements déjà existants, chaque observatoire magnétique d'Europe est sûr d'être en pleine activité. Ces jours, qui se présentent quatre fois l'année, seront surtout intéressants comme périodes d'observations magnétométriques par l'expédition, quand les circonstances du voyage le permettront. Pour la détermination de l'existence et du progrès de l'oscillation diurne, autant que l'on peut s'assurer de cet important élément dans des périodes de courte durée, il sera nécessaire de continuer les observations heure par heure, pendant 24 heures au moins pour une semaine. A chaque station où les magnétomètres seront observés, les valeurs absolues de l'inclinaison, de la direction horizontale et de l'intensité, devront être bien indiquées.

« Sydney pourrait être choisi très-utilement pour une station de déterminations absolues, puisqu'il n'y a pas de doute que ce point ne devienne, d'ici à peu de temps, un autre observatoire, auquel on rapporterait toutes sortes de déterminations locales.

« Les particularités météorologiques dont on devra particulièrement s'occuper comme partie des observations magnétiques, sont celles du baromètre, du thermomètre, du vent, et spécialement les aurores, s'il s'en rencontre.

« Dans le cas où ce dernier phénomène se présenterait, il faudrait transformer les observations horaires en observations continues, en supposant que l'on ne fût point occupé à en faire. La manière dont les magnétomètres sont affectés pendant les orages accompagnés de tonnerre, devrait être notée, s'il y en a, quoiqu'on regarde maintenant ces derniers comme étant sans influence.

« Pendant un tremblement de terre, en 1829, la direction de l'aiguille horizontale notée avec soin par M. Erman, n'éprouva aucune influence ; s'il se présentait une pareille occasion et que les circonstances le permissent, on ne devrait point la négliger.

« Si l'on trouve de la terre ferme ou de la glace dans le voisinage du pôle magnétique, on devrait naturellement faire attention de se procurer une série complète et étendue d'observations magnétométriques qui, dans une semblable localité, donnerait un des résultats les plus remarquables de l'expédition.

§ IV. *Lettre du baron de Humboldt au comte de Minto et lettre du professeur Erman au major Sabine.*

Les lettres suivantes, du baron de Humboldt au comte

de Minto, et du professeur Erman au major Sabine,
ont été communiquées à la Société royale de Londres;
le comité a jugé nécessaire la publication de ces pièces,
après acquiescement préalable de leurs auteurs.

*Lettre du baron Alexandre de Humboldt au comte
de Minto* (1).

Berlin, 12 octobre 1839.

« Milord,

« Lorsqu'au printemps de l'année 1836, j'adressai
une lettre à S. A. R. Mgr. le duc de Sussex, sur les
moyens propres à perfectionner la connaissance du
magnétisme terrestre, par l'établissement de stations magnétiques et d'observations correspondantes, je sollici-
tai le concours puissant de la Société royale de Londres, en faveur de travaux qui, émanant à la fois de
plusieurs grands centres scientifiques de l'Europe, pus-
saient conduire progressivement à la connaissance précise des lois de la nature. Ma démarche fut accueillie
avec bienveillance, et la Société royale daigna recommander à la protection spéciale du gouvernement de
S. M. l'établissement de plusieurs stations permanentes,
dans les régions tropicales et dans les parties tempérées
de l'hémisphère austral.

« Cette protection du gouvernement a été accordée
avec une munificence qui dépasse de bien loin l'espoir
des hommes les plus ardemment occupés des variations
du magnétisme terrestre, selon les trois coordonnées de
déclinaison, d'inclinaison et d'intensité absolue. Ce ne
sont pas seulement des stations magnétiques qui seront
fondées dans les lieux les plus propres à la manifesta-
tion des changements que subit la distribution des for-

---

(1) Extrait du *Report of the Committee of Physics, including
Meteorology*, april, 1840.

30.

ces, c'est une grande expédition antarctique qui a été ordonnée sous le commandement d'un savant et intré- pide navigateur, le capitaine James Clark Ross ; expé- dition qui embrassera, dans des travaux sagement pré- parés, tous les problèmes du magnétisme terrestre, de la configuration du globe, de la distribution de la chaleur, du mouvement des eaux de l'Océan, de la cons- titution géologique du sol, de la géographie des plantes et des animaux.

« Je dois remplir un devoir sacré en offrant au pre- mier lord de l'amirauté, à M. le comte de Minto, l'hom- mage respectueux de la plus vive reconnaissance dont sont pénétrés tous ceux qui cultivent les sciences et leur ont voué une vie laborieuse. Cette reconnaissance est due au ministre qui, dans des vues élevées et si favora- bles au progrès de l'intelligence, a réalisé l'exécution du voyage antarctique. La bienveillance personnelle dont Votre Excellence m'a honoré, pendant un séjour à Paris et à la cour de mon souverain, me donne le cou- rage de lui communiquer en même temps quelques con- sidérations qui se rattachent au but principal d'une vaste et noble entreprise. Ma franchise ne sera pas mal inter- prétée.

« La variabilité des phénomènes est ce qui caractérise le plus le magnétisme terrestre : variabilité selon une marche lente et périodique, quelquefois intermittente aussi, comme effets de perturbations brusques, instan- tanées ; il en résulte que pour approfondir les lois du magnétisme terrestre, il est d'une haute importance de connaître l'état magnétique du globe à une même épo- que donnée, ou du moins selon des observations faites à des époques très-rapprochées. Il y a déjà presque trente ans, que, dans les *Recueils* de mes *Observations astronomiques*, j'ai indiqué combien il serait précieux pour la physique du globe, si plusieurs bâtiments mu- nis d'excellents instruments parcouraient simultanément l'équateur magnétique et les lignes sans déclinaison, pour fixer à la même époque, dans le vaste bassin des mers, la déclinaison, l'inclinaison et l'intensité des forces magnétiques. J'insistai aussi (malgré l'imperfection des instruments et des méthodes d'alors), d'après ma propre expérience, sur la possibilité de déterminer sur mer, et avec une précision suffisante, les variations de ces deux derniers éléments (1). Je montrai combien ces déterminations océaniques semblaient offrir d'avantages là où les couches d'eau sont assez épaisses pour que l'on ait moins à craindre les perturbations locales dues à la constitution minéralogique du fond.

« Guidé par des considérations analogues, j'ose exprimer mes désirs que, pour rendre plus fructueux encore l'immense travail qui sera exécuté en trois années, soit par l'expédition du capitaine Ross, soit dans les nombreuses stations magnétiques répandues sur la surface du continent et des îles, Votre Excellence voulût bien ordonner simultanément quelques expéditions partielles supplémentaires. Deux savants, auxquels nous devons des travaux importants sur la connaissance des variations du magnétisme terrestre, M. le major Sabine et M. Lloyd, professeur à Dublin, m'ont déjà donné l'heureuse nouvelle que le gouvernement de S. M. enverrait à Otahiti, à cette métropole de l'océan Pacifique, illustrée par d'anciens travaux astronomiques, un officier très-instruit et muni d'appareils magnétiques. Le grand nombre de bâtiments de la marine royale qui se trouvent le plus souvent en station sur les côtes occidentales de l'Amérique du Sud et dans les mers de l'Inde, faciliteront peut-être les moyens de multiplier les investigations que j'appelle supplémentaires, et dont, pour le moment, le but principal serait la connaissance expérimentale de l'équateur magnétique et des lignes sans déclinaison.

« I. Un bâtiment, muni d'instruments propres à mesurer l'inclinaison, la déclinaison et l'intensité, pourrait,

____

(1) Bel. Hist., t. 1, p. 262.

en partant des côtes du Pérou, suivre l'équateur magnétique, ou la courbe d'inclinaison zéro, jusqu'aux côtes
de la péninsule de Malacca, et, si le vent le permet, jusqu'au détroit de Bab-el-Mandeb. Un second bâtiment
pourrait parcourir l'équateur magnétique depuis le golfe
de Guinée jusqu'aux côtes du Brésil. On déterminerait
avec une grande précision astronomique les points du
littoral où la courbe d'inclinaison zéro, qui n'est pas un
grand cercle de la sphère, coupe les continents et les
îles; on apprendrait à connaître les changements de sinuosité et le mouvement des *nœuds* (points d'intersection des équateurs magnétique et terrestre) qui ont eu
lieu depuis les époques des voyages antérieurs. Comme
les lignes isodynamiques et isoclines ne sont aucunement
parallèles, il serait à désirer que les intensités fussent
aussi déterminées le long de l'équateur magnétique, ou
dans sa proximité la plus immédiate.

« II. Quant aux parties des lignes sans déclinaison, qui
deviennent accessibles aux navigateurs, j'oserai, M. le
comte, les indiquer toutes, non dans le vain espoir que
des observations simultanées puissent les embrasser dans
leur ensemble pendant la durée du séjour du capitaine
Ross dans les hautes régions antarctiques, mais seulement pour faciliter le choix à Votre Excellence, selon
les combinaisons fortuites que peuvent offrir des tra-
versées ou les stations éphémères de bâtiments de la
marine royale. Je n'ignore pas que, d'après les grandes
vues sur les véritables fondements d'une *théorie générale du magnétisme terrestre*, qui sont dues à M. Gauss,
soit la connaissance approfondie de l'intensité horizontale, soit la multiplicité et la sage répartition des points
dans lesquels les trois éléments de déclinaison, d'inclinaison et d'intensité ont été simultanément mesurés pour
trouver la valeur de V (§ 4 et 27), et par conséquent
aussi de $\frac{V}{R}$, soient les points vitaux du problème qu'a résolu l'illustre géomètre : mais les besoins actuels du
pilotage, les corrections habituelles du *rumb* et des che-

mins parcourus, donnent encore une importance spéciale et *pratique* à l'élément de la déclinaison. On apprécierait une détermination expérimentale, c'est-à-dire par observation immédiate, avant que l'édifice théprique ait pu être complété et terminé dans son ensemble; on l'apprécierait d'autant plus, que les lignes isogones ont un mouvement très-inégal dans les différentes portions de leurs tracés, et que l'action combinée des *petites attractions magnétiques locales* cause des déviations partielles de la direction moyenne des lignes d'égale déclinaison; déviations qui intéressent la sécurité des routes et qui resteront longtemps hors de l'atteinte de la théorie générale la plus solidement établie. Je signale ici de préférence la direction des lignes sans déclinaison, auxquelles des considérations de géographie physique doivent conserver une partie de leur ancienne importance.

« L'expédition antarctique, en arrivant par l'ouest, de la terre de Kerguelen à celle de Van-Diémen, aura traversé la ligne sans déclinaison qui remonte au nord vers la terre de Nuyta (Australie). Il serait important de fixer astronomiquement, comme je l'ai fait observer pour l'équateur magnétique, les points méridionaux et septentrionaux du littoral de la Nouvelle-Hollande, où la ligne de déclinaison zéro traverse le continent australien, et de poursuivre cette courbe, d'abord vers l'O.-N.-O. et ensuite vers le nord, depuis la baie de Vansittart, ou le cap Bougainville, jusqu'aux îles Maldives et les atterrages de Surate dans l'Inde. Les connaissances acquises par les beaux travaux de Hansteen, d'Adolphe Erman et de George Fuss sur la grande sinuosité des lignes isogones de la Sibérie, empêchent aujourd'hui de se former une idée exacte de la liaison de ces lignes avec les lignes correspondantes dans les mers de l'Inde et de la Chine. D'après les cartes intéressantes qui accompagnent l'exposé de la *Théorie générale* par M. Gauss, la ligne de déclinaison zéro ne coupe le continent asiatique que près de l'entrée du golfe Persique; elle remonte directement de là vers le nord, à la mer Caspienne et à la mer Blanche.

D'après M. Barlow, elle se replie du golfe de Cambaye vers le N.-E. et reparaît dans les mers de la Chine et du Japon, entre l'extrémité septentrionale de l'île Formose et la péninsule Séghalienne.

« Ce serait jeter une vive lumière sur un des points les plus obscurs du magnétisme terrestre, que de lever les doutes qui enveloppent le prolongement de cette ligne de déclinaison zéro de la mer des Indes, et de faire connaître, par des observations précises, la direction et la distribution des forces à l'ouest de l'Indus, entre Candabar, Balkh, Koundouz, et le Pendjah (la Pentapotamie). Il est probable que la marche victorieuse des armées de S. M. vers Caboul, et le séjour des troupes dans l'Afghanistan, pourront donner lieu à des recherches de ce genre, au moyen des petits appareils magnétiques que l'on destine pour l'Inde. Il resterait à examiner pour la même époque, la position de la ligne zéro dans les mers du Japon, au nord de l'île Formose, comme dans l'océan Glacial, dans la partie très-accessible, entre le Spitzberg et la mer Blanche.

« Suivre les traces de l'équateur magnétique, ou celles des lignes sans déclinaison, c'est gouverner (diriger la route du vaisseau) de manière à couper les lignes zéro dans les intervalles les plus petits, en changeant de *rumb* chaque fois que les observations d'inclinaison ou de déclinaison prouvent que l'on a dévié.

« Si du système oriental, ou de l'ancien continent, nous passons au système magnétique américain et atlantique, nous aurions à désirer la détermination simultanée des portions de la ligne sans déclinaison qui remonte à l'est de la Géorgie du sud, vers San Salvador du Brésil, quitte le continent près de Maranham, et se dirige au N.-O., vers le cap Charles et la baie de Chesapeak. Les mers que traverse cette ligne sont si fréquentées, que de nombreuses observations magnétiques y ont été faites et se trouvent conservées dans les archives du dépôt de la marine royale ; mais il ne suffit pas d'avoir coupé souvent et à différentes époques la ligne zéro, il s'agit de la poursuivre, autant que les vents le permettent, dans toute son étendue. Je devrais hésiter, M. le comte, à faire mention du prolongement le plus boréal de la ligne atlantique, à travers le Canada et la baie d'Hudson, mais je dois considérer la surface du globe dans un ensemble, et fixer l'attention des navigateurs sur les changements qui peuvent être survenus dans les dernières années.

« La mer du Sud, si l'on en excepte les côtes du Japon, n'a de nos jours pas de variation zéro. Le *nœud* circulaire qui renferme l'archipel des Marquezas, pris du minimum des variations orientales (5°), mérite de nouvelles investigations, dont pourrait se charger le bâtiment qui suivrait l'équateur magnétique du Pérou vers l'Inde. La forme de ce nœud circulaire, c'est-à-dire, l'espacement variable des courbes isogones qui le constituent, et le déplacement progressif du *nœud* entier, sont des phénomènes également remarquables, et qui contrastent avec le grand *nœud* circulaire de l'Asie orientale, auquel, selon le Mémoire de M. Gauss, appartient la courbe de déclinaison zéro des mers du Japon et de la Chine......

. . . .

Je supplie Votre Excellence de jeter les yeux sur quelques additions aux instructions scientifiques que j'ose lui adresser. C'est presque être présomptueux que de vouloir ajouter à un excellent travail, rédigé en partie par sir J. Herschel. J'ai cédé aux instances amicales de MM. Sabine et Lloyd, etc.

« Dans les additions aux instructions scientifiques précédentes, j'ai cru ne devoir prendre que celles qui concernent le magnétisme terrestre.

« J'ai rappelé, dans ma lettre à M. le comte de Minto, ce qui est relatif à la forme et aux directions actuelles de l'équateur magnétique (courbe d'inclinaison zéro) et des lignes sans déclinaison. Je n'ajoute ici que le désir que l'on puisse observer, en outre des époques prescrites par M. Gauss, aux époques astronomiquement importantes des solstices et des équinoxes, comme je l'ai fait conjointement avec M. Oltmanns en 1806 et 1807, pendant cinq et six jours et autant de nuits; à cause de la plus grande précision des instruments actuels, vingt-quatre ou trente-six heures suffiraient. Je signale aussi les points suivants :

« Examiner les influences lunaires d'après les indications de M. Kreil, astronome de Milan, aujourd'hui à Prague; faire attention aux orages, aux grandes chutes de grêle ou de neige, aux jours couverts ou sereins; voir si des changements atmosphériques modifient les phénomènes magnétiques d'une manière sensible et stable; examiner si sur mer ou sur les glaces polaires, on remarque quelque influence de la constitution minéralogique du fond; si des perturbations locales se font sentir sur mer, là où l'on peut supposer que les eaux ne sont pas très-profondes. L'intensité des forces se trouvait diminuée à la hauteur que M. Gay-Lussac a atteinte en ballon; on reconnaît cette diminution, lorsqu'on corrige les observations de ce savant par la température des couches d'air qu'il a parcourues. La position dans un vaisseau à la surface des mers est une position semblable; moins par rapport à la surface moyenne de la terre, que par rapport à l'indépendance relative aux attractions locales. Les observations faites sur de hautes montagnes, au-dessus de 2500 toises (observations d'inclinaison et d'intensité recueillies soit par moi, soit tout récemment par d'autres voyageurs), donnent des résultats peu concordants, à cause des perturbations dues aux couches soulevées de la croûte terrestre. Ces considérations sur le décroissement très-lent des forces magnétiques, dans le rapport hygrométrique, et sur la petitesse de la profondeur moyenne de l'océan, méritent l'attention des physiciens. Même sur le sol volcanique de Rome, nous n'avons pas trouvé, M. Gay-Lussac et moi, de différence sensible dans l'intensité de la force horizontale au Monte Pincio, à la villa Borghèse et à Tivoli. Ces expériences seront très-aisées à répéter sur la glace, où l'on peut s'éloigner à de grandes distances du navire, et où les influences du fond de la mer, si elles existent, doivent se manifester au milieu de la marche uniforme des phénomènes d'intensité ou d'inclinaison.

« Les tremblements de terre m'ont paru agir quelquefois sur l'inclinaison. Multiplier les observations d'inclinaison horaire là où les secousses sont fréquentes.

« Les aurores boréales changent-elles parfois la force horizontale sans influer sur l'inclinaison? Y a-t-il quelque aspect particulier à cette classe d'aurores boréales ou australes, qui affectent peu les déclinaisons horaires de l'aiguille?

« Observer de préférence les variations magnétiques aux époques où beaucoup d'étoiles filantes entrent dans l'atmosphère. Examiner si de grandes perturbations (les orages magnétiques) se répètent pendant plusieurs jours, aux mêmes heures; si, en général, ces orages magnétiques ne sont pas beaucoup plus fréquents de nuit, lorsque le soleil ne règle et ne tempère plus par son séjour au-dessus de l'horizon la marche de l'aiguille. Il est d'un vif intérêt de découvrir les rapports du magnétisme terrestre (et de ses manifestations variables) avec d'autres phénomènes physiques, soit dans les mouvements qui dépendent du temps vrai (du passage du soleil par le méridien de chaque lieu), soit dans les mouvements isochrones, c'est-à-dire, dans ceux dont on peut déduire la différence de longitude avec un degré de précision inattendu. »

Lettre du professeur A. Erman au major Sabine.

« Berlin, 12 novembre 1839.

« Monsieur,

« J'ai eu le plaisir de vous exprimer à Berlin mon vif intérêt pour l'expédition magnétique dont votre rapport sur l'intensité totale (1) a fait concevoir le plan, et que le

---

(1) *Seventh Report of the British association for the advancement of science.*

gouvernement anglais a mis en œuvre avec une munificence entièrement digne du sujet. Vous savez combien
je félicite les voyageurs qui continueront jusqu'aux plus
hautes latitudes australes les observations que je n'ai
poussées que peu au delà du parallèle du cap Horn, et
qui vont tout autant préciser la forme et la position des
lignes magnétiques de cet hémisphère que nous avons
pu le faire, M. Hansteen et moi, pour celles de l'Asie et
du Nord, où tout concourait à favoriser notre entreprise.
Aussi est-ce avec beaucoup de reconnaissance que j'ac-
cepte l'entremise que vous avez bien voulu m'offrir, pour
signaler aux membres de cette grande expédition quelques résultats et quelques sujets de recherches, que notre
voyage, pour un but analogue, me porte à recommander à nos successeurs. Il est vrai que la belle instruction
dont la Société royale a muni ses voyageurs, leur indique très-complétement les moyens d'obtenir tant sur mer
que lors des mouillages aux côtes et aux glaces polaires,
une série continue de déterminations des trois éléments
magnétiques. Elle est si riche en détails importants que,
dans l'intérêt de la science, on ne saurait rien désirer
au delà du strict accomplissement de ce plan de voyage.
Cependant, pour toujours soutenir l'attention et le zèle
dans un travail uniforme d'une aussi longue durée, et
pour les faire redoubler à point nommé, dans les endroits
où les observations augmentent d'importance, il n'y a,
je crois, rien de plus efficace qu'une comparaison suivie
des résultats de l'observation, d'une part, avec ceux de
la théorie qu'il s'agit de perfectionner, et de l'autre, avec
les évaluations purement empiriques de ses prédécesseurs. L'expédition antarctique doit jouir de cet avantage pour ses mesures d'intensité totale, en se servant
de la carte isodynamique construite d'après la théorie de
M. Gauss, et de celle que vous avez directement établie
sur les résultats des voyageurs. J'ai destiné aux mêmes
fins une carte représentant les lignes d'égale déclinaison
pour une époque entre 1827 et 1830. Je les ai obtenues
par une interpolation graphique, et devant fournir des
isogones indépendantes de toute vue de théorie.

« J'ai noté, sur la carte même, les résultats numériques qu'elle représente, et il ne me reste ici qu'à mentionner les voyageurs qui les ont fournis, la direction des routes qu'ils ont suivies, et l'époque de leurs observations.

« I. *L'Europe et l'Asie septentrionales.*

« MM. Hansteen et Due, de Christiania à Irkuzk et à l'embouchure du Jenisée, en 1828 et 29.

«   Erman, de Berlin aux bouches de l'Obi, par Irkuzk et Ochozk au Kamtschatka, en 1828 et 1829.

« II. *Le Grand Océan.*

« Le cap. Lutké (sur la corvette *le Siniavine*), du cap Horn, par Valparaiso, les îles de Sitka et d'Ounalarka, à Petropawlowsk, en 1827.

«   *Idem.* (*idem*), de Petropawlowsk à Manilla, en 1828.

«   Erman (la corvette *le Krotkoï*), de Petropawlowsk, par Sitka, San Francisco et Otaheite, au cap Horn, en 1829 et 1830.

« III. *L'Atlantique.*

« Le cap. Lutké (*le Siniavine*), de l'île de Ténériffe, par Rio-Janeiro, au cap Horn, en décembre 1826 et 1827.

«   *Idem.* (*idem*), au cap de Bonne-Espérance, par les îles de Ste-Hélène et de Fayal, au Canal anglais, en 1829.

«   Erman (*le Krotkoï*), du cap Horn, par Rio-Janeiro, à Portsmouth, en 1830.

« IV. *La mer des Indes.*

« Le cap. Hagemeister (la corvette *Krotkoï*), du cap

de Bonne-Espérance au Port-Jackson, en
1828.

« 　　　Lutké (*le Siniavine*), de Manilla au cap
de Bonne-Espérance, en 1829.

« Je n'ai dû ajouter à ces résultats presque contemporains (décembre 1826 à octobre 1830) qu'une dizaine
d'observations antérieures, toutes faites dans la mer Gla-
ciale du nord, et nommément par le capitaine Wrangel,
dans la partie orientale de cette mer (68° à 70° latitude,
162° à 182° à l'est de Greenwich), en 1823; et par le
capitaine Lutké dans sa partie occidentale (70 à 77° lat.,
27° à 52° à l'est de Greenwich), en 1821.

« Si l'on compare maintenant dans leur ensemble ce
tracé immédiatement calqué sur les observations, et la
carte que la théorie de M. Gauss a fournie pour la même
époque, on sera frappé de leur accord éminemment sa-
tisfaisant, tant pour les formes que pour les places
qu'elles assignent à la plupart des isogones. On envisa-
gera toutefois, comme prévues d'avance, des courbures
plus accidentées et moins arrondies dans les isogones
empiriques; résultats nécessaires tant d'une interpolation imparfaite d'observations affectées d'erreurs que
d'influences locales, telles que la différence de constitution géologique des pays et leurs accidents de climat;
car la théorie que son illustre auteur ne présente que
comme une ébauche, ne saurait déjà reproduire ces effets
de causes secondaires. Mais, indépendamment de ces
écarts accidentels et locaux, une comparaison suivie des
deux cartes fait ressortir entre elles quelque différence
plus décidément prononcée, portant sur de grandes portions d'isogones bien établies par l'observation. Je me
permets de les signaler ci-après à l'attention de vos
voyageurs.

« I. Entre 0° et 150° E.

« 1. *Les sommets concaves des isogones négatives
(orientales) que la carte empirique place vers 77° E,*

y atteignent de moindres latitudes que d'après la théorie.

« Nommément :

Sur la carte empirique. Sur la carte de M. Gauss.

«L'isogone de — 15° descend jusqu'à 65° lat...... 78° lat.
«   de — 10   «   58° 5'...... 64°

« 2. *Le système de déclinaison positive ou occidentale, qui a son centre, d'après l'interpolation graphique, vers 130° E., et d'après M. Gauss à peine 0° 3 à l'ouest de ce même méridien, s'écarte de la théorie par la valeur des lignes qui le composent, et cette différence est l'inverse de la précédente.*

« Les sommets convexes de ces lignes sont :

Sur la carte empirique.   Sur la carte de M. Gauss.

«Pour la courbe de   0° à 68°5 lat... 61°7 lat.
«   «   «   + 2°   65°...... 54°
«   «   «   + 6° vers 61°. n'existe pas, le centre du système situé en   45° lat. ne devant avoir que + 2°30' déclinaison.

« On résumera ces deux circonstances, en observant qu'un voyage depuis 65° lat. et 77° E. long. jusqu'en 61° lat. et 130° E. long., offre en réalité un plus fort changement de déclinaison que suivant la théorie. En effet, le changement observé serait de 21° (depuis — 15° jusqu'à + 6°), où la théorie ne demande que 10° (depuis — 10° jusqu'à + 0°).

« 3. *La différence des deux cartes relative à la ligne sans déclinaison, entre lesdits méridiens, n'est au fond qu'une suite de ces deux circonstances. (n°s 1 et 2.)*

« La branche occidentale de cette courbe, sur laquelle la théorie et l'observation sont presque toujours d'accord, et que cette dernière fait passer par 50° lat. et 48° E. long., se distingue sur les deux cartes par son prolongement vers le sud et le sud-est. Elle a son sommet

concave sur la carte empirique en — 1° lat. et sur la
carte de M. Gauss vers — 10° 2′ lat. (les latitudes australes étant prises négatives), et passé ce terme, d'après
l'observation directe, la courbe se relève vers le nord-
est et le nord, embrasse le système asiatique de déclinaison occidentale, pour ne se replier qu'après, par la mer
d'Ochozk, le Grand Océan et la mer des Indes, sur la
Nouvelle-Hollande. La théorie lui assigne, au contraire,
d'abord après le sommet concave, un rebroussement vers
le sud (en 105° E.), qui la porte directement sur la Nouvelle-Hollande; aussi voit-on sur la carte de M. Gauss,
le susdit système de déclinaison occidentale entouré d'une
courbe à zéro fermée et isolée, et dont la branche orientale se trouve plus à l'ouest que ne le demandent les observations pour la partie correspondante de la ligne
continue.

« En effet, ces parties correspondantes de la courbe
à zéro coupent :

	Sur la carte empirique.	Sur la carte de M. Gauss.
« Le 60° lat. sous	150° E.,	sous 140° E.
50° »	151° 3 E.	» 147° 8 E.

« Mais je suis loin d'attribuer une spécialité d'intérêt
à l'*isogone de zéro ;* la différence de ces deux branches
isolées, à une courbe continue, que nous venons de lui
trouver sur les deux cartes, ne me paraît au contraire
ni plus ni moins grave que si elle portait sur quelque autre
courbe de ce genre. Je crois plutôt que pour voir cet
écart dans un vrai jour, il faudra observer que, dans le
système en question, la valeur limite entre des courbes
isolées et des courbes continues est, *suivant la théorie,*
de — 1° 14′ *déclinaison orientale,* tandis que *l'observation paraît l'élever* à une *déclinaison orientale* de
+ 1°, ou environ; car, pour dériver de données numériques la *valeur précise* de cette *limite*, il ne suffit ni
d'une interpolation graphique, ni d'aucun moyen différent d'une théorie complète. J'observe, en outre, et pour
me prémunir contre plus de responsabilité, que je ne dois

avoir sur ce point, que ladite partie de ma carte repose uniquement sur les observations suivantes de M. Lutké.

| LONGITUDE. | LATITUDE. | DÉCLINAISONS D'APRÈS | | L — T. |
| | | M. LUTKÉ. | LA THÉORIE. | |
		L.	T.	
135° 34'	+ 14° 35'	+ 0° 10'	— 1° 25'	+ 1° 4'
134 38	+ 15 34	+ 0 4	— 1	+ 1 1
134 04	+ 16 4	+ 1 2	0	+ 1 0
122 33	+ 19 54	+ 2 20	+ 0 2	+ 2 1
117 53	+ 13 41	+ 0 33	— 0 8	+ 1 3
115 21	+ 13 4	+ 0 23	— 0 8	+ 1 2
113 03	+ 12 41	+ 0 33	— 1 4	+ 2 0
105 04	— 8 39	+ 1 26	— 0 4	+ 1 8
105 32	— 9 46	+ 1 0	— 0 2	+ 1 2

« Malgré leur grande influence sur la forme de la courbe à zéro, ces différences entre la théorie et l'observation sont donc beaucoup plus faibles que celles observées dans les contrées précitées (n°s 1 et 2), et qui s'élevaient respectivement à — 5° et à + 6°.

« Les parties australes des deux cartes situées entre lesdits méridiens de 0° à 150° E. s'accordent très-bien entre elles.

II. Depuis 150° jusqu'à 360° E.

« Il en est de même dans l'hémisphère boréal, depuis 162 jusqu'à 262° E., pour les isogones de — 30° à — 15°; mais passé ce terme, les courbes théoriques de — 12°, de — 10°, etc., portent les déclinaisons orientales qu'elles expriment jusqu'à de moindres latitudes boréales que ne l'indique l'observation. Ainsi,

<table>
<tr><td></td><td align="center">Sur la carte empirique.</td><td align="center">Sur la carte de M. Gauss.</td></tr>
<tr><td>« L'isogone de — 12° descend jusqu'à</td><td>33° 5 lat...</td><td>23° lat.</td></tr>
<tr><td>« » » 6° » »</td><td>28° 5.....</td><td>17°</td></tr>
</table>

VI. 2e *partie.* 31

« C'est cette circonstance et une toute pareille pour les isogones de même nom dans l'hémisphère austral, qui produisent,

« 4. *Une diversité des deux cartes relativement au système formé de déclinaison orientale dans le Grand Océan.*

« Les courbes de — 10°, — 9, et — 8, sont les parties de ce système que l'observation directe a le mieux reconnues, et nous trouvons, *à chacune d'elles*, plus d'étendue dans le sens du méridien que ne l'adopte la théorie. Ainsi,

		Sur la carte empirique.	Sur la carte de M. Gauss.
« L'isogone de —10° va	depuis +	270°8 lat....	+ 170 lat.
	jusqu'à —	49°5......	— 39°
« » » — 9° »	depuis +	25°	+ 12°5
	jusqu'à —	47°	— 36°
« » — 8° »	depuis +	23°	+ 70°5
	jusqu'à —	44°5......	— 34°

« Leurs diamètres, dans le sens du méridien, sont donc respectivement,

d'après l'*observation directe*, de 77°3, 72° et 67°5 et d'après l'*interpolation théorique*, de 56° , 43°5 et 41°5

« Les observations nous apprennent en outre, sur les isogones de ce système, que celles de — 10° passent bien décidément d'un pôle nord à un pôle sud, et qu'au contraire la courbe de — 8° est *isolé* et *rentrante*. L'isogone de — 9° participe tellement aux propriétés de ces deux espèces de courbes, que, parmi celles que représente ma carte, elle doit être la plus voisine de la valeur limite. La théorie s'y accorde très-bien en indiquant — 8° 46′5 pour cette même limite. L'accord de ces deux cartes est moins parfait sur la position du centre de ce système et sur la déclinaison qui y règne, car la forme des courbes empiriques de — 10° à — 70° engagerait à le présumer situé

vers 231°8 E.
— 12° lat.

tandis que l'interpolation théorique le porte en

$$219°8 \text{ E.}$$
$$- \quad 14°5 \text{ lat.}$$

« Aussi la théorie attribue à ce point une *déclinaison minimum de* — 5°15′; mais nous avons très-souvent observé sur le *Krotkoï*, de même que M. Lutké sur la route plus orientale du *Siniavine*, des déclinaisons entre —5° et — 4°, et même quelques-unes de — 3° 5o′ à — 3° 4o′. Nous étions cependant encore très-sensiblement éloignés du centre des courbes.

. « 5. *Dans l'hémisphère austral, entre les méridiens de 192° E. et de 262° E., les isogones de — 12° et de —15o, d'après la théorie, ne s'approcheraient du pôle austral que jusqu'aux parallèles de — 38° 8 et de — 49°, tandis que les observations paraissent les y étendre jusqu'en — 52° 7 et — 58°.*

« Mais je termine cette comparaison, en vous priant, Monsieur, d'accorder encore votre attention à l'harmonie très-parfaite des deux cartes, relativement au système de déclinaison occidentale qui recouvre l'Atlantique et l'Europe, lequel, vu la grande fréquence des observations dans ces parages, est un des plus solidement établis par l'expérience directe. La théorie porte la valeur limite pour ce système à + 22° 13′, et les observations démontrent d'abord que cette même valeur est comprise entre + 20° et + 25°; et de plus, qu'elle est beaucoup plus rapprochée de la moyenne arithmétique de ces deux nombres que chacun d'eux.

———

LIVRE IV.

THÉORIES DES PHÉNOMÈNES MAGNÉTIQUES TERRESTRES.

La représentation graphique des observations magnétiques, considérées isolément ou groupées ensemble, de
manière à nous représenter les méridiens magnétiques,
les lignes d'égale déclinaison, d'égale inclinaison et d'é-
gale intensité, peut être considérée comme le premier pas
vers la solution de la grande question du magnétisme
terrestre. La forme et la position de ces diverses lignes
variant avec le temps, il en résulte qu'une même carte
ne représente l'état du magnétisme terrestre que pour
une époque déterminée. S'il était possible d'avoir des
formules générales qui exprimassent, en y introduisant
les données nécessaires, l'action magnétique exercée par
la terre sur une aiguille aimantée, en un point donné
de sa surface et à une époque déterminée, il est évident
que la question du magnétisme terrestre serait complétement résolue; mais cette question est d'un ordre tellement complexe, que le mathématicien ne saurait trop
consulter les observations et les conséquences qui en résultent, s'il veut établir des formules qui soient la représentation exacte des phénomènes.

Je vais exposer successivement les principales théories
qui ont été données sur le magnétisme terrestre, afin
que le lecteur puisse embrasser d'un seul coup d'œil
toutes les tentatives faites jusqu'ici pour la solution d'une
des plus grandes questions de la physique terrestre.

CHAPITRE PREMIER.

LES anciennes théories regardaient la terre comme un véritable aimant agissant à distance; mais quelques mathématiciens les ont considérées comme défectueuses en ce que, au lieu de déterminer *à posteriori*, à l'aide des observations, quelle aurait dû être la grandeur réelle de l'aimant auquel ces théories comparaient la terre, elles donnent, *à priori*, à cet aimant une forme et une position particulières, examinant ensuite si l'hypothèse s'accorde avec les faits. Néanmoins cette méthode peut conduire à la solution de la question, si tous les faits peuvent être exactement représentés par des formules.

La plus simple des théories de ce genre est celle qui admet un seul aimant infiniment petit, placé au centre de la terre, ce qui revient à supposer que les forces magnétiques sont tellement distribuées dans toute la masse de la terre; que la résultante de toutes leurs actions peut être représentée par l'action de cet aimant central infiniment petit, de même que l'attraction exercée par un globe homogène est la même que si toute sa masse était réunie à son centre. Suivant cette hypothèse, l'axe du petit aimant étant prolongé, coupe la surface de la terre en deux points qu'on nomme *pôles magnétiques*. A ces points, l'aiguille d'inclinaison est verticale et l'intensité magnétique est à son maximum. D'après cette même théorie, le grand cercle perpendiculaire à la ligne des pôles est *l'équateur magnétique*, courbe formée de tous les points où l'inclinaison est nulle, et où l'intensité magnétique est moitié de ce qu'elle est au pôle ; entre l'équateur et le pôle, l'inclinaison et l'intensité magnétiques dépendent uniquement de la distance du point que l'on considère à l'équateur, ou de la latitude magnétique de ce point, latitude qui n'a pu être définie que lorsque M. Duperrey eut indiqué les moyens de tracer les méridiens magnétiques ; avant lui, cette latitude étant comptée sur des grands cercles, il s'ensuivait des erreurs graves dans les évaluations. Il résultait encore de la théorie dont nous parlons, que l'aiguille horizontale, en un point quelconque, coïncidait toujours en direction avec l'arc de grand cercle mené de ce point au pôle magnétique situé vers le pôle nord ou le pôle sud, suivant que l'on se trouvait dans l'hémisphère septentrional ou l'hémisphère boréal : l'observation n'a pas sanctionné toutes ces déductions, comme on l'a pu voir précédemment.

Tobie Mayer, il y a près de 80 ans, s'empara de cette hypothèse et la soumit au calcul ; il supposa que le petit aimant coïncidait, non avec le centre de la terre, mais avec un point situé à une distance de ce centre égale au septième du rayon terrestre ; il en déduisit, par le calcul, des inclinaisons, des déclinaisons, qui s'accordaient avec les observations, pour un petit nombre de lieux seulement. Sa théorie était défectueuse pour toutes les autres localités.

M. Hansteen fit plus, il substitua à l'action magnétique de la terre celle de deux aimants, différant totalement de position et d'intensité. Mais lorsqu'il voulut comparer sa théorie avec les observations faites en 48 lieux différents, les trois éléments calculés ne s'accordèrent que six fois avec les éléments observés ; il trouva même dans les inclinaisons des différences qui allaient jusqu'à 13°.

M. Biot, sans avoir connaissance des recherches analytiques de Tobie Mayer, partit de la même hypothèse que lui, et parvint à découvrir une loi entre la latitude magnétique d'un point et l'inclinaison en ce point; loi qui sert aujourd'hui dans un grand nombre de circonstances et dont voici l'expression : *La tangente de l'inclinaison est égale au double de la tangente de la latitude magnétique.* Voici les circonstances qui l'ont conduit à s'occuper de cette question.

M. de Humboldt, à son retour d'Amérique, où il avait fait plus de trois cents observations sur l'inclinaison de l'aiguille aimantée et sur l'intensité des forces magnétiques, offrit à M. Biot de réunir ses observations, ainsi que celles qu'il avait faites en Europe avant son départ, à celles que ce célèbre physicien avait faites dans les Alpes, afin de mettre tous les faits en ordre, et de pouvoir en tirer des conséquences utiles à la théorie générale du magnétisme terrestre. Cette proposition ayant été acceptée, MM. de Humboldt et Biot s'occupèrent d'un travail sur les variations du magnétisme terrestre à différentes latitudes (1).

Pour suivre ce résultat général avec facilité, MM. de Humboldt et Biot sont partis d'un terme fixe, et ont choisi pour cela les points où l'inclinaison de l'aiguille aimantée est nulle, parce qu'ils semblent indiquer les lieux où les actions des deux hémisphères sont égales entre elles. La suite de ces points forme, comme on l'a déjà vu, l'équateur magnétique.

Les observations recueillies furent partagées par zones parallèles à l'équateur, afin de faire mieux ressortir l'accroissement de l'intensité à partir de l'équateur, et de rendre la démonstration indépendante de petites anomalies, qui, étant quelquefois assez sensibles èt assez fréquentes, ne pouvaient être attribuées entièrement aux erreurs des observations. Il paraissait, en effet, plus naturel de les attribuer à l'influence des causes locales. A l'appui de cette opinion, M. Biot cite un fait que je dois mentionner. Dans le voyage qu'il fit dans les Alpes, il avait emporté avec lui l'aiguille aimantée dont il s'était

---

(1) Journal de Physique, t. LIX, p. 429.

servi dans une ascension aérostatique avec M. Gay-Lussac ; cette aiguille avait une tendance plus forte à revenir au méridien magnétique dans ces montagnes qu'à Paris. Les résultats suivants ne laissent aucun doute à cet égard.

Nombre des oscillations en 10' de temps.

Paris, avant le départ...............	83,9
Turin............................	87,2
Sur le mont Genève	88,2
Grenoble	87,4
Lyon............................	87,3
Genève..........................	86,5
Dijon	84,5
Paris, au retour.................	83,9

M. de Humboldt a observé des effets analogues à Perpignan, au pied des Pyrénées. Dans les exemples que je viens de citer, il n'a nullement été tenu compte des effets provenant des différences de température qui influent d'une manière sensible sur la durée d'une oscillation. Je me borne à présenter cette observation, afin que le lecteur n'admette pas, sans nouvel examen, que l'action des Alpes influe sensiblement sur l'intensité des forces magnétiques.

MM. de Humboldt et Biot ont été conduits à considérer l'intensité du magnétisme terrestre, sur les différents points du globe, comme soumise à deux sortes de différences ; les unes dépendantes de la situation des lieux par rapport à l'équateur magnétique, les autres dues à des circonstances locales.

Passant de là à l'inclinaison de l'aiguille aimantée, par rapport au plan horizontal, ils ont cherché la loi à laquelle est soumis un accroissement quand on s'éloigne de l'équateur magnétique.

M. Biot a commencé par déterminer la position de l'équateur, en supposant qu'il soit un grand cercle de la sphère terrestre, puis il a donné la forme et la figure de cet équateur.

Pour utiliser les observations sur l'inclinaison faites

par M. de Humboldt dans le cours de son voyage, les
longitudes et les latitudes terrestres ont été réduites en
latitudes et longitudes rapportées à l'équateur magnétique. Pour représenter la série des inclinaisons observées, M. Biot est parti de l'hypothèse qu'il existait sur
l'axe de l'équateur magnétique, et à égale distance du
centre de la terre, deux centres de force attractive, l'un
austral et l'autre boréal; puis il a calculé les faits qui
devaient résulter de l'action de ces centres sur un point
quelconque de la surface de la terre, en faisant varier
leur force attractive en raison inverse du carré de la distance; il a obtenu ainsi la direction de la résultante de
leurs forces, laquelle devait être précisément celle de
l'aiguille aimantée au point d'observation.

Par là M. Biot a été conduit à des équations qui dé-
terminent la direction de l'aiguille aimantée relativement à un point dont on connaît la distance à l'équateur
magnétique, direction dépendante d'une quantité qui exprime la distance des centres magnétiques au centre de
la terre; cette distance étant exprimée, bien entendu,
en parties du rayon terrestre : cette quantité a été déterminée par les observations. En examinant ce qui arriverait en lui donnant successivement diverses valeurs,
M. Biot a déduit de son analyse, qu'en général les résultats approchent de plus en plus de la vérité à mesure
que la distance devient moindre, c'est-à-dire, à mesure
que les deux centres d'action de la force magnétique
approchent davantage du centre de la terre. M. Biot,
en calculant, d'après la formule basée sur cette hypothèse,
les inclinaisons à différentes latitudes, a trouvé les mêmes
nombres que M. de Humboldt avait obtenus dans ses observations en Europe et en Amérique, à quelques différences près, cependant. La marche de ces différences
montre que les nombres donnés par le calcul sont un peu
trop faibles, en Amérique, pour les basses latitudes, et
un peu trop forts pour les latitudes élevées. M. Biot a
cherché aussi si l'hypothèse d'où il était parti, et qui
lui avait servi à représenter les inclinaisons de la bous-

sole, ne pourrait pas s'appliquer aux intensités de M. de Humboldt; mais il a reconnu qu'elle ne pouvait satisfaire à cette application.

M. Krafft, en discutant les formules de M. Biot qui représentent la direction de l'aiguille d'inclinaison, a été conduit à une expression plus simple de cette formule, et qui peut s'exprimer ainsi : *La tangente de l'inclinaison est double de la tangente de la latitude magnétique.* Cette loi, insérée dans les *Mém. de l'Acad. de Saint-Pétersbourg*, pour 1809, sert aujourd'hui, dans un grand nombre de cas, comme je l'ai dit plus haut.

Suivant M. Biot, cette loi, qui est très-simple, a besoin d'être modifiée quand on considère les points du globe qui sont influencés par les inflexions de l'équateur magnétique. En essayant d'appliquer le rapport des tangentes à quelques-unes des îles Australes de la mer du Sud, telles que Otahiti, où Cook a souvent observé, M. Biot a trouvé des inclinaisons beaucoup trop fortes, tandis qu'elles sont plus faibles pour les lieux situés au nord de l'Amérique, à peu près sous la même longitude. Il a attribué ces écarts à l'inflexion de l'équateur magnétique vers le pôle austral. La formule ne peut non plus être appliquée, par la même raison, aux observations faites dans l'Inde.

Pour expliquer les écarts de la loi des tangentes, M. Biot pense qu'il faut admettre que dans les archipels de la mer du Sud il existe un centre d'action qui influe particulièrement dans cet hémisphère, et cause ainsi des perturbations dans la marche des inclinaisons. Au moyen de cette supposition, et en n'accordant qu'une force très-faible à ce centre particulier d'action, M. Biot a trouvé que les résultats de l'observation s'accordent avec ceux déduits du calcul. D'après cette manière de voir, il faudrait supposer des centres d'action dans tous les endroits du globe où la loi des tangentes est en défaut; ce qui compliquerait beaucoup la question théorique du magnétisme terrestre.

Avant de calculer les effets de ces centres d'action particuliers, M. Biot veut qu'on les détermine par l'observation avec une grande précision. Abstraction faite de toute hypothèse sur la nature et la cause du magnétisme terrestre, ces centres d'action ne sont que des causes d'attraction locale, qui modifient la résultante des forces magnétiques terrestres. Nous avons plusieurs exemples de ces attractions locales, contre lesquelles les observateurs doivent se tenir en garde; j'en citerai un qui est assez remarquable, et dont la connaissance est due à M. de Humboldt. Le Heidelberg, près de Zell, s'élève au milieu d'un vaste plateau, à la pente N. O. du Fichtelgebirge. La montagne est dirigée du S. O. au N. O., comme celle des roches primitives et intermédiaires de ces contrées; elle appartient au groupe des Serpentines, enclavé dans les schistes chloriteux et amphiboliques. Dans la chlorite, les parcelles de fer oxydulé sont visibles à l'œil nu, tandis que dans les autres roches, on découvre le fer en pulvérisant la masse et en la remuant avec un barreau aimanté. Les strates de toutes ces roches sont parallèles à l'axe longitudinal de la montagne qui agit à 20 pieds de distance sur la boussole du mineur. Ce qui est particulier dans le magnétisme de cette montagne, c'est la distribution et le parallélisme de ses axes. M. de Humboldt a observé que les pôles nord sont tous situés à la pente sud-est, et les pôles sud à la pente nord-ouest, de sorte que les pôles homonymes occupent une même pente. Or, si l'on réfléchit que ces axes peuvent changer par l'effet d'un tremblement de terre, et qu'il peut très-bien se faire que d'autres montagnes que le Heidelberg possèdent des propriétés magnétiques semblables, on concevra qu'il est presque impossible de représenter par une formule générale, sans avoir besoin de la modifier, là où il y a des perturbations, les effets magnétiques produits par le globe, en un point quelconque de sa surface, sur une aiguille aimantée, librement suspendue. Les considérations précédentes, basées sur des faits positifs qui démontrent, non-seulement le pouvoir magnétique de certaines montagnes, mais encore leur polarité, viennent corroborer l'opinion émise par M. Biot. J'ajouterai qu'une théorie générale ne peut être donnée qu'autant que l'on a sous les yeux toutes les observations magnétiques faites jusqu'à ce jour, et en tenant compte des causes perturbatrices qui font perdre aux observations de déclinaison, d'inclinaison et d'intensité, la régularité qu'elles devraient avoir si la terre était un sphéroïde homogène.

M. Poisson a donné une théorie mathématique du magnétisme ; son but a été de déterminer, en grandeur et en direction, la résultante des attractions ou répulsions exercées par tous les éléments magnétiques d'un corps aimanté, de forme quelconque, sur un corps pris à l'extérieur ou dans son intérieur. On voit, d'après cela, qu'il a considéré la question de la manière la plus générale, sans en faire une application directe aux effets du magnétisme terrestre, de manière à pouvoir comparer les résultats de l'observation avec ceux de l'analyse ; dès lors cette théorie, qui est d'un grand intérêt pour le magnétisme en général, n'en a qu'un secondaire avec la question qui nous occupe en ce moment. Cependant, je dois dire qu'il a déduit de ses savants calculs la loi de M. Biot, dont il a été si souvent fait mention dans ce qui précède.

On doit à M. Morlet des recherches analytiques sur les lois du magnétisme terrestre, question dont il s'occupe depuis plus de 20 ans. Ne pouvant entrer dans tous les détails de calcul qu'il a faits pour déterminer les lois des phénomènes magnétiques, de manière à pouvoir représenter numériquement les observations, je me bornerai à indiquer la méthode générale qu'il a suivie. M. Morlet a considéré comme le moyen le plus direct d'arriver à la solution de la question, de déterminer avec précision une des courbes où la résultante magnétique présente quelques circonstances remarquables dans sa direction à l'égard de l'horizon ou du méridien, attendu que ces courbes portant l'empreinte des lois générales du magnétisme terrestre, peuvent servir, quand leurs équations sont données, à déterminer ces lois.

Dans un premier travail, M. Morlet, en profitant des résultats obtenus par Mayer et par M. Biot, a imaginé une méthode d'interpolation à l'aide de laquelle il a déterminé l'équateur magnétique pour l'époque du voyage de Cook. Ce travail a été présenté à l'Académie des sciences en 1819.

Dans un autre mémoire qu'il a présenté à la même Académie, en 1828, il a appliqué sa méthode à la discussion des observations jusqu'à cette époque.

Enfin, dans un travail plus récent, il s'est attaché à déduire, des résultats qu'il avait obtenus, des lois générales et des formules à l'aide desquelles on pût représenter numériquement les observations magnétiques. Il est parti du principe que, pour de très-petites inclinaisons, on peut représenter celles-ci par le double de la latitude magnétique correspondante. Ce principe, ainsi que la courbe de l'équateur, telle qu'il l'a déterminée, sont les bases sur lesquelles il s'est appuyé pour la détermination des forces qui agissent sur l'aiguille aimantée.

M. Morlet a traité la question du magnétisme terrestre dans toute sa généralité. Le lecteur qui désirerait en avoir une connaissance approfondie, pourra consulter les différents mémoires qu'il a publiés à ce sujet (1).

---

(1) (*Mém. des savants étrangers.*)

CHAPITRE II.

M. GAUSS.

THÉORIE MATHÉMATIQUE DES PHÉNOMÈNES MAGNÉTIQUES TERRESTRES.

On a vu précédemment que l'on avait tracé sur des cartes des lignes d'égale déclinaison et d'égale intensité; mais leur forme et leur position n'ont de valeur que pour l'époque où les observations ont été faites, de sorte que l'ensemble de ces courbes ne représente l'état du magnétisme terrestre que pour une période déterminée. C'est ainsi que la carte de déclinaison de Halley diffère beaucoup de celle de M. Barlow, tracée en 1833, et que la carte d'inclinaison de M. Hansteen est loin de donner la position actuelle des lignes d'égale inclinaison. Quant au tracé des lignes isodynamiques, il est encore trop récent pour que l'on puisse constater à son égard un changement de position qui deviendra bientôt évident. Peu à peu les lacunes que présentent ces cartes seront remplies, et alors celles-ci seront la représentation exacte des faits, pour des époques déterminées.

M. Gauss fait observer que cette représentation graphique des phénomènes n'est qu'un premier pas vers la solution de la grande question du magnétisme terrestre. Ce serait peu, en effet, pour un astronome d'avoir tracé l'orbite apparent d'une comète, s'il ne pouvait calculer ses éléments et prédire son retour avec toutes les particularités de son mouvement; ce serait peu de même, pour le physicien, si, connaissant la véritable cause du magnétisme terrestre, il ne pouvait assigner d'avance, jusqu'à un certain degré d'approximation, le véritable état des forces magnétiques en un point du globe à une époque quelconque.

M. Gauss, avant d'exposer sa théorie, passe en revue celles qui ont été émises par ses prédécesseurs ; en particulier, celle de M. Biot que j'ai fait connaître précédemment. Suivant lui, on doit renoncer à la pensée de représenter l'effet magnétique du globe terrestre par l'action d'un ou de deux aimants infiniment petits ; et recourir à un plus grand nombre d'aimants, serait se jeter dans des calculs interminables. Pour parer à cet inconvénient qui est très-grave (l'admission de plusieurs aimants), M. Gauss a voulu donner une théorie du magnétisme terrestre indépendante de toute hypothèse sur la distribution du fluide magnétique dans l'intérieur de la terre. Les premiers résultats qu'il en a déduits, et que je vais donner, sont considérés par lui comme incomplets, et comme devant servir seulement à donner une idée de ceux que l'on pourra obtenir quand sa méthode analytique aura acquis toute la perfection désirable, par la comparaison d'un grand nombre d'observations faites avec soin.

Supposons que la cause qui agit sur l'aiguille aimantée, quelle qu'elle soit, ait son siége dans le sein de la terre, la force magnétique terrestre sera celle qui, en chaque lieu, dirige une aiguille suspendue par son centre de gravité et soustraite à l'influence de toute action étrangère, magnétique ou électro - magnétique. Quant aux variations diurnes, régulières ou irrégulières, auxquelles cette aiguille est soumise, M. Gauss pense, comme beaucoup de physiciens, que cette cause est étrangère au globe terrestre. Ces variations sont, en tout cas, très-faibles, comparées à la force magnétique elle-même. Il en résulte que cette dernière force est réellement une action exercée par le globe terrestre ; d'après cela, quand il s'agira d'évaluer cette force, il ne faudra employer évidemment que des moyennes prises entre des

observations très-nombreuses, afin de les rendre indépendantes des anomalies et des perturbations particulières.
On conçoit, en effet, que si l'on ne suivait pas cette marche, les faits présenteraient une différence entre le calcul
et l'observation.

Les recherches analytiques de M. Gauss reposent sur
cette hypothèse fondamentale, que l'action magnétique
du globe est la résultante des actions de toutes les parties magnétiques renfermées dans sa masse; qu'un aimant naturel est un corps dans lequel les deux fluides
sont séparés; que les attractions et les répulsions magnétiques s'exercent en raison inverse du carré de la distance. On arriverait aux mêmes résultats analytiques,
si l'on substituait à cette hypothèse celle de M. Ampère,
qui consiste à regarder les forces magnétiques existantes dans un aimant, comme dues à des courants
électriques, circulant autour des molécules, dans des
plans perpendiculaires à l'axe de ces aimants. On pourrait
même, si l'on voulait, adopter une hypothèse mixte, et
considérer les forces magnétiques terrestres comme
produites en partie par la séparation des fluides magnétiques, en partie par des courants, attendu qu'il est
toujours possible de substituer à un courant donné une
certaine quantité de fluides séparés, distribués sur une
surface déterminée, et qui produisent sur tous les points
environnants le même effet que ce courant aurait pu
faire naître.

Je vais exposer maintenant la théorie mathématique
de M. Gauss, en raison de l'importance dont elle peut
être pour la théorie du magnétisme terrestre, et en
entrant dans des détails de calcul indispensables à ceux
qui en voudront faire l'application; car mon but n'est
pas seulement de faire connaître la méthode, mais de
mettre le lecteur à même de l'appliquer.

Quand il s'agit de mesurer l'intensité du fluide
magnétique, nous prenons pour unité la quantité de
fluide nord ou positif qui exerce une attraction égale à
l'unité sur l'unité de fluide sud ou négatif placée à l'u-

nité de distance. L'action exercée en un point quelconque de l'espace par une portion de fluide magnétique placée où l'on voudra, sera toujours pour nous l'action que cette portion de fluide exercerait sur l'unité de fluide nord placée au point dont il s'agit. Dès lors, une masse μ de fluide placée à la distance ρ et que l'on suppose concentrée en son centre de gravité, exercera à cette distance une action mesurée par l'expression $\dfrac{\mu}{\rho^2}$; cette action sera d'ailleurs attractive ou répulsive, suivant que μ sera positif ou négatif. Appelons a, b, c les coordonnées rectangulaires du centre de gravité de la masse μ; x, y, z les coordonnées du point placé à la distance ρ de ce centre, on aura :

$$\rho = \sqrt{(x-a)^2 + (y-b)^2 + (z-c)^2},$$

et les composantes rectangulaires de l'action de cette masse seront

$$\frac{\mu\,(x-a)}{\rho^3}, \ \frac{\mu\,(y-b)}{\rho^3}, \ \frac{\mu\,(z-c)}{\rho^3}.$$

Or, ces trois quantités sont, comme on le voit, les dérivées partielles de la fonction

$$-\frac{\mu}{\rho} = -\frac{\mu}{\sqrt{(x-a)^2 + (y-b)^2 + (z-c)^2}}$$

prises par rapport à x, y, z.

Si d'autres portions de fluides μ', μ'', μ''', etc., dont les centres de gravité soient placés à des distances ρ', ρ'', ρ''', etc., du point a, b, c, attirent ou repoussent en même temps ce point, les composantes de l'action totale, ou de la résultante de toutes ces actions, seront évidemment représentées par les trois dérivées partielles de la somme $-\left(\dfrac{\mu}{\rho} + \dfrac{\mu'}{\rho'} + \dfrac{\mu''}{\rho''} + \dfrac{\mu'''}{\rho'''} \cdots \cdots \right)$

Pour avoir la force magnétique φ de la terre en un point quelconque, ou les composantes X, Y, Z de cette force, partageons la masse entière du globe considérée comme renfermant du fluide magnétique libre, ou les deux fluides magnétiques séparés, en éléments infiniment petits, et représentons par dm la quantité de fluide magnétique renfermée dans un quelconque de ces éléments, par ρ la distance de dm au point que l'on considère dans l'espace, et dont les coordonnées sont x, y, z, et enfin par V l'intégrale $\int \dfrac{dm}{\rho}$ étendue à tous les éléments infiniment petits du globe. Les composantes de la force magnétique au point x, y, z seront données, en vertu de ce qui précède, par les trois dérivées partielles de la fonction V, et l'on aura :

$$X = \frac{dV}{dx}, \; Y = \frac{dV}{dy}, \; Z = \frac{dV}{dz}, \; \varphi = \sqrt{X^2 + Y^2 + Z^2},$$

$$dV = \frac{dV}{dx} dx + \frac{dV}{dy} dy + \frac{dV}{dz} dz = X\,dx + Y\,dy + Z\,dz.$$

Appelons ds la distance du point x, y, z à un point très-voisin $x + dx$, $y + dy$, $z + dz$. Dans le passage du premier point au second, la fonction V deviendra $V + dV$, et si l'on désigne par θ l'angle de la force magnétique φ avec la ligne ds, on aura :

$$\cos \theta = \frac{dV}{dx} \frac{dx}{ds} + \frac{dV}{dy} \frac{dy}{ds} + \frac{dV}{dz} \frac{dz}{ds}$$

et par suite $dV = \varphi \cos \theta \, ds$,

$$\frac{dV}{ds} = \varphi \cos \theta,$$

ce que l'on aurait pu conclure immédiatement de l'équation $\dfrac{d V}{d x} = X$, puisque l'axe des x est entièrement arbitraire. Joignons maintenant deux points de l'espace P_0 et P_1 par une ligne droite ou courbe, et supposons que ds représentant l'élément infiniment petit de cette ligne, θ soit encore l'angle de cet élément avec la direction de la force magnétique. On aura, en désignant par V_0 et V_1 les valeurs de la fonction V correspondantes à ces deux points

$$V_1 - V_0 = \int \varphi \cos \theta \, ds,$$

pourvu qu'on étende l'intégrale à tous les points de la ligne en question qui sont compris entre P_0 et P_1. On déduit immédiatement de la formule qui précède les trois conséquences qui suivent :

1° La valeur de l'intégrale $\int \varphi \cos. \theta \, ds$ est complétement indépendante de la nature de la courbe qui unit les deux points.

2° Cette intégrale s'évanouit lorsque la courbe étant fermée et rentrante sur elle-même, la fonction V reprend au point d'arrivée la valeur qu'elle avait au point de départ.

3° Quand sur une courbe fermée l'angle θ n'est pas partout un angle droit, ses valeurs sont en partie plus grandes, en partie plus petites que 90°.

Considérons la surface formée de l'ensemble des points pour lesquels la fonction V a constamment une valeur déterminée V_0. Cette surface séparera les points pour lesquels V est plus grand que V_0 des points pour lesquels V est plus petit que V_0. Comme en passant d'un point à l'autre de cette surface V reste constant, on aura $d V = 0$, et par suite, en vertu de l'équation $\dfrac{d V}{ds} = \varphi \cos \theta$, $\cos \theta = 0$, la direction de la force magnétique sera donc alors toujours normale à la surface, et de plus dirigée dans la direction qui correspond aux plus grandes valeurs de V. Si l'on appelle ds une longueur infiniment petite comptée perpendiculairement à partir de la surface, la valeur de V correspondante à l'extrémité de cette longueur pourra être représentée par $V_0 + dV_0$ et l'intensité de la force magnétique sera $\dfrac{dV_0}{ds}$, puisque, dans ce cas, $\cos\theta = 1$. L'ensemble des points pour lesquels la fonction V aurait toujours la valeur $V_0 + dV_0$ forme une seconde surface infiniment rapprochée de la première, et dans tous les points compris entre deux surfaces, l'intensité de la force magnétique est en raison inverse de ds ou en raison inverse de leur distance. En faisant augmenter ou diminuer V de quantités très-petites, mais égales, on arriverait à partager l'espace en une infinité de couches, dans chacune desquelles la force magnétique serait toujours en raison inverse de l'épaisseur.

Considérons maintenant les valeurs que doit prendre la fonction V à la surface de la terre. Admettons qu'en un point quelconque P de cette surface, φ soit l'intensité de la force magnétique, P M la direction de cette force, ϖ l'intensité et P N la direction de sa projection sur un plan horizontal, ce sera la direction du méridien magnétique, ou de la ligne sud-nord : soient encore i l'angle de P M avec P N ou l'inclinaison, θ et τ les angles que l'élément ds d'une ligne quelconque tracée sur la surface fera avec les directions P M et P N, et enfin V et $V + dV$ les valeurs de la fonction V aux deux extrémites de l'élément ds, ou aura $\cos\theta = \cos i \cos\tau$, $\varpi = \varphi \cos i$, et l'équation $dV = \varphi \cos\theta\, ds$ deviendra $dV = \varpi \cos\tau\, ds$. Si P_0 et P_1 sont deux points de cette surface liés par une courbe quelconque dont ds sera l'élément, on trouvera, en appelant V_0 et V_1 les valeurs de V correspondantes à ces deux points,

$$V_1 - V_0 = \int \varpi \cos\tau\, ds.$$

L'intégrale s'étendant à tous les points de la ligne en question compris entre P_0 et P_1, on conclut de cette équation,

1° Que la valeur de l'intégrale $\int \varpi \cos \tau \, ds$ est entièrement indépendante de la nature de la courbe qui unit les deux points P_0 et P.

2° Que cette intégrale s'évanouit quand on l'étend à tous les points d'une courbe fermée.

3° Que si l'angle τ n'est pas égal à 90° pour tous les points d'une semblable courbe, cet angle sera tantôt aigu et tantôt obtus.

On peut prouver, au moins approximativement, à l'aide d'observations faites à la surface de la terre, la vérité de ces deux premières conclusions. En effet, traçons sur la surface de la terre un polygone $P_0 P_1 P_2 \ldots P_n$, dont les côtés soient les plus courtes distances de chacun de ces points au suivant, ou des arcs de grands cercles, en supposant que la terre soit sphérique; soient de plus $\delta_0, \delta_1, \delta_2 \ldots$ les déclinaisons positives à l'est et négatives à l'ouest du pôle nord; et soient enfin $(0, 1) (1, 0), (1, 2) (2, 1)\ldots$ les azimuts de ces mêmes côtés $P_0 P_1, P_1 P_2$, etc., aux points P_0 ou P_1, P_1 ou P_2, etc., et comptés à l'ordinaire, à partir du sud en allant vers l'ouest.

L'angle τ qui varie d'une manière continue sur chacun des côtés du polygone change brusquement à chaque angle, et présente alors deux valeurs différentes. Ainsi, au point P_1 considéré tour à tour comme l'extrémité du côté $P_0 P_1$, et le commencement du côté $P_1 P_2$, l'angle τ a les deux valeurs $(1, 0) + \delta_1$, $180° + (1,2) + \delta_0 \ldots$

En désignant par τ_0 et τ_1 les valeurs de l'angle τ au point P_0 considéré comme point de départ, et au point P_1 comme point d'arrivée du côté $P_0 P_1$, on pourra prendre pour valeur approchée de l'intégrale $\int \varpi \cos \tau \, ds$,

la quantité $\frac{1}{2} (\varpi_0 \cos \tau_0 + \varpi_1 \cos \tau_1) P_0 P_1$, qui différera d'autant moins de la véritable valeur de l'intégrale que le côté $P_0 P_1$ sera plus petit. Si l'on y substitue pour, $\cos \tau_0$ et $\cos \tau_1$ leurs valeurs, cette expression deviendra,

$$\tfrac{1}{2}\left[\varpi_1 \cos \left\{(1,0)+\delta_1\right\} - \varpi_0 \cos \left\{(0,1)+\delta_0\right\}\right]P_0 P_1.$$

On trouvera de même, pour les valeurs approchées de la même intégrale correspondantes aux côtés suivants du polygone $P_1 P_2$, $P_2 P_3$,

$$\tfrac{1}{2}\left[\varpi_2 \cos \left\{(2,1)+\delta_2\right\} - \varpi_1 \cos \left\{(1,2)+\delta_1\right\}\right]P_1 P_2, \text{etc.}$$

Appliquée à un triangle tracé sur la surface de la terre,

l'équation $\int \varpi \cos \tau\, ds = 0$ donnera,

$$\varpi_0\left[P_0 P_1 \cos \left\{(0,1)+\delta_0\right\} - P_0 P_2 \cos \left\{(0,2)+\delta_0\right\}\right]$$
$$+ \varpi_1\left[P_1 P_2 \cos \left\{(1,2)+\delta_1\right\} - P_0 P_1 \cos \left\{(1,0)+\delta_1\right\}\right]$$
$$+ \varpi_2\left[P_0 P_2 \cos \left\{(2,0)+\delta_2\right\} - P_1 P_2 \cos \left\{(2,1)+\delta_2\right\}\right]$$
$$= 0,$$

quelle que soit d'ailleurs l'unité d'intensité ou de distance.

Pour donner une application de cette formule, nous choisirons les observations magnétiques de

Gœttingue..	$\delta_0 = 18°38'$	$i_0 = 67°56'$	$\varphi_0 = 1{,}357$
Milan......	$\delta_1 = 18\ 33$	$i_1 = 63\ 49$	$\varphi_1 = 1{,}294$
Paris......	$\delta_2 = 22\ \ \ 4$	$i_2 = 67\ 24$	$\varphi_2 = 1{,}348$

d'où l'on tire

$$\varpi_0 = 0{,}50980$$
$$\varpi_1 = 0{,}57094$$
$$\varpi_2 = 0{,}51804$$

En partant des positions géographiques suivantes :

Gœttingue..	$51°32'$ lat.	$9°58'$ long. de Greenwich.
Milan......	$45\ 28$	$9\ \ 9$
Paris......	$48\ 52$	$2\ 21$

et faisant le calcul dans la supposition où la terre serait sphérique, on trouve,

$$
\begin{aligned}
(0,1) &= 5°\ 11'\ 31' \\
(1,0) &= 184\ 35\ 35 \\
(1,2) &= 128\ 47\ 31 \\
(2,1) &= 3o3\ 48\ \ 1 \\
(2,0) &= 238\ 20\ 20 \\
(0,2) &= 64\ 40\ 12
\end{aligned}
\qquad
\begin{aligned}
P_0 P_1 &= 6°\ 5'\ 20'' \\[1em]
P_1 P_2 &= 5\ 44\ \ 6 \\[1em]
P_0 P_2 &= 5\ 32\ \ 4
\end{aligned}
$$

En substituant toutes ces valeurs dans l'équation trouvée, et exprimant les distances en secondes, on trouve :

$$0 = 17556\ \varpi_0 + 2774\ \varpi_1 - 20377\ \varpi_2,$$
$$\text{ou bien } \varpi_2 = 0,86158\ \varpi_0 + 0,13613\ \varpi_1.$$

En partant des intensités horizontales de Gœttingue et de Milan, on obtient pour celle de Paris $\varpi_2 = 0,51696$, valeur à très-peu près égale à l'intensité réellement observée 0,51804.

Si aux distances $P_0 P_1$, etc., on pouvait substituer leurs sinus, les formules qui précèdent seraient immédiatement exprimées au moyen des longitudes et latitudes géographiques des lieux.

La ligne sur la surface de la terre, dans tous les points de laquelle V conserve une même valeur V_0, sépare en général les points de cette surface pour lesquels V est plus grand que V_0 des points où V est plus petit que V_0. La composante horizontale de la force magnétique en chaque point de cette ligne lui est évidemment perpendiculaire, et s'exerce dans la direction des points qui correspondent aux plus grandes valeurs de V.

Si ds représente une ligne infiniment petite prise dans cette direction normale, et si $V_0 + d V_0$ est la valeur de V correspondante à l'extrémité de cette petite ligne, $\dfrac{d V_0}{ds}$ sera l'intensité de la force magnétique horizontale en ce lieu. De plus, l'ensemble des points, pour lesquels V est constamment égal à $V_o + d V_o$, forme une seconde ligne, infiniment rapprochée de la première, et dans toute la tranche comprise entre ces deux lignes, l'intensité horizontale est en raison inverse de l'épaisseur de cette tranche. En donnant successivement à V des accroissements infiniment petits, mais égaux, et partant de la plus petite valeur de V pour arriver à la plus grande, on partagera la surface entière de la terre en un nombre infiniment grand de zones très-minces. Sur les lignes de séparation de ces zones la force magnétique horizontale sera partout normale, et son intensité variera en raison inverse de la largeur des zones. Aux valeurs extrêmes maximum et minimum de la fonction V, correspondront deux points circonscrits par les zones, et pour lesquels la composante horizontale de la force magnétique sera nulle ; de sorte qu'en ces points la force magnétique sera nécessairement verticale. Ces points sont précisément les pôles magnétiques de la terre. Les lignes de séparation des zones, ou les lignes isodynamiques sont les intersections des surfaces isodynamiques avec la surface du globe. Aux pôles la surface du globe est simplement tangente aux surfaces isodynamiques.

Cet ensemble de lignes isodynamiques que nous venons d'étudier doit être considéré uniquement comme le type le plus simple que l'on puisse rencontrer dans la nature ; il devra être notablement modifié quand on fera des hypothèses particulières sur la répartition du fluide magnétique dans l'intérieur du globe. Il me paraît certain néanmoins que, sauf quelques exceptions purement locales, ce type simple représente assez exactement l'état actuel des lignes isodynamiques du globe. Quelques physiciens ont cru que la terre avait deux pôles magnétiques nord et deux pôles magnétiques sud ; mais ils ont eu le grand tort de ne pas définir avec précision ce qu'ils entendaient par pôle magnétique.

J'appellerai pôles magnétiques les points de la surface de la terre où la composante horizontale de l'inten-

sité magnétique est nulle, et où par conséquent l'inclinaison sera généralement égale à 90°; cette définition
s'étendra d'elle-même aux points singuliers où l'intensité
magnétique totale serait nulle, si tant est qu'il existe de
semblables points. S'il plaisait à quelqu'un d'appeler
pôles des points où l'intensité magnétique a une valeur
maximum, c'est-à-dire, une valeur plus grande que
dans tous les points environnants, il ne devrait pas
au moins oublier que cette définition n'a rien de commun avec la précédente, et que les pôles ainsi définis
n'ont aucune liaison nécessaire de nombre ou de position avec les points où la composante horizontale de
l'intensité est nulle.

Il n'est pas réellement impossible qu'il y ait sur le
globe plus de deux pôles magnétiques, mais il est certain que l'existence de deux pôles nord ou de deux pôles
sud entraîne nécessairement l'existence d'un troisième
pôle qui ne soit ni nord ni sud, ou, si l'on veut, qui
soit en même temps l'un et l'autre. On s'en convaincra
facilement en considérant de près l'ensemble des lignes
isodynamiques dont il a déjà été question. Si en un point
$P^{(m)}$ de la surface de la terre la fonction V acquiert une
valeur maximum $V^{(m)}$, c'est-à-dire, plus grande que toutes les valeurs voisines, à une série de valeurs de V diminuant par degrés successifs, correspondra un système
de lignes, dont chacune enveloppera celles qui la précèdent, et renfermera toujours le point $P^{(m)}$, de telle
sorte qu'en chacun des points de ces lignes la composante magnétique horizontale étant dirigée de dehors en
dedans, le pôle nord de l'aiguille prenne la même direction. Ces lignes isodynamiques que l'on peut rendre
assez petites pour qu'elles laissent à l'extérieur tout point
situé à une distance finie du point $P^{(m)}$, seront en général elliptiques, et par conséquent la direction de l'aiguille aimantée normale, comme nous l'avons vu, à ces
lignes, ne sera pas toujours dirigée vers le point central $P^{(m)}$: cela arrivera seulement dans quatre positions;
mais dans tous les cas, le point $P^{(m)}$ devra être consi-

déré comme un pôle, car il en offre les propriétés caractéristiques.

Désignons par S l'ensemble de tous les points de la surface de la terre pour lesquels la valeur de V surpasse une quantité donnée W. Cet ensemble S de points sera concentré dans une zone terminée par une ligne unique, et continue, ou dans diverses zones isolées les unes des autres ; sur la ligne ou les lignes qui sépareront ces points de ceux pour lesquels V est plus petit que W, on aura partout V = W. De plus, chacune de ces zones isolées s'agrandira ou se rétrécira quand on fera croître ou diminuer la quantité W.

Prenons maintenant un second point $P^{(n)}$ qui jouisse de propriétés analogues à celles du point $P^{(m)}$, ou pour lequel la fonction V acquière aussi une valeur maximum $V^{(n)}$ que nous pouvons supposer plus grande que $V^{(m)}$. D'après ce que nous avons vu, on peut donner à W une valeur plus petite que $V^{(m)}$, mais assez peu différente de $V^{(m)}$ pour que le point $P^{(n)}$ soit hors de la portion de S dont $P^{(m)}$ fera partie. De plus $V^{(n)}$ plus grand que $V^{(m)}$ sera à plus forte raison plus grand que W, et par conséquent $P^{(n)}$ appartiendra aussi nécessairement à une des zones de S. $P^{(m)}$ et $P^{(n)}$ seront donc contenus dans l'ensemble S, mais dans des portions différentes de cet ensemble. On pourrait au contraire donner à W des valeurs assez différentes de $V^{(m)}$ pour que les deux points $P^{(m)}$, $P^{(n)}$ se trouvassent dans une même zone de S, puisqu'en prenant W assez petit, ou en donnant à W sa valeur minimum absolue, S peut comprendre toute la surface de la terre. Cela posé, supposons que l'on fasse décroître W par degrés insensibles depuis la valeur qui place les deux points $P^{(m)}$, $P^{(n)}$ dans deux zones séparées, jusqu'à celle qui les place dans une même zone, on devra nécessairement arriver à une valeur limite $V^{(p)}$ de W, telle que les deux points seront au delà de cette valeur dans deux zones séparées, en deçà dans une même zone. Si le passage se fait en un seul point $P^{(p)}$, la ligne limite ou le lieu de tous les points pour lesquels on a

$V = V^{(p)}$, aura une forme analogue à celle de la lemniscate ∞ dont le point multiple coïnciderait avec $P^{(p)}$. A ce point la composante horizontale de l'intensité magnétique sera nécessairement nulle. En effet, les deux branches de la courbe se croisent sous un angle fini, ou sont tangentes l'une à l'autre : or, si la composante horizontale n'était pas nulle, elle devrait être, dans ce premier cas, normale à deux droites qui font entre elles un angle fini, ce qui est absurde; dans le second cas, dirigée vers une seule portion de la courbe, ce qui ne répugne pas moins, puisque la fonction V va également en croissant quand on marche vers l'une ou l'autre de ces deux portions. Cette composante est donc réellement égale à o, et le point $P^{(p)}$ est un véritable pôle magnétique, mais un pôle tantôt nord tantôt sud; nord par rapport aux points situés à l'extérieur de la courbe analogue à la lemniscate, sud par rapport aux points placés dans l'intérieur de cette courbe.

Si le passage ou la fusion se fait simultanément en deux points, on étendra à chacun de ces deux points ce que nous avons dit du point unique $P^{(p)}$, et l'on verra naître alors dans l'intérieur de l'espace qui renferme les deux points $P^{(m)}$ et $P^{(n)}$ une portion fermée comparable à une petite île qui ira en se rétrécissant toujours à mesure que W diminuera, jusqu'à ce qu'elle se réduise à un point unique qui sera un véritable pôle sud. Quelque chose d'analogue se présentera encore si le passage a lieu sur plusieurs points isolés à la fois. Si, enfin, l'ensemble des points où se fera la transition forme une ligne continue, la composante horizontale s'évanouira à tous les points de cette ligne. Dans tous les cas, il sera certain que l'existence de deux pôles sud ou de deux pôles nord entraîne nécessairement l'existence d'un autre pôle qui ne sera ni nord ni sud, ou qui sera tout à la fois nord et sud.

Ce que nous venons de dire peut servir à donner une idée des écarts ou des exceptions que peut subir le type le plus simple de l'ensemble des lignes isodynamiques.

L'ensemble de tous les points auxquels correspond une même valeur de V peut donner naissance à un espace discontinu, formé de portions isolées les unes des autres, mais circonscrites toutes par une courbe fermée. Il peut aussi se réduire à une ligne formée de deux branches qui se croisent en un point multiple; à une ligne, pour tous les points de laquelle la fonction V, devenue un maximum ou un minimum, partage l'espace en deux portions dans lesquelles la fonction V ait toujours une valeur plus petite ou plus grande que sur les lignes de séparation.

On peut affirmer sans crainte que l'ensemble actuel des lignes isodynamiques de la terre ne s'écarte pas notablement, sur une grande étendue, du type le plus simple, quoiqu'il puisse exister des irrégularités locales là où des masses magnétiques placées près de la surface de la terre exerceront dans le voisinage immédiat une action assez forte pour anéantir ou dissimuler les effets de la résultante des forces magnétiques régulières du globe. Les modifications que peuvent subir alors les lignes isodynamiques, sont toujours circonscrites dans un très-petit espace.

Après ce premier aperçu géométrique sur les variations de la composante horizontale de la force magnétique du globe, il s'agit de montrer comment on pourra les soumettre au calcul. Prenons pour coordonnées variables la longitude λ mesurée à l'est d'un premier méridien quelconque, et le complément l de la latitude, ou la distance au pôle nord. En regardant la terre comme un ellipsoïde de révolution, dont les deux axes soient R et $R(1-\varepsilon)$, les éléments du méridien et des parallèles seront respectivement proportionnels aux quantités,

$$\frac{(1-\varepsilon)^2 \, R \, dl}{\left[1-(2\varepsilon-\varepsilon^2)\cos^2 l\right]^{\frac{3}{2}}}, \qquad \frac{R \sin l \, d\lambda}{\sqrt{1-(2\varepsilon-\varepsilon^2)\cos^2 l}}.$$

En appelant X, Y, les deux composantes rectangulaires de la force horizontale relatives à l'unité de masse, et dirigées l'une suivant le méridien, l'autre suivant le parallèle,

$$\frac{X_{\prime}(1-\varepsilon)^2\,R\,dl}{\left|\,1-(2\varepsilon-\varepsilon^2)\cos^2 l\,\right|^{\frac{3}{2}}}\,, \qquad \sqrt{\frac{Y_{\prime}\,R\,\sin l\,d\lambda}{1-(2\varepsilon-\varepsilon^2)\cos^2 l}}$$

seront les composantes de la force horizontale motrice; et l'on aura :

$$X_{\prime}=-\frac{\left|\,1-(2\varepsilon-\varepsilon^2)\cos^2 l\,\right|^{\frac{3}{2}}}{(1-\varepsilon)^2}\,\frac{d V}{R\,dl}$$

$$Y_{\prime}=-\sqrt{1-(2\varepsilon-\varepsilon^2)\cos^2 l}\,\;\frac{d V}{R\,\sin l\,d\lambda}\cdot$$

La force horizontale φ et la tangente de la déclinaison seront données par les équations

$$\varphi=\sqrt{X_{\prime}^2+Y_{\prime}^2}\quad \operatorname{tang}\delta=\frac{Y_{\prime}}{X_{\prime}}\cdot$$

Si l'on néglige le carré de l'excentricité ε, ces formules deviendront

$$X_{\prime}=-\left|\,1+(2-3\cos^2 l)\,\varepsilon\,\right|\,\frac{d V}{R\,dl}\,,$$

$$Y_{\prime}=-(1-\varepsilon\cos^2 l)\,\frac{d V}{R\,\sin l\,d\lambda}\cdot$$

En supposant la terre parfaitement sphérique, on aurait

$$X_{\prime}=-\frac{d V}{R\,dl}, \quad Y_{\prime}=-\frac{d V}{R\,\sin l\,d\lambda}\cdot$$

Les données des observations sont encore trop peu nombreuses et trop brutes pour qu'il y ait quelque avantage à tenir compte de l'aplatissement de la terre, ce serait compliquer inutilement la question; dans tout ce qui va suivre, nous regarderons donc la terre comme une sphère du rayon R, et nous ne ferons usage que des dernières valeurs de X_i, Y_i.

Si l'on connaissait la valeur de X_i, considérée comme fonction de l et de λ, on en déduirait immédiatement et *à priori* la valeur de Y_i. En effet, intégrons l'expression $X_i\, dl$ en y regardant λ comme constant, et posons

$$\int_0^l X_i\, d\,l = T. \text{ D'où } X_i = \frac{d\,T}{d\,l}; \text{ cette valeur, substituée}$$

dans l'équation $X_i = -\dfrac{d\,V}{R\,dl}$, donne $\dfrac{d(V+RT)}{d\,l} = o;$

$V + RT$ sera donc une quantité indépendante de l, qui conservera par conséquent la même valeur sur toute l'étendue d'un même méridien, ou qui même sera tout à fait constante, puisque tous les méridiens ont deux points communs.

En appelant V_n la valeur de V correspondant au pôle nord, pour lequel

$$l=o,\; T_n = \int_0^o X_i\, dl = o,$$

on trouvera

$$V + RT = V_n,\; T = \frac{V_n - V}{R},\; V = V_n - RT.$$

$$\frac{d\,V}{d\,\lambda} = -R\,\frac{d\,T}{d\,\lambda};$$

et en substituant dans l'équation $Y_i = -\dfrac{d\,V}{R\sin l\, d\,\lambda}$,

$$Y_i = \frac{d\,T}{\sin l\, d\,\lambda}.$$

si l'on a égard à la valeur $\int_0^1 X_1\, dl$ de T, cette équation pourra se mettre sous la forme

$$Y_1 = \frac{1}{\sin l} \int_0^1 \frac{dX_1}{d\lambda}\, dl$$

et deviendra l'expression analytique d'un théorème remarquable qu'on peut énoncer comme il suit :

Quand on connaît pour un lieu quelconque de la terre la composante nord de la force magnétique horizontale, ou celle des composantes de cette force qui est dirigée suivant le méridien, on peut en conclure immédiatement la composante est ou ouest de cette même force, ou la composante dirigée suivant le cercle parallèle. En supposant de même que Y soit exprimée au moyen de l et de λ, et représentant par U l'intégrale $\int Y_1\, d\lambda$, dans laquelle on regarde l comme constant, on trouverait

$$\frac{d(V + RU)}{d\lambda} = 0.$$

La fonction $V + RU$ et par suite la quantité

$$\frac{d(V + RU)}{R\, dl} = \frac{dU}{dl} - X_1$$

seront indépendantes de λ, et l'on pourra poser

$$\frac{dU}{dl} - X_1 = f(l) \qquad X_1 = \frac{dU}{dl} - f(l).$$

Le terme $\dfrac{dU}{dl}$ ne différera de la composante X_1 que d'une quantité fonction de l, qui sera par conséquent la même pour tous les points d'un même parallèle, et qui sera déterminée dès que l'on connaîtra la force magnétique horizontale en un point de ce parallèle. Ces considérations nous conduisent à un second théorème non moins important que le premier : *Si l'on connaît la composante est de la force magnétique en un point quelconque de la surface de la terre, et la composante nord de cette même force, pour tous les points d'une ligne quelconque, allant du pôle nord au pôle sud, on pourra déterminer immédiatement cette même composante nord pour tous les autres points du globe.*

Si l'on voulait étendre ces conclusions à la force magnétique totale, et tenir compte de la composante verticale, il faudrait considérer V comme une fonction de trois coordonnées qui peuvent être 1° la distance r du point que l'on considère à la surface de la terre ; 2° l'angle l compris entre le rayon r et la partie nord de l'axe du monde; 3° l'angle λ que fait, avec un méridien fixe, le plan passant par les pôles et par le rayon r. Supposons que la fonction V soit développée suivant les puissances ascendantes de R et les puissances descendantes de r, ou que l'on ait

$$V = \frac{A_1\,R^2}{r} + \frac{A_2\,R^3}{r^2} + \frac{A_3\,R^4}{r^3} + \frac{A_4\,R^5}{r^4} + \text{etc.}$$

Les coefficients A_1, A_2 .... A_n sont des fonctions de l et de λ. Pour mettre en évidence les liaisons qui existent entre ces coefficients et la distribution du magnétisme dans l'intérieur de la terre, considérons un élément infiniment petit, dm, dont le centre de gravité ait pour coordonnées r_0, l_0, λ_0, et qui soit à la distance ρ du point dont les coordonnées sont r, l, λ. On aura, comme nous l'avons dit,

$$V = - \int \frac{dm}{\rho}\ \text{etc.},$$

et de plus

$$\rho = \sqrt{r^2 - 2 r r_0 \left\{ \cos l \cos l_0 + \sin l \sin l_0 \cos (\lambda - \lambda_0) \right\} + r_0^2}.$$

On peut de cette équation tirer la valeur de $\dfrac{1}{\rho}$ qui sera de la forme

$$\frac{1}{\rho} = \frac{B_1}{r} + \frac{B_2\, r_0}{r^2} + \frac{B_3\, r_0^2}{r^3} + \text{etc.}$$

En substituant cette valeur dans l'équation

$$V = - \int \frac{d m}{\rho},$$

et comparant entre elles les deux valeurs de V, on trouvera

$$R_2\, A_1 = - \int B_1\, dm, \quad R_3\, A_2 = - \int B_2\, dm,$$

$$R_4\, A_3 = - \int B_3\, dm, \text{ etc.}$$

B_1 est égal à l'unité, dès lors, si l'on admet comme hypothèse fondamentale, que dans chaque partie appréciable d'un conducteur quelconque, comme aussi dans toute l'étendue de la terre, la quantité de fluide positif est égale à la quantité de fluide négatif, ce qui entraîne l'équation $\int d m = 0$, on trouvera $A_1 = 0$, et par conséquent le premier terme de la série convergente, qui donne V, disparaîtra; on verra facilement que A_2 est donné par l'équation

$$R_3\, A_2 = a \cos l + b \sin l \cos \lambda + c \sin l \sin \lambda,$$

dans laquelle les coefficients

$$a = - \int \cos l_0\, d m, \quad b = - \int \sin l_0 \cos \lambda_0\, d m,$$

$$c = - \int \sin l_0 \sin \lambda_0\, d m,$$

sont, comme M. Gauss l'a montré dans l'ouvrage qui a pour titre *Intensitas vis magneticæ*, page 13, les moments du magnétisme terrestre relatifs à trois axes rectangulaires, dont le premier serait l'axe même de la terre, le second et le troisième les deux rayons de l'équateur correspondant aux longitudes, o et 90°. Nous pouvons supposer connue la forme générale des coefficients du développement de V et de $\frac{1}{\rho}$; ces coefficients sont tous des fonctions rationnelles entières des quantités $\cos l$, $\sin l$, $\cos \lambda$, $\sin \lambda$; A_3, B_3 du 2e degré, A_4, B du 3e, etc. D'ailleurs les séries qui donnent $\frac{1}{\rho}$ et V seront convergentes tant que r ne sera pas plus petit que R, et à plus forte raison plus petit que le rayon d'une sphère qui renfermerait l'ensemble entier des parties magnétiques de la terre.

La fonction V, déterminée par l'équation $V = -\int \frac{dm}{\rho}$ vérifie nécessairement l'équation aux différentielles partielles

$$r \frac{d^2 r V}{d r^2} + \frac{d^2 V}{d l^2} + \cot l \frac{dV}{dl} + \frac{1}{\sin^2 l} \frac{d^2 V}{d\lambda^2} = 0,$$

qui n'est qu'une transformation de l'équation bien connue

$$\frac{d^2 V}{d x^2} + \frac{d^2 V}{d y^2} + \frac{d^2 V}{d z^2} = 0,$$

dans laquelle x, y, z sont les coordonnées rectangulaires du point r, l, u. Si, dans cette équation différentielle, on substitue à V sa valeur, on trouvera que les coefficients A_2, A_3, A_n satisfont eux-mêmes à des équations aux différentielles partielles, dont la forme générale est

$$n(n+1) A_n + \frac{d^2 A_n}{d l^2} + \cot l \frac{d A_n}{dl} + \frac{1}{\sin^2 l} \frac{d^2 A_n}{d\lambda^2} = 0.$$

On déduit facilement de cette équation, jointe à la remarque que nous avons déjà faite sur la nature des coefficients A_2, A_3, etc., la valeur générale de A_n. Si l'on représente par $A_{n,m}$ la fonction suivante :

$$\left\{ \cos l^{n-m} - \frac{(n-m)(n-m+1)}{2(2n-1)} \cos l^{n-m-2} \right.$$

$$\left. + \frac{(n\text{-}m)(n\text{-}m\text{-}1)(n\text{-}m\text{-}2)(n\text{-}m\text{-}3)}{2.\,4(2n-1)(2n-3)} \cos l^{n-m-4}\text{-etc.} \right\} \sin l^m ,$$

A_n sera donné par l'équation

$$A_n = a_{n,0}\, A_{n,0} + (a_{n,1} \cos \lambda + b_{n,1} \sin \lambda) A_{n,1}$$
$$+ (a_{n,2} \cos 2\lambda + b_{n,2} \sin 2\lambda) A_{n,2} \ldots + (a_{n,n} \cos n\lambda$$
$$+ b_{n,n} \sin n\lambda) A_{n,n} ,$$

dans laquelle $a_{n,0}\, a_{n,1} \ldots a_n$, $b_{n,1}\, b_{n,2} \ldots b_{n,n}$ sont des coefficients numériques.

Décomposons la force magnétique correspondante au point dont les coordonnées sont r, l et λ, en trois autres forces rectangulaires X, Y, Z, dont la première et la seconde, situées dans un plan tangent à la surface de la sphère qui aurait r pour rayon, soient dirigées, l'une parallèlement au méridien, l'autre parallèlement à l'équateur, tandis que la troisième Z s'exerce dans le sens du rayon terrestre.

Les valeurs de ces trois composantes seront évidemment

$$X = - \frac{dV}{r\,dl}, \quad Y = - \frac{dV}{r\sin l\,d\lambda}, \quad Z = - \frac{dV}{dr};$$

ou, en mettant pour V sa valeur,

$$X = - \frac{R^3}{r^3} \left\{ \frac{dA_2}{dl} + \frac{R}{r} \frac{dA_3}{dl} + \frac{R^2}{r^2} \frac{dA_4}{dl} + \text{etc.} \right\}$$

$$Y = - \frac{R^3}{r^3 \sin l} \left\{ \frac{dA_2}{d\lambda} + \frac{R}{r} \frac{dA_3}{d\lambda} + \frac{R^2}{r^2} \frac{dA_4}{d\lambda} + \text{etc.} \right\}$$

$$Z = - \frac{R^3}{r^3} \left\{ 2A_2 + \frac{3RA_3}{r} + \frac{4RA_4}{r^2} + \text{etc.} \right\}$$

Si le point r, l, λ faisait partie de la surface terrestre, c'est à dire, si l'on avait $r = R$, les trois forces X, Y, Z, deviendraient les deux composantes de la force magnétique horizontale et la force magnétique verticale; ces trois forces seraient d'ailleurs données par les équations

$$X = - \left\{ \frac{dA_2}{dl} + \frac{dA_3}{dl} + \text{etc.} \right\},$$

$$Y = - \frac{1}{\sin l} \left\{ \frac{dA_2}{d\lambda} + \frac{dA^3}{d\lambda} + \text{etc.} \right\},$$

$$Z = 2A_2 + 3A_3 + \text{etc.}$$

Si, en ayant égard à ces formules, on se rappelle 1° que toute fonction de λ et de l qui pour toutes les valeurs de λ comprises entre o et 360° et pour toutes les valeurs de l comprises entre o et 180° doit prendre une valeur finale déterminée, peut être développée en une série de la forme

$$A_1 + A_2 + A_3 + A_4 + \text{etc.},$$

dont le terme général A_n satisfasse à l'équation aux difrérentielles partielles

$$n(n+1) A_n + \frac{d^2 A_n}{dl^2} + \cot l \frac{dA_n}{dl} + \frac{1}{\sin^2 l} \frac{d^2 A_n}{d\lambda^2};$$

2° que ce développement n'est possible que d'une seule manière, et que la série ainsi obtenue est toujours convergente, on arrivera à ces théorèmes très–remarquables.

Dès que l'on connaît la valeur de la fonction V, correspondante à tous les points de la surface de la terre, on peut en déduire la valeur de cette même fonction pour tout l'espace infini, situé hors de cette surface, et par conséquent aussi la valeur des composantes X, Y, Z non-seulement sur la surface de la terre, mais aussi pour tout l'espace. Il suffit évidemment pour cela de développer $\frac{V}{R}$ en une série convergente.

Nous pourrons donc, dans tout ce qui suit, ne considérer que les valeurs de la fonction V, relatives à la surface terrestre et substituer à l'expression générale de cette fonction, ce qu'elle devient quand on y fait $r=R$, on aura dès lors toujours

$$V = R(A_2 + A_3 + A_4 + \text{etc.})$$

Pour calculer V et par conséquent pour résoudre complétement le problème du magnétisme terrestre, il suffit de connaître la valeur de X pour tous les points de la surface de la terre. En effet, de l'intégrale déjà obtenue n° 15

$$\int_0^1 X\,dl = \frac{V_n - V}{R},$$

dans laquelle V_n représente la valeur de V correspondante au pôle nord, on tire

$$V = V_n - R\int_0^1 X\,dl,$$

et si l'on développe en série l'intégrale $\int_0^1 X\,dl$, le développement devra nécessairement coïncider avec la différence

$$V_n - A_2 - A_3 - A_n - \text{etc.}$$

III. Pour déterminer V il suffira encore, comme nous

l'avons dit, de connaître pour toute la terre la valeur de Y, avec la valeur de **X**, relative à tous les points d'une ligne quelconque passant par les deux pôles : ces données suffiront pour fonder une théorie *complète* du magnétisme terrestre.

IV. Enfin on pourra encore déduire la théorie complète du magnétisme de la seule connaissance de la composante verticale Z pour tous les points de la surface de la terre. Supposons, en effet, que **Z** est donnée par la série convergente

$$Z = B_1 + B_2 + B_3 + \text{etc.} ;$$

cette valeur devant satisfaire à l'équation

$$Z = 2\,A_2 + 3\,A_3 + \text{etc.},$$

on aura nécessairement

$$A_1 = 0,\ A_2 = \frac{1}{2}\,B_2,\ A_3 = \frac{1}{3}\,B_3\ \text{etc.},$$

et par conséquent la valeur de **V** sera complétement connue.

Les trois composantes X, Y, Z qui s'expriment si facilement au moyen d'une fonction unique V et qui sont liées entre elles par des relations si simples, remplacent avec beaucoup d'avantage l'intensité, l'inclinaison et la déclinaison, quand il s'agit de poser les bases d'une théorie. Nous osons même dire que l'emploi des anciens éléments, si naturel en apparence et si utile lorsqu'on veut lier entre eux des faits, ne conduira jamais à une théorie mathématique qui puisse devancer les observations. Sous ce rapport, il est fort à désirer qu'on représente graphiquement toutes les circonstances de la force magnétique horizontale qui fournit à la théorie des éléments primitifs immédiatement propres à être mis en usage, tandis que la force magnétique totale, loin d'être un fait purement observé, est déduite du calcul avec le secours de l'inclinaison.

Il y aurait sans doute beaucoup d'intérêt à n'employer, pour fonder la théorie du magnétisme terrestre, que les seules observations de l'aiguille horizontale, et à en déduire l'inclinaison, mais les données de l'expérience sont trop incomplètes pour que l'on puisse renoncer à l'emploi simultané des observations faites sur la composante verticale du magnétisme terrestre.

Quoique l'on soit certain *à priori* que les séries qui donnent V, X, Y, Z sont convergentes, il est impossible d'apprécier actuellement le degré de cette convergence. Si les causes des actions magnétiques pouvaient être considérées comme concentrées dans un très-petit espace autour du centre de la terre, les séries convergeraient très-rapidement; mais la convergence sera très-lente si l'on doit regarder ces causes comme s'étendant à une petite distance de la surface du globe, ou si la distribution du magnétisme terrestre est très-irrégulière.

Pour calculer les termes A_2, A_3, A_4, ... A_n il faut déterminer d'abord les valeurs de 3, 5, 7, $(n-1)^2 + 2(n-1)$ coefficients. Comme chaque valeur de X, Y, Z donnée en fonction de l et de λ donne une équation entre ces coefficients, les trois éléments du magnétisme terrestre pour chaque lieu de la terre, la déclinaison, l'inclinaison et l'intensité, fourniront trois équations; et par conséquent, si les séries étaient assez convergentes pour qu'on pût n'employer que quatre termes, A_2, A_3, A_4, A_5, les données magnétiques complètes relatives à huit points du globe, suffiraient pour qu'on pût déterminer les vingt-quatre coefficients, dont dépendent ces quatre termes, et résoudre complétement la grande question du magnétisme terrestre. Mais cette supposition n'est pas admissible il faudrait donc nécessairement recourir à un plus grand nombre d'observations, ce qui entraînerait d'énormes calculs et de nouvelles sources d'erreurs; de sorte que, sous le point de vue pratique, la méthode que nous avons exposée laisse beaucoup à désirer. On peut lui en substituer une autre, qui consiste à employer pour le calcul des coefficients les données magnétiques relatives à des points sur un nombre suffisant de cercles parallèles, et de manière à diviser ces cercles parallèles en un nombre assez grand de parties égales. Cette méthode a l'avantage de rendre le calcul plus facile ; mais elle a aussi l'inconvénient de ne pas employer exclusivement des observations immédiates, et de suppléer par des représentations graphiques et des prolongements de courbe trop souvent incertains aux données précises de l'expérience. Au reste, ce qui est seul possible maintenant, c'est de tenter un premier essai avec les données actuelles, quelque imparfaites qu'elles soient. La comparaison des résultats du calcul avec l'expérience montrera le degré d'approximation que l'on peut espérer d'obtenir et conduira à des perfectionnements nouveaux.

L'apparition de la carte du capitaine Sabine, en ajoutant les intensités magnétiques aux déclinaisons et aux inclinaisons fournies déjà par les cartes de Barlow et de Horner, a déterminé M. Gauss à tenter ce premier essai. Il a pris pour base de son application les données magnétiques relatives à sept cercles parallèles ou à douze points pris sur chacun de ces cercles, de manière à les partager en douze parties égales. M. Gauss vit, dès le début, qu'il serait obligé de calculer quatre termes et par conséquent vingt-quatre coefficients, encore se peut-il qu'il ait eu tort de négliger le cinquième terme. Ces vingt-quatre coefficients, qu'on peut regarder comme les éléments du magnétisme terrestre, l'ont conduit aux valeurs suivantes de V, X, Y, Z dans lesquelles, pour plus de simplicité, on a fait

$$\cos l = e, \qquad \sin l = f.$$

$$\frac{V}{R} = -1,977 + 937,103\,e + 71,245\,e^2 - 18,868\,e^3$$
$$-108,855\,e^4$$
$$+ (64,438 - 79,518\,e + 122,936\,e^2 + 152,589\,e^3)\,f\cos\lambda$$
$$+ (-188,303 - 33,507\,e + 47,794\,e^2 + 64,112\,e^3)\,f\sin\lambda$$
$$+ (7,035 - 73,193\,e - 45,791\,e^2)\,f^2\cos 2\lambda$$
$$+ (-45,092 - 22,766\,e - 42,573\,e^2)\,f^2\sin 2\lambda$$
$$+ (1,396 + 19,774\,e)\,f^3\cos 3\lambda$$
$$+ (-18,750 - 0,178\,e)\,f^3\sin 3\lambda$$
$$+ 4,127\,f^4\cos 4\lambda$$
$$+ 3,175\,f^4\sin 4\lambda;$$

$$X = (937,103 + 142,490\,e - 56,603\,e^2 - 435,420\,e^3)\,f$$
$$+ (-79,518 + 181,435\,e - 298,732\,e^2 - 368,808\,e^3$$
$$+ 610,357\,e^4)\cos\lambda$$
$$+ (-33,507 + 283,892\,e + 259,349\,e^2 - 143,383\,e^3$$
$$- 256,448\,e^4)\sin\lambda$$
$$+ (-73,193 - 105,652\,e + 219,579\,e^2$$
$$+ 183,164\,e^3)\,f\cos 2\lambda$$
$$+ (-22,766 + 175,330\,e + 68,098\,e^2$$
$$- 170,292\,e^3)\,f\sin 2\lambda$$
$$+ (19,774 - 4,188\,e - 79,096\,e^2)\,f^2\cos 3\lambda$$
$$+ (-0,178 + 56,250\,e + 0,716\,e)\,f^2\sin 3\lambda$$
$$- 16,508\,e\,f^3\cos 4\lambda$$
$$- 12,701\,e\,f^3\sin 4\lambda;$$

$$Y = (188,303 + 33,507\,e - 47,794\,e^2 - 64,112\,e^3)\cos\lambda$$
$$+ (64,438) - 79,518\,e + 122,936\,e^2 - 152,589\,e)\sin\lambda$$
$$+ (90,184 + 45,532\,e - 85,146\,e^2)\,f\cos 2\lambda$$
$$+ (14,070 - 146,386\,e - 91,582\,e^2)\,f\sin 2\lambda$$
$$+ (56,250 + 0,534\,e)\,f^2\cos 3\lambda$$
$$+ (4,188 + 59,322\,e)\,f^2\sin 3\lambda$$
$$- 12,701\,f^3\cos 4\lambda$$
$$+ 16,508\,f^3\sin 4\lambda;$$

$$Z = -24{,}593 + 1896{,}847\, e + 400{,}343\, e^2 - 75{,}471\, e^3$$
$$\qquad\qquad\qquad\qquad\qquad - 544{,}275\, e^3$$
$$+ (79{,}700 - 107{,}763\, e + 491{,}744\, e^2 - 762{,}946\, e^3)\, f\cos\lambda$$
$$+ (-395{,}724 - 155{,}473\, e + 191{,}176\, e^2$$
$$\qquad\qquad\qquad\qquad + 320{,}560\, e^3)\, f\sin\lambda$$
$$+ (34{,}187 - 292{,}772\, e - 228{,}755\, e^2)\, f^2\cos 2\lambda$$
$$+ (-147{,}439 - 91{,}064\, e + 212{,}865\, e^2)\, f^2\sin 2\lambda$$
$$+ (5{,}584 + 98{,}870\, e)\, f^3\cos 3\lambda$$
$$+ (-75{,}000 - 0{,}890\, e)\, f^3\sin 3\lambda$$
$$+ 20{,}635\, f^4\cos 4\lambda$$
$$+ 15{,}876\, f^4\sin 4\lambda.$$

Quand pour un lieu donné on aura calculé les trois composantes X, Y, Z de la force magnétique, on en déduira l'inclinaison i, la déclinaison δ, l'intensité totale φ, l'intensité de la force horizontale ϖ, à l'aide des équations

$$X = \varpi\cos\delta, \quad Y = \varpi\sin\delta, \quad \varpi = \varphi\cos i, \quad Z = \varphi\sin i.$$

Chacune des équations qui donnent V, X, Y Z renfermant 71 termes, le calcul direct serait réellement impraticable, si on voulait le réaliser pour un grand nombre de lieux; et l'on pourrait toujours avoir à redouter de grandes erreurs. Pour échapper à cette difficulté nouvelle, M. Gauss a d'abord remarqué que les valeurs de X, Y, Z pouvaient se mettre sous la forme.

$$X = a + a'\cos(\lambda + A') + a''\cos(2\lambda + A'') + a'''\cos(3\lambda + A''')$$
$$\qquad\qquad\qquad\qquad\qquad + a^{\text{iv}}\cos(4\lambda + A^{\text{iv}})$$
$$Y = b + b\cos(\lambda + B') + b''\cos(2\lambda + B'') + b'''\cos(3\lambda + B''')$$
$$\qquad\qquad\qquad\qquad\qquad + b^{\text{iv}}\cos(4\lambda + B^{\text{iv}})$$
$$Z = c + c'\cos(\lambda + c') + e''\cos(2\lambda + e'') + e'''\cos(3\lambda + e''')$$
$$\qquad\qquad\qquad\qquad\qquad + e^{\text{iv}}\cos(4\lambda + e^{\text{iv}})$$

et il a eu l'immense courage de calculer des tables qui

donnent de degré en degré les valeurs des coefficients a, b, c, d, b', c', etc., et des angles auxiliaires A', B', C', correspondantes à la latitude, ou au complément de la latitude donnée. Dès lors le calcul s'achève avec assez de facilité, et M. Gauss a pu comparer, pour 91 lieux du globe, les résultats de la théorie avec les observations.

Dans un grand nombre de cas la différence entre le calcul et l'expérience est comparable aux erreurs d'observations; elle est même quelquefois inférieure à la différence qui existe entre les observations faites dans un même lieu par deux expérimentateurs exercés; de sorte que la théorie, que l'on parviendra sans doute à simplifier, est déjà une expression assez exacte des faits.

CHAPITRE III.

RECHERCHES TOUCHANT L'ORIGINE PROBABLE DES PHÉNOMÈNES MAGNÉTIQUES TERRESTRES.

On a fait jusqu'ici bien des hypothèses pour remonter à la cause du magnétisme terrestre. Gilbert est le premier qui ait supposé que la terre fût un aimant puissant dont l'axe coïncidât presque avec l'axe terrestre. D'après cette hypothèse, les deux pôles magnétiques seraient à peu de distance des pôles de la terre.

§ Ier. *Opinion de M. Hansteen.*

M. Hansteen a cherché à prouver, comme on l'a vu, qu'il devait y avoir un autre pôle magnétique dans les régions boréales, sans lequel on ne pouvait rendre compte de tous les phénomènes magnétiques observés. Il faudrait donc supposer, dans cette hypothèse, qu'un second aimant traversât le globe dans la direction d'un diamètre dont le pôle coïnciderait avec le pôle magnétique de Sibérie.

D'après une hypothèse plus récente, dont il sera question ci-après, le magnétisme de la terre ne serait pas celui d'un aimant, mais bien celui d'une sphère de fer qui a reçu le magnétisme par induction.

Il existe une très-grande différence entre ces deux états magnétiques : dans les aimants ordinaires, les centres d'action ou pôles sont placés à peu de distance de leurs extrémités; mais dans des masses de fer creuses ou solides, régulières ou non, les centres d'action coïncident toujours avec le centre d'action de la surface de la masse.

Quelles que soient les bases d'où l'on parte pour expliquer ces phénomènes, on se demande toujours comment
il se fait que la terre soit magnétique. M. Hansteen,
dans son ouvrage sur le magnétisme terrestre, a émis
les opinions suivantes :

« Il paraît plus naturel de chercher leur origine (des
« phénomènes) dans le soleil, source de toute activité;
« et notre conjecture acquiert une plus grande proba-
« bilité par les remarques qui précèdent sur les oscil-
« lations diurnes de l'aiguille. D'après ce principe, le
« soleil peut être considéré comme possédant un ou plu-
« sieurs axes magnétiques qui, en distribuant la force,
« occasionnent une différence magnétique dans la terre,
« la lune et toutes les planètes dont la structure interne
« admet une différence semblable. Cependant, en adop-
« tant cette hypothèse, la principale difficulté ne paraît
« pas vaincue, mais seulement éloignée, car on est en
« droit de demander avec raison d'où le soleil tire sa force
« magnétique; et si, du soleil, on a recours à un soleil
« central, et de celui-ci à une direction magnétique gé-
« nérale, on ne fait qu'allonger une chaîne sans fin,
« dont chaque anneau est suspendu au précédent sans
« qu'aucun d'eux repose sur une base quelconque. Tout
« considéré, le mode suivant de représenter l'effet me
« paraît plus plausible : si un globe unique était destiné
« à se mouvoir librement dans l'immensité de l'espace,
« les forces opposées existant dans sa masse arriveraient
« bientôt à un équilibre conforme à leur nature, si elles
« n'y étaient déjà, et toute leur activité tendrait vers un
« point. Mais si l'on imagine qu'un autre globe est in-
« troduit, il s'établira une relation mutuelle entre les
« deux, et l'un de ses résultats sera une tendance à
« s'unir qui est désignée et même expliquée par le mot
« d'attraction. Maintenant, cette tendance serait-elle la
« seule conséquence de ce rapport? N'est-il pas plus
« vraisemblable que les forces fondamentales tirées de
« leur état d'indifférence et de repos développeraient
« leur énergie dans toutes les directions possibles, en

« donnant naissance à toutes sortes d'actions contraires?

. . . .

« Ne peut-on pas croire aussi que la force magné-
« tique peut naître de la même manière que la force
« électrique?

« Je crois donc possible qu'au moyen des rapports mu-
« tuels existant entre le soleil et toutes les planètes, aussi
« bien qu'entre celles-ci et leurs satellites, on puisse exci-
« ter une action magnétique dans chacun de ces globes,
« dont la structure justifie cette hypothèse dans une di-
« rection dépendante de la position des axes de rotation
« par rapport au plan de l'orbite. Chacune de ces planètes
« peut ainsi donner naissance à un axe magnétique par-
« ticulier dans le soleil; mais comme leurs orbites ne
« forment que des angles de peu d'étendue avec l'équa-
« teur du soleil, ainsi qu'entre eux, les axes magnéti-
« ques correspondraient peut-être avec plusieurs axes de
« rotation. Ces planètes n'ayant pas de lune, ne possé-
« deraient, d'après ce principe, qu'un seul axe magné-
« tique; les autres planètes auraient un axe de plus qu'elles
« auraient de satellites, dans le cas où ces différents axes,
« en raison des petits angles formés par les orbites de
« leurs lunes, ne se réuniraient pas en un seul. Les
« mouvements coniques par lesquels les axes de rota-
« tion des planètes sont transportés autour du pôle de
« l'écliptique, joints aux mouvements de révolution des
« orbites autour de l'équateur du soleil, peuvent, dans
« ce cas peut-être, rendre raison du changement de po-
« sition de l'axe magnétique. Ce qui pourrait fortement
« confirmer cette hypothèse, ce serait que la grande
« période magnétique, à la fin de laquelle les deux axes
« reprennent la même position, se trouvât coïncider
« avec la période de précession, ce qui paraît cependant
« un peu douteux. »

Les assertions sur lesquelles s'appuie M. Hansteen
ne peuvent être combattues directement. Je m'en tiens
à mon rôle d'historien, qui se borne à faire connaître les
opinions des hommes qui se sont le plus occupés de la
matière.

§ II. *Recherches de M. Barlow touchant l'origine probable des phénomènes magnétiques terrestres.*

On doit à M. Barlow (1) des recherches expérimentales intéressantes touchant l'origine probable de tous les phénomènes magnétiques du globe. Diverses hypothèses avaient été faites pour expliquer la propriété magnétique de la terre ; mais comme ces hypothèses ne reposent sur aucun fait capable de leur donner de la consistance, M. Barlow a pensé que le seul moyen d'éclairer les idées à cet égard était de montrer par l'expérience, qu'en rendant magnétique un globe, de manière à reproduire les mêmes phénomènes que le globe terrestre, ce dernier pourrait bien avoir une origine magnétique semblable à celle du globe artificiel. Si l'induction n'est pas rigoureusement vraie, du moins elle tend à démontrer que les choses peuvent se passer ainsi.

On a vu précédemment que M. Biot avait cherché à lier, par le calcul, toutes les observations relatives au magnétisme terrestre qui avaient été faites avant et pendant la période du voyage de M. de Humboldt en Amérique, en considérant la terre comme un aimant, et prenant pour la distance des pôles une valeur indéterminée ; et partant du principe que le pouvoir de chacun de ces pôles variait en raison inverse du carré de la distance au point sur lequel ils agissaient, il obtint ainsi une expression générale de la direction de l'aiguille aimantée. En faisant varier la distance indéterminée, et comparant les résultats de l'expérience avec ceux du calcul, il trouva que plus les pôles étaient rapprochés, plus ces résultats s'accordaient ensemble, et que les erreurs ou plutôt les différences étaient réduites au minimum, quand les deux pôles se trouvaient infiniment près l'un de l'autre, et à très-peu de distance du centre de la terre.

____

(1) Trans. philos., 1831, 1re part., p. 99.

Il résultait évidemment de là que la terre ne devait pas être considérée comme un aimant ordinaire dont les deux pôles se trouveraient à ses extrémités.

Les lois qu'on déduit de cette hypothèse s'accordent parfaitement avec celles d'un corps soumis à un magnétisme passager par influence, comme l'a démontré M. Barlow. Pour l'intelligence de cette opinion, je dois rappeler les travaux de cet habile physicien touchant l'action réciproque du fer et d'une aiguille aimantée l'un sur l'autre, et dont on s'était peu occupé avant lui. En 1819, il déduisit d'une série d'expériences des lois empiriques très-simples pour exprimer cette action, et trouva en même temps que tout le pouvoir magnétique d'une sphère de fer résidait à sa surface. M. Bonnycastle entreprit aussitôt de rechercher les lois d'attraction de cette sphère, en faisant une certaine hypothèse sur le magnétisme qu'on lui communiquait, et il parvint alors à obtenir la plupart des formules que M. Barlow avait déduites de ses expériences. Ce dernier, en faisant de légers changements à l'hypothèse de M. Bonnycastle, finit par obtenir toutes les lois expérimentales. M. Poisson, depuis cette époque, a considéré la question analytiquement sous le point de vue le plus général, et a confirmé, par sa puissante analyse, toutes les propositions établies par M. Barlow. Il résulte de ces lois que, si l'on fait agir une sphère de fer aimantée par influence sur une aiguille aimantée, librement suspendue et soustraite à l'action du magnétisme terrestre, on a tous les effets que MM. Biot et Krafft ont obtenus par le calcul touchant l'action magnétique de la terre, sur une aiguille aimantée, en supposant que dans la sphère en fer comme dans le globe terrestre, les deux pôles magnétiques se trouvent infiniment près l'un de l'autre et du centre de la terre.

M. Barlow a conclu de là :

1° Que les lois du magnétisme terrestre sont incompatibles avec celles qui appartiennent à un corps dans un état magnétique permanent;

2° Qu'elles coïncident parfaitement avec celles qui appartiennent à un corps dans un état passager d'induction magnétique.

Ces conclusions paraissaient rigoureuses ; mais il s'agissait de montrer quelle espèce de magnétisme on pouvait communiquer à la terre pour lui faire produire tous les effets connus.

La grande découverte d'OErsted, en faisant connaître un nouveau procédé d'aimantation, a fourni de nouvelles lumières pour avancer la théorie du magnétisme terrestre. En effet, aussitôt que M. Barlow en eut connaissance, il s'attacha à prouver que le magnétisme terrestre pourrait bien avoir une origine électrique, c'est-à-dire, être attribué à l'action de courants électriques circulant autour du globe, comme M. Ampère l'avait précédemment supposé.

Ayant déjà prouvé, comme on l'a vu plus haut, que le pouvoir magnétique d'une sphère de fer réside seulement à sa surface, il conçut l'idée de distribuer sur la surface d'un globe artificiel une série de courants électriques disposés de manière à ce que leur action tangentielle pût donner partout à l'aiguille une direction correspondante ; l'expérience vint confirmer ses prévisions : ce globe produisit sur une aiguille aimantée, soustraite à l'influence terrestre et placée dans diverses positions, le même genre d'action que la terre lui imprimait dans des positions analogues. Cette expérience étant d'une très-grande importance pour la théorie du magnétisme terrestre, je crois devoir la décrire avec tous les détails dans lesquels M. Barlow est lui-même entré.

Cet habile physicien prit un globe de bois creux, de 16 pouces (anglais) de diamètre, peu pesant, et sur lequel il traça des rainures d'un 8e de pouce de largeur, de manière à représenter l'équateur et des latitudes parallèles, à 4° de distance chacune, depuis cet équateur jusqu'aux pôles. Il traça ensuite, d'un pôle à l'autre, une seconde rainure, de même largeur, mais d'une profondeur double, afin de figurer un méridien. Dans ces rainures il plaça, de la manière suivante, un fil de cuivre de 90 pieds de long et de $\frac{1}{10}$ de pouce de diamètre : ce fil fut appliqué par son milieu sur la rainure de l'équateur, de manière à venir rencontrer le méridien ; alors il l'introduisit dans la rainure, une extrémité vers un pôle et l'autre extrémité vers un pôle opposé jusqu'au premier parallèle; il fit passer ensuite le fil autour de ce parallèle, puis retourner le long du méridien jusqu'au parallèle suivant, et ainsi de suite jusqu'à ce que le fil fût parvenu à chaque pôle.

Le bout du fil resté libre à chaque pôle fut recouvert de soie vernie à la gomme laque, et reconduit de chaque pôle, le long de la rainure, du méridien à l'équateur. A cet endroit, retenu par une petite pince, chaque bout du fil, qui avait encore 5 pieds de long, fut mis en communication avec un des pôles d'une puissante pile voltaïque; par suite du passage du courant dans ce fil, toute la surface du globe fut mise dans un état passager d'induction magnétique. Dès lors, conformément aux lois trouvées par M. Barlow, une aiguille aimantée, librement suspendue et soustraite à l'influence de la terre, devait se placer dans un plan passant d'un pôle à l'autre par le centre, et s'incliner sous différents angles, selon sa position entre l'équateur et chaque pôle. Pour que l'expérience représentât complétement l'état actuel du magnétisme de la terre, ce globe fut recouvert du tracé graphique de la sphère terrestre, en plaçant les pôles dans la position des pôles magnétiques de la terre, d'après les meilleures observations. Il prit pour guide les résultats moyens des observations des capitaines Parry et Forster, qui ont placé ces deux points sous la latitude de 60° N. et 72° S., et sous la longitude de 76° O. de Greenwich, de sorte que l'équateur magnétique et le véritable équateur se coupaient à environ 14° E. et 166° O. de longitude.

Le globe étant ainsi disposé, une aiguille aimantée, préparée comme il a été dit, ayant été placée au-dessus de ce globe, fut soumise entièrement à l'influence du courant électrique.

« Concevez maintenant, dit M. Barlow, le globe placé
« de manière à porter Londres sous le zénith; alors les
« deux extrémités du fil conducteur étant mises en rela-
« tion avec les pôles d'une forte batterie, on verra im-
« médiatement que l'extrémité nord de l'aiguille, qui était
« auparavant indifférente à toute direction, sera abais-
« sée d'environ 70°, autant que l'œil peut en juger; ce
« qui est précisément l'inclinaison actuelle de Londres;
« elle se dirigera aussi vers les pôles magnétiques de ce
« globe, en indiquant une déclinaison d'environ 24 à 25°
« à l'O., comme c'est pareillement le cas à Londres. Si
« ensuite vous tournez le globe sur son support, de ma-
« nière à porter sous le zénith les lieux qui se trouvent
« à la même distance du pôle magnétique que l'Angle-
« terre, vous trouverez que l'inclinaison reste la même,
« tandis que la déclinaison changera continuellement,
« étant d'abord nulle et augmentant ensuite graduelle-
« ment vers l'est, comme cela arrive sur la terre. Si nous
« tournons ensuite le globe de manière à approcher
« le pôle du zénith, l'inclinaison augmentera jusqu'à ce
« que l'aiguille devienne parfaitement verticale au pôle
« lui-même. Éloignant ensuite ce pôle, l'inclinaison dé-
« croîtra jusqu'à ce qu'elle soit nulle à l'équateur, l'ai-
« guille devenant alors horizontale. En continuant le
« mouvement, et s'approchant du pôle sud, on trouvera
« que l'extrémité sud de l'aiguille s'inclinera au-dessous
« de l'horizon, et que l'inclinaison augmentera conti-
« nuellement de l'équateur au pôle, où l'aiguille devien-
« dra également verticale, mais dans la position inverse
« qu'elle occupait au pôle nord. »

Il est certain que le globe artificiel de M. Barlow
représente avec exactitude tous les phénomènes magnétiques terrestres. On voit donc, par l'expérience importante dont je viens de faire connaître les principaux
résultats, que l'on peut concevoir tous ces phénomènes
sans recourir à l'aimantation par les moyens ancien-
nement connus. M. Barlow fait remarquer, dans l'exposé qu'il a fait de ses expériences, qu'il résulte des lois

obtenues par M. Biot, que, ni la position d'un seul aimant, ni l'arrangement de plusieurs aimants dans l'intérieur du globe, ne pourraient produire les mêmes phénomènes en rapport avec l'intensité de l'aiguille.

Les faits exposés précédemment tendent donc à démontrer que les phénomènes magnétiques de la terre pourraient être produits par de l'électricité en mouvement.

M. Barlow ne s'est pas dissimulé les difficultés que l'on rencontre pour expliquer l'existence de courants électriques à la surface de la terre; mettant de côté les courants qui ont une origine voltaïque, dont la production serait difficile à concevoir, il a donné la préférence aux courants thermo-électriques dus à l'influence solaire : nous verrons ci-après jusqu'à quel point cette conjecture est fondée.

§ III. *Réflexions sur les théories données pour expliquer l'origine du magnétisme terrestre.*

Si l'on part de l'hypothèse que le magnétisme terrestre est dû à des courants thermo-électriques qui circulent continuellement autour de la surface de la terre, on se demande sur-le-champ en quoi consiste l'appareil thermo-électrique que le soleil met en action. Si la chaleur solaire pouvait produire des courants dans les matières qui forment la couche superficielle du globe, toutes les difficultés seraient levées; mais il n'en est pas ainsi : en effet, on sait qu'une différence de température entre deux substances métalliques en contact, formant un circuit fermé, suffit pour mettre en mouvement le fluide électrique dans ce circuit. On peut également produire des courants dans un barreau de bismuth, d'antimoine ou de zinc, dont toutes les parties n'ont pas la même température; mais ces corps sont conducteurs de l'électricité, car jusqu'ici on n'a pu réussir à les obtenir dans des fragments de roche ou autres substances qui composent la croûte superficielle de notre globe, en raison de leur mauvaise conductibilité. D'après cela, il est difficile de concevoir l'existence de courants électriques à la surface du globe par suite de l'action solaire. La difficulté était la même quand on a voulu établir que le magnétisme terrestre provenait de la différence de température entre le noyau central de la terre et la croûte superficielle, qui est dans un état de refroidissement.

Je suis disposé néanmoins à admettre que les variations diurnes et annuelles de l'aiguille aimantée sont dues à la présence du soleil au-dessus de l'horizon : on est porté à croire que toutes les parties matérielles de la terre sont douées de magnétisme, et que ce magnétisme éprouve des variations, selon que ces parties participent aux influences calorifiques de l'atmosphère par suite de la présence ou de l'absence du soleil au-dessus de l'horizon. Nous savons, en effet, que la chaleur modifie le magnétisme des métaux qui en sont doués; que le refroidissement augmente son intensité, tandis que l'échauffement la diminue; or, comme toutes les parties de la terre paraissent posséder un magnétisme propre, on peut supposer raisonnablement que ce magnétisme subit les mêmes modifications que les corps conducteurs par l'effet de l'échauffement et du refroidissement, de sorte que les effets peuvent être les mêmes que s'il existait des courants thermo-électriques à la surface du globe.

Je vais examiner actuellement la question relative à l'existence de courants hydro-électriques terrestres, comme cause principale ou perturbatrice du magnétisme de la terre. Cette question a tellement été débattue dans ces derniers temps, que je crois devoir y revenir en raison de l'importance du sujet que je traite.

M. Ampère, qui avait admis dans l'intérieur du globe l'existence de courants électriques dirigés de l'est à l'ouest, pour expliquer les effets produits sur l'aiguille aimantée, était parti de l'hypothèse généralement admise aujourd'hui, que le noyau du globe est formé d'un bain métallique recouvert d'une croûte qui lui sert d'enveloppe.

L'ingénieux physicien, dont les vues philosophiques ont été quelquefois si utiles aux sciences, attribuait les courants électriques dont il avait besoin pour sa théorie du magnétisme terrestre, à l'action chimique de l'eau et autres agents sur la couche non oxidée du noyau. J'avoue que je ne comprends pas comment de semblables réactions pourraient produire des courants électriques dirigés de l'est à l'ouest. En effet, il ne suffit pas, pour qu'il y ait courant, qu'un corps agisse chimiquement sur un autre, il faut encore que ces corps communiquent ensemble au moyen d'un troisième, conducteur de l'électricité, et sans la présence duquel il n'y a qu'une simple recomposition des deux électricités dégagées, recomposition tumultueuse qui ne pourrait agir sur l'aiguille aimantée. Admettons la réaction chimique de deux corps l'un sur l'autre, et leur contact avec un troisième capable de produire un courant électrique, et voyons quelle pourrait être la direction de ce courant. Je passe sous silence toutes les expériences faites pour reconnaître l'existence de courants électriques dans les filons ou dans des excavations, parce qu'elles ont été ou mal faites, ou parce qu'elles ont donné des résultats négatifs, et j'arrive aux effets électriques qui ont accompagné et accompagnent encore les phénomènes géologiques, car c'est le point de départ pour discuter la question dont il s'agit.

Les théories modernes, fondées sur les données les plus positives que nous fournissent l'astronomie, la physique et la géologie, admettent que la terre était primitivement dans un état gazeux, c'est-à-dire, que toutes les substances solides qui la composent se trouvaient disséminées dans un espace beaucoup plus étendu que celui qu'elle occupe aujourd'hui. Le rayonnement de la chaleur dans les espaces célestes ayant abaissé successivement la température de cet amas de vapeurs, les corps les plus réfractaires ont dû se refroidir les premiers, et ensuite ceux qui l'étaient moins. Les réactions chimiques qui avaient lieu entre les couches de nature con-

traire et qui se déposaient successivement devaient être
accompagnées de puissants effets électriques; toutes les
fois que quelques-unes des substances formées n'en-
traient pas en vapeur, il y avait recomposition immédiate des deux électricités dégagées, dans les points
mêmes où la réaction chimique s'effectuait; mais lorsque
plusieurs de ces substances, ou même l'une d'elles, se
gazéifiaient, elles emportaient avec elles l'une des deux
électricités dégagées. La foudre devait alors sillonner
continuellement les amas de vapeurs qui entouraient le
noyau primitif, comme les éruptions volcaniques nous
en offrent aujourd'hui un exemple. Il résulterait de là
que dans les premiers âges du monde, les courants électriques devaient être peu sensibles, parce que les deux
électricités dégagées ne trouvaient pas de corps intermédiaire pour servir à leur recomposition et produire ainsi
des courants. Mais dès l'instant que deux couches conti-
guës, n'exerçant aucune action l'une sur l'autre, ont été
recouvertes par une troisième qui pénétrait par des fissures jusqu'à l'une des deux autres, sur laquelle elle réa-
gissait, il a dû se produire des courants électriques toutes
les fois que ces différents dépôts étaient conducteurs de
l'électricité, comme, suivant toute probabilité, devaient
l'être les substances en contact avec le noyau. De semblables effets ont dû avoir lieu quand, par suite du bour-
souflement de la croûte et de son refroidissement, des vides
se sont formés entre les diverses couches déjà déposées;
ces vides, donnant passage à des liquides qui réagis-
saient sur les substances dont ces couches étaient composées, servaient à la circulation des courants électriques. De nos jours nous avons des exemples de cette
communication entre l'intérieur de la terre et sa surface; en effet, dans toutes les régions volcaniques, les
eaux de la mer s'infiltrent par de nombreuses fissures
jusqu'au point où se trouvent les métaux des terres et
des alcalis, ou leurs chlorures, sur lesquels elles réagissent; du moins, c'est une supposition assez admissible.
Il résulte de là des effets électriques tels, que les métaux

prennent l'électricité négative; la vapeur d'eau due à la grande quantité de chaleur produite dans ces réactions et les gaz s'emparant de l'électricité positive, une partie de cette dernière se rend dans l'atmosphère avec les déjections volcaniques, et sa présence nous est rendue sensible par la foudre qui sillonne dans tous les sens l'amas de fumée et de matières pulvérulentes qui sortent par le cratère; l'autre partie tend à se combiner avec l'électricité négative des bases qui établissent la communication entre les métaux ou leurs chlorures et les substances solides, liquides ou gazeuses, qui remplissent les fissures. Dès lors, on conçoit qu'il doit circuler dans l'intérieur de la terre, en toutes sortes de directions, une foule de courants électriques partiels qui, certainement, peuvent agir sur l'aiguille aimantée. Mais dire que la résultante de tous ces courants est la cause du magnétisme terrestre, c'est avancer un fait peu probable, attendu que les courants partiels changeant continuellement de direction, leurs résultantes doivent participer à ces mutations.

Les considérations que je viens de présenter reposent sur des faits bien constatés, puisque nous savons que les vapeurs qui sortent des cratères, dans les éruptions, emportent avec elles une quantité suffisante d'électricité pour que la foudre gronde quand elles se résolvent en pluie.

Pour compléter la discussion, il ne reste plus qu'à examiner une autre question qui n'est pas sans intérêt depuis les observations de M. le capitaine Duperrey, touchant l'influence des courants dans les grandes mers, sur la direction de l'aiguille aimantée. Nul doute que le mélange de l'eau chaude avec l'eau froide ne produise des effets électriques; j'ai mis le fait hors de doute par diverses expériences qu'il est inutile de rapporter ici : mais pour qu'il en résultât des courants électriques, il faudrait que l'eau froide qui traverse l'eau chaude, comme nous en avons un exemple dans la mer Pacifique, où un courant d'eau froide vient se briser sur les côtes du Chili

et se partage en deux autres, l'un qui remonte vers les
régions équatoriales, l'autre qui descend vers le cap
Horn; il faudrait, dis-je, que les électricités dégagées
par le mélange pussent trouver un corps intermédiaire
capable de leur livrer passage. Nous ne voyons dans
les eaux de la mer que les substances qu'elles tiennent
en dissolution qui puissent servir à la recomposition
des deux électricités; mais il résulterait de là une foule
de petits courants particls, dirigés dans tous les sens
dont il serait impossible de trouver la résultante *à
priori*. C'est ce qui doit avoir lieu en pleine mer; mais,
le long des côtes, il pourrait se faire que les substances
qui composent les terrains, ayant une conductibilité suffisante, servissent à la recomposition des deux électricités.
Ce ne sont là que des conjectures que j'émets uniquue-
ment dans le but d'éclairer le lecteur sur l'origine électrique probable du magnétisme terrestre.

Bien que je sois porté à admettre cette origine, néanmoins les faits manquent pour l'appuyer sur des bases
solides.

Je ne chercherai pas à examiner jusqu'à quel point
est fondée l'ancienne hypothèse qui admet que le magnétisme terrestre est l'effet de matières magnétiques ou ferrugineuses disséminées à travers la masse de la terre,
attendu que les faits manquent également pour donner à
cette hypothèse l'apparence d'une vérité. Je m'arrêterai
seulement quelques instants sur l'hypothèse qui place la
cause des phénomènes dans l'atmosphère, non pour la
soutenir, mais pour présenter quelques considérations
qui peuvent être invoquées en sa faveur : les expériences
de Fusinieri (1) tendent à prouver que des métaux, et
particulièrement le fer, existent à l'état de vapeur dans
notre atmosphère, et qu'ainsi la terre est enveloppée
d'une sphère creuse de substance magnétique, et capable, quand elle reçoit le magnétisme par une cause ex-

____

(1) T. IV, pag. 131 et suiv.

térieure, de produire tous les phénomènes du magnétisme terrestre. Dans son état régulier d'équilibre, cette atmosphère magnétique agirait sur l'aiguille d'après les lois trouvées par M. Barlow, touchant l'action exercée par une sphère de fer; lois qui seraient modifiées par celles qui règlent l'état thermal du globe, et par diverses causes perturbatrices. On a cherché à faire prévaloir cette opinion en l'appuyant de faits qui s'y rattachent d'une manière indirecte. Pour montrer jusqu'à quel point cette assertion est fondée ou non, je vais faire un rapprochement entre les variations diurnes de l'aiguille aimantée et les variations de l'électricité atmosphérique dans les temps sereins, pour que le lecteur en tire telle induction qu'il jugera convenable.

Dès l'instant que le soleil se montre sur l'horizon, le pôle austral de l'aiguille se dirige vers l'ouest; de 1 à 2 heures, l'aiguille atteint son maximum d'écartement, puis revient vers l'orient, de manière à reprendre à très-peu près, vers 10 heures du soir, la position qu'elle occupait le matin; pendant la nuit elle reste presque stationnaire, pour recommencer le lendemain ses excursions périodiques.

Voyons maintenant quelle est la variation de l'électricité atmosphérique.

Lorsque le temps est serein, il existe toujours dans l'atmosphère un excès d'électricité positive, soumis aux variations suivantes. Cet excès, qui est assez faible peu avant le lever du soleil, augmente graduellement lorsque cet astre commence à paraître sur l'horizon; puis augmente rapidement, et arrive quelques heures après à son premier maximum; cet excès diminue d'abord avec vitesse, puis ralentit son mouvement de diminution, et arrive à son minimum d'intensité quelques heures avant le coucher du soleil. Il recommence à monter dès que le soleil s'approche de l'horizon, et atteint, peu d'heures après, son second maximum; puis diminue jusqu'au lever du soleil, pour recommencer à suivre la marche indiquée ci-dessus.

Schubler, qui s'est livré à une suite d'expériences sur les variations qu'éprouve l'électricité libre de l'atmosphère dans les temps sereins, a montré que ces variations sont modifiées suivant la saison. On peut consulter le tableau de ses observations dans le IVe volume de cet ouvrage, pages 84 et suivantes. Dans les observations faites à Stuttgard, de juin 1811 au mois de mai 1812, on trouve un premier minimum à 4 heures du matin, un premier maximum à 8 heures du matin, un second minimum à 5 heures, et un deuxième maximum à 8 heures et demie du soir.

Une remarque qui n'est pas sans importance, c'est que la force de l'électricité, pour les deux maxima et les deux minima, va croissant depuis le mois de juillet jusqu'au mois de janvier compris; de sorte que la plus grande intensité a lieu en hiver, et la plus faible en été : aussi trouve-t-on, dans les jours sereins, que l'augmentation de l'électricité est toujours en rapport avec celle du froid. Si l'on met en regard les variations de l'électricité libre de l'atmosphère avec les variations diurnes de l'aiguille aimantée, on voit que l'extrémité nord marche vers l'ouest, depuis 8 heures et demie du matin jusqu'à 1 à 2 heures après midi; de l'ouest à l'est, depuis 1 à 2 heures après midi jusqu'au lendemain matin : le maximum d'écartement à l'est a donc lieu vers 8 heures et demie du matin, et à l'ouest entre 1 heure et 2. Voilà bien deux maxima, comme dans les variations de l'électricité atmosphérique; mais ce rapprochement suffit-il pour faire dériver les unes et les autres de la même cause? je ne le pense pas. En effet, les observations faites jusqu'ici semblent établir que les heures où l'électricité est la plus faible, sont celles comprises entre le temps où la rosée du soir a complétement terminé sa chute, et le moment où le soleil se lève; que l'intensité de cette électricité augmente ensuite, avant midi, a un premier maximum, après lequel elle diminue jusqu'à 2 ou 3 heures avant le coucher du soleil, quelquefois plus, et augmente jusqu'à la chute de la rosée, temps où elle est quelquefois plus forte qu'auparavant; qu'elle diminue ensuite graduellement pendant une grande partie de la nuit, et ne devient jamais nulle quand le ciel est parfaitement serein. Il est certain que si l'on veut avoir égard à l'influence de la chute de la rosée, on peut rendre compte des effets observés; il est bien sûr que dans ce dernier cas, l'électricité libre doit s'écouler dans la terre par l'intermédiaire de tous les corps qui se trouvent à sa surface. Cet écoulement doit donner naissance à une foule de courants électriques qui peuvent réagir sur l'aiguille aimantée; mais personne ne se hasardera à avancer que ces courants soient la cause de ses variations diurnes.

Je suis arrivé au but que je me proposai en publiant le *Traité expérimental de l'électricité et du magnétisme;* ce but était de faire connaître tous les faits relatifs à cette branche de la physique que l'on doit considérer aujourd'hui comme l'une des plus importantes en raison de ses applications à la chimie et aux phénomènes naturels, ainsi que les théories qui ont été données pour les expliquer. Je me suis attaché à réunir dans cet ouvrage toutes les découvertes faites dans ces derniers temps, afin que le lecteur pût juger de l'état actuel de nos connaissances dans cette partie de la physique. Je n'ai rejeté aucun fait par esprit de système, attendu que j'ai toujours cet adage présent à la pensée: *les théories passent et les faits restent;* maxime que l'expérimentateur ne doit jamais perdre de vue s'il veut que ses efforts contribuent à l'avancement de la physique.

Cet ouvrage a reçu un plus grand développement que je ne l'avais d'abord supposé; mais la cause en est aux découvertes sur l'électricité qui se succèdent rapidement dans toutes les parties de l'Europe. En effet, on ne peut disconvenir que l'électricité ne soit la branche de la physique la plus cultivée, non-seulement en Europe, mais encore en Amérique. J'ai dû, par conséquent, me mettre au courant des travaux exécutés, me procurer tous les mémoires publiés en différentes langues, les analy-

ser, introduire les faits dans l'ouvrage, conformément
au plan que j'avais adopté. Ce devoir, que je m'étais
imposé en commençant la publication, a exigé de moi
un travail non interrompu de plusieurs années, en raison de son étendue, puisqu'il débordait continuellement
le cadre que je m'étais d'abord tracé.

Le lecteur a pu voir que je ne m'en suis pas tenu à
l'exposé des faits généraux et que j'ai cherché toutes les
applications de l'électricité à la chimie et aux diverses
branches des sciences naturelles; et tel est le point de
vue sous lequel on doit envisager l'électricité, si on veut
l'étudier sous le rapport philosophique.

J'ai cherché à établir une alliance intime entre la
physique et la chimie en prenant pour lien commun, dans
les phénomènes d'attraction moléculaire, l'électricité, qui
joue surtout un si grand rôle dans les actions lentes, dont
on s'occupait peu jadis. Je suis entré à cet égard dans
de grands développements : la raison en est simple.
Dans les réactions chimiques, il se dégage une quantité
considérable d'électricité dont on ne tenait aucun compte;
par là on se privait d'une puissance énorme, d'un moyen
d'action susceptible des plus grandes applications même
aux arts; c'est sur ce point que les efforts des physiciens doivent se diriger; aussi les voit-on de toutes
parts se lancer dans la carrière et obtenir des résultats
plus ou moins heureux; les travaux que j'ai exécutés
pour traiter par l'électro-chimie les minerais d'argent,
de cuivre et de plomb, et qui seront bientôt publiés,
viendront justifier cette alliance entre la physique et la
chimie.

ERRATA.

Page 130, au lieu de § II, lisez § III.
Page 134, au lieu de § III, lisez § II.
Page 316, au lieu de § III, lisez § I.
Page 368, au lieu de § II, lisez § III.
Page 373 au lieu de § III, lisez § IV.

TABLE

DES MATIÈRES CONTENUES DANS CE VOLUME.

LIVRE I^{ᴇʀ}.

DU MAGNÉTISME TERRESTRE.

DESCRIPTION ET USAGE DES APPAREILS DESTINÉS A OBSERVER LES EFFETS DU MAGNÉTISME TERRESTRE.

CHAPITRE IV.

BOUSSOLE D'INCLINAISON.

CHAPITRE V.

BOUSSOLE DES INTENSITÉS.

CHAPITRE VI.

DESCRIPTION D'UN OBSERVATOIRE MAGNÉTIQUE ET DES APPAREILS DONT IL DOIT ÊTRE POURVU SUIVANT LE SYSTÈME DE M. GAUSS.

CHAPITRE VII.

DU MAGNÉTOMÈTRE BIFILAIRE ET DE SES USAGES.

CHAPITRE VIII.

DE LA DÉTERMINATION DE L'INTENSITÉ ABSOLUE.

CHAPITRE IX.

DE L'INFLUENCE DE LA TEMPÉRATURE SUR LE MAGNÉTISME DES AIGUILLES AIMANTÉES ET DES MOYENS DE RAPPORTER LES EFFETS MAGNÉTIQUES A LA MÊME TEMPÉRATURE.

LIVRE II.

RECHERCHES RELATIVES AUX DIVERS ÉLÉMENTS DE LA RÉSULTANTE DES FORCES MAGNÉTIQUES TERRESTRES.

VI. 2ᵉ *partie*. 35

CHAPITRE PREMIER.

CHAPITRE II.

CHAPITRE III.

CHAPITRE IV.

LIVRE III.

CHAPITRE PREMIER.

CHAPITRE II.

CHAPITRE III.

DES LIGNES ISODYNAMIQUES.

CHAPITRE IV.

DES MÉRIDIENS ET DES PARALLÈLES MAGNÉTIQUES.

CHAPITRE V.

DOCUMENTS RELATIFS A L'ÉTAT ACTUEL DU MAGNÉTISME TERRESTRE.

LIVRE IV.

THÉORIES DES PHÉNOMÈNES MAGNÉTIQUES TERRESTRES.

CHAPITRE PREMIER.

PREMIÈRES THÉORIES MATHÉMATIQUES DES PHÉNOMÈNES MAGNÉTIQUES TERRESTRES.

CHAPITRE II.

M. GAUSS, THÉORIE MATHÉMATIQUE DES PHÉNOMÈNES MAGNÉTIQUES TERRESTRES.

CHAPITRE III.

RECHERCHES TOUCHANT L'ORIGINE PROBABLE DES PHÉNOMÈNES MAGNÉTIQUES TERRESTRES.

FIN DE LA TABLE DU SEPTIÈME ET DERNIER VOLUME.

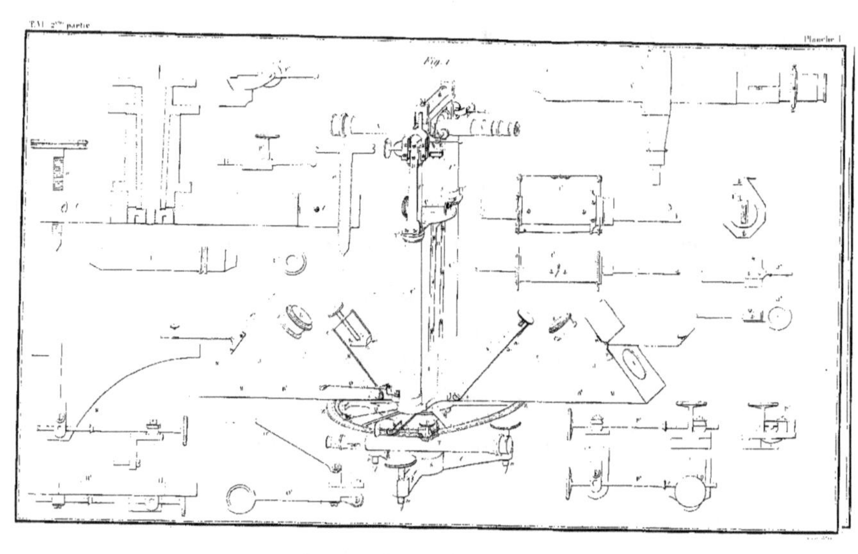

Fig. 1

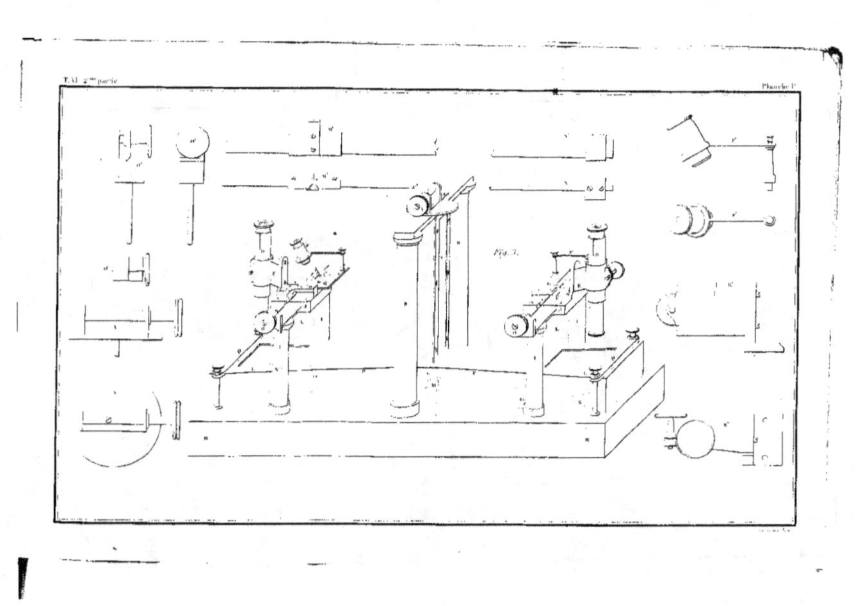

Fig. 1.

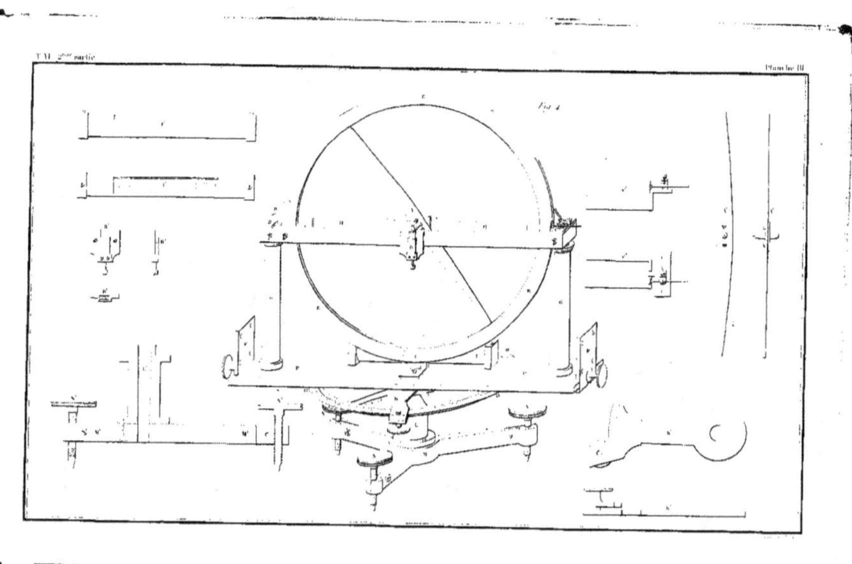
Fig. 4

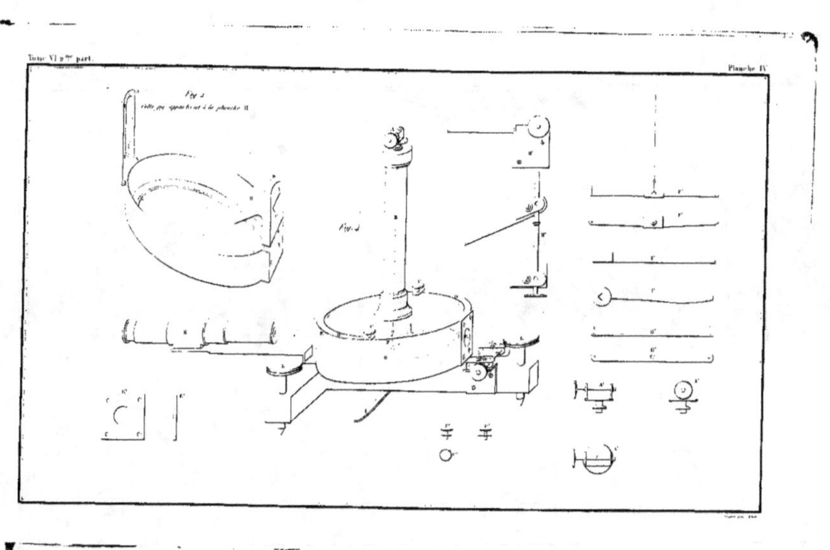
Fig. 2
celle qui appartient à la planche II

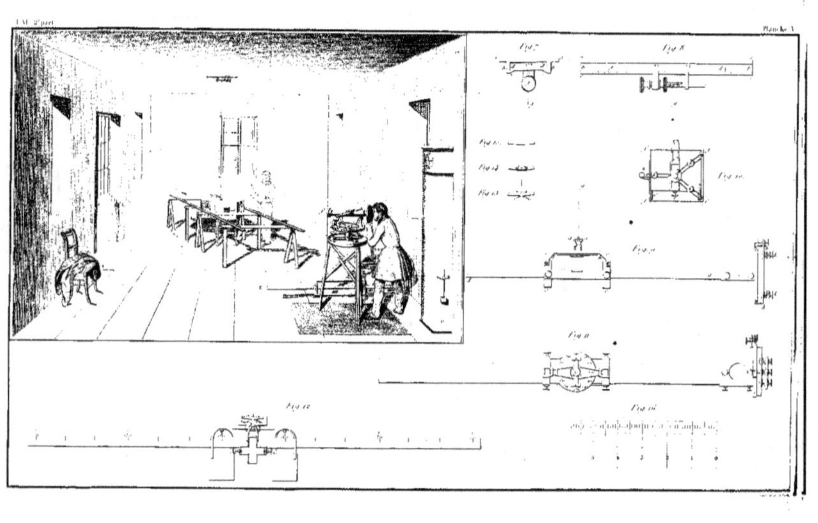

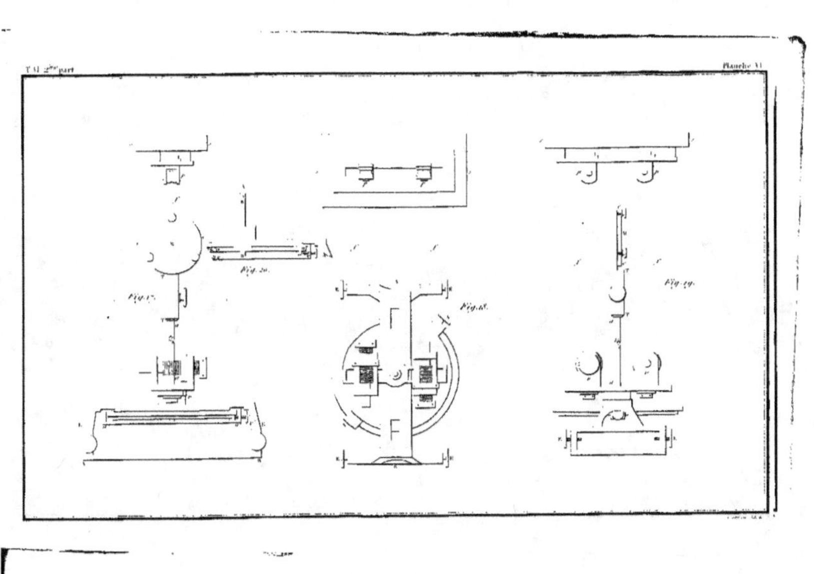

Fig. 17.
Fig. 20.
Fig. 18.
Fig. 19.

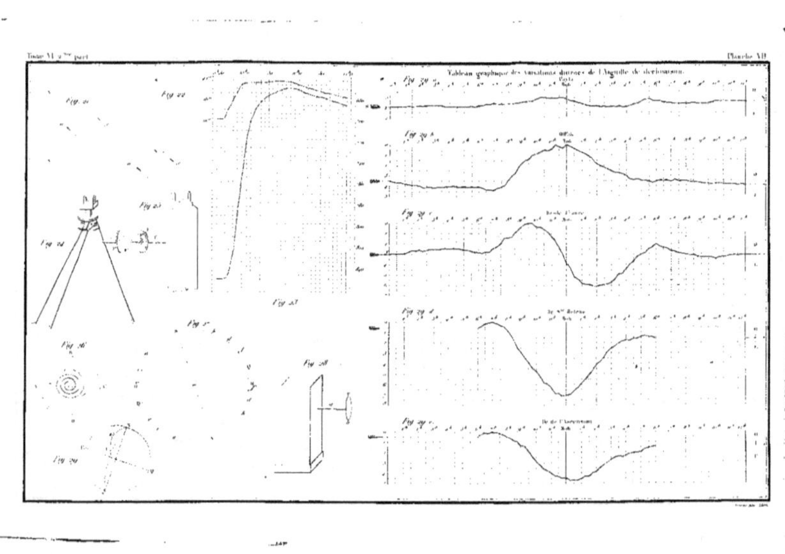

Tome XI 2.me part
Planche XII
Tableau graphique des variations diurnes de l'Aiguille de déclinaison.

TABLEAU GRAPHIQUE DES VARIATIONS HORAIRES
de la déclinaison du 12 au 19 Avril 1836, à Paris
T. M. 2.e part.
Aiguille de l'Observatoire royal
Aiguille de la Recherche.
Aiguilles de l'Observatoire royal
et de la Recherche, superposées dans leurs extrêmes
Planche XII
Fig. 30.
Fig. 31.
Fig. 32.
Midi

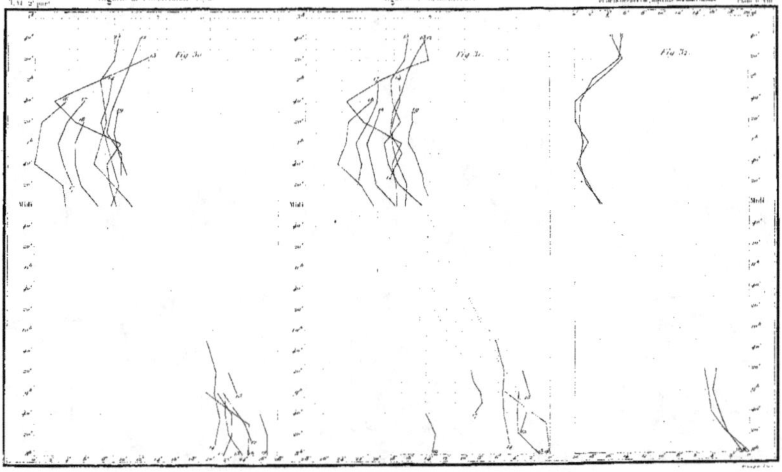

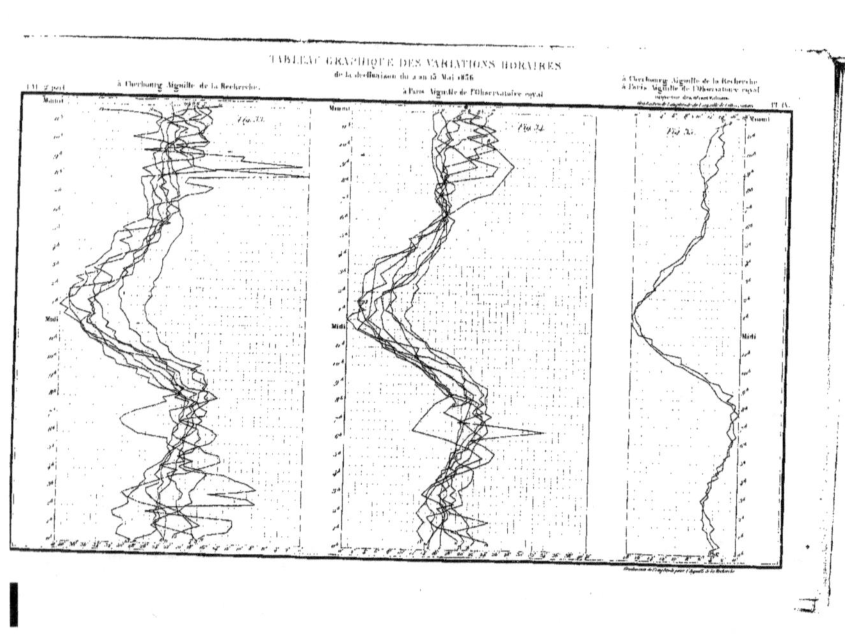

TABLEAU GRAPHIQUE DES VARIATIONS HORAIRES
de la déclinaison du 2 au 13 Mai 1856
à Cherbourg Aiguille de la Recherche.
à Paris Aiguille de l'Observatoire royal
à Cherbourg Aiguille de la Recherche
à Paris Aiguille de l'Observatoire royal
Midi
Minuit
Minuit
Midi
Fig. 33.
Fig. 34.
Fig. 35.
Pl. IX.

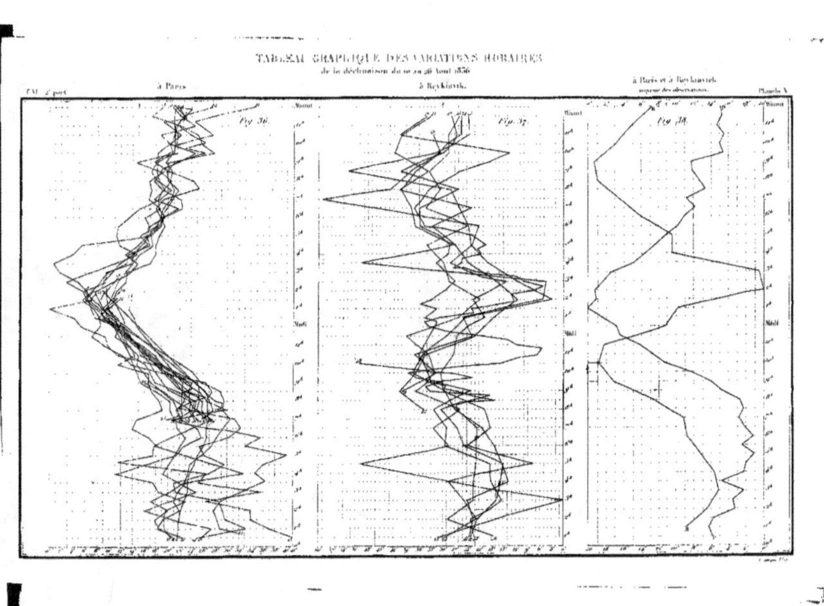

TABLEAU GRAPHIQUE DES VARIATIONS HORAIRES
de la déclinaison du 10 au 26 Aout 1836
à Paris
à Reykiavik.
à Paris et à Reykiavik
moyenne des observations.
Planche X.
Fig. 36.
Fig. 37.
Fig. 38.
Minuit
Midi